推荐序

    大数据时代已经来临，数据的价值逐渐被人们所认知，大数据的研究和应用方兴未艾，然而大数据人才无论在中国还是其他国家都非常缺乏。为了应对大数据人才的培养问题，教育部设立了"数据科学与大数据技术"本科新专业。到目前为止，总共有600多所高校获教育部批准开设"数据科学与大数据技术"专业，中国人民大学是其中一所。

    本人认为，数据科学作为一个学科似乎尚未成熟，很多理论问题尚未搞清楚，其知识体系应该是怎样的，人们莫衷一是。但是社会对于大数据人才的需求是明确和巨大的，时不我待，为培养人才计，可以把专业先建设起来。

    开设新专业需要设置成体系的课程和编写成系列的教材。中国人民大学信息学院正在为"数据科学与大数据技术"专业重新规划课程体系，拟建设系统课程群、算法课程群和数据科学课程群三大课程群。其中，数据科学课程群由一系列课程构成，包括数据科学概论（导论）、数据库、数据挖掘、统计分析、深度学习、商务智能等。数据科学概论（导论）被定位为该课程群的入门和导论性质的课程。

    杜小勇老师领导的数据库与信息检索实验室（隶属教育部数据工程与知识工程重点实验室），较早开展了大数据系统及应用的相关研究工作。他们编写的《数据科学概论》一书，全面论述了大数据相关的主要数据类型和主流的数据管理、分析技术。在内容上，本书从简单的数据管理和分析、多维分析和结构化数据分析，到复杂的数据挖掘和机器学习，由浅入深渐次展开；同时，对文本、社交网络、时间序列、轨迹等数据分析技术分别进行介绍，完成了内容的宽度展开，这是本书比较突出的一个特点。数据科学是一门对实践动手能力要求很高的学科，本书提供了大量的基于 Python 的数据分析实例，读者可以直接运行或进一步修改，加深对技术原理的理解，真正掌握这些数据分析技术。

　　本书在论述的风格上深入浅出，通过案例和可视化技术辅助原理的讲述，使得读者容易理解和把握。作为数据科学与大数据技术的入门教材，本书是不错的选择，谨向大家推荐。

文继荣
中国人民大学信息学院院长、教授

前 言

《数据科学概论》第 1 版出版已经两年有余,作者收到了来自老师和同学们的大量反馈,对教材进行了修订和补充。第 2 版的改进简单说明如下。

对第 1 版进行修正

针对老师和同学们反馈的一些问题,我们进行了修正,使本书的正确性跃上新台阶。我们在准备第 1 版的时候付出了很大努力以保证质量。

针对老师和同学们反馈的不太容易阅读的部分,我们进行了改写,使本书阅读起来更加顺畅,可读性有所提高。

增加内容

第 2 版中增补了两章内容:时间序列分析(在线)和轨迹数据分析(在线)。除此之外,我们对相关章节进行了增补,目的是对一些细节进行解释,使读者更易于掌握相关知识。

在编写本书的过程中,我们参考了大量文献,包括论文、期刊、书籍以及网上资源。我们把这些参考文献按照各章进行汇总整理。为了控制本书的篇幅,我们把若干章节和参考文献分别单独制作成 PDF 文件,放在本书的附加在线资源中(网址是 https://blog. csdn. net/xiongpai1971/article/details/89364018)。本书的在线资源还提供了重点、难点的解析,以及对一些技术细节的进一步说明,帮助读者更好地掌握相关内容。

内容体系和学习路线图

新增"内容体系"部分帮助读者对数据科学应该是什么样的形成完整的认识。

本书的内容相当丰富,在实际教学中,使用本书的老师和同学需要一个有重点的学习路线图,以及本书内容是如何支撑这个学习路线图的指引。因此,我们增设了"学习路线图"(在线版本请访问 https://blog. csdn. net/xiongpai1971/article/details/89364071, https://datascience. neocities. org/, http://xiongpai. gitee. io/datascience/)。

希望对本书的内容体系和学习路线图的描述，能够使读者做到胸中有格局，脚下有路线。

教材的风格和配套资源建设

关于教育，爱因斯坦说："我反对把学校看作直接传授专门知识和在以后的生活中直接用到的技能的那种观点。……学校始终应当把发展独立思考和独立判断的一般能力放在首位，而不应当把取得专门知识放在首位……"教材作为承载教学内容的载体，应该体现这样的教育追求。

本书没有写成傻瓜式的编程攻略，或者软件使用说明书，而是侧重于原理的解释，引导读者了解基本原理，引发独立的思考和独立的判断。配套资源包括 PPT 和代码等，放在本书的在线资源中（网址为 https://blog.csdn.net/xiongpai1971/article/details/89364071）。读者可以自行下载，在具体的教学/学习中运用。

教材以原理讲解为根本，以数学建模和推导为辅助；在线资源则帮助读者做到代码落地，实现加强动手操作的目的。本书的在线资源提供了大量可运行的 Python 代码，读者可以下载和运行这些代码，加深对技术原理的理解。学习编程，一种行之有效的办法是"照葫芦画瓢"。在理解这些代码的基础上，读者可以参考已有代码，编写功能更加强大的应用程序。

在本书的撰写和修订过程中，我们一字一句地仔细推敲，展现出精益求精的工匠精神。回溯过去，我们于 2013 年开始在中国人民大学信息学院开设数据科学概论课程，并编写课程讲义；经过组织整理，2016 年开始写作本书第 1 版，2018 年出版；经过试用和反馈，现在加以修订，这体现了我们高度的历史自觉和持续的奋斗精神。由此，我们相信，能够为读者提供一本高水平的教材。

覃雄派　陈跃国　杜小勇

1. 对几个误解的澄清

（1）数据科学不能等同于大数据。

数据科学不能归结于或者等同于大数据。用大数据的几个 V，即数据量大（Volume）、速度快（Velocity）、类型多（Variety）、真实性（Veracity）来划分和把握数据科学的内容，或者用几个 V 来构造数据科学的内容体系，是很成问题的。

首先，数据科学是关于数据的科学，不管是大数据、中数据，还是小数据，都是它研究的对象。另外，大数据的"大"（大数据还有其他特点）是一个相对的概念；今年的"大"，不一定是明年的"大"。现在已经"大"得不得了的数据，过几年随着计算机系统存储和计算能力的提升，则变得稀松平常。当我们有办法应对大数据的几个 V 的挑战的时候，就无须再强调大数据的所谓大，而是强调数据的价值。

（2）数据科学不能等同于人工智能、机器学习、数据挖掘或统计分析。

人工智能/机器学习和数据（特别是大数据）有着天然的联系，一个是处理手段，一个是原材料。但是，数据科学不应等同于机器学习。人工智能、机器学习、数据挖掘、统计分析的知识对于培养数据科学家来讲，是必要的。或者说，数据科学涵盖部分人工智能技术，为数据分析服务。

2. 什么是数据科学？

数据科学研究数据本身，研究数据的规律性。

可以从两个角度来看，首先从时间维度来看，数据科学研究数据的来龙去脉；从空间维度来看，数据科学研究各种各样的数据。它研究数据的个性和共性、数据间的关联，以及如何分析数据。简言之，数据科学研究数据的方方面面，如图 1 所示。

（1）数据科学的目的，是利用数据认识和改造世界。首先，需要对自然和人类社会进行数字化表达，不同的对象有不同的表达形式，体现为数据的多样性，对应大数据的类型多这一特征。多样的数据需要根据其内在联系建立其关联。

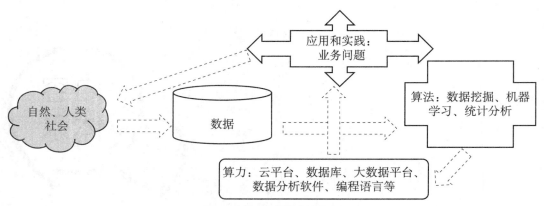

图 1　数据科学的内容体系

（2）我们需要了解数据处理和分析的主流技术及方法，包括数据挖掘、机器学习、统计分析方法。在这里不应该把三者完全切割开，只要是对处理和分析数据有用的方法，都应该纳入我们的体系，作为应该掌握的内容。可见，数据科学和人工智能密不可分。需要注意的是，我们关注的是人工智能里和数据分析相关的技术，类似人工智能里的机器人技术等则不宜纳入数据科学体系里。

（3）把数据的处理和分析落到实处，需要借助工具的帮助，包括云计算平台、数据库、大数据平台、对数据进行分析处理的软件包以及编程语言等。

（4）只要我们有数据、有方法、有工具，马上就可以开始对数据进行处理，但是这样的处理是否有意义呢？有时候，问出正确的问题（Ask the Right Question）比解决问题本身更加重要。我们需要深入理解业务需求，提炼问题，然后再寻求解决办法。甚至有时，业务部门自己都说不清楚需求。有些需求本来是没有的，是数据分析人员主动创造出来的。

在大数据时代，数据是新的生产资料，而算力是新的生产力。图 1 从数据、算法、算力、应用和实践等四个方面进行概括，体现了数据科学应有的内容体系，本书为这个体系提供了支撑。

3. 本书的四大模块

本书的内容分为四大模块，分别是：

（1）数据科学基础（Fundamentals）：讲述数据科学的基本概念和原则。

（2）数据和数据上的计算（Data and Computing on Data）：讲述不同的数据类型及其分析方法，数据类型包括结构化数据、非结构化数据、半结构化数据等，分析方法包括统计分析方法、数据挖掘方法和机器学习方法等。

（3）数据处理基础设施、平台和工具（Infrastructure, Platforms and Tools）：讲述云计算平台、数据库、大数据平台及工具、编程语言 Python 等。

（4）数据科学案例和实践（Applications and Practice）：讲述大数据应用的案例；并且面向金融领域的量化交易应用，从数据采集、模型训练、预测、评价，到可视化等环节，带领读者完成数据分析处理的实践。

4. 各章节内容介绍及相互联系（见图 2）

第 1 章 "数据科学概论" 是统领全书的一章。本章介绍数据科学的概念、数据科学的原则、数据的价值、数据的类型、数据处理的流程、批处理/实时处理/交互式处理以及 Lambda 架构等。

我们把数据处理系统提供的功能（或者对数据的操作），分为数据服务和数据分析两大类。

数据服务（Data Serving），是面向大量操作型用户，提供对细节层面数据的存储、检索等服务，支撑业务系统的运行。对数据的操作，主要是增加、删除、修改、查询少量的记录，或者计算一些简单的统计指标。由于要处理大众化的、简单的数据处理任务，每个任务必须能够被快速地处理，因此，单个任务一般不会很复杂，直接处理的数据量不会太大。

传统的关系数据库（也称为 SQL 数据库，因为关系数据库管理系统一般提供 SQL 查询语言的支持）具备事务处理能力，提供关键任务（Mission-critical）的数据服务。比如，银行核心业务系统，提供了存钱、取钱、转账、查明细、计息等功能。随着移动互联网时代的到来，很多互联网特有的现象级应用给事务处理带来了不小的挑战。"双十一" 购物节和 12306 网站 "春运" 期间的售票业务是两个较为典型的例子。高并发的事务处理请求，给现有数据库系统带来了巨大的挑战，研究人员尝试使用新硬件提升数据库系统性能，以及在软件层面重新构建数据库系统，这是对关系数据库的改造或者再造，产生了一批扩展性良好的新型事务处理系统，统称 NewSQL 数据库。

在某些应用系统中（比如电商的购物框管理、互联网用户画像等），数据处理逻辑相对简单，主要的操作是快速查找数据和修改数据，对数据的一致性要求没有那么强，但是要求极高的吞吐能力。传统的关系数据库扩展性不足，无法胜任这样的数据处理任务。NoSQL 数据库（不是某个数据库，而是一类数据库的统称）由于弱化了数据的一致性要求（采用最终一致性），数据操作简单，适合并行化处理。在集群环境下，能够达到极高的数据读/写吞吐率（每秒百万级操作），满足这类应用。典型的例子是采用键值对数据模型的 NoSQL 数据库，比如 Dynamo 等，对数据的主要操作包括根据某个 Key 查找或者修改它的 Value。

互联网公司在为用户提供服务的过程中，收集到了很多用户行为数据，可以利用数据分析技术构建用户画像，以便提供个性化的服务。为了精细地刻画用户的特征，经常使用成百上千甚至上万个属性。对特定用户的属性进行检索和修改，就是典型的数据服务。在用户登录的时候，快速提取用户的属性，利用这些属性和一些特有的业务规则，对用户进行个性化的界面显示，也是典型的数据服务。整个服务过程在很短的时间内（比如几毫秒到几十毫秒）处理完毕，要求很高的性能。而根据用户的属性，计算用户的相似度、对用户进行聚类等，则是复杂的数据分析。

数据分析（Data Analysis），主要面向分析人员（或者管理层），通过对大量数据使用复杂的计算模型进行分析，发现数据中隐藏的模式或规律。数据分析结果蕴含的信息量通常很大，适用于宏观决策，为中层和高层管理人员所使用。数据分析分为简单分析和复杂分析。

简单分析是指简单汇总和报表等。联机分析处理（Online Analytic Processing，OLAP），采用星形模型或者数据立方体组织数据，保存在数据仓库中，然后进行多维度的聚集查询分析。在 OLAP 应用中，在事实表中记录一系列的事件，在维表中记录事件的维度，然后从维表中选取一些维度对事实表进行汇总操作，这些汇总操作包括计数、求和、求平均值、求最大值、求最小值等。比如，某连锁企业汇集了全国各个地区的门店的销售数据，就可以从时间、产品、地区等维度对销售数据进行汇总。在一个维度上，还可以选择不同的汇总层次，比如在产品维度上，可以查看各个产品大类的销售额，或者更加深入细致地查看某个产品大类下各个产品小类的销售额等。对销售额最低的门店的详细销售数据进行查看，是一种下钻操作，比如具体到每种商品每天的销售情况，可以帮助管理者找到销售不佳的原因。联机分析处理从分析的复杂度上来讲，属于简单分析。为了把数据从联机事务处理（Online Transaction Processing，OLTP）/数据服务系统转移到数据仓库系统中，需要对数据进行抽取、转换和装载，对于有错的数据进行必要的清洗，提高其质量。如果数据来自多个来源，是异构的，还需要进行集成。

复杂分析一般需要利用统计分析方法、数据挖掘方法与机器学习方法，对数据进行深入分析，提取有用信息并形成结论，辅助人们决策。机器学习是一个活跃的研究领域，通过从数据中训练出一个模型用于预测。比如，电商网站的推荐系统，根据大规模用户的购买或浏览行为数据，使用机器学习算法，得到一个推荐模型。当用户在电商网站选购商品时，网站会利用先前学习到的推荐模型，结合用户近期的浏览和购物行为，为用户推荐商品。

近年来，通过和大数据的结合，机器学习取得了很多令人振奋的进展。最为典型的是深度学习（深度神经网络）技术，已经在计算机视觉、语音、自然语言处理、游戏博弈等领域取得了巨大的突破。

在用户和数据处理系统进行一次交互的过程中，可能使用到数据服务、数据的简单分析和复杂分析等不同的数据处理功能。比如，在用户向搜索引擎提交关键字进行查询的过程中，搜索引擎利用信息检索技术提供查询结果。信息检索（Information Retrieval）是指从大规模的数据集（大量文档构成的文档集）中，快速查找满足用户需求的数据（少量文档）的过程。用户通过关键字（或自然语言语句）表达信息需求，为了快速得到查询结果，信息检索系统一般预先离线式地建立索引结构（如倒排表）。检索出一系列的文档后，搜索引擎还需要根据结果跟查询的相关性，对结果进行排序。索引的创建、结果的排序都是典型的数据分析操作，索引创建是离线进行的（Offline），而结果排序是在线进行的（Online）。用户根据搜索引擎提供的网址列表，点击某个网址以后，搜索引擎提供该网址所指向的网页则是典型的数据服务操作，即从数据库中提取网页，返回给用户。在为大量互联网用户提供海量 Web 数据的信息检索服务的基础上，搜索引擎公司能够获得大量用户行为数据。通过对这些数据进行分析，它们能够为自身提升信息检索服务质量、扩大广告服务等增值业务奠定基础。

数据服务的主要目的是支撑业务的运行，并为后续分析积累数据，数据分析才能真正发挥数据的内在价值，为决策服务。仍以搜索引擎为例，以前人们一直认为信息检索的核心是排序模型，并投入了大量精力改进排序模型，以求提升信息检索的精度。然而，随着越来越多的用户使用搜索引擎，搜索引擎公司逐渐意识到，用户对结果的点击行为是一种非常好的反馈。利用海量用户的点击数据，研究人员使用排序学习的方法，可以大幅度提升信息检索的精度。这是搜索引擎公司对其收集的大数据的一种重要的价值发现过程。数据分析（特别是复杂分析）是发挥数据价值的关键。

本书各个章节的内容及其联系如图 2 所示。由于篇幅所限，图 2 中虚线框内的章节以在线方式提供。

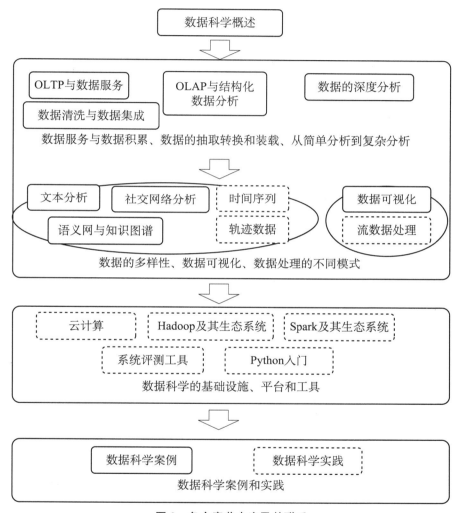

图 2　各个章节内容及其联系

本书第二部分的第 2 章"OLTP 与数据服务"介绍 OLTP 与数据服务的关键技术与实际系统。第 3 章"OLAP 与结构化数据分析"介绍 OLAP 与结构化数据分析的关键技术与实际系统。第 4 章"数据清洗与数据集成"介绍了数据抽取、转换、装载、清洗及集成的具体操作。第 5 章和第 6 章"数据的深度分析（上、下）"介绍主流的统计分析方法、数据挖掘方法与机器学习方法。从"OLAP 与结构化数据分析"到"数据的深度分析"，分析的复杂度提高了。

　　到这里为止，我们主要讨论了结构化数据、半结构化数据的分析处理。在互联网时代，有几类数据的分析尤为重要，包括文本数据、图数据（社交网络）、知识图谱等。第二部分的第 7 章"文本分析"介绍文本分析的意义、方法和工具。第 8 章"社交网络分析"介绍社交网络分析的应用、方法、工具等。社交网络的发展，让图分析技术发挥出越来越重要的作用。图数据分析（社交网络分析）的目的在于，分析图上节点（包括边）的影响关系、发现图的模式等。第 9 章"语义网与知识图谱"介绍语义网概念、关键技术以及知识图谱的创建、挖掘和应用。此外，"时间序列"和"轨迹数据"两类数据的分析也是数据科学的重要内容。

　　在数据科学实践中，数据的可视化是非常重要的环节。第 10 章"数据可视化、可视分析与探索式数据分析"介绍数据可视化的作用、过程、原则、实例等，并介绍可视分析以及可视化的工具。此外，由于探索式数据分析往往需要数据可视化的帮助，这一章中也介绍了探索式数据分析。

　　在已经介绍的内容中，涉及的数据处理模式主要有批处理（比如统计汇总和训练机器学习模型）和交互式处理（OLAP 分析）。在线的"流数据处理"一章介绍第三种数据处理模式，包括流数据处理的概念、技术与实际系统。

　　在学习了第二部分之后，读者应该熟悉各种数据分析技术的原理。把这些技术和方法落到实处，需要数据处理的基础设施、平台和工具的支撑。第三部分介绍这些内容。

　　在线的"云计算"一章介绍云计算的概念、技术与主流厂商的实际系统。当数据规模大到一定程度的时候，传统计算架构已经不再适用，云计算是为大数据而生的计算模式。

　　在第二部分各章的内容中，穿插介绍了大量的工具，包括关系数据库管理系统（RDBMS）、NoSQL 系统、NewSQL 系统、流数据处理系统等，以及数据挖掘、机器学习、文本分析、图数据分析的相关工具。

　　第三部分将继续介绍两大主流大数据处理平台和生态系统，即 Hadoop 和 Spark。在线的"Hadoop 及其生态系统"一章介绍 Hadoop 大数据处理平台及其生态系统，包括 Hadoop 1.0 与 Hadoop 2.0。在线的"Spark 及其生态系统"一章介绍 Spark 大数据处理平台及其生态系统。Hadoop 和 Spark 都具有数据集线器（Hub）的功能，它们把不同来源的数据集中到一个地方，进行后续的分析。

　　当用户面临各种类型的数据需要管理，有大量工具可供选择的时候，他们需要借助某种手段做出抉择。在线的"系统评测工具"一章介绍数据处理和分析系统的各类评测基准。评测基准不仅帮助最终用户进行系统选择，还可以帮助厂家提高产品的性能，帮助研究人员验证新的技术和思想。

　　第三部分还介绍了主流的数据科学编程语言 Python。在线的"Python 入门"一章介绍了 Python 语言、各种工具库，并给出一系列实例，帮助读者掌握 Python 语言及其生态系统。

　　第四部分跟实际应用有关。第 11 章"数据科学案例"介绍数据科学在各个行业的成功案例。在线的"数据科学实践"一章则介绍数据科学在金融领域的一个重要应用，即量化交易，主要涉及量化交易系统的基本概念、系统设计、实现以及评估等方面的内容。

5. 本书的特点

关于数据科学的图书，有的偏重理论，有的偏重实践。偏重理论的图书，重视严谨性和数学的推导；偏重实践的图书，则用大量的篇幅讲述某个（些）软件的使用和编程。本书兼顾原理和实践，采用案例讲解技术原理以及问题解决策略。

为了帮助读者把握技术原理，并且能够运用这些原理，对复杂的工程问题进行建模和求解，我们从两个方面进行论述。首先，针对各个知识点，通过简单的实例讲解技术的原理，使读者迅速把握其本质，而不是陷入晦涩的数学推导当中（必要的数学知识是需要的）。这并不是说数学推导不重要。对于一门导论性质的课程的教材，重要的是让学生把握技术的原理和思想，艰难的但是必要的、深入的数学推导过程可以在后续的课程中展开。本书采用浅显易懂的语言，结合实例讲清楚各种技术的基本原理，不仅方便计算机专业的学生阅读，其他专业的学生在理解上也不会有太大的困难。

其次，我们从问题出发，展示问题的分析、解决策略及其实现过程，这是面向实际应用的综合实例。我们选择的综合案例，是金融领域的量化交易应用，涵盖数据采集、模型训练、预测、评价以及可视化等重要环节，力求锤炼读者的编程能力，使读者深刻体会运用数据科学方法解决实际问题的乐趣。

本书第 1 版出版后，引起了大量的关注。授课老师纷纷表示，愿意使用本书开设数据科学概论课程。

在同一些老师的沟通和交流中，我们了解到他们面临的主要问题是，本书内容比较多，全部讲下来不容易；如果全都讲，则面面俱到，不容易讲清楚，没有重点。

中国人民大学老校长成仿吾教授当年提出的教学三原则，仍然值得我们学习和借鉴，"理论联系实际，内容少而精，教与学相一致"。

在教学中，应该对内容有所选择。基于此，我们为使用本书的老师和学生制作了学习路线图，并且详细说明本书内容是如何支撑这个学习路线图的。

作者梳理了数据科学概论课程的目标，对本书内容进行了仔细分析，按照数据科学概论课程目标的要求，把内容划分为必学内容和选学内容，给出如下的教学大纲。

1. 教材承担内容体系——宽广的视野

本书的内容不做删减，并且在第 2 版中加以修正和丰富，体现了数据科学应有的知识体系和知识点之间应有的联系，有利于学生拓宽视野。

在内容体系方面，数据科学概论由理论部分和应用部分构成，形成两条线索，两个 T 字，如图 1 所示。

- 数据科学概述
- OLTP与数据服务
- OLAP与结构化数据分析
- 数据清洗与集成
- 数据挖掘与机器学习

- 云平台、Hadoop & Spark、Python以及统计分析/数据挖掘/机器学习工具库

选择某个特定领域深入介绍，比如：
政府
金融
电商
互联网
……

- 其他数据处理模式：流数据处理
- 其他数据类型：文本、社交网络、轨迹数据、时间序列……

图 1 内容体系

理论部分，先由浅入深，再横向展开，旨在使学生拓宽视野，形成完整的知识体系。应用部分，先横向展开，再深入某个应用领域（政府、金融、电商、互联网等），旨在培养学生的动手能力和浓厚兴趣。

理论部分解决"所以然"的问题，而应用部分解决"然"的问题。我们既要知其然，也要知其所以然。

2. 教学大纲给出学习路线图 ——有重点、有路线

教学大纲将对内容有所选择，做减法，突出重点，这有利于老师把相关内容讲得更加细致清楚，学生理解得更加透彻，并且有充分的动手实践的时间安排，通过一系列案例切实培养对数据的感觉，实现教学目标。没有在课程中讲授的内容，学生可以自行选择学习。

3. 课程定位与教学目标

数据科学家是大数据时代急需的人才，他们应具有宽广的视野，同时具备扎实的理论和技术功底。数据科学专业的整个课程体系，涵盖一系列基础课程，包括数学课程、计算机课程，以及一系列专业课程，为最终培养能够解决复杂业务问题的合格的数据科学家服务。

在整个课程体系中，数据科学概论的定位是入门和统领性的课程，把学生引进数据科学的大门，让他们对数据分析的基本原理和关键技术有一个初步了解，培养以数据为中心的问题求解的思想方法和初步能力。

该课程的目标有两个：一是形成宽广的视野和培养浓厚的兴趣；二是打下坚实的基础。学习该课程有利于学生学习后续课程，有利于培养新一代数据科学家。

该课程一般在大二下学期开设。此时，学生已经学习了必要的数学知识和编程基础，学习这门课可为大三其他专业课的学习打下必要的基础。

在教学目标方面，该课程突出两点：一是掌握数据分析的基本思路、基本理论与基本方法；二是培养实践能力，即面向某个行业的实际需求，能够给出数据解决方案并最终实现它。

在难度方面，该门课程定位为入门课程，目的是培养学生浓厚的兴趣，难度上要降低，对算法的数学基础和推导过程的把握由后续的各门专业选修课程来承担，本门课程仅要求了解基本原理。加强实践环节，要求学生熟练掌握主流工具，完成数据管理和分析全流程的实践，切实培养动手（编程）能力。

4. 教学内容和教学计划

教学计划，对教师而言，就是教学的行动指南；对学生而言，则是学习的路线图。

（1）教学内容模块化。

数据科学概论是入门性质的课程，内容安排要注意取舍，达到广度和深度的平衡。既要避免泛泛而谈，没有重点；也要避免只及一点，不及其余。

从广度上讲，要帮助学生构建起一个完整的知识体系。在理论部分，包括数据科学的基本概念、技术和方法，数据的类型、生命周期，数据处理的流程、模式，数据分析的主要方法等。其中数据的类型是丰富多样的，包括文本、社交网络、时间序列、轨迹数据、音频/图像和视频等。在实践（应用）部分，包括成功案例的介绍，以及熟悉数据处理的基础设施、平台和各种工具以及编程。

　　鉴于内容如此繁多，在深度上，只能选择几个专题进行深入介绍。在介绍完数据科学的基本概念、技术和方法以及主要的数据类型及其分析方法之后，可以选择几种具体的数据类型，进行深入细致的介绍。建议在内容方面删繁就简，突出结构化数据分析、文本分析和图数据（社交网络）分析三大块。

　　在实践部分，设计一系列练习，要求学生结合实际数据进行上机实践。包括指定练习和大作业（指定选题或者自由选题）两个部分。大作业的题目来自各个大数据大赛或者企业应用，目的在于发挥学生的能动性，解决实际问题。

　　为此，数据科学概论课程的教学内容分为如图 2 所示的几大模块，各模块的规模和时间分配不尽相同。

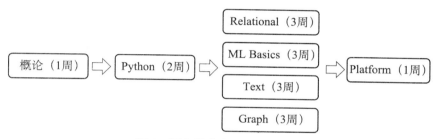

图 2　课程教学内容的各个模块

　　概论（1 周）：主要介绍数据科学的基本概念、大数据及其价值、数据的生命周期和数据处理的流程（包括数据的采集和获取、数据预处理/清洗和集成、数据管理、数据分析、可视化和解释等），以及数据处理的不同模式。

　　Python（2 周）：Python 语言部分，包括 Python 语言基础，以及 Python 的几个重要的库（重点讲解数据预处理库 pandas、数组和计算库 numpy）的介绍。

　　由于是概论课程，本课程的主要目的是把学生引进数据科学的大门，培养对数据的感觉和兴趣，基础理论不宜讲得太深（可以放在后续专业课中深入介绍，如何平衡可以由任课老师具体把握），而应偏向工具的使用和应用的开发，让学生迅速获得数据处理分析和数据价值的感觉。

　　Relational 模块（3 周）：该模块依赖于关系数据库管理系统（MySQL）、SQL on Hadoop 系统等工具（平台），实现数据从生产系统向分析系统的抽取、转换和装载，以及后续的多维分析（OLAP）。该模块的目的，是使学生熟悉关系模型和 SQL 语言。数据科学家不熟悉 SQL 语言是不合适的。

　　在中国人民大学信息学院，由于后续有数据库系统概论专业课专门讲授关系数据库管理系统和 SQL 语言，所以在数据科学概论课程中暂不讲授 Relational 模块，把时间分配到其他模块。

　　ML Basics 模块（3 周）：介绍数据模型和通用的数据分析方法、数据可视化等。有些老师更习惯在介绍其他模块比如文本处理的时候，适时地介绍一些机器学习方法。但是作者更加倾向于专门安排时间介绍这些数据分析方法。比如 SVM 方法，可以用于文本处理，也可以用于图片处理，单独介绍是合适的。重点对分类（Decision Tree，KNN，SVM，Naive Bayes）、聚类（K-Means、DBSCAN）、回归（线性回归和 SVR）和降维（SVD、PCA）等类别的主流方法给予介绍。同时介绍 Python 的机器学习库 scikit-learn 和可视化库 matplotlib。

　　Text 模块（3 周）：依赖于分布式的大数据处理平台（Hadoop/Spark/Lucene）和各种工具，包括 Scrapy 爬虫、Jieba 分词、NLTK、scikit-learn 等，使用各种文本分析方法，对文本进行分词、索引与检索、实体识别、情感分析、话题发现、可视化等。重点讲解文本爬取、文本表示、文本分类、文本检索。在检索实验方面，Lucene 安装配置比较复杂，可以选用 Elastic Search 代替。

　　Graph 模块（3 周）：依赖于 Python networkX 或者 Neo4J 数据库（如果时间有限，可以仅仅限于 networkX 的介绍），对图数据进行创建、查询、Centrality 和 PageRank 计算、路径分析、社区检测、影响力分析等一系列分析。重点讲解图的表示、中心度和 PageRank、社区检测和 Louvain 算法、影响力分析和 IC 模型等。

　　Relational 模块、Text 模块、Graph 模块都带有很强的实践性，除了理论阐述，重点介绍工具的使用和应用案例。

　　教师在讲解原理、方法、工具的基础上，布置一系列命题上机作业。要求学生熟练使用上述平台和工具，对数据集进行处理、分析和可视化，并且解释结果，体现数据的价值。

　　Platform 模块（1 周）：简单介绍云计算平台、大数据工具 Hadoop/Spark，以及流数据处理的基本原理，使学生对分布式计算与大数据平台（Hadoop & Spark）、数据处理的不同模式（批处理和流式处理）有所了解。但这不是本课程的重点。

　　数据科学不能归结于或者等同于大数据。用大数据的几个 V（Volume，Velocity，Variety，Veracity）来划分和把握数据科学的内容，或者用几个 V 来构造数据科学的内容体系是很成问题的。首先，数据科学是关于数据的科学，不管是大数据、中数据，还是小数据，都是它研究的对象。另外，大数据的"大"（大数据还有其他特点）是一个相对的概念，今年的"大"，不一定是明年的"大"。现在已经"大"得不得了、复杂得不得了的数据，过几年随着计算机系统存储和计算能力的提升，则变得稀松平常。当我们有办法应对大数据的几个 V 的挑战，就无须再强调大数据的所谓大，而是强调数据和数据的价值，强调挖掘数据价值的方法。

　　但是，数据科学应该包含大数据，所以我们应该对相关的技术有基本了解。对于大数据工具 Hadoop/Spark，以及流数据处理的基本原理的更为深入的掌握，数据科学概论课程是不应也无力承担的，这些应该放在专门的专业课或者选修课里。

　　（2）实践环节——知识点案例、综合案例和开放实践课题。

　　数据科学概论强调实践性，学生需要通过一系列案例的实际操练，才能深刻理解所学的内容。实践方面包括三类内容，分别是知识点案例、综合案例以及开放实践课题。

　　知识点案例从数据和代码量来看，规模一般很小，容易运行，可以很快得到结果，还可以做各种更改，看看不同效果，有利于学生迅速把握各个知识点。如果案例的规模太大，代码很长，学生不容易运行，结果遥遥无期，挫折紧跟着挫折，不利于学生迅速获得成就感。

光有知识点案例是不够的，我们培养数据科学家的目的，是让他们能够综合运用所学知识，解决实际业务中更复杂的问题。培养的办法就是"我做给你看，你做给我看"。

"我做给你看"是综合案例。综合案例把数据的采集和准备、数据的清洗和集成（包括多源异构数据集成、多模态数据融合）、数据的探索、数据的建模、模型的运用以及分析结果的可视化和解释等完整的流程勾连起来，培养学生全流程的能力。但是从学生角度看，这也仅仅是看老师怎么做，跟着做，找找感觉。

"你做给我看"是开放实践课题。这些课题的规模和综合案例是相当的，没有标准答案（可以有参考解决方案），需要学生发挥主动性和能动性，创造性地运用所学的各个知识点，形成方案，解决问题，完成既定的业务目标。

这些实践使学生学会使用工具，并且结合具体业务问题，培养初步的工程经验。

（3）教学计划。

表 1 展示了一个可行的教学计划，给出了时间安排以及辅助材料，供读者参考。

表 1　教学计划

周次	模块	上课（理论讲解/案例讲解）	上机（已有案例/上机练习）
第×周第×次课	所属模块	每周 2 次课，每次 2 个课时。老师不仅进行理论讲解，还适当讲解一些案例	每周 3 个小时上机时间学生通过一些案例（提供代码和数据）的运行和分析，熟悉相关技术，在此基础上完成老师布置的上机练习

请参考在线版：

https://blog.csdn.net/xiongpai1971/article/details/89364071

https://datascience.neocities.org/

http://xiongpai.gitee.io/datascience/

注：1. 大作业题目来源，包括 Kaggle 大赛题目、国内大数据大赛题目等。主题可以选择结构化数据分析、文本分析、社交网络分析，也可以选择量化交易、图像检索、自动驾驶中的 Object Detection 等。量化交易、图像检索和自动驾驶的选题，偏离本课程重点讲授的内容比较远，建议围绕结构化数据分析、文本、图（社交网络）来选择选题。

结构化数据分析可以从属于文本或者图数据处理任务，比如文本分析的结果，以结构化的形式保存到关系数据库中，然后用 SQL 查询实现报表和图表形式的可视化。

2. 系统评测工具、语义网与知识图谱、时间序列、轨迹数据、数据科学实践等章节不做强制要求，同学们可以选学。

5. 实验环境介绍

本机实验环境：学生可以在自己的笔记本电脑上安装和配置 Python 编程环境、MySQL 数据库、Neo4J 桌面版等，相关实验包括 OLTP/OLAP、Text、Social Network，都可以在本机开展。

云平台实验环境：在 Hadoop/Spark 上完成大数据实验，比如 SQL on Hadoop 上的 OLAP 实验。由于 Hadoop 和 Spark 的实验环境的建立相当复杂，需要耗费大量的时间，助教（每个教学班配备 1～2 位助教）应该把实验环境预先建立好，无须学生自行安装配置（感兴趣的学生可以自行安装和配置 Hadoop/Spark，自己动手操作很有好处）。通过云平台来创建实验环境，一般可以建立 3 台虚拟机构成的集群。如果硬件条件允许，每个同学独享 3 个虚拟节点构成的集群；否则可以限定若干同学共享一个虚拟集群。

当数据集比较小，可以通过单机进行处理。如果数据集比较大，可以使用 Hadoop 和 Spark 平台进行处理。比如同样是 OLAP 实验，可以在单机上通过 MySQL 完成处理，也可以在 Spark 平台上通过 SparkSQL 完成处理。在时间允许的情况下，可以考虑在两个环境下都完成实验。

6. 考核办法

期末总评成绩由 8 个部分构成，具体比例如表 2 所示。

表 2　考核办法和比例

平时	OLTP/OLAP 实验	ML Basics 实验	Text 实验	Graph 实验	期中考试	大作业（可自由选题）	期末考试
10%	10%	10%	10%	10%	10%	20%	20%

授课老师可以根据授课的课时数对上述教学计划做进一步调整。

本学习路线图是在和陈跃国、范举、徐君、李翠平、柴云鹏、窦志成、文继荣、杜小勇、王珊等老师讨论的基础上，进一步丰富形成的，在此对各位老师表示感谢。

目 录
CONTENTS

第 1 章

数据科学概述

1.1　数据科学的定义

什么是科学？科学是对已经发现的、不断积累的、人们公认的普遍真理的总结，科学是系统化的知识体系。科学的每个领域，有它的研究对象、基本概念、解决问题的方法和手段。科学包括自然科学和社会科学两大类别。

数据科学是 2010 年以来逐渐兴起的科学分支。人们普遍认为该门科学正在逐步形成，其知识体系仍在创立之中。总体上，人们已经对其达成了一些共识。科学的含义，一部分在于对已经了解的事物基本原理的整理，另一部分则在于不断探索的过程。也就是说，科学不仅是事实的积攒和理论的构建，也是一个过程，旧的理论面临不断的测试，得到验证或者反驳，新的理论不断诞生，替代旧的理论。著名物理学家马克斯·普朗克（Max Planck）说过，物理学在一次又一次的葬礼中进步，就是这个道理。数据科学家经过严格训练，能够利用系统化的方法进行新的探索，为不断建立的理论体系做出贡献。

对于数据科学这一概念，有很多解释。本书侧重于从数据角度对其进行解读，包括数据本身具有的内在价值，以及获取数据价值的技术手段等。

数据科学，是关于对数据进行分析、抽取信息和知识的过程提供指导的基本原则和方法的科学。数据科学研究各种类型的数据、数据的不同状态、属性及其变化规律，它研究各种方法和技术手段，对数据进行简单的或复杂的分析，从而揭示自然界和人类行为等不同现象背后的规律。

数据科学的核心任务，是从数据中抽取信息、发现知识。它的研究对象是各种各样的数据及其特性。数据科学包含一组概念（Concept）、原则（Principle）、过程（Process）、技术/方法（Technique/Method）以及工具（Tool），为其核心任务服务。其中的概念和基本原则（Fundamental Principle），给予我们系统地观察问题、解决问题的一套完整的思想框架（Structural Framework）；而大量的数据分析技术/方法和工具，则帮助我们把思想落地，切实实现数据科学的目标。

简而言之，数据科学是以各类数据作为研究对象，建立在应对数据分析挑战的众多关键技术基础上的通识意义上的科学。为了建立数据科学，人们需要从深层次梳理各种数据分析处理技术，解析它们的定位和相互关联，在理论层面把这些技术联系起来，也就是对基本概念、理论和技术加以系统化的整理。

1.2　数据科学的定位

人们通过解读数据科学与统计学、人工智能/机器学习、数据挖掘、数据库与数据处理、可视化、知识发现（KDD）、模式识别、神经计算等的关系，来确定数据科学的定位（见图 1-1）。

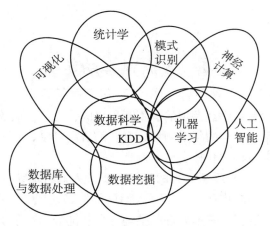

图 1-1　数据科学是一门跨学科的新兴交叉学科

数据科学不是凭空发展起来的，它是一门新兴的交叉学科。它从数学/统计学、计算机科学等传统学科领域，特别是从数据库、数据挖掘、大数据分析、人工智能/机器学习、可视化等领域，借鉴了大量已有的理论和技术，吸收了有效的成分，逐步建立起自己的学科体系。由于相关的理论和技术来自不同的研究领域，相互之间存在较大的差异，比如研究的假设等，数据科学试图在此基础上构建和谐自洽的理论体系。

▶ 1.2.1　数据科学与数据库、大数据分析的关系

在企业/机构的业务系统里，后台数据库提供增加、删除、修改、查询等数据操作功能，对业务信息进行维护，并且提供简单的报表功能，支撑业务的运行。支撑业务运行的数据库还不具备数据科学的"范儿"，因为数据科学的核心任务是从数据中挖掘价值。但是，业务数据库的持续运行，积累了大量的基础数据，为数据科学提供了重要的

"原材料"。

信息技术的进步，大大降低了人们获取数据、存储数据和传输数据的成本，使得越来越多的企业/机构有能力从自身的业务系统中或通过互联网等其他途径，获取并存储规模日益庞大的数据。不断堆积的数据在规模和复杂程度上，逐渐超越了企业/机构所采用的已有技术和工具（或者对其进行简单的升级改造）的能力。利用现有技术和工具，无法在一定的时间范围内对数据进行采集、管理和分析，就形成了大数据。

2012 年，牛津大学教授维克托·迈尔-舍恩伯格（Viktor Mayer-Schonberger）在其著作《大数据时代》（*Big Data：A Revolution That Will Transform How We Live，Work，and Think*）中指出了大数据时代数据分析的新模式，即数据分析从"随机采样""精确求解""强调因果关系"的传统模式，演变成大数据时代的"全体数据""近似求解""只看关联不问因果"的新模式，引发了广泛探讨。

大数据具有三个基本特点，其中最重要的特点是数据量大（Volume），其规模超出了已有工具的处理能力，需要研发新的工具来处理。当一个企业/机构意识到不断堆积的数据蕴含非常大的价值，却无法通过对已有的信息系统进行简单升级改造，来有效地从数据中提炼出足够的价值的时候，它们开始对承担数据管理和分析任务的信息系统进行革命性的改造。大数据的第二个特点是数据类型多样（Variety）。为了表达客观世界的对象、事件，人们从不同来源采集了不同类型的数据，包括数字、文字、图数据以及各种多媒体数据（音频、图像、视频等）。比如对于电商用户，电商网站通过客户登记采集了他们的基本信息，同时电商用户在网上的浏览、评价、推荐、购买等行为也被记录下来，如果电商用户是通过类似微信这样的 App 引流的，电商网站甚至可以了解到电商用户的朋友圈（需要用户授权）。我们希望把多源异构数据整合集成起来、把多模态数据关联融合在一起，互相补充，更好地刻画客观对象，更好地分析其中隐藏的规律性。大数据的第三个特点是数据生成速度快（Velocity），要求处理速度快，时效性高。比如在传感器网络中，传感设备生成的数据数量大、速度快，需要及时处理；金融市场的交易数据需要以亚秒级速度进行处理；推荐引擎需要以秒级速度把新闻推荐给用户等。此外，大数据还有噪声大、维度高、数据稀疏价值密度低等特点，这些特点给数据管理和分析提出了严峻的挑战。

数据中蕴含着规律性，即数据中包含价值。数据的价值，在信息系统作为计算机科学的一个重要的研究方向之初，就得到了人们的认可和重视。大数据已经在政务、金融、卫生和医疗、教育和培训、电子商务和零售、科学研究等行业得到了应用，彰显其价值。大数据改变着生产和生活方式，推动着社会进步。大数据提供了科学研究的新范式，支持基于数据的科学发现，比如利用天文望远镜观测数据探索和发现系外行星。大数据提供社会科学研究的新方法，基于全量数据可以实现更加科学的决策。围绕大数据的处理全流程，不断形成大数据的技术生态和产业链。

在大数据时代，数据的价值源于其规模效应，当数据量足够大时，其价值能够产生从量变到质变的效应。这一点在深度学习领域得到了很好的验证。2010 年以来，在机器学习和人工智能领域，研究者利用大数据更好地训练深度神经网络模型，在语音识别和图像识别等应用领域取得了长足进步。在一直以来被认为人工智能难以攻破的围棋领域，人工智能技术也已经超越了人类。究其原因，是大规模数据尤其是经过人工标注的大数据，使得人们构建更精细化的模型成为可能，让一度不被重视的神经网络技术，乃至整个人工智能领域重新焕发活力。这是对大数据进行深度分析，挖掘利用其价值的典型例子。

当我们能够以足够少的时间和足够小的空间分辨率，对现实世界进行数字化，就建造了现实世界的一个对等的数字化虚拟映像。利用计算机高效的信息处理能力对这个映像进行深入分析，有可能发现现实复杂系统的一些变化规律，从而为我们认识自然和社会并且改造它们提供新的手段。

大数据及其分析（需要各种具体的机器学习与数据挖掘方法对数据进行分析）是数据科学的有效组成部分。但是，我们不能把数据科学等同于大数据分析。从某种意义上讲，大数据是一个相对的概念。今年的大数据，由于技术的进步，即计算机存储容量和计算能力的增强，在不远的将来可能就不宜再称为大数据了。数据科学，其研究的对象包括各种类型、各种规模的数据。它除了研究具体的数据分析方法，还要探讨更加根本的问题，即数据分析处理的基本规律。

➲ 1.2.2 数据科学与基于数据的决策的关系

基于数据的决策（Data-Driven Decision Making），指的是人们基于数据分析的结果进行决策，而不是基于直觉拍脑袋决策。数据科学的目的，是通过数据分析让我们理解数据并获得对事物的洞察力，它包含一系列的基本原则、过程、技术/方法和工具。

由此可见，数据科学是为基于数据的决策服务的，即从数据中挖掘其隐藏的模式，获得新知，指导新的行动（见图1-2）。

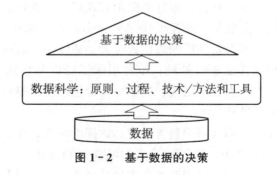

图1-2　基于数据的决策

1.3　数据科学家

数据科学家，是伴随着大数据技术的崛起和数据科学的兴起出现的新的就业岗位。近年来，数据科学家的需求持续增长。数据科学家，被誉为21世纪最性感的职业。[①] 他

[①]　https://hbr.org/2012/10/data-scientist-the-sexiest-job-of-the-21st-century.

们使用各种技术，对不同来源的数据进行分析，帮助企业做出更加明智的决策。

图 1-3 展示的是 Indeed.com 发布的 2006—2013 年若干大数据开发人员岗位需求的增长情况。

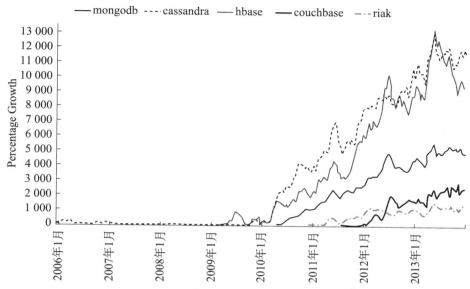

图 1-3　Indeed.com 发布的 2006—2013 年若干大数据开发人员岗位需求的增长情况

图 1-4 展示的是 Simply Hired 发布的 2009—2011 年若干大数据开发人员岗位需求的增长情况。来自 O'Reilly 出版集团研究部门的报告显示，2009—2010 年，对 Hadoop 和 Cassandra 的开发人员的需求呈现稳定增长的态势。

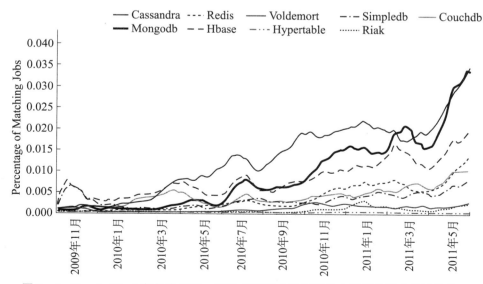

图 1-4　Simply Hired 发布的 2009—2011 年若干大数据开发人员岗位需求的增长情况

图 1-5 展示了这一时期，企业发布的 Cassandra 开发人员招聘岗位数量，以及发布这些招聘信息的企业数量的变化情况。这些信息可以看作数据科学人才需求热度的冷暖表。

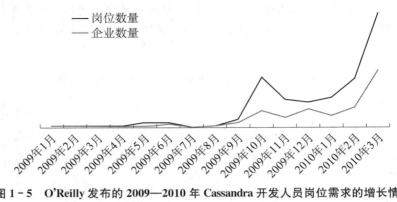

图 1-5   O'Reilly 发布的 2009—2010 年 Cassandra 开发人员岗位需求的增长情况

著名咨询机构麦肯锡公司预计，到 2018 年，美国面临 14 万～19 万个具有数据深度分析技能（Deep Analytical Skills）的专业人员的缺口。此外，具备利用数据科学提高决策效率技能的经理人的短缺，则达到 150 万左右。麦肯锡认为，具备收集并挖掘数据、从中提取价值的能力，构成一个公司竞争力的关键因素。

数据科学家的技能

数据是新的石油，它正成为一种生产资料、稀有资产。数据是重要的战略资源，全面融入社会、生产、生活各个方面，深刻改变着世界的经济格局、利益格局、安全格局。

数据包含信息，可以为决策服务。为了发挥数据的潜在价值，需要大量的数据科学家。他们的工作是结合相关领域的背景知识，对数据进行建模、分析、展示等。

数据科学家需要什么样的具体技能呢？这是我们关心的问题，也为数据科学概论这门课程应该提供什么样的内容，提供了指引。为了满足社会对数据科学人才的需求，许多高校设立了专门的数据科学类专业，或在相关专业开设了数据科学类课程。数据科学专业或课程，在高校越来越受到学生的重视和欢迎。但是数据科学不能落入仅讲授一些技能的陷阱。

为了完成数据分析任务，即利用实际数据解决实际问题，数据科学家需要拥有一系列知识和技能，包括一定的数学基础，统计分析、机器学习、数据挖掘、数据可视化方面的知识，编程能力，以及对具体应用领域的业务问题（Business Problem）的深入了解（见图 1-6）。此外，数据科学家需要具有良好的沟通能力，能够和业务部门顺畅沟通，抽象其问题，收集相关数据，完成分析，并且把分析结果清楚地展示给业务部门，帮助它们做出决策。

在这里，我们强调数据科学家需要具备跨学科的知识和技能，包括数学和统计分析、人工智能与机器学习、数据库与数据挖掘等。他们应具备数据处理全流程的能力，包括理解业务数据（Understand Data）、收集数据（Collect Data）、对数据进行集成（Integrate Data）、对数据进行分析挖掘（Analyze Data）、对结果进行可视化（Visualize Result），以及把结果表达给目标受众（Communicate Result）等。他们要善于讲故事，是一个好的讲者（Good Story Teller）。他们能够设计（Design）、实现（Implement，即用具体的编程语言和开发工具实现）、评估（Evaluate）数据处理的工作流（Data Science Workflow）。

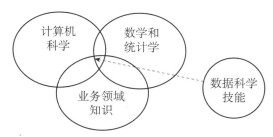

图 1 - 6　数据科学家的技能

数据科学家，不仅要熟悉各种数据分析工具，还需要对具体的业务领域有深入的了解，具备良好的沟通能力，能够问出正确的问题（Ask the Right Question on Data），运用其储备的数据分析知识和技能分析数据，并且评估这些分析的结果是否能够为提高业务效率真正发挥作用，这是发挥数据的价值的关键所在。

1.4　表示模型：对自然和社会现象进行数字化

为了基于数据对自然和社会现象进行研究，揭示其中的规律性，并加以运用，首先需要对其进行数字化。本节关心的问题是"如何用数据表示现实世界？"（How does the real world get translated into data?）。也就是不同的客观对象，需要用不同的表示模型（Representation Model）进行建模。

所谓表示模型，是自然和社会现象在计算机内部的表示，也可以说是一种数据结构。需要注意的是，社会现象包括个体的行为和群体的行为等形成的记录。

本节通过实例初步讲解不同的表示模型。关于这些模型的更加详细的信息，读者需要参考相关的章节进一步了解。比如，对于文本表示模型，在此仅仅介绍最简单的表示模型，即用布尔（Boolean）变量表示每个词项，以及用计数表示每个词项等，更多信息请参考"文本分析"一章。

1.4.1　关系模型

最常用的表示模型是关系数据库管理系统使用的关系模型。关系模型用于表示实体及其关系，其数据结构表现为一系列的二维表。

比如，为了管理学生信息，可使用表 1 - 1 所示的关系模型（二维表）。

1. 学生表（表示实体）

表 1 - 1　学生表

姓名	性别	出生年月	籍贯
张无忌	男	1990 - 09 - 01	广东
赵敏	女	1990 - 09 - 05	云南
周芷若	女	1990 - 12 - 11	贵州

这张表格的每一行称为一个元组或者一个记录，表示一个实体；表格的每一列表示实体的一个属性，也称为一个字段。

表1-1保存了3个学生的信息（包含3个学生记录），每个学生有姓名、性别、出生年月、籍贯等属性。

2. 院系表（通过主键和外键表达实体关系）

实体间的关系，可以通过表格的某个或者某些字段来表示。

比如，院系表，包含院系ID、院系名称、院系介绍等字段（也叫属性）；院系ID唯一地标识一个院系，称为主键（Primary Key）；学生表，包含学生姓名、性别、出生年月、籍贯、院系ID等。如果学生不重名，为唯一地标识一个学生，可以以姓名为主键；如果学生有重名，那么增加一个学号字段，唯一地标识一个学生。

这两个表格的关系是，一个院系有多个学生，一个学生只属于一个院系。它们的关系通过学生表的院系ID字段来建立。院系ID对于院系表来讲，是主键，对于学生表来讲叫作外键（Foreign Key），因为它对于学生表来讲，是另外一张表的主键，它的目的是建立两张表之间的关系（见图1-7）。

姓名	性别	出生年月	籍贯	院系ID
张无忌	男	1990-09-01	广东	d01
赵敏	女	1990-09-05	云南	d01
周芷若	女	1990-12-11	贵州	d02

院系ID	院系名称	院系介绍
d01	信息学院	
d02	经济学院	
d03	金融学院	

图1-7　实体间的关系

3. 课程表和选课表（使用专门的表格表示实体间的关系）

假设有一个课程表，保存各个课程的信息，课程的属性包括课程号、课程名称、课程介绍等。现在要表达学生对课程的"选修"关系，怎么办呢？

可以使用一个表格专门来表达这样的关系。这个表格的名称为"选课表"，它的属性包括学号、课程号、成绩。其中，学号、课程号分别是学生表和课程表的主键，在选课表里是外键。它们两者一起（两者缺一不可）构成选课表的主键，因为学号、课程号一起唯一确定了选课这么一个事件或者行为（见图1-8）。

值得指出的是，上述模型和实际情况尚有差距。比如一门课，这个学期开设了，下个学期还会开设；这个学期由某位老师讲授，下个学期由另外一位老师讲授；学生本学期选修了，但是不及格，下学期需要重修。如何表达这样的关系呢？

除了教师、学生实体，我们还需要教学班的实体。教学班针对某个学年的某个学期，把教师和课程关联起来，学生针对教学班进行选修，这样的建模比较符合实际情况。读者可以自行分析，并且画出实体关系的示意图。

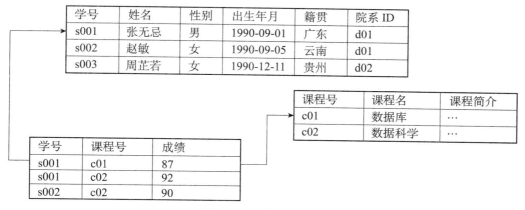

图 1-8　实体间的关系

1.4.2　文本表示

为了说明文本的表示模型，我们选择了 3 个很短的文档，它们分别是：

Doc1：I am a boy a boy.

Doc2：You are a girl a girl.

Doc3：We are different，different，different.

首先，从这些文档中提取词项（单词），建立一个词典，即表 1-2 中的第一行。在词典里，每个词项（单词）对应一个序号，比如 I 对应序号 0（序号从 0 开始）。

然后，针对每个文档进行编码，把文档转换成一个向量。编码的规则是，如果这个文档中有某个词项，那么向量的相应分量为 1，否则为 0，向量的维度为词典的大小，这种方式称为独热（One Hot）编码。

三个文档的向量表示，即向量的各个分量，如表 1-2 的第 2、3、4 行所示。

表 1-2　文本表示

	I	am	a	boy	you	are	girl	we	different
Doc1	1	1	1	1	0	0	0	0	0
Doc2	0	0	1	0	1	1	1	0	0
Doc3	0	0	0	0	0	1	0	1	1
...									

文档的每个词项，都表示为 0/1 的分量，丢失了一些关键信息。比如"We are different，different，different"这句话里面，different 出现 3 次，显得很重要。在上述 0/1 表示法里，无法表达出来。

对其进行改进的办法，是使用词项出现的次数（计数或者频率）填充上述分量。比如 Doc3 对应的 different 词项的分量应该为 3。这种表示法称为计数法（Counter）。

计数法仍然有一些固有的缺陷，"文本分析"一章将介绍 TF-IDF 等表示法。0/1 表示法、计数法、TF-IDF 表示法等无法区分"我爱你"和"你爱我"这两个文档所表达的不同语义，因为它们都用了"我""爱""你"三个汉字。为了解决这个问题，需要用到 N-Gram，具体细节可以参考"文本分析"一章。此外，文本的嵌入表示（Embedding）是 2000 年以来发展起来的表示法，读者可以参考相关资料。

1.4.3 社交网络表示

社交网络（广义）可以表达个人、团队、组织、计算机、URL 网络地址以及其他各种实体之间的关系，这些实体也可以是一些虚拟实体，比如概念。社交网络可以绘制成一张图，而图论是社交网络分析的基础。

在"社交网络分析"一章中，根据论述的需要，"节点""顶点""行动者"可以互换使用，"边""连接""链路"可以互换使用，"图""网络""社交网络"也可以互换使用。

社交网络可以使用三种方式进行表示（Representation），分别是邻接矩阵（Adjacency Matrix）、边列表（Edge List）、邻接关系列表（Adjacency List）。

图 1-9 为一个有向图，它的邻接矩阵表示如下：

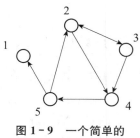

图 1-9 一个简单的
有向图

$$ADJ=\begin{bmatrix} 0 & 0 & 0 & 0 & 0 \\ 0 & 0 & 1 & 1 & 0 \\ 0 & 1 & 0 & 1 & 0 \\ 0 & 0 & 0 & 0 & 1 \\ 1 & 1 & 0 & 0 & 0 \end{bmatrix}$$

在这个矩阵里，第二行（对应节点 2）的第三列（对应节点 3）为 1，表示从节点 2 到节点 3 有连接关系。因为该图是一个有向图，所以从 2 到 3 的连接和从 3 到 2 的连接是不同的两个连接。另外两种表示法，可以参考"社交网络分析"一章。社交网络表示为一张图，图有有向图/无向图、（边）带权重的图/和不带权重的图之分。

值得注意的是，在上述网络里，只有一种节点类型，节点之间的连接也是同一类型的，也就是网络是同构的。但是在实际应用中，节点类型是多样的，节点的联系也是多样的，这样的网络称为异质（Heterogeneous）网络。异质性，体现在节点的类型上，也体现在联系类型上。此外，节点有一系列属性，节点间的联系也可以有一系列属性。

比如，在典型的 DBLP[①] 网络中，包含作者、论文、期刊/会议等实体，作者和论文之间有"写作"关系，作者和作者之间有"合作"关系，论文和论文之间有"引用"关系，而论文和期刊/会议等有"发表于"的关系。所以，这样的网络是异质的。

1.4.4 轨迹数据表示模型/时间序列数据表示模型

轨迹数据和时间序列数据的表示模型，可以借用关系模型来实现。它们的表格结构分别举例如下。

首先给出一个轨迹数据表示模型（关系模型）的实例，如表 1-3 所示。这张表保

---

① DBLP 是面向计算机领域的文献数据库。

存了不同出租车运载客人所走过的轨迹（路线）。轨迹数据，即出租车的坐标信息，每5 秒钟采集一次。

表 1-3 轨迹数据

Trajectory_id	Car_id	timestamp	Location_x	Location_y
1	c_1	20180101 10：10：10	x_{11}	y_{11}
1	c_1	20180101 10：10：15	x_{12}	y_{12}
2	c_2	20180101 10：30：00	x_{21}	y_{21}
...				

接着，给出一个时间序列数据表示模型（关系模型）的实例，如表 1-4 所示。这张表保存了不同股票代码在每个 Time Bar 上（Time Bar 指的是每天/每小时等，这里是每天）的最高价、最低价、开盘价、收盘价、交易量等信息。

表 1-4 时序数据

Stock_id	Timestamp	open	high	low	close	volume
s1	20180108	...				
s1	20180109	...				
s2	20180108	...				
...						

1.4.5 音频、图像、视频表示

音频、图像和视频也需要进行数字化，以便计算机能够处理。了解音频、图像、视频的数字化，特别是图像的数字化，对于理解深度学习技术中的 CNN 网络模型的原理是很有帮助的。CNN 网络模型，是专门为图像处理而设计的深度神经网络模型。

对音频信号进行数字化的过程，涉及采样、量化、编码三个阶段。如图 1-10 所示，采样是在时间轴上进行离散化处理，也就是间隔一定时间采集一个音频信号样本（电压）。量化是对样本进行符号映射，比如，把一定范围内的音频信号样本，映射到256 个符号之一。当用 8 个 bit 进行量化的时候，拥有的符号为 0000 0000～1111 1111，对应的无符号整数的数值为 0～255，总共有 256 个符号。编码是根据一定的算法对数据进行必要的压缩，然后存储起来。如果没有压缩就直接保存，那么仅仅需要采样和量化即可。

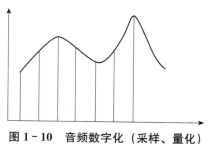

图 1-10 音频数字化（采样、量化）

对图像进行数字化，可以结合数码相机和手机照相功能进行了解。这些设备内部都有一个感光部件，称为光电耦合部件（CCD），由于入射光线的强弱，它会产生不同强度的电流。

一张图像要进行数字化，需要从横向和纵向两个方向进行离散化，离散化以后的每个点称为一个像素。对每个像素位置对应的 CCD 元件的电流强度，进行模拟到数字的转换之后，保存起来，就完成了一个像素的数字化，一个像素包括红、绿、蓝 3 个分量。所有像素都照此处理，就完成了图像的数字化。

从逻辑上看，图像可以看作一个 $m \times n$ 矩阵，每个元素是一个向量，包含 R、G、B 三个分量（见图 1 - 11）。或者，可以把图像切分成红色、绿色、蓝色 3 个平面，每个平面都是一个 $m \times n$ 的矩阵。

图 1 - 11　图像数字化

视频是由一幅幅图像组成的，每幅图像称为一帧。对视频进行数字化，是对图像进行数字化的扩展。首先，沿着时间方向，采集一系列的视频帧，针对每一帧进行适当的编码和存储即可。需要指出的是，由于前后视频帧之间的相似度极高，所以在视频数字化过程中，使用了单向预测和双向预测等技术，提高压缩的效率。但是，这并不影响视频的表示模型。

直接对图像的像素值进行处理，有时候不是一个好的选择（深度学习模型有直接处理像素数据的能力），需要进行必要的变换，形成新的表示，也称为特征抽取。比如，在方向梯度直方图（Histogram of Oriented Gradients，HOG）技术出现之前，稍微复杂一点的视觉任务，比如行人检测或者面部检测，是比较难做到的。

1.4.6　数据转换和样本构造

前文所述关系模型主要面向事务处理，关系模型加上对数据的增加、删除、修改、查询等操作，支撑操作型业务的运行（请参考"OLTP 与数据服务"一章）。这样的数据模型（适当扩展），也可以支持在线分析处理（请参考"OLAP 与结构化数据分析"一章）。

对于数据挖掘、机器学习和统计分析，有必要对业务数据进行必要的转换（Transformation），构造一系列样本。

假设有一家银行，希望根据贷款客户的若干情况，决定是否发放贷款。银行调查了客户的年龄、婚否、学历、是否有工作、工作收入、是否有房产、房产价值等信息，这些信息对于客户的信用评价是非常有用的。当然银行还可以调查更多的信息。

现在，银行调查到的某个客户的基本情况如表 1-5 的第二行所示。

表 1-5　贷款客户信息

	年龄	婚否	学历	是否有工作	工作收入	是否有房产	房产价值	决定是否给予贷款
属性的可能取值	[0，150]	是，否	高中，大专，本科，硕士，博士	是，否	每月的收入（元）	是，否	房产的价值（万元）	是，否
某个客户数据	35	是	博士	否	0	是	300	是
向量化	1	1	4	0	0	1	3	1

在实体的各个属性中，包含两种数据类型，分别是类别型数据和数值型数据。类别型数据也称离散型（Discrete）数据，数值型数据也称连续型（Continuous）数据。数值型数据有很多可能取值，比如上述实例中的年龄、收入、房产价值等是数值型数据。数值型数据的取值有一个范围限制，比如工资字段的范围为 1 000~8 000。类别型数据的取值只有少数几种可能，比如上例中的婚否、是否有工作、学历、是否有房产等是类别型数据。

银行一般从业务数据库（比如储蓄业务系统）抽取这些数据。在业务数据库中，客户的这些属性直接保存合适的取值即可，比如学历字段保存"高中""大专""本科""硕士""博士"这样的文本即可。但是，机器学习模型的输入必须是数字化的，为了对机器学习模型进行训练，需要进行必要的转换，把它们转换为数值型。

接下来描述如何对这些属性进行数字化，以适应机器学习模型的要求。

（1）年龄是数值型数据，可以直接使用，也可以进行离散化处理，比如把年龄分成老、中、青三个年龄段（具体分界线可以调整），然后用 2、1、0 分别代表老、中、青。于是，35 岁属于中年，转换为 1。（2）婚否的取值有是、否两种，所以它是类别型数据，用 1 和 0 分别表示是和否。（3）学历有高中、大专、本科、硕士、博士等几个可能取值，是类别型数据，分别用 0、1、2、3、4 来表示高中、大专、本科、硕士、博士。某个客户的学历为博士，所以转换为 4。（4）是否有工作和是否有房产，都是类别型数据，处理方式和婚否是一样的。（5）工作收入和房产价值都是数值型数据，这里描述工作收入的处理、房产价值的处理是类似的。对工作收入进行离散化处理，比如，工资字段的范围在 0~8 000 之间，把 0~8 000 元的工资，按照 1 000 元为一个档，分为 8 档，用 0、1、2、3、4、5、6、7 这样的数值来表示。银行不关心客户的工资的具体数额，但关心工资收入属于什么水平，对构建放贷评分模型有什么解释作用。也可以保留工作收入和房产价值的原始数值不做改变。但是工作收入的单位是元，房产价值的单位是万元，单位（Unit）不一样，在某些机器学习算法的处理过程中，这会引起一系列的问题。这时候就需要对数值型数据进行规范化处理，把数值缩放到 [0,1] 的范围内，也就是把工作收入和房产价值都缩放到 [0,1] 之间。取得最低、最高工作收入，对工作收入进行变换即可，即 $X_i^{new}=(X_i-X_{min})/(X_{max}-X_{min})$，房产价值也同样处理。

上述客户的属性数据经过数字化后形成一个样本，包含 X 部分（自变量）和 Y 部分（标注或者因变量）。上述实例中的 Y 就是决定是否给予贷款的字段，其他属性字段则一起构成 X。该客户是个中年人，虽然暂时没有工作，但是他有房产，已婚，学历也挺高，银行决定给予其贷款。

我们根据历史放贷情况，收集大量客户的类似信息，形成样本集，就可以训练一个机器学习模型（评分模型）。然后可以用这个模型，对新客户进行评判，给出是否给予放贷的评定。

1.4.7　标量、向量、矩阵、张量

单纯的一个数量，称为标量（Scalar），比如今天的平均气温，用一个数量表示即可。而向量（Vector）往往包含若干分量，比如上文中，为了描述贷款客户，需要记录其年龄、学历、收入等状况，而且为了支持后续的分析，这些量都已经进行必要的转换。

为了表示一张灰度图片，需要用到矩阵（Matrix），矩阵的每个元素表示一个像素。为了表示一张彩色图片，一个矩阵已经不够了。可以把图片看作由三个平面构成，分别对应图片的各个像素的红色、绿色、蓝色分量。那么图片就表达为三个矩阵，三个矩阵一起形成张量（Tensor）。注意，张量指的是高维数组，不仅仅限于三维。

可以把矩阵和张量转化为一个向量。对于矩阵，把每一行拼接起来，就是一个大的行向量。既然一个矩阵可以转化为一个向量，那么张量也就可很容易地转化为一个向量，因为张量可以看作若干矩阵叠加在一起构成的。第 2～4 章的内容涉及关系模型，第 5 章中机器学习模型的输入，则可以看作一系列的向量，这些向量可以是经过人工标注的，也可以是没有经过人工标注的。

1.4.8　单一数据类型、数据的异构性、数据的关联和多模态数据处理

异构的概念，一般是针对单模态信息来说的。单模态指的是单一数据类型，异构性表达的是虽然数据类型相同，但是结构有差异。比如，我们用表格表示学生，但是两个学校的信息系统使用的表格结构不一样。其中一个学校的系统里的学生表格包含的字段为＜学号，姓名，性别，出生年月，籍贯＞，另外一个学校的系统里的学生表格包含的字段为＜学号，姓，名，性别，出生年月，籍贯＞等。把姓和名分开，主要是考虑到外国留学生信息管理和国内学生信息管理的一致性。很显然，两个表格结构是不一样的。现在教育部门需要把两个学校的信息整合（也称集成）起来，就需要解决信息的异构性问题，即数据集成要解决异构性问题。

表格、文本、音频、图像等各类数据，各自类型单一，称为单模态数据。

以前，语音、图像、视频、自然语言处理技术各自演进，相对独立。随着深度学习技术的发展，人们尝试把这些不同模态数据的处理联系起来。一方面，很多深度学习技术本身可以应用在不同的领域，比如卷积神经网络可以应用在图像、自然语言的处理中。另一方面，不同模态的数据其数字化形式，都表现为高维实数向量的形式，可以跨

模态地统一处理；通过不同模态数据的互相补充，实现更加全面的分析。

多模态信息处理，关注多模态信息的获取（多个通道同时获取）、建模、融合、分析和展示，特别强调多模态信息的融合，也就是建立多模态信息的语义关联，以及在数据融合基础上的跨越各种数据类型的分析。

例如，表示商品时，我们首先想到一个表格，表格的每一行表示一个商品，表格的每一列表示商品的一个属性，比如商品的 ID、品名、规格、所属类别、单价等简单的属性。我们还维护了每个商品的图片，每个商品有一个或者多个图片，一般来讲每个图片单独保存在文件里。此外，在电商网站上，用户购买商品后会对其发表一些评论。这些评论一般是文本信息，也有的评论会附带用户拍下来的图片或者视频等。从一个具体商品的角度，我们希望上述表格的一行与相关的图片和评论能够关联起来，使得我们对某个商品有整体的把握。很显然这样的数据间的关联，是多种类型（模型）数据的关联。

不仅仅对物的描述需要把不同表示（数据）关联起来，对于人的描述同样也有这样的需求。比如，电商网站为了真切刻画和了解它的用户，需要用户的注册信息、购买记录、对商品发表的评论、社交网络关系等。在这里，涉及表格、文本、图数据等不同的数据类型，这些数据之间也需要关联起来。

多模态数据的关联、融合是为分析服务的。比如，多模态情感分析，就是在融合了语音（语音的识别结果即文字，文字表达了一定的情感）、语气语调、重音、面部表情、肢体语言等信息的基础上，进行分析，使得我们更好地把握说话者所表达的情感。

多模态数据的融合和深度分析，给我们从不同角度观察和认知事物，提供了全方位的视图。

1.4.9　从表示模型到数据科学的核心问题

在客观现象（包括自然现象、社会现象（个人或者群体行为））被数字化以后，就可以对数据进行分析，并且利用这些分析结果指导行动。这些行动会改变客观世界，或者改变人们的行为，形成一个闭环。

数据科学的核心问题，是在积累的数据上进行分析，目的是发现数据的规律性，构造出一个模型；利用这个模型，对新数据进行处理（预测）。简单来讲就是获得 $y=f(x)$ 的 f，其中 x 是输入数据，y 是输出数据。比如，x 是手写数字图片，y 是 $0\sim9$ 的数字，f 就是根据图片推断数字的模型。对于推荐系统来讲，x 可以是用户的历史购买/评价记录，y 就是新的商品推荐，f 是推荐模型。对于数据聚类来讲，似乎无须对数据进行标注，因为只有 x 没有 y。其实，也可以把它归结到上面的 $y=f(x)$ 范式。聚类是把数据聚拢成一个个类簇，聚类以后每个数据点的类簇标签，就可以认为是 y。

围绕数据的分析，包括数据的采集、清洗、集成、存储、传输的方法和技术，实现这些功能的软件系统和硬件系统，以及系统的可靠性（容错性）、扩展性保证等，也是数据科学必要的内容。数据科学包含一系列原则、技术、方法、系统和工具。

我们把数据科学的方法应用到各个领域，开发出各种各样基于数据驱动的应用，为人们的福祉服务。

1.5 数据科学的基本原则

本书试图总结数据科学的若干基本原则（Principle）。这些原则在数据科学的实践中不断重现，把握这些原则可以指导新的数据科学实践。

1.5.1 原则 1：数据分析可以划分成一系列明确的阶段

对数据进行分析，获得对数据和具体业务的理解，甚至将其上升为知识，从而进一步用于解决具体的业务问题，是数据科学的核心任务。

数据分析可以划分成一系列的阶段，包括理解业务数据、收集数据、对数据进行集成、对数据进行分析挖掘、对结果进行可视化、把结果表达给业务部门等阶段。

把数据分析任务看作一个工作流，划分成一系列明确的阶段，是结构化地分析问题、解决问题的思想方法（Structured Approach），使我们不易忽略重要的步骤。

1.5.2 原则 2：描述性分析与预测性分析

对数据进行分析，有两个方面的目的，即了解过去和预见未来。由此，数据分析分为两类，分别是描述性分析和预测性分析。描述性分析侧重过去，预测性分析侧重未来。

1. 描述性分析

面向过去，发现隐藏在数据表面之下的历史规律或模式，这类分析称为描述性分析（Descriptive Analysis）。这些隐藏的模式，可以帮助人们更好地进行决策。描述性分析使用的技术包括统计分析方法和数据挖掘方法。

诊断型分析（Diagnostic Analysis）主要用于揭示现象背后的成因。可以看出，它比描述性分析更为深入。由于我们仅仅把分析分为两类，所以把诊断型分析纳入描述性分析类别来把握。

很多数据挖掘方法为诊断型分析服务，比如相关性分析、因果关系分析等，都是需要通过对数据的深度分析，揭示某些现象背后的成因。比如，一家互联网金融公司使用描述性分析技术，发现其某类产品过去一个月的销售出现明显下滑，原因是什么呢？分析人员需要借助一些诊断型数据分析方法，了解造成销售下滑的主要原因。比如，到底是不是产品定价原因影响了销售等。一般来讲，分析人员在某些假设的前提下，对不同维度的数据进行相关性分析和因果性分析。更为复杂的，可能需要引入图数据分析技术。比如，通过对用户行为图谱的分析，辨别是否存在群体性恶意抵制的行为，影响商品的销售。

2. 预测性分析

面向未来，对现有的（大）数据进行深度分析，构建分类/回归模型，对未来趋势进行预测，称为预测性分析（Predictive Analysis）。预测性分析使用的技术包括统计分析的回归分析技术以及机器学习。特别需要注意的是，机器学习特别是深度学习技术，一般适用于预测性的数据科学任务，不太适用于描述性分析的任务，因为有些机器学习模型缺乏可解释性。对于描述性分析任务，统计分析方法更为合适。

把数据分析的范围，从已知拓展到未知，从过去引申到将来，是数据科学的真正魅力所在。预测性模型的运用，赋予我们预见的能力。如果企业可以预测未来有可能发生的事件，就可以提前行动，想办法大幅度降低运营成本，规避风险，提高客户体验。

规范性分析（Prescriptive Analysis）是对描述性分析和预测性分析的整合，是数据分析的高级阶段。规范性分析不仅预测将要发生的事情，以及什么时候发生，而且给出事情发生的原因。此外，规范性分析还要给出若干决策选项（Decision Option），以及每个决策选项的可能后果，为决策者提出建议（What to Do），如何充分利用未来的机会，减轻未来的风险。规范性分析把通过分析获得的知识，提升到智慧的层次。规范性分析需要考虑很多因素，包括期望的结果、所处的环境、资源条件等。

为了实现规范性分析，需要结合历史数据和新数据。它持续分析各种各样的新数据，包括结构化数据、非结构化数据，根据新老数据的分析结果以及业务规则，不断调整，提高预测的准确性，提出更好的决策选项。

在很多社会治理问题上，规范性分析能够发挥巨大的作用。比如，交通拥堵问题是一个困扰很多大城市的难题。规范性分析通过对城市交通数据、气象数据、就业数据、地理数据等进行综合建模和分析，从宏观层面到微观层面，制定合理有效的交通疏导策略，以缓解城市的交通拥堵问题。

规范性分析使得数据分析系统所发现的策略在被执行后，各项指标按照事先预定的趋势发展。当然，这是一个美好的愿景，目前面临的研究挑战还非常大。

1.5.3 原则 3：实体的相似度

在数据科学中，经常需要计算实体间的相似度。比如在推荐系统中，要计算用户之间或者商品之间的相似度，在此基础上进行推荐。计算相似度是数据科学的基本方法。

在实际工作中，我们虽然为特定实体建立了高维的刻画模型，但还是有可能遗漏某些信息，没有能够完整地刻画客观对象。即便这样，我们还是有信心使用已有的属性信息，计算实体之间的相似度。因为一般来讲，在某些属性上相似的实体，在其他属性上也是相似的，即便这些属性可能是未知的，我们还没有进行采集和数字化。

1.5.4 原则 4：模型的泛化能力

机器学习使用历史数据训练出模型，这个模型有可能对历史数据适配（Fit to Historical Data）得很好。但是，当把这个模型运用到新数据的时候，就需要特别小心了。因为模型没有见过这些新的数据，它的预测结果有可能很不理想，或者说它的泛化能力欠佳。

在机器学习中，一般要避免模型对历史数据的过度匹配，这种现象称为过拟合

（Over Fit）。过拟合导致模型的泛化能力差，也就是模型在新数据上的预测效果不好。

图1-12形象地展示了拟合与过拟合，其中的圆圈是数据点，实线为数据本来遵循的模型，虚线为学习到的模型。

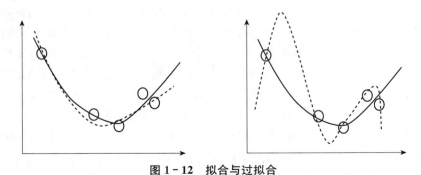

图1-12　拟合与过拟合

1.5.5　原则5：分析结果的评估与特定应用场景有关

对数据进行深入分析以后所获得的结果，是否具有实际应用价值，能否帮助我们做出更好的决策？需要结合具体的应用场景来评估。

数据科学家需要和领域专家合作，对数据分析结果进行评估。数据科学家自身也应该通过不断地学习，对具体的业务领域有深刻的理解，这样才能对数据分析结果有很好的把握。

数据科学家和用户一起工作，发现问题，分析问题，收集数据，建立模型和算法来解决问题，并且负责把模型的结果解释给用户，因此沟通能力和数学、编程等能力一样重要。

1.5.6　原则6：相关性不同于因果关系

从大量的基础数据中，可以分析出变量之间的相关性。相关性很有用，在一定程度上可以帮助我们进行预测。以往，由于人们对数据进行采集、存储和计算的能力有限，往往采用"数据→知识→问题"的知识范式来解决问题。也就是首先从数据中提炼出知识，再利用知识去解决现实问题。在大数据时代，数据科学的出现为人们提供了另外一种解决问题的思路，即"数据→问题"的数据范式。在尚未从数据中提炼出知识的情况下，可以用数据直接解决问题。在这里，相关性发挥了重要的作用。同时，也引发了"更多的数据，还是更好的模型"（More data or Better Model Debate）的讨论。经过讨论，人们基本达成一致结论，即当有了更多的数据，可以利用简单的算法构造出好的模型，即 More Data + Simple Algorithm→Good Model。

但是相关性和因果关系有重大区别，相关性不意味因果性。因果联系的特征是原因在先结果在后，前者的出现必然导致后者。因果性是逻辑上的概念，A 发生必然导致 B 发生。相关性是统计上的概念，数据多了，A 发生时 B 发生的概率足够显著，那么 A 和 B 就是相关的。

比如，看见闪电（A）和听见雷声（B）是高度相关的，但是两者并不具备因果关系。闪电和雷声有一个共同的原因，就是大气中的放电现象。

如图 1-13 所示，相关性不等于因果关系，其重要的原因是一些额外因子的存在。这些额外因子，我们先前不知道，没有考虑进来。换句话说，当从数据的分析结果中试图得出一些因果关系的结论时，必须考虑额外的因子。

所谓额外因子或变量（Confounding Factor/Variable），是和目标变量相关的未知变量。由于有额外因子的存在，所以相关性一般不等于因果关系。一些结果有可能是由额外因子导致的，它有时候甚至违反我们的直觉。在数据建模和分析过程中，需要仔细检查是否存在这样的额外因子。

比如，我们从一个人群的调查结果中发现，给他们使用某种治疗方案（服用特定药物）之后，他们的症状减轻了。如果我们调查的人群是平均年龄为 25 岁的年轻人，而对比人群是平均年龄为 75 岁的老年人。年轻人群服药，老年人群服用安慰剂。那么人们症状的减轻，有可能是因为他们年轻、恢复快，而不是因为服用了特定药物。这里，年龄差异是额外因子，我们并没有考虑到。

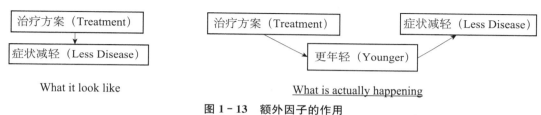

What it look like　　　　　　　　What is actually happening

图 1-13　额外因子的作用

大数据分析模型，更多地从数据出发，强调相关关系。机理模型，本质上是各种经验知识和方法的固化，更多地从业务逻辑出发，强调因果关系。在实际应用中，有必要把两者的优势结合起来。

1.5.7　原则 7：通过并行处理提高数据处理（分析）速度

发明 Pascal 语言的计算机科学家尼古拉斯·沃斯提出了一个著名的公式，即程序＝数据结构＋算法。利用计算机进行数据处理，我们关心的不外乎两个方面，即数据是什么，以及要对数据做什么样的处理。在本书的第二部分，我们将围绕数据和数据分析展开论述，这是数据科学的核心内容，可以说"数据科学＝数据＋数据上的计算"。

1. 并行处理

通过并行处理，可以提高数据处理的速度。并行处理分为任务并行（Task Parallelism）和数据并行（Data Parallelism）两种类型。

所谓任务并行，就是通过多个进程（正在运行的应用程序）对数据进行处理，通过操作系统的多任务处理能力，提高数据处理的效率。比如，不同储户通过银行核心业务系统进行账户明细查询，各个储户对自己的账户进行查询，互不干扰。在不同的进程中，运行不同用户的查询，提高处理速度，而不是等一个储户查询完成了，另外一个储户才能开始。

需要注意的是，在某些场合下，必须协调并发执行的不同进程对数据的存取，才能保证数据的正确性。比如，有一个公共账户，储户 A 查询现有余额（数据库里）为 10 元，然后他把余额提取到内存（数据进入内存才能进行处理），从余额 10 元里扣掉 2 元（在内存里进行操作）；这时候储户 B 从数据库里查询公共账户，得到的余额也是 10 元，他也从余额 10 元里扣掉 2 元；这时候，储户 A 把扣掉 2 元以后的余额 8 元（还在内存里）写入数据库（数据库里）；接着，储户 B 把他扣掉 2 元以后的余额 8 元（还在内存里）也写入数据库（数据库里）。数据库中的公共账户余额最后是 8 元。很显然，这个余额是错误的。数据库通过并发控制（Concurrency Control）方法，来协调不同进程对同一数据的读写操作，保证其正确性。

数据并行，指的是把整个数据集（大规模），划分成一系列小的数据集，然后利用多个进程对这些小的数据集进行并行操作，以达到提高数据处理速度的目的。比如，我们有一张储户表，里面保存了 10 亿个储户，现在需要查找年龄为 20～30 岁的储户。我们可以从头到尾扫描这张表，提取符合条件的储户。但是由于这张表实在太大，这么做效率不高。于是我们把这张表划分成 100 个分区（Partition），然后启动 100 个进程，每个进程负责扫描一个数据分区，从中查找符合条件的储户信息，最后把 100 个进程的查询结果合并起来，就可以得到最终结果。这些进程可以在一个节点（一台计算机）上运行，也可以分布到若干节点上运行，当然数据也需要事先分布到各个节点上。

通过数据并行处理大规模的数据集，有时候并不像上述实例那么简单。比如，我们需要在一个大数据集上进行统计模型的参数估计或者训练一个机器学习模型。如果简单地把数据划分成若干分区，然后在这些分区上分别进行统计模型的参数估计或者训练机器学习模型，那么将得到若干组参数估计或者若干个机器学习模型，这不是我们想要的。

对估计出来的参数简单进行平均不是办法，而若干个机器学习模型如何整合成一个统一的模型，也不是那么容易。解决这个问题的一个办法是，首先对数据进行洗牌（Shuffle），然后抽取一个具有代表性的采样（Sample），保证这个数据抽样能够代表原有数据集的分布特点。然后在数据抽样上运行参数估计算法，或者训练机器学习模型，得到一套参数或一个机器学习模型。但是这种办法有可能丢失数据的一些细节信息，参数估计不准，或者训练出来的机器学习模型预测能力有限。另外一个办法是对串行的（Serialized）参数估计算法和机器学习算法进行改造，设计其并行版本（Parallelized Version），使之可以在多个数据分区上运行。

任务并行可以通过一个节点（计算机）的多个 CPU（核心）实现，这是节点内的并行处理。但是我们这里讲的并行处理一般涉及多个节点。任务并行可以扩展到多个节点，利用多个节点的处理能力，提高数据处理效率（请参考第 3 章关于 MPP 数据库的 Shared Disk 架构的描述）。

数据并行涉及数据的划分，一般把数据分配到若干节点上，每个节点处理部分数据。可见，为了应付大数据处理的挑战，计算系统由单机处理向多机并行处理演化。

2. 增量计算

我们在基础数据上进行汇总分析，或者从数据建立机器学习模型。如果我们拥有全量数据，也愿意为获得一个准确的汇总结果和一个更好的模型等待，就在全量数据上进行汇总分析，或者在全量数据上训练一个机器学习模型。

现在的问题是，在一个基础数据集之上进行汇总分析获得了一个结果，或者训练了一个模型，这时候来了一些新数据，这些新数据包含了新的业务信息。如果在新的扩大的全量数据上重新进行汇总以及重新训练机器学习模型，随着数据的积累，全量数据越来越大，花的时间则越来越多。

解决这个问题的办法是增量计算，具体算法需要根据问题进行设计。增量计算利用增量数据更新汇总结果或者更新模型参数。每次计算只需处理新增的数据即可，大大加快了处理过程。

3. 近似计算

有时候，在数据上进行查询和分析，我们希望尽快获得结果，这个结果有一些误差也没有关系，及时性比准确性更为重要，那么可以借助近似计算。

近似计算涵盖的范围很广，手段多样，在这里仅举一个例子。比如，希望从销售数据库中计算今年全国各个地区销售额的比例关系。第一种办法是，对今年全年的销售明细进行汇总，把各个地区的销售额计算出来（精确值），然后计算比例关系。如果销售数据量很大，计算过程可能需要花很长时间。

还可以采用另外一种办法，在今年的销售数据中进行采样，比如取得 10％ 的销售数据。然后对这些数据计算各个地区的销售额的比例关系。这样，即使采样的数据其分布情况和全量数据是非常接近的，得到的销售额比例关系也会有一些误差；只要误差在一定范围之内，并不影响对销售情况的把握和后续的决策。很显然，第二种办法更快。

1.6 数据处理流程：时间维度的纵向视角

数据有其完整的生命周期（Life Cycle），数据的生命周期包括数据的产生、表示和保存、使用、销毁等阶段。需要注意的是，随着存储设备价格的下降和存储能力的提升，我们有可能无须销毁数据，而是可以永远保存它，暂时不用的数据及时归档即可，但是不用删除。近期的数据有可能经常用到，称为热数据，一般保存在高速设备上，比如固态硬盘；暂时不用的历史数据，称为冷数据，可以保存到低速设备上，比如普通硬盘或者磁带等设备。

伴随着数据的整个生命周期的，是人们对数据的分析处理流程。在数据存续的整个生命周期内，有可能对数据进行多次分析。如图 1-14 所示，数据分析处理流程，可划分成采集、表示和存储、清洗和集成、分析、可视化等主要阶段。从生命周期的各个阶段观察数据，以及从数据分析流程的各个阶段观察数据，是对数据进行观察的一种基于时间的、纵向的（纵穿古今）视角。

（1）数据采集：是把相关的业务数据采集并且保存起来。比如，当风力发电企业要对风力发电机的健康状况进行持续监控，就需要把风力发电机的各类传感器的数据采集

图 1 - 14　数据分析处理的流程

起来；当电商要对客户进行画像（Profiling），就需要把客户在电商网站上的浏览、点击、购买等行为记录下来。

（2）数据表示和存储：采集的数据需要以某种格式保存起来。当对现实世界的活动进行数字化时，需要设计合适的表示形式。比如，对电商用户的购买行为进行记录，需要记录客户 ID、购买时间、商品 ID、数量、单价等基本的信息。大量客户的购买记录组织在一起，就形成了一张二维表，每行对应一个购买记录，这是一种结构化的信息。当我们对社交网络上用户的好友、关注等关系进行记录的时候，这种二维表的形式就不太合适了，表达社交网络关系的最自然的表示形式是图（Graph）。一张图由一系列节点以及节点之间的边构成，比如社交网络中的用户表示为图的节点，用户之间的好友关系表示为边。有时候，图中的节点有多种类型，图中的边也有多种类型，这是一种异质（Heterogeneous）的图。比如，在论文出版网络中，图中的节点有作者、论文、期刊/会议等，作者和论文之间有"写作"的关系，论文和期刊/会议之间有"出版于"的关系等。

（3）数据清洗：数据中的错误，会对数据分析产生重大影响。低质量的数据导致低质量的分析结果。数据清洗即是想办法把数据中的错误尽量剔除掉。

（4）数据集成：集成是指把不同来源的、异构的数据整合在一起。集成不仅是数据在数量上的变化，也引起质量上的变化。

这些数据有可能类型不一样，需要建立数据之间的关联性，这是数据的融合。如何找到不同类型数据集之间的联系，比如建立起用户基本信息和社交网络信息之间的联系，尤其关键。数据聚集和融合以后，它的价值在于提供一种可能性，可以在更大的语境（Context）下，更全面地分析世界万物之间的关系、模式。

（5）数据分析：数据分析处理流程的重要步骤之一，利用统计分析、数据挖掘和机器学习方法，对数据进行分析，获得分析结果。

（6）数据可视化：把数据分析结果以图形的方式展现出来，方便最终用户（管理者）理解和把握。

（7）基于数据的决策：通过对数据分析结果的解读，我们获得对数据的深入理解，有助于在新的业务里进行科学的决策。

1.7　数据处理系统的架构：系统维度的计算视角

1.7.1　数据处理系统的层次架构

数据处理系统，依赖于计算机系统的存储和计算能力建立。如图 1 - 15 所示，整个系统可以切分成数据库、存储/检索与分析系统、应用软件与数据产品等主要层次或者子系统。这是对数据处理系统进行观察的一种视角。

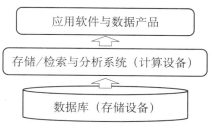

图 1-15　数据处理系统的层次架构

数据库：数据保存在存储设备上，形成数据库。在这里，需要解决数据的表示和保存的问题，即数据要以一定的逻辑结构和物理结构保存。比如关于用户购买行为的信息，在逻辑上是关系模型的一张二维表，可以以行存储格式（Row-wise Storage）或者列存储格式（Columnar Storage）进行物理存储。大量数据按照一定的结构保存在存储设备上，构成了一个数据库。对数据库实现有效管理的软件，称为数据库管理系统。注意，不能把数据库等同于关系数据库，把数据库管理系统等同于关系数据库管理系统，那是一种狭义的理解。

存储/检索与分析系统：存储和检索是对数据进行增加、删除、修改、查询、简单汇总分析等操作。数据的分析指的是对数据进行深入的统计分析、挖掘，以及利用这些数据来训练机器学习模型，用于分类和回归预测任务。数据的存储/检索与分析，在软件形式上表现为数据库管理系统（比如关系数据库管理系统（RDBMS））、大数据处理平台（比如 Hadoop）等。这些软件是系统级的软件，运行在一台计算机或者由多台计算机构成的集群上。

应用软件与数据产品：在数据库、数据存储/检索与分析系统软件上，可以针对特定领域进行软件开发，方便用户使用，称为应用软件。一些厂商在其掌握的数据上进行分析，向客户销售分析结果，这种产品形式称为数据产品（Data Product）。

由此可见，数据处理系统由硬件和软件构成，硬件包括存储设备和计算设备，软件包括数据库、数据存储/检索与分析系统，以及应用软件和数据产品。

1.7.2　数据处理系统的 Lambda 架构

在数据处理系统中，数据的处理模式分为三类：批处理、流式数据处理以及交互式处理。

批处理模式是把数据首先保存起来（把数据入库），然后进行分析。批处理模式处理的数据量一般是全量数据（或者是绝大部分数据）。由于对大量数据进行分析，它的响应时间比较慢，一般以分钟和小时计算。批处理的实例包括银行信用卡中心在每个月的账单日，对每个用户的该月消费总额进行汇总，为每个用户生成月度账单；国家统计局每个季度对经济数据进行汇总，公布 CPI 指标等。此外，对于训练准确的机器学习模型以及从数据中发现隐藏的模式来讲，需要对大量的数据进行批处理。

在流式数据处理模式下，新到达（新产生）的数据要及时进行处理，无须首先入库，处理过后的数据一般不予保存，直接丢弃掉（当然也可以根据需要保存起来，但这不属于流式数据处理的范畴）。流式数据处理对新到达的每个数据元素（Data Element）都立即处理，其响应时间以毫秒（甚至微秒）计。系统可以把最近的数据暂时保存在内存中，在处理当前数据元素的时候做参考，但是参考的数据量一般较少。流式数据处理系统一般用于监控、数据转换、数据装载等场合。

流式数据处理的实例包括通过传感器采集到的设备运行参数，持续监控设备的运行状态；对新的价格、新闻、自媒体信息进行及时分析，以便进行股票交易决策；对每一笔新的信用卡交易及时判断是否为欺诈交易，对欺诈交易迅速做出处理，实现风险控制，减少不必要的损失等。这类应用要求比较强的实时性。

由此可见，批处理模式处理的数据是已经入库的数据（Data at Rest），流式数据处理模式处理的数据是运动中的数据（Data in Motion）。

交互式处理和批处理，都需要把数据首先保存起来，再进行处理。交互式处理一般查询部分数据，进行简单的统计分析。它所存取的是整个数据集的一小部分，所以它的响应时间比批处理要快得多，一般达到秒级响应时间。

批处理、流式数据处理、交互式处理等处理模式各有侧重，满足不同应用场合的需求，可以把这三种模式整合起来，这就是著名的 Lambda 架构（见图 1 - 16）。

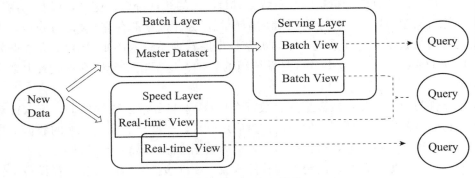

图 1 - 16　Lambda 架构

Lambda 架构分成三个层次（Tier），分别是批处理层（Batch Layer）、实时处理层（Speed Layer）、服务层（Serving Layer）。从数据源不断到达的数据，经过适当的暂存（Staging），交给批处理层，一般要经过抽取、转换和装载（Extraction，Transformation and Loading，ETL）的过程，加载到数据库中，形成主数据集（Master Dataset）。

此外，从数据源不断到达的数据，经过适当的暂存后，同时分发给实时处理层。实时处理层对数据的处理模式是一个一个数据元素单独处理，有可能参考近期少量的数据元素，老的历史数据就直接丢弃掉了。

用户可以向系统发起查询（分析）请求，这些查询分为三类：有些查询直接发送到实时处理层，查询结果是最近数据的分析结果，比如传感器读数的最近的变化情况；有些查询直接发送到批处理层（通过服务层），对历史数据进行分析，查询的响应时间要慢得多；有时候用户希望把历史数据的分析结果和最近数据的分析结果整合起来，获得更加完整的视图，用户的查询就需要分解成两个子查询，分别发送到实时处理层和批处理层，查询处理器把这两个查询的结果进行必要整合之后，呈现给用户，如图 1 - 16 所示。

1.8　数据的多样性：数据类型维度的横向视角

针对不同的应用，采集到的数据类型丰富多样，包括表格数据、HTML 网页文件、XML 文件、资源描述框架（Resource Description Framework，RDF）数据、文本数据、图（社交网络）数据、多媒体数据（音频/图像/视频）等。这些数据可以划分成结构化数据、非结构化数据和半结构化数据等不同类型。所谓结构化数据主要是指符合关系数据模型的二维表数据；半结构化数据包括各种包含结构标记（Tag）的数据，比如 HTML 网页、XML 文档、RDF 数据等；非结构化数据则包括文本数据、图数据以及各种多媒体数据。

当类型多样的数据描述的是现实世界中同样的实体、事件的时候，它们便具有内在的联系，应该建立它们之间的关联，以便实现跨媒体的数据分析。用多种类型的数据描述客观世界同样的对象，给我们提供了透过数据观察世界的一种多通道的视角，一种 360 度的全面视角。

比如，社交网络的用户具有一些基本属性，这些属性保存在关系数据库表中，同时他们拥有一些好友关系，这些关系保存在图数据库中。关系数据库表中的记录，以及图数据库中的节点，当它们表示同一个用户的时候，就有必要建立关联。

又比如，近年来人们建立了大量的知识库，包括通用知识库和专用知识库，比如 DBpedia、Freebase、Geo-names 等。这些知识库之间的实体是互相覆盖的，即有一些实体既在这个知识库中出现，又在另外一个知识库中出现。建立不同知识库中的实体的关联性，有助于正确地解析实体，利用各个知识库互为补充，丰富实体的信息，为上层应用服务。

互联的开放数据集（知识库）（Linked Open Data，LOD）项目（http：//linkeddata.org/）就是这样一种尝试，它试图通过 Web 把相关的知识库连接在一起。它提出了一整套办法，把各个独立的知识库在互联网上分享出来，使用统一资源标识符（Uniform Resource Identifier，URI）和 RDF 技术，把语义网（Semantic Web）上的数据、信息和知识连接起来。LOD 项目的云图（Cloud Diagram）如图 1－17 所示。

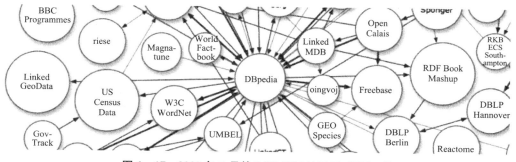

图 1－17　2009 年 7 月的 LOD 项目的云图（局部）①

①　完整版请参见 http：//lod-cloud. net/versions/2009－07－14/lod-cloud. png.

1.9　数据价值的挖掘：价值维度的价值提升视角

数据的价值发现过程和具体的应用场景密切相关。对于不同的应用来讲，价值提升的过程具有共性，如图 1-18 所示。

图 1-18　数据的价值提升过程

首先，原始数据记录了现实世界的实体和事件，一般其数据量较大，但是数据的价值密度低，有可能包含很多噪声（错误数据）。这些数据一般存放在具有高度扩展能力的分布式文件系统或分布式数据库中。

这些数据必须经过清洗，以便剔除错误，提高数据的质量。此外，不同来源的数据需要集成起来，删除重复数据；多源异构数据，需要整合集成起来；多模态数据要建立关联，融合在一起。我们掌握的数据越全面多样，分析结果越有可能反映客观实际。经过清洗和集成的数据，一般存放到数据仓库中。

对数据进行分析的方法，根据分析的复杂度，分为简单分析和复杂分析。所谓简单分析，就是对数据进行多维的汇总统计、生成报表等操作。一般使用具有多维分析和可视化功能的报表软件实现数据的分析，分析结果可以保存到数据库中，方便再次使用，无须从头计算。

复杂分析包括运用统计分析方法、数据挖掘方法、机器学习方法，对数据进行深入分析。通过适当的分析，可以挖掘到数据中隐藏的模式、相关性等。数据的复杂分析依赖于通用的分析软件或者针对用户应用定制开发的分析软件来实现，分析结果可以保存到数据库中备查。

如果数据中反复出现一些模式，可以在此基础上，总结抽象上升为知识。知识是比模式、相关性等更加具有普遍性（Generalized）的规律。知识放在知识库中。

数据价值提升或者价值挖掘的过程，伴随着数据（信息）规模的缩小和数据（信息）价值密度的提高。通过收集大量的数据并进行分析，原始数据就变成了对人们有用的信息。

本章要点

1. 数据科学的定义。

2. 数据科学与数据库、大数据分析、

基于数据的决策的关系。

3. 数据科学家的技能要求。

4. 数据科学的基本原则。

5. 数据的生命周期、数据分析处理的流程（时间维度的视角）。

6. 数据处理系统的层次架构、数据处理的模式以及 Lambda 架构。

7. 数据的多样性（横向视角）。

8. 数据价值的挖掘（价值提升视角）。

专有名词

基于数据的决策（Data-Driven Decision Making，DDD）

互联的开放数据集（知识库）（Linked Open Data，LOD）

统一资源标识符（Uniform Resource Identifier，URI）

资源描述框架（Resource Description Framework，RDF）

第 2 章

OLTP 与数据服务

数据服务（Data Serving），指的是面向各种操作型业务，提供数据的增加、删除、修改以及简单的查询功能。提供数据服务功能的系统就是数据服务系统，包括支撑操作型业务的关系数据库、NoSQL 数据库以及 NewSQL 数据库等。

联机事务处理（Online Transaction Processing，OLTP），也称在线事务处理，指的是把用户的业务请求转换成数据库的操作，传送到后台数据库管理系统；数据库管理系统在很短的时间内，把用户的相关数据操作请求当作一个完整的事务来处理，对用户的请求进行响应。OLTP 有两个主要的特点，一个是用户请求作为一个事务进行处理；另外一个是响应时间短。在这里，事务是一个完整的工作单元，多个操作要么全部执行，要么压根没有执行（All or Nothing）。事务的响应时间一般以秒计，比如在 ATM 机上进行账户余额查询，从发起查询到查询结果返回，要求不超过 3 秒。

一般来讲，关系数据库管理系统（以及 NewSQL 数据库）提供完备的联机事务处理能力，保证数据库系统在执行用户事务后，数据是高度一致的、正确的。而大量的操作型 NoSQL 数据库，其设计目标是具有极高的扩展能力，无法提供类似关系数据库管理系统一样的事务处理能力，无法保障数据的强一致性（NoSQL 数据库一般支持最终一致性，不同副本的数据可能存在暂时的不一致）[1]，但可以提供关系数据库系统无法达到的系统规模和吞吐能力。

狭义上讲，关系数据库系统提供联机事务处理能力，而操作型 NoSQL 数据库提供数据服务能力。广义上讲，可以把 OLTP 作为一类特殊的数据服务来看待。数据服务中的数据操作也称为事务，只要某一个数据操作或者某一组数据操作从业务意义上来讲

---

① 事务、强一致性、最终一致性、事务特性和事务处理技术等内容，将在本章逐步展开。

是一个完整的工作单元。我们按照广义理解来界定数据服务和联机事务处理的关系。

数据服务是相对于数据分析来讲的。两者的主要区别是数据服务一般在一个事务（工作单元）中，只需要存取少量的记录，目的是反映操作型业务对数据的操作，比如新建订单、为订单付款、账户余额的扣减、购物框的修改等。而数据分析，则往往需要在大量的数据（可以是整个数据集）的基础上进行统计汇总以及更深层次的分析，目的是从大量数据中获得少量的汇总指标和分析结果，以便从总体上对数据中隐藏的规律有所认识。

2.1　面向 OLTP 应用的关系数据库技术

2.1.1　关系数据库技术与 SQL 查询语言

20 世纪 70 年代初，IBM 工程师科德（Codd）发表了著名的论文《大型共享数据库的数据关系模型》（A Relational Model of Data for Large Shared Data Banks），开启了数据管理技术的新纪元——关系数据库技术时代。关系数据库管理系统（Relational Database Management System，RDBMS）就是在这篇论文的基础上设计出来的。在此之前的数据库系统，主要有基于层次模型的层次数据库（比如 IBM 的 IMS 系统）、基于网状模型的网状数据库（比如 IDS 数据库）等。这些数据库的主要缺点是其数据模型过于复杂，普通用户难以理解。另外，应用软件和数据模式（Schema，即数据结构）的联系过于紧密。层次和网状数据库都采用导航式（Navigational）的数据结构，存取特定的数据单元，必须在应用软件中按照一定的存取路径去提取数据。当数据模式发生改变时，已经编写好的软件需要做相应的修改。

科德提出的关系数据模型基于表格（关系）、行、列（属性）等基本概念，这些概念易于理解。比如，要保存一个学校的所有学生的基本信息，可以建立一张学生表，该表为一张二维表。每个学生信息对应表的一行，也称一个记录或一个元组（Tuple）。每行数据由若干列组成，每一列表达了一个学生的一个属性，比如学号、姓名、性别、出生年月等（属性列也称字段）。这样的二维表不仅可以记录关于现实世界中的各类实体（Entity）的信息，也可以记录实体间的关系（Relationship）。比如可以建立一张表格，这个表格具有学号、课程号、选课时间等属性列，表格的每一行记录了某个学生对某门课程的选课。

在关系数据库管理系统中，可以在关系模型上施加若干完整性约束条件，以保证数据的正确性、一致性。完整性约束包括实体完整性、参照完整性以及用户自定义完整性等。所谓实体完整性，是指数据库表中的每一条记录，都是和其他记录不同的唯一的记录，比如一个学生和另外一个学生，他们的信息在学生表里面是不同的两条记录。一般通过唯一标识一行记录的主键（唯一标识一行记录的若干属性，比如学生表的学号）来保证实体完整性。比如，在学生表中，虽然有两个同学叫王涛，但是他们有不同的学号，通过学号可以在数据库里唯一地标识他们。参照完整性是指如果某一个数据库表中的记录，有一个字段参考了另外一个数据库表中的某一条记录，那么另外那个数据库表的记录必须真实存在。比如学生表里包含一个属性列为他所在的院系，该属性保存院系编号，参照了院系表。那么学生表的每个记录里出现的院系编号，必须是院系表里存在的一条记录，即某一个具体院系的编号。用户自定义完整性则是用户对数据赋予的一些完整性规则，比如性别必须为男性或者女性、工资必须为一个正数等。

科德为关系模型建立了严格的关系代数运算，这些运算也称关系操作。主要的关系操作包括选择、投影、连接等。所谓选择，就是把一张表格中符合条件的记录挑选出来，比如把 1997 年 9 月以后出生的学生记录选择出来。投影是在表格上把各个记录的部分属性列提取出来，比如在学生表格上进行投影操作，只显示学生的学号、姓名和性别信息。连接操作则是按照一定条件把两张或者多张数据库表的各一行记录拼接起来，生成结果集的一条记录。比如，对学生表、课程表、选课表进行连接查询，连接条件是选课表的学号等于学生表的学号，而且选课表的课程号等于课程表的课程号，显示学生的学号、姓名、课程号、课程名等属性列，表示不同学生对不同课程的选课信息。又比如，对学生表和院系表进行连接查询，连接条件是学生表的院系编号等于院系表的编号，显示每个学生的学号、姓名以及所在院系的名称。

下面针对学生表和院系表上的连接查询，解释为什么需要进行表格之间的连接操作，以及如何实现连接操作。查询的 SQL 语句如下：

```
Select s. sno, s. sname, d. dname
From student s, department d
Where s. did = d. did
```

注：student 为学生表的名称，s 为其别名；department 为院系表的名称，d 为其别名。
s. did = d. did 为两个表的等值连接条件。

该查询需要显示学生的学号、姓名，这些信息在学生表里面。此外，该查询还需要显示学生所在院系的名称，这些信息在院系表里面，所以需要对学生表和院系表进行连接。有的读者会问，是否可以把学生所在院系名称保存在学生表的某个字段里面，这样进行上述查询的时候就不需要两个表格之间的连接了？这是可以的。但是会带来严重的问题，那就是如果在学生表的每个学生的院系字段里保存了院系名称，一方面，院系名称比起院系 ID 来讲，占用的空间大得多，当学生数量很多的时候，浪费的空间是很大的；另一方面，当院系改名的时候，需要对隶属该院系的所有学生的院系字段进行修改，代价很大。设计关系数据库的表格时，特别是面向 OLTP 类应用的数据库，应该尽量把不同的实体放在不同的表格中。不同表格中的实体，通过主外键关系建立联系。这个设计过程称为规范化（Normalization），具体细节请参考相关资料。比如，学生表的每个学生记录，通过学号唯一标识，学号是学生表的主键；院系表的每个院系，通过院系 ID 唯一标识，院系 ID 是院系表的主键。学生表的院系 ID 字段是一个外键，建立了学生表和院系表之间的联系。

实现连接的算法有三个，分别是嵌套循环连接（Nest Loop Join）、排序合并连接（Sort Merge Join）和哈希连接（Hash Join）。所谓嵌套循环连接，以学生表和院系表的连接为例，从院系表里提取一个院系记录，然后扫描整张学生表，把隶属该院系的学生记录和该院系记录拼接起来输出，然后再提取下一个院系，针对该院系扫描整张学生表……如此往复，直到院系表的所有记录处理完毕，连接操作完成。所谓排序合并连接，我们针对院系表基于院系 ID 字段（就是 SQL 查询语句的连接字段）进行排序，然后针对学生表基于院系 ID 字段进行排序。这时候，院系表和学生表在院系 ID 字段上的排序是一致的，只不过一个院系对应若干学生，如图 2-1 所示。接着用两个光标（Cursor）顺序扫描两个表，当遇到院系表的一个记录，就在学生表里面把可以和它连接的记录都与之连接。然后院系表的光标移动到下一个院系记录，学生表的光标移动到隶属于该院系的第一个学生记录……直到两个表的光标都达到表格的末尾，连接操作完成。所谓哈希连接，是使用一个 Hash 函数（Hash 函数的功能是把数据映射到一个地址，在这里把院系 ID 映射为一个桶（Bucket）号），扫描院系表的院系记录和学生表的学生记录，针对院系 ID 进行 Hash 操作，把院系记录和学生记录分配到不同的桶（桶是一种内存数据结构）。由于使用同一个 Hash 函数，于是某个院系记录及其所属学生记录被分配到同一个桶。比如信息学院和信息学院的学生被分配到同一个桶，经济学院和经济学院的学生记录被分配到另外一个桶。我们就可以在一个桶之内，对匹配的院系记录和学生记录进行连接。

院系表	
院系ID	院系名称
d01	信息学院
d02	经济学院

学生表			
学号	姓名	……	院系ID
s001	张三丰		d01
s002	赵敏		d01
s003	张无忌		d02
s003	周芷若		d02

图 2-1　学生表和院系表的排序合并连接

关系模型提出来后，研究人员掀起了关系数据库管理系统开发热潮。其中有两个原型系统特别值得一提，一个是 IBM 开发的 System R，另一个是加州大学伯克利分校开发的 Ingres。1974 年，作为 System R 项目的一部分，IBM 的工程师开发了交互式查询语言 SEQUEL（Structured English Query Language），这是 SQL 语言的前身。

现在，SQL 语言已经成为国际标准，成为各个数据库厂家产品的标准的数据定义语言、查询语言和控制语言。通过标准化的 SQL 语言，用户可以进行模式（表格的结构）和索引的定义与删除，对数据库表中的数据进行增加、删除、修改以及查询等操作。使用 SQL 语言可以表达复杂的查询操作，可以对一张数据库表进行查询，也可以对多个表进行连接查询，还可以进行嵌套查询。比如，可以把符合某个条件的院系查找出来，然后根据查询结果，把隶属这些院系的所有学生查找出来。在查询之上，还可以对数据进行分组、聚集操作，比如按照院系统计学生的人数、把各个职称序列的老师的平均工资求出来等。

SQL 语言功能如此强大，却非常容易理解，普通用户经过简单培训，就可以掌握和使用。[①] SQL 语言是一种声明性的（Declarative）语言。使用 SQL 语言，用户只需要

---

① 本书的在线资源给出了一个简明的 SQL 入门教程，读者也可以通过 https：//sqlzoo.net/在线学习和尝试不同的 SQL 查询。

告诉系统查询目的是什么（需要查询什么数据），即"What"，并不需要告诉系统怎么样去做，即"How"，包括数据在磁盘上是怎么存储的、可以使用什么索引结构来加快数据访问，以及使用什么算法对数据进行处理等，都无须用户关心。比如，从学生表、课程表、选课表中，把某个学生的选课信息提取出来的 SQL 查询，其形式如下：

```
Select s. sno, s. sname, c. cno, c. cname
From student s, course c, student _ cource sc
Where s. sname ＝ "张三丰" and
s. sno ＝ sc. sno and
c. cno ＝ sc. cno
```

注：student 为学生表的名称，s 为其别名；course 为课程表的名称，c 为其别名；student _ cource 为选课表的名称，sc 为其别名。

s. sname ＝ "张三丰" 为学生表的过滤条件。

s. sno ＝ sc. sno and c. cno ＝ sc. cno 为三个表的等值连接条件。

一般来讲，一个 SQL 查询语句需要经过词法分析、语法分析、语义检查，在内存中生成一个语法树，经过优化器优化后生成一棵优化的语法树，然后再转换成物理执行计划，最后由执行器执行，获得结果集，如图 2 - 2 所示。

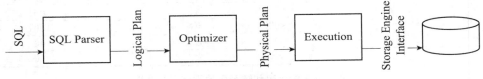

图 2 - 2　SQL 语句的执行过程

查询执行计划（Query Execution Plan），是由操作符构成的一棵语法树。所谓操作符，指的是选择、投影、连接、聚集等操作。查询执行计划，分逻辑执行计划和物理执行计划。逻辑执行计划，指的是 SQL 语句经过词法分析、语法分析和语义检查之后生成的语法树，以及经过优化器在逻辑层面优化（请参考下文基于规则的优化器的描述）之后生成的语法树。物理执行计划，则是优化器根据数据的特点，确定了每个操作符的具体实现的语法树，可以直接交给查询执行引擎（Query Execution Engine）运行，获得查询结果。确定了具体实现的操作符，称为物理操作符（Physical Operator），比如对于表格数据的提取，是对整张表进行扫描（Full Table Scan），还是通过索引进行部分数据的提取（Index Based Scan）。

上述学生表、课程表、选课表（Student，Course，Student _ Course）三表连接的 SQL 查询，经过词法分析、语法分析和语义检查之后，生成的执行计划如图 2 - 3 所示。按照图 2 - 3 上各个圆角矩形内的编号，我们对该语法树进行解释如下：（1）表扫描操作符（Scan）扫描 s 表；（2）过滤操作符（Filter），根据 s. sname ＝ "张三丰" 的查询条件，对 s 表的记录进行过滤；（3）由于最后只需显示学生的学号和姓名，投影操作符（Project）对 s 表的记录进行投影，只提取学号和姓名；（4）表扫描操作符（Scan）扫描 sc 表；（5）为了进行连接操作，只需 sc 表的 sno 和 cno 字段，投影操作符（Project）对

sc 表进行投影，只提取这两个字段；（6）对操作符 3 和操作符 5 递送来的 s 表记录和 sc 表记录进行连接操作（Join），生成临时结果；（7）表扫描操作符（Scan）扫描 c 表；（8）对于 c 表，由于最后只需显示课程名，但是和 sc 表进行连接需要课程号，投影操作符（Project）对 c 表的记录进行投影，只提取其课程号 cno 和课程名 cname；（9）对操作符 6 和操作符 8 分别递送来的 s 表和 sc 表连接的中间结果以及 c 表数据进行连接操作（Join）。最后把结果返回给用户。

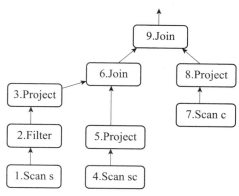

图 2 - 3　查询执行计划

　　关系数据库管理系统的查询优化器，根据用户的查询特点和数据的分布特征，选择合适的查询执行计划，通过过滤、投影、连接、聚集等操作，完成用户的查询，力图达到执行速度快、消耗资源少、尽快获得查询结果等目标。查询优化器是关系数据库管理系统最重要、最复杂的模块之一，经历了从简单到复杂、基于规则到基于代价模型的发展阶段。

　　所谓基于规则的优化，就是根据一定的规则优化查询语法树。比如对于上述查询来讲，查询的执行过程，可以是先对学生表、课程表、选课表进行连接，然后选择符合条件的学生，最后进行投影操作，把需要的属性列提取出来。基于规则的优化，往往把选择操作和投影操作放在连接操作之前完成，于是进行连接操作的时候，参与连接操作的数据量已经大大减少，从而提高查询效率。比如在前述实例中，可以把张三丰这个学生从学生表中过滤出来，然后和选课表、课程表进行连接。

　　基于代价的查询优化需要优化器掌握数据的统计特征，选择合适的查询处理算法。在多表连接操作中，一般是两个表先进行连接操作，生成中间结果集，然后中间结果集和后续的其他表再进行连接操作……依此类推。在这种情况下，不同的表间连接顺序（Join Order）对性能的影响很大。比如前述实例中，学生表 s、课程表 c 和选课表 sc 三者的连接顺序有 6 种，即三个表的全排列：s/c/sc（该连接顺序无效）、s/sc/c、c/s/sc（该连接顺序无效）、c/sc/s、sc/s/c、sc/c/s。一般来讲，优化器可以根据数据的统计特征估计不同的连接顺序的中间结果集的大小，选择合适的连接顺序，尽早地减少中间结果集的大小，从而加快后续的连接操作。当有多个索引可以使用时，到底使用哪个索引加快数据的访问；进行数据库表之间连接，可以选用不同的连接算法时，到底使用哪个，都由优化器来确定。

20 世纪 70 年代以来，一些围绕关系数据库技术的公司和产品部门纷纷创立。大浪淘沙，其中获得商业成功的公司（部门）主要有 IBM（DB2）、甲骨文（Oracle）、Informix、Sybase、微软（SQL server）、SAP 等。这些数据库技术公司创造了庞大的数据库产业，每年创造巨大的产值。

关系数据库技术是当前主流的数据库技术，支持大量的 OLTP 应用。[①] 关系数据库产品是现代商业运行的基石，负责保存和管理银行业、航空业等的和我们日常生活息息相关的关键业务系统（Mission Critical）的数据，夜以继日执行各种任务，支持业务的运转及社会的运行。

2.1.2 利用索引加快数据访问

当我们要查找字典里面的某个字时，一般需要借助偏旁部首或者拼音，而不是从头到尾在字典里翻找。拼音表和偏旁部首表就是字典的索引。在数据库里，索引是一种辅助数据结构，它可以帮助数据库查询引擎加快对数据（表格）的访问。在数据库技术蓬勃发展的几十年历程中，人们提出了各种各样的索引技术。在这里，我们通过实例简要介绍应用非常广泛的一种索引技术——B+树索引。[②]

假设有一个用户表，包含若干用户记录，每个记录包括用户 ID、姓名、性别、出生年月、电话、邮编和地址等信息。目前，表格中的用户 ID 有 5、6、7、14、15、16、23、24、25、32、33、34、41、42、43、44、45、46 等，我们在用户 ID 字段上，按照从小到大的用户 ID 字段值，不断地建立 B+树索引[③]，最后建立的索引如图 2-4 所示。

图 2-4 为一个 4（M）阶的 B+树索引（真正的 B+树索引的阶数达到上千级别）。它由内部节点（包括根节点）和叶节点构成，内部节点包含 1~3（M—1）个 Key，以及 2~4 个指针指向子节点。叶节点包含 1~3（M—1）个 Key，以及隶属于这些 Key 的指向实际数据记录的指针，还有一个指针指向 B+树的下一个叶节点。

以查找 25 这个 Key 值的数据记录为例，从根节点开始，发现 25 大于 23、小于 41，于是从第二个指针找到这个节点的第二个子节点。接着判断，因为 25 大于等于 25、小于 33，于是从第二个指针找到这个节点的第二个子节点。这是一个叶节点，找到 25 这个 Key 值，其对应的指针指向数据文件中的数据记录，于是找到 Key 值为 25 的记录。

在该 B+树中，根节点包含 2 个 Key 值，分别是 23、41，以及 3 个指针，分别指向 3 个非叶子节点。左边指针指向的节点所有的 Key 值都小于 23；中间指针指向的节点所有的 Key 值都落在 ［23，41）；右边指针指向的节点所有的 Key 值都大于等于 41。再看左边那个非叶子节点，它包含 2 个 Key 值，分别是 7、15，以及 3 个指针。左边指针指向的节点（叶子）所有的 Key 值都小于 7；中间指针指向的节点（叶子）所有的 Key 值

---

① 本书的在线资源网址给出了 OLTP 实验参考。

② 网址 https：//docs. microsoft. com/en-us/sql/database-engine/hash-indexes?view=sql-server-2014，给出了哈希索引（Hash Index）的说明，这是一种加快内存表（In-Memory Table）访问的索引形式．网址 https：//blogs. oracle. com/timesten/what-is-the-best-timesten-index-for-my-oltp-application，比较了 Hash 索引和 B+树索引的特点。

③ https：//goneill. co. nz/btree-demo. php.

都落在［7，15）；右边指针指向的节点（叶子）所有的 Key 值都大于等于15……到这里，我们可以观察到B＋树各个节点的 Key 值和指针的组织方式以及它们的关系。

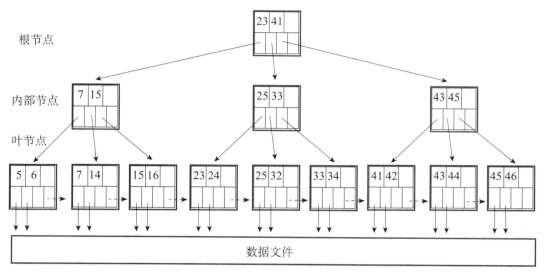

根节点

内部节点

叶节点

数据文件

图 2 - 4　一个 4 阶的 B＋树

通过上述实例可以看到，B＋树把索引项组织成一棵树的结构，它包含非叶子节点（包括根节点）和叶子节点，每个节点包含一系列 Key 值和一系列指针。非叶子节点的指针，指向其他非叶子节点或者叶子节点。叶子节点的指针，指向数据文件（数据库数据存在文件里）的具体记录。B＋树的根节点，是对数据进行访问的统一入口。

当我们寻找某个具体的 Key 值时，沿着根节点，经过跟每个节点的一系列 Key 值的比较，沿着某个指针前进；经过一系列非叶子节点，到达叶子节点，最后就可以通过叶子节点的指针定位到数据文件的某个记录。在大量的数据中寻找某个记录的操作（点查询（Point Query）），速度大大提高了。

B＋树是动态建立的，所以有些节点并没有填满。B＋树的非叶子节点和叶子节点具有如下属性。

（1）非叶子节点（包括根节点）：每个内部节点的形式为$<P_1，K_1，P_2，K_2，\cdots，P_{c-1}，K_{c-1}，P_c>$（$c{\leqslant}M$）。每个 K_i 是一个 Key 值，$K_1<K_2<\cdots<K_{c-1}$；每个 P_i 指向一个子节点。如果某个内部节点有 c 个指针（$c{\leqslant}M$），那么它有 $c-1$ 个 Key 值。对于 $i=1$，P_i 指向的子节点的 Key 值有 $X<K_1$；对于 $1<i<c$，P_i 所指向的子节点的 Key 值有 $K_{i-1}{\leqslant}X<K_i$；对于 $i=c$，P_i 指向的子节点的 Key 值有 $X>K_{i-1}$。非根节点即内部节点至少有 $ceil\left(\dfrac{m}{2}\right)$（表示大于等于 $\dfrac{m}{2}$ 的最小整数）个指针，最多有 M 个（B＋树的阶数）指针。B＋树的非叶子节点形成叶子节点上的一个多级稀疏索引。根节点至少有两个指针；根节点是一个特殊的节点，所有的数据查找都从根节点开始。

（2）叶子节点：B＋树的查找键是数据文件的主键，索引是稠密的，即每个记录在索引字段上的值都在索引中出现。叶子节点中为数据文件的每个记录设有一个＜键值，指针＞对，指向数据文件的某条记录。每个叶子节点的形式为$<<K_1，D_1>，<K_2，D_2>，\cdots，$

$<K_{c-1}，D_{c-1}>，P_{\text{next}}>（c{\leqslant}M）$。每个叶子节点中，$K_1<K_2<\cdots<K_{c-1}$，$c{\leqslant}M$。每个 K_i 是一个 Key 值，每个 D_i 是一个数据指针，指向数据文件中 Key＝K_i 对应的数据记录（可以是该记录所在的磁盘块编号）。P_{next} 指向本 B＋树的下一个叶节点。每个叶子节点至少有 $ceil\left(\dfrac{m}{2}\right)$ 个 Key 值和指针值。所有的叶子节点处在同样的深度。

在实际应用中，每个非叶子节点以磁盘块为大小，可以容纳上千个键值和指针。也就是 B＋树的阶数达到上千的级别，即便对于记录数量较大（上亿的级别）的表格，B＋树的深度也只需 2～5 个层级。每次磁盘操作，可以存取一个 B＋树节点（内部节点和叶节点），少数几个磁盘 I/O 就可以定位到具体的数据。

上文提到，B＋树可以加快点查询（查找某个 Key）。通过观察 B＋树的结构还看到，兄弟叶子节点之间是连接起来的。当进行范围查询时，比如范围是［Key_1，Key_2］，当定位到包含 Key_1 的叶子节点以后，就可以沿着这个链条寻访符合范围查询条件的其他记录键值所在的叶子节点。通过叶子节点的指针，可以访问数据文件的具体记录。由此可见，B＋树还可以加快范围查询（Range Query）。

2.1.3　数据库的事务处理、恢复技术与安全保证

大量的业务数据通过数据库来管理，数据的一致性和可靠性直接影响业务的开展。为了保证数据库数据的一致性（数据库数据处于有效的状态或正确的状态）和数据库系统的可靠性，人们提出了事务的概念，以及并发控制和恢复技术。关系数据库管理系统的核心能力包括三个方面，即关系模型、事务处理和查询优化。其中数据库的事务处理能力实现了人、财、物的精确管理，分毫不差。即便在发生软件和硬件错误的情况下，也能正确恢复数据，从而支撑企业关键业务的运行。

数据库里的事务，指的是一个完整的工作单元（a Unit of Work），它由一系列操作构成，目的是完成一定的业务目标。比如转账事务，目的是把一个账户的一定金额转入另外一个账户，它包含两个数据操作，分别是减少一个账户的余额，以及增加另外一个账户的余额。

事务的概念提供了一个个工作单元的界定，目的是：（1）即便数据库系统发生失败状况，系统也能够从失败中正确恢复，恢复过程针对事务进行设计，保证数据库处于一致状态。一般来讲，在数据库系统发生失败状况时，对数据库的很多操作就没有办法完成，数据库处于什么状态不清楚。比如断电的时候，转账事务执行到哪一步就不知道了。把转账操作定义为一个事务，就可以针对事务进行日志记录，系统恢复过程中，就能够正确恢复数据库状态，要么转账事务完成，原账户余额减少新账户余额增加；要么转账事务没有完成，原账户余额没有减少新账户余额也没有增加。（2）当多个用户并发操作数据库时，事务定义了对操作进行隔离的基本单元。如果并发操作没有加以隔离，那么数据的正确性将无法保证。比如，拥有共同账户的两张卡的夫妻俩分别在不同的商场购物，丈夫在柜员 A 处准备支付，这时妻子在柜员 B 处也准备支付，柜员 A 查到账户余额为 10 000 元，柜员 B 查到账户余额也是 10 000 元，柜员 A 从 10 000 元里扣掉商品的价值 5 000 元，柜员 B 从 10 000 元里扣掉商品的价值 3 000 元，柜员 A 写入余额

5 000 元，柜员 B 写入余额 7 000 元。这时银行账户余额为 7 000 元，这是不对的，因为原来的余额有 10 000 元，丈夫花掉 5 000 元，妻子花掉 3 000 元，应该剩余 2 000 元才对。

事务管理器（Transaction Manager）保证事务执行的正确性，它保证事务的四个主要特性，即事务的原子性（Atomicity）、一致性（Consistency）、隔离性（Isolation）和持久性（Durability），简称 ACID。

所谓事务的原子性，指的是事务的所有操作，要么全部执行，要么都没有执行（All or Nothing）。比如执行一个转账事务，要么已经完成转账，要么未完成转账，不允许出现已经从一个账户扣钱，而钱没有到达另外一个账户的状况。事务的一致性，指的是事务把数据库状态从一个有效（正确的）状态，转化成为另一个新的有效（正确的）状态，在事务失败情况下，必须把所有数据恢复到事务开始之前的状态，即事务执行开始之前、结束之后，数据的完整性约束没有遭到破坏。具体包含两层含义：（1）在数据库机制层面，事务执行前后，数据符合一些预置的约束，比如唯一性约束、主/外键约束等。（2）在应用程序层面，应用程序开发人员定义了具体业务的约束要求，也没有遭到破坏。比如，从账户 A 给账户 B 转账（没有其他存款、取款操作），两个账户的余额总和，转账前和转账后是一样的，也就是钱没有丢在半路上。在一个并发的事务处理系统中，多个事务的各个操作步骤可以交替执行，但是必须保证某个未提交的事务和其他事务是相互隔离的，目的是保证未提交的数据别的事务不能看到。事务的持久性指的是事务提交后，对数据的修改必须永久保存起来，当系统失败或者重启，数据能够恢复到最近的正确状态。

事务的 ACID 特性保证以及整个数据库系统的可靠性，依靠并发控制技术和恢复技术来实现。数据库的并发控制技术主要分为两类，包括基于加锁的并发控制技术和多版本并发控制技术（Multi Versioning Concurrency Control）。以最简单的加锁技术为例，当事务对数据进行读取的时候，需要对数据加读锁；当事务将要写入数据的时候，需要对数据加写锁。在同一数据上，不同事务的读锁可以并存，但是同一时间只能有一个事务拥有写锁（其他事务要加写锁需要等待）。事务并发调度执行的正确性准则是可串行性，即并发执行结果和某种串行调度的结果是一样的，比如 T1 和 T2 并发执行，先执行 T1 后执行 T2 或者先执行 T2 后执行 T1 的结果是一样的，那么这样的调度就是正确的。在基于加锁的并发控制中，除需要两种锁之外，还需要两阶段锁协议，以保证事务并发调度的正确性。两阶段锁协议的具体细节，请参考相关资料。[①] 当采用基于多版本的并发控制方法，读事务（也称为查询）读取数据的最新提交版本（Committed Version），即读到的数据是查询开始的那个时间点的一个快照（Snapshot）；而针对写事务（包含更新、删除、插入操作）的数据修改操作，数据库系统都从原有数据拷贝一个新版本，并且一直由该事务维护数据的这个未提交版本（Un-Committed Version），等到事务提交的时候，才把它固化为最新的提交版本。读事务和写事务之间没有冲突，即读事务不堵塞写事务，写事务也不堵塞读事务。如果多个事务并发修改同一数据，那么在

---

① 本书的在线资源给出了事务处理和并发控制的进一步说明。

它们提交的时候，需要进行冲突解决，某些事务需要退出（Abort）。如果事务退出，未提交的数据版本将被丢弃。

数据库恢复技术可以保证数据库系统在失败之后，能够恢复到最近的一致状态。为此，数据库的所有操作都必须有所记载，这就是数据库日志。日志记录的基本原则是"先写日志原则"（Write ahead Logging），即对数据进行操作之前，首先把必要的日志信息记录下来。这些信息一般记录数据改变之前是什么值（前像（Before Image）），改变之后将是什么值等（后像（After Image））。数据库的操作一般很频繁，日志数据量急剧增加，占用大量磁盘空间；也导致数据库恢复的时候，需要扫描处理的日志信息过多。一般通过检查点技术，把数据库最近的完整状态整体保存起来，日志文件里面就仅仅需要记录检查点以来的事务对数据的改变就可以了，大大减少日志数据量，能够加快恢复过程。在数据库恢复过程中，首先把检查点装载进来，把未提交事务对数据的改变恢复回去（Undo），把提交了的事务再执行一遍（Redo），就可以把数据库恢复到最近的一致状态。为了应付存储介质损坏的状况，需要把数据库数据保存到可靠的存储器，称为数据库的一个备份。如果对数据库的所有数据进行完整备份，称为全量备份。如果对数据库上次备份以来修改过的数据进行备份，称为增量备份。

数据库里的数据，如果没有施加任何保护，就有可能被窃取或者篡改，数据库的安全性是一个重要的问题。实现数据库的安全性保证，主要的技术手段包括用户认证和授权、审计、数据加密等。用户认证是对存取数据库的用户鉴定其身份。用户授权则根据用户的角色授予其存取数据的权限。现代数据库可以针对不同用户对不同粒度的数据库对象的不同操作分别授权。比如可以对整张表的操作或者字段级的操作进行授权。审计是对用户在数据库数据上的操作进行记录，以便出现问题时可以追本溯源。数据的加密是把数据进行加密然后保存到数据库表中。加密的数据需要解密才能查看。由于加密和解密需要付出计算开销，一般来讲，只有敏感的数据才有必要进行加密，比如职工的工资字段为敏感数据，需要加密存储。

除此之外，数据库的视图机制提供了一定的安全保证。在数据库表之上，通过查询（选择、投影、连接等）定义一个视图，然后把视图的存取权限授予部分用户，一定程度上增强了数据库的安全性。因为视图向外展现的数据只是整个数据库表的部分数据，即一个行列子集或者符合条件的连接查询结果，用户不能存取视图之外的数据库表里的其他数据。

🔘 2.1.4　并行数据库与分布式数据库

为了提高数据库性能，人们研发了并行数据库技术。所谓并行数据库，指的是通过高速网络把多个计算节点连接起来，把数据库数据和操作分解到这些节点上并行执行的一类数据库系统。有面向 OLTP 应用的并行数据库，也有面向 OLAP 和数据分析应用的并行数据库，以及支持 OLTP/OLAP 混合负载的并行数据库。关于并行数据库的架构、数据分片、查询处理等内容，将在"OLAP 与结构化数据分析"一章统一介绍。

所谓分布式数据库，指的是这样的数据库系统，它运行在多台计算机上，这些计算机通过网络互联。每台计算机安装独立的 RDBMS 系统，拥有数据的完整或者部分拷贝。这些计算机系统共同组成一个完整的逻辑上集中、物理上分散的大型数据库。归结起来，分布式数据库的主要特点是，数据物理分布在各个场地，但逻辑上是一个整体。各个场地上的数据由本地 RDBMS 管理，该 RDBMS 具有自治处理能力。各个场地虽然具有高度的自治性，但是需要相互协作，构成一个整体，完成全局事务处理。

　　并行数据库和分布式数据库的主要区别是，并行数据库的每个节点并未安装独立的 RDBMS，而只是整个 RDBMS 的一部分，其管理的数据也是整个数据库的一个子集，节点间一般通过高速网络连接，以便支持高速的数据访问。

　　相对于传统集中式的数据库来讲，分布式数据库具有如下优点：（1）把各场地自治管理与集中式数据查询和操作的要求巧妙结合起来。（2）具有更高的数据访问速度。分布式数据库为了保证数据的高可用性，一般采用多副本存储的容错策略。所以在进行数据读取的时候，不同客户（端）可以从不同副本读取它需要的数据，提高数据的访问速度。（3）更高的并发能力。分布式数据库采用计算机集群实现，可以提供更高的用户并发访问量。（4）更高的系统扩展能力。分布式数据库可以通过增加节点来实现系统的扩展，相对于集中式数据库具有更高的扩展能力。

2.2　面向数据服务的 NoSQL 数据库技术

2.2.1　NoSQL 数据库技术[①]

　　NoSQL 数据库并不是某个具体的数据库系统，而是一类数据库系统的统称。近年来，各类 NoSQL 技术异军突起，蓬勃发展。随着大数据时代的到来，传统的数据处理方法无法满足大数据的处理需求。比如，传统的关系数据库管理系统一般是集中式的单机系统，通过垂直扩展，即通过增加单台服务器的 CPU、内存、外存，仍无法有效地处理大数据，大数据既存不下也处理不了。人们希望通过把一组计算机组织成集群，利用集群的力量来处理大数据，这样的工程实践成为主流的方案。利用集群进行计算的方式，称为分布式计算。当前几乎所有的 NoSQL 系统以及大数据处理系统都采用了这样的技术方案。

　　NoSQL 数据库的主要特点是采用与关系模型不同的数据模型。在系统设计的时候，面向大数据处理的新挑战，采取了一些新的设计原则，目的是利用大规模的计算机集群，实现大数据的有效处理。这些新原则包括：（1）采用横向扩展（Scaling Out）的方式应对大数据处理的挑战，通过大量节点的并行处理，获得极高的吞吐能力和数据处理性能，包括读性能和写性能。需要对数据进行划分（Partitioning），以便进行并行处理。（2）放弃严格的 ACID 一致性约束，采用放松的一致性约束条件，允许数据暂时出现不一致的情况，接受最终一致性（Eventual Consistency）。（3）对数据的存储进行容错处理，一般对数据块进行适当复制（比如在 3 个节点上维护数据的 3 个副本），以应对节

[①]　传统的关系数据库管理系统也称为 SQL 数据库，因为它们都基于关系数据模型，提供了 SQL 查询语言接口。

点失败状况，保证在由普通服务器组成的集群上稳定可持续地运行。

2.2.2 CAP 理论

数据一致性是分布式系统需要解决的一个重要问题。在一个节点上，为了保证数据不丢失，要保证数据到达可靠存储器比如磁盘，即数据的持久化（请参考关系数据库事务的持久性）。数据持久化可以避免因为宕机带来的数据丢失问题，但是不能解决分布式系统里某个节点永久性故障（整个节点坏掉，它不再服务了）所带来的问题。

在分布式系统里，为了实现可靠的存储，一般把数据复制（Replicate）到多个节点上，通过数据的多副本互相保护，提高系统的可靠性和可用性。这时，数据的各个副本之间就产生了一致性问题。

分布式系统里，数据的一致性有多种形式。（1）强一致性（Strong Consistency），是最强的一致性，它要求任何读取操作都能读到最新的值。这就意味着对数据的任何修改都立刻同步给各个副本。（2）弱一致性（Weak Consistency），这种一致性级别的承诺比较弱。在系统写入成功后，它不承诺立即可以读到新写入的值，也不承诺多久之后各副本数据能够达到一致，只是尽可能保证到某个时间级别（比如秒级别）后，数据能够达到一致状态。（3）最终一致性（Eventual Consistency），是弱一致性的一个特例。系统保证在一定时间内，数据达到一个一致的状态。最终一致性是目前工业界大型分布式系统广泛采用的数据一致性模型。

1. CAP 理论

根据布鲁尔（Brewer）提出的 CAP 理论（后来由吉尔伯特（Gilbert）和林奇（Lynch）证明），在大型分布式系统中，一致性、系统可用性（Availability）和网络分区容忍性（Network Partition Tolerance）这三个目标中，只可以同时达成其中两个。追求两个目标将损害另外一个目标，三个目标不可兼得，如图 2-5 所示。

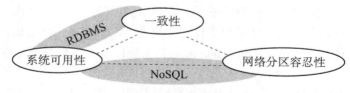

图 2-5　CAP 理论

换言之，如果追求高度的一致性和系统可用性，网络分区容忍性则不能满足。关系数据库一般通过保证事务的 ACID 特性实现数据的一致性，并且通过分布式的事务执行协议，比如两阶段提交协议（Two Phase Commit，2PC）[①] 等保证事务的正确执行，追求系统的可用性，于是丧失了网络分区容忍性。在大量节点组成的集群系统中，由于节点失败是一个普遍现象，有可能造成数据库查询不能正确完成，不断地重启，永远无法结束的情况。表 2-1 对 CAP 理论的三个目标进行了总结。

---

① 两阶段提交协议，将在下一章介绍。

表 2-1　CAP 理论的理解

目标	定义	备注
一致性	对于任何从客户端发送到分布式系统的数据读取请求，要么读到最新的数据，要么失败	● 一致性是站在分布式系统的角度，对访问本系统的客户端的一种承诺：要么系统给客户端返回一个错误，要么系统给客户端返回绝对一致的最新数据 ● 它强调的是数据的正确性
系统可用性	对于任何从客户端发送到分布式系统的数据读取请求，都一定会收到数据，不会收到错误，但不保证客户端收到的数据一定是最新的	● 可用性是站在分布式系统的角度，对访问本系统的客户端的另一种承诺：系统一定会给客户端返回数据，不会给客户端返回错误，但不保证数据是最新的 ● 它强调的是不出错
网络分区容忍性	分布式系统应该一直持续运行，即使在不同节点间同步数据的时候出现了大量的数据丢失或者数据同步延迟	● 网络分区容忍性是站在分布式系统的角度，对访问本系统的客户端的再一种承诺：系统会一直运行，不管系统的内部出现何种数据同步问题 ● 它强调的是不垮掉

事务的 ACID 特性保证，实施了强一致性约束，使得关系数据库系统很难部署到大规模的集群上，比如几千个节点规模。

NoSQL 数据库则通过放松一致性的约束，把数据和处理任务分布到大量的节点上运行，它追求系统可用性和网络分区容忍性，但是牺牲了一致性。

2. 从 ACID 到 BASE

关系数据库管理系统的核心能力是事务处理。在事务处理中系统要维护事务的四个特性，包括原子性、一致性、隔离性和持久性，简称事务的 ACID 特性。

NoSQL 数据库由于追求高度的扩展能力，无法做到这样的强一致性。但是，NoSQL 系统也要保证数据最后是一致（正确）的，一般采用最终一致性模型。

来自 eBay 的工程师丹·普里切特（Dan Pritchett）提出了 BASE 模型作为 NoSQL 系统的一致性模型。BASE 是基本可用（Basically Available）、软状态（Soft State）和最终一致性（Eventually Consistency）的简称。BASE 模型来源于对 CAP 中的一致性和可用性权衡的结果，也来源于对大规模分布式系统的实践总结。

BASE 的具体内涵是：（1）基本可用：指分布式系统在出现不可预知的故障时，允许损失部分可用性（需要注意的是，不是系统完全不可用）。比如，正常情况下，一个搜索引擎需要在 0.5 秒之内返回查询结果给用户，但由于出现故障（比如部分机房发生断电或断网故障），查询结果的响应时间增加到 1~2 秒，这种情况为响应时间上的延长。又比如，正常情况下，在一个电子商务网站（比如淘宝、京东）上购物，消费者能够顺利地完成几乎每一笔订单。但在一些购物高峰（比如"双十一"），由于购物行为激增，为了保护系统的稳定性（或者保证一致性），系统把部分消费者引导到一个订单提交失败的页面（当然用户还可以稍后再次提交订单），这种情况为功能上的损失。（2）软状态：指允许系统中的数据存在中间状态，并且该中间状态的存在不会影响系统的整体可用性。在分布式系统中，数据一般有三个副本，分别保存在三个节点上，系统允许在不同的数据副本之间进行同步的过程存在延时。（3）最终一致性：系统中所有的数据副本，在经过一段时间的同步后，最终能够达到一个一致的状态。最终一致性的本质是需要系统保证数据最终能够达到一致，但是不需要实时保证数据的一致性，即强一致性（可以参考后文 Key-Value 数据库 Dynamo 的数据一致性实现）。所以，最终一致性是一种特殊的弱一致性。系统能够保证在没有其他新的更新操作的情况下，数据最终一定能够达到一致，所有客户端对系统的数据访问都能够获取到最新的值。

在没有发生故障的前提下，数据到达一致状态的时间延迟，依赖于网络延迟、系统负载和数据复制方案等因素。在工程实践中，最终一致性存在五个主要变种，包括：（1）因果一致性（Causal Consistency）；（2）读自己之所写（Read Your Writes）；（3）会话一致性（Session Consistency）；（4）单调读一致性（Monotonic Read Consistency）；（5）单调写一致性（Monotonic Write Consistency）。在实际系统中，可以将其中的几个变种结合起来，构建一个具有最终一致性特性的分布式系统。

有些关系数据库系统（比如 MySQL 和 PostgreSQL），采用同步或者异步方式来实现主/备数据库的复制。在同步方式中，数据的复制过程往往也是更新事务的一部分，因此在事务完成后，主/备数据库的数据就会达到一致。而在异步方式中，备份库的更新存在延迟，这个延迟取决于事务日志在主/备数据库之间传输的时间长短。如果传输时间过长，或者在日志传输过程中出现异常，导致无法及时将事务更新应用到备份库上，那么从备份库中读取的数据将是旧的，就出现数据不一致的情况。可以采用多次重试（Retry）或者人为进行数据修正的方法，保证主/备数据最终达到一致，这就是关系数据库系统容灾方案中提供最终一致性保证的实例。

下面按照四个类别介绍 NoSQL 数据库技术。对于每个类别，介绍一两个典型的 NoSQL 数据库系统，剖析其技术特色。

▶ 2.2.3　Key-Value 数据库

1. Dynamo 数据库

Dynamo 数据库是亚马逊公司开发的键值对数据库（Key-Value 数据库）。[①] Key-Value 数据库指的是数据库里面的每个记录包含两个部分，分别是主键 Key 和值 Value，在 Value 部分可以存放任意数据。Key-Value 数据库的数据模型很简单，可以方便地支持各类上层应用。

Dynamo 采用了一系列技术，实现了高性能、可扩展、高可用的 Key-Value 数据库。其 99.9% 的读写访问可以在 300 毫秒内完成。Dynamo 是第一个具有极大影响力的 NoSQL 数据库系统，成为其他 NoSQL 数据库模仿的对象。

Dynamo 使用一致性哈希（Consistent Hash）技术，实现数据的划分和分布。这个技术的基本原理是，使用一个 Hash 函数 H 把 Key 值均匀地映射到一系列整数中，比如 $H(\text{Key}) = \text{Key mod } (L+1)$ 运算（mod 表示取余运算）就能把 Key 值映射到 $[0,$

---

① 在正文中，键值对数据库也称为 Key-Value 数据库；而键值对本身则表示成<Key，Value>。

L］上。把 0 和 L 首尾相连，形成一个环，如图 2-6 所示。在图 2-6 中，服务器 A 负责所有 Hash 值落在［7，233］的 Key 值的管理……服务器 E 则负责 Hash 值落在［875，6］的 Key 值的管理。

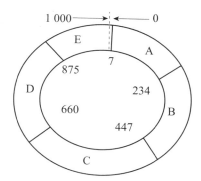

图 2-6　一致性 Hash 以及键值［0，1 000］和节点［A，E］的对应关系

　　为了对数据进行复制以支持更高的容错性，可以把数据保存到负责邻近 Key 范围的节点上。比如，当复制因子（Replication Factor）为 3 时，所有映射到［7，233］的 Key 和对应的数据被保存到 A、B、C 这 3 个节点上，主副本在节点 A 上，另外两个副本在节点 B 和节点 C 上。当某个节点负载过重时，可以往集群里增加节点（往虚拟环中增加节点），一致性 Hash 的映射关系能够保证只需要迁移少量的数据，即把在环上和新增节点相邻的节点的部分数据进行迁移即可。

　　Dynamo 使用 Quorum 机制（也称为 NRW 方法）实现数据的容错备份，保证数据的一致性和系统的可用性。N 为副本（也称备份）的个数，R 为读数据的最小节点数，W 为写成功的最小节点数。通过这三个参数的配合，可以灵活调整 Dynamo 系统的可用性与数据一致性。

　　通过实例来看它的运行机制。比如 $N=3\&R=1\&W=1$，表示最少只需要从一个节点读取数据即可，读到数据就可以返回，而进行写入的时候，只要在 N 个副本里写入其中一个即可返回。这时系统可用性很高，但是并不能保证数据的一致性，也就是读取的数据可能不是刚刚写入的数据。当 $N=3\&R=3\&W=3$ 的时候，每次写操作都需要保证所有的副本都写成功，读的时候也需要从所有的副本读取数据，才算读成功。这样读取出来的数据一定保证正确性，但是由于读写过程中需要涉及 3 个副本，性能大受影响。数据的一致性得到保证，但是系统可用性和性能降低了。采用 $N=3\&R=2\&W=2$ 的读写模式，是对上述两种极端情况的折中，既保证了数据的一致性，又保证一定的系统可用性和性能。这种模式的本质是 $R+W>N$，它能够保证读取得到的数据肯定是刚刚已经写入的数据，读取的份数一定要比总的副本数减去确保写成功的副本数的差值大。也就是说，每次读取都至少读取到一个最新的版本，从而保证我们能够"读我们所写"。

　　Dynamo 使用向量时钟（Vector Clock）技术，实现版本冲突处理。它用一个向量表示数据的不同版本，在版本冲突的情况下，可以追溯出现问题的地方，保证了系统的最终一致性。每个节点都记录自己管理的数据的版本信息，也就是每个数据都包含所有的版本信息。读取操作返回多个版本，由客户端的业务层来解决这个冲突，合并各个版本。

　　我们通过一个实例了解 Dynamo 是如何把 Quorum 机制和向量时钟技术结合起来，实现版本冲突处理的。假设整个集群有 A、B、C 三个节点，系统使用的复制因子为 3，即每个数据有三个副本。

　　当 $W=1$ 时，为了保证 $W+R>N$，有 $R=3$，那么有如下场景：（1）A 收到某个数据 X 的数值是 4 000 的写请求，于是对于该数据，其数据和版本信息为 4 000 [A/1]；（2）数据被复制到 B、C 前，该数值被调整，变成 4 500，那么 A 上有 4 500 [A/2]，覆盖了 4 000 [A/1]；（3）这个数据被复制到 B、C 两个节点，B、C 上有 4 500 [A/2]；（4）这时候，对节点 B 有个更新请求，X 被改成 5 000，那么 B 上就有 5 000 [A/2, B/1]；（5）在 B 的数据被复制到 A、C 之前，对节点 C 有一个更新请求，重新改成 3 000，于是 C 上有 3 000 [A/2, C/1]。于是 A、B、C 三个节点的数据 X 的版本标记为 4 500 [A/2]、5 000 [A/2, B/1]、3 000 [A/2, C/1]。

　　当客户端读取的时候，三个节点读出来的数据不一致。由于我们的 R 设置为 3，所以读到了这三个版本的数据，A 的版本最低，被舍弃，B 和 C 的数据 5 000 [A/2, B/1]、3 000 [A/2, C/1] 需要进一步甄别哪个是最新的。可以通过时间戳（Timestamp）来比较，比如 B 上的数据的时间戳是最新的，则 X 的取值是 5 000。确定了最新数据后，合并向量时钟，通知节点 A 和 C 把数据改成 5 000 [A/2, B/1, C/2]。后续的读取操作都从三个节点读取，比较三个数据版本，这时 A 上的 X 数据版本最高，为最新数据。

　　当采用 $W=2 \& R=2$ 读写配置的时候，有如下的场景：（1）A 收到对 X 的写请求 4 000，这个数据必须到达 B，才算写成功。于是 A 上有 4 000 [A/1]，B 上有 4 000 [A/1]；（2）在数据 X 被复制到 C 之前，有个对 X 的改变，变成 4 500，同上 A 上有 4 500 [A/2]，B 上有 4 500 [A/2]；（3）数据被复制到 C，C 上有 4 500 [A/2]；（4）这时对 B 有一个对 X 的修改请求，变成 5 000，那么 B 上有 5 000 [A/2, B/1]，复制第二份到 C，于是 C 上有 5 000 [A/2, B/1]；（5）对 C 有一个对数据 X 的修改请求，变成 3 000，那么 C 有 3 000 [A/2, B/1, C/1]，数据复制第二份到 A，A 上的 4 500 [A/2] 相对于 3 000 [A/2, B/1, C/1] 更陈旧，被更新的数据覆盖，变成 3 000 [A/2, B/1, C/1]。

　　这时，A 上有 3 000 [A/2, B/1, C/1]，B 上有 5 000 [A/2, B/1]，C 上则有 3 000 [A/2, B/1, C/1]。由于 $R=2$，无论我们读哪两个数据，最后都得到 5 000 [A/2, B/1] 和 3 000 [A/2, B/1, C/1]。版本 [A/2, B/1, C/1] 要比版本 [A/2, B/1] 更新，于是在 $W=2 \& R=2 \& N=3$ 的情况下，无须协调即可解决版本冲突。

　　需要指出的是，提高 W 可以降低冲突，提高一致性。但是写入多份数据要比写入一份数据慢，写成功的概率也降低了，降低了系统的可用性。这也印证了 CAP 理论。

　　除此之外，亚马逊还使用如下技术，保证了 Dynamo 数据库系统的鲁棒性。Dynamo 通过 Hinted Handoff 机制，在一个节点出现临时性故障时，把写操作自动引导到节点列表的下一个节点进行，并标记为 Handoff 数据，在收到通知需要对原节点进行恢复的消息时，重新把数据推回去。这个机制使得系统的写入成功率大大提升。

　　最后，Dynamo 使用 Gossip 协议实现成员资格和错误检测。使用该协议，整个网络省略了中心节点，使得网络可以去中心化，提高了系统的可用性。

2. Redis 数据库

　　Redis 数据库是一个开源的、可以基于内存也可以基于磁盘（持久化）的、高性能的 Key-Value 数据库。Redis 使用 ANSI C 语言编写，提供了各种语言的应用程序编程接口（Application Programming Interface，API）。

与其他 Key-Value 数据库不同的是，Redis 的值的类型不仅仅限于字符串（String），还支持其他数据类型，包括哈希表（Hash）、列表（List）、集合（Set）、有序集合（Sorted Set）等数据结构，这些数据结构支持范围查询。此外，Redis 支持位图（Bitmap）、Hyperloglog、地理信息索引（Geospatial Index）等数据结构，这些数据结构支持基于半径的范围查询。

Redis 是一个高性能的 Key-Value 数据库。Redis 支持流水线技术，可以一次发送多个命令，由服务器执行。流水线技术极大地提高了服务器每秒钟可以处理的请求数。根据 Redis 开发团队发布的报告（http：//redis. io/topics/benchmarks），在一台安装 2.27GHz Intel Xeon E5520 CPU 的服务器上，使用流水线技术和不使用流水线技术，各类操作的吞吐量如表 2 - 2 所示。

表 2 - 2　Redis 的性能评测结果

使用流水线技术	未使用流水线技术
SET 操作：552 028.75 RPS GET 操作：707 463.75 RPS LPUSH 操作：767 459.75 RPS LPOP 操作：770 119.38 RPS	SET 操作：122 556.53 RPS GET 操作：123 601.76 RPS LPUSH 操作：136 752.14 RPS LPOP 操作：132 424.03 RPS

注：RPS，requests per second，即每秒钟处理的请求数量。

Redis 数据库除了支持丰富的数据类型和具有极高性能，还具有如下技术特色：支持数据复制、支持 Lua 脚本语言、使用 LRU（Least Recently Used，最近最少使用）淘汰策略、支持事务处理，以及支持数据的磁盘持久化等。

Redis 数据库通过 Redis Sentinel 组件实现系统的高可用性（High Availability）。Sentinel 组件实现了对主从节点的持续监控，并且把错误情况通过 API 通知管理员或者某个计算机程序。在主节点失败的情况下，自动把某个节点提升为主节点。Sentinel 是客户端程序寻找数据库服务的权威来源，即客户端程序通过连接到 Sentinel，获得当前 Redis 主节点的信息。

Redis Cluster 组件是 Redis 的集群扩展插件，它可以把数据自动地分割到多个 Redis 节点上。Cluster 组件支持在部分节点失败、无法与之通信的情况下，整个集群仍然可以继续提供持续的服务。Redis 的设计目标是在网络分割的情况下仍然提供一定的系统可用性。读者可以回顾一下前文论述的 CAP 理论，显然 Redis 的设计原则突出支持可用性和网络分区容忍性，牺牲了一致性。

Redis 在某些应用中可以承担后台数据库的角色，也可以在整个系统中，作为一个高速缓存（Cache）或者消息代理（Message Broker）来使用。

2. 2. 4　Column Family 数据库

1. Big Table

Big Table 是谷歌基于 GFS（Google File System）分布式文件系统、CLS（Chubby

Lock Service）分布式加锁服务开发的大型分布式 NoSQL 数据库系统，用于管理结构化数据。它支持行、列、时间戳索引，管理 PB 级规模的海量数据，运行于上千节点的廉价集群，易于扩展，支持动态伸缩。Big Table 支持大量并发的读操作，每秒支持上千个查询，同时支持数据更新。Big Table 的主要应用包括，存储十亿级别的网址（URL），每个网址对应若干版本的网页；存储超过 100TB 的卫星图片；存储上亿的用户信息等。和 Dynamo 一样，Big Table 的设计思路极大启发了后续各个 NoSQL 数据库系统的研发。

Big Table 数据库系统的存储结构是典型的 Column Family 存储。它以键值对数据模型为基础对数据进行建模，但是 Value 具有了更精巧的结构，即一个 Value 包含多个列，这些列还可以分组（Column Family），呈现出嵌套映射（Map）的数据结构特点。由于每列数据是带有时间戳的，可以在 Column Family 的每个 Column 里维护多个 Value 版本。在需要对数据的历史变动情况进行记录和分析的场合，这样的建模方法能够提供有力的支持。

图 2-7 展示了一个 Big Table 表格的实例。反转的 URL（www. cnn. com 反转为 com. cnn. www）作为表格的 Key，这个表格有两个 Column Family，分别是 contents 和 anchor。contents 保留了页面的内容，每个时间戳对应一个页面的内容，可以保留该页面的不同历史版本，按照时间戳进行索引。anchor 则保存了指向这个页面（引用该页面）的其他页面的锚点（其他页面的超链接，指向本页面）的文本信息。在这个实例里面，CNN 的主页被 Sports Illustrated（cnnsi. com）和 My Look（my. look. ca）两个页面指向，所以每行记录有两列即 anchor：cnnsi. com 和 anchor：my. look. ca，它们隶属于同一个 Column Family，即 anchor。

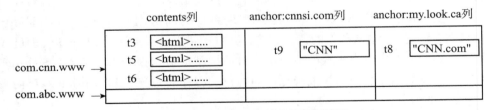

图 2-7 Big Table 数据库的数据模型

Big Table 数据库采用 Master/Slave 的主从系统架构，如图 2-8 所示。

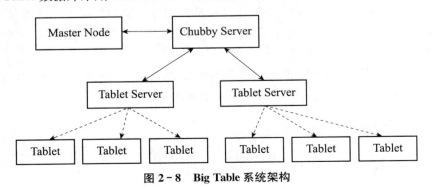

图 2-8 Big Table 系统架构

（1）Master Node。Master Node 负责把 Tablet 分配给各个 Tablet Server，对各个 Tablet Server 的负载进行均衡，检测 Tablet Server 的加入和退出（Addition or Loss），处理数据模式的改变（Create Table，Create Column Family），以及对 GFS 上的文件进行垃圾回收（Garbage Collection）。

（2）Tablet Server。Big Table 的一个表（Table）逻辑上按照 Row Key 进行排序，划分为若干子表，称为 Tablet。每个 Tablet 的典型大小是 100MB～200MB。两个小的 Tablet 可以合并，而太大的 Tablet 可以再分解，始终保持一个 Tablet 的大小在 100MB～200MB 之间。每个 Tablet 保存一个表中一部分连续的（Some Range）数据行（Row），Tablet 是数据分布和负载均衡的基本单元。对数据进行排序，能够提高单个 Key 的查询以及关于 Key 的范围查询的查询效率。

一个 Tablet Server 负责管理一组 Tablet（10～1 000 Tablets/Server），处理对 Tablet 的读写请求，对过大的 Tablet 进行分解（Split）。客户端的数据无须通过 Master Node 进行传递，客户端直接和 Tablet Server 进行通信，进行数据的读/写。存储 Tablet 数据的文件格式，称为 SSTable，它是一个按照 Key 排序的、不可更新的 Key Value 存储。数据文件以及日志（Log）文件都存储在 GFS 上。

（3）Chubby Server。Chubby Server 提供分布式锁服务（Lock Service），提供对共享资源（Shared Resources）的同步访问（Synchronize Access），包括存储配置（Configuration）信息。Chubby 提供目录和文件的命名空间，每个目录或者文件可以用作一个锁。Chubby 维护目录/文件的多个副本，其中一个是 Master 副本，以保证系统的可用性，它通过 Paxos 协议保持各个副本的一致性。

Chubby Server 负责保证任意时刻只有一个活跃的（Active）Master Node，存储 Root Tablet 的位置（是查找其他 Tablet 的入口），发现存活的 Tablet Server 并且对 Tablet Server 的生命周期进行管理（Finalize Tablet Server Deaths），存储 Big Table 的模式信息（每个表格的 Column Family 信息），以及存储存取控制列表（Access Control List），即授权表。

当一个 Tablet Server 启动，它在 Chubby 服务器的 servers 目录下创建一个唯一命名的文件，并且获得该文件上的一个排他锁（Exclusive Lock）。Master Node 通过监控 servers 目录里对应各个 Tablet Server 的 Lock，发现垮掉的 Tablet Server（No Longer Serving Its Tablets），也发现新加入的 Tablet Server。

当 Master Node 启动的时候，它在 Chubby 里：（1）获得 Master Lock（只有一个 Master Lock，避免多个 Master 启动起来）；（2）扫描 servers 目录，找到存活的 Tablet Server；（3）和每个 Tablet Server 通信，了解已经分配给每个 Tablet Server 的 Tablet；（4）扫描 Metadata Table，找到所有 Tablet（全集）；（5）建立一个空闲 Tablet Server 列表（Unassigned Tablet Servers），以便后续把 Tablet 分配给它。

（4）定位 Tablet 和访问数据。如图 2－9 所示，在 Big Table 里，通过一个三层的层次访问机制（Three-Level Hierarchy）寻访 Tablet，进而访问数据行（Row）。第一级是 Chubby 的一个文件，它保存 Root Tablet 的位置信息。Root Tablet 里面包含 Metadata Table 的所有 Tablet 的位置信息。第二级 Root Tablet 是 Metadata Table 的第

一个 Tablet，此外其他 Metadata Table 的 Tablet 里面包含用户数据 Tablet 的位置信息。Metadata Table 的 Row Key 是表格 ID（Table ID）以及 Row Key 范围的末尾 Row Key（End Row Key）。由此，可以查找到具体的某个表格的 Key 所在的 Tablet，从中提取用户数据。为了加快访问，客户端会缓存 Tablet 的位置信息。

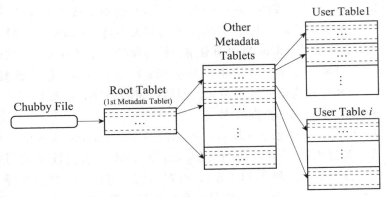

图 2-9 定位一个 Tablet 和寻访数据

Big Table 为谷歌的搜索、地图、财经、打印、社交网络、视频共享以及博客等业务，提供了底层数据存储和操作的支持。

2. HBase

HBase 是受到 Big Table 启发而开发的基于 Column Family 存储模型的开源 NoSQL 数据库，它是整个 Hadoop 生态系统的重要组成部分。通过 HBase 提供的查询接口，可以方便地对数据进行增加、删除、修改、查询和简单汇总（聚集）。

HBase 凭借其强大的扩展能力，被应用于日志处理等领域（比如电信应用的日志分析）。脸书对 HBase 进行了持续的改进，极大地提高了其吞吐能力（尤其是写入能力），达到每天完成 200 亿个写操作（折合每秒 23 万个写操作）的性能，对社交网络用户的行为进行记录和分析。

2.2.5 Document 数据库

基于 Document 存储模型的数据库技术由来已久，比如 IBM 的 Lotus Notes 等。这里介绍的基于 Document 存储的 NoSQL 技术，是传统文档数据库技术的新发展。

Document 数据库技术仍然以键值对模型作为基础数据模型。这个模型可以对文档的历史版本进行追踪，每个文档是一个＜Key，Value＞的列表，每个 Value 也可以是一个＜Key，Value＞列表，形成循环嵌套的结构。对于某些特定的应用来说，Document 存储的效率更高。具体格式一般采用 JSON（JavaScript Object Notation）或者类似于 JSON 的格式。

JSON 是一种轻量级的、基于文本的且独立于语言的数据交换格式，它比 XML 更轻巧，是 XML 数据交换格式的一个替代方案。假设有一个 employee 对象，它有姓、名、员工编号、头衔等信息，使用 JSON 表示的具体形式如下。

```
{
    employee:
    {

        firstName: "John",
        lastName: "Doe",
        employeeNumber: 123,
        title: "Accountant"

    }
}
```

Document 存储模型给予数据库设计者极大的灵活性对数据进行建模。但是对数据进行操作的编程负担落在了程序员身上。由于数据的循环嵌套结构特点，应用程序有可能变得难以理解和维护，需要掌握好灵活性和复杂性之间的平衡。

1. MongoDB

MongoDB 是一款分布式文档数据库，它为大数据量、高度并发访问、弱一致性要求的应用而设计。MongoDB 具有高度的扩展性能，在高负载的情况下，可以通过添加更多的节点保证系统的查询性能和吞吐能力。

MongoDB 本质上是一个 Key-Value 数据库，它是模式自由的（Schema Free），也就是存储在 MongoDB 数据库中的文件，我们无须定义它的结构模式。有需要的话，可以把不同结构、不同类型的文档保存到 MongoDB 数据库中。

文档被划分成组，存储在数据库中。一个文档分组称为一个集合（Collection）。每个集合在数据库中有一个唯一的标识，它可以包含无限数目的文档。集合的概念可以对应到关系数据库表格（Table），而文档则可以对应到关系数据库的一条记录（Record）。但是在这里，无须为集合定义任何模式（Schema）。

存储在集合中的文档被存储成键值对的形式，键用于唯一标识一个文档，为字符串类型，而值则可以是任何格式的文件类型，包括二进制 JSON 形式即 BSON（Binary JSON）。通过二进制数据存储，可以管理大型的音频、图像、视频等多媒体数据对象。

MongoDB 数据库支持增加、删除、修改、简单查询等主要的数据操作以及动态查询，并且可以在复杂属性上建立索引，当查询包含该属性的条件时，可以利用索引获得更高的查询性能。MongoDB 提供 Ruby、Python、Java、C++、PHP 等多种语言的编程接口，方便用户使用这些语言编写客户端程序。为了支持业务的持续性，MongoDB 通过复制技术实现节点的故障恢复。

MongoDB 功能强大，但是它并不能完全替代关系数据库，因为它缺乏 OLTP 事务处理的能力（保证事务的 ACID 特性）和性能，它主要被应用到大规模、低价值的数据存储和管理场合。比如，欧洲原子能中心使用 MongoDB 来存储大型强子对撞机实验的部分数据。

2.2.6　Graph 数据库

随着社交网络、科学研究（药物、蛋白质研究）以及其他应用领域不断发展的数据管理需要，人们发现一些数据以图作为基础模型进行表达更为自然。有时候这些数据的数据量是极其庞大的，比如，脸书拥有超过 8 亿用户，对这些用户的交互关系进行管理、分析是极大的挑战。

这些分析不仅仅是根据一定的条件查找图的节点或者图的边，更为复杂的处理是对图的结构进行分析，比如社区的检测等，如图 2 - 10 所示。

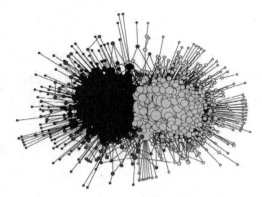

图 2 - 10　相关博客之间超链接的分析

可以使用关系数据库管理系统来存储图数据；但是众多的关系（Relationship）会带来大量的连接（Join）操作，使得成熟的 RDBMS 都无法胜任，面向图数据处理的图数据库应运而生。主流的图数据库管理系统包括 Neo4J、ArangoDB、OrientDB、AllegroGraph、TigerGraph、Apache Giraph 等。

Neo4J 是一个用 Java 语言实现的、高性能的图数据库，它的基础数据结构是图（Graph），而不是二维表。在一个图中包含两种基本的数据对象，分别是节点（Node）和关系。所有的节点通过关系连接起来，形成网络（Network）结构。节点和关系可以包含键值对（<Key，Value>）形式的属性。

Neo4J 是模式自由的，即节点可以表达现实世界中各种不同的对象，关系可以表达各种对象之间的联系。Neo4J 使用一套易于学习的查询语言 Cypher，支持图数据的增加、删除、修改、查询等操作。经过精心的数据结构设计和操作算法优化，它获得 2.7 秒之内完成 100 万节点的遍历的极高性能，这使得 Neo4J 成为支持大规模图数据管理和查询的数据库引擎。为了把 Neo4J 的应用扩展到企业应用场景，Neo4J 提供了兼容 ACID 语义要求的事务操作能力，并且通过主从复制、联机备份等技术，实现系统的高可用性。

Neo4J 可以作为嵌入式数据库使用，也可以作为单独的服务器使用。在后一种应用场景下，它提供了 Rest（Representation State Transfer）接口，用户可使用 PHP、.NET 和 Java Script 等语言进行数据操作，方便应用程序的开发。

图 2 - 11 展示了一个 Neo4J 图数据实例（在此仅仅为了说明一些概念，图的规模很小，在实际应用中，图的规模要大得多）。Neo4J 创建的图称为属性图。

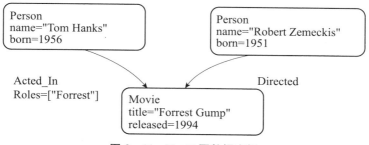

图 2 - 11　Neo4J 图数据实例

在这个图中，有两个人员实体（Tom Hanks 和 Robert Zemeckis）和一个电影实体（Forrest Gump）。其中一个人员 Tom Hanks 和电影 Forrest Gump 的关系是 Acted _ In，也就是出演。另外一个人员 Robert Zemeckis 和电影 Forrest Gump 的关系是 Directed，也就是导演。

为了对 Neo4J 的建模能力有全面的了解，我们来看 Neo4J 属性图的一些主要概念。

实体（节点和关系）：在图 2 - 11 中，Tom Hanks 和 Robert Zemeckis 是 Person 类型的节点，Forrest Gump 是 Movie 类型的节点。除此之外，还有 Directed 和 Acted _ In 两个关系。节点和关系，统称为实体。

标签：Tom Hanks 和 Robert Zemeckis 这两个节点的 Person 标记（Token），称为节点的标签。多个节点可以有相同的标签，一个节点可以有多个标签，标签用于对节点进行分组。

关系类型：从 Tom Hanks 到 Forrest Gump 的箭头，以及从 Robert Zemeckis 到 Forrest Gump 的箭头，表达的是某种关系，关系旁边的 Directed 和 Acted _ In 两个标记，给出了关系的类型。

属性（Property）：左上角的节点，表达了 Tom Hanks 这个人员实体，它有两组属性，具体形式是键值对（Key/Value Pair），分别是 name＝"Tom Hanks" 和 born＝1956。属性包括属性键（Key）和属性值（Value）。属性的 Key 用一个标记来进行标识，比如 name 和 born。

需要注意的是，不仅节点可以有一个或者多个属性，关系也可以有一个或者多个属性，比如 Tom Hanks 和电影 Forrest Gump 之间的 Acted _ In 关系有一个属性，那就是 roles＝ ["Forrest"]。

除此之外，Neo4J 属性图还有如下一些约束：

（1）实体：每个实体（包括节点、关系）都有一个唯一的 ID。

（2）属性：每个实体有 0 个、1 个或者多个属性，属性键是唯一的。

（3）节点标签：每个节点有 1 个或者多个标签，从而属于 1 个或者多个分组。

（4）关系：关系用于连接两个节点，每个关系只能属于一个类型。

Neo4J 支持图数据库的创建，提供简单的增加、删除、修改和查询功能。除此之外，我们可以对图进行统计分析、计算节点的重要性、计算节点的相似度、检测可能的社区、预测可能的连接、计算节点间的最短路径等。关于图数据（社交网络）分析的基础理论和技术，请参考"社交网络分析"一章。

Neo4J 的典型应用领域，包括语义网和 RDF 数据、Linked Open Data、地理信息系统（GIS）、基因分析、社交网络（狭义）、推荐等。甚至在传统 RDBMS 的某些应用领域也有它的用武之地。比如一些适合用图来表达和处理的数据，包括文件夹结构、产品分类、元信息管理等，以及某些具体领域的数据，比如金融领域的欺诈检测（基于知识图谱）、电信领域的通话关系分析等。

2.3 NewSQL 数据库技术

NoSQL 数据库的优点是突破了传统关系数据库的扩展性瓶颈，把数据分布到成百上千个节点上并行处理。NoSQL 数据库的缺点是损失了数据的一致性。NoSQL 数据库一般不支持完全的 ACID 事务处理，而是采用了最终一致性模型来保证数据的一致性。

NewSQL 是一类新式的关系数据库管理系统的统称。这类系统一般针对 OLTP 类工作负载，首先保持传统数据库的优势，特别是对 ACID 事务的支持（数据的强一致性），以及对 SQL 查询语言的支持；在此基础上提高了系统的扩展能力，使之具有类似 NoSQL 系统的扩展性能。

NewSQL 系统可以分为三类：第一类通过全新的架构设计和产品实现，在保持传统关系数据库事务处理能力的基础上，支持更高的系统扩展性，比如 OceanBase、Google Spanner、VoltDB 等；第二类对现有的开源数据库系统进行了深入的优化（特别是存储、索引以及查询模块），所研发的新的 SQL 数据库包括 TokuDB、MemSQL 等；第三类通过中间件软件支持数据的透明划分，把整个数据库分割（Sharding）在多个节点上运行，获得更高的性能，比如 ScaleBase 等。下面介绍 VoltDB 和 OceanBase 两个典型的 NewSQL 系统。

▶ 2.3.1 VoltDB 数据库

VoltDB 数据库是 MIT 的数据库原型系统 H-Store 的商业化版本，它的设计者是数据库界的知名专家迈克尔·斯通布雷克（Michael Stonebraker，2014 年图灵奖获得者）。VoltDB 是一款高性能的 NewSQL 数据库。

VoltDB 作为一款内存数据库系统，提供了类似于 NoSQL 数据库的扩展性，同时没有放弃传统关系数据库系统支持的 ACID 事务特性。

在一个采用类似 TPC-C 负载的性能评测中，VoltDB 在单个节点配置下，获得了超过某个传统数据库系统（测试方没有公开产品名称）40 倍的吞吐量，达到 53 000TPS（每秒执行的事务数，Transactions per Second）；在 12 个节点组成的数据库集群上，获得 560 000TPS 的吞吐量。

TPC-C 是事务处理性能委员会（Transaction Processing Performance Council）定义的面向联机事务处理应用的数据库性能评测基准。它模拟了客户购买商品、商家对订单进行处理和货物分发的数据模型和商业流程。VoltDB 在提供事务处理支持的情况下，有极高的性能和高度的扩展能力。为此，它采用了一系列新的设计。

分析发现，传统关系数据库系统大概把 10% 的 CPU 时间花在提取和更新记录上，而把 90% 的时间花在缓冲区管理、加锁（Locking，实现事务间的数据操作协调）、闩锁（Latching，协调多线程对数据结构的存取，实现数据结构保护）以及日志等操作上。

　　VoltDB 把数据保存在集群内存中，整个 VoltDB 数据库由若干分区（Partition）组成，这些分区分布在各个站点（Site，即服务器）上。每个站点上的数据分区，分别通过单一的线程（Singled Thread）进行存取，避免了多线程环境下的加锁和闩锁操作带来的开销。所有的事务请求被串行执行。

　　VoltDB 使用 SQL 作为查询语言，这是广大开发人员早已熟悉的数据库查询语言。对数据库的存取通过存储过程（Stored Procedure）来实现，意味着用户不能发起即席查询（Ad-Hoc Query，即用户临时发起的查询）。存储过程是用 Java 语言编写的函数，SQL 语句嵌入在存储过程中，这些存储过程编译成可执行代码，由数据库引擎执行，而不是像普通的 SQL 查询语句那样解释执行。比起通过 JDBC 接口存取数据库，这种方式下，每个事务只需要客户端和服务器的一次往返（One Trip）传输，避免了因为多次通过网络调用数据库服务器带来的延迟。每个对存储过程的调用就是一个事务。如果事务成功执行，那么提交；否则进行回滚。虽然 SQL 语句需要事先确定，但是可以通过在运行时绑定具体参数，实现灵活的数据存取。

　　对数据进行分区的时候，需要考虑的首要问题是，尽量使得事务（数据修改和查询）在一个服务器上完成。对数据进行分区所使用的 Key 需要精心选择，因为某些查询如果没有用到这个 Key 的话，它就需要存取多个分区（多个服务器）。

　　比如，我们对部门表和员工表都按照部门编号进行分区。那么进行这两个表连接操作的时候，比如查询某个部门年龄在一定范围的员工，就可以在一个服务器上完成，无需服务器之间的信息交换，因为某个部门和该部门的员工信息都已经在某个服务器上。但是如果我们对部门表按照部门编号进行分区，而对员工表按照员工编号进行分区，那么对于某个部门来讲，它的员工信息就分散在各个服务器上，执行上述查询时，需要在服务器之间交换信息。

　　各个分区并行地执行自己的查询，使得系统获得更高的吞吐量。但是，需要指出的是，根据工作负载的部分查询来确定的数据分区策略，可能不能照顾到其他查询，使得它们也能够在单个服务器上完成，于是存取多个服务器是不可避免的。数据库管理员（DBA）需要根据数据和查询特点，采用适当的 Key 进行数据分区，使得这样的查询造成的影响尽量低。

　　对于某些数据库表，由于其数据量非常小，而且不轻易进行更新，一般可以把它复制到各个服务器上，方便进行数据的连接操作。比如数据库里有部门表和员工表，有些查询涉及这两个表。比如查询某个部门年龄在一定范围的员工，就需要连接部门和员工两张表。部门表只有少数的几条记录，数据量很少，不经常改动，可以把它复制到各个服务器，方便和员工表的连接操作，加快查询。

　　VoltDB 通过快照和日志技术，支持事务的持久性和数据库的可恢复性。在它的日志中，并未记录数据的值改变的情况，而是把对存储过程（具有编号）的调用及其参数，按照调用的串行顺序记录下来，每个节点保留自己的日志信息，这种日志方法称为命令日志（Command Logging）。如果对日志进行同步处理（Synchronous Logging），那么只有当日志已经持久化到硬盘以后，存储过程才能提交。用户也可以指定把若干存储过程调用的日志成批记录到磁盘，对事务进行批量提交（Batch Commit），从而提高吞吐量，但是会对单个事务的响应时间造成一定影响。所谓快照（Snapshot），是数据库的数据在某个时间点的状态。VoltDB 可以自动地每隔一定的时间间隔，创建快照并存盘。当数据库关闭以后（异常关闭和正常关闭）重启，可以利用快照和日志信息把数据库恢复到最近的一致状态。

2.3.2　OceanBase 数据库

OceanBase 是蚂蚁金服自主研发的面向在线事务处理应用的分布式数据库。传统集中式的关系数据库往往不支持更高的扩展性；一般的 NoSQL 分布式数据库扩展性好，但是难以支持传统数据库的事务处理能力。OceanBase 分布式关系数据库兼顾了扩展性和事务处理能力，为金融、零售、交通、通信、互联网等行业的在线事务处理提供了可行的选择。图 2-12 展示了 OceanBase 的扩展性和一致性定位及与其他数据库的关系。

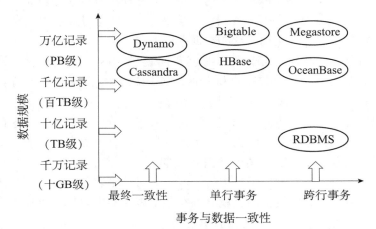

图 2-12　典型的 SQL、NoSQL、NewSQL 系统的能力（备注每条记录 1KB）

OceanBase 数据库的主要技术特色如表 2-3 所示。

表 2-3　OceanBase 的主要技术特色

项目	描述
强一致性	支持分布式事务、支持 ACID、支持多重数据校验
高可用性	基于 Paxos 协议，少数派故障，数据不丢，服务不停，RPO＝0；RTO＜30s RPO（Recovery Point Objective）是指能把数据恢复到过去的某个时间点；RTO（Recovery Time Objective）是指在出现故障后，需要多长时间可以恢复数据。这两个指标用于度量容灾系统的数据恢复能力
高可扩展性	水平扩展，在线扩容/缩容，服务不停顿；单集群规模超 100 台，数据量超 2PB；单表最多记录数超 3 200 亿条
高性能	准内存数据库性能 4 200 万次/秒数据库请求的处理峰值
高兼容性	兼容 MySQL 5.6 版本大部分功能；基于 MySQL 的业务，只要零修改/部分修改即可迁移；即将兼容 Oracle
低成本	基于普通 PC 服务器，高存储压缩率；金融行业单账户成本为传统方案的 1/10～1/5

1. OceanBase 的成绩

2019 年 10 月 2 日，OceanBase 分布式关系数据库系统登上 TPC-C 排行榜，创造了新的在线事务处理世界纪录。这是国产数据库系统首次通过 TPC-C 测试进入 TPC-C 性能榜单，并且占据榜首，意义非凡。

　　TPC-C 是全球主流计算机硬件厂商、数据库厂商公认的评测基准，被誉为"数据库领域的世界杯"。TPC-C 评测基准模拟了商品销售、付款、发货等应用场景。它混合执行 5 种事务，通过每分钟创建新订单的数量来评价数据库系统的性能和性价比，tpmC 表示每分钟系统能处理的事务数量。

　　为了参与 TPC-C 测试和认证，OceanBase 团队准备了超过一年的时间。全世界仅有的 3 位官方审计员，有 2 位参与到本次测试的审计工作中，凸显了 TPC-C 的重视度和 OceanBase 测试结果的可信度。

　　OceanBase 此次成绩（60 880 800 tpmC），是此前世界纪录（30 249 688 tpmC）保持者 Oracle 数据库的两倍。但是需要注意的是，Oracle 的成绩是 2010 年利用当时的软件和硬件获得的，而 OceanBase 则使用了最新的软硬件技术（2019 年）。

　　OceanBase 在阿里云的支持下完成了 TPC-C 测试。其所使用的测试系统，服务器硬件为 210 台 ECS i2 云服务器，420 颗英特尔至强 8163CPU 铂金版，总核数为 6 720，总线程数为 13 440；数据库版本是 OceanBase 2.2。系统总造价达到惊人的 380 452 842 元人民币。

　　2010 年，Oracle 所使用的测试系统为 27 台 Sparc 工作站，108 颗 SUN Sparc T3 CPU，内核总数为 1 728，线程总数为 13 824；数据库版本为 Oracle 11g R2。系统总造价为 30 528 863 美元。到了 2019 年，Oracle 数据库已经发展到 Oracle 19c 版本，2020 年更发布了最新版本 Oracle Database 20c。

　　OceanBase 要全面超越 Oracle 不是一件容易的事。差距还是存在的，除了性能，还有功能要求。即便这样，OceanBase 数据库的成绩仍然是令人瞩目的。

　　TPC-C 对事务的正确执行有严格的要求，该测试不仅验证了 OceanBase 的性能，同时证明它具备了在线事务处理的能力，展示了 OceanBase 数据库金融级的可靠性。这次 TPC-C 测试也回应了 OceanBase 能否真正满足事务处理要求的质疑。

2. OceanBase 的技术原理与业务应用

　　OceanBase 数据库和 Oracle 数据库采用不同的技术架构。OceanBase 能够登上 TPC-C 榜单，代表着传统数据库与分布式数据库之间的较量趋于白热化。

　　传统数据库一般是集中式的。集中式系统有一个天生的缺陷，那就是扩展性差。一般通过增加 CPU、内存、外存等方式，进行纵向（垂直）扩展。在互联网时代以前，企业的业务量比较少，数据量不大，可以通过数据库服务器的垂直扩展不断满足业务增长要求。随着互联网的发展，企业面临海量的数据管理和数据处理请求。

　　传统数据库扩展性差、成本高，无法通过垂直扩展支撑起极大数据量（几百 TB 甚至 PB）、极大交易量（几十万 TPS）、极大查询量（百万级 QPS（Queries per Second））。

　　OceanBase 数据库在设计之初就设定了两个重要目标，一个是系统能够水平扩展，另一个是即便使用普通硬件系统也能够达到高可用性和高可靠性。

3. OceanBase 的初始版本

　　OceanBase 的初始版本把数据分成基准数据和增量数据两个部分分别管理。它采用

Update Server 实现数据更新的集中处理，不断地把数据更新同步到基准数据里。基准数据由一系列 Chunk Server 进行管理，利用多副本存放实现容错。Chunk Server 和 Update Server 统一由 Root Server 管理。

此外，系统内还有 Merge Server 实现查询的处理，包括 SQL 解析、查询分发、结果合并等。正确的查询结果，需要参考基准数据和更新服务器上的数据，进行适当合并后，才能确定。OceanBase 实现了集中式的写事务和分布式读事务的处理，如图 2-13 所示。

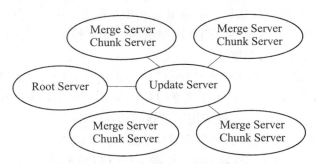

图 2-13　初始版本的 **OceanBase** 数据库的架构

4. OceanBase 的新版本

最新版本的 OceanBase 采用了 Shared-Nothing 架构，各个节点间完全对等，解除了上述限制，实现完全的分布式处理，每个节点都可以实现数据的更新。

整个系统没有单点失败隐患，从架构上解决高可靠性和高可用性的问题（如图 2-14 所示）。

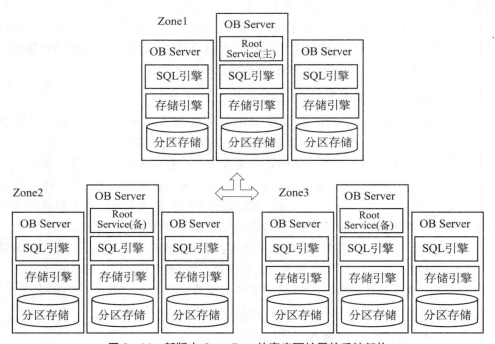

图 2-14　新版本 **OceanBase** 的高度可扩展的系统架构

（1）Zone：Availability Zone 的简称。一个 OceanBase 集群由若干个 Zone 组成。Zone 通常指一个机房（数据中心（Data Center））。为了保证数据的安全和系统的高可用性，一般会把数据的多个副本分布在多个 Zone 上。

OceanBase 至少需要部署三个以上的 Zone，数据在每个 Zone 都存储一份。集群的 Zone 数量决定了数据（分区）副本的最大数量，所以要实现三副本就至少需要有三个 Zone。于是，可以实现单个 Zone 的故障不影响 OceanBase 数据库的服务，保证了系统的高可靠性、高可用性。

每个 Zone 包含多个 OB Server 节点（物理服务器）。

（2）OB Server：OceanBase 的一个服务进程，一般独占一台物理服务器。通常也用 OB Server 指代其所在的物理机。在 OceanBase 数据库里，一个 Server 由它的 IP 地址和服务端口唯一标识。

Root Service 是 OB Server 进程的一个功能模块，每台 OB Server 都具备 Root Service 功能。但是某个时刻，在一个 Zone 里只有其中一个节点担负起 Root Service 服务。并且在整个系统的多个 Zone 中，有一个 Zone 的 Root Service 是活跃（主）进程，其他 Zone 的 Root Service 做备份。

Root Service 是 OceanBase 的一个服务，依托于 _ all _ core _ table 表，负责集群级别的管理和任务调度。由于 _ all _ core _ table 表至少是三个副本的，并且选举模块会保证这个表的高可用性，所以 Root Service 是高可用的。

主 Root Service 和所有 OB Server 之间维持租约，当 OB Server 出现故障时，主 Root Service 能够检测到并执行故障恢复操作。

每个节点有各自的 SQL 引擎和存储引擎，各个节点之间完全对等。每个节点的存储引擎只能访问本地数据，而 SQL 引擎可以访问到全局 Schema。

当某个节点的 SQL 引擎接受用户的事务请求时，它生成分布式的查询计划，调动各个节点的 SQL 引擎执行分布式查询计划，并且把结果返回给用户。

（3）Table：表格，是最基本的数据库对象，OceanBase 的表格就是关系表。每个表由若干行（条）记录组成，每一行有相同的预先定义的属性列。表格的某些属性列一起构成主键，唯一标识一行。用户通过 SQL 语句对表进行增加、删除、修改、查询等操作。

（4）Partition：分区，分区属于数据库的物理设计范畴。实现分区的表称为分区表。当一个表很大的时候，可以水平拆分为若干个分区，每个分区包含表的若干行记录。主要的分区方法有 Range 分区、Hash 分区、Key 分区等。

每一个分区还可以使用其他的属性（维度）再分为若干分区，称为二级分区。比如，交易明细表首先按照用户 ID 分为若干 Hash 分区，在每个一级 Hash 分区上，再按照交易时间分为若干二级 Range 分区等。

5. 事务处理

分布式数据库具有很高的水平扩展能力，但这是有代价的。我们知道事务处理必须满足 ACID 特性要求，即原子性、一致性、隔离性和持久性。集中式系统实现事务处理，相对于分布式系统来讲更容易一些。集中式系统通过事务处理保证了系统的可靠性，信息正确，分毫不差。分布式系统在可靠性方面有天然缺陷，多台机器放在一起，可靠性急剧下降。实现可靠的分布式事务处理是系统实现的核心难点。

OceanBase 采用成熟的两阶段提交（Two Phase Commit，2PC）协议，完成分布式事务的提交。为了规避 2PC 的弱点，OceanBase 在分布式数据库中实现了 Paxos 协议。

如图 2 - 15 所示，OceanBase 将原来每一个事务参与者转换成一个 Paxos 组。相当于转换成一个虚拟节点，这个虚拟节点包含 3/5 个物理节点（根据可靠性需要）。根据多数派成功协议，3/5 个节点里，有 2/3 个节点的写入操作成功，那么分布式事务就判定为成功。

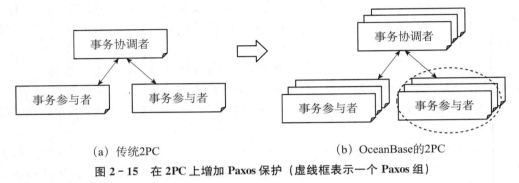

(a) 传统2PC　　　　　　(b) OceanBase的2PC

图 2 - 15　在 2PC 上增加 Paxos 保护（虚线框表示一个 Paxos 组）

把 2PC 和 Paxos 协议有机地结合起来，保证 OceanBase 出现故障时不会丢失数据，实现了强一致性，以及高可用性、高可靠性，这是 OceanBase 数据库的关键技术特色。

2014 年，蚂蚁金服的开发团队通过在 OceanBase 0.5 版中首次引入 Paxos 分布式一致性协议，并且采用数据三副本复制策略，做到了单机和单机房故障不丢数据（RPO＝0），不会长时间停止服务（RTO＜30s）。

OceanBase 的优势在于采用分布式架构实现事务处理，整个系统的硬件成本低，系统可用性好，可以进行线性扩展。但是，OceanBase 在单机上的性能离 Oracle、DB2 还有不小的差距。

6. 总结和展望

阿里巴巴（蚂蚁金服母公司）从 2012 年开始强调去 IOE（Intel，Oracle & EMC），逐步用自己研发的数据库替代 Oracle。2013 年，淘宝下线了最后一个 Oracle 数据库。2014 年，支付宝交易系统用 OceanBase 替换了 Oracle。2016 年，支付宝总账全面使用 OceanBase 替换 Oracle。

OceanBase 之所以能够在电子商务领域首先获得突破，究其原因，是在金融、航空、电信等关键行业，数据库必须确保稳定可靠运行，没有办法给新兴的国产数据库试错的时间和空间。电子商务完全是新兴领域，阿里巴巴"双十一"的交易规模不断突破极限，超出了 Oracle 的能力范围。购买和维护 Oracle 数据库以及相关硬件，代价大，不值得，激发它走出了自己的路。

OceanBase 2.2 版，也称为新一代 HTAP（Hybrid Transaction & Analytic Processing）数据库，用同一套引擎支持 OLTP 和 OLAP 两种业务处理，实现了 OLTP 与

OLAP 的融合。以前，OLTP 由交易数据库来处理，OLAP 由数据仓库来处理。把两个系统分开有一些缺点。首先，数据仓库的数据是通过 ETL（Extraction，Transformation，and Loading）工具从 OLTP 交易数据库抽取、转换、装载而来的，用两套系统分别支持 OLTP 和 OLAP，造成了数据冗余。其次，数据仓库的数据不是实时更新的，实效性差，不方便分析最新的数据。最后，数据仓库是面向主题的，需要面向不同分析要求创建多个数据仓库，进一步造成了数据冗余。

新一代 HTAP 数据库，集 OLTP 和 OLAP 负载于一身，一方面可以显著降低企业软硬件成本，另一方面能够克服数据冗余大、时效性差以及数据失真等问题。

OceanBase 2.2 版本的 OLAP 处理能力得到了显著提升，在 SF＝1 000（1TB）的数据规模下，TPC-H 全部 22 个查询在 6 台 ECS Server（56 个超线程）上的总执行时间为 730 秒。目前，OceanBase 的 OLAP 处理能力还有较大的改善空间，需要在存储和查询上进一步优化。

本章要点

1. 关系模型、关系操作。
2. ACID 事务特性，事务处理技术，恢复技术。
3. 数据库安全。
4. 并行数据库、分布式数据库。
5. CAP 理论。
6. NoSQL 数据库，NoSQL 数据库的四种类型与典型代表。
7. NewSQL 数据库，NewSQL 数据库的分类与典型代表。
8. 一致性 Hash 技术与实例。
9. Quorum 技术与实例。
10. 向量时钟技术与实例。

专有名词

联机事务处理（Online Transaction Processing，OLTP）
联机分析处理（Online Analytic Processing，OLAP）
抽取、转换和装载（Extraction，Transformation，and Loading，ETL）
关系数据库管理系统（Relational Database Management System，RDBMS）
结构化查询语言（Structured Query Language，SQL）
事务的原子性、一致性、隔离性和持久性（Atomicity，Consistency，Isolation，Durability，ACID）
基本可用、软状态、最终一致性（Basic Availability，Soft State，Eventual Consistency，BASE）
一致性、可用性、网络分区容忍性（Consistency，Availability，Network Partition Tolerance，CAP）
JavaScript Object Notation（JSON）

第 3 章

OLAP 与结构化数据分析

3.1 联机分析处理与结构化数据分析

联机分析处理（Online Analytic Processing，OLAP），也称在线分析处理，是在以星型模型（或者雪花模型）建模的数据仓库上，进行多维分析。所谓多维分析，指的是从各个角度，对感兴趣的数据进行汇总分析，比如从地区、客户、时间等维度，对销售明细数据进行汇总分析。

结构化数据分析是一个更为宽泛的概念，包含联机分析处理。它运行在结构化数据上（一般以关系数据库表进行建模），分析可以表达成一个 SQL 聚集查询。数据库的模式没有必要按照星型模型进行严格建模，查询可以是一个简单的汇总查询，没有必要从多个角度进行复杂汇总。比如，我们需要从销售明细表上分析出最近一段时间内销售量最大的前 5 种产品。直接按照产品 ID 进行销售明细数据分组，汇总销售额，然后按照汇总的销售额进行排序，提取前 5 种产品即可。

本章介绍传统的联机分析处理技术，以及近年来兴起的 SQL on Hadoop 技术。

3.1.1 从操作型的业务数据库向数据仓库抽取、转换和装载数据

大量的业务系统采用关系数据库来进行数据管理，随着业务的不断发展，各个企事业单位和政府部门积攒了大量的业务数据。通过分析这些数据，可以挖掘数据中隐藏的规律，指导业务决策。

业务系统的后台数据库需要支持日常业务的持续运行，数据处理任务的响应时间要求一

般比较短，这类数据处理任务称为联机事务处理（Online Transaction Processing，OLTP）。比如在银行里，存款、取款、查询、转账的业务要求的响应时间一般是几秒钟。

　　数据分析任务一般在大量数据上（甚至在整个数据库的数据上）运行，以便获得宏观的汇总信息和分析结果。这类任务消耗大量资源，人们对其响应时间要求没有那么紧迫，一般以分钟或小时计。[①] 为了避免这类数据处理任务占用过多资源，对日常业务的顺利运行产生干扰，一般在业务数据库之外建立数据仓库系统。它从业务数据库抽取、转换和装载（Extraction，Transformation and Loading，ETL）数据，支持人们在上面执行各种分析任务。

3.1.2　数据仓库与星形模型

　　比尔·恩门（Bill Inmon）认为，数据仓库是面向主题的（Subject Oriented）、集成的（Integrated）、非易失的（Non Volatile）、时变的（Time Variant）数据集合，用以支持管理决策。面向主题的，指的是每个数据仓库对应于企事业单位决策所包含的所有分析对象（数据）。集成的，指的是数据仓库按照决策主题选择数据，把分布在各个部门中的多个异构数据源的数据集成起来，并且以新的数据模型来存储。非易失的，指的是数据仓库的数据装载以后，一般不会删除。时变的，指的是随着业务的发展，新的业务数据不断地被抽取、转换和装载到数据仓库中，以便进行分析。数据仓库一般不对应到某个厂商的具体产品，而是指一种面向分析的数据存储方案。

　　业务数据库主要执行操作型处理任务，而数据仓库主要执行分析型处理任务。业务数据库的新数据不断通过抽取、转换、装载过程，装载到数据仓库中，这就是企事业单位普遍采用的数据处理基础设施的架构模式。虽然某些数据库系统，比如 SAP HANA内存数据库等，宣称支持 OLTP 和 OLAP 混合负载，但是它主要应用于分析型应用场合，并支持数据的快速更新，一般不会把它当作运行操作型业务的基础数据库平台，并且同时在上面运行大量的分析负载。表 3-1 展示了操作型数据处理和分析型数据处理的主要区别。

表 3-1　操作型数据处理和分析型数据处理的差别

比较项目	操作型数据处理	分析型数据处理
数据模型	实体-关系模型（ER 模型）	星型模型以及雪花模型
操作的记录数量	少量记录	大量记录
数据是否可以更新	数据可以更新、删除	一般只对数据进行追加，不删除，极少更新
响应时间要求	秒级	分钟级、小时级
目的	支持业务运行	支持决策需求

　　数据仓库一般采用星型模型进行数据建模。在这个模型中，包含事实表和维表。事实表记录具体的业务交易，比如客户的购物信息。维表记录分类信息，比如时间信息、

---

　　① 如果查询分析的响应时间在几分钟之内（比如 3 分钟），称为交互式查询分析。一般来讲，报表生成和多维查询分析由于数据量较大，响应时间为几分钟到几十分钟（比如 20 分钟）以上；更加复杂的数据挖掘、机器学习和统计分析，以及大规模 ETL 操作，其响应时间少则几十分钟，多则几个小时甚至几天。

地理区域信息、产品分类信息等。

　　每个维表代表人们观察数据的一个角度。维表一般具有层次结构（Hierarchy），即人们观察事物的不同细节，比如时间维度包括"年、季度、月份、日期"等不同细节的层次（Level）。维表的具体的一个取值称为维的成员（Member）。比如某年某月某日是时间维（时间维的最低层次是日期）的一个成员。事实表通过外键和维表关联起来，除了和维表建立联系，更重要的是它记录了业务的一些度量（Measure）信息。比如购物信息里的商品单价、商品数量、价格小计等，这些数值型属性称为度量值。下面介绍 SSB 测试基准的数据模型，该模型为一个典型的星形模型。

　　SSB（Star Schema Benchmark）是马萨诸塞大学（University of Massachusetts）波士顿校区的研究人员研发的基于现实商业应用的数据仓库测试基准。该测试基准被学术界和工业界广泛接受，用来测试决策支持类应用中的数据库系统性能。

　　这个测试基准包含数据模型、工作负载以及性能指标三个方面。图 3-1 显示了该测试基准的数据模型，包含一个事实表和四个维表。事实表 LineOrder 记录订单信息，维表 Customer 记录客户信息，维表 Part 记录配件信息，维表 Date 记录时间信息（具有年/月/日概念层次关系），维表 Supplier 记录供应商信息。在图 3-1 中，每个数据库表的名称后面的括号里是字段名的前缀，比如 LineOrder 表的字段名的前缀为 LO_，那么 OrderDate 字段的全名应该为 LO_OrderDate。

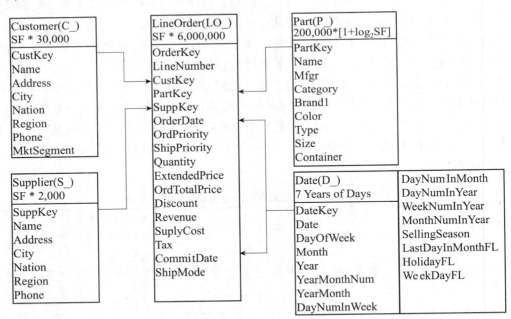

图 3-1　SSB 数据模型

　　事实表通过外键和维表建立主外键关系，包括通过外键 lo_custkey 和 Customer 的主键 c_custkey 建立主外键关系，通过外键 lo_partkey 和 Part 表的主键 p_partkey 建立主外键关系，通过外键 lo_suppkey 和 Supplier 表的主键 s_suppkey 建立主外键关系，以及通过外键 lo_orderdate 和 Date 表的主键 d_datekey 建立主外键关系等。

在数据仓库设计中，可以摒弃星型模型，把维度信息和事实信息整合在一张表里面。比如，对于销售数据来讲，可以把什么时间、哪个销售代表把什么商品卖给了哪个客户、单价多少、数量多少，都保存在一张表上，形成一张宽表（Wide Table）。这种设计模式称为逆规范化或者反规范化（Denormalization）。在对数据进行汇总分析的时候，由于数据就在一张表上，无须进行表格之间的连接操作，汇总分析的性能提高了。但是，逆规范化会带来数据冗余的问题。比如，在一张大表中保存上述销售信息，如果一个客户多次采购，那么他的相关属性会被多次记录，浪费空间。

3.1.3　联机分析处理

数据仓库模型建好并且装载数据以后，就可以对数据进行分析。数据仓库上的分析任务，包括简单分析和复杂分析。简单分析指的是利用数据生成报表以及进行多维分析；复杂分析指的是在数据上运行复杂的统计分析方法、机器学习和数据挖掘算法，从而发现不是那么明显的规律。本章主要讲述业务数据的简单分析。

在这里，简单分析主要是指联机分析处理（OLAP），包括固定报表和多维分析，其表现形式是在数据仓库数据上执行查询获得汇总信息。由于这些分析无须在数据上进行多次扫描和执行复杂的处理逻辑，所以其响应时间可以得到很好的控制，在高性能的数据仓库系统上，比如 SAP HANA 以及 MonetDB，甚至可以获得秒级的响应时间。图 3-2 展示了操作型数据库（业务数据库）、数据仓库及其上面的工作负载。

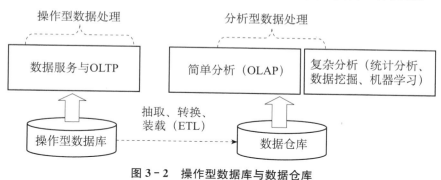

图 3-2　操作型数据库与数据仓库

OLAP[①] 是数据仓库的主要负载，通过分析操作为高层管理人员提供决策支持。OLAP 系统根据分析人员的要求，快速灵活地进行大量数据的复杂查询处理（虽然是复杂查询处理，但是相对于机器学习/数据挖掘来讲，其处理逻辑仍然是简单的）。OLAP 系统的前端软件把查询结果以直观的图表形式提供给决策人员，方便他们掌握业务状况，做出正确的决策。

OLAP 的主要操作包括下钻（Drill Down）、上卷（Roll Up）、切片（Slice）、切块（Dice）、旋转（Pivot）等。所谓下钻和上卷，是改变维的层次，改变分析的粒度。上卷是在某个分析维度上，将低层次的细节数据概括到高层次的汇总数据。下钻是在某个分

---

① 本书的在线资源给出了 OLAP 实验参考。

析维度上，从高层次的汇总数据深入到细节数据进行观察。比如，当我们把商品销售情况表（SSB 数据模型中的 LineOrder 表）的一部分记录在时间维度上按照月度进行分组汇总（比如销售额）以后，上卷操作把分析的粒度变成年度，即按照年度进行分组汇总，下钻操作把分析的粒度变成日期（以天作为汇总的粒度）。

切片和切块，是选定一部分维度值，然后查看度量数据在剩余维度上的分布情况。如果剩余的维度只有两个，称为切片；如果剩余维度有三个或者以上，称为切块。比如在 SSB 模型中，选定某个（些）顾客和供应商后，对销售数据在剩余的两个维度即配件维度、时间维度上进行汇总，就是切片操作；如果只选定某个（些）顾客，对销售数据在剩余的三个维度，即供应商维度、配件维度、时间维度上进行汇总，就是切块操作。

旋转操作，是变换维的方向，也就是在汇总表格中（在 Excel 中称为数据透视表），重新安排维的位置，即对行/列进行互换。比如在表 3-2 中，对销售数据进行了时间、供应商、配件等三个维度的汇总。选择配件维度作为行方向的维度，时间维度和供应商维度作为列方向的维度。假设仅对 2010 年的四个季度进行销售额汇总，选择了两个供应商和三个配件。为了简化表格设计，把合计数和行方向、列方向维度的成员放在一起。通过这张表，我们方便地观察到 2010 年不同季度、不同供应商、不同配件的销售额，而且得到各个配件的合计数、各个季度的合计数，以及各个季度之下的各个供应商的合计数。

表 3-2 商品销售额汇总表（a）

	2010 年第 1 季度 合计 300		2010 年第 2 季度 合计 333		2010 年第 3 季度 合计 306		2010 年第 4 季度 合计 324	
	供应商 1 合计 105	供应商 2 合计 195	供应商 1 合计 108	供应商 2 合计 225	供应商 1 合计 111	供应商 2 合计 195	供应商 1 合计 99	供应商 2 合计 225
配件 1 合计 421	35	65	36	75	37	65	33	75
配件 2 合计 421	35	65	36	75	37	65	33	75
配件 3 合计 421	35	65	36	75	37	65	33	75

注：表中的销售额数据仅供参考，非实际数据。

接着，把时间维度做行/列互换，把它作为行方向的维度，重新观察数据，新的汇总表的形式如表 3-3 所示。通过行/列互换以后，我们仍然观察到行列互换之前的各个 Cell 的合计数，还得到两个供应商的合计数、各个季度的合计数以及各个季度各个配件的合计数等。

表 3-3 商品销售额汇总表（b）

		供应商 1 合计 423	供应商 2 合计 840
2010 年第 1 季度 合计 300	配件 1，合计 100	35	65
	配件 2，合计 100	35	65
	配件 3，合计 100	35	65

续表

		供应商 1 合计 423	供应商 2 合计 840
2010 年第 2 季度 合计 333	配件 1，合计 111	36	75
	配件 2，合计 111	36	75
	配件 3，合计 111	36	75
2010 年第 3 季度 合计 306	配件 1，合计 102	37	65
	配件 2，合计 102	37	65
	配件 3，合计 102	37	65
2010 年第 4 季度 合计 324	配件 1，合计 108	33	75
	配件 2，合计 108	33	75
	配件 3，合计 108	33	75

需要指出的是，我们不仅能够对汇总表进行行列互换，还可以对行方向的维度进行顺序调整，比如对表 3-3 的时间和配件的顺序进行调整，将得到各个配件的销售额的合计数、各个配件在各个季度的销售额的合计数等。

3.1.4　三种类型的 OLAP 系统

OLAP 系统以数据仓库作为基础，从数据仓库中提取详细数据的一个子集，经过聚集操作生成汇总结果（也可以事先计算汇总结果），供前端分析工具读取和展现。实现该功能的软件称为 OLAP 服务器。

按照数据存储格式分类，OLAP 系统可以分为多维 OLAP（Multi Dimensional OLAP，MOLAP）、关系 OLAP（Relational OLAP，ROLAP）以及混合 OLAP（Hybrid OLAP，HOLAP）三类。

MOLAP 将 OLAP 分析所用到的多维数据在物理上存储为多维数组的形式，形成"立方体"（Cube）的结构。星型模型的各个维的属性值，被映射成多维数组的下标值或下标的范围，而聚集数据（汇总数据）作为多维数组的值，存储在数组的单元中。由于 MOLAP 采用了新的存储结构，从物理层实现 OLAP，因此又称为物理 OLAP（Physical OLAP）。MOLAP 对数据进行了预先汇总。

实际应用中的星型模型存在若干维度，比如销售数据仓库的星形模型包含地区、时间、产品等维度，一般来讲每个维度存在层次结构，比如时间维度存在"年—季度—月—日"的层次结构，地区维度存在"全国—省份"的层次结构，产品维度存在"类别—产品"的层次结构。在哪些维度以及什么维度层次上进行数据的预先汇总，这样的组合是非常多的，每种组合生成的汇总数据称为一个 Cuboid。如果在各种组合上都事先计算汇总数据，其好处是进行多维分析的时候分析速度快，但是消耗的存储空间是非常大的。可以选择一些低层次的维度组合，预先进行汇总，更高层次的汇总可以基于这些低层次的汇总来快速计算。

比如，选择时间维度的日、地区维度的省份、产品维度的产品，预先计算汇总数据 Cuboid（日、省份、产品），每天对应第一维的下标（$0, \cdots, N_{day}-1$）、每个省份对应第二维的下标（$0, \cdots, N_{province}-1$）、每个产品对应第三维的下标（$0, \cdots, N_{product}-1$），把汇总数放在一个三维数组里面，直接保存即可。

　　如图 3-3 所示，当需要在时间维度的月、地区维度的省份、产品维度的产品上进行汇总时，可以基于 Cuboid（日、省份、产品）进行计算，在每一天的汇总上，按照月份进行汇总即可。基于 Cuboid（日、省份、产品），可以直接计算的各个维度（以及维度组合）的下一个更高的维度层次汇总有（月、省份、产品）、（日、全国、产品）、（日、省份、类别）、（月、全国、产品）、（月、省份、类别）、（日、全国、类别）、（月、全国、类别）等。更高层次的数据汇总可以逐级完成。

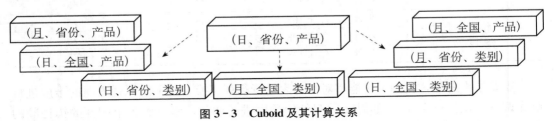

图 3-3　Cuboid 及其计算关系

　　ROLAP 将多维数据存储在关系数据库中，通过把 OLAP 操作表达成 SQL 查询的形式，在关系数据库上执行，获得汇总结果。对于一些使用频率比较高、计算工作量比较大的查询，可以把它定义为物化视图（Materialized View），以提高查询的性能。物化视图把查询的结果存储到关系数据库表中。当用户再次发起该查询的时候，无须从明细数据进行扫描和汇总，直接从物化视图进行查询即可。ROLAP 通过一些软件工具或中间软件实现，物理层采用关系数据库的存储结构，因此也称为虚拟 OLAP（Virtual OLAP）。

　　MOLAP 的优点是性能高，缺点是占用大量的空间保存汇总数据。ROLAP 的优点是采用关系数据库保存原始明细数据，占用空间有限；但是由于每个 OLAP 操作都被转换成一个 SQL 查询重新执行，性能受到影响。MOLAP 和 ROLAP 各有优缺点，结构迥异，给开发人员设计 OLAP 系统造成了困难。

　　为此，人们提出一个新的 OLAP 结构——混合型 OLAP（HOLAP），它把 MOLAP 和 ROLAP 两种技术的优点有机结合，能满足用户各种复杂的 OLAP 分析请求。HOLAP 基于混合数据组织实现 OLAP，比如低层数据是关系型的，高层数据是多维数组型的，也就是将细节数据保留在关系型数据库的事实表中，但是聚集后的数据保存在"立方体"中，这种方式具有更大的灵活性。HOLAP 的查询效率比 ROLAP 高，但低于 MOLAP。

3.2　高性能 OLAP 系统的关键技术

3.2.1　列存储技术

　　在关系数据库的表格里，每个记录包含若干属性列的值。如果数据库表按照行存储格式保存（Row-Wise Storage），那么在每个数据块（或者页面）里面，每行记录的各个属性列的值依次存放。如果数据块小于一个记录的大小，那么存储一个记录需要超过一个数据块的空间；如果一个数据块大于一个记录的大小，那么一个数据块就可能存放多个记录。

在 OLTP 类应用中，大部分的事务存取少量的记录，但是需要读取和写入这些记录的所有（或者大部分）属性列。行存储对于 OLTP 类应用是一种优化的存储结构。

值得指出的是，在面向 OLTP 应用的数据库系统中，数据以页面为单位存储在磁盘里面，页面的大小一般是 8KB、16KB 等。而在面向数据分析的大数据管理系统中，比如 Hadoop，数据以数据块为基本单位保存在磁盘中，数据块的大小一般为 64MB、128MB、256MB 等。

图 3 - 4 展示了数据库表中的记录是怎么按照行存储格式进行存储的。这个数据库表记录了人们的社会安全号码、姓名、年龄，所在的州、城市和具体的街道地址等信息，假设一个数据块正好存放 2 条记录。在实际应用中，一般一个数据块（或者页面）可以存放若干记录。

SSN	Name	Age	Address	City	State
101259989	John	44	798 Main ST	Binghamton	NY
892375863	Smith	37	1636 Riverside ST	Syracuse	NY
318370709	Wang	23	455 June ST	Chicago	IL
101259875	Sun	25	385 Clinton ST	Los Angeles	CA
······					

101259989|John|44|798 Main ST|Binghamton|NY| 892375863|Smith|37|1636 Riverside ST|Syracuse|NY|	318370709|Wang|23|455 June ST|Chicago|IL| 101259875|Sun|25|385 Clinton ST|Los Angeles|CA|
Block 1	Block 2

图 3 - 4　行存储示意图

在面向分析型应用的数据库系统中，一般采用列存储的方式保存数据。我们先了解列存储的基本原理，然后分析它带来的好处。如图 3 - 5 所示，采用列存储，若干记录的某个属性列的值连续存储在一系列数据块中，由此完成某个属性列的存储。对其他属性列依此办法处理。

Block 1	101259989|892375863|318370709|101259875|...
Block 2	John|Smith|Wang|Sun|...
Block 3	44|37|23|25|...
Block 4	798 Main ST|1636 Riverside ST|455 June ST|385 Clinton ST|...
Block 5	Binghamton|Syracuse|Chicago|Los Angeles|...
Block 6	NY|NY|IL|CA|...

图 3 - 5　列存储示意图

　　对于上述数据库表，因为它包含 6 个列，所以需要 6 个数据块保存这些属性列。如果一个数据块不能容纳某个属性列的所有值，则需要更多的数据块来保存。

　　使用列存储带来的第一个好处，是由于数据块包含相同数据类型（Data Type）的值，可以使用数据压缩技术，减少磁盘空间占用和存取这些属性列数据的 I/O 操作开销，从而加快数据处理过程。

　　其中一种压缩技术，称为字典编码（Dictionary Based Compression）。一般来讲，在一列数据中，总是有些重复值，比如上述表格中的用户所属的州，其取值为美国的 50 个州之一，大量的用户在这个属性的取值会出现很多的重复。除此之外，产品名称、产品编号、城市名称等属性列也有很多的重复值。可以建立一个字典，对这些取值分配一个编码，建立编码到取值的对应关系。一般来讲，编码长度（它占用几个字节）一般比这些属性原来的属性值占用的空间要小得多，从而达到了数据压缩的效果。比如有一个属性列，不同的取值有上百万个，每个取值的大小从 64 字节到 128 字节不等，数据库表总共有 500 万行，那么没有压缩之前，其占用的空间为 5MB×128＝640MB。当我们采用字典编码方法，100 万个不同值（Distinct Value），用 4 字节作为编码的长度对其进行唯一编码已经足够，数据被压缩到 5MB×4＝20MB。选择操作以及连接操作，可以通过查询改写，直接在编码以后的字段值上进行操作，无须把编码恢复到原来的数据值。比如 "CA" 州名，经过编码以后，获得 11100001 的编号（二进制），那么查询条件 "state= 'CA' " 就可以改写成 "state＝11100001"。

　　分析型应用对数据的存取表现出这样的特点，它一般涉及数据库表大量的记录，但是不会对这些记录的所有属性列进行操作，而是只需存取一部分属性列，对它们进行分组和汇总。比如一个数据库表有 100 个属性列，某个查询只需要读取 5 个属性列，那么它只需存取 5%的数据量（相对于访问所有属性列）就可以完成查询。采用行存储，则 95 个不需要的属性列也被读进来，查询处理做了很多的无用功。而采用列存储，相对于行存储，在处理上述查询时，只需提取必要的 5 个属性列数据就可以，需要付出的开销要小得多。

　　比如，下面的简单聚集查询，目的是把 2011 年 2 月 2 日的所有销售明细提取出来，把每个明细记录的单价和数量相乘，然后累加，获得该日的销售额。

```
Select Sum(price * quantity)
From sales
Where sales. date = '2011 - 02 - 02'
```

　　当采用行存储，查询的处理模式是，如果数据库表有索引而且查询选择率（Selectivity）比较低，那么首先扫描索引，取得所有符合条件的记录 ID，然后提取相应的记录；否则需要进行全表扫描。接着选择符合 sales. date＝'2011 - 02 - 02' 条件的记录，在记录上进行投影，即选取单价（price）以及数量（quantity）列，然后进行汇总，如图 3-6 所示。

　　由于无关的数据列也被提取出来，当无关数据列的数量比较多的时候，查询的效率是比较低的。在没有合适的索引可用的情况下，需要进行全表扫描，代价就更大了，查询的效率就更低了。

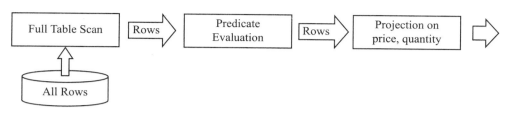

图 3 - 6　行存储与查询处理（全表扫描）

当采用列存储，查询处理器只需提取日期（date）、单价（price）、数量（quantity）等数据列，而且在提取日期列的时候，可以应用选择谓词，即使用查询条件"sales. date＝'2011－02－02'"对数据进行过滤，只提取该数据列的一部分，由此获得符合条件的记录（所在的行）的偏移量。根据这些偏移量，继续提取对应的这些行的单价和数量等两个数据列，进行乘法计算，并进行汇总即可，如图 3 - 7 所示。

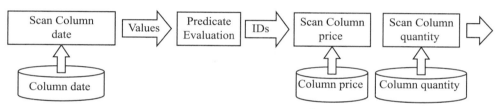

图 3 - 7　列存储与查询处理

采用列存储，不仅可以节省 I/O 开销，还可以节约内存空间，因为与查询无关的属性列都没有被装载到内存中。

虽然列存储具有便于压缩、加快查询等优势，但是它也带来一些成本。当我们需要重新把一行记录组装出来的时候，代价是比较大的。因为隶属于同一行的各个属性列的值保存在不同的数据块中，在查询涉及的数据列比较多的情况下，每个属性列都需要单独的磁盘 I/O 去提取数据。列存储一般适用于读取少量属性列进行分析的应用场合，而不是经常对某些记录进行整体操作的场合。

在某些应用场合，完全把各个属性列分开单独存放不一定是最好的方案。对于一些经常一起访问的属性列，比如上述查询中的单价（price）列和数量（quantity）列，把它们组合构成列分组（Column Family）一起存放，可以加快查询处理。

3.2.2　位图索引技术

位图（Bitmap）索引，是针对数据仓库的索引形式。对于低基数（Cardinality，即不同值的数量）的字段，可以建立 Bitmap 索引。下面以一个用户表为例，展示如何建立性别字段上的 Bitmap 索引。性别字段只有"男"/"女"两个不同取值，所以它是一个低基数的字段。假设用户表的实际数据如表 3 - 4 所示（某些无关字段值未显示）。

该表的最后两列，分别是针对性别为"男"和性别为"女"的 Bitmap 索引的具体取值。我们看到，在针对性别取值为"男"的 Bitmap 索引中，当该记录的性别字段的取值为"男"的时候，其取值为 1，否则为 0，每个记录只需要一个比特（Bit）保存索引信息。由于 Bitmap 索引出现大量的连续的 0 和 1，再经过压缩，其空间占用一般很小。

表 3-4 Bitmap 索引实例

序号	用户 ID	用户名	性别	出生年月	…	"男" Bitmap 序列	"女" Bitmap 序列
1	5	Tom	男	1980.01	…	1	0
2	6	Mary	女	1980.02	…	0	1
3	7	June	女	1979.12	…	0	1
4	14	Mark	男	1979.11	…	1	0
5	15	Kate	女	1985.03	…	0	1
6	16	John	男	1982.02	…	1	0
…	…						

上述 Bitmap 索引支持查询条件为"User. sex ＝ '男'"这样的查询。通过扫描针对性别字段取值为"男"的 Bitmap 索引，可以快速定位符合条件的记录为 1 号、4 号和 6 号。

从这个实例可以看出，当为某个字段建立 Bitmap 索引时，Bitmap 序列的个数是字段的不同取值的个数（Number of Distinct Value），未压缩情况下的每个字段值对应的 Bit 列表的 Bit 数量为记录的个数。假设记录数为 n，字段 A_i 的基数为 C_i，为字段 A_i 建立的 Bitmap 索引的大小为 $n \times C_i / 8$ 字节。当 C_i 很大，即字段的基数较大的时候，Bitmap 索引的规模急剧膨胀，建立 Bitmap 索引的代价，相对于其所获得的收益，就变得不合适了。此外，标准的 Bitmap 索引并不支持范围查询。

对于某些范围查询字段，其基数（不同的取值）是巨大的，直接使用上述 Bitmap 索引方法，不仅空间开销大，而且并未支持范围查询。于是人们提出了分容器的 Bitmap 索引的思想。其实现机制是：把字段的值域 $[V_{low}, V_{high}]$ 划分成一个个的片段，每个片段内包含一定的记录数量，称为容器（Bin），各个容器形成首尾相连的关系。

建立 Bitmap 索引时，不是为字段的每个不同值建立索引，而是针对每个容器建立索引，也就是对整个值域的一个子集范围进行索引。当执行范围查询"$V_1 <= A_i <= V_2$"的时候，对于完全处在 $[V_1, V_2]$ 之间的片段直接提取其 Bitmap 索引，即可获得对应的记录。而对于与 $[V_1, V_2]$ 部分重叠的片段，根据其 Bitmap 索引提取记录后，还需具体判断字段值是否真正落在 $[V_1, V_2]$ 范围内。

比如，对于资产总额字段，我们建立了 $[0, 10)$、$[10, 20)$、…、$[90, 100)$ 等片段（假设最大资产数量小于 100 万）。当查询"$25 <= $ 总资产 $<=56$"的用户的时候，$[30，40)$、$[40，50)$ 两个片段对应的记录肯定符合条件，把两者的 Bitmap 索引通过或操作（Bit-Wise OR）进行合并，就可以寻访到符合条件的记录。而 $[20，30)$、$[50，60)$ 两个片段包含的记录则有可能符合查询条件，也可能不符合，把两者的 Bitmap 索引通过或操作进行合并，寻访到相应记录后，还需确认该记录是否真正符合"$25 <= $ 总资产 $<=56$"的条件，如图 3-8 所示。

表格数据							总资产字段的Bitmap索引			
用户ID	姓名	性别	出生年月	总资产	...	总资产区间	[20, 30)	[30, 40)	[40, 50)	[50, 60)
5	Tom	男	1980.01	22 万	...	[20,30)	1	0	0	0
6	Mary	女	1980.02	57 万	...	[50,60)	0	0	0	1
7	June	女	1979.12	33 万	...	[30,40)	0	1	0	0
14	Mark	男	1979.11	25 万	...	[20,30)	1	0	0	0
15	Kate	女	1985.03	42 万	...	[40,50)	0	0	1	0
16	John	男	1982.02	53 万	...	[50,60)	0	0	0	1

查询条件"25 <= 总资产<=56"对应的范围

图 3 - 8　分容器 Bitmap 索引实例

如果对字段的值域分割的粒度过大,那么在查询条件和片段部分覆盖情况下,需要提取和判断的记录数量就过多;而如果值域分割的粒度过小,那么需要为更多的片段建立 Bitmap 索引,造成更大的索引空间开销。因此需要折中考虑。

3.2.3　内存数据库技术

随着内存价格的下降,我们可以为服务器安装更大的内存。对于中小规模的数据库来讲,可以把数据库的所有数据都装载到内存中。内存数据库(Main Memory Database,MMDB)和磁盘数据库(Disk Resident Database,DRDB)的主要区别在于其数据的主副本在内存中,磁盘等外存仅仅作为数据备份的设备。

内存数据库分为面向 OLTP 应用的内存数据库和面向 OLAP 应用的内存数据库两类。面向 OLTP 应用的内存数据库,有 IBM 的 SolidDB 数据库、Oracle 的 Timesten 数据库以及 VoltDB 等。面向 OLTP 应用的内存数据库支持高速的事务处理,应用于电信计费、股票/期货交易撮合、工业控制等需要实时(Real-Time)响应时间的应用场合。面向 OLAP 应用的内存数据库有 SAP HANA 数据库、Vectorwise 数据库、MemSQL 数据库等。面向 OLAP 应用的内存数据库支持快速的数据查询和分析。

下面从存储技术、索引技术、查询优化、并发控制、恢复技术等方面介绍内存数据库的相关技术。

1. 存储技术

传统数据库系统围绕磁盘设计。数据的主副本保存在磁盘中,在需要存取的时候装载到内存缓冲区(Memory Buffer)。在内存数据库中,数据的主副本保存在内存中,暂时不用的数据被保存到磁盘,以便为将要用到的数据腾出空间。围绕内存重新对数据库系统进行设计的策略,称为 Anti-Caching 策略。

一旦数据完全保存在内存中,如何快速有效地在内存和 CPU Cache 之间进行数据交换,成为性能优化的关键点。优化的目的,是提高 CPU 的指令缓存和数据缓存的命中率,降低 Cache Miss。这和磁盘数据库的优化重点是不一样的,在磁盘数据库里,我们重点考虑如何在磁盘和内存缓冲区之间快速有效地交换数据。在内存数据库中,缓冲区管理器(Buffer Manager)不复存在。

对于一个数据库表（关系表），数据可以按照三种格式存储，分别是行存储、列存储和 PAX（Partition Attributes Across）存储。行存储在一个数据页（Data Page）中一行一行地存储数据，每一行的各个属性列数据是紧密排列在一起的。面向 OLTP 应用的数据库一般采用行存储格式，因为 OLTP 事务一般仅仅存取少量的数据行。

列存储把关系表划分成各个列，每个列单独连续存放。在分析型应用中，列存储格式比行存储格式获得超过一个数量级的性能提升。在这类应用中，查询需要扫描大量的记录（行），但是仅仅存取少量的数据列。当数据采用列存储格式，我们可以采用一些压缩技术来对各列数据进行高效压缩，减少空间占用。

PAX 存储是行存储和列存储的混合格式。首先，数据库表被横向划分成若干页面，每个页面内部各个属性（列）的值被连续存放。PAX 存储格式极大提高了 CPU Cache的命中率，在进行 CPU Cache 存取的时候，最高可以降低 75% 的等待时间；因为进行查询处理的时候，只须扫描相关的数据列。相对于行存储，TPC-H 查询的执行时间可以提高 11%～48%。此外，由于数据是首先进行横向划分的，PAX 存储格式支持高度的扩展能力。

由此可见，行存储格式有利于执行 OLTP 负载，列存储格式有利于执行分析型（OLAP）负载，PAX 存储格式则兼顾了 OLTP 和 OLAP 负载的性能。此外，为了支持混合负载，人们把面向读操作优化（Read-Optimized）的存储结构（比如列存储）和面向写操作优化（Write-Optimized）的存储结构（比如行存储）结合起来。已有的数据，按照列存储格式保存在磁盘上，支持快速存取和操作，称为主副本。新增或者修改的数据，用行存储格式保存在缓冲区（Write-Optimized Buffer）中，称为 Delta 数据。Delta数据定期合并到列存储格式的主副本中。

2. 索引技术

当我们从数据库中查询数据的时候，如果有索引的帮助对数据进行定位，就可以避免全表扫描（Full Table Scan）。面向内存数据库的索引技术可以分成如下几类，分别是 Cache 敏感的索引（Cache Conscious Index）、Cache 不敏感的索引（Cache Oblivious Index）以及特殊索引，比如面向非易失性内存（Non-Volatile Memory）的索引等。

Cache 敏感的索引，根据内存层次（Memory Hierarchy）[1] 的一些参数，比如内存级别的数量、每个内存层次的块大小、各个内存层次之间的相对读写速度（Relative R/W Speed）等，设计紧凑的数据结构，尽量减少 Cache Miss。而 Cache 不敏感的索引，则独立于这些内存层次的参数进行设计，无论在什么样的硬件平台上运行，都获得可以接受的性能。

比如 Rao 和 Ross 设计的 Cache 敏感的 B+-tree 索引"Cache Sensitive B+-tree"，在索引树中，每个节点的子节点连续存放，仅仅需要保存第一个子节点的开始地址。其他子节点，可以通过偏移量进行定位。为每个节点的所有子节点只保存一个指针，Cache敏感的 B+-tree 索引，提高了 CPU Cache 的利用率（见图 3-9）。

---

[1]　关于各级存储器（CPU 寄存器、一级缓存、二级缓存、内存、硬盘）的带宽、延迟、容量等特点，以及数据在不同存储器层次之间如何交换，请参考相关资料。

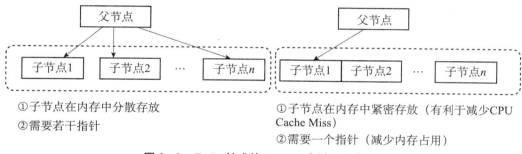

图 3 - 9　Cache 敏感的 B+ -tree 索引（示意图）

3. 查询优化

对于内存数据库来讲，查询优化的重点是如何利用多核 CPU 及众核 GPU，实现关键数据操作快速处理，比如选择、投影、连接、聚集等。

金（Kim）等充分利用 CPU Cache、线程级并行（Thread-Level Parallelism）、数据级并行（Data-Level Parallelism）、内存的高带宽（High Memory Bandwidth）等硬件特点，设计了新的连接操作算法，包括 Hash Join 和 Sort Merge Join，以充分发挥多核 CPU 的性能。经过优化，Hash Join 能够达到 100M 元组/每秒（Tuples /Second）的性能，比其之前的最好结果快 17 倍；Sort Merge Join 则达到 47M～80M 元组/每秒的性能。

阿尔布图（Albutiu）等对 Sort Merge Join 进行了重新设计，考虑到内存存取的非对称性（None Uniform Memory Access，NUMA），使得多核 CPU 的每个 CPU 在进行排序操作的时候，尽量存取隶属于该 CPU 的局部内存（Local Memory），而不是存取隶属于其他 CPU 的远程内存（Remote Memory），从而获得更高的处理速度。

卡尔德威（Kaldewey）等把关系数据库的 Join 操作迁移（Offloading）到 GPU 上运行。他们设计的 Hash Join 算法，充分利用 PCI-E 带宽（6.3GB/s）把数据传输到 GPU 上，并且利用 GPU 的众核处理器，加强 Join 操作的性能，获得比多核 CPU 快 3～8 倍的性能提升。

卡纳格尔（Karnagel）等则把分组和聚集操作（Grouping /Aggregation）迁移到 GPU 上运行。他们利用启发式规则，在运行时（Execution Time）选择代价最优的算法和参数，提高分组和聚集操作的速度。

4. 并发控制

并发控制是在多个事务并发执行的情况下，保证数据库状态正确的技术手段。并发控制有两大类算法，分别是基于加锁的并发控制和基于多版本管理的并发控制。根据深入剖析，人们发现加锁（以及给数据结构加闩锁）占事务处理 30% 的指令计数。当数据完全驻留内存，有多个 CPU 核心可用的时候，设计合理的并发控制方法，才能有效发挥多核处理的威力。

拉森（Larson）等为内存数据库设计了两个基于多版本管理（Multi Versioning）的并发控制方法，分别使用乐观的和悲观的策略，来保证事务的原子性。通过多版本管理，事务管理器有效地隔离读事务（Read Transaction）和写事务（Write Transaction），读事务读取它应该读取的数据最近已经提交的（Committed）版本，写事务则对数据进行拷贝（Copy a New Version），生成新版本进行操作，和读事务没有读写冲突。他们通过实验发现，数据库的大部分事务都是短事务（Short Transaction），在事务对数据存取的竞争程度较低的情况下，加锁方式能获得较好的性能。但是在大量事务竞争存取热点数据以及负载里包含大量的长事务（Long Transaction）的情况下，基于多版本管理的并发控制技术能够获得更高的性能。需要注意的是，多版本管理需要付出版本管理的开销。

琼斯（Jones）等设计了两个轻量级的加锁（Light Weight Locking，LWL）并发控制方法。其中一个并发控制方法无须跟踪事务对数据的读/写操作是否冲突，而是在提交事务的时候判别读/写冲突。如果发现此类冲突，则需要回滚（Roll Back）某些事务。在这种情况下，就会浪费一部分（回滚事务）已经做的工作。这个方法称为 Speculative LWL 方法。这个方法在 TPC-C 测试基准上获得 2 倍的事务吞吐量。

5. 恢复技术

当发生掉电情况，内存里的数据即刻消失（除了非易失性内存）。对于内存数据库来讲，恢复模块是保证其可靠性的重要模块。恢复模块的目标，是在系统失败以后，尽快地把内存数据库给恢复过来。为了能够进行数据库恢复，恢复模块在正常事务处理过程中，需要做一些簿记工作（Book Keeping），这些簿记工作不应过多地干扰正常的事务处理。

磁盘数据库的恢复技术已经很成熟和高效，整个恢复子系统包括写日志、写检查点、恢复等三个子模块。人们并没有从零开始设计和实现内存数据库的恢复模块，而是借鉴了磁盘数据库恢复技术的思想。当然，为了提高内存数据库的恢复效率，人们提出了一些新的方法。

李（Lee）等提出了并行恢复（Parallel Recovery）技术，加快内存数据库的恢复过程。他们的恢复技术基于差分日志（Differential Logging）技术。差分日志把数据修改之前的值和修改之后的值进行异或差分（XOR Differencing）操作。差分日志符合结合律和交换律（Commutative /Associative），所以日志记录可以按照任意顺序进行排列，写入磁盘，加快事务的提交。进行系统恢复的时候，对每个数据页面，日志记录应用[①]的顺序也无须符合串行顺序（Serialized Order），可以乱序应用，于是每个数据页面可以独立、并行地恢复，加快恢复过程。

马尔维亚（Malviya）则舍弃了传统的物理日志（Physiological Logging，记录数据的改变）方法，提出轻量的命令日志（Command Logging）方法。在事务执行的时候，系统记录事务对应的 SQL 命令以及参数。对数据库进行恢复的时候，首先把数据库的上一次一致检查点（Consistent Checkpoint）装载进来，然后重放（Replaying，重新执行）日志里的所有命令即可。由于数据全部在内存中，重放过程是很快的。在 TPC-C

---

① 日志本身记录了事务对数据的修改，恢复过程中，日志记录应用（Log Record Applying）的含义是把这些修改施加到老版本的数据上，把数据修正到最新的正确的状态。

测试基准上，命令日志方法获得比传统的物理日志方法高 1.5 倍的吞吐量。

随着非易失性内存价格的下降，及其读写性能的提高，人们开始考虑如何在数据库的恢复模块里应用非易失性内存。施瓦布（Schwalb）等提出了 Hyrise-NV 数据库，该数据库在非易失性内存里，利用多版本数据结构直接修改数据和索引。所有修改都是事务性的，符合事务的 ACID 约束。系统失败后，Hyrise-NV 几乎可以瞬间恢复整个数据库系统，继续提供服务。它完成有 10 000 000 行记录的表格的恢复仅仅需要 100 毫秒的时间。

🔵 3.2.4　MPP 并行数据库

大规模并行处理（Massive Parallel Processing，MPP）并行数据库利用专用的数据库集群（Dedicated Cluster）的多个节点的并行处理能力，提高数据库的查询处理性能。为了提高并行数据库的性能，有时候 MPP 并行数据库运行在专门的硬件上，比如厂家定制的数据库一体机（Database Machine）。MPP 并行数据库一般用于运行分析型负载（Analytical Workload）。分析式查询一般需要对大量数据进行扫描、连接、聚集等操作。

在架构方面，MPP 并行数据库具有三种架构模式，分别是共享内存（Shared Memory）架构、共享磁盘（Shared Disk）架构和无共享（Shared Nothing）架构（见图 3 - 10）。

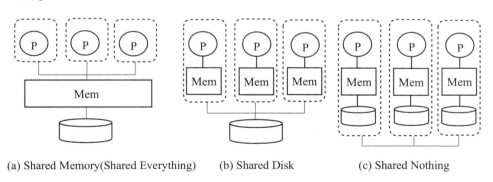

(a) Shared Memory(Shared Everything)　　(b) Shared Disk　　(c) Shared Nothing

图 3 - 10　MPP 数据库架构

注：P 表示 CPU，Mem 表示内存，圆柱体表示磁盘存储，虚线框表示处理单元（节点），处理单元（节点）间的连线表示高速互联网络。

共享内存架构在单个主机上，通过多个处理器（或者多核技术）实现并行处理。多个处理器（核心）共享主机的内存以及所有外部存储设备。每个处理器就是一个处理单元或者一个节点，处理器之间通过高速通信网络（Interconnection Network）互联。共享内存的系统，通过增加 CPU 和内存提高系统的处理能力，其扩展能力有限。

共享磁盘架构，指的是并行数据库的各个处理单元（节点）拥有自己的 CPU 和内存，但是共享磁盘存储系统。各个节点的处理器之间没有任何直接的信息和数据的交换，多个节点和磁盘存储由高速通信网络连接，每个节点都可以读写全部的磁盘存储。典型的系统有 Oracle 的 RAC 集群数据库系统。当系统的负载增加的时候，可以通过增加节点来提高并行处理能力。但是由于所有节点共享外存系统，所以存储带宽有可能成为系统的瓶颈，扩展能力有限。

无共享架构的各个处理单元（节点）拥有自己独立的 CPU、内存和磁盘存储，不存在共享资源，多个节点一起构成整个并行数据库系统。每个处理器使用自己的资源，处理自己的数据，不存在内存和磁盘的争用。每个节点负责管理一部分数据，并执行协调者（Coordinator）发送过来的全局事务（Global Transaction）的子事务（Sub Transaction）的操作。典型的系统如 Oracle 的 Exadata 数据库。无共享架构具有最好的扩展能力。当我们为系统增加节点的时候，不仅提高了处理能力，还提高了存储能力和 I/O 总带宽。

为了实现数据的并行处理，需要对数据库数据进行划分，分布到各个节点。数据的划分称为分片（Partition），分片的主要方法有 Range、Hash 等。Range 方法把数据库表的记录，按照某个字段的值所属的范围进行分片。比如，当按照日期进行数据分片时，可以把不同月份的数据划分到不同分片。Hash 方法则对于数据库表中的记录，根据某一个或者某几个属性列的取值，利用 Hash 函数计算一个函数值，映射到具体的分区编号，完成数据分片。

在 MPP 并行数据库中，数据分布在各个节点上，查询处理和集中式数据库有所不同。我们通过实例介绍简单的单表查询和多表连接查询。

这里的单表查询，指的是对一个数据库表进行选择、分组和聚集的查询。比如查询：

```
Select year(sale_date),product_name,sum(price * count)
From sales
Where productid = '101'
Group By year(sale_date)
```

从销售表中，选择产品 101 的销售记录，按照年度进行分组，计算销售额的汇总。在 MPP 并行数据库系统里，一般有一个或者若干个节点接收用户的查询请求，并且担任事务协调者的身份。协调者接收到用户的查询请求以后，根据数据分布的元信息，对查询进行分析、改写和分解，发送给相关的节点运行。比如，对于上述单表上的选择、分组、聚集查询，需要把该查询分发给包含相关数据的节点。

这些节点并行处理自己管理的数据，对数据进行扫描、过滤，并且对这些数据进行本地分组（Group）和聚集（Aggregate），然后把结果发送给协调者。协调者获得所有子事务的局部聚集结果以后进行合并，返回给用户即可。在查询处理过程中，各个节点无须进行数据交换。

对于多表连接查询，我们以两个表的 Hash Join 作为例子。比如查询：

```
Select customer.name,sum(price * count)
From customer,sales
Where customer.id = sales.cid
And year(sale_date) >= 2015 and year(sale_date) <= 2016
Group By customer.id,year(sale_date)
```

对销售表和用户表，进行连接查询，选择 2015 年和 2016 年的销售记录，按照客户和年度进行分组，汇总销售额。对于该查询，当查询优化器选择使用 Hash Join 执行查询时，它把各个节点上的用户表的记录按照 customer.id 进行 Hash 操作，分发到查询节点比如 R_1、R_2、R_3 上，同时把各个节点上的销售记录表的记录按照 sales.cid（cid 是 sales 的外键，表示某条销售记录隶属于某个用户，也就是把产品销售给了某个用户）进行 Hash 操作，分发到各个查询节点比如 R_1、R_2、R_3 上。关于 Hash 连接的原理，请参考 2.1.1 节。

由于上述 Hash 操作的 Hash 函数是一样的，并且 customer.id 和 sales.cid 的语义都是指某个用户，那么符合连接条件的用户记录和相关销售记录被 Hash 分配到同样的查询节点。这些查询节点对各自收到的用户记录和销售记录进行连接操作以及后续的分组和聚集操作，然后把局部聚集结果返回给协调者，由其进行结果合并，返回用户。由此可见，在 Hash Join 的处理过程中，涉及了节点间大量的数据交换。

有时候，基于数据的分布特点和查询条件，优化器可以明智地对数据进行交换。比如对于上述实例，如果优化器了解到销售记录是按照 sales.cid 进行 Hash 划分的，那么执行查询的时候，只需对 customer 表根据 customer.id 进行 Hash 操作，把用户表的记录按照客户 id，Hash 分布到各个节点，就能保证每个节点能够对正确的数据进行连接操作。

如果销售表和用户表分别是按照 sales.cid 和 customer.id 事先进行 Hash 分布的，也就是两个将要连接的表格已经在连接的 Key 上进行 Hash 划分。那么进行查询处理的时候，无须对数据再进行 Hash 分布，直接在每个节点上执行本地连接（Local Join）即可。这种情况称为数据已经预先并置（Co-Location）在一起了。

更为一般地，所谓数据并置，指的是其中一个表的分片 Key（Partitioning Key）是一个外键，比如上述实例中的 sales.cid，另外一个表的分片 Key 是一个主键，比如上述实例中的 customer.id，而且这两个表的分片数量（Partitions）是一样的。在这种情况下，主外键连接，比如上述实例中的 customer.id＝sales.cid，可以在各个节点上通过执行本地连接实现。因为匹配（customer.id＝sales.cid）条件的分区，已经事先保存在各个节点上了，连接过程中无须通过网络交换数据。

在上述实例中，如果 sales.cid 上建立了聚簇索引（Clustered Index），那么销售表的销售记录是按照 cid 进行排序保存的。这时候，可以在用户表和销售表之间进行排序合并连接（Sort Merge Join）。因为当扫描用户表和销售表的时候，每在用户表上扫描到一个用户，就可以在销售表上寻访到该用户的所有销售记录（因为销售记录是按照 cid 进行排序的）。

1. 分布式事务处理

在并行数据库中，数据分布在一系列节点上，事务处理的难度提高了。以转账事务为例，在集中式数据库中，只有一个物理节点，它了解事务的所有状态，通过加锁机制或者多版本并发控制机制就能够保证事务的 ACID 特性，保证数据的一致性。

但是在并行数据库里，各个节点之间在物理上相互独立，通过网络进行沟通和协调。相互独立的节点之间，无法准确地知道其他节点中的事务执行情况。如果想让分布式部署的多台机器中的数据保持一致性，需要保证在所有节点上的数据写操作，要么全部执行，要么全部不执行。但是，一台机器在执行本地事务的时候，无法知道其他机器中的本地事务的执行结果。所以这个节点也就不知道本次事务到底应该提交还是回滚。常规的解决办法是引入一个事务协调者（也称事务管理器）来统一调度各个节点的事务执行。

涉及多个节点的事务称为分布式事务。对涉及多个节点（数据）的分布式事务进行协调的协议有两阶段提交（Two Phase Commit，2PC）协议、三阶段提交（Three Phase Commit，3PC）协议等。下面对这些协议进行简单介绍，并分析其优点和缺点。

2. 两阶段提交协议

在并行数据库里，当一个事务涉及多个节点上的数据的修改时，其中一个节点被指定为事务协调者，其他节点则称为事务参与者。

两阶段提交协议的核心思想为，参与者将操作成败通知协调者，再由协调者根据所有参与者的反馈情况，决定各参与者是提交操作还是中止操作。两阶段提交协议包括两个阶段，分别是准备阶段（或投票阶段）和提交阶段（或执行阶段）。

（1）准备阶段：事务协调者给每个参与者发送 Prepare 消息，每个参与者要么直接返回失败（如权限验证不通过），要么在本地执行事务，写本地的 Undo 和 Redo 日志，但不提交，处于一种"万事俱备，只欠东风"的状态。可以将准备阶段划分成三个步骤：（a）协调者向所有参与者询问是否可以执行提交操作，并等待各参与者的响应。（b）参与者执行事务操作，并将 Undo 信息和 Redo 信息写入日志。（c）各参与者响应协调者发起的询问。如果参与者的事务操作实际执行成功，则返回一个"同意"消息给协调者；如果参与者的事务操作执行失败，则返回一个"中止"消息给协调者。

（2）提交阶段：如果协调者收到了参与者的失败消息或者超时，直接给每个参与者发送回滚消息。否则，协调者给所有参与者发送提交消息。参与者根据协调者的指令执行提交或者回滚操作，释放所有事务处理过程中使用的资源（锁资源等）。

图 3－11（a）展示了所有参与者的响应消息都为"是"时的提交过程，图 3－11（b）展现了有参与者响应消息为"否"时的回滚过程。

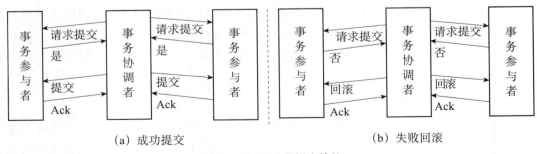

（a）成功提交　　　　　　　　　　（b）失败回滚

图 3－11　两阶段提交协议

两阶段提交协议，看起来好像能够提供事务的 ACID 特性，没有破绽。实际上并非如此，两阶段提交协议具有内在的局限性：（1）同步阻塞。事务执行过程中，所有参与者都是事务阻塞的。也就是，当参与者占有资源时，其他第三方程序访问这些资源，将处于阻塞等待状态。（2）单点故障。协调者地位非常重要，一旦协调者发生故障，参与者会一直阻塞下去。尤其在第二阶段，协调者发生故障，那么所有的参与者都处于锁定资源的状态中，将无法继续完成事务操作。虽然可以在协调者宕机后重新选一个协调者，但是无法解决因为协调者宕机导致的参与者处于阻塞状态的问题。（3）数据不一致。在两阶段提交协议的第二个阶段中，当协调者向参与者发送提交消息之后，发生了局部网络异常，或者在发送提交消息的过程中协调者发生了故障，将导致只有一部分参与者接收到提交消息。这部分参与者接到提交消息之后就会执行提交操作。但是，其他未接到提交消息的机器则无法执行事务提交。在这种情况下，整个系统便出现了数据不一致的状况。（4）两阶段提交协议有一个无法解决的问题：协调者在发出提交消息之后宕机，而且唯一接收到这条消息的参与者同时也宕机了，那么即使通过选举协议产生了新的协调者，这个事务的状态也是不确定的，无法知道事务是否已经提交。

3. 三阶段提交协议

由于两阶段提交协议存在同步阻塞、单点故障、数据不一致等问题，研究人员在两阶段提交协议的基础上提出了三阶段提交协议。三阶段提交协议是两阶段提交协议的改进版。

三阶段提交协议有两个重要改动：（1）引入超时机制，同时在协调者和参与者中都引入超时机制。（2）三阶段提交协议把两阶段提交协议的准备阶段一分为二。三阶段提交协议总共有三个阶段，分别是 CanCommit、PreCommit、DoCommit（见图 3 - 12）。

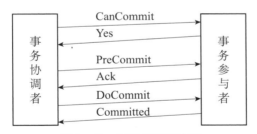

图 3 - 12　三阶段提交协议

当事务处理进入第三阶段时，说明参与者在第二阶段已经收到了 PreCommit 请求。协调者产生 PreCommit 消息的前提条件是它在第二阶段开始之前，收到所有参与者的 CanCommit 响应都是 Yes。一旦参与者收到了 PreCommit，意味其他参与者都同意对数据进行修改。用一句话来概括，当进入第三阶段时，由于网络超时等原因，虽然参与者没有收到提交或者中止消息，但是它有理由相信，成功提交的概率是较大的。参与者无法及时收到来自协调者的消息，它会默认执行提交。

相对于两阶段提交协议，三阶段提交协议解决了单点故障问题，减少了堵塞（因为一旦参与者无法及时收到来自协调者的消息，它会默认执行提交，而不会一直持有事务资源并处于阻塞状态）。但是这种机制还是会导致数据一致性问题。比如，由于网络原因，协调者发送的中止消息没有及时被参与者接收到，那么参与者在等待超时之后执行了提交操作（缺省操作）。这样就和其他接到中止消息并执行回滚的参与者之间，存在数据不一致的情况。

由此可见，无论是两阶段提交协议，还是三阶段提交协议，都无法彻底解决分布式系统的一致性问题。谷歌的 Chubby 分布式锁服务系统的作者迈克·巴罗斯（Mike Burrows）认为，只有一种一致性算法即 Paxos，其他算法都是 Paxos 算法的不完整版。可见，Paxos 算法才是最终的解决方案。

上一章介绍的 OceanBase 数据库创造性地结合两阶段提交协议和 Paxos 协议，保证了事务的正确执行和系统的高度可靠性。

4. Paxos 算法

在 Paxos 算法中共有四种角色，分别是提议者（Proposer）、决策者（Acceptor）、产生议题者（Client）、最终决策学习者（Learner）。提议者可以提出（Propose）提案，决策者可以接受（Accept）提案。

在分布式系统中，达到数据的一致性，就是"对某个数据的取值达成一致"，也就是各个节点达成共识，比如对某个账户余额应该取什么值达成一致。或者说，提议者、决策者、最终决策学习者等都认为同一个 Value 被选定（Chosen）。

提议者、决策者、最终决策学习者分别在什么情况下才能认为某个 Value 被选定呢？为了对某个 Value 的取值达成共识，保证数据的一致性，Paxos 算法在执行过程中必须符合一系列约束条件。（1）提议者：只要提议者发出的提案被决策者接受（需要半数以上的决策者同意才行），提议者就认为该提案里的 Value 被选定了。（2）决策者：只要决策者接受了某个提案，决策者就认为该提案里的 Value 被选定了。（3）最终决策学习者：决策者告诉最终决策学习者哪个 Value 被选定，最终决定学习者就认为哪个 Value 被选定。最终决策学习者的地位具有从属性。下面介绍 Paxos 算法的执行过程，分为两个阶段（见图 3 - 13）。

（1）第一阶段：（a）提议者选择一个提案编号 N，然后向半数以上的决策者发送编号为 N 的 Prepare 请求。（b）如果一个决策者收到一个编号为 N 的 Prepare 消息，且 N 大于该决策者已经响应过的所有 Prepare 请求的编号，那么它就会将它已经接受过的编号最大的提案（如果有的话）作为响应反馈给提议者，同时该决策者承诺不再接受任何编号小于 N 的提案。

（2）第二阶段：（a）如果提议者收到半数以上决策者对其发出的编号为 N 的 Prepare 请求的响应，那么它就会发送一个针对 $[N, V]$ 提案的 Accept 消息给半数以上的决策者。注意，V 是提议者收到的响应中编号最大的提案的 Value，如果响应中不包含任何提案，那么 V 就由提议者自己决定。（b）如果决策者收到一个针对编号为 N 的提案的 Accept 消息，只要该决策者没有对编号大于 N 的 Prepare 请求做出过响应，它就接受该提案。

对 Paxos 算法正确性的证明，请参考相关资料。[1]

---

[1]　http：//www.ux.uis.no/~meling/papers/2013-paxostutorial-opodis.pdf.

	提议者 (N，V)	决策者 (ResN, AcceptN, AcceptV)
第一 阶段	Prepare(N)，N递增，不重复。 *Prepare 请求*	如果N<=ResN，不响应或者响应error。 如果N>ResN，则(a)令ResN=N，(b)响应 (Pok, AcceptN, AcceptV)或者(Pok, Null, Null)。
第二 阶段	如果收到超过半数的Pok，发出 Accept(N,V)。 如果响应中有提案，则V=响应中最大 的AcceptN对应的AcceptV；如果响应 都是(Pok,Null,Null)，那么V=提议者自 己定义的值。 如果Pok未超过半数，重新获取N， 发起Prepare请求(回到第一阶段)。 *Response*	
	如果N>ResN，接受提案，令AcceptN=N， AcceptV=V，回复<Aok>。如果N<=ResN， 不接受。不回复或者回复error。 *Accept 请求*	
	如果<Aok>数过半，确定V被选定。 如果<Aok>数不过半，重新发起 Prepare请求。 *Accept*	

图 3-13　Paxos 算法执行过程示意图

3.3　结构化数据分析工具介绍

结构化数据分析工具分为两大类，分别是：（1）传统的 MPP 并行数据库和列存储数据库；（2）基于 Hadoop 平台的结构化数据分析工具，即 SQL on Hadoop 系统[①]。前者包括 MPP 并行数据库比如 Teradata、列存储数据库比如 Vectorwise；后者包括 Hive、SparkSQL、Impala、Presto 等系统。

SQL on Hadoop 系统依赖于 Hadoop 分布式文件系统（Hadoop Distributed File System，HDFS）作为数据存储层。HDFS 具有高度的扩展性和容错性（通过数据的多副本复制），于是 SQL on Hadoop 系统在存储层面支持超大规模数据的处理。

在大数据时代，如何查询和分析 TB 级别甚至 PB 级别的数据，是数据分析工程师不可回避的问题，SQL on Hadoop 系统成为一个重要的工具。把 SQL 移植到 Hadoop 平台上，目的是利用 Hadoop 的扩展能力管理大规模的数据，让用户能够使用熟悉的 SQL 语言对数据进行查询和分析。

对于传统的 MPP 并行数据库来讲，它的容错保证需要依赖各个厂家专有的技术，甚至需要使用特殊的硬件。MPP 并行数据库需要运行在特定的硬件平台上，价格昂贵，各个厂家的软件也不是免费的。而 SQL on Hadoop 系统则可以运行在廉价服务器构成的集群上，软件几乎是免费的。对 MPP 并行数据库进行管理，需要管理员具有该数据库的管理经验。而随着 Hadoop 技术的流行，人们可以通过各种途径获得管理 Hadoop 平台的经验，管理成本相对降低。

---

① 关于 Hadoop 的详细内容，请参考"Hadoop 及其生态系统"一章。

3.3.1　MPP（无共享）数据库、基于列存储的关系数据库

1. Teradata

Teradata 数据库是面向大型数据仓库应用的基于无共享架构的并行数据库系统。Teradata 系统由三个部分构成，分别是处理节点、实现节点间通信的高速互联网络、数据存储介质（一般是磁盘阵列）。图 3 - 14 展示了由 4 个节点构成的 Teradata 数据库系统。每个节点自底向上包括操作系统软件（OS）、Teradata 并行数据库扩展（PDE）和其他相关模块，即 PE 和 AMP。

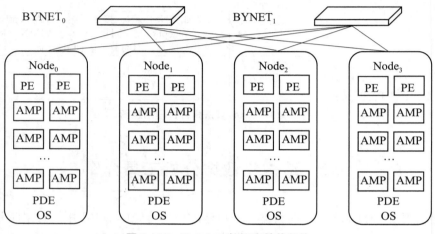

图 3 - 14　Teradata 数据库整体架构

（1）OS 与 PDE：Teradata 并行数据库扩展（Parallel Database Extensions，PDE）是直接架构在操作系统之上的一个接口层，用于为 Teradata 提供并行环境，并保证这个并行环境的可靠性。PDE 的主要功能包括管理和运行虚拟处理器、进行 Teradata 并行任务调度、进行操作系统内核和 Teradata 数据库运行时的故障处理等。

（2）AMP：存取模块处理器（Access Module Processor，AMP）是 Teradata 数据库的关键进程之一，用于处理所有与数据有关的文件系统的操作任务。一般情况下，一个节点上有多个 AMP 在工作，每个 AMP 分别负责文件系统上不同的数据的存取操作。

（3）PE：解析引擎（Parsing Engine，PE）用于实现客户端（通常是使用 Teradata 数据库的应用程序发出的 SQL 请求）和 AMP 之间的通信和交互。主要的功能包括会话控制（Session Control）、SQL 语句的解析、优化、查询步骤的生成和分发、并行查询处理和返回查询结果。一个节点上通常只有一两个 PE 在工作。

（4）BYNET：在 Teradata MPP 系统中，各个节点之间的高速互联是通过 BYNET 实现的，它由一组硬件和运行在这组硬件上的处理通信任务的软件进程构成。BYNET 用于节点之间的双向广播（Bidirectional Broadcast）、多路广播（Multicast）和点对点（Point-to-Point）通信。

除了 Teradata 数据库，采用无共享架构模式的并行数据库系统还有 Exadata 数据库（来自 Oracle）、XtremeData 数据库等。

2. SAP HANA

SAP HANA 是支持 OLTP 和 OLAP 混合负载的内存数据库系统。由于采用内存计算技术，HANA 能够获得极快的事务响应时间和极高的事务吞吐能力。

HANA 采用列存储技术进行数据的组织，同时对列存储数据进行了有效的压缩。对数据进行压缩，可以有效减少数据占用的空间。在进行查询处理时，即便考虑到解压缩的代价也是值得的，因为 CPU 比内存总线（Memory Bus）的速度要快很多，所以 CPU 可以及时地对数据进行解压缩。

HANA 支持数据的更新功能，其更新功能是通过添加数据实现的。删除数据时，旧的数据（记录）没有被覆盖掉，而是在表格的末尾进行添加（Append）。当一个查询被执行的时候，可以看到一个记录的若干个版本，选取最近的提交版本（Committed Version）返回即可。

当服务器安装足够的内存时，利用列存储和数据压缩技术，HANA 把整个数据集保存在内存中，实现实时的查询处理。利用 HANA 的快速查询处理能力，人们可以获得秒级的响应时间（少于 10 秒）。性能评测结果显示，在相同的硬件环境和数据规模情况下，HANA 往往能够获得超过 Oracle（磁盘数据库）一个数量级左右的查询性能提升。[①] 运行在 HANA 之上的报表系统，几乎无须用户等待即可返回各种统计结果，给用户更好的操作体验。

HANA 数据库产品是一个完备的工具套件，包括内存数据库服务器（MMDB Server）、建模工具（Studio）及客户端工具（JDBC、ODBC 接口等）。在一个数据库服务器上，HANA 支持文本（Text）、空间数据（Spatial）、图数据（Graph）、流数据（Streaming）及时间序列（Time Series）数据的处理能力，并且提供实时的事务响应时间。通过集成 R 软件包，HANA 方便地在数据上运行数据挖掘和机器学习算法，提供预测性分析（Predictive Analysis）能力。

3. MonetDB/Vectorwise/VectorH

MonetDB 是荷兰研究机构 CWI（Centrum Wiskunde & Informatica）于 2003 年开始研发的基于列存储的面向分析型应用的内存数据库系统。2008 年，MonetDB 开发者基于 MonetDB 创立了 Vectorwise，推进 MonetDB 的商业化。经过两年的研发，产品趋于成熟，并且性能优越，Vectorwise 被 Actian 公司收购。

MonetDB 和 Vectorwise 的主要区别在于其查询处理模式。MonetDB 的查询处理模式是 Column at a Time，即一次处理一个数据列；Vectorwise 则是 Vector at a Time，即一次处理一个向量（后面详细介绍）。一次处理一个数据列，需要对中间结果进行物化，交给后续的查询处理步骤继续处理；一次处理一个向量，则有利于把若干个处理步骤整合起来，数据尽量地驻留在 CPU Cache 中，提高处理的效率。

为了尽快把产品推向市场，Vectorwise 把 MonetDB 的 X100 存储引擎、查询引擎（Vectorized Query Engine）和 Ingres 数据库的上层模块结合起来。Vectorwise 通过基

---

① http://sapinsider.wispubs.com/Assets/Blogs/2013/September/Real-HANA-Performance-Test-Benchmarks.

于位置的 Delta 树（Positional Delta Tree，PDT）维护数据的更新，支持数据的更新功能。进行查询处理的时候，首先在只读的主数据集上提取相关数据，然后根据 PDT 进行结果修正。图 3-15 展示了 Vectorwise 的查询执行过程涉及的 PDT 数据结构、缓冲区管理及数据的存储等。

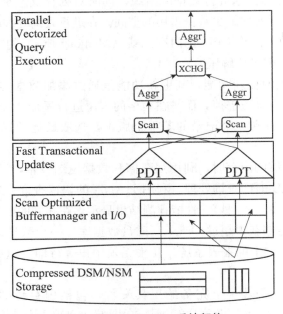

图 3-15　Vectorwise 系统架构

注：DSM，Decomposed Storage Model，即列存储；NSM，N-ary Storage Model，即行存储。

数据以列存储格式存放，并且保存在内存中。这时候 CPU 对内存的存取成为性能瓶颈。Vectorwise 针对这个瓶颈，进行了一系列优化。其中最重要的是向量化的查询处理模式（Vectorized Query Processing）。

所谓向量化的查询处理模式，是每个属性列的每 100～1 000 个值构成一个向量；执行查询的时候，一系列的向量以流水线的方式，流过对该属性列进行操作的一系列操作符由其处理，直到最后完成查询。或者换句话说，对某个属性列进行操作的一系列操作符，一次处理一个向量，而不是整个列。

这种查询处理模式，可以充分利用现代 CPU 的 SIMD 指令（Single Instruction Multiple Data，单指令多数据），通过并行操作，快速完成数据的处理。同时，这种查询处理方式使得已经进入 CPU Cache 的向量尽量长时间地驻留，保证对该向量的所有操作符（构成操作符流水线）得到执行。此外，其他属性列没有被存取，需要从内存中调入 CPU Cache 的数据量减少了，于是 CPU 的数据 Cache 和指令 Cache 的命中率都得到了提高。

下面以一个简单查询实例解释向量化执行模式的查询处理过程。查询：

```
Select Sum(price * quantity)From sales
Where sales. date = '2011 - 02 - 02'
```

在向量化执行模式下，查询处理器按照向量方式扫描日期（date）字段，然后获得一系列符合查询条件 sales. date＝'2011 - 02 - 02'的记录的偏移量。查询处理器继而（以向量方式）提取对应的单价（price）字段和数量（quantity）字段的向量，根据这些偏移量，对单价（price）字段取值和数量（quantity）字段取值进行乘法操作，计算金额，并累加出总和。

4. 查询处理模式

数据库的查询处理引擎的查询处理模式，可以分成四类，分别是一次处理一个元组（Tuple-at-a-Time Processing）、一次处理一块（Block-Oriented Processing）、一次处理一列（Column-at-a-Time Processing）和向量化查询处理（Vectorized Query Processing）。下面介绍和比较这四种查询处理模式。

（1）一次处理一个元组。这种查询处理模式最早出现在 Volcano 数据库系统中，所以也称 Volcano 风格的查询处理模式。该模式是在 RDBMS 系统中使用最为广泛的查询处理模式，包括 MySQL、SQLite、PostgreSQL、Oracle 等系统都使用了这种查询处理模式。

客户端提交的 SQL 查询，由查询解析器和优化器进行翻译，转换成查询执行计划（Execution Plan），交给查询执行引擎。查询执行计划的每个操作符（Physical Operator）有三个接口，分别是 open（）、next（）、close（）。open 方法初始化资源，包括初始化内存数据结构或者打开文件，close 方法则释放资源。

整个执行计划的执行是由根节点的 next 方法拉动的，父节点的 next 方法从子节点提取一个元组。这个元组可能是由子节点又调用其子节点的 next 方法获得的，直到对具体数据库表的扫描节点（Scan 操作符）。每个操作符的 next 方法递归地调用子节点的 next 方法，每次输出一个元组，这就是一次处理一个元组查询处理模式的由来。比如，图 3 - 16 展示了这样一个查询执行计划，该查询扫描两个表，然后进行 Hash 连接，最后进行分组聚集。

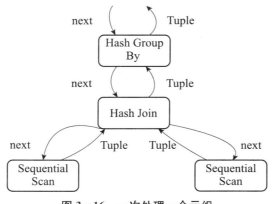

图 3 - 16　一次处理一个元组

一次处理一个元组查询处理模式，一般适用行存储格式。查询执行引擎装载了不必要的字段信息，对于仅存取少量字段的分析型应用来讲，导致 CPU Cache 命中率较低。

另外，整个查询语法树上的各个物理操作符交替执行，一会儿执行 Scan，一会儿执行 Join……这些指令有可能无法全部放入 CPU 的一级（Layer One，L1）指令 Cache 中，导致频繁的 Cache Miss，指令 Cache 的命中率也不高。

（2）一次处理一块。一次处理一块查询处理模式是对一次处理一个元组查询处理模式的扩展。对 next 函数的调用返回一批元组（100～1 000 个），而不是一个元组。

这种处理模式，减少了函数调用的开销，获得比一次处理一个元组模式更高的 CPU 数据 Cache 和指令 Cache 的命中率。但是在分析型应用中，存取每条记录不必要的字段仍然导致频繁的 CPU 数据 Cache Miss。

（3）一次处理一列。一次处理一列查询处理模式是最初实现的查询计划的列式执行（Columnar Execution）模式。该查询处理模式适用于列存储格式，每个数据列单独进行存放（紧密排列的数组（Dense-Packed Array））和后续处理。每个操作符的 next 方法处理整张表格的某一列，并且把中间结果保存起来。

为了支持这种处理模式，需要定义和实现若干原语（Primitive）操作。这些原语操作在一个紧凑的循环（Tight Loop）中对数组的各个元素进行处理。一般来讲，对这些循环处理进行编译后的指令容易装入 CPU 的 L1 级指令 Cache，提高指令 Cache 的命中率。此外，原语操作对数组进行操作，生成一个新的数组，具有良好的数据 Cache 的局部性，即要操作的数据可能已经在数据 Cache 中。

智能编译器对 SQL 查询进行翻译的时候，能够利用自动向量化技术（Auto-Vectorization），通过 SIMD（Single Instruction Multiple Data）指令实现数据处理。通过 CPU 数据级的并行处理能力，提高数据处理效率。

但是，一次处理一列查询处理模式也有其局限性，因为它对一个表格（a Whole Table）的整个数据列进行操作，于是中间结果集有可能很大，需要物化（Materialized）到内存或磁盘中，造成 CPU 的数据 Cache 的 Cache Miss 以及 I/O 开销。

（4）向量化查询处理。向量化查询处理模式是最先进的列式执行模式（Columnar Execution），解决了一次处理一列模式的缺点。这种处理模式建立在一次处理一列模式之上，只不过在每个 next 函数调用中，操作符处理的是某列数据的一个部分（Chunk），称为一个向量，而不是表格的（某个）整个列。向量的大小设定考虑了 CPU Cache 的大小，很容易装载到 CPU Cache 中，提高 Cache 命中率。

正如前面已经介绍过的，这种处理模式可以充分利用 CPU 的 SIMD 指令进行数据处理，CPU 的数据 Cache 和指令 Cache 的命中率都得到了提高。

此外，由于各个原语操作的原理是很简单的，可以使用 C 语言或者汇编语言实现，编译器能够产生高效的执行代码。

5. Vectorwise MPP 原型与 VectorH

在 Vectorwise 数据库基础上，Actian 公司研发了 MPP 并行数据库原型，这是一个采用无共享架构的并行数据库系统。在这个原型中，除了各个节点的 Vectorwise 进程，为了把各个 Vectorwise 进程连接起来，增加了基于 MPI（Message Passing Interface）通信机制的查询处理模块、在各个节点间进行数据交换的 Exchange 操作符以及查询改写模块（Parallel Rewriter）等，如图 3-17 所示。

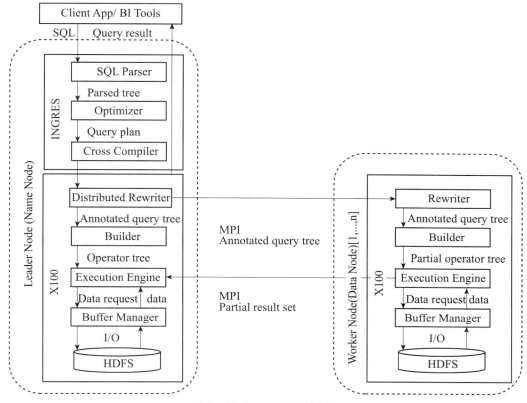

图 3 - 17　VectorH 系统架构

基于这个 MPP 并行数据库原型，Actian 公司把 Vectorwise 迁移到 Hadoop 平台上，利用 HDFS 作为存储层，研发了 SQL on Hadoop 系统 VectorH。VectorH 扩展了 Vectorwise MPP 并行数据库原型系统，利用 Hadoop 平台的 YARN 资源管理器，实现工作负载和资源调度。

依赖于 HDFS，VectorH 自然地获得了存储层的扩展性和容错性能。此外，VectorH 对 HDFS 的块复制策略（HDFS Replication Policy）进行了干预，控制数据块如何在各个节点间进行复制和放置，目的是优化读操作的局部性（Read Locality）。虽然 HDFS 只能进行数据添加，但是 VectorH 通过基于位置的 Delta 树（Positional Delta Trees，PDT），实现了数据更新（Update）功能。PDT 是一个对数据更新进行追踪的差分数据结构（Differential Update Structure），它支持快速的查询功能。

基于列存储的面向分析型应用的数据库，还有 Netezza、Vertica、Sybase IQ、ParAccel 等。

3.3.2　SQL on Hadoop 系统

Hive on MapReduce 和 Hive on Tez 是 Hadoop 平台上的结构化大数据分析工具，SparkSQL 则是 Spark 平台上的结构化大数据分析工具。对这两个工具的具体介绍，请参考"Hadoop 及其生态系统"一章和"Spark 及其生态系统"一章。

下面介绍 Impala 和 Presto 两个 SQL on Hadoop 系统。类似的系统还有 Apache Drill、Apache HAWQ、Apache Kylin 等。

1. Impala

Impala 是 Cloudera 公司开发的大数据实时查询系统。它提供 SQL 查询接口，能够查询存储在 Hadoop 的 HDFS 和 HBase 中的 PB 级大数据。Hadoop 平台上的数据仓库系统 Hive 也提供了 SQL 查询支持（通过类似于 SQL 的 HQL 语言），但是由于 Hive 查询需要转换成 MapReduce Job，由 MapReduce 引擎执行，是一个批处理过程，不能满足交互式查询的性能要求。而 Impala 则试图填补这个空白，提供快速的查询响应时间，在 Hadoop 上实现交互式查询能力。

Impala 的实现，借鉴了谷歌公司 Dremel 系统的设计思想。Dremel 是谷歌公司开发的交互式数据分析系统，它构建在谷歌的 GFS（Google File System）文件系统之上，支撑数据分析服务 Big Query 等诸多服务。

Dremel 的主要技术特色包括：（1）实现了嵌套的列存储数据结构。（2）使用多层查询树，使得任务可以在上千节点上并行执行，不断对结果进行聚集。其中，Dremel 的多层查询树的根节点负责接收查询，并将查询分发到下一层节点。底层节点负责具体的数据读取和查询执行，然后将结果返回上层节点。中间层次可能有多层，逐层进行数据汇总，最后由根节点把结果返回给客户端，如图 3-18 的左侧子图所示。而每个节点内部有一棵查询执行树（Query Execution Tree），它是整个查询执行计划的一部分，如图 3-18 的右侧子图所示。

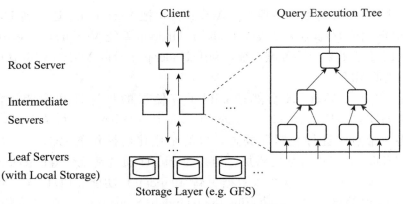

图 3-18　Dremel 的多层查询树

Impala 的系统架构如图 3-19 所示。Impala 支持主流的 SQL 语言功能，包括 Select、Insert、Join 等操作。表格的元信息存储在 Hive 的 MetaStore 中。State Store 是 Impala 的一个服务，用来监控集群中各个节点的健康状况，提供节点注册、错误检测等功能。Impala 在每个节点上运行了一个后台服务进程 impalad，用来响应外部请求，并完成实际的查询处理。

impalad 包含 Query Planner、Query Coordinator 和 Query Exec Engine 三个模块。

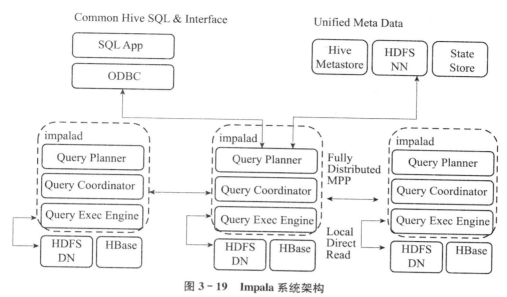

图 3 - 19　Impala 系统架构

注：NN，Name Node；DN，Data Node。

Query Planner 接收来自客户端的 SQL 查询请求，然后将查询转换为许多子查询。Query Coordinator 将这些子查询分发到各个节点上，由各个节点上的 Query Exec Engine 负责子查询的执行，最后返回子查询的结果给 Coordinator。这些中间结果经过 Coordinator 合并之后，最终返回给用户。查询处理过程中，中间结果集不写入磁盘，直接在不同的操作符和节点之间通过流水线（Pipeline）方式传递。

impalad 的查询效率相对于 Hive 有数量级的提升。之所以能有这么好的性能，主要有如下几方面的原因：（1）Impala 不需要把中间结果写入磁盘，节省了大量的 I/O 开销。（2）Impala 像 Dremel 一样，借鉴了 MPP 并行数据库查询处理技术的思想，抛弃 MapReduce 计算模型，对查询进行深入的优化，省略不必要的 Shuffle、Sort 等操作。（3）MapReduce 启动任务（Task）的速度是很慢的（默认每个心跳间隔是 3 秒钟），Impala 通过服务进程来进行任务调度，节省了 MapReduce 任务启动的开销，查询处理速度快了很多。（4）Impala 使用 LLVM（Low Level Virtual Machine）来编译运行代码，提高了查询计划的执行效率。（5）Impala 使用 C++ 语言实现，针对硬件进行了优化，包括使用 SSE（Streaming SIMD Extensions）指令集提高数据处理效率等。（6）Impala 基于数据的局部性（Data Locality）进行 I/O 调度，尽量把数据和计算分配在同一个节点上，减少了网络传输开销。（7）此外，Impala 使用 Parquet 列存储格式，提高分析负载的执行效率。

虽然 Impala 的查询处理性能比 Hive（Hive on MapReduce）要高很多，但是 Impala 并不能取代已有的 MapReduce 数据处理系统，而是作为 MapReduce 数据处理系统的一个补充。由于 Impala 的设计初衷是为短查询（Short Query）服务的，所以不在查询中提供容错支持（Fault Tolerance）。如果参与查询的某个节点出错，Impala 将会丢弃本次查询。在这点上，Presto 与 Impala 是类似的。

Impala 适用于处理数据规模适中的 SQL 分析查询，对于大量数据的批量处理任务，

MapReduce 以及 Hive on MapReduce 仍然是可信赖的选择。

2. Presto

Presto 是由脸书贡献的开源 SQL on Hadoop 项目（2012 年开发，2013 年开源）。它的目标和 Impala 类似，即在 Hadoop 平台上，提供对结构化数据的交互式（Interactive）查询能力。

由于提供了交互式查询能力，所以 Presto 在查询处理层，不提供容错保证。当使用 Presto 执行查询失败时，用户重新提交该查询即可。如果数据存放在 HDFS 中，我们可以在数据上同时运行 Presto 和 Hive。Presto 主要用于执行交互式查询（响应时间在秒级，即少于 10 秒），这类查询扫描的数据量一般较少，换句话说这类查询只是扫描大数据集的一小部分；而 Hive 则主要用于执行长查询（Long Query），这类查询扫描的数据量较大，比如 TB/PB 级别，执行时间较长。

对于交互式查询，Presto 选择不予提供查询容错保证，降低软件的复杂度，提高执行效率。而 Hive on MapReduce 在执行层面，通过中间结果存盘，提供了容错保证，保证长查询可以最终执行完毕，无论查询执行过程中是否发生各种失败状况（比如节点失败）。

Presto 的主要特点包括：（1）数据通过流水线方式，从一个操作符传送到后续操作符，在没有必要的情况下，中间结果不用写磁盘。（2）Presto 采用向量化（Vectorized）查询处理模式。（3）Presto 的执行计划（以及操作符），被编译成字节码（Byte Code，一种通用的机器指令），然后执行。（4）Presto 虽然用 Java 语言编写，但是它不使用 Java 的内存管理接口，而是直接进行内存管理（Direct Memory Management），所以它的内存管理是高效的。

Presto 系统架构如图 3 - 20 所示。Presto 采用 Master-Slave 架构，它由一个 Coordinator 节点和多个 Worker 节点组成。Coordinator 节点中通常内嵌一个 Discovery Server。Coordinator 负责解析 SQL 语句，生成执行计划，分发执行任务给 Worker 节点执行。Worker 节点负责实际执行查询任务。Worker 节点启动后，向 Discovery Server 服务器注册，Coordinator 从 Discovery Server 获得可以正常工作的 Worker 节点列表。

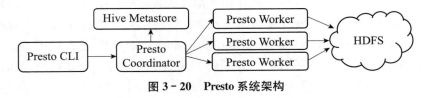

图 3 - 20 Presto 系统架构

Presto 通过插件方式（Connector 插件）支持不同的后端存储引擎（Backend Storage Engine，如图 3 - 21（a）所示）。比如，Presto 通过 Hive Connector 可以存取 Hive 的数据。Presto 通过 Hive Connector 的元信息接口（Metadata API）存取 Hive MetaStore 的元信息。调度器（Scheduler）通过 Hive Connector 的数据位置接口（Data Location API）了解数据的位置信息。每个 Worker 节点通过 Hive Connector 的数据流接口（Data Steam API）从 HDFS 读取数据，如图 3 - 21（b）所示。

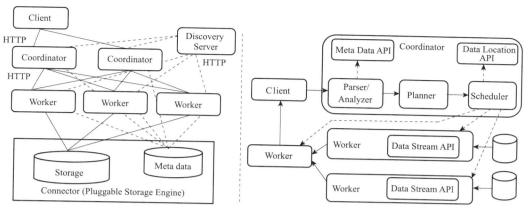

（a）系统架构里的存储引擎　　　　　（b）查询处理流程中的存储引擎

图 3－21　Presto 通过插件方式支持不同的后端存储引擎

Presto 处理的最小数据单元是一个 Page 对象，Page 对象的内部结构如图 3－22 所示。一个 Page 对象包含多个 Block 对象，每个 Block 对象是一个字节数组，存储一个列（字段）的若干个 Value（对应若干行）。逻辑上看，多个 Block 的相应的偏移量上的值构成表格的一行数据。

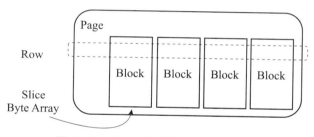

图 3－22　Presto 的数据组织（列存储）

Presto 服务器对其接收到的 SQL 查询，大致经过如下几个步骤进行解析和执行。首先 Parser 对 SQL 语句进行词法和语法解析，生成 statement 结构。然后 Analyzer 利用元信息，对语法树进行检查，生成 analysis 结构。Planner 利用 Optimizer 的帮助进行优化，生成逻辑计划 plan。Scheduler 根据数据的位置信息，把逻辑计划划分成物理计划片段 sub plan，分发给若干 Worker 节点，由其执行，如图 3－23 所示。

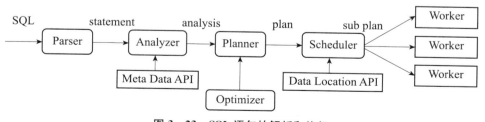

图 3－23　SQL 语句的解析和执行

下面通过一个 SQL 查询实例，解释如何由逻辑计划转换成物理计划及物理计划片段，如何在 Worker 节点上调度，最后完成查询。有如下查询：

```
Select C. C _ CustKey, C. C _ Name, Sum(LO _ ExtendedPrice) As Sum _ Amount
From Customer C join LineOrder L On C. C _ CustKey = L. LO _ CustKey
Group by C. C _ CustKey
Having Sum _ Amount > = 60000
Order by Sum _ Amount
Limit 10;
```

　　参考文献①给出的 SQL 查询，业务意义不清楚。这里用 Star Schema Benchmark（SSB）数据库上的一个 SQL 查询替代。该 SQL 查询把 Customer 表和 LineOrder 表（这两张表的结构请参考"3.1.2 数据仓库与星型模型"），按照用户编号进行连接，把各个用户的订单分组，对订单的总额进行汇总，把订单总额 > = 60 000 的用户找出来，按照汇总的订单总额从高到低排序，显示最多 10 个用户。

　　由该 SQL 查询语句生成的逻辑执行计划（Logical Execution Plan）如图 3 - 24（a）所示。逻辑执行计划图中的虚线，是 Presto 对逻辑执行计划进行切分的切分点。这些切分点把逻辑计划分成四个子计划（sub plan），每个 sub plan 交给一个或者多个 Worker 节点运行。先导和后续 sub plan 之间需要进行数据交换，如图 3 - 24（b）所示。

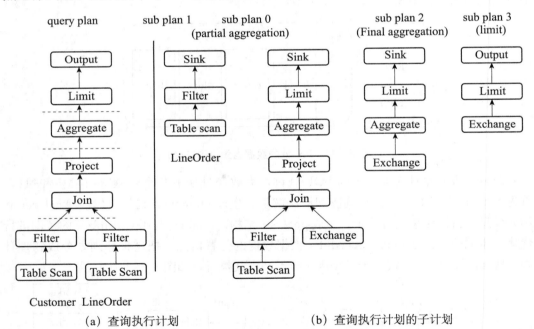

（a）查询执行计划　　　　　　　　　　（b）查询执行计划的子计划

图 3 - 24　一个 SQL 的逻辑执行计划及子计划

　　当数据量较少时，可以把此类数据装载到 MySQL、PostgreSQL 等关系数据库里，实现对数据的查询；当数据量比较大时，可以把数据放在 HDFS 上，用 Presto 系统对其进行查询。

---

①　https：//tech. meituan. com/2014/06/16/presto. html.

该 SQL 语句的各个 sub plan 的分布式执行过程如图 3 - 25 所示，具体描述如下。

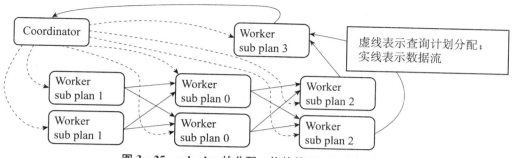

图 3 - 25　**sub plan** 的分配、依赖关系、和执行过程

（1）Coordinator 通过 HTTP 协议，调用 Worker 节点的任务（Task）接口，将执行计划分配给 Worker 节点（图中虚线箭头）。

（2）执行 sub plan 1 的每个 Worker 节点，读取一个 Split 的数据并进行过滤后，将数据分发给每个 sub plan 0 节点，进行连接（Join）操作和局部聚集（Partial Aggregation）操作。

（3）执行 sub plan 0 的每个 Worker 节点计算完成后，按 Group By Key 的 Hash 值，将数据分发到不同的 sub plan 2 节点（Group By 是分组操作，Group By Key 是分组操作的 Key）。

（4）执行 sub plan 2 的每个 Worker 节点进行全局聚集，计算完成后，将数据分发到执行 sub plan 3 的 Worker 节点，执行 limit 操作。

（5）执行 sub plan 3 的 Worker 节点计算完成后，通知 Coordinator 结束查询，并将数据发送给 Coordinator，由其返回客户端程序。

Presto 支持节点内部的流水线计算和节点间的流水线计算。图 3 - 26（a）表示多个任务的执行流程，图 3 - 26（b）表示每个任务的执行流程。

在一个 Worker 节点内部，Worker 节点将最细粒度的任务封装成一个 Prioritized Split Runner 对象，放入 Pending Split Pool 优先级队列中。

Worker 节点启动一定数目的线程进行计算。每个空闲的线程，从队列中取出一个 Prioritized Split Runner 对象，然后执行。如果超过最长执行时间即 1 秒钟，判断任务是否已经完成，如果已经完成，就从 Split 队列中删除该 Split，否则放回 Pending Split Pool 队列，以便后续继续调度，执行未完成的工作。

每个任务的执行流程是，依次遍历各个操作符（Operator），尝试从上一个操作符取得一个 Page 对象，如果该 Page 对象不为空，那么插入本操作符的待处理 Page 列表。

节点间的流水线计算，通过 Exchange 操作符（Operator）实现。Exchange 操作符为每一个 Split 启动一个 HttpPageBufferClient 对象，主动向上一个阶段（Stage，即 Sub Plan）的 Worker 节点的 Sink 操作符拉取数据。数据的最小单位是一个 Page 对象，取到数据后放入 Pages 队列中。这个 Pages 队列，由本地的下一个阶段（Stage，即 Sub Plan）的操作符进行消费，如图 3 - 27 所示。

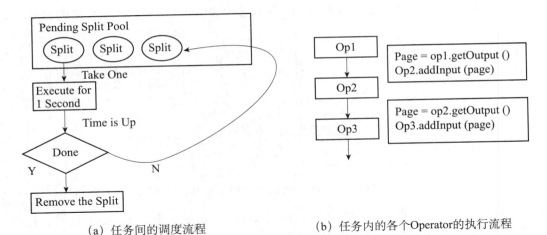

(a) 任务间的调度流程   (b) 任务内的各个Operator的执行流程

图 3 - 26   Worker 节点内部的计算流程

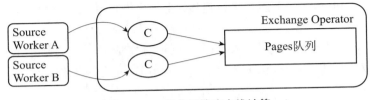

图 3 - 27   节点间的流水线计算

注：C 表示 HttpPageBufferClient。

3.3.3   性能比较

我们从参考文献中选取了部分第三方性能评测结果呈现出来，让读者可以了解到主流的结构化数据分析系统的相对性能。需要注意的是，这些评测结果是在一定的软件/硬件条件和数据规模下，在某个时间点获得的结果。考虑到各个开源社区对开源软件以及各个厂家对产品的不断改进，这些系统的性能在不断提高，其相对性能也会发生变化。

1. AMP Lab Benchmark

加州大学伯克利分校的 AMP Lab 于 2014 年初对 Redshift、Hive on MapReduce（v 0.12）、Shark（v 0.8.1）、Impala（v 1.2.3）、Hive on Tez（v 0.2.0）等五个结构化数据分析系统进行了性能评测。其中，Redshift 是一个亚马逊的基于 ParAccel 数据仓库技术的 MPP 并行数据库。Shark 为 SparkSQL 的前身，它是 Spark 平台上与 Hive 兼容的 SQL 查询引擎。

它们使用的硬件平台是在亚马逊云平台（Amazon Elastic Compute Cloud，EC^2）上创建的虚拟集群。测试数据集包括三张数据库表。Ranking 表保存各个页面和它们的 PageRank，UserVisits 表保存用户对每个 Web 页面的存取日志，Documents 表保存每个页面的非结构化的 HTML 页面内容。

　　它们使用扫描查询（Scan Query）、聚集查询（Aggregation Query）、连接查询（Join Query）等不同查询负载，对目标系统进行了性能测试。其中 Join Query 对应的 SQL 语句如下。

```
Select sourceIP, totalRevenue, avgPageRank
From
(   Select sourceIP, Avg(pageRank) AS avgPageRank, Sum(adRevenue) AS totalRevenue
    From Rankings AS R, UserVisits AS UV
    Where R. pageURL = UV. destURL
    And UV. visitDate Between Date('1980 - 01 - 01') And Date('X')
    Group By UV. sourceIP
)
Order By totalRevenue
Desc Limit 1
```

　　上述查询包含一个子查询。子查询对 Ranking 表和 UserVisits 表进行连接，然后以 sourceIP（源 IP 地址）作为分组条件，统计 1980 年 1 月 1 日以来，到某个时间为止（用户提供该参数）的每个 sourceIP 的平均的 PageRank 和广告营收（adRevenue）的总和。外围查询在上述查询结果基础上，把广告营收最高的 sourceIP 选择出来。

　　Join 查询在各个系统（配置）上的实验结果如表 3 - 5 和图 3 - 28 所示。当选择率比较低的时候，Shark（In-Memory，表示数据驻留在内存中）获得和 Redshift 及 Impala（In-Memory）类似的响应时间，并且比其他系统（配置）的性能都要好。当选择率比较高的时候，Shark（In-Memory）比其他系统（配置）的性能都要好，除了 Redshift。Redshift 总是获得比 Shark 更高的性能。

　　从结果可以看出，Redshift 的性能是最好的。Impala 和 Shark 性能接近，两者的性能都比 Hive 高出很多。Hive on MapReduce 的性能最差，Hive on Tez 的性能有所改进。

表 3 - 5　各个系统（配置①）执行 Query 3（不同选择率）的响应时间的中位数

System（Setting）（seconds）	Version	Query 3A 485 312 rows (low selectivity)	Query 3B 53 332 015 rows (median selectivity)	Query 3C 533 287 121 rows (high selectivity)
Redshift（HDD）	Current	33. 29	46. 08	168. 25
Impala-Disk	1. 2. 3	108. 68	129. 815	431. 26
Impala-Mem	1. 2. 3	41. 21	76. 005	386. 6
Shark-Disk	0. 8. 1	111. 7	135. 6	382. 6
Shark-Mem	0. 8. 1	44. 7	67. 3	318
Hive-YARN	0. 12	561. 14	717. 56	2 374. 17
Tez	0. 2. 0	323. 06	402. 33	1 361. 9

---

　　①　这里的配置，指的是数据驻留在内存中还是磁盘中。

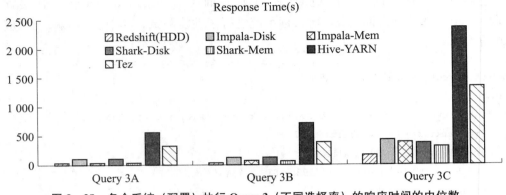

图 3 - 28   各个系统（配置）执行 **Query 3**（不同选择率）的响应时间的中位数

需要指出的是，这几个软件，包括 Impala、Hive 以及 Shark（现在是 SparkSQL），都在不断改进之中，当它们使用了更多的优化技术以后，其性能的相对关系将发生变化。

关于其他查询的实验结果及最新的实验结果，读者可以参考 AMP Lab 网站（https：//amplab. cs. berkeley. edu/benchmark）。

2. Actian Benchmark

Actian 公司于 2016 年使用 TPC-H 数据集（Scale Factor 为 1 000）对 VectorH（v 5.0）进行了性能评测，并且和 Impala（v 2.3）、Hive（v 1.2.1）、HAWQ（v 1.3.1）以及 SparkSQL（v 1.5.2）进行了对比。它们使用的集群由 10 个节点组成，运行 Hadoop 2.6.0，其中一个节点作为 Name Node，其余 9 个节点用于进行 SQL on Hadoop 系统的性能试验。每个节点有 2 个 Intel Xeon E5-2690 v2 CPU（3GHz），256GB 内存，整个集群总共有 20 个 CPU 核心（40 个超线程）。节点间通过 10GB Ethernet 网进行连接。每个节点有 24 个 600GB 的磁盘，其中一个安装操作系统，其余用于存储数据（使用 HDFS 分布式文件系统）。

它们使用了 Hive 所有可用的优化技术，包括 Tez 执行引擎（Execution Engine）、向量化执行模式（Vectorization）、谓词下推（Predicate Pushdown）、基于代价的优化器（Cost-Based Optimizer）等。数据采用 ORC（一种列存储格式）格式进行存储，采用 Snappy 压缩技术进行压缩。

HAWQ 是来自 EMC Greenplum 公司的 SQL on Hadoop 系统。系统给 HAWQ 的每个节点设定了 21GB 的 vmem 参数，其中 12GB 作为 work memory，6GB 用于暂存查询语句（Query Statement）。每个节点开辟 256MB 的共享缓存（Shared Buffer）。Orders 表和 LineItem 表采用 Parquet 格式（另外一种列存储格式）进行存储，采用 Snappy 压缩技术进行压缩。

SparkSQL 配置采用了 Snappy 压缩方式的 Parquet 格式进行数据存储。试验结果如表 3 - 6 和图 3 - 29 所示。VectorH 系统获得了秒级的响应时间，比 HAWQ、SparkSQL、Impala、Hive 等系统都要快得多，超过一个数量级（甚至达到2~3 个数量级）。

表 3 - 6　TPC-H（Scale Factor 1 000）数据集上个各个查询的响应时间

单位：秒

	Q1	Q2	Q3	Q4	Q5	Q6	Q7	Q8	Q9	Q10	Q11	Q12	Q13	Q14	Q15	Q16	Q17	Q18	Q19	Q20	Q21	Q22
VectorH	1.5	1.14	3.16	0.17	1.94	0.31	2.75	1.31	11.11	1.21	1.69	0.34	3.66	0.83	1.63	1.68	1.24	0.99	1.32	2.15	1.48	2.84
HAWQ	158.2	21.46	32.06	38.21	36.38	20.19	44.74	48.38	766.4	32.97	12.48	31.75	27.97	19.47	31.58	14.17	173.2	87.08	24.82	42.84	84.7	29.44
SparkSQL	155.4	74.98	62.38	68.27	146.5	5.1	180.2	174.6	264.0	56.62	30.28	66.97	47.65	6.92	11.16	33.81	244.9	254.7	24.89	31.56	1614	91.18
Impala	585.4	81.81	167.7	163.18	242.5	1.81	369.0	276.2	1 242.9	69.97	35.04	45.67	180.8	13.95	15.19	47.52	581.53	1 234	714.7	74.25	880.8	34.81
Hive	490.1	63.57	266.6	59.08	DNF	63.63	721.8	625.6	1 077	230.5	246.1	65.78	140.7	53.23	556.5	92.51	711.7	454.5	1 010	100.5	247.7	81.11

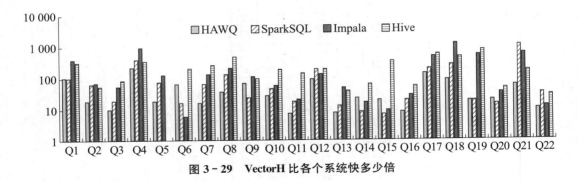

图 3 - 29　VectorH 比各个系统快多少倍

3. AtScale Benchmark

2016 年底，AtScale 公司发布了其针对主流的 SQL on Hadoop 结构化大数据分析平台的性能评测结果。它评测的系统包括 SparkSQL（v 2.0.1）、Impala（v 2.6）、Hive on Tez（Hive 版本为 2.1，Tez 版本为 0.8.5）和 Presto（v 0.152）。

它进行测试的集群包括 12 个节点，其中 1 个节点为 Master Node，1 个节点作为 Gateway Node，其余 10 个节点为 Data Node。每个节点有 128GB 内存，Data Node 有 32 个 CPU 核心，以及 2 个 512MB 的 SSD（固态硬盘）。

SparkSQL 和 Impala 使用 Parquet 列存储格式，Hive 和 Presto 使用 ORC 列存储格式。它采用 SSB（Star Schema Benchmark）评测基准对这些系统进行测试。在其中的一个测试中，LineOrders 表的记录数达到 60 亿条。

实验结果如表 3 - 7 和图 3 - 30 所示。新版本的 SparkSQL、Impala 和 Hive 都相对其各自早先版本有了较大的性能提升。[①]

表 3 - 7　采用 SSB 测试基准对四个系统进行评测的结果

Query	Query Execution Time（in seconds）			
	Impala 2.6	Spark 2.0	Hive 2.1（LLAP）	Presto 0.152
Q1.1	5.6	4.8	10.5	10.3
Q1.2	5.0	3.8	9.1	8.7
Q1.3	5.6	3.3	9.3	7.9
Q2.1	8.0	11.8	10.0	12.4
Q2.2	6.2	11.0	9.3	10.4
Q2.3	6.0	10.6	9.3	9.8
Q3.1	12.6	15.5	37.5	35.5
Q3.2	15.5	15.6	38.1	39.9
Q3.3	8.0	9.2	28.1	24.9
Q3.4	7.4	6.8	28.7	15.7
Q4.1	97.3	64.9	137.6	134.4
Q4.2	49.1	30.3	131.9	123.8
Q4.3	26.8	13.2	137.9	135.5

基于该评测结果，结论是：（1）没有一个 SQL on Hadoop 系统在所有的查询上都能获

---

① https：//www.atscale.com/resource/performance-benchmark-business-intelligence-on-big-data-q4-16.

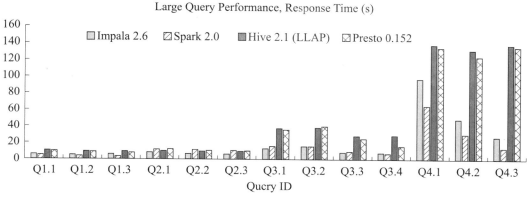

图 3－30　采用 SSB 测试基准对四个系统进行评测的结果

得最好的性能。SparkSQL 和 Impala 比 Hive 要快得多。在多数查询上，Impala 和 SparkSQL 的性能差异很小。Presto 获得了和 Hive 相似的性能。（2）随着一个查询里 Join 操作数量的增加，查询处理时间也相应增加。当 Join 操作的数量从 1 增加到 3 时，Hive 和 Presto 的查询响应时间变化较大；Impala 和 Spark SQL 则比 Presto 和 Hive 有更好的性能。（3）随着查询选择率的增加，查询响应时间也相应增加。Hive 和 Presto 对查询选择率的敏感度相对较弱，也就是随着选择率增加，响应时间的变化没有那么大。（4）在所有的系统上，在两张大表之间进行 Join 操作，查询的响应时间都会变得很慢。一般来讲，对两张大表进行 Join 操作，比如 Customer 表达到 10 亿条记录，是一个代价极大的操作。

本章要点

1. 数据仓库，星型模型。

2. 联机分析处理的主要操作。

3. 联机分析处理的三种实现技术。

4. 列存储技术，位图索引技术，内存数据库技术。

5. 并行数据库架构，数据分片，查询处理。

6. Teradata 数据库及其特点，SAP HANA 数据库及其特点。

7. MonetDB/Vectorwise/VectorH 系统及其特点。

8. Impala 系统及其特点，Presto 系统及其特点。

专有名词

联机分析处理（Online Analytic Processing，OLAP）

多维 OLAP（Multi Dimensional OLAP，MOLAP）

关系 OLAP（Relational OLAP，ROLAP）

混合 OLAP（Hybrid OLAP，HOLAP）

内存数据库（Main Memory Database，MMDB）

磁盘数据库（Disk Resident Database，DRDB）

大规模并行处理（Massive Parallel Processing，MPP）

两阶段提交（Two Phase Commit，2PC）

三阶段提交（Three Phase Commit，3PC）

第 4 章

数据清洗与数据集成

第 4 章

4.1 数据抽取、转换和装载

面向数据服务（或者 OLTP）应用的数据库，一般不运行特别复杂的数据分析任务。为了对数据进行分析，我们从这些数据库里抽取、转换和装载（Extraction, Transformation and Loading，ETL）数据到数据仓库中，进而在它上面运行复杂的分析负载，包括 OLAP 分析和数据挖掘等，从数据里挖掘模式和知识，如图 4-1 所示。

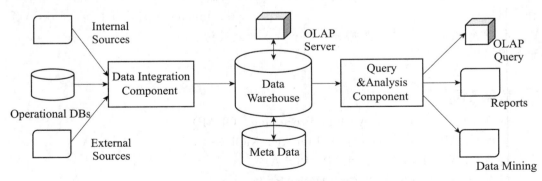

图 4-1　典型的数据仓库架构

在这个过程中，如果从多个数据源 ETL 数据到数据仓库中，而且这些数据源存在各种异构性及不一致性，就需要对数据进行集成。数据集成是从多个异构的数据源建立统一的数据视图（把数据整合在一起）的一种技术。数据集成有多种实现方式，包括联邦数据库模式、数据仓库模式、中介者模式等。如果以数据仓库的方式实现数据集成，需要从各个数据源对数据进行 ETL 操作。

　　但是，如果仅仅从一个数据源 ETL 数据到数据仓库中，那么无须进行数据集成。在这种情况下，ETL 和数据集成没有关系。

　　在进行 ETL 操作时，如果数据源的数据质量较差，在进行数据转换时，需要利用数据清洗技术，解决数据质量问题。如果数据源的数据质量得到保证，则无须数据清洗，数据的转换操作可以是比较简单的，比如进行简单的规范化处理。

　　数据清洗是一种消除数据里面的错误、去掉重复数据的技术。它可以集成在 ETL 过程中，在从数据源建立数据仓库的过程中发挥作用；也可以直接运行在某个数据库上，数据经过清洗以后，最后还是保存到（回到）原来数据库里。

　　对于数据的转换，有时候还需要考虑到把数据转换为更加适合进行多维分析、数据挖掘以及机器学习的形式。

<h2>4.2　数据清洗</h2>

4.2.1　数据清洗的意义

　　基于准确的（高质量的）数据进行分析，才有可能获得可信的分析结果。基于这些分析结果，才有可能做出正确的决策。否则，在不准确的数据（包含很多错误）上进行分析，有可能导致错误的认识和决策，即 Garbage in，then Garbage out，如图 4 - 2 所示。由此可见，数据的质量是一个重要的问题。根据估计，数据中的异常（Anomaly）和杂质（Impurity）一般占到数据总量的 5％左右。

图 4 - 2　数据质量的重要性

　　数据清洗，可以是对单个数据库里面的数据错误进行修正，比如补齐缺失值。此外，数据清洗往往和数据集成联系在一起，当我们从多个数据源进行数据集成的时候，通过数据清洗技术，剔除数据中的各种错误包括剔除重复数据（De-Duplicate），以便获得高质量的数据。

　　以下将围绕关系数据模型进行讨论。需要注意的是，这些数据清洗技术，不仅仅适用于关系数据的清洗，在其他类型数据的清洗中也可加以灵活运用。

　　数据是对现实世界的实体/事实的符号化表示，表现为一系列符号化的值。在关系模型中，一个元组表示客观世界的一个实体。实体包含一组属性（Property），每个属性具有属于某个值域的一个值。这些描述信息称为数据模式（Schema）。具体的每个实体称为实例（Instance）。比如，学生实体具有姓名、性别、出生年月、身高、体重等属性。每个具体的学生是一个实例，比如有个学生姓名为张三，性别为男，出生年月为1999 年 9 月，身高为 1 米 72，体重为 80 公斤。

正如上文提到的，低质量的数据导致无效的分析结果，不仅不能很好地支持政府管理、企业运营决策以及科学研究的分析任务等，反而可能造成误判和损失。比如在商业应用中，如果客户的地址不正确，有可能造成促销信件无法寄达。在邮件列表（Mailing List）里的重复客户，导致商家发送重复的促销信件，造成不必要的成本。客户重复接到同样的促销信件，会相当郁闷。对用户消费习惯和偏好进行刻画的数据不准确，导致商家把定向广告发送到不合适的人群，因为广告里的产品和用户的需求之间不匹配，造成资源浪费。

4.2.2　数据异常的不同类型

数据清洗的目的是将"脏"数据转化为满足分析要求的高质量的数据，因此需要剔除数据中的异常（Anomaly，也称为错误（Error））。首先，我们必须了解数据中有什么样的异常情况。

数据的异常可以分为三类，分别是语法类异常（Syntactical）、语义类异常（Semantic）和覆盖类异常（Coverage Anomaly）。所谓语法类异常，指的是表示实体具体的数据的值和格式的错误。所谓语义类异常，指的是数据不能准确全面、无重复地表示客观世界的实体。所谓覆盖类异常，指的是数据库中的记录集合不能完整地表示客观世界中的所有实体，数据库中的实体数量比客观世界中的实体数量要少。

1. 语法类异常

第一种语法类异常是词法错误（Lexical Error）。它指的是实际数据的结构和指定的结构（数据模式）不一致。比如，在一张人员表中，每个实体应该有四个属性，分别是姓名、年龄、性别和身高，某些记录只有三个属性，这就是词法异常，如表 4 - 1 所示。

表 4 - 1　包含词法错误的数据文件

姓名（Name）	年龄（Age）	性别（Gender）	身高（Height）（m）
Peter	23	M	1.78
Tom	24	M	1.75
John	22	1.62	

第二种语法类异常是值域格式错误（Domain Format Error）。它指的是实体的某个属性的取值不符合预期的值域中的某种格式。值域是数据的所有可能取值构成的集合。比如姓名的值域是字符串类型，并且在名和姓之间有一个"，"。那么"John，Smith"是正确的值，而"John Smith"则不是正确的值。

第三种语法类异常是不规则的取值（Irregularity）。它指的是对取值、单位和简称的使用不统一，不规范。比如在一个数据库表里面，员工的工资字段有的用"元"作为单位，有的用"万元"作为单位。

2. 语义类异常

第一种语义类异常是违反完整性约束规则（Integrity Constraint Violation）。对于关系数据模型来讲，有三类完整性，分别是实体完整性、参照完整性和用户自定义完整性（请参考"OLTP 与数据服务"一章的详细描述）。所谓违反完整性约束规则，是指某一个元组或者某几个元组不符合上述完整性约束规则。比如，规定员工工资表的工资字段必须大于 0，如果某个员工的工资小于 0，就违反了完整性约束规则。

即使某个员工的工资字段是一个大于 0 的值，也有可能是一个错误的值（Incorrect），比如录入的时候出错了，工资本应该为 2 000，录入成 2 100，这个信息不能正确地描述该员工实体。这类错误仅仅依靠完整性约束规则的检查是难以发现的，往往需要借助人工核对。此类错误和下文介绍的 Invalid Tuple 是不一样的，所以一般把它归入第一种语义类异常。

第二种语义类异常是数据中出现矛盾（Contradiction）。或者说，一个元组的各个属性的取值，或者不同的元组的各个属性的取值，违反了这些取值的依赖关系。比如，可以用员工的应发工资减去所得税，计算出实发工资。如果在数据库表里面某位员工的实发工资不等于应发工资减去所得税，就出现了矛盾。此类异常可以归入违反用户自定义完整性的情况。

第三类语义类异常是数据的重复值（Duplicate）。它指的是两个或者两个以上的元组表示同一个实体。需要注意的是，不同元组的各个属性的取值有可能不是完全相同的。

第四类语义类异常是无效元组（Invalid Tuple）。它指的是某些元组并没有表示客观世界的有效实体。比如，学生表里面有一个学生女生名是"王涛"，但是学校里并没有这个人。

3. 覆盖类异常

第一种覆盖类异常是值的缺失（Missing Value）。它指的是在进行数据采集的时候，没有采集到相应的数据。比如元组的某个属性，它的值是空值（NULL），也就是没有值。如果我们规定了数据库表的某个属性不能为空（NOT NULL）的约束条件，并且由数据库管理系统实施这个约束，也就是随时检查用户输入数据是否符合要求，只有符合要求的数据才能入库，那么，用户就不可能把空值输入到数据库里。

第二种覆盖类异常是元组的缺失（Missing Tuple）。它指的是在客观世界中存在某些实体，但是并没有在数据库中通过元组表示出来。也就是这些实体在数据库里缺失了，根本就没有相应的元组在数据库里。

4.2.3　数据质量

数据质量是一个相当宽泛的概念，包含很多的方面。针对某个数据集，根据若干评价标准（Criteria）对数据集的质量进行评价，然后把这些评价标准下的得分进行综合，可获得关于数据集质量的一个综合评分。

关于数据集的质量的评价标准（Quality Criteria），可以组织成一个层次结构。上层数据质量标准的得分是由子标准得分通过综合加权得出来的。

1. 正确性

所谓正确性（Accuracy），指的是数据集里所有正确的取值相对于所有取值的比例。这个标准包括三个子标准，分别是完整性（Integrity）、一致性（Consistency）和密度（Density）。

完整性（Integrity）可分为完备性（Completeness）和有效性（Validity）。所谓完备性，指的是在数据集里表示为一个元组的实体相对于我们所建模的现实世界的所有实体的集合 M 所占的比例。这个标准考察现实世界的实体是否已经被表示在数据集里面了。有效性指的是已经在数据集里表示为元组的实体，有多大比例是来自现实世界的。之所以提出有效性，是因为数据集里的实体有些可能并未真正代表现实世界中的实体，有可能是编的。

在图 4-3 中，数据集中的元组由 r1 子集和 r2 子集组成，r1 表示来自 M 的实体，r2 表示非来自 M 的实体，M 表示现实世界的实体，那么完备性＝r1/M，而有效性＝r1/(r1＋r2)。

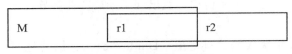

图 4-3　数据集中的实体

一致性（Consistency）可分为模式符合性（Schema Conformance）和统一性（Uniformity）。所谓模式符合性，指的是符合数据模式的元组占所有元组的比例。所谓不符合数据模式，主要是指数据的取值不在值域范围之内，比如年龄字段的取值为 300 岁。统一性指的是数据集里没有不规则的取值（Irregularity）的属性占所有属性的比例。不规则的取值指的是取值、单位和简称的使用不统一。比如在一个数据库表里面，员工的工资字段有的是用"元"作为单位，有的是用"万元"作为单位。

密度（Density）指的是所有元组里，各个属性上的缺失值（Missing Value）占所有应该存在的属性上的取值的比例。这些元组代表了现实世界里的实体。

2. 唯一性

唯一性（Uniqueness）是指代表相同实体的重复元组占数据集里所有元组的比例。高质量的数据集，现实世界的实体都在里面得到表示，而且仅仅表示一次。如果有两个以上元组表示同一个实体，就出现了重复。

4.2.4　数据清洗的任务和过程

数据清洗是指剔除数据里的异常，使得数据集成为现实世界的准确的、没有重复的（Correct & Duplicate Free）表示的过程。它包含对数据的一系列操作，这些操作包括：（1）对元组及其各个属性值的格式进行调整，使之符合值域要求，使用统一的计量单位、统一的简称等。（2）完整性约束条件的检查和实施（Enforcement）。（3）从已有的取值导出缺失的值。（4）解决元组内部和元组之间的矛盾冲突（Contradiction）。（5）消除、合并重复值。（6）检测离群值（Outlier），这些离群值极有可能是无效的数据。

　　数据清洗的过程可以分为四个主要的步骤，分别是：（1）对数据进行审计，把数据异常（Anomaly）的类型标识出来。（2）选择合适的方法，用于检测和剔除这些异常。（3）在数据上，执行这些方法。第（2）步和第（3）步，实际上是定义数据清洗的工作流和执行这个工作流。（4）最后，后续处理和控制阶段将检查清洗结果，对在前面步骤中没有纠正过来的错误元组做进一步处理。具体如图 4 - 4 所示。

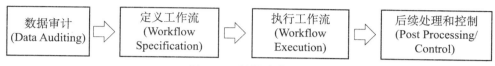

图 4 - 4　数据清洗流程

1. 数据审计

　　数据清洗的第一步是找出数据中包含的各种异常情况。一般通过对数据进行解析及采用各种统计方法来检测数据的异常。对整个数据集的每个属性进行分析，可以统计出该属性的最大/最小长度、取值范围、每个取值的频率、方差、唯一性、空值出现的情况、典型的字符串模式、数据集体现出的函数依赖（Functional Dependency）关系、数据中体现的关联性（关联规则）等。

　　所谓函数依赖，是指一个关系表的任意两个元组 r1、r2 在属性集 X 和属性集 Y 上具有如下性质：如果 r1[x]＝r2[x]，则 r1[y]＝r2[y]，或者若 r1[y] 不等于 r2[y]，则 r1[x] 不等于 r2[x]，称 X 决定 Y，或者 Y 依赖于 X。举个例子，在一个学生表里，一个学生的学号决定了学生的姓名。

2. 定义数据清洗工作流

　　为了把数据中的各种异常情况剔除掉，需要对数据进行一系列操作。这些操作构成了一个清洗工作流。一般来讲，在工作流里，首先设法剔除语法类异常，因为语法类异常往往影响其他类异常的检测和剔除。除此之外，在剔除其他各类异常方面没有一个严格的前后关系。

3. 执行数据清洗工作流

　　定义好的数据清洗工作流可以在小批量数据上实验一下，待其正确性经过验证以后，在整个数据集上执行。在执行这个工作流期间，判断某些元组是否错误，以及需要从备选集合中选择一个修改方案的时候，需要领域专家的介入。但是专家介入是非常耗时的，更好的办法是对不能立即纠正的数据，先写入一个日志文件。待整个工作流执行完了以后，由领域专家统一检查。在这个阶段，尽量把能够处理的错误自动处理掉。

4. 后续处理和控制

　　数据清洗工作流执行结束后，需要对结果进行检查，以确认各个操作是否正确执行，数据修正的结果是否正确。所谓控制（Controlling），是指对于未能在工作流自动化处理阶段完成纠错而记录下来的元组，由领域专家进行人工干预，手工完成修正。

4.2.5　数据清洗的具体方法

1. 数据解析

在数据清洗过程中，一般需要对数据进行解析（Parsing），目的是检测语法错误（Syntax Error）。对于错误的字符串取值，比如应该为"smith"而写成了"snith"，可以通过字符串解析，以及使用编辑距离（Edit Distance），寻找最相近的正确的字符串，给出可能的纠正方案。比如针对"snith"，根据编辑距离，寻找到的可选的正确的字符串是"smith"和"snitch"。在数据库表中的姓名字段上，取值为"smith"的可能性更大。

如果数据是保存在普通文件中的，那么它可能包含词法错误（Lexical Error）、值域错误（Domain Error）等。而在数据库表中，实施了严格的完整性约束条件检查一般不会出现词法错误、值域错误，但是还有可能存在值域格式错误（Domain Format Error）。

2. 数据转换

数据转换（Transformation）的目的是把数据从一种格式映射到另外一种格式，以适应应用程序的需要。在实例层面（Instance Level），对每个元组的各个字段的取值一般采用标准化（Standardization）和规范化（Normalization）方法，剔除数据的不规则性（Irregularity）。所谓数据的标准化，是经过转换函数，把数据的值转换成标准形式，比如把性别字段的值全部转换成"1"/"0"。而规范化，则把数据映射到一个最小值、最大值所在的范围，比如把数据映射到 [0,1] 之间。

对数据进行转换，有时候需要转换其类型（Type Conversion）。比如性别字段的"男"和"女"的取值，有的数据源为"M"（Male）和"F"（Female），有的数据源为"1"和"0"，有的数据源则是"M"（Man）和"W"（Woman），数据类型不一，取值不一。我们统一转换成字符类型，用"1"表示"男"，"0"表示"女"，方便后续处理。

在模式层面（Schema Level），数据转换一般和数据集成紧密联系在一块。数据集成是把多个数据源的数据整合在一起，需要从各个数据源映射到一个统一的目标模式（Common Destination Schema），在各个数据源和目标数据之间建立模式的映射。所谓模式，可以理解为数据库表结构，数据集成将在本章的后半部分介绍。

3. 实施完整性约束条件

实施完整性约束条件（Integrity Constraint Enforcement）的目的是保证对数据集进行修改，包括新增、删除、修改元组以后，数据集仍然满足一系列完整性约束条件。可以使用两种策略实施完整性约束条件：一个是完整性约束条件检查（Integrity Constraint Checking），另一个是完整性约束条件维护（Integrity Constraint Maintenance）。

完整性约束条件检查指的是如果某些事务执行以后，将使得数据集违反某些完整性约束条件，那么这样的事务被拒绝执行，这是一种事前控制的方法。

　　完整性约束条件维护考虑的是如何将一些附加的修改操作加到原有的事务上，保证经过修改的数据集并未违反任何完整性约束条件，这是一种补救的策略。

4. 重复数据消除

　　重复数据消除（Duplicate Elimination）也称记录连接（Record Linkage）。数据清洗中的重复数据消除和数据集成过程中的重复数据消除，目的都是把数据中的重复元组给剔除掉，只不过后者处理的是来自多个数据源的数据。

　　两者使用的技术是类似的，将在数据集成的实体解析（Entity Resolution）部分予以详细介绍。在重复数据消除中，首先要把重复数据寻找出来。为此，需要有一个算法来确定两个或者两个以上的元组实际上是否代表了现实世界中的同一个实体。

5. 运用一些统计方法

　　统计方法可以用于对数据进行审计，还可以对数据中的异常进行纠正。比如，数据中的离群值（Outlier）检测可以检测出不符合整个数据集的一般分布特征的少量的元组或者属性值。通过分析各个属性的取值的平均值（Mean）、标准差（Standard Deviation）、取值范围（Range）等，以及利用聚类算法，可以很容易发现一些意想不到的离群值，这有可能意味这些元组是无效的元组。对于无效的离群值，可以把它重置（Reset）为一个平均值。此外，缺失值（Missing Value）也可以通过统计方法进行类似的处理。

　　在这里需要注意的是，在一些数据集里面，离群值不一定意味着错误数据，而是表示实际情况如此。比如信用卡诈骗，表现出和正常交易不一样的模式。不能把信用卡诈骗看作错误数据，而应该从这些数据中发现这些模式，防止诈骗的发生。

　　数据中的离群值到底是不是错误数据，是否应该给予纠正，需要领域专家来判断。

　　前面所述的数据质量标准、数据异常的不同类型以及解决办法及其对应关系总结如表 4－2 所示。

表 4－2　数据质量标准、数据异常以及解决办法

数据质量标准	数据异常	解决办法
1. 正确性		
1.1 完整性		
1.1.1 完备性	覆盖异常：Missing Tuple	增加 Tuple
1.1.2 有效性	语义异常：Invalid Tuple	删除 Tuple
1.2 一致性		
1.2.1 模式符合性	语义异常：违反完整性约束 语法异常：词法错误 语法异常：值域格式错误	实施完整性约束条件 解析和检查 解析和检查
1.2.2 统一性	语法异常：不规则的取值	数据转换
1.3 密度	覆盖异常：Missing Value	删除 Tuple 或者插补一个 Value
2. 唯一性	语义异常：Duplicate	去重

4.3 数据集成

4.3.1 数据集成的含义

在很多应用场合，人们需要整合不同来源的数据。比如在统计系统，上级统计部门需要把多个下级统计部门的数据源整合在一起，以便获得完整的数据。然后在上面做进一步的统计分析，才能获得有效的分析结果。否则，不完整的数据将导致分析结果不准确。

所谓数据集成，是指把数据从多个数据源整合在一起，提供一个观察这些数据的统一视图（Common View）的过程。通过数据集成，可以对整合在一起的数据进行查询，获得对事物更加完整的认识。

数据集成分为物理式数据集成和虚拟式数据集成两类。对于物理式数据集成，需要从各个数据源把数据拷贝到目标数据仓库；对于虚拟式数据集成，数据仍然保留在各个数据源中，通过某种机制，用户可以借助统一的视图对数据进行查询。

4.3.2 数据集成需要解决的问题——异构性

数据集成要解决的首要问题是各个数据源之间的异构性（Heterogeneity），即差异性。在数据集成中，数据源之间的异构性体现在若干方面。

（1）数据管理系统的异构性：各个数据源采用不同的数据管理系统，包括关系数据库、面向对象的数据库、XML 数据库等，有些数据源的数据存放在文件系统的文件中。

（2）通信协议异构性：为了从各个数据源获取数据，需要与之进行通信。不同的数据源，可能采用不同的通信协议。有的数据源有 SQL 查询语言接口，有的数据源提供专有的 API（应用程序编程接口）。

（3）数据模式的异构性（Schema Heterogeneity）：不同数据源，采用不同的数据模式（所谓数据模式，在关系数据库中，就是数据库表结构，包括表名、各个字段名、字段类型、字段的取值范围等的规定）。图 4-5 展示了两个数据源，它们都采用关系数据库表保存客户信息，但是它们的表结构是不一样的。

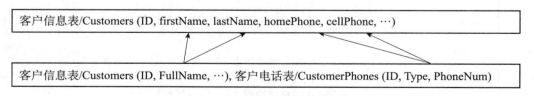

图 4-5 数据模式的异构性

（4）数据类型的异构性（Data Type Heterogeneity）：同样的数据项在不同的源系统中采用不同的数据类型。比如，有的数据源把电话号码存为字符串，有的数据源存为数字；有的数据源把姓名存为定长的（Fixed Length）字符串，有的数据源存为变长的（Variable Length）字符串。

（5）取值的异构性（Value Heterogeneity）：不同的数据源数据的逻辑取值（Logical Value）/物理取值（Physical Value）不一样。比如，职称字段的"教授"的取值，有的数据源为"Prof"，有的数据源为"Prof."或者"Professor"；性别字段的"男"或者"女"的取值，有的数据源为"M"（Male）或者"F"（Female），有的数据源为"1"或者"0"，有的数据源则是"M"（Man）或者"W"（Woman）。

（6）语义异构性（Semantic Heterogeneity）：不同的数据源某个数据项的取值相同，却代表不同的含义。比如 Title 字段在有的数据源中表示职务头衔，如总裁/副总裁等，在另一个数据源中可能表示职称，如高级工程师/工程师等。

上述异构性，造成了不同数据源之间的数据冲突，不一致。而数据集成需要解决这些异构性问题，也就是解决各个数据源的不一致问题。

4.3.3　数据集成的模式

数据集成有三种基本模式，分别是联邦数据库（Federated Database）、数据仓库（Data Warehousing）、中介者（Mediation）（有的文献翻译为仲裁）。

1. 联邦数据库模式

联邦数据库模式是最简单的数据集成模式，如图 4-6 所示。它需要在每对数据源之间创建映射（Mapping）和转换（Transform）的软件，该软件称为包装器（Wrapper）。当数据源 X 需要和数据源 Y 进行通信和数据集成的时候，才需要建立 X 和 Y 之间的包装器。

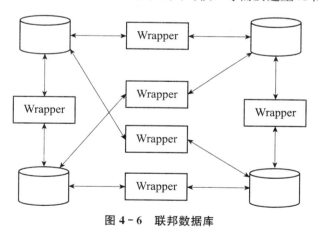

图 4-6　联邦数据库

联邦数据库的主要优点是，如果有很多的数据源，但是仅仅需要在少数几个数据源之间进行通信和集成，那么联邦数据库是最合算的一种模式。其缺点也是很明显的，如果需要在很多的数据源之间进行通信和数据交换，那么需要建立大量的 Wrapper。在 n 个数据源情况下，最多需要建立 $\frac{n(n-1)}{2}$ 个 Wrapper，这将是非常繁重的工作。更为糟糕的是，如果数据源有变化，需要修改映射和转换机制，对大量的 Wrapper 进行更新，这非常困难。

2. 数据仓库模式

数据仓库模式是最通用的一种数据集成模式，如图 4 - 7 所示。

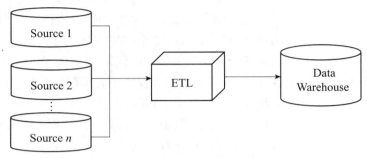

图 4 - 7　数据仓库

在数据仓库模式中，数据从各个数据源拷贝过来，经过转换，然后存储到一个目标数据库中。在这种模式下，数据被物化在数据仓库里。数据集成完毕后，可以直接对数据仓库里的数据进行查询。查询处理过程中，无须和数据源打交道。

在图 4 - 7 中，ETL 软件负责实现各个数据源数据的抽取、转换，最后装载到目标数据仓库中。ETL 过程在数据仓库之外完成，数据仓库负责存储数据，以备查询。

在数据仓库模式下，数据集成的过程实际上是一个 ETL 过程，它需要解决各个数据源之间的异构性即不一致性。如果从一个单一的数据源对数据进行抽取、转换和装载，并建立数据仓库，则不是一个数据集成问题。

在数据仓库模式下，同样的数据被复制了两份，一份在数据源那里，另外一份在数据仓库这里。一个重要的问题是，如何随着数据源里数据的变化，及时更新数据仓库里的数据。可以采用两种方法同步数据源和数据仓库的数据。无论哪种方法，都不能保证数据仓库的数据是最新的（Up to Date）。

第一种方法是对数据仓库进行完全重建（Complete Rebuild）。当数据源发生改变以后，数据仓库的数据不是最新的，可以每隔一定时间（比如每天、每周），从各个数据源重新创建数据仓库。这种方法的主要优点是，实现很简单，只需要把 ETL 过程重新运行一遍即可。缺点也是很明显的，就是每次重建都特别耗时，代价很大。当数据源只发生少许改变的时候，这种方法有些不太值当了。

第二种方法是增量式更新（Incremental Update）。当数据源发生改变以后，定期根据数据源的更新对数据仓库的数据进行适当的更新。这种方法比第一种方法效率更高，代价更小，但是在实现上更加复杂，需要持续监控和记录数据源的更新，把上次数据仓库更新以来的数据源的改变都记录下来。另外需要实现合适的数据仓库更新算法，特别是数据仓库保存了数据源的汇总数据（在原始数据上经过聚集计算，比如求和、求平均值等）的时候，根据数据源的更新对数据仓库的汇总数据进行更新是一个相当复杂的操作。

3. 中介者模式

数据集成的中介者模式如图 4 - 8 所示。

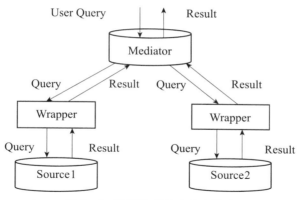

图 4 - 8　数据集成的中介者模式

　　中介者（Mediator）扮演的是数据源的虚拟视图（Virtual View）的角色，中介者本身不保存任何数据，数据仍然保存在数据源中。中介者维护一个虚拟的数据模式（Virtual Schema），它把各个数据源的数据模式组合起来。

　　数据的映射（各种转换规则）和传输，在查询时刻（Query Time）才真正发生。而在数据仓库模式中，有一个从数据源抽取、转换和装载数据的过程，其中的转换操作实现数据源数据到数据仓库数据的映射，这是两者不一样的地方。

　　当用户提交查询，查询被转换成对各个数据源的若干（子）查询。这些查询分别发送到各个数据源，由各个数据源执行这些查询，并且返回结果。各个数据源返回的结果经过合并（Merge）后，返回给最终用户。

　　下面通过一个实例展示中介者模式的查询转换机制。假设数据源 1 的数据模式是：

客户信息表/Customers(ID, firstName, lastName, homePhone, cellPhone, …)

　　数据源 2 的数据模式是：

客户信息表/Customers(ID, FullName, …)
客户电话表/CustomerPhones(ID, Type, PhoneNum)

　　基于两个数据源的数据模式，定义中介者的数据模式：

客户信息表/Cust(ID, firstName, LastName, …)
客户电话表/CustPhones(ID, Type, PhoneNum, …)

　　现在，我们需要查询 customer ID ＝100 的客户的 First Name、Last Name 和 Cell Phone 信息。针对中介者数据模式的查询，用 SQL 语句表达为：

```
Select C. FirstName, C. LastName, P. PhoneNum
From Cust C, CustPhones P
Where C. ID ＝ P. ID And C. ID ＝ 100 And P. Type ＝ "cell";
```

这个查询需要转换成两个查询，分别是针对数据源 1 和数据源 2 的查询：

♯ 针对数据源 1 的查询 Select firstName,lastName,cellPhone From Customers Where C. ID = 100;	♯ 针对数据源 2 的查询 ♯ First 和 Last 分别是从 FullName 中截取 first name 和 last name 的函数 Select First(C. FullName),Last(C. FullName),P. PhoneNum From Customers C,CustomerPhones P Where C. ID = P. ID And C. ID = 100 And P. Type = "cell";

两个查询分别发送给数据源 1 和数据源 2，然后把查询结果进行合并，就可以获得 customer ID ＝100 的客户的 First Name、Last Name 和 Cell Phone 等信息。

中介者包括两种类型，分别是 GAV（Global as View）和 LAV（Local as View）。

GAV 由 Mediator 模式充当所有数据源数据模式的一个视图。Mediator 通过一些规则，实现 Mediator 上的查询到针对各个数据源的查询的转换。和单一数据库上的常规视图类似，我们只能通过视图查找到各个数据源数据的一个子集（Subset）（参见图 4 - 9（a））。

当用户发起针对全局模式的一个查询时，Mediator 通过一些规则，把查询翻译成针对各个数据源的查询，然后把这些查询发送给各个数据源进行处理。

LAV 则首先有一个全局数据模式（Global Schema），然后基于该全局数据模式定义各个数据源的模式。每个数据源通过一个表达式（Expression），描述如何从全局模式产生该数据源的模式。LAV 能够超越各个数据源，涵盖更多的数据（参见图 4 - 9（b））。下面通过一个实例，具体了解 LAV。

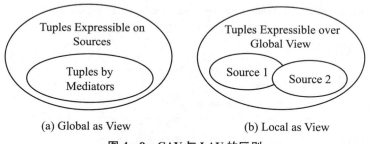

(a) Global as View　　　　(b) Local as View

图 4 - 9　GAV 与 LAV 的区别

假设 Mediator 有一个虚拟的关系表 Par(c，p)，表示 c 和 p 的儿子-父亲关系。数据源 1 提供了一些数据，表达了儿子-父亲关系，即有表达式 "V_1(c，p)：＝Par(c，p)"（：＝符号表示"定义为"）。数据源 2 则提供了一些数据，表达了祖父关系，即有表达式 "V_2(c，g)：＝ Par(c，p) 并且 Par(p，g)"。在这里，我们看到 V_1 和 V_2 是通过全局模式的一个表达式表示出来的。

假设用户现在查询所有人的曾祖父 Q(x，w)，那么 Q(x，w) 蕴含着存在 y 和 z，并且具有 Par(x，y)、Par(y，z)、Par(z，w) 等一系列的儿子-父亲关系。如何从数据源 1 和数据源 2 获得这样的曾祖父关系呢？它由三部分组成。

(1) V_1 上符合 $V_1(x, y)$ 并且 $V_1(y, z)$ 并且 $V_1(z, w)$ 的所有 (x, w)

(2) $V_2(x, y)$ And $V_1(y, w)$，也是就 x 是 y 的孙子，并且 y 是 w 的儿子

(3) 以及 $V_1(x, y)$ And $V_2(y, w)$，也就是 x 是 y 的儿子，并且 y 是 w 的孙子

很显然，最后找出来的曾祖父关系比 V_1 和 V_2 所包含的数据要多，因为第二部分和第三部分交叉参考了 V_1 和 V_2 的数据，才得出曾祖父关系，这是单独靠 V_1 和 V_2 所不能找到的。这就是为什么 LAV 能够超越各个数据源涵盖更多的数据的原因。

GAV 的主要优势是易于设计和实现，但是通过 GAV 只能看到全部数据的一个子集。LAV 比起 GAV 来较难设计和实现，但是它具有更大的扩展性（Extensible），新的数据源可以很容易增加进来，只要从全局模式定义新数据源的模式即可。

4.3.4　实体解析

来自不同数据源的数据，即便它们表示的是同样的对象（实体），但是具体的数据有可能是不一样的。比如，图 4－10 中的各个记录表示的是同一个对象（实体），但是具体数据是不一致的。名字部分，有的是用全称 John William，而有的是用简称 John Will. 等。

造成上述同一对象的不同表示形式之间存在不一致的原因包括：（1）拼写错误，比如把 "Smith" 拼写成 "Smoth"；（2）采用不同的数据值域，比如对于婚否字段，采用 "YES/NO" "1/0" "T/F" 表示已婚/未婚。（3）采用同义词（Synonym）、简称（Abbreviation）或者名称的不同写法（Variant Name），比如对于街道，采用 "St. " "St" "Street" 等。（4）不同地区（Locale）的书写习惯不一样，例如对于日期，美国采用 "月-日-年" 的格式，如 "02－10－2000"；中国则习惯采用 "年-月-日" 的格式，如 "2000－02－10"。年月日之间的分隔符还可以使用 "/" "." 等符号。

实体解析（Entity Resolution）是找出表示相同实体的记录，并且把这些记录连接（Record Linking）在一起的过程。一般来讲，可以使用如下方法对记录进行实体解析：（1）编辑距离（Edit Distance），通过使用编辑距离函数，计算不同字符串之间的编辑距离，可以计算出字符串字段之间的相似度。[①] 比如 "John William" 和 "John Will. " 的相似度，比 "John William" 和 "Bill Clinton" 的相似度要高。（2）对数据进行规范化（Normalization）处理和使用领域本体（Ontology），我们可以使用一个字典，把记录中出现的简称都转换成标准的全称。领域本体包含了一个领域的主要概念及其关系，可以帮助我们查找同义词。（3）对数据进行聚类（Clustering）和划分（Partitioning），对从各个数据源获得的所有记录进行聚类分析，相似的记录被归入同一类簇（Cluster）。对于隶属同一类簇的元组，可以进一步检验它们是否互相匹配，表示同一个实体。

找出了表示同一对象的记录以后，如何合并（Merge）这些记录，仍然是一个问题。如果不同的记录，各个字段只有拼写错误或者采用了不同的同义词等情况，合并记

---

① 本书的在线资源给出了计算字符串之间编辑距离的一个实例。

| 实体信息 | （John William, 252 Star rd., MA, 01609, 508-543-2222） |

| 实体信息 | （John Will., 252 Star road, MA, 01609, 508-543-2222） |

| 实体信息 | （John William, 252 Star rd., Massachusetts, 01609-3321, 508-543-2222） |

| 实体信息 | （John William, 252 Star rd., MA, 01609, (508)543-2222） |

图 4－10　同一对象的不同表示形式

录不是困难的事情。但是如果数据本身存在冲突，要找到哪个值是正确的，就不是一件容易的事。在这种情况下，可以把所有的结果都报告出来。比如在下面的实例中，某个客户有两个冲突的地址，可以把这两个地址整合在一起，展示给用户，让他做决断。

合并前的数据为：

标识（ID）	姓名（Name）	地址（Address）	电话（Phone）
100	Susan Williams	123 Oak St.	607-761-7916
100	Susan Will.	456 Maple St.	607-761-7916

合并的结果是：

标识（ID）	姓名（Name）	地址（Address）	电话（Phone）
100	Susan Williams	{123 Oak St. ，456 Maple St. }	607-761-7916

本章要点

1. 数据清洗。

2. 数据异常的不同类型。

3. 数据质量及其内涵。

4. 数据清洗的具体任务和过程、数据清洗的具体技术。

5. 数据集成。

6. 物理式数据集成，虚拟式数据集成。

7. 数据集成中的异构性问题。

8. 数据集成的模式，包括联邦数据库、数据仓库、中介者；中介者的类型 GAV、LAV。

9. 实体解析。

专有名词

数据抽取、转换和装载（Extraction，Transformation and Loading，ETL）
Global as View（GAV）
Local as View（LAV）

第 5 章

数据的深度分析（上）

在明细数据基础上，计算一些聚集统计量（Aggregation）、生成报表（Report）、观察同比/环比的变化，以及通过数据透视表（Pivot Table）从不同维度观察数据的汇总信息，只能算是对数据的简单分析。

如果要从数据里面挖掘和提取隐含的模式和规律，简单分析是无能为力的。我们需要在数据上运行更加复杂的算法，这些算法主要是统计分析、数据挖掘和机器学习算法。从商务智能（Business Intelligence，BI）到人工智能（Artificial Intelligence，AI），是数据分析的必由之路。

5.1 机器学习与数据挖掘简介

从广义上来说，机器学习是一种能够赋予机器以学习能力，让它完成直接编程无法完成的功能的方法。从实践上来说，机器学习是一种利用数据训练出模型，然后使用模型进行预测的方法。由此可见数据对于机器学习的意义。可以说数据是原材料，机器学习是加工工具，模型是产品。我们可以利用这个产品做预测，指导未来的决策。

机器学习和人工智能紧密关联。自从 20 世纪 50 年代人工智能的概念提出以来，学术界和产业界不断在研究和探索。人工智能的研究经历了几个阶段，从早期的逻辑推理，到中期的专家系统，再到近期的机器学习。从另外一个角度来看，人类的智能主要包括归纳总结和逻辑演绎，对应人工智能研究的联接主义（如神经网络）和符号主义（如符号推理系统）。符号主义的主要思想是应用逻辑推理法则，从公理出发，推演整个理论体系。联接主义的研究策略，以神经网络为例，则试图在研究和了解人脑工作原理的基础上，创造出一个人工神经网络，然后利用数据对该网络进行训练，使其具有强大的预测能力。由此可以看出，人工智能包含机器学习，而人工神经网络是机器学习的一种形式。

数据挖掘，可以认为是机器学习算法在数据库上的应用，很多数据挖掘算法是机器学习算法在数据库中的优化。但是，数据挖掘能够形成自己的学术圈，是因为它也贡献了独特的算法，其中最著名的是关联规则分析方法——Apriori 算法。Apriori 算法不是机器学习算法在数据库上的优化，而是由数据挖掘学术圈的学者创造出来的算法。什么是关联规则？可以通过下面的故事来了解。

在沃尔玛超市里有一个有趣的现象：尿布和啤酒赫然摆在一起出售。这个奇怪的现象使尿布和啤酒的销量双双增长了。很多人认为这是一个笑话，但它却是发生在美国沃尔玛连锁超市的真实案例。沃尔玛是著名的零售商，拥有世界上最大的数据仓库系统。为了能够准确了解顾客在其门店的购买习惯，沃尔玛利用数据挖掘方法，对各个门店的原始交易数据进行分析和挖掘。对顾客的购物篮进行关联规则分析，可以知道顾客经常一起购买的商品有哪些。它获得了一个意外的发现，跟尿布一起购买最多的商品竟然是啤酒！经过实际调查和分析，一个隐藏在"尿布与啤酒"背后的美国人的行为模式被揭示出来。在美国，太太们叮嘱她们的丈夫下班后为小孩买尿布，而丈夫们在买了尿布后，有 30%～40% 的人随手带上了他们喜欢的啤酒。

机器学习的目的是预测（包括分类和回归）。分类是指根据输入数据，判别这些数据隶属于哪个类别（Category）。回归则是根据输入数据，计算一个输出值（Numeric）。机器学习的输入数据一般为一个向量，向量的各个分量也称为特征（Feature），输出则是一个类别或者一个数值。

机器学习的过程包含几个重要的阶段，包括数据采集和预处理（一个重要任务是数据清洗）、特征选择、创建模型、对模型进行训练、对模型进行参数优化和验证、模型的部署和实际应用（对新数据进行预测），以及模型性能的监控和不断改进等。

一些专家包括诺贝尔奖获得者托马斯·萨金特（Thomas Sargent）等认为，机器学习/人工智能本质上是统计学。这样的认识是狭隘的和片面的。统计学是人工智能/机器学习的重要基础之一，但不是全部。人工智能/机器学习的养分，还来自其他的数学分支，包括微积分、代数、博弈论、数值分析、逻辑学、运筹学（优化）等，以及神经科学，甚至心理学等不同学科。人工智能和机器学习的落地和实现，需要并行处理、分布式处理（云计算平台）、CPU/GPU（Graphics Processing Unit）/NPU（Neural Processing Unit）等软硬件技术的支持，这些都来自计算机科学。

如果只是想要证明变量之间的关系，一般来讲统计模型就足够了。但是，如果想要建立模型预测住房价格、判断某个人是否感染某种疾病、让车辆能够感知环境和进行自动驾驶决策，仅仅依靠统计学是无能为力的，我们需要人工智能/机器学习。应该说，人工智能/机器学习基于统计学，但是超越了统计学。

在本章中，我们把常用的统计分析、数据挖掘和机器学习方法进行统一的介绍。这些算法可以进行简单的分类，其中一种分类方法把机器学习方法分为有监督学习（Supervised Learning）、无监督学习（Unsupervised Learning）和半监督学习（Semi-Supervised Learning）等类别。

　　有监督学习是机器学习的一种类别，训练数据由输入特征（Feature）和预期的输出构成，输出可以是一个连续的值（称为回归分析），或者是一个分类的类别标签（称为分类）。比如，在垃圾邮件分类中，输入向量是邮件里面是否包含某个单词或者短语的由 0、1 构成的向量（One_Hot 编码），表示某个具体的单词或者短语是否出现，而输出则是该邮件是否为垃圾邮件的类别判定。对图像进行分类（假设图像集的每张图像只有某种动物，整个图像集对应一个动物集合），图像分辨率为 320×240，图像为真彩色，即每个像素有三个原色。输入为 320×240×3 的向量，输出则是某个动物的分类，比如马、牛、羊、猫、狗、猪等。又比如，在对时间序列数据进行预测的应用中，输入是在历史时间序列（Time Series，比如股票价格）上计算的一系列指标（比如移动平均值（Moving Average）等）构成的一个向量，输出则是未来某个时刻的该时间序列的一个具体数值。在实际应用中，有监督学习的具体实例还包括输入数据包含疾病的症状，标签是具体的疾病；输入数据包含各种手写字符的图片，标签是这些手写图片对应的实际字符等。决策树、支持向量机（SVM）、K 最近邻（KNN）等算法，都属于有监督学习。

　　无监督学习与有监督学习的区别，是无监督学习没有训练样本，直接对数据进行建模，推断数据的内部结构和关系。比如 K-Means 聚类算法，就是典型的无监督学习算法，它的目的是把相似的样本聚集在一起，形成不同的类簇（Cluster），需要用户进行观察和判断，以便了解不同类簇的实际意义。关联规则分析，可以归入无监督学习类别。此外，降维也属于无监督学习。降维，是利用更少的信息来表示数据，目的是进行数据的可视化，或者简化数据便于进行后续的机器学习（有监督学习和无监督学习）。

　　半监督学习是有监督学习和无监督学习相结合的一种学习方法。它研究如何利用少量的标注（Annotated）样本和大量的未标注样本进行训练和预测的问题。半监督学习包括半监督分类、半监督聚类、半监督回归和半监督降维算法等。

　　我们还可以对数据挖掘、机器学习算法进行另外一个角度的分类，分为分类、聚类、回归、集成学习、关联规则分析、推荐、深度学习等。其中，分类是一种有监督学习方法，使用带标签的数据训练后，模型可以把输入数据映射到某个类别，比如把手写数字映射到 0～9 的具体的数字。聚类是按照数据的特点，把数据聚拢成一组组（一堆堆、一簇簇）的，比如把新闻聚拢成一组组的，每组新闻讨论不同的话题。回归模型和分类模型都需要训练数据里面有 x（输入）和 y（输出），两者的主要区别是，经过训练后，输入新数据，分类模型输出一个分类，取值是少数的几个可能取值之一；而回归模型输出一个数值（实数），可能是合理的取值范围的任何值。比如，对于时间序列预测来讲，分类模型预测涨跌，回归模型预测未来的价格。集成学习是在若干模型上，整合出一个更加强大的模型的方法，基础模型可以是分类模型，也可以是回归模型。此外，我们单独介绍关联规则分析和推荐算法，把它们归入前面的任何类别都有些牵强。最后，近年来深度学习技术研究方兴未艾，并且在各个领域取得瞩目的突破，我们单独对其进行初步介绍。

　　以上两种分类方法都提供了从更高层面把握一系列算法的视角，但都不是尽善尽美的。比如，按照第一种分类方法，推荐算法就不好归类为有监督学习或者无监督学习。而按照第二种分类方法，类似于决策树、支持向量机，既可以进行分类，也可以进行回归，应该把它们归入哪一类呢？

　　还有，深度学习算法本身，可以实现分类，也可以实现回归。在图像中进行物体检测（Object Detection）的时候，既要把物体的包围框（Bounding Box）确定出来，又要对框里面的物体进行分类，既包含分类，也包含回归（确定包围框），归入分类或者归入回归似乎都不合适。

　　接下来，我们将介绍主流的统计分析、数据挖掘和机器学习方法。在本章算法的介绍中，大致按照第二种分类方法逐一介绍。但是在此基础上做了一个小小的调整，在每个算法的后边加上一个标签，表示它所属的类别，比如"决策树（分类）"和"决策树回归（回归）"，两者的核心技术是类似的；再比如"支持向量机（分类）"和"支持向量回归（回归）"，这两者的核心技术也是类似的。

　　此外，在"数据的深度分析（下）"一章的末尾，将介绍数据的准备、特征的选择、模型的评价和模型参数的优化等。

5.2　决策树

➡ 5.2.1　决策树（分类）

　　在机器学习中，决策树是这样一个预测模型，它用一种树状结构表示对象属性（比如贷款用户的年龄、是否有工作、是否有房产、以往信用评分等）和对象类别（是否批准其贷款申请）之间的一种映射。决策树中的非叶子节点表示对象属性的判断条件，其分支表示符合节点条件的所有对象，决策树的叶子节点表示对象所属的类别。

　　表 5 - 1 是某金融机构的贷款客户列表。[①] 每个记录表示一个客户，表格的各列表示客户的一些属性（包括年龄（Age）、是否有工作（Has Job）、是否有房产（Own House）、以往信用评价（Credit Rating）等）。最后一列（Class）表示是否批准该客户的贷款申请。该表格记录了该银行根据不同客户的情况，是否批准其贷款申请的历史信息。

表 5 - 1　客户贷款情况表

ID	Age	Has Job	Own House	Credit Rating	Class
1	young	false	false	fair	No
2	young	false	false	good	No
3	young	true	false	good	Yes
4	young	true	true	fair	Yes
5	young	false	false	fair	No
6	middle	false	false	fair	No
7	middle	false	false	good	No
8	middle	true	true	good	Yes

---

　　① 更详细的资料参见 https：//link. springer. com/chapter/10. 1007/978 - 3 - 540 - 37882 - 2 _ 3，我们通过该实例来了解决策树的基本原理。

续表

ID	Age	Has Job	Own House	Credit Rating	Class
9	middle	false	true	excellent	Yes
10	middle	false	true	excellent	Yes
11	old	false	true	excellent	Yes
12	old	false	true	good	Yes
13	old	True	false	good	Yes
14	old	true	false	excellent	Yes
15	old	false	false	fair	No

图 5-1 是从上述历史数据中训练出来的一个决策树。利用该决策树，银行就可以根据新客户的一些基本属性，决定是否批准其贷款申请。

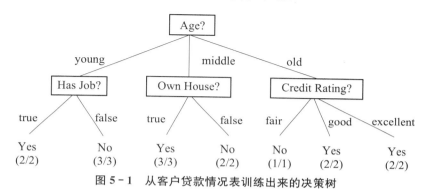

图 5-1　从客户贷款情况表训练出来的决策树

比如某个新客户的年龄是中年，拥有房产，那么根据其基本信息，沿着决策树的树根一直到叶子节点，得出"Yes"的决策结果，即可以批准其贷款申请。具体是，首先访问根节点 Age，根据该客户的年龄为中年，走中间那个分支，到达是否拥有房产的节点"Own House?"。由于该客户拥有房产，所以走左边那个分支，到达叶子节点，节点的标签是"Yes"，也就是应批准其贷款申请。

决策树可以转化为一系列规则（Rule），从而构成一个规则集（Rule Set），这样的规则很容易被人们理解和运用。比如上述决策树，最左边的分支对应的规则是：如果客户年龄属于青年，而且有工作，那么可以批准其贷款申请。

1. 决策树的构造过程

决策树的创建从根节点开始，需要确定一个属性，根据不同记录在该属性上的取值，对所有记录进行划分。接下来，对每个分支重复这个过程，即对每个分支，选择另外一个未参与树的创建的属性，继续对样本进行划分，一直到某个分支上的样本都属于同一类（或者隶属该路径的样本大部分属于同一类）。比如在上述实例中，经过树中的一系列非叶子节点的划分后，样本被分成批准贷款（Yes）和未批准贷款（No）两类，这样的节点形成叶子节点。

属性的选择也称为特征选择。特征选择的目的，是使得分类后的数据集比较纯，即数据（子）集里主要是某个类别的样本。因为决策树的目标就是要把数据集按对应的类别标签进行分类。理想的情况是，通过特征的选择，能够把不同类别的数据集贴上对应的类别标签。为了衡量一个数据集的纯度，需要引入数据纯度函数。

其中一个应用广泛的度量函数，是信息增益（Information Gain）。信息熵表示的是不确定性。数据非均匀分布时，不确定程度最大，此时熵就最大。当选择某个特征对数据集进行分类时，分类后的数据集的信息熵会比分类前的小，其差值表示为信息增益（信息的减少值）。信息增益可以衡量某个特征对分类结果的影响大小。

对于一个数据集，特征 A 作用之前的信息熵计算公式为：

$$Info(D) = -\sum_{i=1}^{c} P_i \log_2(P_i)$$

式中，D 为训练数据集；c 为类别数量；P_i 为类别 i 样本数量占所有样本的比例。

对应数据集 D，选择特征 A 作为决策树判断节点时，在特征 A 作用后的信息熵为 $Info_A(D)$（特征 A 作用后的信息熵计算公式），计算如下：

$$Info_A(D) = \sum_{j=1}^{k} \frac{|D_j|}{|D|} \times Info(D_j)$$

式中，k 表示样本 D 被分为 k 个子集；$Info(D_j)$ 为某个子集的信息熵。

信息增益表示数据集 D 在特征 A 的作用后，其信息熵减少的值（信息熵的差值），其计算公式公式如下：

$$Gain(A) = Info(D) - Info_A(D)$$

在决策树的构建过程中，在需要选择特征的时候，都选择 $Gain(A)$ 值最大的特征。

以下是决策树构造过程中信息增益计算的一个实例。

假设有 100 个样本，分属两个类别，C_1 类样本有 60 个，C_2 类样本有 40 个。

如果经过属性 A 进行划分，属性 A 有两个取值即 a_1 和 a_2，根据属性 A 的取值全集划分成两个子集。第一个子集 50 个样本，C_1 类样本有 40 个，C_2 类样本有 10 个；第二个子集 50 个样本，C_1 类样本有 20 个，C_2 类样本有 30 个。

如果经过属性 B 进行划分，属性 B 有两个取值即 b_1 和 b_2，根据属性 B 的取值全集划分成两个子集。第一个子集 50 个样本，C_1 类样本有 30，C_2 类样本有 20。第二个子集 50 个样本，C_1 类样本有 30，C_2 类样本有 20。

直观来看，利用属性 A 进行划分，划分后的各个子集的纯度更好。我们用计算来验证一下。

$$Info(D) = -0.6 \times \log(0.6) - 0.4 \times \log(0.4) = 0.970\ 9$$

$$Info_A(D) = \frac{1}{2} \times (-0.8 \times \log(0.8) - 0.2 \times \log(0.2)) + \frac{1}{2} \times$$

$$(-0.4 \times \log(0.4) - 0.6 \times \log(0.6))$$

$$= 0.846\ 4$$

于是

$$Gain_A(D) = -0.124\ 5$$

$$Info_B(D) = \frac{1}{2} \times (-0.6 \times \log(0.6) - 0.4 \times \log(0.4)) + 1/2 \times$$

$$(-0.6 \times \log(0.6) - 0.4 \times \log(0.4))$$

$$= 0.970\ 9$$

于是

$$Gain_B(D) = -0.000\ 0$$

有

$$|\ Gain_A(D)\ | > |\ Gain_B(D)\ |$$

2. 决策树的剪枝

在决策树建立的过程中，很容易出现过拟合（Overfitting）的现象。模型是在训练样本上训练出来的。过拟合，是指模型非常逼近训练样本，在训练样本上预测的正确率很高，但是对测试样本的预测正确率不高，效果并不好，也就是模型的泛化能力（Generalization）差。当把模型应用到新数据上的时候，其预测效果不好，可见过拟合不利于模型的实际应用。

决策树的过拟合现象，可以通过剪枝进行一定的修复。决策树算法一般都需要经过两个阶段来进行构造，即树的生长阶段（Growing）和剪枝阶段（Pruning）。剪枝分为预先剪枝和后剪枝两种情况。预先剪枝，指的是在决策树构造过程中，使用一定条件加以限制，在产生完全拟合的决策树之前就停止生长。预先剪枝的判断方法有很多，比如信息增益小于一定阈值的时候，通过剪枝使决策树停止生长。

后剪枝是在决策树构造完成之后，也就是所有的训练样本都可以用决策树划分到不同子类以后，按照自底向上的方向修剪决策树。后剪枝有两种方式：一种是用新的叶子节点替换子树，该节点的预测类由子树数据集中的多数类决定；另一种是用子树中最常使用的分支代替子树。后剪枝一般能够产生更好的效果，因为预先剪枝可能过早终止决策树构造过程。但是需要注意的是，后剪枝在子树被剪掉后，原来构造决策树的一部分计算就浪费了。

决策树的应用非常广泛，除了上述是否批准贷款申请的实例，还可以应用在对客户进行细分、对垃圾邮件进行识别等场合。

上述算法称为 ID3 算法，是由罗斯·昆兰（Ross Quinlan）于 1986 年提出的。1993 年，罗斯·昆兰在 ID3 算法的基础上进行改进，提出了 C4.5 算法。ID3 算法采用的信息增益度量指标存在一个缺点，它一般会优先选择有较多属性值的特征（Feature），因为属性值较多的特征会有相对较大的信息增益。为了避免这个不足，C4.5 算法使用信息增益比率（Gain Ratio）作为选择特征的准则。此外，C4.5 还弥补了 ID3 中不能处理特征的属性值为连续的问题，即它可以支持数值型属性。注意，ID3 可以处理类别型属性，对于数值型属性，需要转化为类别型属性。比如有一个数值型属性，它的不同取值有 1、3、7、9、11，那么可以选择这些取值的中间分割点，把这些数值型转换为多个类别，比如分割点分别是 (1+3)/2、(3+7)/2、(7+9)/2、(9+11)/2，利用这些分割点，就可以把样本的不同取值转换为 5 个类别。

一些文献[①]通过实例，详细介绍如何使用 ID3 算法/C4.5 算法构造决策树。

---

① https：//sefiks.com/2017/11/20/a-step-by-step-id3-decision-tree-example/；https：//sefiks.com/2018/05/13/a-step-by-step-c4-5-decision-tree-example/.

5.2.2 回归树（回归）

分类回归树（Classification and Regression Tree，CART）由 L. 布赖曼（L. Breiman）、J. H. 弗里德曼（J. H. Friedman）、R. A. 奥尔森（R. A. Olshen）、C. J. 斯通（C. J. Stone）等人于 1984 年提出。相对于 ID3 和 C4.5，CART 既可以用于分类，也可以用于回归。CART 进行分类时，使用基尼系数（Gini）来选择最好的数据分割的特征。基尼系数描述纯度，其含义与信息熵类似，CART 的每一次迭代都试图降低基尼系数。CART 进行回归时，使用均方差作为损失函数。下面介绍 CART 用于回归的情形。回归树（Regression Decision Tree）可以看作决策树的一般化形式，它能够处理连续变量。

图 5-2 给出了一棵回归树，该回归树使用汽车的马力（Horsepower）、重量（Weight）、轴距（Wheelbase）等变量，来预测汽车的价格（Price）。这棵树以递归的方式，不断地把整个数据集划分成两个数据集，一直到误差满足用户预先定义的误差阈值为止。

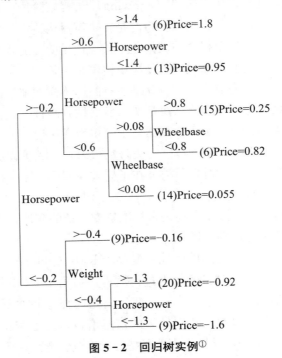

图 5-2 回归树实例①

我们来看看这棵回归树是如何实现价格预测的。比如，沿着最上方的路径可以看到，当 Horsepower＞－0.2，且 Horsepower＞0.6，且 Horsepower＞1.4，那么汽车的价格为 1.8 万美元。这个规则可以约减为当 Horsepower＞1.4 时，那么汽车的价格为 1.8 万美元，因为沿着整个路径的三个段，都使用了 Horsepower 变量。读者观察其他路径，就可以看到不同变量的组合。

假设 X 和 Y 分别是输入向量和输出向量，Y 是连续变量。现给定训练数据集 $D=$

---

① http：//www. stat. cmu. edu/~cshalizi/350-2006/lecture-10. pdf.

$\{\{x_1，y_1\}，\{x_2，y_2\}，\cdots，\{x_N，y_N\}\}$，考虑如何生成回归树。

一棵回归树对应着输入空间（即特征空间）的一个划分以及在划分的单元上的输出值。假设已经将输入空间分为 M 个单元，分别是 $R_1，R_2，\cdots，R_M$，并且每个单元 R_m 上有一个固定的输出 c_m，那么回归树的模型可以表示为

$$f(x) = \sum_{m=1}^{M} \hat{c}_m I(x \in R_m)$$

式中，I 为指示函数，当 $x \in R_m$，$I=1$；当 $x \notin R_m$，$I=0$。可见，回归树的输出是一个实数，比如房屋的价格、病人待在医院的时间等。

当输入空间的划分确定以后，可以用平方误差 $\sum_{x_i \in R_m} (y_i - f(x_i))^2$ 表示回归树对于训练数据的预测误差，用平方误差最小的原则求解每个单元上的最优输出值。可以证明，单元 R_m 上的 c_m 的最优值 $\hat{c}_m$ 为 R_m 上所有输入实例 x_i 对应输出 y_i 的均值，也就是 $\hat{c}_m = ave(y_i \mid x_i \in R_m)$。

现在的问题是如何对输入空间进行划分。一般采用启发式的方法，选择第 j 个变量 $x^{(j)}$ 和它的取值 s 作为切分变量和切分点，并且定义两个区域 $R_1(j,s) = \{x \mid x^{(j)} \leqslant s\}$，$R_2(j,s) = \{x \mid x^{(j)} > s\}$。

寻找最优切分变量 j 和最优切分点 s，具体如下：

（1）对于一个输入变量 j 的所有取值，可以找到最优切分点 s，$\min_{s} = \min\left[\sum_{x_i \in R_1(j,s)} (y_i - \hat{c}_1)^2 + \sum_{x_i \in R_2(j,s)} (y_i - \hat{c}_2)^2\right]$，其中 $\hat{c}_1 = ave(y_i \mid x_i \in R_1(j,s))$，$\hat{c}_2 = ave(y_i \mid x_i \in R_2(j,s))$。

（2）遍历所有变量，针对每个变量的所有取值，按照第一步的办法寻找该变量最优切分点 s。在此基础上找到最优切分变量 j 及最优切分点 s，$\min_{j,s} = \min\left[\sum_{x_i \in R_1(j,s)} (y_i - \hat{c}_1)^2 + \sum_{x_i \in R_2(j,s)} (y_i - \hat{c}_2)^2\right]$，也就是找出最优的 $(j，s)$，将输入空间划分为两个区域。

对每个区域重复上述划分过程，直到满足停止条件为止，即直到误差满足用户预先定义的误差阈值为止。这样就生成一棵回归树，这样的回归树通常称为最小二乘树。

⟩ 5.2.3　随机森林（集成学习）

随机森林（Random Forest，RF）是通过集成学习的思想将多棵决策树集成起来的一种算法，以期获得更准确和更稳定的预测能力。随机森林的基本单元是决策树。随机森林属于机器学习的一个分支——集成学习（Ensemble Learning）方法，或者说随机森林就是集成学习思想的产物。

集成学习是一种把多个模型整合起来，互相取长补短，避免局限性，发挥长处，实现更好的分类和回归预测的机器学习方法。它生成多个分类器，各自独立地学习和做出预测，集成学习把这些分类器整合起来。

随机森林将许多棵决策树整合成森林，是一种利用多棵树对样本进行训练并预测的分类器。对于每棵树，它们使用的训练集是从总的训练集中随机有放回地采样出来的（Bagging 方法，即 Bootstrap Aggregating）。也就是说，总的训练集中的一些样本可能多次出现在一棵树的训练集中，也可能从未出现在任意一棵树的训练集中，如图 5-3 所示。

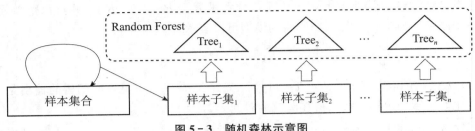

图 5-3　随机森林示意图

随机森林由 n_estimators 棵树构成，它的构造过程如下：

（1）用 Bootstrap 方法生成 n_estimators 个训练（子）集。对于每棵树，如果训练（子）集大小为 N，随机且有放回地从训练集中抽取 N 个训练样本（这种采样方式称为 Bootstrap Sample 方法）作为当前决策树的训练（子）集。可以看出，每棵树的训练集是不同的，而且里面可能包含重复的样本。

如果不进行随机抽样，每棵树的训练集都一样，最终训练出的决策树的分类结果也是完全一样的，这样的话就没有集成的必要了。如果不是有放回的抽样，那么每棵树的训练样本都是不同的，是没有交集的，于是每棵树都是"有偏的"或者"片面的"，这样也不好，也是我们所不期望的。也就是说，训练出来的一系列决策树差异太大。

从某种意义上讲，随机森林的最后分类结果，取决于多棵决策树（弱分类器）的表决结果，存在"求同"的要求。因此使用完全不同的训练集来训练每棵树，对最终分类结果将造成很大的"争执"。

（2）对于每个训练（子）集构造一颗决策树。如果每个样本的特征维度为 M，也就是有 M 个特征，指定一个常数 $m \ll M$，随机地从 M 个特征中选取 m 个，构成特征子集。构造这棵树的时候，每次对决策树进行节点分裂时，从这 m 个特征中选择最优的特征进行分裂。

也就是说，在寻找特征进行节点分裂的时候，并不是对所有特征找到能使得指标最大（如信息增益）的特征，而是在特征中先随机抽取一部分特征，在抽取到的特征中找到最优特征，应用于节点，进行分裂。

（3）每棵树都最大限度地生长，没有剪枝过程。

执行上述步骤 n_estimators 次，构造 n_estimators 棵树。进行预测的时候，样本馈入这 n_estimators 棵树，最后可以采用投票法，计算整个分类器的预测值（进行回归的时候，可以采用计算平均值的方式计算预测值）。

1. 随机森林的参数

n_estimators 参数表示随机森林的决策树的数量。一般来说决策树数量越多，预测效果越好、越稳定，但是会减慢计算速度。

max_features 参数表示随机森林在单棵树的构造中使用的最大特征数量。

2. 最优的 max_features

构造随机森林，一个关键的问题是如何选择最优的 m。可以通过计算袋外错误率（Out

of Bag Error，OOB Error）来选择 m。将最小的 OOB Error 对应的 m 作为 max_features 参数取值。

在构造每棵树的时候，对训练集进行（随机且有放回的）采样，于是对于每棵树来说，大约有 1/3 的样本没有参与树的生成，这些样本称为这棵树的 OOB（Out of Bag）样本。

于是，对于每个 OOB 样本，计算随机森林中那些没有用它作为样本的树对它的分类情况。以简单多数原则进行投票，确定该样本分类。最后，用错误分类的 OOB 样本个数占总样本的比例作为随机森林的 OOB Error。

3. 随机森林的优势和劣势

随机森林可以用于分类问题，也可以用于回归问题。而这两类问题恰好是机器学习所要解决的主要问题。

机器学习中，一个需要尽量避免的问题是过拟合。随机森林对于样本和特征都进行了采样，两个随机性的引入，使得随机森林可以避免过拟合问题，具有很好的抗噪能力。随机森林里众多的树保证了树的多样性，分类器不至于过拟合到数据上。

随机森林的主要劣势是，由于使用大量的决策树，模型的训练和预测都会变慢，无法做到实时预测。

4. 随机森林的应用

随机森林拥有广泛的应用，从市场营销到医疗保险，都可以使用随机森林进行预测。比如，随机森林可以用来对客户流失进行预测，以便挽留他们；还可以用来预测疾病的风险、患者的易感性等。

5.3 支持向量机

5.3.1 支持向量机（分类）

支持向量机（Support Vector Machine，SVM）由博瑟（Boser）、盖恩（Guyon）、万普尼克（Vapnik）等在 1992 年的计算机学会计算学习理论会议（ACM Conference on Computational Learning Theory）会议上提出。从那以后，支持向量机凭借其在解决小样本、非线性以及高维模式识别等机器学习任务中表现出来的优异性能，获得广泛的应用。其应用领域包括文本分类、图像识别等。

1. 二维空间数据点的分类

下面通过一个二维平面上的简单分类来介绍支持向量机分类技术。如图 5-4 所示，假设在平面上有两种不同的（数据）点，用不同的形状表示，一种为圆形，一种为正方形。现在要在平面上绘制一条直线把两类点分开，可见这样的直线可以画很多条，那么哪一条才是最好的分割线呢？

在二维平面上，把两类数据（点）分开（假设可以分成两类）需要一条直线。那么到了三维空间，要把两类数据分开，就需要一个平面。把上述分类机制扩展到基本情

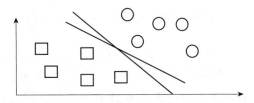

图 5-4　二维平面上的数据分类（有无数条分割直线）

形；在高维空间里，把两类数据分开，则需要一个超平面。直线和平面是超平面在二维和三维空间的表现形式。

2. 支持向量

我们寻找分类函数 $y = f(x) = \omega^{\mathrm{T}} x + b$，超平面上的点代入这个分类函数，得到 $f(x) = 0$；超平面一边的数据点代入分类函数，得到 $f(x) \geqslant 1$；超平面另外一边的数据点代入分类函数，得到 $f(x) \leqslant -1$。在二维平面上，这个分类函数对应一条直线 $y = f(x) = ax + b$。

在二维平面上确定一条直线，就是确定上述方程中的 a 和 b。而在高维空间上确定一个超平面，则是需要确定 ω 向量和 b 向量。如何确定 ω 和 b 呢？答案是寻找一个超平面，使它到两个类别数据点的距离都尽可能大。这样的超平面称为最优超平面。

在图 5-5 中，中间的那条直线到两类数据点的距离是相等的（图中双向箭头的长度表示距离 d）。为了确定这条直线，不需要所有的数据点（向量），而只需要图中显示为深灰色的数据点（向量），这些向量唯一确定了数据划分的直线（超平面），称为支持向量（Support Vector）。注意，将支持向量代入 $f(x)$，则结果正好为 -1 或者 $+1$。

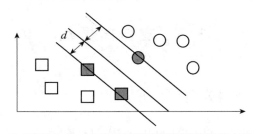

图 5-5　支持向量（d 表示超平面到不同类数据点的距离）

通过上面实例的分析和解释，我们可以得出如下结论：支持向量机是一个对高维数据进行分类的分类器；数据点被划分到两个不相交的半空间（Half Space），从而实现分类，划分两个半空间的是一个超平面。SVM 分类的主要任务是寻找和两类数据点都具有最大距离的超平面，目的是使得把两类数据点分开的间隔（Margin）最大化。

SVM 问题模型

$w^{\mathrm{T}} x^{+} + b = +1$

$w^{\mathrm{T}} x^{-} + b = -1$

$w^{\mathrm{T}} (x^{+} - x^{-}) = 2$，将线性问题转化为求 Maximize(Margin Width)：

$$\text{Maximize(margin)} = \frac{w^{\mathrm{T}}(x^{+} - x^{-})}{|w|} = \frac{2}{|w|}$$

可以看成由样本构成的向量 $(x^+ - x^-)$，在分类超平面上的法向量 $\frac{w^T}{\mid w \mid}$ 上的投影.

假设训练数据为

$(x_1, y_1), (x_2, y_2), \cdots, (x_n, y_n) \in R^d, y \in \{+1, -1\}$

线性分类函数为

$w^T x + b = 0, w \in R^d, b \in R$

Maximize(Margin)问题转化成优化问题

$$\text{Maximize}\left(\frac{2}{\parallel w \parallel}\right) \Leftrightarrow \text{Minimize}(\parallel w \parallel^2)$$

线性 SVM 问题建模

最优分类超平面求解问题，表示成约束优化问题

最小化目标函数：$\emptyset(w) = \frac{1}{2} \parallel w \parallel^2 = \frac{1}{2}(w^T w)$

约束条件：$y_i((w^T x_i) + b) \geqslant 1, i = 1, \cdots, n$

对间隔最大的超平面进行计算，是一个二次规划问题。可以通过应用拉格朗日对偶性（Lagrange Duality），把问题变成对偶问题。对偶问题的具体形式如下：

$$\text{Maximize}_\alpha W(\alpha) = \sum_{i=1}^{n} \alpha_i - \frac{1}{2} \sum_{i,j=1}^{n} y_i y_j \alpha_i \alpha_j < x_i, x_j >$$

$$\text{s. t.} \sum_{i=1}^{n} \alpha_i y_i = 0 \qquad \alpha_i \geqslant 0, i = 1, \cdots, n$$

要解决的问题是在参数 $\{\alpha_1, \alpha_2, \cdots, \alpha_n\}$ 上，求 $W(\alpha)$ 的最大值的问题，而 x_i，y_i 是已知的。求解对偶问题，得到最优解。具体的问题转化和求解过程，请参考相关资料。[①] 于是

$$w = \sum_{i=1}^{n} \alpha_i y_i x_i$$

$$b = \frac{1}{n_s} \sum_{i=1}^{n} (y_i - w^T x_i) I \qquad \alpha_i > 0$$

式中，n_s 为支持向量的数量，即 $n_s = count(\alpha_i > 0)$。对于训练样本 (x_i, y_i)，有 $\alpha_i = 0$ 或者 $y_i f(x_i) = 1$。如果 $\alpha_i = 0$，该样本不影响决策边界 $f(x)$；如果 $\alpha_i > 0$，有 $y_i f(x_i) = 1$，该样本在最大间隔边界上是一个支持向量。最终模型仅与支持向量有关。

3. 离群值的处理

在上述 SVM 模型中，超平面本身是由少数几个支持向量确定的，未考虑离群值（Outlier）的影响。我们通过下面的实例展示离群值的影响。

在图 5-6 所示的实例里，不同形状（圆形以及正方形）表示不同类别的数据点，而深灰色的数据点则表示离群值。这个离群值导致分类错误，我们无法找到一个超平

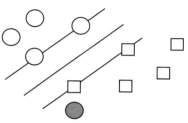

图 5-6　SVM 分类器中
离群值的处理

面干净地把两类数据点给分开。我们的目标是计算一个分割超平面，把分类错误降到最小。

这个问题可通过在模型中引入松弛变量（Relax Variable）来解决。松弛变量是为了纠正或约束少量"不安分"或脱离集体的、不好归类的数据点，在模型里增加的因子。在引入松弛变量的情况下，最优分类平面求解问题转化成约束优化问题。

最小化目标函数：

$$\emptyset(w) = \frac{1}{2} \| w \|^2 + C\sum_{i=1}^{n}\xi_i = \frac{1}{2}(w^{\mathrm{T}}w) + C\sum_{i=1}^{n}\xi_i$$

约束条件：

$$y_i((w^{\mathrm{T}}x_i) + b) \geqslant 1 - \xi_i \qquad i = 1, \cdots, n, \ \xi_i \geqslant 0, \ i = 1, \cdots, n$$

正则化参数 C，可以理解为允许划分错误的权重。C 越大，表示越不允许出错。换句话说，优化模型中的控制参数 C 的作用是控制目标函数中的两个目标之间的权重。这两个目标是"寻找间隔最大的超平面"和"保证数据点分类误差最小"。

引入松弛变量后，支持向量机的超平面的求解问题仍然可以转化成一个二次规划问题求解。

4. 核函数技巧

有时候，两个数据点集在低维空间中无法找到一个超平面来进行清晰的划分，比如图5-7（a）中的二维平面上的两类数据点，找不到一条直线把它们划分开。SVM 数据分析方法里有一个核函数（Kernel Function）可以巧妙地解决这个问题。通过核函数，可以把低维空间的数据点（向量），映射到高维空间中。经过映射以后，两类数据点在高维空间里可以有一个超平面把它们分开。

比如在图5-7（b）中，两类数据点经过映射以后，形成三维空间的数据点。在三维空间里，我们可以看到，两类数据点可以用一个平面分开。需要注意的是，图5-7仅仅用于说明低维空间中线性不可划分的两类向量，可以通过核函数映射到高维空间，从而达到线性可分的目的。核函数的作用是把低维空间线性不可分的向量映射到高维空间，使其线性可分。

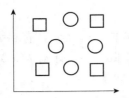
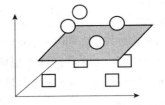

（a）二维平面上的两类数据点　　　　（b）经过核函数映射后的三维空间上的两类数据点
　　　（不易分类）　　　　　　　　　　　　　　　（容易分类）

图5-7　SVM 的核函数技巧

常用的核函数包括多项式核函数、高斯径向基核函数、指数径向基核函数、Sigmoid 核函数、傅立叶级数核函数、样条核函数、B 样条核函数等。这些核函数的映射效果请读者参考相关资料。[①]

---

① https：//scikit-learn. org/stable/auto_examples/svm/plot_svm_kernels. html 给出了在人工数据集上不同核函数的表现（分类决策边界）。

至此，我们看到，支持向量机不仅能够处理线性分类，还能够处理数据中的非线性（使用核函数）、容忍离群值（使用松弛变量），是一个强大的分类器。

5. 支持向量机的参数

支持向量机分类器有两个重要的参数，分别是正则化参数 C 和 Gamma 参数。

（1）正则化参数 C。正则化参数 C 在决策边界与支持向量之间的最大分类间隔（支持向量与决策平面之间的距离）以及可以容忍的分类误差之间做出折中。

C 的值越大，分类越严格，尽量避免错误，但是最大分类间隔变小；C 的值越小，意味着可以容忍更多的分类错误，最大分类间隔变大（如图 5-8（a）所示）。

（2）Gamma 参数。径向基核函数的公式如下，其中带有 γ 参数，$\gamma = \frac{1}{2\delta^2}$。有 N 个样本点，则选择 N 个径向基核函数。

$$K(x, x_j) = \exp(-\gamma \parallel x - x_j \parallel^2) = \exp\left(-\frac{\parallel x - x_j \parallel^2}{2\delta^2}\right)$$

不同的 γ 对应的分类边界如图 5-8（b）所示。从图 5-8（b）中可以看出，如果 γ 设定得较大，δ 会变小，δ 值很小的高斯分布长得又高又瘦；但是过大的 γ 可能导致过拟合，泛化效果差。如果 γ 设定得较小，δ 会变大，δ 值很大的高斯分布长得又矮又胖；但是过小的 γ 可能导致欠拟合。应该设法选择一个适当的 γ 值。

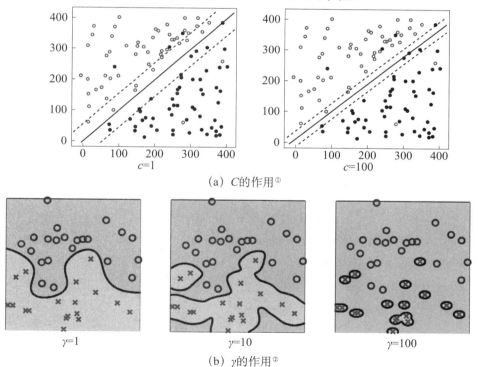

（a）C 的作用[①]

（b）γ 的作用[②]

图 5-8 参数 C 的作用和参数 Gamma 的作用

---

① https：//www.learnopencv.com/svm-using-scikit-learn-in-python/.

② https：//txshi-mt-figures-1253917945.cos.ap-chengdu.myqcloud.com/NTUML/NTUML19_gaussian_svm.png.

（3）径向基核函数的理解。径向基核函数公式中，x_j 为某个样本，x 为一个向量，$\|x-x_j\|$ 表示 x 到 x_j 的距离。对于二维平面上的样本来说，经过核函数的变换，可以把样本映射到三维空间。映射的效果如图 5-9 所示，离 x_j 比较近的 x 被提升（也可以向下压）得比较高，离 x_j 比较远的 x 被提升（也可以向下压）得比较低。

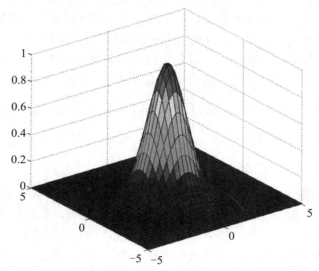

图 5-9   径向基核函数对二维向量的升维作用[①]

当使用径向基核函数进行 SVM 分类的时候，有多少个样本，就有多少个径向基核函数。对于二维平面上的样本来讲，其中的正例样本被推向波峰，负例样本被压制在波谷，如图 5-10 所示。于是，在二维平面上不太好线性分离的样本，在三维空间里可以用一个平面较好地切分开。

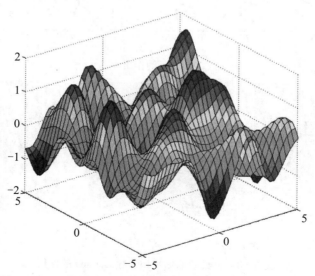

图 5-10   二维平面上混杂在一起的正例和负例被升维到三维

---

① http：//www. cs. toronto. edu/~duvenaud/cookbook/index. html.

6. 支持向量机的求解

这里介绍支持向量机的一种解法，即梯度下降法。

（1）梯度下降法的基本原理。我们知道，函数的导数（以及偏导数）表达的是自变量的微小变化，将引起因变量的多大变化。

在样本上拟合一个预测函数 $h_\theta(x)$ 的时候，我们为之设计一个函数称为损失函数。比如，形式为 $J=\dfrac{1}{2m}\sum\limits_{i=1}^{m}(h_\theta(x^{(i)})-y^{(i)})^2$ 的函数，表达了在每个样本上（共 m 个样本），预测函数的预测值 $h_\theta(x^{(i)})$ 和实际值 $y^{(i)}$ 之间的差的平方和。我们希望损失函数的值越小越好，这意味着预测函数（模型）更加准确。

梯度下降法通过迭代来修改参数值，按照一定的学习率 η，沿着 $\dfrac{\partial}{\partial\theta}J$ 导数的相反方向，修正参数 θ，具体为 $\theta=\theta-\eta\dfrac{\partial}{\partial\theta}J(\theta)$，这样就可以把 J 的值变小一点点。

经过一系列迭代，J 的值不断变小，达到收敛的条件，即 J 的值下降的幅度小于某个阈值，我们就可以把这个 θ 值看作最优的参数 θ。

（2）梯度下降法的简单实例。下面通过一个简单的例子来了解梯度下降法。假设训练数据如下，为了简单起见，这里只有一个样本，数据见表 5-2。

表 5-2 某样本的训练数据

训练数据	x	y
sample1	1	2

训练数据体现了数据的 2 倍数关系，即真实的数据体现的关系是 $y=f(x)=2x$。把 w 设置为某个初始值，比如 $w=3$。现在来看看梯度下降法如何把 3 修正到 2。

损失函数为 $Loss=(f(x)-y)^2=(wx-y)^2$。$Loss$ 函数针对 w 求偏导数 $\dfrac{\partial}{\partial w}Loss=2(wx-y)x$，那么权重 w 的修正公式为 $w=w-2\eta(wx-y)x$。表 5-3 列出了前 5 次迭代过程中，w 的值的变化情况。

表 5-3 用梯度下降法对模型参数进行修正

迭代	x	w	y	$2(wx-y)x$	η	$w=w-2\eta(wx-y)x$
1	1	3	2	2	0.1	2.8
2	1	2.8	2	1.6	0.1	2.64
3	1	2.64	2	1.28	0.1	2.512
4	1	2.512	2	1.024	0.1	2.409 6
5	1	2.409 6	2	0.819 2	0.1	2.327 7
⋮						

通过表 5-2，我们可以看到，按照上述公式，w 逐渐逼近 2.0，即 x 和 y 表达出来的正确的数量关系。值得注意的是，如果初始化的 w 小于 2，那么它将从另外一个方向逼近 2.0。

需要注意的是：第一，我们使用线性函数对梯度下降法进行说明，实际应用中一般

用非线性函数表达 x 和 y 之间的非线性关系；第二，这里只有一个样本，实际应用中一般有很多样本；第三，这里 x 只有一个分量，实际应用中一般 x 是一个多维向量。但是这些不影响我们对梯度下降法本质的理解。神经网络一般是用基于梯度下降法的反向传播算法进行训练和优化的。

（3）梯度下降法求解 SVM。约束条件 $y_i(w^\mathrm{T}x_i+b)\geqslant1-\xi_i$，可以写成 $y_if(x_i)\geqslant1-\xi_i(\xi_i\geqslant0)$，等价于 $\xi_i=\max(0,1-y_if(x_i))$。在此基础上，我们可以构造 SVM 的优化目标函数为：

$$\min_{w\in R^d}\parallel w\parallel^2+C\sum_{i=1}^N\max(0,1-y_if(x_i))$$

这个函数可以改写成另外一种形式，即我们要求解：

$$w^*=\arg_w^{\min}\frac{1}{N}\sum_{i=1}^N\max(0,1-y_iw^\mathrm{T}x_i)+\frac{\lambda}{2}\parallel w\parallel^2$$

由于

$$\frac{\partial}{\partial w}(\max(0,1-y_iw^\mathrm{T}x_i))=\begin{cases}-yx,if & 1-yw^\mathrm{T}x\geqslant0\\ 0,otherwise\end{cases}$$

并且

$$\frac{\partial}{\partial w}\left(\frac{\lambda}{2}\parallel w\parallel^2\right)=\lambda w$$

所以有：

$$\frac{\partial}{\partial w}Loss=\begin{cases}-yx+\lambda w,if & 1-yw^\mathrm{T}x\geqslant0\\ 0+\lambda w,otherwise\end{cases}$$

于是，针对 SVM 的梯度下降算法如下：

输入:训练集 $S=\{(x_1,y_1),\cdots,(x_N,y_N)\}$,参数 λ,η_0

输出:w_t

算法流程:

  1. 初始化 $w=0$

  2. for $t=1,\cdots,T$

    (1)从样本集随机均匀选择 (x_i,y_i)

    (2)设置 $\eta_t=\eta_0/\sqrt{t}$(注意,随着 t 不断变大,学习率逐渐变小)

    (3) if $1-y_iw^\mathrm{T}x_i\geqslant0$

        $w_t=w_{t-1}-\eta_t(-y_ix_i+\lambda w_{t-1})$

    Else

        $w_t=w_{t-1}-\eta_t(\lambda w_{t-1})$

一些文献[①]给出了利用梯度下降法求解 SVM 的 Python 代码实例。

---

    ① https://maviccprp.github.io/a-support-vector-machine-in-just-a-few-lines-of-python-code/.

5.3.2　支持向量回归（回归）

支持向量机的训练数据为 $\{(x_1, y_1), (x_2, y_2), \cdots, (x_n, y_n)\}$，$x_i \in R^n$，$y_i \in \{-1, +1\}$。如果训练数据中的 y_i 为一个实数，即 $y_i \in R$，则引出了支持向量回归（Support Vector Regression，SVR）问题。

给定训练数据集 S，以及任意给定 $\varepsilon > 0$。如果在原始空间 R^n 空间存在一个超平面 $f(x) = <w, x> + b$，$w \in R^n$，$b \in R$，使得 $|y_i - f(x_i)| <= \varepsilon$，$\forall (x_i, y_i) \in S$，则称 $f(x) = <w, x> + b$ 是样本集合 S 的 ε-线性回归。问题转化为 S 中任何点 (x_i, y_i) 到超平面 $f(x) = <w, x> + b$ 的距离不超过 $\dfrac{\varepsilon}{\sqrt{1 + \|w\|^2}}$，也就是最大化

$\dfrac{\varepsilon}{\sqrt{1 + \|w\|^2}}$，等价于 Minimize$\{\|w\|^2\}$。

ε—线性回归问题转化为优化问题：

$$\text{Minimize} \ \frac{1}{2}\|w\|^2 = \frac{1}{2}(w^T w)$$

$$\text{s. t.} \ |(w^T x_i) + b - y_i| \leqslant \varepsilon, \ i = 1, \cdots, n$$

和解决 SVM 分类问题一样，可以引入松弛变量。

$$\text{Minimize} \ \frac{1}{2}\|w\|^2 = \frac{1}{2}(w^T w) + C \sum_{i=1}^{n}(\xi_i + \xi_i^*)$$

$$\text{s. t.} \ y_i - (w^T x_i + b) \leqslant \varepsilon + \xi_i$$

$$(w^T x_i + b) - y_i \leqslant \varepsilon + \xi_i^*$$

$$\xi_i \geqslant 0, \xi_i^* \geqslant 0, \ i = 1, 2, \cdots, n$$

利用拉格朗日对偶性得到优化问题的对偶性形式，再进行求解。[1]

$$\text{Maximize}(\alpha_i, \alpha_i^*) = \left\{ -\frac{1}{2} \sum_{i,j=1}^{n}(\alpha_i - \alpha_i^*)(\alpha_j - \alpha_j^*) <x_i, x_j> \right.$$

$$\left. + \sum_{i=1}^{n}(\alpha_i - \alpha_i^*) y_i - \varepsilon \sum_{i=1}^{n}(\alpha_i + \alpha_i^*) \right\}$$

$$\text{s. t.} \ \sum_{i=1}^{n}(\alpha_i - \alpha_i^*) = 0, 0 \leqslant \alpha_i \leqslant C, 0 \leqslant \alpha_i^* \leqslant C, i = 1, 2, \cdots, n$$

对于不能在原始空间 R^n 线性回归的训练数据集 S，首先用一个非线性函数 $\phi(S)$ 将数据 S 映射到一个高维空间，使其在高维空间具有很好的线性回归特性，然后在高维空间进行 ε 线性回归。

于是，支持向量回归分析的过程如下：

已知训练集 $\{(x_1, y_1), (x_2, y_2), \cdots, (x_n, y_n)\}$，其中 $x_i \in R^n$，$y_i \in R$，$i = 1, 2, \cdots, n$，选择适当的正数 ε 和 C。

（1）寻找一个核函数 $K(s, t)$，使得 $K(x_i, x_j) = <\phi(x_i), \phi(x_j)>$。

---

[1]　https：//ww2. mathworks. cn/help/stats/understanding-support-vector-machine-regression. html.

（2）求优化问题的解α_i，α_i^*。

$$\text{Maximize}\left\{-\frac{1}{2}\sum_{i,j=1}^{n}(\alpha_i-\alpha_i^*)(\alpha_j-\alpha_j^*)K<x_i,x_j>+\sum_{i=1}^{n}(\alpha_i-\alpha_i^*)y_i\right.$$

$$\left.-\varepsilon\sum_{i=1}^{n}(\alpha_i+\alpha_i^*)\right\}$$

$$\text{s.t.}\sum_{i=1}^{n}(\alpha_i-\alpha_i^*)=0,0\leqslant\alpha_i\leqslant C,0\leqslant\alpha_i^*\leqslant C,i=1,2,\cdots,n$$

得到最优解α_1，α_1^*，α_2，α_2^*，$\cdots$，α_n，α_n^*。

（3）计算参数b，具体如下：

对于满足$0<\alpha_j<C(\alpha_j^*=0)$的标准支持向量，计算

$$b=y_j-\varepsilon-\sum_{X_i\in Support\ Vector}(\alpha_i-\alpha_i^*)K<x_j,x_i>$$

对于满足$0<\alpha_k^*<C(\alpha_k=0)$的标准支持向量，计算

$$b=y_k+\varepsilon-\sum_{X_i\in Support\ Vector}(\alpha_i-\alpha_i^*)K<x_k,x_i>$$

对所有标准支持向量分别计算b的值，然后求均值得到最后的b值。

（4）最后构造非线性函数：

$$f(x)=\sum_{i=1}^{n}(\alpha_i-\alpha_i^*)K<x_i,x>+b,x_i\in R^n,b\in R$$

具体到二维平面空间，SVM 的目的是通过一条直线尽量把两类数据点分开；SVR 的目的则是通过一个管道，尽量把数据点都囊括进来，如图 5-11 所示。

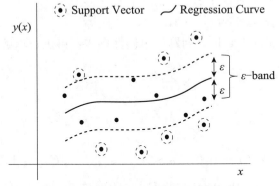

图 5-11 Support Vector Regression[①]

可以把非线性函数$f(x)$看作二维空间的一条曲线（多维空间的一个曲面），训练数据点分布在这个曲线周围，形成一个"管道"。在所有训练数据点中，只有分布在管道壁上的那些训练数据点才决定管道的位置。于是这些训练数据点就称为支持向量。

为了适应训练数据集的非线性（Non-Linearity），传统的拟合方法通常在线性方程里加上高阶项（平方项、立方项等）来解决。这种方法一般是有效的，但是也增加了过

① https：//www.researchgate.net/publication/272024714_Fuzzy_Integration_of_Support_Vector_Regressor_Models_for_Anticipatory_Control_of_Complex_Energy_Systems.

拟合的风险（请参考图 5 - 18 的欠拟合与过拟合）。

　　支持向量回归算法采用核函数解决非线性问题。引进核函数的目的是"升维"，把在低维空间中的非线性问题转换成高维空间的线性问题，把非线性回归转换成线性回归，然后求解。或者说，用核函数代替线性方程中的高阶项，使得线性回归算法也能做非线性回归。SVR 的升维虽然增加了可调参数，但是很好地控制了过拟合问题。

5.4　KNN 算法（分类）

　　KNN（K Nearest Neighbors）算法是一种分类算法。它根据某个数据点周围的最近 K 个邻居的类别标签情况，赋予这个数据点一个类别。

　　具体的过程是，给定一个测试数据点，计算它与数据集中其他数据点的距离；找出距离最近的 K 个数据点，作为该数据点的近邻数据点集合；根据这 K 个近邻所归属的类别来确定当前数据点的类别。

　　比如，在图 5 - 12 中，采用欧式距离，K 的值确定为 7，正方形表示类别一，三角形表示类别二。现在要确定灰色方块的类别，图中的圆圈表示其 K 最近邻所在的区域。

　　在圆圈里面，其他数据点的分类情况是，类别一有 5 个，类别二有 2 个。采用投票法分类，根据多数原则，灰色数据点的分类确定为类别一。

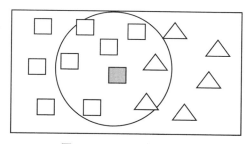

图 5 - 12　KNN 算法实例

　　KNN 算法中，可用的距离包括欧式距离、夹角余弦等。一般对于文本分类来说，使用夹角余弦计算距离（相似度）比欧式距离更为合适。距离越小（距离越近），表示两个数据点属于同一类别的可能性越大。具体的距离公式（x 为需要分类的数据点（向量），p 为近邻数据点）如下。

$$D(x,p) = \begin{cases} \sqrt[2]{(x-p)^2} & \text{欧式距离} \\ \dfrac{xp}{|x||p|} & \text{向量夹角余弦} \end{cases}$$

　　当 K 个最近邻居确定之后，当前数据点的类别确定可以采用投票法或者加权投票法。所谓投票法，即根据少数服从多数的原则，近邻中哪个类别的数据点越多，当前数据点就属于哪个类别。而加权投票法，则根据距离的远近，对近邻的投票进行加权，距离越近权重越大，最后确定当前数据点的类别。权重的计算公式为（使得 K 个近邻的权重之和正好是 1）：

$$W(x, p_i) = \frac{e^{-D(x, p_i)}}{\sum_{i=1}^{k} e^{-D(x, p_i)}}$$

KNN 算法很容易理解，也容易实现，它无须进行参数估计，也无须训练过程，有了标注数据之后，直接进行分类即可。KNN 算法可以对稀有的事件进行分类，比如客户流失预测、欺诈检测等。该算法也适用于多标签分类，也就是对象具有多个类别标签，比如某个基因序列有多个功能、一段文本有多个分类标签等。

KNN 算法也有其缺点，主要是该算法在进行数据点分类的时候计算量大，内存开销大，执行速度慢。此外，该算法无法给出类似决策树的规则，结果的可解释性差。

KNN 算法中，K 值的选择非常重要。如果 K 值太小，那么分类结果容易受到噪声数据点的影响；如果 K 值太大，则近邻中可能包含太多其他类别的数据点。上述加权投票法可以降低 K 值设定不当的一些影响。根据经验法则，一般来讲 K 值可以设定为训练样本数的平方根。

KNN 分类算法的应用非常广泛，人们把它应用到协同过滤（Collaborative Filtering）推荐、手写数字识别（Digit Recognition）等领域。

5.5　朴素贝叶斯算法（分类）

贝叶斯分类，是一类分类算法的总称，它们都以贝叶斯定理为基础。下面首先介绍贝叶斯定理，然后结合实例讨论朴素贝叶斯（Naive Bayes）分类，它是贝叶斯分类中最简单的一种方法。

5.5.1　贝叶斯定理

$P(B \mid A)$ 表示在事件 A 已经发生的前提下，事件 B 发生的概率，称为事件 A 发生情况下，事件 B 发生的"条件概率"。

在实际应用中经常遇到这样的情况，我们可以很容易计算 $P(A \mid B)$，但是 $P(B \mid A)$ 则很难直接得出。贝叶斯定理为我们从 $P(A \mid B)$ 计算 $P(B \mid A)$ 提供了一种途径。

贝叶斯定理具体形式为：

$$P(B \mid A) = \frac{P(A \mid B)P(B)}{P(A)}$$

该公式的证明过程可以参考概率论的相关教材。

5.5.2　朴素贝叶斯分类实例

有文献[1]给出了一个实例，通过朴素贝叶斯分类来检测社交网络社区（Social Networking Service，SNS）中的不真实账号。在 SNS 社区中，不真实账号是一个普遍存在

---

[1]　http://www.cnblogs.com/leoo2sk/archive/2010/09/17/naive-bayesian-classifier.html.

的问题。SNS 社区的运营商希望检测出这些不真实账号，从而加强对 SNS 社区的监管和治理。使用人工检测方法需要耗费大量的人力，效率低下。如果能够设计出某种自动检测方法，将大大提高工作效率。

这个工作的目的，是根据账号的一些属性，把它们划分成真实账号和不真实账号两类。那么目标分类集合 $C=\{0, 1\}$，0 表示真实账号，1 表示不真实账号。使用朴素贝叶斯分类方法对账号进行分类的具体过程如下：

（1）确定特征属性以及属性值域的划分：在实际应用中，特征属性的数量是很多的，划分也会比较细致。在这里，主要目的是对朴素贝叶斯分类方法进行说明，仅仅使用少量的特征属性以及较粗略的划分。

在本实例中，使用三个属性，a_1 是日志数量/注册天数，a_2 是好友数量/注册天数，a_3 表示是否使用真实头像。针对每个账号的这三个属性，都可以从系统中查询出来或者计算出来。这三个属性的值域的划分如下：a_1 为 $\{(-\infty, 0.05], (0.05, 0.2), [0.2, +\infty)\}$，$a_2$ 为 $\{(-\infty, 0.1], (0.1, 0.8), [0.8, +\infty)\}$，$a_3$ 为 $\{0, 1\}$，0 表示未使用真实头像，1 表示使用真实头像。

（2）获取训练样本，可以使用运维人员曾经检测的 1 万个账号作为训练样本。

（3）利用训练样本中真实账号和不真实账号计算各个类别的概率。比如，真实账号 $P(c=0)=8\,900/10\,000=0.89$，不真实账号 $P(c=1)=1\,100/10\,000=0.11$。

（4）计算每个类别下，各个特征属性划分的概率。比如：

$P(a_1 \in (-\infty, 0.05] \mid c=0)=0.3$，$P(a_1 \in (0.05, 0.2) \mid c=0)=0.5$

$P(a_1 \in [0.2, +\infty) \mid c=0)=0.2$，$P(a_1 \in (-\infty, 0.05] \mid c=1)=0.8$

$P(a_1 \in (0.05, 0.2) \mid c=1)=0.1$，$P(a_1 \in [0.2, +\infty) \mid c=1)=0.1$

$P(a_2 \in (-\infty, 0.1] \mid c=0)=0.1$，$P(a_2 \in (0.1, 0.8) \mid c=0)=0.7$

$P(a_2 \in [0.8, +\infty) \mid c=0)=0.2$，$P(a_2 \in (-\infty, 0.1] \mid c=1)=0.7$

$P(a_2 \in (0.1, 0.8) \mid c=1)=0.2$，$P(a_2 \in [0.8, +\infty) \mid c=1)=0.1$

$P(a_3=0 \mid C=0)=0.2$，$P(a_3=1 \mid C=0)=0.8$；

$P(a_3=0 \mid C=1)=0.9$，$P(a_3=1 \mid C=1)=0.1$。

（5）使用分类器进行分类。假设现在有一个账号 x，该账号的属性 $a_1=0.11$，$a_2=0.22$，$a_3=0$，

根据贝叶斯定理，有 $P(C \mid x)=P(x \mid C)P(C)/P(x)$，在对两个类别概率进行计算的时候，这个公式的分母是一样的，不用参与计算，所以，有

$$P(C=0)P(x \mid C=0)=P(c=0)P(a_1 \in (0.05, 0.2) \mid c=0)P(a_2 \in (0.1, 0.8) \mid$$
$$c=0)P(a_3=0 \mid C=0)=0.89 \times 0.5 \times 0.7 \times 0.2=$$
$$0.062\,3$$

这里假设 x 的各个属性 a_1、a_2、a_3 是独立的。

$$P(C=1)P(x \mid C=1)=P(c=1)P(a_1 \in (0.05, 0.2) \mid c=1)P(a_2 \in (0.1, 0.8) \mid$$
$$c=1)P(a_3=0 \mid C=1)=0.11 \times 0.1 \times 0.2 \times 0.9=$$
$$0.001\,98$$

由于前者大于后者，所以该账号属于 $c=0$ 类的概率更大，即该账号为真实账号类别。

5.5.3　朴素贝叶斯分类总结

朴素贝叶斯分类是运用上述贝叶斯定理并且假设特征属性（Feature Attribute）是条件独立的一种分类方法，即朴素贝叶斯分类器假设样本的每个特征与其他特征都不相关。

假设有如下的分类问题（在下面的描述中涉及 N 个样本，下标用 s，K 个类，下标用 i，M 个特征属性，下标用 j，某个属性 a_j 有 L_j 个划分，下标为 l）：

（1）假设 $x = \{a_1, a_2, \cdots, a_m\}$ 为一个待分类项（一个向量），$a_1, a_2, \cdots, a_m$ 为 x 的特征属性。

（2）类别集合 $C = \{y_1, y_2, \cdots, y_k\}$，总共有 K 个分类。

（3）我们要判断 x 属于哪个分类，于是计算 $P(y_1 \mid x)$，$P(y_2 \mid x)$，$\cdots$，$P(y_k \mid x)$。

（4）如果 $P(y_i \mid x) = \max\{P(y_1 \mid x), P(y_2 \mid x), \cdots, P(y_k \mid x)\}$，那么 $x \in y_i$。也就是 $P(y_i \mid x)$，$i = 1, \cdots, K$，哪个最大，x 就最可能属于哪个类别。

问题就转换成计算 $P(y_1 \mid x)$，$P(y_2 \mid x)$，$\cdots$，$P(y_k \mid x)$，也就是 x 属于各个类别的概率。其具体计算过程如下：

（1）创建一个已经知道其分类的待分类项集合，这个集合称为训练样本集，样本集包含 N 个样本。

$$P(y_1) = \frac{\sum_{s=1}^{N} I(y_s = y_1)}{N}$$

式中，s 为样本下标；I 为一个指示函数，若括号内成立，则计 1，否则为 0。其他类别概率同理计算。

（2）根据训练样本集，统计得到各个类别下各个特征属性的条件概率估计。也就是计算 $P(a_1 \mid y_1)$，$P(a_2 \mid y_1)$，$\cdots$，$P(a_m \mid y_1)$；$P(a_1 \mid y_2)$，$P(a_2 \mid y_2)$，$\cdots$，$P(a_m \mid y_2)$；$\cdots$；$P(a_1 \mid y_n)$，$P(a_2 \mid y_n)$，$\cdots$，$P(a_m \mid y_n)$ 等，$a_1, a_2, \cdots, a_m$ 是 M 维特征向量的各个维度。

当计算 $P(a_1 \mid y_1)$ 元素的时候，就是计算在分类为 y_1 的样本上 a_1 的值域的各个划分的概率，比如 y_1 类样本有 100 个，a_1 的值域划分成 3 个子划分，各个子划分的样本分别包含 10、70、20 个样本，那么 $P(a_1 \in 划分_{11} \mid y_1) = 0.1$，$P(a_1 \in 划分_{12} \mid y_1) = 0.7$，$P(a_1 \in 划分_{13} \mid y_1) = 0.2$。

总结起来

$$P(a_1 \in 划分_{1l} \mid y_1) = \frac{\sum_{s=1}^{N} I(a_1 \in 划分_{1l})}{\sum_{s=1}^{N} I(y_s = y_1)}$$

式中，$l \in 1, \cdots, L_1(L_1 = 3)$ 为 a_1 的值域的划分的个数。其他 $P(a_j \mid y_i)$ 根据同样的道理进行计算。

（3）假设各个特征属性是条件独立的，根据贝叶斯定理，有如下的推导：

$$P(y_i \mid x) = \frac{P(x \mid y_i) P(y_i)}{P(x)}$$

其中，分母对于所有类别为常数，只需将分子最大化即可。由于各个特征属性是条件独立的，所以 $P(x \mid y_i)P(y_i) = P(a_1 \mid y_i)P(a_2 \mid y_i) \cdots P(a_m \mid y_i)P(y_i) = P(y_i)\prod\limits_{j=1}^{m} P(a_j \mid y_i)$。

整个朴素贝叶斯分类分为三个阶段，分别是准备阶段、训练阶段和应用阶段。

（1）准备阶段的任务，是为朴素贝叶斯分类做必要的准备。主要工作是根据具体情况确定特征属性，并对每个特征属性的值域进行适当划分，然后对一部分待分类项进行人工分类，形成训练样本集合。第一个阶段的数据质量对整个过程有重要影响，分类器的质量很大程度上由特征属性、特征属性值域划分及训练样本质量决定。

（2）训练阶段的主要任务是生成分类器。主要工作是计算每个类别，在训练样本中的出现概率（上述公式中的 $P(y_i)$），以及每个特征属性值域划分对每个类别的条件概率估计（上述公式中的 $P(a_j \mid y_i)$），并且记录结果。

（3）应用阶段的主要任务是使用分类器对待分类项进行分类，也就是对新数据进行分类。

5.5.4 属性值为连续值的处理方法

当某个特征属性为连续的值的时候，通常假设其服从正态分布，即 $g(x, \eta, \sigma) = \dfrac{1}{\sqrt{2\pi}\sigma} e^{-\frac{(x-\eta)^2}{2\sigma^2}}$，即 $P(a_j \mid y_i) = g(a_j, \eta_{yi}, \sigma_{yi})$。

只要计算出训练样本中各个类别中这个特征属相的值域划分的均值和标准差，将其代入上述公式，就可以得到需要的估计值。

这里举一个处理连续变量的例子。表 5-4 列出了一组人体特征的统计资料。

表 5-4　人体特征与性别对照表

x			y
身高（英尺）$x.a_1$	体重（磅）$x.a_2$	脚掌（英寸）$x.a_3$	性别
6	180	12	男
5.92	190	11	男
5.58	170	12	男
5.92	165	10	男
5	100	6	女
5.5	150	8	女
5.42	130	7	女
5.75	150	9	女

现在知道某人身高 6 英尺、体重 130 磅，脚掌 8 英寸，请问该人是男是女？

根据朴素贝叶斯分类器的原理，我们需要计算，P（身高 | 性别）× P（体重 | 性别）× P（脚掌 | 性别）× P（性别）。现在的困难在于，由于身高、体重、脚掌都是连续变量，不能采用离散变量的方法计算概率。而且由于样本太少，所以也无法分成区间计算。

这时，可以假设男性和女性的身高、体重、脚掌都是正态分布，通过样本计算出均值和方差，也就是得到正态分布的密度函数，具体如表 5-5 所示。此外，我们认为 P（男）= P（女）= 0.5。

表 5-5 正态分布的密度函数

gender	mean (height)	variance (height)	mean (weight)	variance (weight)	mean (foot size)	variance (foot size)
male	5.855	3.503 3E-02	176.25	1.229 2E+02	11.25	9.166 7E-01
female	5.417 5	9.722 5E-02	132.5	5.583 3E+02	7.5	1.666 7E+00

有了密度函数，就可以把值代入，算出某一点的密度函数的值。比如，男性的身高是均值 5.855、方差 0.035 的正态分布。男性的身高为 6 英尺的概率的相对值等于 1.578 9。

$$P(\text{height} \mid \text{male}) = \frac{1}{\sqrt{2\pi\sigma^2}}\exp\left(-\frac{(6-\mu)^2}{2\sigma^2}\right) = 1.578\ 9$$

最后，我们计算得到：

$$P(身高=6 \mid 男) \times P(体重=130 \mid 男) \times P(脚掌=8 \mid 男) \times P(男)$$
$$= 6.198\ 4 \times e^{-9}$$
$$P(身高=6 \mid 女) \times P(体重=130 \mid 女) \times P(脚掌=8 \mid 女) \times P(女)$$
$$= 5.377\ 8 \times e^{-4}$$

可以看到，是女性的概率比是男性的概率要高出将近 10 000 倍，所以判断该人为女性。

5.5.5　Laplace 校准

当出现 $P(a_j \mid y_i)=0$ 的情况，即某个类别下，某个特征属性没有出现的时候，分类器的质量将大大降低。为了解决这个问题，一般引入 Laplace 校准。

比如，$P(a_1 \in 划分_{1l} \mid y_1) = \dfrac{\sum\limits_{s=1}^{N} I(a_1 \in 划分_{1l}) + \lambda}{\sum\limits_{s=1}^{N} I(y_s = y_1) + L_1\lambda}$，$L_1$ 为 a_1 的值域的划分的数量，

如果 a_1 的值域划分成 3 个子域，那么 L_1 就是 3。其他 $P(a_j \mid y_i)$ 按照同样道理计算。当训练样本集合足够大的时候，不会对结果产生影响，同时解决了 $P(a_j \mid y_i)=0$ 的问题。

此外，各个类别的概率的计算也需要调整，比如，$P(y_1)$ 的计算公式调整为 $P(y_1) = \dfrac{\sum\limits_{s=1}^{N} I(y_s = y_1) + \lambda}{N + K\lambda}$，$K$ 为类别数量，其他各类别概率同理计算。

5.6　在二值分类器上构建多类别分类器

多类别分类指的是样本里面存在多个类别（＞2）的分类问题。对手写数字图片进行分类，就是多类别分类问题，因为最后的分类结果是 0～9 这 10 个数字，也就是有 10 个类别。

有些分类器是可以直接进行多类别分类的，比如神经网络分类器，只需要在输出层上建立 10 个神经元，构造一个包含一个输入层、一个隐藏层和一个输出层的神经网络，就可以进行上述问题的分类。如果输出层的 10 个神经元的输出接近 $[1, 0, 0, 0, 0, 0, 0, 0, 0, 0]$，那么对应类别 0，也就是数字 0……如果输出层的 10 个神经元的输出接近 $[0, 0, 0, 0, 0, 0, 0, 0, 0, 1]$，那么对应类别 9，也就是数字 9。

5.6.1　用二值分类器构造多类别分类器

有些分类器本身是二值分类器，比如 SVM 和 Logistic 回归。需要注意的是，SVM 和 Logistic 回归模型经过特殊设计可以支持多类别分类。

我们这里讨论的是，如何通过组合多个二值分类器来构造多类别分类器。主要的方法有两个，分别是一对多法（One-Versus-Rest）和一对一法（One-Versus-One）。

5.6.2　一对多法

训练的时候，依次把某个类别的样本归为一类，剩余样本归为另一类。假设数据里有 K 个类别，我们就构造了 K 个二值分类器。对新样本进行分类的时候，将该样本的类别设定为具有最大分类函数值的那一类。

比如，数据里有四个类别，分别是 A、B、C、D。按照如下方法训练二值分类器。

（1）A 所对应的样本作为正例，B、C、D 所对应的样本作为负例，训练二值分类器 C1；

（2）B 所对应的样本作为正例，A、C、D 所对应的样本作为负例，训练二值分类器 C2；

（3）C 所对应的样本作为正例，A、B、D 所对应的样本作为负例，训练二值分类器 C3；

（4）D 所对应的样本作为正例，A、B、C 所对应的样本作为负例，训练二值分类器 C4。

对于新样本 X，分别输入到 C1、C2、C3、C4 分类器，获得 $f_1(X)$、$f_2(X)$、$f_3(X)$、$f_4(X)$ 四个分类函数值。这四个值中最大的一个作为分类结果。比如 $f_1(X)$ 最大，那么新样本为 A 类。

这种方法有一个内在缺陷，就是存在倾斜状况，也就是正例和负例的样本数不均衡。对于上述实例，可以从负例中抽取 1/3，作为训练用的负例加以弥补。

5.6.3　一对一法

在任意两类样本之间设计一个二值分类器，K 个类别的样本就需要设计 $K(K-1)/2$ 个二值分类器。当需要对一个新样本进行分类时，得票最多的类别就是这个样本的类别。

比如，数据里有 4 个类别，即 A、B、C、D。在训练的时候，选择 A/B、A/C、A/D、B/C、B/D、C/D 所对应的样本作为训练集，构造 6 个二值分类器。当需要对一个新样本进行分类时，用 6 个二值分类器进行分类，采取投票方式，最后得到样本的类别。投票的过程如下：

(1) 设定计数器 A＝B＝C＝D＝0；

(2) A/B 分类器的结果是 A，那么 A＝A+1，否则 B＝B+1；

A/C 分类器的结果是 A，那么 A＝A+1，否则 C＝C+1；

A/D 分类器的结果是 A，那么 A＝A+1，否则 D＝D+1；

…………

C/D 分类器的结果是 C，那么 C＝C+1，否则 D＝D+1。

最后，A、B、C、D 哪个大，新样本就属于哪个类别。

这种方法比较合理，但是类别较多的时候需要构造的二值分类器太多，代价很大。

5.6.4 从多类别分类到多标签分类

上文提到的多类别分类（Multi-Class）是针对二值分类来说的，也就是说需要分类的事物不止有 2 个类别，可能是 3 个以及 3 个以上类别，比如鸢尾花（Iris）分类是 3 个类别，MNIST 手写数字识别是 10 个类别。

多标签分类和多类别分类是一个正交问题。

比如，针对图 5-13，我们问图中是否有房子、树、海滩、云朵、山和动物，那么需要一组目标变量来描述结果，如表 5-6 所示。这类问题称为多标签问题。

图 5-13　图片的多标签分类

表 5-6　多标签分类问题

房子	树	海滩	云朵	山	动物
Yes	Yes	No	Yes	No	No

关于多类别、多标签分类，通过表 5-7 进行总结。

表 5-7　多标签分类问题及其扩展

	Class Number $K=2$	Class Number $K>2$
Label Number $L=1$	Binary Classification	Multi-Class
Label Number $L\geq2$	Multi-Label	Multi-Output

当只有一个标签，类别只有两个，那么是二值分类问题；如果类别多于两个，是多分类问题。当标签大于等于两个，并且每个标签对应 2 个类别（比如 Yes/No），那么称

为 Multi-Label 问题；当标签大于等于 2 个，并且每个标签对应超过 2 个以上的类别，那么称为 Multi-Output 问题。Multi-Label 和 Multi-Output 问题的解决办法，请参考相关资料。

5.7 聚类算法

5.7.1 *K*-Means

K-Means 算法是最简单的一种聚类（Clustering）算法，属于无监督学习算法。

假设我们的样本是 $\{x^{(1)}, x^{(2)}, \cdots, x^{(m)}\}$，每个 $x^{(i)} \in R^n$，即它是一个 n 维向量。现在用户给定一个 K 值，要求将样本聚类成 K 个类簇（Cluster）。在这里，把整个算法称为聚类算法，聚类算法的结果是一系列的类簇。

K-Means 是一个迭代型的算法，它的算法流程是：

1. 随机选取 K 个聚类质心(Cluster Centroid),为 $\mu_1, \mu_2, \cdots, \mu_k \in R^n$.
2. 重复下面过程,直到收敛:
{

    2.1. 对于每个样本 i,计算它应该属于的类
$$c^{(i)} := argmin_j \| x^{(i)} - \mu_j \|^2.$$
    2.2. 对于每一个类别 j,重新计算它的质心
$$\mu_j := \frac{\sum_{i=1}^m 1\{c^{(i)} = j\} x^{(i)}}{\sum_{i=1}^m 1\{c^{(i)} = j\}}.$$

}

收敛是指在上一次迭代到本次迭代中，每个样本隶属于同样的类簇，每个类簇的质心不再发生改变。

下面以一个实例展示 *K*-Mean 算法的执行过程。假设对样本进行 $K=3$ 的聚类，图 5-14 中的正方形是样本点，而圆形（红色、绿色、蓝色，或者不同灰度）分别是三个类的质心。

图 5-14（a）表示，由于 $K=3$，所以算法开始在有效的数据域（Domain）里生成 3 个初始的（Initial）质心。图 5-14（b）表示，所有的样本根据它和质心的远近，分配到最近的质心，形成三个类簇。图中的三个区域是基于三个质心的对平面的一个 Voronoi Diagram 划分，该划分把平面上的点根据到三个质心的远近分配给各个划分。图 5-14（c）表示，经过迭代计算，K 个类簇的质心改变了。图 5-14（d）表示经过多次迭代（把样本分配到各个质心，重新计算各个类簇的质心），各个类簇最终的质心即聚类算法收敛的结果。

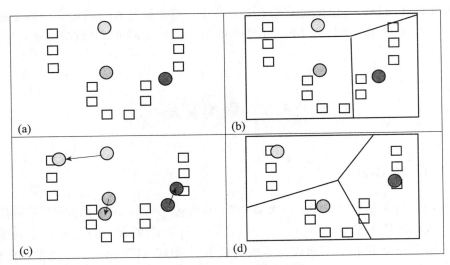

图 5 - 14   _K_-Means 算法实例

说明：图中不同灰度的圆圈不是真实存在的数据点，而是某个类簇的虚拟质心。

在 _K_-Means 算法中，涉及距离的计算，其中最常用的距离是欧式距离（Euclidean Distance）。欧式距离的公式为 $d_{ij} = \sqrt{\sum_{k=1}^{n}(x_{ik} - x_{jk})^2}$。此外，还有闵可夫斯基距离、曼哈顿距离（也称为城市街区距离（City Block Distance））可以使用，它们的计算公式分别是 $d_{ij} = \sqrt[\lambda]{\sum_{k=1}^{n}(x_{ik} - x_{jk})^{\lambda}}$，$d_{ij} = \sum_{k=1}^{n} | x_{ik} - x_{jk} |$。

_K_-Means 算法是可伸缩和高效的，方便处理大数据集，计算的复杂度为 $O(NKt)$，其中 N 是数据对象的数目，t 是迭代的次数。一般来说，$K \ll N$，$t \ll N$。当各个类簇是密集的，且类簇与类簇之间区别明显时，_K_-Means 算法可以取得较好的效果。

_K_-Means 算法有四个缺点：（1）_K_-Means 算法中的 K 是事先给定的，难以估计一个合适的 K 值。（2）在 _K_-Means 算法中，首先需要根据初始类簇中心来确定一个初始划分，初始类簇中心点是随机选择的，然后对初始划分进行优化。初始类簇中心的选择对聚类结果有较大的影响，有可能使得聚类结果（各个类簇）发生变化。一旦初始值选择得不好，可能无法得到有效的聚类结果。可以使用遗传算法（Genetic Algorithm）帮助选择合适的初始类簇中心。（3）算法需要不断地进行样本类簇调整，不断地计算调整后的新的类簇中心，因此当数据量非常大时，算法的时间开销是非常大的。可以利用采样策略改进算法效率。也就是不管初始点的选择，还是每一次迭代完成时对数据的调整，都建立在随机采样的样本数据上，这样可以提高算法的收敛速度。（4）_K_-Means 算法一般选择某个函数作为目标函数，这个目标函数存在若干个极小值，其中有一个是全局最小值。算法运行过程中，有可能陷入局部最小值，最后得到的不是全局最优解。比如，使用欧式距离作为数据点之间的距离函数，使用误差平方和（Sum of Squared Error，SSE）作为聚类的目标函数，$SSE = \sum_{i=1}^{K} \sum_{x \in C_i} dist(c_i, x)^2$，其中 K 表示 K 个类簇，C_i 表示第 i 个类簇中心，$dist$ 表示欧式距离。多次运行 K-Means 算法，可产生不同的聚类结果。我们应该采纳 SSE 较小的那个。

在 K-Means 算法中，K 值的选择是一个重要问题。我们希望所选择的 K 正好是数据里隐含的真实的类簇的数目。

可以使用不同的 K 值，运行 K-Means 算法，产生不同的聚类结果，并计算这些聚类结果的 SSE 指标。在此基础上，绘制 x 轴为 K、y 轴为 SSE 的一个折线图。折线表现出这样的特点，开始 SSE 指标随着 K 值的增加急剧下降；然后随着 K 值的继续增加，SSE 指标的变化趋于平缓。我们应该选择 SSE 急剧下降以后趋于平缓的拐点对应的 K 值，作为优选的 K 值，这种方法称为肘法（Elbow）。

除了 SSE 指标，其他可以选择的类簇指标还有类簇平均直径或者半径。所谓类簇的直径，是指类簇中任意两点的距离的最大值；类簇的半径，是指类簇中所有点到类簇中心距离的最大值。

5. 7. 2　DBSCAN

DBSCAN 的全称为 Density-Based Spatial Clustering of Applications with Noise。该算法是马丁·埃斯特（Martin Ester）、汉斯-彼得·克里格尔（Hans-Peter Kriegel）、乔·桑德（Jorg Sander）以及徐晓伟（Xiaowei Xu）等人于 1996 年提出的一种基于密度的聚类方法，主要用于对空间数据进行聚类。

DBSCAN 的目标是寻找被低密度区域分割的高密度区域。通俗地说，就是把扎堆的点（高密度）找出来，而数据点很少、很稀疏的地方（低密度）就作为分割区域。

DBSCAN 算法基于这样一个事实，一个类簇可以由其中的任何一个核心对象唯一确定。与划分聚类方法或凝聚层次聚类方法不同，它将类簇定义为密度相连的点的最大集合。该方法将密度足够大的相邻区域连接，能够在具有噪声的空间数据中发现任意形状的类簇，能够有效处理离群数据。

为了了解 DBSCAN 算法，首先了解几个主要概念（见图 5-15）。

（1）Eps 邻域：给定某个对象的半径为 Eps 的区域，称为该对象的 Eps 邻域。

（2）核心点（Core Point）：如果在给定对象的 Eps 邻域内，数据点的数目大于或者等于 MinPts，该对象称为核心点。比如 a 点。

（3）边界点（Edge Point）：如果在给定对象的 Eps 邻域内，数据点的数目小于 MinPts，但是该对象落在核心点的 Eps 邻域内，该对象称为边界点。比如 f 点。

（4）噪声点（Outlier Point）：既不是核心点，也不是边界点的数据点。这类数据点的周围数据点很少，比如 g 点。

在上述概念的基础上，定义数据点之间的可达性。

（1）直接密度可达（Directly Density Reachable）：对于对象（样本点或者数据点）集合 D，如果 p 在 q 的 Eps 邻域内，而 q 是一个核心对象，我们说对象 p 从对象 q 出发时是直接密度可达的。比如 $a \rightarrow b$, c, d, e, f。

（2）密度可达（Density-Reachable）：对于样本集合 D，给定一系列样本点 p_1, p_2, $\cdots$, p_n, $p = p_1$, $q = p_n$，假如对象 p_{i+1} 到 p_i 是关于 Eps 和 MinPts 直接密度可达的，那么对

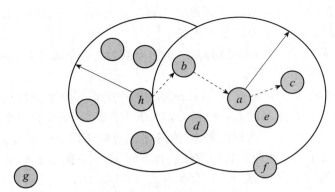

图5-15 密度可达和密度相连

象 q 到对象 p 是关于 Eps 和 MinPts 密度可达的。比如 $h \rightarrow a$ 密度可达。

（3）密度相连（Density-Connected）：如果存在样本集合 D 中的一点 o，对象 o 到对象 p 和对象 q 都是关于 Eps 和 MinPts 密度可达的，那么 p 和 q 是关于 Eps 和 MinPts 密度相连的，比如 h，c。

1. DBSCAN 算法的原理

针对任意一个满足核心对象条件的数据对象 p，数据集合 D 中所有从 p 密度可达的数据对象 o 所组成的集合，构成了一个完整的类簇 C。当然 p 作为核心对象（数据点）也属于 C。

DBSCAN 算法通过检查数据集中每个点的 Eps 邻域来搜索类簇。如果点 p 的 Eps 邻域包含的点多于 MinPts 个，则创建一个以 p 为核心对象的类簇。然后，DBSCAN 算法迭代地聚集从这些核心对象密度可达的对象。当没有新的点添加到任何类簇时，该过程结束。

DBSCAN 算法的基本原理如下：

输入:包含 n 个对象的数据库,以及半径参数 Eps,最少数目参数 MinPts;

输出:所有生成的类簇,达到密度要求.

  （1）Repeat

  （2）从数据库中取出一个未处理的点;

  （3）IF 取出的点是核心点 THEN

      找出所有从该点密度可达的对象,形成一个类簇;

  （4）ELSE 取出的点是边缘点(非核心对象)

        跳出本次循环,寻找下一个点;

  （5）UNTIL 所有的点都被处理.

---

2. DBSCAN 算法分析

时间复杂度：（1）DBSCAN 算法的时间复杂度是 $O(N \times$ 找出 Eps 邻域中的点所需要的时间），N 是点的个数，最坏情况下 DBSCAN 的时间复杂度是 $O(N^2)$；（2）在低维空间的数据集中，有一些数据结构，比如 KD 树，可以有效地检索特定点的给定距离内的所有点，时间复杂度可以降低到 $O(NlogN)$。

空间复杂度：对于低维和高维数据，其空间复杂度都是 $O(N)$。对于每个点，算法只需要维持少量数据，即类簇标签和每个点的标识（核心点、边界点或噪声点）。

3. DBSCAN 算法的优缺点总结

DBSCAN 算法的主要优点包括：（1）聚类速度快，能够有效处理噪声点和发现任意形状的空间类簇；（2）与 K-Means 算法比较起来，不需要输入类簇个数；（3）类簇的形状没有偏倚；（4）在需要的时候，可以设置过滤噪声的参数，对噪声进行滤除。

DBSCAN 算法的主要缺点包括：（1）当数据量增大时，需要较大的内存，I/O 消耗也很大；（2）当空间类簇的密度不均匀、类簇间距相差很大时，聚类效果较差，因为在这种情况下，参数 MinPts 和 Eps 的选取比较困难；（3）聚类效果依赖于距离公式的选取，在实际应用中常用欧式距离公式，但是对于高维数据存在"维数灾难"问题。

5.7.3　凝聚层次聚类

凝聚层次聚类的基本原理如下。该算法开始时将每个数据点当作一个类簇，然后不断合并两个最接近的类簇，直到所有的数据点都属于一个类簇，或者符合退出条件。算法开始时计算每个点对的距离，并按距离进行排序及合并。

为了防止过度合并，可以定义退出的条件为 90% 的类簇已经被合并，也就是当前类簇数量已经达到初始类簇数量的 10%。

在这里，"最接近"有以下三种定义。（1）单链（Min）：两个不同类簇的相似度为两个不同类簇的两个最近的点之间的距离，也称 Single Linkage Clustering。（2）全链（Max）：两个不同类簇的相似度为两个不同类簇的两个最远的点之间的距离，也称 Complete Linkage Clustering。（3）组平均（Group Average）：两个不同类簇的相似度为取自两个不同类簇的所有点对的相似度的平均值，也称 Group-Average Linkage Clustering。两个点的距离公式一般采用欧式距离，而在文本处理里面可以用向量夹角余弦作为距离公式。

凝聚层次聚类的聚类结果具有天然的层次结构，通常表示成树状图的形式。它没有 K-Means 算法的初始点选择问题，也没有类似 K-Means 算法的全局目标函数以及局部最小化问题。凝聚层次聚类能够很好地处理噪声点（或者离群点），到算法结束时，噪声点（或者离群点）往往还是各自占据一个类簇，除非过度合并。凝聚层次聚类算法的时间和空间开销较大，代价昂贵。

在此仅介绍几个主要的聚类算法，其他聚类算法包括谱聚类等，请参考相关资料。

5.8　EM 算法（软聚类）

期望最大化（Expectation Maximization，EM）算法是为概率分布模型（Probability Distribution Model）寻找参数的最大似然估计的算法。这个概率模型包含无法观测的隐藏变量（Latent Variable）。EM 算法用于机器学习的聚类（Clustering）。

下面我们通过实例[①]来了解最大似然估计（Maximum Likelihood Estimation）以及 EM 算法。

1. 最大似然估计

假设用硬币 A 和硬币 B 进行投掷硬币实验。这两枚硬币在进行投掷实验时，正面朝上的概率分别为 θ_A 和 θ_B。我们进行了 5 轮投掷实验，每轮实验要么选择硬币 A，要么选择硬币 B，一共连续投掷 10 次，每次投掷结果要么正面朝上（用 H 表示），要么背面朝上（用 T 表示）。于是得到 5 个正面/背面标志列表。

在实验过程中，记录了两个向量列表 $x = (x_1, x_2, \cdots, x_5)$ 以及 $z = (z_1, z_2, \cdots, z_5)$，其中 $x_i \in \{0, 1, \cdots, 10\}$ 记录第 i 轮投掷实验中正面朝上的次数。$z_i \in \{A, B\}$ 则是第 i 轮投掷实验使用的硬币。假设实验的结果如表 5-8 所示。

表 5-8　5 轮硬币投掷实验结果

i	x	z
1	HTTTH HTHTH	B
2	HHHHT HHHHH	A
3	HTHHH HHTHH	A
4	HTHTT THHTT	B
5	THHHT HHHTH	A

目前，我们不知道 θ_A 和 θ_B 的具体取值，只有上述实验结果。在这里对 θ_A 和 θ_B 做出估计依赖于完整的数据（拥有所有相关的随机变量的取值），包括每轮投掷用硬币 A 还是硬币 B，每轮 10 次投掷的正面/背面情况。

那么对 $\hat{\theta}_A$ 和 $\hat{\theta}_B$ 进行估计的简单方法是，根据实验数据，计算硬币 A 和硬币 B 的正面朝上的比例。使用如下公式进行计算：

$$\hat{\theta}_A = \frac{\text{使用硬币 A 投掷，正面朝上的次数}}{\text{使用硬币 A 投掷总次数（包括正面/背面朝上的次数）}}$$

$$\hat{\theta}_B = \frac{\text{使用硬币 B 投掷，正面朝上的次数}}{\text{使用硬币 B 投掷总次数（包括正面/背面朝上的次数）}}$$

针对上述实例，计算结果如表 5-9 所示。

表 5-9　最大似然估计

硬币 A	硬币 B	参数估计
	5H，5T	
9H，1T		$\hat{\theta}_A = \dfrac{24}{24+6} = 0.80$
8H，2T		
	4H，6T	$\hat{\theta}_B = \dfrac{9}{9+11} = 0.45$
7H，3T		
合计 24H，6T	合计 9H，11T	

---

① http：//ai. stanford. edu/~chuongdo/papers/em_tutorial. pdf.

上述方法即最大似然估计法。最大似然估计是参数估计的方法之一。已知某个随机样本满足某种概率分布，但是其中具体的参数不清楚，参数估计就是通过若干次试验，观察其结果，利用结果推断出参数的大概值。最大似然估计的核心思想是，如果某个参数能使这个样本出现的概率最大，我们干脆就把这个参数作为估计的真实值。假设 $\log P(x, z; \theta)$ 是 x 和 z 的联合分布的对数（Logarithm），对其最大化问题进行求解，那么上述对 $\hat{\theta}_A$ 和 $\hat{\theta}_B$ 进行估计的公式就是其解。

2. EM 算法实例

现在考虑参数估计的另外一种情形。也就是，我们仅仅获得了向量列表 $x = (x_1, x_2, \cdots, x_5)$，但是没有对应的 $z = (z_1, z_2, \cdots, z_5)$。也就是我们知道每轮 10 次投掷的正面/背面情况，但是不知道每轮是用硬币 A 还是硬币 B。

z 称为隐藏变量（Hidden Variable）或者潜在因子（Latent Factor）。在这种情况下，参数估计是在数据不全（Imcomplete Data，即不知道 z）的情况下进行的。

为了对 $\hat{\theta}_A$ 和 $\hat{\theta}_B$ 做出估计，需要知道每轮正面/背面序列是使用硬币 A 还是硬币 B。而要知道每轮正面/背面序列是使用硬币 A 还是硬币 B，则需要对 $\hat{\theta}_A$ 和 $\hat{\theta}_B$ 有一个合理的估计，两者互为前提。事情好像陷入死锁了，必须打破这个循环依赖，才能开始参数的估计，这就需要用到 EM 算法。

EM 算法在两个步骤，即 Expectation 步和 Maximization 步之间进行交替，经过若干次迭代后，对模型的参数给出合理的估计。

对于这个实例，具体的过程如下：

（1）首先，给出 $\hat{\theta}_A$ 和 $\hat{\theta}_B$ 两个参数的初始估计，比如设置 $\hat{\theta}_A = 0.6$，$\hat{\theta}_B = 0.5$。

（2）在 Expectation 步，使用当前参数，计算每轮投掷的硬币是 A 的概率/是 B 的概率，然后计算每轮投掷的正面朝上/背面朝上的次数。

需要使用贝叶斯定理

$$P(A|x, \theta) \equiv P(A|x) = \frac{P(x|A)P(A)}{P(x)} = \frac{P(x|A)P(A)}{P(x|A)P(A) + P(x|B)P(B)}$$

比如，根据第一轮的投掷结果，我们不知道是硬币 A 还是硬币 B，给这两个硬币的概率设定为 0.5，即 $P(A) = P(B) = 0.5$。然后根据第一轮投掷结果 5 个正面朝上，5 个负面朝上，那么 $P(x \mid A) = \hat{\theta}_A^5 (1 - \hat{\theta}_A)^5 = 0.6^5 \times (1 - 0.6)^5 = 0.6^5 \times 0.4^5$，$P(x \mid B) = \hat{\theta}_B^5 (1 - \hat{\theta}_B)^5 = 0.5^5 \times (1 - 0.5)^5 = 0.5^5 \times 0.5^5$（注意刚开始设置 $\hat{\theta}_A = 0.6$，$\hat{\theta}_B = 0.5$），$P(A) = 0.5$，$P(B) = 0.5$，代入上述等式，得到 $P(A \mid x, \theta) = 0.45$，$P(B \mid x, \theta) = 0.55$（图 5-16 中，第二步的第一行数据；第 2、3、4、5 轮投掷的 $P(A \mid x, \theta)$ 和 $P(B \mid x, \theta)$ 估计，请参考图 5-16 第二步的其他行）。

（3）在 Maximization 步，利用 Expectation 步获得的每轮投掷的硬币是 A 的概率/是 B 的概率，然后计算每轮投掷的正面朝上/背面朝上的次数，对 $\hat{\theta}_A$ 和 $\hat{\theta}_B$ 两个参数进行估计。也就是，针对每轮投掷，我们在观测到的 x 上，看正面朝上/背面朝上的概率是多少。

第一轮投掷硬币是 A 的概率为 0.45，是 B 的概率为 0.55，按照第一轮投掷 5 个正面、5 个背面的比例，分配到硬币 A 和硬币 B 的正面/背面次数分别是 2.2H/2.2T 及

2.8H/2.8T。同理，第 2、3、4、5 轮的计算类似，请参考图 5 - 16 第三部分的表格。

那么，可以汇总出硬币 A 正面朝上 21.3 次，背面朝上 8.6 次，$\hat{\theta}_A = \frac{21.3}{21.3+8.6} =$

0.71，硬币 B 正面朝上 11.7 次，背面朝上 8.4 次，$\hat{\theta}_B = \frac{11.7}{11.7+8.46} = 0.58$。

（4）经过多次 Expectation 步和 Maximization 步的循环迭代之后，$\hat{\theta}_A$ 和 $\hat{\theta}_B$ 两个参数收敛。整个过程如图 5 - 16 所示。经过 10 轮 Expectation 步和 Maximization 步迭代之后，$\hat{\theta}_A$ 和 $\hat{\theta}_B$ 分别为 0.8 和 0.52，和最大似然估计得出的结果已经比较接近了。

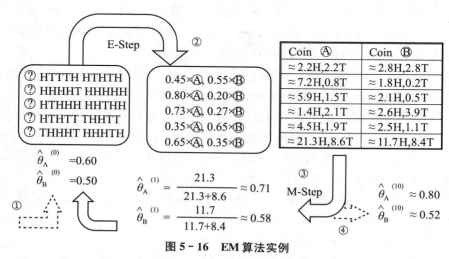

图 5 - 16　EM 算法实例

汤姆·米切尔（Tom Mitchell）著的《机器学习》一书给出了一个 EM 实例。该实例将混搅在一起的男生和女生身高信息聚成两类。男生身高符合高斯分布，女生身高也符合高斯分布，但是参数不同。现在男女生的身高混合在一起了。问题就变成了如何估计每个样例是男生还是女生，然后在确定男女生情况下如何估计（男生和女生身高的）均值和方差。[1]

这个例子根据观测数据估计混合高斯模型（Gaussian Mixed Model）的参数。这个混合高斯模型包含两个成分（Components），也就是男生和女生。包含 3 个及 3 个以上成分的模型参数估计的 EM 算法，请读者参考相关资料。

假设现在有数据 Y，我们用两个高斯分布 $\phi_{\theta_1}(x)$ 和 $\phi_{\theta_2}(x)$ 对分布密度建模，那么 Y 的概率密度为 $g_Y(y) = (1-\pi)\phi_{\theta_1}(y) + \pi\phi_{\theta_2}(y)$，其参数为 $\theta = (\pi, \mu_1, \sigma_1^2, \mu_2, \sigma_2^2)$，$\pi$ 为混合比例。

基于 N 个训练数据的对数似然函数是：

$$l(\theta; Z) = \sum_{i=1}^{N} \log[(1-\pi)\phi_{\theta_1}(y_i) + \pi\phi_{\theta_2}(y_i)]$$

直接最大化上述似然函数很难，需要对其进行变形。引入取值为 0 或者 1 的潜

---

[1]　本书的在线资源给出了二分量 GMM 模型的 EM 算法的推导过程，并且给出了该实例的 Excel 实现，读者可以下载实验。

在变量 Δ_i。如果 $\Delta_i = 0$，Y_i 取自模型 1；如果 $\Delta_i = 1$，则 Y_i 取自模型 2（见表 5 - 10）。对数似然函数写为：

$$l(\theta; Z, \Delta) = \sum_{i=1}^{N} \left[(1 - \Delta_i) \log \phi_{\theta_1}(y_i) + \Delta_i \log \phi_{\theta_2}(y_i) \right]$$
$$+ \sum_{i=1}^{N} \left[(1 - \Delta_i) \log(1 - \pi) + \Delta_i \log \pi \right]$$

于是 (μ_1, σ_1^2) 的极大似然估计是 $\Delta_i = 0$ 的那些数据的样本均值和方差；(μ_2, σ_2^2) 的极大似然估计是 $\Delta_i = 1$ 的那些数据的样本均值和方差。

由于 Δ_i 的实际值是未知的（也就是隐藏变量），所以用迭代方式进行处理，用下面的期望代替上述 Δ_i，也就是 $\gamma_i(\theta) = E(\Delta_i \mid \theta, Z) = Pr(\Delta_i = 1 \mid \theta, Z)$。

表 5 - 10

观测数据 y_i	属于模型 1 $(1 - \hat{\gamma}_i)$		属于模型 2 $(\hat{\gamma}_i)$	
y_1	$1 - \hat{\gamma}_1 \quad \rightarrow$	$y_1(1 - \hat{\gamma}_1)$	$\hat{\gamma}_1 \quad \rightarrow$	$y_1 \hat{\gamma}_1$
y_2	$1 - \hat{\gamma}_2 \quad \rightarrow$	$y_2(1 - \hat{\gamma}_2)$	$\hat{\gamma}_2 \quad \rightarrow$	$y_2 \hat{\gamma}_2$
$\vdots$	$\vdots$		$\vdots$	
y_N	$1 - \hat{\gamma}_N \quad \rightarrow$	$y_N(1 - \hat{\gamma}_N)$	$\hat{\gamma}_N \quad \rightarrow$	$y_N \hat{\gamma}_N$
	$\sum\limits_{i=1}^{N}(1 - \hat{\gamma}_i) \rightarrow \sum\limits_{i=1}^{N}(1 - \hat{\gamma}_i) y_i$		$\sum\limits_{i=1}^{N} \hat{\gamma}_i \rightarrow \sum\limits_{i=1}^{N} \hat{\gamma}_i y_i$	

二分量高斯参数估计的 EM 算法如下：

（1）初始化参数 $\hat{\mu}_1$，$\hat{\mu}_2$，$\hat{\sigma}_1^2$，$\hat{\sigma}_2^2$，$\hat{\pi}$，其中 $\hat{\mu}_1$，$\hat{\mu}_2$ 可以随机选择两个 y_i，而 $\hat{\sigma}_1^2$，$\hat{\sigma}_2^2$ 取样本的方差 $\sum\limits_{i=1}^{N}(y_i - \bar{y})^2 / N$，混合比例 $\hat{\pi}$ 取 0.5。

（2）Expectation 步，上述参数代入，计算 $\hat{\gamma}_i = \dfrac{\hat{\pi} \, \phi_{\hat{\theta}_2}(y_i)}{(1 - \hat{\pi}) \, \phi_{\hat{\theta}_1}(y_i) + \hat{\pi} \, \phi_{\hat{\theta}_2}(y_i)}$，$i = 1, 2, \cdots, N$。

表示数据 y_i 属于 ϕ_{θ_2} 的概率。注意上述计算中，分子为 $\hat{\pi} \phi_{\hat{\theta}_2}(y_i)$，那是因为 $\hat{\gamma}_i$ 越接近 0，表示 y_i 越可能属于模型 1；$\hat{\gamma}_i$ 越接近 1，则 y_i 越可能属于模型 2。

（3）Maximization 步，计算加权均值和方差以及混合比例。

$$\hat{\mu}_1 = \frac{\sum\limits_{i=1}^{N}(1 - \hat{\gamma}_i) y_i}{\sum\limits_{i=1}^{N}(1 - \hat{\gamma}_i)}, \hat{\mu}_2 = \frac{\sum\limits_{i=1}^{N} \hat{\gamma}_i y_i}{\sum\limits_{i=1}^{N} \hat{\gamma}_i}$$

$$\hat{\sigma}_1^2 = \frac{\sum\limits_{i=1}^{N}(1 - \hat{\gamma}_i)(y_i - \hat{\mu}_1)^2}{\sum\limits_{i=1}^{N}(1 - \hat{\gamma}_i)}, \hat{\sigma}_2^2 = \frac{\sum\limits_{i=1}^{N} \hat{\gamma}_i (y_i - \hat{\mu}_2)^2}{\sum\limits_{i=1}^{N} \hat{\gamma}_i}$$

$$\hat{\pi} = \sum_{i=1}^{N} \hat{\gamma}_i / N$$

式中，$\hat{\pi}$ 表示数据属于 ϕ_{θ_2} 的概率总和。

（4）重复步骤（2）和（3）直到收敛。

克里斯托弗·曼宁（Christopher Manning）、普拉巴卡尔·拉格哈瓦（Prabhakar Raghavan）和辛里奇·舒策（Hinrich Schütze）合著的《信息检索导论》（*An Intro-duction to Information Retrieval*）利用 EM 算法对文档集（Document set）进行基于模型的软聚类（Soft Clustering）。[①] 比如，如果有一篇关于中国汽车的文档，聚类算法把该文档进行软分配（Soft Assignment），分别以 0.5 的概率隶属于"中国"和"汽车"两个类簇。

3. 通用 EM 算法

给定训练样本集 $\{x^{(1)}, x^{(2)}, \cdots, x^{(n)}\}$，样本之间独立。这是从参数为 θ 的分布的总体样本中抽取到的若干个样本。如果抽取各个样本是相互独立的，那么抽取到这些样本的概率是样本集 x 中各个样本的联合概率，表达为：

$$L(\theta) = L(x_1, x_2, \cdots, x_n; \theta) = \prod_{i=1}^{n} p(x_i; \theta)$$

在极大似然估计法中，我们需要找到参数 θ，使得似然函数 $L(\theta)$ 最大，称为 θ 的最大似然估计 $\hat{\theta} = argmaxL(\theta)$。由于上述式子中，各个概率值是连乘的，不便于分析，可以定义对数似然函数，变成：

$$l(\theta) = logL(\theta) = \log\prod_{i=1}^{n} p(x_i; \theta) = \sum_{i=1}^{n} \log p(x_i; \theta)$$

最大似然函数可以通过求导和解方程进行求解。

但是，如果模型中包含隐藏变量（类似于投掷硬币的例子，不知道每一轮投掷的是硬币 A 还是硬币 B）。每个样本 i 对应的类别 $z^{(i)}$ 是未知的，也即隐藏变量。

对每个样本的每个可能类别 $z^{(i)}$ 求联合分布概率。我们知道样本符合某种分布，但是不知道分布参数 θ。因为存在隐藏变量 z，所以直接求 θ 比较困难，但是一旦确定了 z 求解 θ 就容易了。那么，我们需要找到每个样本隐含的类别 $z^{(i)}$，使得 $p(x, z)$ 最大，则 $p(x, z)$ 的最大似然函数为：

$$l(\theta) = \sum_{i=1}^{n} logp(x^{(i)}; \theta) = \sum_{i=1}^{n} \log\sum_{z} p(x^{(i)}, z^{(i)}; \theta)$$

对于每个样本 $x^{(i)}$，让 Q_i 表示该样本隐藏变量 z 的某种分布，Q_i 满足的条件是 $\sum_{z} Q_i(z) = 1, Q_i(z) \geqslant 0$。如果 z 是连续的，Q_i 是概率密度函数。

比如，如果要将班上的学生聚类，假设隐藏变量 z 是身高，那么它就是连续的高斯分布。如果隐藏变量是男/女，那么它就是伯努利二项分布。

使用 Jensen 不等式，对上述似然函数进行变形。

其中，从式（1）到式（2），只需在分子分母同乘以一个相等的函数，从式（2）到式（3），利用了 Jensen 不等式。

$$\sum_{i} logp(x^{(i)}; \theta) = \sum_{i} \log\sum_{z^{(i)}} p(x^{(i)}, z^{(i)}; \theta) \tag{1}$$

[①] http：//nlp. stanford. edu/IR-book/pdf/irbookprint. pdf.

$$= \sum_i \log \sum_{z^{(i)}} Q_i(z^{(i)}) \frac{p(x^{(i)}, z^{(i)}; \theta)}{Q_i(z^{(i)})} \tag{2}$$

$$\geqslant \sum_i \sum_{z^{(i)}} Q_i(z^{(i)}) \log \frac{p(x^{(i)}, z^{(i)}; \theta)}{Q_i(z^{(i)})} \tag{3}$$

基于上述推导过程，EM 算法设计如下。一些文献[①]给出了利用通用 EM 算法思想推导 Gaussian Mixture Model 求解办法的过程。

EM 算法是一种从不完全数据或有数据丢失的数据集（存在隐藏变量）中，求解概率模型参数的最大似然估计的方法。通用 EM 算法的基本流程是：

（1）初始化分布的参数 θ。

（2）重复 Expectation 步骤和 Maximization 步骤，直到收敛。

（a）Expectation 步骤，估计隐藏变量。根据参数初始值或上一次迭代的模型参数计算出隐藏变量的后验概率，也就是隐藏变量的期望值，作为隐藏变量的当前估计值。$Q(z)$ 是在观察变量已知的情况下 z 的分布函数，可以理解为 z 的概率密度函数。计算 $Q(z)$ 时，观察变量以及参数 θ 都是已知的。

$$Q_i(z^{(i)}) = p(z^{(i)} \mid x^{(i)}; \theta)$$

（b）Maximization 步骤，估计其他参数。根据计算得到的 Q，最大化含有 θ 的似然函数，获得新的参数值 θ。

$$\theta = \arg\max_{\theta} \sum_i \sum_{z^{(i)}} Q_i(z^{(i)}) \log \frac{p(x^{(i)}, z^{(i)}; \theta)}{Q_i(z^{(i)})}$$

（3）通过不断的迭代，就可以得到使似然函数 $L(\theta)$ 最大化的参数 θ。本质上讲，EM 算法的 Expectation 步骤固定 θ，优化 Q；EM 算法的 Maximization 步骤固定 Q，优化 θ。这两个步骤交替进行，将极值推向最大。

4. EM 算法的应用

EM 算法是对数据进行聚类的常用方法。EM 算法的应用非常广泛，包括计算机视觉、自然语言处理、心理学、生物信息学等领域，都可以找到它的用武之地。

5.9 线性回归、Logistic 回归

5.9.1 线性回归与多元线性回归

回归分析是应用广泛的统计分析方法，用于分析事物之间的相关关系。线性回归是应用很广的回归分析方法，其中一元线性回归（Linear Regression）模型，指的是只有一个解释变量的线性回归模型，多元线性回归模型则是包含多个解释变量的线性回归模型。所谓解释变量就是自变量，被解释变量则是因变量。回归模型就是描述因变量和自

[①] http://www.rmki.kfki.hu/~banmi/elte/bishop_em.pdf；https://people.csail.mit.edu/rameshvs/content/gmm-em.pdf.

变量之间依存的数量关系的模型。

一元线性回归模型具有 $y=ax+b$ 的简单形式，a 称为自变量 x 的系数，b 称为截距，$y=ax+b$ 对应到图形，则是二维平面上的一条直线。扩展到多元线性回归模型，其形式为 $y=\sum_{i=1}^{n} a_i x_i+b$，方程中包含 n 个自变量 x_1，x_2，$\cdots$，x_n，其系数分别是 a_1，a_2，$\cdots$，a_n。

有文献[①]给出了一个多元线性回归实例，我们通过该实例，具体了解多元线性回归模型的建立和应用。现有 12 名大学一年级女生的体重、身高和肺活量数据，如表 5 - 11 所示。现在我们希望在这些数据上建立一个回归模型。这个模型有两个目的，一个目的是解释这些数据，也就是肺活量和身高、体重有什么关系；另外一个目的是进行预测，假设获得另外（表外）一个女生的身高、体重数据，希望使用这个模型预测出她的肺活量。

表 5 - 11　12 名大学一年级女生的身高、体重以及肺活量

编号	身高（cm）	体重（kg）	肺活量（L）
1	161	42	2.55
2	162	42	2.2
3	165	46	2.75
4	162	46	2.4
5	166	46	2.8
6	167	50	2.81
7	165	50	3.41
8	166	50	3.1
9	168	52	3.46
10	165	52	2.85
11	170	58	3.5
12	168	58	3

把身高作为第一个自变量 x_1，体重作为第二个自变量 x_2，肺活量则作为因变量 y。要建立的方程为：

$$y=a_1 x_1+a_2 x_2+b$$

经过计算（使用最小二乘法估计[②]），得出

$$b=-0.565\,7,\ a_1=0.005\,017,\ a_2=0.054\,06$$

于是，多元线性回归方程为：

$$y=0.005\,017 x_1+0.054\,06 x_2-0.565\,7$$

$a_1=0.005\,017$ 表示在 x_2 即体重不变的情况下，身高每增加 1cm，肺活量增加 0.005\,017L。

---

① http://www.sohu.com/a/30186905_216927.

② 本书的在线资源给出了最小二乘法原理的简要说明。

建立多元线性回归模型的目的是解释数据以及进行预测。比如，现在遇到一个新的大学一年级女生，身高 166cm，体重 46kg，把这两个数据代入上述方程，得到 $y=$ 2.75，表示对于这样身高和体重的女生，估计的肺活量为 2.75L。

1. 梯度下降法求解一元线性回归和多元线性回归

我们可以使用最小二乘法对一元线性回归方程（系数）进行求解，还可以利用梯度下降法对一元线性回归方程进行求解。梯度下降法还可以推广到多元线性回归情形。

线性回归的公式如下：

$$y = h_\theta(x) = \theta_0 + \theta_1 x$$

损失函数的形式为：

$$J(\theta_0, \theta_1) = \frac{1}{2m} \sum_{i=1}^{m} (h_\theta(x^{(i)}) - y^{(i)})^2$$

根据梯度下降法，重复修正 θ_j 直至收敛。

```
Repeat{
    θ_j = θ_j - η ∂/∂θ_j J(θ_0, θ_1)(for j = 0 and 1)
}
```

具体来讲：

$$\frac{\partial}{\partial \theta_0} J(\theta_0, \theta_1) = \frac{\partial}{\partial \theta_0} \frac{1}{2m} \sum_{i=1}^{m} (h_\theta(x^{(i)}) - y^{(i)})^2 = \frac{1}{m} \sum_{i=1}^{m} (h_\theta(x^{(i)}) - y^{(i)})$$

$$\frac{\partial}{\partial \theta_1} J(\theta_0, \theta_1) = \frac{\partial}{\partial \theta_1} \frac{1}{2m} \sum_{i=1}^{m} (h_\theta(x^{(i)}) - y^{(i)})^2 = \frac{1}{m} \sum_{i=1}^{m} (h_\theta(x^{(i)}) - y^{(i)}) x^{(i)}$$

于是具体的梯度下降算法如下，不断迭代，修正 θ_0 和 θ_1 直至收敛，η 为学习率。

```
Repeat{
    θ_0 = θ_0 - η 1/m Σ_{i=1}^{m} (h_θ(x^{(i)}) - y^{(i)})
    θ_1 = θ_1 - η 1/m Σ_{i=1}^{m} (h_θ(x^{(i)}) - y^{(i)}) x^{(i)}
}
```

2. 多元线性回归模型的检验

多元线性回归模型建立以后，需要从几个角度进行检验，以了解模型的解释能力和预测能力。这些检验包括拟合优度检验、回归方程显著性检验、回归系数的显著性检验。

我们把因变量的总变差（Sum of Squares for Total，SST）分解成自变量变动引起的变差（Sum of Squares for Regression，SSR）和其他因素造成的变差（Sum of Squares for Error，SSE）。用数学语言来表达为：

$$SST = \sum (y - \bar{y})^2 = \sum (\hat{y} - \bar{y})^2 + \sum (y - \hat{y})^2 = SSR + SSE$$

式中，$\hat{y}$ 为模型预测值；$\bar{y}$ 为样本均值；y 为因变量的实际值。

（1）拟合优度检验：回归方程的拟合优度指的是回归方程对样本的各个数据点的拟合程度。拟合优度的度量一般使用判定系数 R^2，它是在因变量的总变差中由回归方程解释的变动（回归平方和）所占的比重。R^2 越大，方程的拟合程度越高。R^2 的计算公式为 $R^2 = \dfrac{SSR}{SST} = 1 - \dfrac{SSE}{SST}$。当一个多元线性回归模型的判定系数接近 1.0 说明其拟合优度较高。

（2）回归方程显著性检验：回归方程显著性检验的目的是评价所有自变量和因变量的线性关系是否密切。常用 F 检验统计量进行检验，F 检验是对模型整体回归显著性的检验。F 统计量的计算公式为：

$$F = \frac{SSR/k}{SSE/(n-k-1)}$$

式中，n 为样本容量；k 为自变量个数。

F 检验的原假设（H_0）为自变量和因变量的线性关系不显著；备择假设（H_1）为自变量和因变量的线性关系显著。在给定的显著性水平（一般选 0.05）下，查找自由度为 $(k, n-k-1)$ 的 F 分布表，得到相应的临界值 F_a，如果上述计算公式算得的 $F >$ F_a，那么拒绝原假设，回归方程具有显著意义，回归效果显著；否则，$F < F_a$，那么接受原假设，回归方程不具有统计上的显著意义，回归效果不显著。

也可以通过概率 P 值来进行判断，概率 P 值表示 H_0 成立的可能性有多大。当 $P < 0.05$，表示概率极低，那么拒绝原假设，回归方程具有显著意义，回归效果显著；否则，$P > 0.05$，在给定显著性水平下，我们不能轻率地拒绝原假设，而是接受它，即自变量和因变量的线性关系不显著。

（3）回归系数的显著性检验：使用 t 检验，分别检验回归模型中的各个回归系数是否具有显著性，以便在模型中只保留那些对因变量有显著影响的因素。t 检验是对单个解释变量回归系数的显著性检验。回归系数 i 的 t 检验统计量为 $t_i = \dfrac{\beta_i}{S_{\beta_i}}$，其中 S_{β_i} 表示回归系数 β_i 的标准误差，具体计算方式，可以参考相关资料。

t 检验的原假设（H_0）为 a_i 的值为 0，即对应变量 x_i 的系数为 0，该变量无须进入方程；备择假设（H_1）为 a_i 的值不为 0，即对应变量 x_i 的系数不为 0，该变量需要进入方程。给定显著性水平 α（一般选 0.05），查找自由度为 $n-k-1$ 的 t 分布表，得到临界值 t_a，如果 $t_i > t_a$，拒绝原假设，回归系数 a_i 与 0 有显著差异，对应的自变量 x_i 对因变量 y 有解释作用，否则 $t_i < t_a$，接受原假设，回归系数 a_i 与 0 没有显著差异，对应的自变量 x_i 对因变量 y 没有解释作用。

也可以通过概率 P 值来进行判断，概率 P 值表示 H_0 成立的可能性有多大。当 $P < 0.05$，表示概率极低，那么拒绝原假设，a_i 对应的变量 x_i 系数不为 0，该变量需要进入方程；否则，$P > 0.05$，在给定显著性水平下，不能轻率地拒绝原假设，而是接受它，即 a_i 对应的变量 x_i 系数为 0，该变量无须进入方程。

如果某个回归系数的 t 检验显示，该自变量对因变量没有显著解释作用，这时应该从回归模型中剔除这个变量，重新建立更为简单的回归模型，或者增加其他更加相关的自变量。

3. 共线性的检测

所谓共线性，指的是自变量之间存在较强的线性相关关系。这种关系如果超越了因变量与自变量的线性关系，那么回归模型就不准确了。在多元线性回归模型中，共线性现象无法避免，只要不太严重就可以。

检测回归方程是否存在严重的共线性，可以分别计算每两个自变量之间的判定系数 r^2，然后和回归方程的拟合优度检验的判定系数做比较，如果 $r^2 > R^2$ 或者非常接近 R^2，那么存在严重的共线性，必须想办法降低共线性的影响。

还有一种检测方法，是计算自变量之间的相关系数矩阵的特征值的条件数 $k = \lambda_1 / \lambda_p$（$\lambda_1$ 为最大的特征值，λ_p 为最小的特征值）。如果 $k < 100$，表示自变量之间不存在严重的共线性；如果 $100 \leqslant k \leqslant 1\,000$，那么自变量之间存在较强的共线性；如果 $k > 1\,000$，则自变量之间存在严重的共线性。降低共线性的办法包括转换自变量的取值，比如变绝对数为相对数或者平均数，或者更换成其他的自变量。

4. 自变量筛选法

在多元线性回归中，存在一个自变量选择的问题，因为并不是所有的自变量都对因变量有解释作用。比如，在上述实例中，通过身高、体重（自变量）和肺活量（因变量）建立的回归模型中，我们引入一个血压数据，就有可能和肺活量没什么关系。自变量间可能存在较强的线性关系，即共线性，所以不能把所有的变量全部引入方程。变量选择的方法包括前向筛选法、后向筛选法和逐步筛选法三种。

前向筛选法（Forward）：自变量不断进入回归方程的过程。首先，选择与因变量具有最高相关系数的自变量进入方程，并进行各种检验。其次，在剩余的自变量中寻找偏相关系数最高的变量，进入回归方程，并进行检验。反复上述步骤，直到没有可进入方程的自变量为止。回归系数检验的概率 P 值小于 $P_{in}(0.05)$，才可以进入方程。

后向筛选法（Backward）：自变量不断剔除出回归方程的过程。首先，将所有自变量全部引入回归方程。其次，在一个或多个 t 值不显著的自变量中，将 t 值最小的那个变量剔除出去，重新建立方程，并进行检验。回归系数检验 P 值大于 $P_{out}(0.10)$，则剔除出方程。如果新方程中所有变量的回归系数 t 值都是显著的，则变量筛选过程结束。否则，重复上述过程，直到没有变量可剔除为止。

逐步筛选法（Stepwise）：是前向筛选法和后向筛选法的结合。前向筛选法只对进入方程的变量的回归系数进行显著性检验，而对已经进入方程的其他变量的回归系数不再进行显著性检验。也就是说，变量一旦进入方程就不会被剔除。

随着变量的逐个引进，由于变量之间存在一定程度的相关性，使得已经进入方程的变量其回归系数不再显著，因此会造成最后的回归方程可能包含不显著的变量。逐步筛选法则在变量选择的每一个阶段都考虑剔除一个变量的可能性。

我们使用一个多元线性回归实例[①]来说明如何进行变量选择和模型检验。研究人员收集了 1998—2008 年上海市城市人口密度（人/平方公里）、城市居民人均可支配收入

---

① http://www.doc88.com/p-7714452513095.html.

（元）、五年以上平均年贷款利率（％）和房屋空置率（％）等作为变量，通过多元线性回归，预测商品房平均售价（元/平方米）的变化。他们通过 SPSS 建立回归模型，采用逐步筛选法对自变量进行筛选。

表 5－12 为引入/剔除变量表，从表中可以看出，模型首先引入城市人口密度，接着引入城市居民人均可支配收入，没有变量被剔除。SPSS 建立了两个模型，分别是模型 1 和模型 2。模型 1 使用城市人口密度作为自变量，使用商品房平均售价作为因变量。模型 2 使用城市人口密度、城市居民人均可支配收入作为自变量，使用商品房平均售价作为因变量（比模型 1 多了一个自变量）。

表 5－12　引入/剔除变量表

Model	Variables Entered	Variables Removed	Methods
1	城市人口密度（人/平方公里）		Stepwise（Criteria：Probability of F to enter <=050，Probability of F to Remove >=100）
2	城市居民人均可支配收入（元）		Stepwise（Criteria：Probability of F to enter <=050，Probability of F to Remove >=100）

注：因变量为商品房平均售价（元/平方米）。

表 5－13 为模型汇总表，展示了模型的判定系数等参数。可以看出，模型 1 和模型 2 的 R^2 系数（第 3 列）都是 1.0，回归方程的拟合优度很好。

表 5－13　模型汇总表

Model	R	**R^2**	Adjusted R^2	Std. Error of the Estimate	Durbin-Watson
1	1.000	**1.000**	1.000	35.187	
2	1.000	**1.000**	1.000	28.351	2.845

注：模型 1 的自变量包括常数项（Constant）、城市人口密度（人/平方公里）；
模型 2 的自变量包括常数项（Constant）、城市人口密度（人/平方公里）、城市居民人均可支配收入（元）；
因变量为商品房平均售价（元/平方米）。

表 5－14 为方差分析表，从中可以看出整个回归方程是否显著。可以看到，模型 1 的 F 统计量（第 5 列）为 30 938.620，概率 P 值（第 6 列）为 0.00；模型 2 的 F 统计量为 23 832.156，概率 P 值为 0.00。在显著性水平 0.05 下，两个模型的回归方程都显著，即城市人口密度、城市居民人均可支配收入都和商品房平均售价有线性关系。

表 5－14　方差分析表

Model	Sum of Squares	df	Mean Square	**F**	**Sig.**
1　Regression	38 305 583.506	1	38 305 583.506	**30 938.620**	**0.000**
Residual	11 143.039	9	1 238.115		
Total	38 316 726.545	10			
2　Regression	38 310 296.528	2	19 155 148.264	**23 832.156**	**0.000**
Residual	6 430.018	8	803.752		
Total	38 316 726.545	10			

表 5－15 为回归系数分析表，该表显示了各个模型针对每个系数的 t 统计量（第 5

列）及其概率 P 值（第 6 列）。从表中可以看出，模型 2 的城市人均可支配收入的概率 P 值较大，为 0.042，但是仍然小于 0.05。两个模型的其他系数的概率 P 值都接近 0.00，说明这两个模型的所有自变量都对因变量有解释作用，必须保留在回归方程里。

表 5 - 15　回归系数分析表

Model	Unstandardized Coeficients		Standardized Coeficients	T	Sig.	Collinearity Statistics	
	B	Std. Error	Beta			Tolerance	VIF
1　常数项（Constant）	1 652.246	24.137		**68.454**	**0.000**		
城市人口密度（人/平方公里）	1.072	0.006	1.000	**175.894**	**0.000**	1.000	1.000
2　常数项（Constant）	1 555.506	44.432		**35.009**	**0.000**		
城市人口密度（人/平方公里）	1.020	0.022	0.951	**46.302**	**0.000**	0.050	20.126
城市居民人均可支配收入（元）	0.017	0.007	0.050	**2.422**	**0.042**	0.050	20.126

表 5 - 16 为共线性分析表，显示了共线性检验的特征值以及条件指数。第 2 列 Eigen Value 为各个模型的特征值，第 3 列为条件指数。如果条件指数小于 30，表明不存在共线性；在 30～100 之间，表明存在一定程度的共线性，但不会对模型的回归与解释产生影响；如果高于 100，则表明存在严重的共线性。在这个实例中，最大的条件指数为 30.736，表明虽然存在共线性，但是不会影响模型的解释能力。

表 5 - 16　共线性分析表

Model Dimension	Eigen Value	Condition Index	Variance Proportions		
			Constant	城市人口密度（人/平方公里）	城市居民人均可支配收入（元）
1　1	1.898	**1.000**	0.05	0.05	
2	0.102	**4.319**	0.95	0.95	
2　1	2.891	**1.000**	0.00	0.00	0.00
2	0.106	**5.213**	0.21	0.03	0.00
3	0.003	**30.736**	0.78	0.97	1.00

5. 类别型变量处理办法

回归方程是一个描述数量关系的方程，但是在回归方程建立的过程中，某些变量并不具有一个数值，而是具有某种类别，也就是这些变量不是数值型变量，而是类别型变量（Category Variable）。比如性别，不是取一个数值，而是有男/女两个类别。

对于这样的类别型变量，一般采用给各个类别一个数值，把它转换成一个数值型变量。比如，如果该变量的取值为"男"，转换成数值 1；如果该变量的取值为"女"，转换成数值 0 等。通过把类别型变量（定性变量）转换成数值型变量，就可以在这些变量上按照常规方法建立回归模型。

6. 使用回归模型进行预测

利用回归模型进行预测的时候，解释变量的值最好不要离开样本数据的值域范围太

远。主要原因有两个：首先，预测点离样本平均值 $\bar{x}$ 越远，则被解释变量（因变量）的
预测误差越大；其次，在样本所在的值域之外，变量之间的关系并不清楚。如果样本外
（Out of Sample）变量的关系与样本内（In Sample）变量的关系完全不同，目前建立的
回归方程就不能正确地描述其关系。在样本外进行预测，当然就发生错误。

5.9.2　Logistic 回归（分类）

　　Logistic 回归实际上是一种分类方法，主要用于二值分类问题。Logistic 回归与多
元线性回归有很多相同之处，最大的区别是它们的因变量不同。两者可以归于同一个模
型家族，即广义线性回归模型（Generalized Linear Model）。这一家族的模型形式类似，
即样本特征的线性组合，不同的是它们的因变量。如果因变量是连续的，就是多元线性
回归；如果因变量是二项分布，就是 Logistic 回归；如果因变量是 Poisson 分布，就是
Poisson 回归；如果因变量是负二项分布，就是负二项回归等。

　　为了了解 Logistic 回归，需要首先了解 Logistic 函数（或称为 sigmoid 函数）。其函
数形式为 $g(z)=\dfrac{1}{1+\mathrm{e}^{-z}}$。自变量的变化范围是（$-\infty$，$+\infty$），函数值的变化范围是
[0，1]，函数的图像如图 5 - 17 所示。

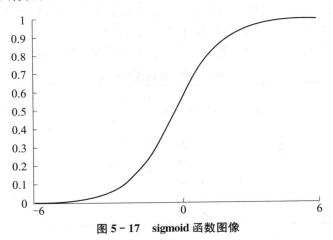

图 5 - 17　sigmoid 函数图像

　　Logistic 回归分类器（Logistic Regression Classifier）的目的，是从训练数据中学
习出一个 0/1 分类模型。这个模型以样本特征（x_1，x_2，$\cdots$，x_n 是某个样本数据的各个
特征，维度为 n，注意下标表示样本的某个特征）的线性组合 $\theta_0+\theta_1 x_1+\cdots+\theta_n x_n=$
$\sum\limits_{i=0}^{n}\theta_i x_i=\theta^{\mathrm{T}}x(x_0=1)$ 作为自变量，使用 Logistic 函数将自变量映射到（0，1）上。

　　将上述线性组合代入 Logistic 函数，构造一个预测函数 $h_\theta(x)=g(\theta^{\mathrm{T}}x)=\dfrac{1}{1+\mathrm{e}^{-\theta^{\mathrm{T}}x}}$。
$h_\theta(x)$ 函数的值具有特殊的含义，它表示结果取 1 的概率。因此对于输入 x，分类结果为类
别 1 的概率为 $P(y=1\mid x;\theta)=h_\theta(x)$，分类结果为类别 0 的概率 $P(y=0\mid x;\theta)=1-h_\theta(x)$。

　　现在有一个新的数据点 Z，新样本具有特征 z_1，z_2，$\cdots$，z_n（注意下标表示样本的某
个特征），首先计算线性组合 $\theta_0+\theta_1 z_1+\cdots+\theta_n z_n=\theta^{\mathrm{T}}z$（$z_0=1$），然后代入 $h_\theta(x)$，计算

其函数值。如果函数值大于 0.5，那么类别 $y=1$；否则类别 $y=0$。这里假设统计样本是均匀分布的，所以设定阈值为 0.5。

给定训练数据集，我们需要根据这些训练数据，计算分类器的参数，也就是各个特征属性的加权参数 $\theta=<\theta_0, \theta_1, \theta_2, \cdots, \theta_n>$。具体的计算过程用到极大似然估计（Maximum Likelihood Estimation），可以使用梯度上升（下降）算法，或者牛顿-拉菲森迭代算法求解。

1. 利用梯度下降法求解 Logistic 回归分类器的参数

根据上文，有条件概率

$$P(y=1 \mid x;\theta) = h_\theta(x)$$

以及

$$P(y=0 \mid x;\theta) = 1 - h_\theta(x)$$

对其进行整合得到

$$P(y \mid x;\theta) = (h_\theta(x))^y (1-h_\theta(x))^{1-y}$$

现在，假设样本之间相互独立，那么整个样本集生成的概率即为所有样本生成概率的乘积。

$$L(\theta) = p(\vec{y} \mid X;\theta) = \prod_{i=1}^{m} p(y^{(i)} \mid x^{(i)};\theta) = \prod_{i=1}^{m} (h_\theta(x^{(i)}))^{y^{(i)}} (1-h_\theta(x^{(i)}))^{1-y^{(i)}}$$

这个公式过于复杂，不太容易求导数，对其进行 log 转换。

$$l(\theta) = \log L(\theta) = \sum_{i=1}^{m} y^{(i)} \log(h_\theta(x^{(i)})) + (1-y^{(i)}) \log(1-h_\theta(x^{(i)}))$$

对这个目标函数求最大值，以此求出 θ。最大化似然函数 L 等价于最小化 $-L$，$-l$ 可作为代价函数（Loss Function）。

通常采用梯度下降算法进行求解。针对 $-l(\theta)$ 函数对 θ_j 进行求导，再求负数，即为权重改变的方向。有 $\frac{\partial(-l(\theta))}{\partial \theta_j} = \sum_{i=1}^{m} (h(x^{(i)}) - y^{(i)}) \times x^{(i)}$，具体推导过程如下。[①] 注意上标表示某个样本，下标表示样本的某个分量，h、h_θ、g 为 sigmoid 函数。

$$
\begin{aligned}
\frac{\partial(-l(\theta))}{\partial \theta_j} =& -\sum_{i=1}^{m} \left(y^{(i)} \frac{1}{h_\theta(x^{(i)})} \frac{\partial}{\partial \theta_j} (h_\theta(x^{(i)})) - (1-y^{(i)}) \frac{1}{1-h_\theta(x^{(i)})} \frac{\partial}{\partial \theta_j} h_\theta(x^{(i)}) \right) \\
=& -\sum_{i=1}^{m} \left(y^{(i)} \frac{1}{g(\theta^{\mathrm{T}} x^{(i)})} - (1-y^{(i)}) \frac{1}{1-g(\theta^{\mathrm{T}} x^{(i)})} \right) \frac{\partial}{\partial \theta_j} g(\theta^{\mathrm{T}} x^{(i)}) \\
=& -\sum_{i=1}^{m} \left(y^{(i)} \frac{1}{g(\theta^{\mathrm{T}} x^{(i)})} - (1-y^{(i)}) \frac{1}{1-g(\theta^{\mathrm{T}} x^{(i)})} \right) g(\theta^{\mathrm{T}} x^{(i)}) \\
& (1-g(\theta^{\mathrm{T}} x^{(i)})) \frac{\partial}{\partial \theta_j} (\theta^{\mathrm{T}} x^{(i)}) \\
=& -\sum_{i=1}^{m} (y^{(i)} (1-g(\theta^{\mathrm{T}} x^{(i)})) - (1-y^{(i)}) g(\theta^{\mathrm{T}} x^{(i)}) x_j^{(i)}
\end{aligned}
$$

---

① http://www.programmersought.com/article/63092884160/.

$$= -\sum_{i=1}^{m} (y^{(i)} - g(\theta^{\mathrm{T}} x^{(i)})) x_j^{(i)}$$

$$= \sum_{i=1}^{m} (g(\theta^{\mathrm{T}} x^{(i)}) - y^{(i)}) x_j^{(i)}$$

对该导数求负数，就是参数改变的方向，即 $\sum_{i=1}^{m} (y^{(i)} - g(\theta^{\mathrm{T}} x^{(i)})) x_j^{(i)}$ 或者 $-\sum_{i=1}^{m} (g(\theta^{\mathrm{T}} x^{(i)}) - y^{(i)}) x_j^{(i)}$。注意，式子里的 j 表示对 θ_j 求偏导数。

梯度下降通常有三种做法：批梯度下降算法（Batch Gradient Descent）扫描整个数据集，计算一次对参数值的更新。随机梯度下降算法（Stochastic Gradient Descent）每扫描一条数据（样本），就计算对参数值的更新。对于大量数据，随机梯度下降算法表现的性能更好，时间更快，通常只需要扫描部分数据就会收敛，但是随机梯度下降算法也会出现震荡无法收敛的情况。小批量梯度下降法（Mini Batch Gradient Descent）介于这两者之间，每次扫描一小部分数据，就计算对参数值的更新，这是对上面两种方法的一种权衡。相对于批梯度下降算法加快了计算速度，相对于随机梯度下降算法确保了收敛。

根据批梯度下降算法，对参数进行更新的公式如下（对 θ 的所有分量进行统一处理）：

$$\theta = \theta - \eta \frac{1}{m} \sum_{i=1}^{m} (h(x^{(i)}) - y^{(i)}) x^{(i)}$$

根据随机梯度下降算法，对参数进行更新的公式如下（对 θ 的所有分量进行统一处理）：

$$\theta = \theta - \eta ((h(x^{(i)}) - y^{(i)}) x^{(i)})$$

以下为利用梯度下降法进行 Logistic 回归参数求解的 Python 代码实例。[①]

Logistic 回归分类器适用于数值型数据和分类型数据，其计算代价不高，容易理解和实现。但是 Logistic 回归分类器容易发生欠拟合（Underfitting）现象，分类精度不高。

图 5-18 显示了对平面上的两类样本点的 Logistic 回归分类器的效果，从左到右，分别显示了欠拟合、拟合较好、过拟合的状况。

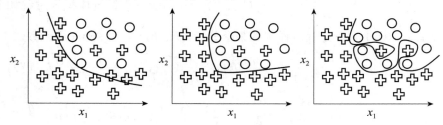

(a) 欠拟合(Underfitting)　　(b) 拟合较好(Fitting Well)　　(c) 过拟合(Overfitting)

(a) $h_\theta(x) = g(\theta_0 + \theta_1 x_1 + \theta_2 x_2)$ (g=*sigmoid function*)

(b) $h_\theta(x) = g(\theta_0 + \theta_1 x_1 + \theta_2 x_2 + \theta_3 x_1^2 + \theta_4 x_2^2 + \theta_5 x_1 x_2)$

(c) $h_\theta(x) = g(\theta_0 + \theta_1 x_1 + \theta_2 x_1^2 + \theta_3 x_1^2 x_2 + \theta_4 x_1^2 x_2^2 + \theta_5 x_1^2 x_2^3 + \theta_6 x_1^3 x_2 + \cdots)$

图 5-18　欠拟合与过拟合

---

① https：//github. com/idotc/Machine _ learning _ practice/blob/master/Nonlinear _ Logistic _ Regression/LR. ipynb.

2. Logistic 回归的应用

Logistic 回归分析可以应用于很多领域。在流行病学中，需要分析诱发某疾病的危险因素，根据这些因素预测该疾病发生的概率。比如，要分析导致胃癌发生的危险因素，可以选择两组人群，一组是胃癌组，一组是健康组。两组人群有不同的体质特征和生活方式。对问题建模的时候，因变量就是是否得胃癌，取值为"是"或者"否"；自变量可以包括很多因素，比如年龄、性别、饮食习惯等。自变量可以是连续的，也可以是分类的。对采集的样本数据进行 Logistic 回归分析，获得每个数据点（对应每个人）的各个特征属性（对应上述各个自变量）的加权参数。就可以大致了解，到底哪些因素是导致胃癌的危险因素，即权重比较大的特征属性。当建立了这样的 Logistic 回归模型，就可以预测在不同的自变量下，发生某种疾病的概率有多大。

5.10　AdaBoost 算法与集成学习

5.10.1　AdaBoost 算法

Boosting 算法系列的思想来自 PAC 可学习性（Probably Approximately Correct Learnability）理论。该理论研究什么时候一个问题是可学习的，以及可学习问题的具体学习方法。瓦利安特（Valiant）和科恩斯（Kearns）首次提出了 PAC 学习模型中弱学习算法和强学习算法的等价性问题，即任意给定仅比随机猜测稍微好一点的弱学习算法，是否可以将其提升为强学习算法？如果二者等价，那么只需找到一个比随机猜测略好的弱学习算法，就可以将其提升为强学习算法，而不必寻找很难获得的强学习算法。

AdaBoost，是英文"Adaptive Boosting"（适应性提升）的缩写，由约夫·弗雷德（Yoav Freund）和罗伯特·夏皮雷（Robert Schapire）在 1995 年提出，他们回答了上述问题。他们利用 AdaBoost 算法，把多个不同的决策树用一种非随机的方式组合起来，获得了惊人的性能。首先，决策树的正确率大大地提高了，可以与 SVM 媲美。其次，运行速度快，且基本不用调参数。最后，该组合分类器几乎不产生过拟合现象。

Boosting 算法是一种把多个（弱）分类器整合为一个（强）分类器的方法。除了 Boosting 算法，集成学习方法还有 Bagging 方法等。

1. 算法思想

AdaBoost 是一种迭代算法，其核心思想是针对同一个训练集训练不同的分类器，即弱分类器，然后把这些弱分类器集合起来，构造一个更强的最终分类器。算法本身是通过改变数据分布实现的，它根据每次训练集之中的每个样本的分类是否正确，以及上次的总体分类的正确率来确定每个样本的权值。再将修改了权值的新数据送给下层分类器进行训练，然后将每次训练得到的分类器融合起来，作为最后的决策分类器。

AdaBoost 的所谓适应性，在于前一个基本分类器分错的样本会得到加强，加权后的全体样本再次用来训练下一个基本分类器。同时，在每一轮中加入一个新的弱分类器，直到达到某个预定的足够小的错误率或预先指定的最大迭代次数。

具体来讲，整个 AdaBoost 迭代算法包含三个主要步骤：

（1）初始化训练数据的权值分布。如果有 M 个样本，则每一个训练样本最开始都被赋予相同的权值即 $1/M$。

（2）训练弱分类器。在训练过程中，如果某个样本点已经被准确地分类，那么在构造下一个训练集时，它的权值就被降低；相反，如果某个样本点没有被准确地分类，那么它的权值就得到提高。在第 t 轮训练结束后，根据得到的弱分类器 h_t 的性能，计算该分类器对应的权值 α_t，并由 h_t 在训练集上的分类结果对权重向量 $W_i \to W_{i+1}$ 进行更新。接着，权值更新过的样本集被用于训练下一个分类器，整个训练过程如此迭代进行下去。

（3）将各个训练得到的弱分类器组合成强分类器。各个弱分类器的训练过程结束后，加大分类误差率小的弱分类器的权重，使其在最终的分类函数中起较大的决定作用；降低分类误差率大的弱分类器的权重，使其在最终的分类函数中起较小的决定作用。换言之，误差率小的弱分类器在最终分类器中占的权重较大，否则较小。

具体的算法流程如下：

给定：$(x_1, y_1), \dots, (x_m, y_m)$，$x_i \in X$，$y_i \in Y = \{-1, +1\}$

1. 为训练集中每个样本初始化权重 $W_1(i) = 1/m$

2. 从 $t = 1, \dots, T$ 迭代

2.1 使用样本分布 W_t 对弱分类器 h_t 进行训练

2.2 计算弱分类器 $h_t : X \to \{-1, +1\}$ 的带权分类误差

$$\varepsilon_t = \sum W_t(i) I[h_t(x_i) \neq y_i]$$

2.3 计算弱分类器对应的权重 $\alpha_t = \frac{1}{2} \ln\left(\frac{1 - \varepsilon_t}{\varepsilon_t}\right)$

2.4 更新样本权重 $W_{t+1}(i) = \frac{W_t(i)}{\text{SUM}(W_t)} \times \begin{cases} e^{-\alpha_t}, & if \quad h_t(x_i) = y_i \\ e^{\alpha_t}, & if \quad h_t(x_i) \neq y_i \end{cases} = \frac{W_t(i) exp(-\alpha_t y_i h_t(x_i))}{\text{SUM}(W_t)}$

其中，$\text{SUM}(W_t)$ 是一个规范化因子（从而使得 D_{t+1} 是一个分布）

注：若 $h_t(x_i) = y_i$，那么 $y_i h_t(x_i) = 1$；若 $h_t(x_i) \neq y_i$，那么 $y_i h_t(x_i) = -1$

3. 得到 T 个不同的弱分类器及其对应的权重，输出最终的分类器

$$H(x) = \text{sign}\left(\sum_{t=1}^{T} \alpha_t h_t(x)\right), \text{sign 为符号函数}$$

利用这个分类器，对样本数据进行分类

在上述算法的 2.2 步，分类器 h_t 的性能度量，即该分类器在训练集上的结果，通过计算该分类器在训练集上的带权分类误差来计算。所谓带权分类误差，是指将待分类的样本包含的权重（初始化的样本权重或前一次迭代以后调整的权重），结合该数据集上的分类误差，得到分类器在该数据集上的一个考虑样本权重的分类误差。计算公式为：

$$\varepsilon_t = \sum W_t(i) I(h_t(x_i) \neq y_i)$$

式中，ε_t 为第 t 个弱分类器的带权分类误差值；$w_t(i)$ 为第 t 次更新后样本 i 的权重；$h_t(x_i)$

为使用第 t 个弱分类器对样本 i 的分类结果；y_i 为样本 i 的真实标签；$I(h_t(x_i) \neq y_i)$ 是一个指示函数，它的值是 $I(h_t(x_i) \neq y_i) = \begin{cases} 0, h_t(x_i) = y_i \\ 1, h_t(x_i) \neq y_i \end{cases}$。

在 2.3 步，弱分类器 h_t 对应的权重 α_t 与其带权分类误差有关，计算公式为：$\alpha_t = \frac{1}{2}\ln\left(\frac{1-\varepsilon_t}{\varepsilon_t}\right)$，绘制分类器的权重函数的图像（见图 5-19）（注意带权分类误差的范围是 $[0, 1]$），弱分类器的权重与其对应的带权分类误差呈反比关系，也就是带权分类误差越小，该分类器对应的权值越大；或相反。

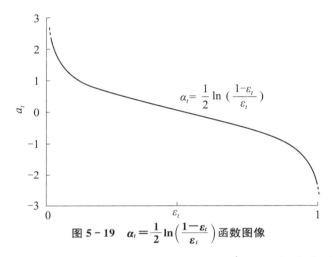

$$\alpha_t = \frac{1}{2}\ln\left(\frac{1-\varepsilon_t}{\varepsilon_t}\right)$$

图 5-19　$\alpha_t = \frac{1}{2}\ln\left(\frac{1-\varepsilon_t}{\varepsilon_t}\right)$ 函数图像

在 2.4 步，更新样本权值 $W_{t+1}(i) = \frac{W_t(i)}{\text{SUM}(W_t)} \times \begin{cases} e^{-\alpha_t}, & if \quad h_t(x_i) = y_i \\ e^{\alpha_t}, & if \quad h_t(x_i) \neq y_i \end{cases}$。该公式定义了计算弱分类器 h_t 对应的权值 α_t 后，对样本 i 的权重更新过程。如果该分类器在某个样本上分类正确，则降低该样本的权值；如果分类错误，则提高该样本的权值。公式前半部分主要用于对整个权重向量进行规范化处理，以使其和为 1。

从上述过程可以看出，每轮训练结束后，AdaBoost 算法对样本的权重进行调整，该调整的结果是越到后面被错误分类的样本权重会越高。于是，到后面单个弱分类器为了达到较小的带权分类误差，都会把样本权重高的样本正确分类。最终的结果是，虽然每个弱分类器可能都有分错的样本，然而整个 AdaBoost 框架却能保证对每个样本进行正确分类。

2. AdaBoost 算法的特点

AdaBoost 算法是一种具有很高精度的分类器，具有如下特点：（1）可以使用各种方法构建子分类器，AdaBoost 算法提供对其进行组合以及提升的框架。（2）当使用简单分类器时，计算出的结果是可以理解的。（3）弱分类器构造极其简单，无须做特征筛选。（4）AdaBoost 算法简单，不用调整分类器，不会导致过拟合。

3. AdaBoost 算法实例

我们通过如下的实例，来进一步把握 AdaBoost 算法的思想及其产生的效果。

（1）如图 5-20 所示，W_1 表示样本的初始权重分配，数据点包含两类数据，分别用"＋"号和"－"号表示。在 AdaBoost 算法运行过程中，使用水平或者垂直的直线作为分类器进行分类。算法最开始给了一个均匀分布 D。所以 h_1 里的每个点的权重是 0.1。

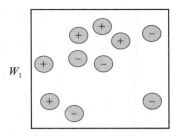

图 5-20　AdaBoost 实例

（2）利用第一个分类器进行划分，有三个数据点划分错了，根据误差公式，计算得到带权的误差为 $\varepsilon_1 = (0.1 + 0.1 + 0.1) = 0.3$。第一个分类器的权重 $\alpha_1 = \dfrac{1}{2}\ln\left(\dfrac{1-\varepsilon_t}{\varepsilon_t}\right)$ 为 0.42。

根据算法要求，把分类错误的数据点的权值变大（见图 5-21，其中圆圈的边缘变粗表示权值变大，因为分类器对其分类错误），得到新的权重分布。

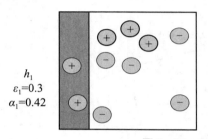

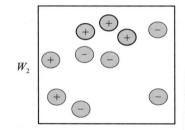

图 5-21　AdaBoost 第 1 次迭代

至此，根据分类的正确率，得到一个新的样本权重分布 W_2 和一个子分类器 h_1。

（3）进行第二次迭代，根据分类的正确率，得到一个新的样本权重分布 W_3 以及一个子分类器 h_2，如图 5-22 所示。

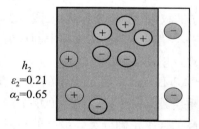

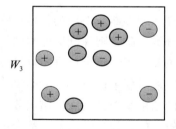

图 5-22　AdaBoost 第 2 次迭代

（4）计算最后一个分类器的错误率和权重，得到最后一个分类器的权重为 h_3，如图 5-23 所示。

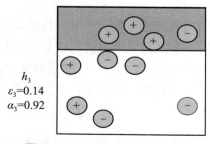

图 5-23　AdaBoost 第 3 次迭代

（5）整合所有子分类器，即对其进行加权求和。从结果来看，即使简单的分类器，组合起来也能获得很好的分类效果，如图 5 - 24 所示。

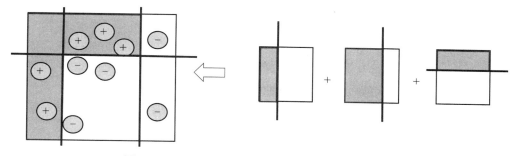

图 5 - 24 　 $h_{\text{final}} = \text{sign}(0.42h_1 + 0.65h_2 + 0.92h_3)$[①]

4. AdaBoost 算法的应用

AdaBoost 算法的应用场景包括：（1）二值分类或多类别分类；（2）特征选择（Feature Selection）；（3）无须变动原有分类器，通过组合出新的分类器提升分类器的性能。

5.10.2　集成学习（分类和回归）

集成学习有两个主要策略，即 Bagging 和 Boosting。AdaBoost 是集成学习的特例。它们都是将已有的一系列分类或回归模型，通过一定方式组合起来，形成一个性能更加强大的模型的方法。以分类为例，它是一种分类器的组装方法，即将弱分类器组装成强分类器的方法。

Bagging（Bootstrap Aggregating）方法，基于有放回的抽样方法（可能抽到重复的样本）构造一系列分类器，然后整合成元分类器。其算法过程如下：

（1）从原始样本集中抽取训练集。每轮从原始样本集中使用 Bootstrap 方法抽取 n 个训练样本。在训练集中，有些样本可能被多次抽到，有些样本可能一次都没有被抽到。共进行 k 轮抽取，得到 k 个训练集。k 个训练集之间是相互独立的。

（2）每次使用一个训练集得到一个模型，k 个训练集共得到 k 个模型。可以根据具体问题采用不同的分类或回归方法，如决策树、感知机等。

（3）对分类问题，将上步得到的 k 个模型采用投票的方式得到分类结果；对回归问题，计算上述模型的均值，作为最后的结果，这意味着所有模型的重要性相同。一般来讲，组合预测器比单一的预测器的预测效果要好，因为方差变小了。随机森林就是一种 Bagging 方法。

Boosting（AdaBoost 是一个特例）将弱分类器（或回归模型）组装成一个强分类器（或回归模型）。它按照一定顺序（Sequentially）建立预测器，后续增加的预测器试图减少已经建立的组合预测器的预测偏差（Bias）。其目的是把若干个弱预测器组合成一个强大的预测器。具体的提升方法包括 AdaBoost、梯度提升树（Gradient Boosting Decision

---

① 　http：//erinshellman. github. io/data-mining-starter-kit/#/108.

Tree）等。

Boosting 要考虑两个问题：（1）在每一轮如何改变训练数据的权值（概率分布）：通过提高那些在前一轮被弱分类器分错的样例（把正例分类为负例，把负例分类为正例）的权值，减小前一轮分对的样例（把正例分类为正例，把负例分类为负例）的权值，使得分类器对错误分类的数据给予更多的关注。（2）通过什么方式来组合弱分类器：AdaBoost 通过加权多数表决的方式，即增大错误率小的分类器的权值，同时减小错误率较大的分类器的权值。也就是通过加法模型，将弱分类器进行线性组合。梯度提升树则通过拟合残差的方式逐步减小残差，将每一步生成的模型叠加，得到最终模型。

Bagging 和 Boosting 策略的区别，如表 5 - 17 所示。

表 5 - 17　Bagging 和 Boosting 对比

	Bagging	Boosting
样本选择	训练集是在原始数据集中有放回选取的，从原始数据集中选出的各轮训练集之间，是互相独立的	每一轮的训练集不变，只是训练集中每个样本的权重发生变化。而权重根据上一轮的分类结果进行调整
样例权重	使用均匀采样，每个样本的权重相等	根据错误率不断调整样本的权重，错误率越大则权重越大
预测函数	所有预测模型的权重相等	每个弱分类器都有相应的权重。分类误差小的分类器有更大的权重
并行计算	各个预测模型，可以并行生成	各个预测模型只能顺序生成，因为后一个模型参数需要前一轮模型的结果进行设置。

除了 Bagging 和 Boosting，堆叠（Stacking）方法将每个单独的分类器的输出作为更高层分类器的输入，更高层分类器可以判断如何更好地合并这些来自低层分类器的输出，具体请参考相关资料。

俗话说，三个臭皮匠，顶个诸葛亮。投票分类器（Voting Classifier，为元分类器）就是根据这个原理构建的。它首先建立一系列分类器，然后利用投票的方式，决定新样本的类别。

投票分类器的投票方式有硬投票（Hard Voting）和软投票（Soft Voting）两种。硬投票根据少数服从多数原则来确定最终分类结果；软投票，则将所有模型预测新样本为某一个类别的概率的平均值作为标准，概率最高的类别为最终预测结果。

比如，5 个模型的预测结果如表 5 - 18 所示，那么硬投票和软投票结果分别如第二列和第三列所示。

表 5 - 18　硬投票和软投票对比

各个模型的预测结果	硬投票	软投票
模型 1：类别 A-99%，类别 B-1% 模型 2：类别 A-49%，类别 B-51% 模型 3：类别 A-40%，类别 B-60% 模型 4：类别 A-90%，类别 B-10% 模型 5：类别 A-30%，类别 B-70%	类别 A 得 2 票 类别 B 得 3 票 最终预测结果 为类别 B	类别 A 的概率： $(0.99+0.49+0.40+0.90+0.30)/5=0.616$ 类别 B 的概率： $(0.01+0.51+0.60+0.10+0.70)/5=0.384$ 最终预测结果为类别 A

5.11　关联规则分析

5.11.1　频繁项集与关联规则分析

关联规则分析（Association Rule Analysis）最典型的例子是购物篮分析。通过关联规则分析，能够发现顾客每次购物交易的购物篮中不同商品之间的关联，从而了解顾客的消费习惯，让商家能够了解哪些商品被顾客同时购买，从而制定更好的营销方案。本章开头提到的啤酒和尿布的故事，就是关联规则分析方法的挖掘结果的应用。

关联规则是形如 $X{\rightarrow}Y$ 的蕴含式，表示通过 X 可以"推导出" Y，X 称为关联规则的左部（Left Hand Side，LHS），Y 称为关联规则的右部（Right Hand Side，RHS）。在购物篮分析结果里，"尿布→啤酒"表示顾客在购买尿布的同时，有很大的可能性购买啤酒。

关联规则有两个指标，分别是支持度（Support）和置信度（Confidence）。关联规则 $A{\rightarrow}B$ 的支持度 $P(AB)$ 指的是事件 A 和事件 B 同时发生的概率。置信度 $P(B\mid A)=P(AB)/P(A)$，指的是在发生事件 A 的基础上，发生事件 B 的概率。比如，如果"尿布→啤酒"关联规则的支持度为 30％，置信度为 60％，就表示所有的商品交易中，30％交易同时购买了尿布和啤酒；而在购买尿布的交易中，60％的交易同时购买了啤酒。

关联规则分析需要从基础数据中挖掘出支持度和置信度都超过一定阈值的关联规则，以便在决策中应用。同时满足最小支持度阈值和最小置信度阈值的规则称为强规则。

挖掘关联规则的主流算法为 Apriori 算法。它的基本原理是在数据集中找出同时出现概率符合预定义（Pre-defined）支持度的频繁项集；而后从以上频繁项集中找出符合预定义置信度的关联规则。所谓频繁项集和关联规则，可以通过以下实例来解释。

假设有一家商店经营 4 种商品（实际生活中，商品数目比这多得多，但是算法原理一样），分别是商品 0、商品 1、商品 2 和商品 3。那么所有商品的组合有：只包含 1 种商品的、包含其中 2 种商品的、包含 3 种商品的以及包含 4 种商品的组合。这些组合，包括空集，构成如图 5-25 所示的"子集"或者"超集"关系。图中的圆圈表示某个商品组合，连接线则表示"子集"/"超集"关系。

对于单个项集的支持度，可以通过遍历每条记录，并检查该记录是否包含该项集来计算。对于包含 N 种物品的数据集共有 2^N-1 种项集组合，重复上述计算过程是不现实的。科研人员发现 Apriori 原理可以减少计算量。

Apriori 原理是，如果某个项集是频繁的，那么它的所有子集也是频繁的。它的逆否命题是，即如果一个项集是非频繁的，那么它的所有超集也是非频繁的。比如在图 5-26 中，已知阴影项集〔商品 2，商品 3〕是非频繁的。利用这个基础知识，可以知道项集〔商品 0，商品 2，商品 3〕，〔商品 1，商品 2，商品 3〕以及〔商品 0，商品 1，商品 2，商品 3〕也是非频繁的。因为它们都是〔商品 2，商品 3〕的超集。

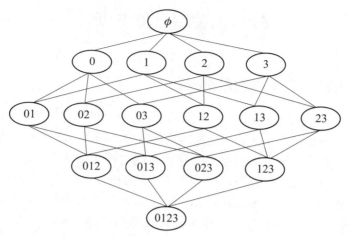

图 5 - 25　集合｛商品 0，商品 1，商品 2，商品 3｝中所有可能的项集组合

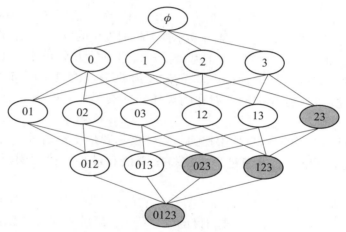

图 5 - 26　Apriori 原理（非频繁项集用灰色表示）

　　于是在计算过程中，一旦计算出了｛商品 2，商品 3｝的支持度，知道它是非频繁的后，就可以紧接着排除｛商品 0，商品 2，商品 3｝、｛商品 1，商品 2，商品 3｝和｛商品 0，商品 1，商品 2，商品 3｝项集的判断，从而减少了计算工作量。

　　除了 Apriori 算法，挖掘关联规则的算法还有 FP-growth。FP-growth 算法基于 Apriori 算法构建，它采用了优化的数据结构，减少扫描次数，只需要对数据库进行两次扫描，大大加快了算法执行速度。而 Apriori 算法对于每个潜在的频繁项集，都会扫描数据集，以便判定给定模式是否频繁。

　　我们通过一个实例[①]来了解 Apriori 算法的执行过程。假设有如表 5 - 19 所示的数据集，表示了用户观看电影的活动。

_____

　　①　http：//it. taocms. org/10/1833. htm.

表 5 - 19　用户观看电影的活动数据

交易号	电影 1	电影 2	电影 3	电影 4	电影 5
1	Sixth Sense	LOTR1	Harry Potter1	Green Mile	LOTR2
2	Gladiator	Patriot	Braveheart		
3	LOTR1	LOTR2			
4	Gladiator	Patriot	Sixth Sense		
5	Gladiator	Patriot	Sixth Sense		
6	Gladiator	Patriot	Sixth Sense		
7	Harry Potter1	Harry Potter2			
8	Gladiator	Patriot			
9	Gladiator	Patriot	Sixth Sense		
10	Sixth Sense	LOTR	Gladiator	Green Mile	

我们的目标是，从这些数据中挖掘出用户观看电影的关联规则，即购票观看某部（几部）电影的用户中，有多大比例会去购票观看其他哪些电影。支持度阈值设定为 50%，置信度阈值设定为 80%。

根据上述表格，我们得到 1 项集，列表如表 5 - 20 所示。

表 5 - 20　获得 1 项集

电影名称	同时出现在哪些交易中	出现次数	支持度
Sixth Sense	1，4，5，6，9，10	6	6/10＝0.6
LOTR1	1，3	2	2/10＝0.2
Harry Potter1	1，7	2	2/10＝0.2
Green Mile	1，10	2	2/10＝0.2
LOTR2	1，3	2	2/10＝0.2
Gladiator	2，4，5，6，8，9，10	7	7/10＝0.7
Patriot	2，4，5，6，8，9	6	6/10＝0.6
Braveheart	2	1	1/10＝0.1
Harry Potter2	7	1	1/10＝0.1
LOTR	10	1	1/10＝0.1

从表 5 - 20 中可以看出，符合支持度≥50%的只有如表 5 - 21 所示的三项，即有 3 个 1 项集是频繁的。

表 5 - 21　符合支持度的 1 项集

电影名称	同时出现在哪些交易中	出现次数	支持度
Sixth Sense	1，4，5，6，9，10	6	6/10＝0.6
Gladiator	2，4，5，6，8，9，10	7	7/10＝0.7
Patriot	2，4，5，6，8，9	6	6/10＝0.6

在此基础上，通过自连接构造超集，构造出来的 2 项集如表 5 - 22 所示。

表 5 - 22　构造 2 项集

电影名称	同时出现在哪些交易中	出现次数	支持度
Sixth Sense，Gladiator	4，5，6，9，10	5	5/10＝0.5
Sixth Sense，Patriot	4，5，6，9	4	4/10＝0.4
Gladiator，Patriot	2，4，5，6，8，9	6	6/10＝0.6

可以看出，符合支持度≥50％的只有如表 5 - 23 所示的两项，即有 2 个 2 项集是频繁的。

表 5 - 23　符合支持度的 2 项

电影名称	同时出现在哪些交易中	出现次数	支持度
Sixth Sense，Gladiator	4，5，6，9，10	5	5/10＝0.5
Gladiator，Patriot	2，4，5，6，8，9	6	6/10＝0.6

在此基础上，通过自连接构造超集，构造出来的 3 项集如表 5 - 24 所示，支持度为40％，是不频繁的。

表 5 - 24　构造 3 项集

电影名称	同时出现在哪些交易中	出现次数	支持度
Sixth Sense，Gladiator，Patriot	4，5，6，9	4	4/10＝0.4

Apriori 算法利用了 Apriori 原理。上述实例中，因为 2 项集〔Sixth Sense，Patriot〕是不频繁的（基于一定的支持度），包含〔Sixth Sense，Patriot〕的 3 项集，必定是不频繁的，无须继续判断。

到这里，我们提取了如表 5 - 25 所示的关联规则。

表 5 - 25　关联规则

规则	支持度	置信度
Sixth Sense＝＞Gladiator	0.5	5/6＝0.833 333 3
Gladiator＝＞Sixth Sense	0.5	5/7＝0.714 285 7
Gladiator＝＞Patriot	0.6	6/7＝0.857 142 9
Patriot＝＞Gladiator	0.6	1.0

由于置信度的阈值为 80％，所以第二个关联规则不符合要求。最终提取的关联规则如表 5 - 26 所示。

表 5 - 26　最终提取的关联规则

规则	支持度	置信度
Sixth Sense＝＞Gladiator	0.5	5/6＝0.833 333 3
Gladiator＝＞Patriot	0.6	6/7＝0.857 142 9
Patriot＝＞Gladiator	0.6	1.0

对于关联规则，我们可以很容易地解释和理解。比如，对于上述实例，可以给出如下解释：（1）购票观看 Sixth Sense 的用户中，有 83％的可能性会购票观看 Gladiator，而同时购票观看这两部电影的用户占 50％。（2）购票观看 Gladiator 的用户中，有

85.7%的可能性会购票观看 Patriot，而同时购票观看这两部电影的用户占 60%。（3）购票观看 Patriot 的用户中，100%会购票观看 Gladiator，而同时购票观看这两部电影的用户占 60%。

5.11.2　序列模式挖掘

1. 序列模式挖掘

前面介绍的关联规则分析（具体由 Apriori 和 FP-Growth 等算法实现），通过挖掘频繁项集来抽取关联规则。序列模式挖掘和关联规则挖掘类似，但是它挖掘出的规则的左部和右部有时间先后关系。这里重点介绍序列模式挖掘的 PrefixSpan 算法。

我们先通过表 5-27 了解一下项集数据和序列数据的区别。

表 5-27　项集数据和序列数据

项集数据		序列数据	
TID	Item sets	SID	sequences
10	a, b, d	10	<a (abc) (ac) d (cf)>
20	a, c, d	20	< (ad) c (bc) (ae)>
30	a, d, e	30	< (ef) (ab) (df) cb>
40	b, e, f	40	<eg (af) cbc>

表 5-27 中左边是项集数据，每个项集由若干项组成，这些项之间没有时间上的先后关系，比如同一个购物框的不同产品。

表 5-27 中右边的序列数据则不一样，每个序列是由若干数据项集组成的。比如，第一个序列<a (abc) (ac) d (cf)>，由 a、abc、ac、d、cf 等 5 个数据项集组成，并且这些数据项集有时间上的先后关系。如果某个项集包含多个项，用括号括起来，比如 (abc)，以便和其他项集分开。

注意项集内部的各个项时间上不分先后。为了方便处理，对项集内的项进行编码的时候用字母表示，按照字母顺序排序即可。

2. 子序列与频繁序列

在序列数据概念的基础上，我们来了解子序列。如果某个序列 A 所有的项集在序列 B 的项集中都可以找到，则 A 就是 B 的子序列。更为严格的定义是，对于序列 $A = \{a_1, a_2, \cdots, a_n\}$ 和序列 $B = \{b_1, b_2, \cdots, b_m\}$，$n \leq m$，如果存在数字序列 $1 \leq j_1 \leq j_2 \leq \cdots \leq j_n \leq m$，满足 $a_1 \subseteq b_{j1}$，$a_2 \subseteq b_{j2}$，$\cdots$，$a_n \subseteq b_{jn}$，则称 A 是 B 的子序列。反过来，B 就是 A 的超序列。

可见，子序列的概念和数学上的子集概念类似，但是施加了顺序的约束。

频繁序列是频繁出现的子序列，它和频繁项集的概念类似。比如，对于表 5-16，如果支持度阈值设置为 50%，那么出现在 2 个以上序列 ID 中的子序列为频繁序列。

从表 5-28，可以看出子序列< (ab) c>是频繁序列。因为它是表 5-28 中的第一个序列和第三个序列的子序列，对应的位置用下划线标识出来了。

表 5 - 28　频繁序列

SID	sequences
10	<a (abc) (a c) d (cf) >
20	< (ad) c (bc) (ae) >
30	< (ef) (ab) (df) cb>
40	<eg (af) cbc>

3. PrefixSpan 算法的原理

PrefixSpan 算法的全称是 Prefix-Projected Pattern Growth，即前缀投影的模式挖掘。我们需要了解前缀和投影两个概念。

在 PrefixSpan 算法中的前缀 Prefix，可以认为是序列数据前面部分的子序列。比如，对于序列数据 $B=$<a (abc) (ac) d (cf) >，$A=$<a (abc) a>，那么 A 是 B 的前缀。B 的前缀不止一个，比如<a>、<aa>、<a (ab) >也是 B 的前缀。

在前缀的基础上，就比较容易理解前缀投影了。前缀投影也就是后缀，前缀加上后缀可以构成一个序列。

对于某一个前缀，序列里前缀后面剩下的子序列即为后缀。如果前缀的末尾不是一个完全的项集，则需要加一个占位符"_"。

图 5 - 27 展示了序列<a (abc) (ac) d (cf) >的一些前缀和后缀，读者可以仔细体会。需要注意的是，如果前缀最后的项是项集的一部分，则用一个"_"来占位表示。

前缀		后缀（前缀投影）
<a>		<(abc)(ac)d(cf)>
<aa>		<(_bc)(ac)d(cf)>
<ab>		<(_c)(ac)d(cf)>

图 5 - 27　序列 < a（abc）（ac）d（cf）> 的前缀和后缀

在 PrefixSpan 算法中，相同前缀对应的所有后缀的集合，称为该前缀对应的投影数据库。

PrefixSpan 算法的目标，是挖掘出满足最小支持度的频繁序列。这个算法是如何做到的呢？PrefixSpan 算法借鉴了 Apriori 算法的关键思想。Apriori 算法从频繁 1 项集出发，一步步地挖掘 2 项集、3 项集直到最大的 K 项集。

PrefixSpan 算法是类似的，它从长度为 1 的前缀开始挖掘序列模式，找到对应的投影数据库，得到长度为 1 的前缀所对应的频繁序列。然后挖掘长度为 2 的前缀所对应的频繁序列，直到不能挖掘到更长的前缀为止。下面举例说明算法的原理。

比如，以上面的序列数据为基础，支持度阈值为 50%。长度为 1 的前缀包括<a>、<b>、<c>、<d>、<e>、<f>、<g>。我们对这 6 个前缀，分别搜索序列数据，找到这些前缀的频繁者。如图 5 - 28 所示，每个前缀对应的后缀也标出来了。由于 g 只在序列 4 出现，支持度计数只有 1（25%），因此无须继续挖掘。于是，长度为 1 的频繁序列为<a>、<b>、<c>、<d>、<e>、<f>。剔除序列中的 g，则第 4 条记录变成<（af）cbc>。

挖掘频繁序列从长度为 1 的前缀开始。这里以 d 为例子来说明如何递归挖掘，其他节点的递归挖掘方法和 d 是一样的。

首先我们对 d 的后缀进行计数，得到 {a：1，b：2，c：3，d：0，e：1，f：1，_f：1}。请参考图 5-28 的圆圈里面的部分，比如，我们数一数，d 为前缀的投影数据库为<（cf）>、<c（bc）（ae）>、<（_f）cb>，于是在这三个后缀里面 c 都出现，所以 c：3。注意 f 和 _f 是不一样的，因为前者是在和前缀 d 不同的项集，而后者是和前缀 d 同项集。由于 a、d、e、f、_f 都达不到支持度阈值，因此递归得到的前缀为 d 的 2 项频繁序列为<db>和<dc>。

接着分别递归 db 和 dc 为前缀所对应的投影序列数据库。

ID	sequence
10	<a(abc)(ac)d(cf)>
20	<(ad)c(bc)(ae)>
30	<(ef)(ab)(df)cb>
40	<eg(af)cbc>

<a><b><c><d><e><f>

<a>	<b>	<c>	<d>	<e>	<f>	<g>
4	4	4	3	2	2	1

(a)Find Length 1 Sequential Patterns

前缀

<a>	<b>	<c>	<d>	<e>	<f>
<(abc)(ac)d(cf)>	<(_c)(ac)d(cf)>	<(ac)d(cf)>	<(cf)>	<(_f)(ab)(df)cb>	<(ab)(df)cb>
<(_d)c(bc)(ae)>	<(_c)(ae)>	<(bc)(ae)>	<c(bc)(ae)>	<g(af)cbc>	<cbc>
<(_b)(df)cb>	<(df)cb>	<b>	<(_f)cb>		
<(_f)cbc>	<c>	<bc>			

(b)Prefix and Projection

图 5-28 长度为 1 的频繁序列

首先看 db 前缀，此时对应的投影后缀只有<（_c）（ae）>，于是 _c、a、e 支持度（1/4＝25%）均达不到阈值，因此无法找到以 db 为前缀的频繁序列。

现在递归另外一个前缀 dc，以 dc 为前缀的投影序列为<_f>、<（bc）（ae）>、<b>，进行支持度计数，结果为 {b：2，a：1，c：1，e：1，_f：1}，只有 b 满足支持度阈值，因此得到前缀为 dc 的 3 项频繁序列为<dcb>。

继续递归以<dcb>为前缀的频繁序列挖掘。由于前缀<dcb>对应的投影序列<（_c）ae>，支持度达不到要求，因此不能产生 4 项频繁序列。

至此，以 d 为前缀的频繁序列挖掘结束，产生的频繁序列为<d>、<db>、<dc>、<dcb>。请参考图 5-29。

4. PrefixSpan 算法流程

综上所述，PrefixSpan 算法的流程总结如下：

输入：序列数据集 S 和支持度阈值 α。

输出：所有满足支持度要求的频繁序列。

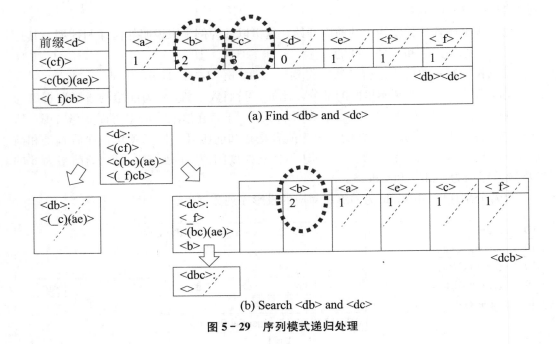

(a) Find <db> and <dc>

(b) Search <db> and <dc>

图 5 - 29　序列模式递归处理

---

1. 找出所有长度为 1 的前缀和对应的投影数据库
2. 对长度为 1 的前缀进行计数，将支持度低于阈值 α 的前缀对应的项，从数据集 S 删除，同时得到所有的频繁 1 项序列，$i = 1$
3. 对于每个长度为 i 满足支持度要求的前缀，进行递归挖掘
   3.1 找出前缀所对应的投影数据库. 如果投影数据库为空，则递归返回
   3.2 统计对应投影数据库中各项的支持度计数. 如果所有项的支持度计数都低于阈值 α，则递归返回
   3.3 将满足支持度计数的各个单项和当前的前缀进行合并，得到若干新的前缀
   3.4 令 $i = i + 1$，对于合并单项后的各个前缀，分别递归执行第 3 步

---

5. PrefixSpan 算法总结

由于不用产生候选序列，而且投影数据库缩小得很快，内存消耗有限，PrefixSpan 算法的效率很高，实际应用较多。

PrefixSpan 运行时最大的消耗在于递归地构造投影数据库。如果序列数据集较大，项数种类较多时，算法运行速度会明显变慢。针对 PrefixSpan 有一些改进算法，主要在构造投影数据库这个环节进行优化。使用大数据平台的分布式计算能力，是加快 PrefixSpan 运行速度的一个好办法，Spark 的 MLLib 就内置了 PrefixSpan 算法。其他序列挖掘算法还有 GSP、FreeSpan 等，请参考相关资料。

5.12　协同过滤推荐算法

在互联网时代，特别是随着 Web 2.0 的发展，Web 已经变成数据分享的平台，每天都有大量的文本、图片、视频发布到网上。信息的极度爆炸，使得人们找到所需的信息变得越来越困难。

面对海量的数据，用户需要更加智能的，更加了解他们需求、口味和偏好的信息检索机制，于是推荐系统应运而生。推荐算法能够根据用户的偏好，向用户推荐商品或者服务。在电子商务（E-Commerce，比如亚马逊等）网站，音乐、电影和图书分享网站，推荐引擎取得了巨大的成功。

推荐算法的出现，使得人类社会的信息分发由人力驱动转向了部分自动化，从人找信息向信息找人转变。以往，搜索引擎满足了人们在有明确目的时的信息查找需求。推荐系统则帮助用户发现他们感兴趣的新产品、新服务、新内容。搜索和推荐，满足人们不同的需求，具有互补性，互相配合满足人们的需要。

推荐引擎需要根据一定的数据进行分析，然后给出推荐结果。主要的数据源包括：（1）要推荐的物品或者内容的描述信息。（2）用户的基本信息，比如性别、年龄等。（3）用户对物品或者内容的偏好。用户偏好可以分为两类，分别是显式的用户反馈和隐式的用户反馈。所谓显式的用户反馈，是用户在网站浏览之外显式地提供的反馈信息，比如用户对物品的评分、用户对物品的评论等；而隐式的用户反馈，则是用户在使用网站时产生的数据，比如用户查看了某个物品的信息、用户购买了某个物品等。推荐引擎使用上述数据源，预测用户对物品的偏好，然后做出推荐。

我们可以从不同的角度，对推荐系统进行分类：（1）根据是否为不同用户推荐不同的物品或者内容，推荐系统分为个性化推荐系统和大众化推荐系统。（2）根据使用的数据源，推荐系统分为基于内容的推荐系统（Content-Based Recommendation）、基于人口统计学的推荐系统（Demographic-Based Recommendation）、基于协同过滤的推荐系统（Collaborative Filtering-Based Recommendation）。基于内容的推荐系统，根据物品或者内容的描述发现物品或者内容的相似性，进行推荐。基于人口统计学的推荐系统，根据用户的信息发现用户之间的相似性，进行推荐。基于协同过滤的推荐系统，根据用户对物品或者内容的历史偏好发现物品或者内容之间的相似性，或者是发现用户之间的相似性，进行推荐。（3）根据推荐模型的基本技术原理，推荐系统分为基于用户对物品的评价矩阵的推荐系统、基于关联规则的推荐系统（Rule-Based Recommendation）、基于模型的推荐系统（Model-Based Recommendation）。基于关联规则的推荐系统，通过关联规则的挖掘，找到哪些物品经常被同时购买，或者用户购买了一些物品后通常会购买其他哪些物品，进行推荐。基于模型的推荐系统，将已有的用户偏好信息作为训练样本，训练出一个模型，用于预测用户的其他偏好。当用户再次进入系统的时候，可以基于这个模型进行推荐。基于模型的推荐，需要考虑如何利用用户近期或者实时的偏好信息更新训练好的模型，以提高推荐的准确度。

需要注意的是，推荐算法在关注个性化的同时应该兼顾多样性，否则容易导致所谓的"信息茧房"问题。

5.12.1 基于内容的推荐

基于内容的推荐的基本思路是，根据物品或者内容的描述信息，发现它们之间的相似性，然后基于用户以往的偏好历史记录，推荐相似的物品或者内容。

比如在电影推荐系统里，我们首先需要对电影的描述信息（元数据）进行建模，这个模型可以包含电影的类型、导演、演员、剧情介绍等。对于具体用户，根据他历史上喜欢看的电影，可以给他推荐类似的电影。这需要根据上述描述信息，计算电影之间的相似度。

基于内容的推荐存在若干问题：（1）推荐的质量依赖于物品模型的完整和全面程度。（2）物品相似度的分析没有考虑人对物品的态度。（3）需要基于用户以往的偏好历史做出推荐，于是存在"冷启动"问题，即模型刚开始运行的时候缺乏必要的历史数据。

虽然这个方法有这些不足，但是仍然在电影、音乐、图书推荐应用中取得了成功。

5.12.2 基于人口统计学的推荐

基于人口统计学的推荐是一种最易于实现的推荐。它根据用户的基本信息发现用户的相似性，然后将相似用户喜爱的其他物品推荐给当前用户。具体来讲，系统对每个用户都有一个用户画像（Profile），这个画像包括用户的一些基本信息，包括年龄、性别、教育背景、收入、婚姻状况等。然后，系统根据用户的画像计算用户的相似度。相似用户称为"近邻"，对于某个用户，利用其"近邻"用户群的偏好，就可以给他一些物品的推荐。

该方法的优势包括：（1）对于系统的新用户来讲，系统没有"冷启动"问题，因为它不使用用户对物品的偏好历史数据。（2）该方法不依赖于物品数据，所以它是领域独立的（Domain Independent），也就是可以应用到不同领域。

但是该方法过于粗糙，对品位要求较高的领域不适用，比如图书、电影和音乐等领域，推荐效果不是很好。

5.12.3 基于协同过滤的推荐

基于协同过滤的推荐，根据用户对物品或者内容的偏好，发现物品或者内容之间的相似性，或者发现用户之间的相似性，然后再基于这些相似性进行推荐。

基于协同过滤的推荐，又可以分为基于用户的（User-Based）推荐和基于项目的（Item-Based，Item 可以译作项目或者物品）推荐。

一些文献①对基于协同过滤的推荐进行了详细介绍，这里简述如下。

1. 基于用户的协同过滤推荐

基于用户的协同过滤推荐，是根据用户对物品或者内容的历史偏好，发现与某个用户偏好相似的 K 最近邻用户（可以使用 KNN 算法进行计算），然后基于 K 最近邻用户的历史偏好信息为该用户进行推荐。以电商领域为例，比如现在要给用户 C 进行商品推荐。首先进行用户间相似度的计算，发现用户 C 与用户 D 和 E 的相似度较高，也就是说用户 D 和 E 是用户 C 的"K 最近邻"。于是，可以给用户 C 推荐用户 D 和 E 浏览过、购买过的商品。需要注意的是，我们只需推荐用户 C 还没有浏览过或者购买过的商品即可。对于用户 C 浏览过或者购买过的商品，无须重复推荐。

如果有多个商品可以推荐，到底优先推荐哪些商品呢？需要对商品进行适当的排序。可以采用加权排序方法，举例如下。比如用户 C 的近邻用户为 D 和 E，他们和用户 C 的相似度以及他们评价过的商品的评分如表 5-29 所示。

表 5-29 为用户 C 推荐商品②

K 最近邻用户	和 C 相似度	商品 101 评分	带权评分	商品 102 评分	带权评分	商品 103 评分	带权评分
用户 D	0.98	3.4	3.332	4.4	4.312	5.8	5.684
用户 E	0.95	3.2	3.04	/	0	4.1	3.895
带权评分总计 T_{Score}			6.372		4.312		9.579
相似度总计 T_{Sim}	1.93						
T_{Score}/T_{Sim} 作为排序标准			3.30		2.23		4.96

我们把用户 D 和 E 对其他商品（包括商品 101、102、103）的评分乘以用户 D、E 和用户 C 之间的相似度，得到带权评分。然后，计算带权评分的总计 T_{Score}，除以相似度总计 T_{Sim}，以 T_{Score}/T_{Sim} 作为排序标准对这些商品进行排序，然后推荐给用户 C。比如，根据计算，商品 103 排名靠前，应该优先推荐。

用户 C 获得的推荐，是从与他偏好相似的用户 D、E 评价的商品里获得的。与用户 C 相似度高的用户的高评分的商品，将被优先推荐。

基于用户的协同过滤，需要找出用户的 K 最近邻，可以根据用户评分矩阵进行计算和推断。用户评分矩阵（Ratings，R）记录的是不同用户对不同的物品（Item）的评分。每一行对应一个用户，每一列对应一个物品，$<i,j>$ 单元记录的是用户 i 对物品 j 的评分 R_{ij}。

用户评分矩阵的具体形式如表 5-30 所示。

---

① http://www.ibm.com/developerworks/cn/web/1103_zhaoct_recommstudy1/index.html；http://www.ibm.com/developerworks/cn/web/1103_zhaoct_recommstudy2/index.html.

② http://www.ibm.com/developerworks/cn/web/1103_zhaoct_recommstudy1/index.html.

表 5 - 30   用户评分矩阵

	物品 1	物品 2	...	物品 n
用户 1	R_{11}	R_{12}	...	R_{1n}
用户 2	R_{21}	R_{22}	...	R_{2n}
⋮	⋮	⋮		⋮
用户 m	R_{m1}	R_{m2}	...	R_{mn}

这里的评分表示用户对物品的偏好程度，评分越高表示用户越偏好该物品。以电商领域为例，用户对商品的浏览、向朋友推荐、收藏、评论、购买等行为，都表现了用户对商品的偏好程度。可以对这些行为进行量化，形成量化指标，然后对这些量化指标进行加权，计算最终评分。

针对评分矩阵，基于用户的协同过滤推荐是在每个用户对应的行向量上，计算用户的相似度。度量向量之间相似度的方法有很多，包括欧式距离、向量夹角余弦、Pearson 相关系数等。Pearson 相关系数的计算公式比欧式距离的计算公式要复杂一些，但是在评分数据不规范的情况下，Pearson 相关系数能够给出更好的结果。

我们通过一个实例了解用户之间的相似度，这里用的是欧式距离。假设用户对各个商品的评分如表 5 - 31 所示。

表 5 - 31   用户评分矩阵实例

用户	商品 1	商品 2
A	3.32	6.51
B	5.78	2.62
C	3.59	6.29
D	3.42	5.78
E	5.19	3.11

绘制一个散点图，以商品 1 得分作为横坐标，以商品 2 得分作为纵坐标。用户 A、B、C、D、E 在坐标系上的分布如图 5 - 30 所示。由此可以看出，用户 A、C、D 距离较近，用户 B、E 距离较近。

从基本原理可以看到，该方法和基于人口统计学的推荐机制类似。但是，基于人口统计学的推荐机制只考虑用户的特征，而基于用户的协同过滤推荐机制是在用户的历史偏好数据上计算用户的相似度，它假设喜欢类似物品的用户，可能具有相同或者相似的口味，这是合理的。

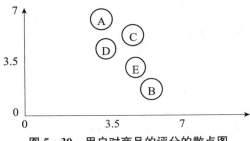

图 5 - 30   用户对商品的评分的散点图

2. 基于项目的协同过滤推荐

基于项目的协同过滤推荐，是使用所有用户对物品或者内容的历史偏好信息发现物品和物品之间的相似度，然后根据用户的历史偏好信息，将类似的物品推荐给用户。以电商领域为例，当需要对用户 C 基于商品 3 进行商品推荐时，首先寻找商品 3 的 K 最近邻商品，也就是和商品 3 相似的商品，比如商品 3 的 K 最近邻为商品 4 和商品 5。然后计算商品 4、5 与其他商品的相似度，并且进行排序，然后给用户 C 推荐新的商品，也就是用户 C 没有浏览过或者购买过的商品。

比如，表 5 - 32 列出了用户 C 购买过的商品 4、5 与其他商品（包括商品 101、102、103）的相似度。我们将用户 C 对商品 4、5 的评分作为权重，乘以其他商品和商品 4、5 的相似度，得到带权相似度。然后，计算相似度总计 T_{Sim}，除以评分总计 T_{Score}，以 T_{Sim} / T_{Score} 作为排序标准对商品 101、102、103 进行排序，然后推荐给用户 C。根据计算，商品 103 排名靠前，应该优先推荐。

表 5 - 32　对用户 C 基于商品 3 进行推荐①

K 最近邻商品	评分	与商品 101 相似度	带权 相似度	与商品 102 相似度	带权 相似度	与商品 103 相似度	带权 相似度
商品 4	4.2	0.2	0.84	0.65	2.73	0.95	3.99
商品 5	4.5	0.3	1.35	0.40	1.8	0.78	3.51
相似度总计 T_{Sim}			2.19		4.53		7.5
评分总计 T_{Score}	8.7						
T_{Sim} / T_{Score} 作为排序的标准			0.25		0.52		0.86

用户 C 获得的推荐，是从与他已经购买过的商品相似度较高的商品中选出的。与用户 C 评分高的商品相似度高的商品，被优先推荐。

针对评分矩阵 R，基于项目的协同过滤推荐是在每个物品对应的列向量上计算物品的相似度。

从基本原理可以看到，该方法和基于内容的推荐都是基于物品相似度进行推荐。但是，它们的相似度计算方法不一样。基于内容的推荐仅仅基于物品本身的属性信息进行相似度计算，基于项目的协同过滤推荐则是从用户的历史偏好进行相似度计算。

如何在基于用户的协同过滤推荐与基于项目的协同过滤推荐之间做出选择呢？需要根据应用场景的特点做出决定。比如，在电商领域，一般来讲，物品的个数是远远小于用户的数量的，而且物品的个数和相似度相对比较稳定，基于项目的机制比基于用户的机制更加适合，它的实时性也更好。物品的相似度可以离线事先计算好，定期更新即可。而在新闻推荐系统中，新闻的数量（物品数）可能大于用户的数量，新闻更新也非常快，存在话题迁移，新闻的相似度不稳定。这时候，使用基于用户的协同过滤推荐算法效果会更好。

基于协同过滤的推荐机制是应用最为广泛的推荐机制。它的优势包括：（1）无须对

① http://www.ibm.com/developerworks/cn/web/1103 _ zhaoct _ recommstudy2/index. html.

用户、物品进行严格的建模，它是领域无关的。（2）能够发现潜在的用户兴趣偏好。

但是我们也需要了解到，该方法存在若干问题：（1）该方法基于历史数据做出推荐，对新用户和新物品存在"冷启动"问题。（2）推荐效果依赖于用户历史偏好数据的数据量及其准确性。（3）少部分人的错误偏好可能会对推荐的准确度产生很大的影响。（4）不能照顾特殊偏好和品位的用户，不能给予精细的推荐。

5.13　隐马尔可夫模型

5.13.1　马尔可夫模型

马尔可夫模型是通过马尔可夫链进行建模的一种状态空间模型。马尔可夫链具有马尔可夫性质，也就是没有长期记忆性。换句话说，某一个时刻的状态受到而且只受到前一时刻状态的影响，不受更往前的时刻的状态的影响。

图 5-31 给出了一个简单的天气模型。在这个模型中，存在三种状态，包括 Sunny、Rainy 和 Cloudy 等。图上还给出了各个状态之间的转移概率，比如当前状态为 Sunny，那么下一个状态为 Sunny 的概率为 0.6，为 Cloudy 的概率为 0.3，为 Rainy 的概率为 0.1 等。

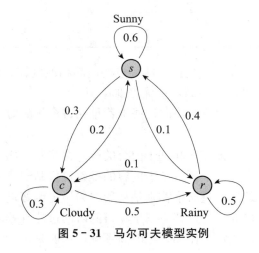

图 5-31　马尔可夫模型实例

5.13.2　隐马尔可夫模型实例

隐马尔可夫模型（Hidden Markov Model，HMM）是包含隐藏状态的马尔可夫模型。我们通过一个实例来介绍。

1. 背景情况

从前有个村子，村民的身体状况有两种可能：健康或者发烧。假设这个村子里的人没有其他检测设备比如温度计等，村民判断身体状况的唯一办法，就是到小诊所里询问那里的一位大夫，大夫的名字叫月儿。

月儿通过望闻问切诊断病情，村民只需回答感觉正常、头晕或者冷就可以了。有一位村民去诊所询问身体状况，第一天他说感觉正常，第二天他说感觉冷，第三天他说感觉头晕。现在的问题是，月儿如何根据这位村民的描述推断这三天中他的身体状况呢？

2. 已知条件

现在月儿已经知道的情况如下：

隐含的身体状况集合＝{健康，发烧}。

可以观察的感觉集合＝{正常，冷，头晕}。

月儿预判的村民的身体状况的概率分布＝{健康：0.6，发烧：0.4}。

月儿还掌握了村民身体状况的转移概率＝{健康→健康：0.7，健康→发烧：0.3，发烧→健康：0.4，发烧→发烧：0.6}。列表如表 5-33 所示。

表 5-33　村民身体状况转移概率

		今天	
		健康	发烧
昨天	健康	0.7	0.3
	发烧	0.4	0.6

此外，月儿认为，在相应的健康状况下，村民的感觉的概率分布＝{健康情况下，正常：0.5，冷：0.4，头晕：0.1；发烧情况下，正常：0.1，冷：0.3，头晕：0.6}。列表如表 5-34 所示。

表 5-34　村民的感觉的概率分布

		感觉		
		正常	冷	头晕
隐藏状况	健康	0.5	0.4	0.1
	发烧	0.1	0.3	0.6

3. 问题描述

如何根据这位村民的描述，推断这三天中他的身体状况的变化过程呢？

4. 问题的解决

解决这个问题，就是要找出产生上述显式的感觉序列的隐藏的身体状况序列，可以用 Viterbi 算法来解决。

根据 Viterbi 理论，后一天的状况仅依赖于前一天的状况和当前可观察的状况。那么，只要根据第一天的正常状况，依次推算，找出到达第三天头晕状况的最大的概率，就可以知道这三天的身体变化过程。

（1）初始情况为：$P(健康)＝0.6$，$P(发烧)＝0.4$。

求第一天的身体状况，计算该村民在感觉正常的情况下，最可能的身体状况。

$$P(今天健康)＝P(正常｜健康)×P(健康｜初始情况)＝0.5×0.6＝0.3$$

$$P(今天发烧)=P(正常\mid 发烧)\times P(发烧\mid 初始情况)=0.1\times 0.4=0.04$$

$P(今天健康)$ 更大，于是可以认为第一天最可能的身体状况是健康。

（2）接着，求第二天的身体状况，计算该村民在感觉冷的情况下，最可能的身体状况。第二天有四种情况，由第一天的发烧或者健康转移到第二天的发烧或者健康。

$$P(前一天发烧,今天发烧)=P(发烧\mid 前一天)\times P(发烧\to 发烧)\times P(冷\mid 发烧)$$
$$=0.04*0.6*0.3=0.007\,2$$

$$P(前一天发烧,今天健康)=P(发烧\mid 前一天)\times P(发烧\to 健康)\times P(冷\mid 健康)$$
$$=0.04\times 0.4\times 0.4=0.006\,4$$

$$P(前一天健康,今天发烧)=P(健康\mid 前一天)\times P(健康\to 发烧)\times P(冷\mid 发烧)$$
$$=0.3\times 0.3\times 0.3=0.027$$

$$P(前一天健康,今天健康)=P(健康\mid 前一天)\times P(健康\to 健康)\times P(冷\mid 健康)$$
$$=0.3\times 0.7\times 0.4=0.084$$

$P(前一天健康，今天健康)$ 最大，于是可以认为第二天最可能的状况是：健康。

（3）最后，求第三天的身体状况，计算该村民在感觉头晕的情况下，最可能的身体状况。

$$P(前一天发烧,今天发烧)=P(发烧\mid 前一天)\times P(发烧\to 发烧)\times P(头晕\mid 发烧)$$
$$=0.027\times 0.6\times 0.6=0.009\,72$$

$$P(前一天发烧,今天健康)=P(发烧\mid 前一天)\times P(发烧\to 健康)\times P(头晕\mid 健康)$$
$$=0.027\times 0.4\times 0.1=0.001\,08$$

$$P(前一天健康,今天发烧)=P(健康\mid 前一天)\times P(健康\to 发烧)\times P(头晕\mid 发烧)$$
$$=0.084\times 0.3\times 0.6=0.015\,12$$

$$P(前一天健康,今天健康)=P(健康\mid 前一天)\times P(健康\to 健康)\times P(头晕\mid 健康)$$
$$=0.084\times 0.7\times 0.1=0.005\,88$$

$P(前一天健康，今天发烧)$ 最大，于是可以认为第三天最可能的状况是发烧。

5. 结论

根据上述推导过程，月儿得出结论：这位村民这三天的身体状况分别是健康、健康、发烧。

5.13.3 隐马尔可夫模型建模

在上述实例基础上，我们给出隐马尔可夫模型的定义。隐马尔可夫模型包含五个要素，即一个 HMM 模型是一个五元组：$(\Omega_X, \Omega_O, A, B, \pi)$。其中，$\Omega_X=\{q^1,\cdots,q^N\}$ 表示状态的有限集合，对应上述实例的健康和发烧身体状况；$\Omega_O=\{v^1,\cdots,v^M\}$ 表示观察值的有限集合，对应上述实例的感觉正常、冷、头晕等；$A=\{a_{ij}\}$，$a_{ij}=P\,(X_{t+1}=q^j\mid X_t=q^i)$ 是状态转移矩阵，对应上述实例的身体状况转移概率；$B=\{b_{ik}\}$，$b_{ik}=P(O=v^k\mid X_t=q^i)$ 表示输出概率，对应上述实例中不同身体状况下产生各种感觉的概率；$\pi=\{\pi_i\}$，$\pi_i=P(X_1=q^i)$ 表示初始状况分布状况，对应上述实例中健康和发烧的先验概率。

5.13.4　三个问题、解决办法及实例

隐马尔可夫模型有三个问题，分别是评估问题、解码问题和学习问题。

（1）评估问题（也称为概率计算问题）：给定观测序列 $O = O_1$，O_2，O_3，…，O_t，以及模型参数 $\lambda = (A，B，\pi)$，计算这一个观测序列出现的概率。通过向前算法（Forward Algorithm）解决。下面通过一个实例介绍前向算法。

假设天气只有三个类别，分别是 Sunny（晴天）、Cloudy（阴天）和 Rainy（雨天）。海藻的湿度和天气有一定的关系。海藻湿度有四个类别，分别是 Dry（干燥的）、Dryish（稍干的）、Damp（潮湿的）、Soggy（湿透的）。

初始状态的概率为：Sunny（0.63），Cloudy（0.17），Rainy（0.20）。

状态转移矩阵如表 5-35 所示。

表 5-35　天气的状态转移矩阵

		今天			
		Sunny	Cloudy	Rainy	$\sum$
昨天	Sunny	0.5	0.375	0.125	1.0
	Cloudy	0.25	0.125	0.625	1.0
	Rainy	0.25	0.375	0.375	1.0

也就是，昨天 Cloudy 今天 Sunny 的概率为 0.25；昨天 Sunny 今天 Rainy 的概率为 0.125 等（行标识表示昨天天气状况，列标识表示今天天气状况）。

海藻湿度与天气的相关性如表 5-36 所示。

表 5-36　海藻湿度与天气的相关性

		海藻湿度				
		Dry	Dryish	Damp	Soggy	$\sum$
天气	Sunny	0.6	0.2	0.15	0.05	1.0
	Cloudy	0.25	0.25	0.25	0.25	1.0
	Rainy	0.05	0.10	0.35	0.50	1.0

也就是天气为 Sunny 时，海藻湿度为 Dry、Dryish、Damp、Soggy 的概率分别是 0.6、0.2、0.15、0.05。

现在有这样一个问题，连续观察 3 天的海藻湿度为 Dry、Damp、Soggy，请求出该观察序列的概率。根据隐马尔可夫模型的特点，我们知道第二天的天气状况只取决于第一天，第三天的天气状况已经与第一天没有关系了，只和第二天的天气状况有关。

可以先求 P(Day1-Sunny)、P(Day1-Cloudy)、P(Day1-Rainy)，Day1 的海藻湿度是 Dry。

P(Day1-Sunny) $= P$(Sunny) $\times P$(Dry ∣ Sunny) $= 0.63 \times 0.6 = 0.378$（最大）

P(Day1-Cloudy) $= P$(Cloudy) $\times P$(Dry ∣ Cloudy) $= 0.17 \times 0.25 = 0.042\,5$

P(Day1-Rainy) $= P$(Rainy) $\times P$(Dry ∣ Rainy) $= 0.20 \times 0.05 = 0.01$

继续求 P(Day2-Sunny)、P(Day2-Cloudy)、P(Day2-Rainy)，Day2 的海藻湿度是 Damp。

$$P(\text{Day2-Sunny}) = (P(\text{Day1-Sunny}) \times P(\text{Sunny} \mid \text{Sunny}) + P(\text{Day1-Cloudy}) \times$$
$$P(\text{Sunny} \mid \text{Cloudy}) + P(\text{Day1-Rainy}) \times P(\text{Sunny} \mid \text{Rainy})) \times$$
$$P(\text{Damp} \mid \text{Sunny})$$
$$= (0.378 \times 0.5 + 0.042\ 5 \times 0.25 + 0.01 \times 0.25) \times 0.15$$
$$= 0.030\ 318\ 8$$

$$P(\text{Day2-Cloudy}) = (P(\text{Day1-Sunny}) \times P(\text{Cloudy} \mid \text{Sunny}) + P(\text{Day1-Cloudy}) \times$$
$$P(\text{Cloudy} \mid \text{Cloudy}) + P(\text{Day1-Rainy}) \times P(\text{Cloudy} \mid \text{Rainy})) \times$$
$$P(\text{Damp} \mid \text{Cloudy})$$
$$= (0.378 \times 0.375 + 0.042\ 5 \times 0.125 + 0.01 \times 0.375) \times 0.25$$
$$= 0.037\ 703\ 1 \ （\text{最大}）$$

$$P(\text{Day2-Rainy}) = (P(\text{Day1-Sunny}) \times P(\text{Rainy} \mid \text{Sunny}) + P(\text{Day1-Cloudy}) \times P$$
$$(\text{Rainy} \mid \text{Cloudy}) + P(\text{Day1-Rainy}) \times P(\text{Rainy} \mid \text{Rainy})) \times P$$
$$(\text{Damp} \mid \text{Rainy})$$
$$= (0.378 \times 0.125 + 0.042\ 5 \times 0.625 + 0.01 \times 0.375) \times 0.35$$
$$= 0.027\ 146\ 9$$

同样的道理，继续求第三天的天气概率，Day3 的海藻湿度是 Soggy。

$$P(\text{Day3-Sunny}) = (P(\text{Day2-Sunny}) \times P(\text{Sunny} \mid \text{Sunny}) + P(\text{Day2-Cloudy}) \times$$
$$P(\text{Sunny} \mid \text{Cloudy}) + P(\text{Day2-Rainy}) \times P(\text{Sunny} \mid \text{Rainy})) \times$$
$$P(\text{Soggy} \mid \text{Sunny})$$
$$= (0.030\ 318\ 8 \times 0.5 + 0.037\ 703\ 1 \times 0.25 + 0.027\ 146\ 9 \times 0.25) \times 0.05$$
$$= 0.001\ 568\ 6$$

$$P(\text{Day3-Cloudy}) = (P(\text{Day2-Sunny}) \times P(\text{Cloudy} \mid \text{Sunny}) + P(\text{Day2-Cloudy}) \times$$
$$P(\text{Cloudy} \mid \text{Cloudy}) + P(\text{Day2-Rainy}) \times P(\text{Cloudy} \mid \text{Rainy})) \times$$
$$P(\text{Soggy} \mid \text{Cloudy})$$
$$= (0.030\ 318\ 8 \times 0.375 + 0.037\ 703\ 1 \times 0.125 + 0.027\ 146\ 9 \times$$
$$0.375) \times 0.25$$
$$= 0.006\ 565\ 6$$

$$P(\text{Day3-Rainy}) = (P(\text{Day2-Sunny}) \times P(\text{Rainy} \mid \text{Sunny}) + P(\text{Day2-Cloudy}) \times$$
$$P(\text{Rainy} \mid \text{Cloudy}) + P(\text{Day2-Rainy}) \times P(\text{Rainy} \mid \text{Rainy})) \times$$
$$P(\text{Soggy} \mid \text{Rainy})$$
$$= (0.030\ 318\ 8 \times 0.125 + 0.037\ 703\ 1 \times 0.625 + 0.027\ 146\ 9 \times$$
$$0.375) \times 0.50$$
$$= 0.018\ 767\ 2 \ （\text{最大}）$$

最后得出：

$$P(\text{Observation List}) = P(\text{Day1-Sunny}) + P(\text{Day2-Cloudy}) + P(\text{Day3-Rainy})$$
$$= 0.378 + 0.037\ 703\ 1 + 0.018\ 767\ 2$$
$$= 0.434\ 470\ 3$$

（2）解码问题（也称为预测问题）：给定观测序列 $O = \{O_1, O_2, O_3, \cdots, O_t\}$，以及模型参数 $\lambda = (A, B, \pi)$，寻找满足这种观察序列意义上最优的隐含状态序列 S。一般通过 Viterbi 算法求解。上文的月儿大夫看病实例已经展示了 Viterbi 算法的流程。

（3）学习问题：也就是 HMM 的模型参数 $\lambda = (A, B, \pi)$ 未知，如何求出这三个参数，以使得观测序列 $O = \{O_1, O_2, O_3, \cdots, O_t\}$ 的概率尽可能大，本质上是一个参数估计问题。

一般通过鲍姆-韦尔奇算法（Baum-Welch Algorithm）求解，也称为向前-向后算法（Forward-Backward Algorithm），它是 EM 算法的一种特殊情形。在该算法的 Expectation 步骤，给定模型参数和一系列的观察值，找到产生这些观察值的一系列状态的概率；在 Maximization 步骤，给定 Expectation 步骤的输出结果，更新模型参数，以便更好地适配（Fit）观察值。关于鲍姆-韦尔奇算法的详细信息请参考相关资料。

5.13.5　隐马尔可夫模型的应用

HMM 有很多经典的应用，可以根据具体的应用需求对问题进行建模。使用 HMM 对问题进行建模，必须满足一些约束条件，包括：（1）隐性状态的转移必须满足马尔可夫性，即一个状态只与前一个状态有关。（2）隐性状态必须能够大概被估计。在满足这些条件的情况下，我们需要确定问题中的隐性状态有哪些、隐性状态的表现有哪些等。

其具体的应用包括：（1）语音识别，即将一段语音信号转换为文字序列。在这个问题里面，隐性状态就是一系列的音素（Phonemes，即文本），显性的状态则是语音信号。（2）手写体识别，这个问题和语音识别是类似的，它需要把文字的图像当成显性序列，文字序列为隐性序列。（3）词性标注和中文分词。

一般来讲只要与线性序列相关的现象，HMM 都可以一展拳脚，对其进行建模和问题求解。

本章要点

1. 机器学习与数据挖掘；有监督学习，无监督学习，半监督学习。

2. 决策树、回归树、随机森林的原理及其应用。

3. 持向量机 SVM、支持向量回归 SVR 的原理及其应用。

4. KNN 算法原理及其应用。

5. 朴素贝叶斯算法原理及其应用。

6. K-Means 聚类算法原理，如何确定 K-Means 算法的 K；DBSCAN 聚类算法，层次聚类算法。

7. EM 算法原理及其应用。

8. 线性回归、Logistic 回归原理及其应用。

9. AdaBoost 算法原理及其应用，集成学习。

10. 关联规则分析，序列模式分析。

11. 协同过滤推荐算法原理与应用。

12. 隐马尔可夫模型。

专有名词

支持向量机（Support Vector Machine，SVM）

支持向量回归（Support Vector Regression，SVR）

线性判别分析（Linear Discriminant Analysis，LDA）

隐马尔可夫模型（Hidden Markov Model，HMM）

第6章

数据的深度分析（下）

6.1 神经网络与深度学习（分类/回归）

6.1.1 人工神经网络入门

人工神经网络（Neural Network）是模仿动物和人类神经系统特征进行分布式并行信息处理的数学模型，通过把大量人工神经元节点（感知机）连接起来形成神经网络，并且利用训练数据调整节点间的连接强度，从而达到对新数据进行预测（包括分类、回归）的目的。

人工神经网络技术可以追溯到 20 世纪 40 年代。1943 年，沃伦·麦卡洛克（Warren McCulloch）与沃尔特·皮茨（Walter Pitts）首次提出了神经元的数学模型。1958 年，心理学家弗兰克·罗森布拉特（Frank Rosenblatt）提出了感知机（Perceptron）的概念，在神经元的结构中加入了训练修正参数的机制，完成了人工神经网络基本原理的构建。

1. 神经元（感知机）

神经网络由"神经元"（或者称感知机）组成。在计算机里对神经元进行建模的时候，首先把它前端（模仿神经元的树突）收集到的输入信号进行加权求和，再通过一个激活函数转换成输出传送出去（模仿神经元的轴突）。图 6-1 展示了一个简单的神经元。其中，x_1、x_2、x_3 为神经元的输入，神经元的输出通过 $h_{w,b}(x) = f(\sum_{i=1}^{3} w_i x_i + b)$ 函数来计算，$f: R \rightarrow R$ 称为激活函数。

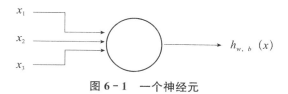

图 6 - 1　一个神经元

一般来讲，激活函数为一个非线性函数，目的是对实际应用中输出和输入之间的非线性关系进行建模。常用的激活函数有 sigmoid 函数和 tanh 函数等，两个函数的具体形式如下：

$$f(x) = \mathrm{sigmoid}(x) = \frac{1}{1+\mathrm{e}^{-x}}; f(x) = \tanh(x) = \frac{\mathrm{e}^x - \mathrm{e}^{-x}}{\mathrm{e}^x + \mathrm{e}^{-x}}$$

正是由于这个激活函数，神经网络具有对非线性关系进行建模的能力。

可以通过不断调整每个输入的权重，训练单个神经元。当输入一个样本数据后，按照最小化输出误差（Error）的方向来调整各个输入的权重。所谓输出误差，是实际的输出值（Actual Output）和想要的目标值（Desired Target）之间的差别。

一个神经元（感知机）能够完成简单的线性分类任务。人工智能专家马文·明斯基（Marvin Minsky）在 1969 年出版了一本书 *Perceptron*，用数学方法证明了感知机的弱点，即感知机（单层）无法解决异或（XOR）这样的简单分类任务。

2. 带一个隐藏层的简单的神经网络

神经网络是由许多单一的神经元连接而成的网络结构，一个神经元的输出可以是另外一个神经元的输入。神经元一般组织成一层层的结构形式。最简单的神经网络是前馈（Feed Forward）神经网络。它是一个多层网络，在这个神经网络中，每一层的节点仅和下一层的节点相连。

图 6 - 2 是一个简单的神经网络。该神经网络最左边的一层称为输入层；最右边的一层称为输出层；中间的节点组成独立的一层，称为隐藏层，是因为我们不能从训练样本上观察到它们的取值。

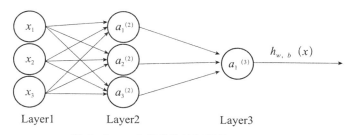

图 6 - 2　一个简单的神经网络

注：x_1、x_2、x_3 为输入层，不对输入数据做任何操作。

增加了一个隐藏层以后，神经网络系统不仅可以解决异或问题，而且具有非常好的非线性分类效果。但是当网络中各层的节点数增大，神经网络权重优化的计算量较大，这一问题直到 21 世纪初也没有得到很好解决。

在本书中，神经元有时也会用"单元"（Unit）来指代，神经网络的表现形式是一个有向图，所以有时也会使用"节点"来表达同样的意思。在图 6 - 2 这个神经网络里，输入层包含 3 个输入单元，隐藏层包含 3 个隐藏单元，输出层包含 1 个输出单元。输入单元只负责传输数据，不做计算。

神经网络中上一层的各个神经元到下一层的各个神经元的连接，有一个权重。这个权重有一个初始值，经过训练（一般采用反向传播算法）获得一个优化的权重配置。当新的样本值输入到训练后的神经网络，就可以获得一个输出值，这个输出值可以应用在对新的输入数据进行分类和回归等目的。比如，在医疗诊断应用中，输入值可以是患者的各项生化指标值，输出值可以表示患者是否患有某种疾病。

3. 前向传播

计算输出值的过程称为前向传播。在前向传播的过程中，每个神经元首先把上一层各个神经元获得的数值进行加权（每个连接的权重）求和，然后应用激活函数获得相应的输出，再通过与下一层的连接传播给下一层的各个神经元，直到获得最后的输出。

以图 6-2 为例。设 $W_{ij}^{(l)}$ 表示第 l 层第 j 单元与第 $l+1$ 层第 i 单元之间的连接参数，也就是连接线上的权重；$b_i^{(l)}$ 表示第 l 层第 i 单元的偏置项，也就是激活函数的常量部分；$a_i^{(l)}$ 表示第 l 层第 i 单元的激活值（输出值），当 $l=1$ 的时候，$a_i^{(1)} = x_i$。

激活过程可以用如下公式表示：

$$a_1^{(2)} = f(w_{11}^{(1)}x_1 + w_{12}^{(1)}x_2 + w_{13}^{(1)}x_3 + b_1^{(1)})$$
$$a_2^{(2)} = f(w_{21}^{(1)}x_1 + w_{22}^{(1)}x_2 + w_{23}^{(1)}x_3 + b_2^{(1)})$$
$$a_3^{(2)} = f(w_{31}^{(1)}x_1 + w_{32}^{(1)}x_2 + w_{33}^{(1)}x_3 + b_3^{(1)})$$
$$h_{w,b}(x) = a_1^{(3)} = f(w_{11}^{(2)}a_1^{(2)} + w_{12}^{(2)}a_2^{(2)} + w_{13}^{(2)}a_3^{(2)} + b_1^{(2)})$$

上述运算过程，可以表达成如下的矩阵乘法。注意 σ 表示对结果矩阵的每个元素应用上文所述的激活函数。

$$\begin{bmatrix} a_1^{(2)} \\ a_2^{(2)} \\ a_3^{(2)} \end{bmatrix} = \sigma \left(\begin{bmatrix} w_{11}^{(1)} & w_{12}^{(1)} & w_{13}^{(1)} & b_1^{(1)} \\ w_{21}^{(1)} & w_{22}^{(1)} & w_{23}^{(1)} & b_2^{(1)} \\ w_{31}^{(1)} & w_{32}^{(1)} & w_{32}^{(1)} & b_3^{(1)} \end{bmatrix} \begin{bmatrix} x_1 \\ x_2 \\ x_3 \\ 1 \end{bmatrix} \right)$$

$$\begin{bmatrix} a_1^{(3)} \end{bmatrix} = \sigma \left(\begin{bmatrix} w_{11}^{(2)} & w_{12}^{(2)} & w_{13}^{(2)} & b_1^{(2)} \end{bmatrix} \begin{bmatrix} a_1^{(2)} \\ a_2^{(2)} \\ a_3^{(2)} \\ 1 \end{bmatrix} \right)$$

在实际应用中，可以创建包含多个隐藏层的神经网络。在深度学习技术崛起之前，在实际应用中，一个隐藏层的神经网络在很多应用中已经足够。理论证明，包含 1 个输入层/1 个隐藏层/1 个输出层的神经网络，可以无限逼近任意连续函数，对数据中表现的非线性关系进行建模。

至此，我们看到神经网络的本质，就是通过参数与激活函数来拟合特征与目标之间的真实函数关系。

4. 反向传播算法

神经网络的权重使用一种称为反向传播（Backpro Pagation，BP）的算法进行训练。

该算法于 1986 年由大卫·鲁梅哈特（Daivd Rumelhart）和杰弗里·欣顿（Geoffrey Hinton）等人提出，它解决了带隐藏层的神经网络优化的计算量问题，使得带隐藏层的神经网络变得真正的实用。

形象地来描述，反向传播算法开始在输入层输入特征向量，经过神经网络各个隐藏层的层层计算获得输出，输出层发现输出和正确的输出（训练数据的输出部分）不一样，这时它就让最后一层神经元进行参数调整。最后一层神经元不仅自己调整参数，还会要求连接它的倒数第二层神经元调整连接权重，并且逐层往回退，调整各个神经网络层间的连接权重。

具体来讲，假设有一个样本集 $(x^{(i)}, y^{(i)})$，$x^{(i)}$ 为多维向量，$y^{(i)}$ 可以为多维（比如二维）或者一维向量。反向传播算法分两步，即正向传播和反向传播。正向传播即使用 $x^{(i)}$ 作为输入，输入的样本从输入层，经过隐藏层，一层一层处理以后，由输出层进行输出。在逐层处理的过程中，每一层神经元的状态只对下一层神经元的状态产生影响。

在输出层上获得一个输出以后，和期望的输出值 $y^{(i)}$ 进行比对，发现不相等，进入反向传播过程。反向传播过程把误差信号按照与原来正向传播的通路相反方向传回，并且对每个隐藏层的各个神经元的连接权重进行修改，目的是使得误差信号趋于最小。

BP 算法的本质[①]，是误差函数的最小化问题。误差函数的定义一般采用期望输出和实际输出的均方差（此处只考虑一个样本），即

$$e = \frac{1}{2} \sum (x_i^l - y^{(i)})^2$$

式中，x_i^l 为第 l 层的实际输出；$y^{(i)}$ 为期望的输出，也就是训练样本里的对应 $x^{(i)}$ 的输出。一般采用非线性规划中的梯度下降方法来修改权重。对于某个神经元的某个权重的更新，采用公式：

$$\Delta w_i = -\alpha \frac{\partial E}{\partial w_i}$$

式中，E 为输出误差；w_i 为输入该神经元的第 i 个连接的权重；α 为学习率。由于误差函数是非线性的，梯度下降的方法可能会陷入局部最小值。

神经网络的训练过程试图优化出模型的参数，使得其在训练数据集上获得较小的误差。但是，我们使用这个模型最终是要对真实场景的新数据进行预测的。于是，把已有的数据集分割成训练数据集和测试数据集，在测试数据集上验证模型的预测性能，以此了解模型的泛化能力（Generalization），即处理新数据的能力。

神经网络模仿了动物和人类神经系统的行为特性，经过训练的神经网络能够对非线性关系进行建模，在分类和回归方面获得较好的性能。反向传播算法解决了训练效率问题，神经网络被应用到语音识别、图像识别、自动驾驶等多个领域，也获得了较好效果。

但是神经网络存在若干问题。首先，尽管使用了 BP 算法，一次神经网络的训练仍然耗时太久，而且训练过程可能导致局部最优解，这使得神经网络的优化较为困难。此外，隐藏层的节点数需要根据应用调整，节点数设置的多少会影响到整个模型的效果，给实际应用带来不便。

---

① https：//mattmazur.com/2015/03/17/a-step-by-step-backpropagation-example/给出了一个反向传播算法的详细说明，http：//www.emergentmind.com/neural-network 则给出了反向传播算法的可视化效果，读者可以参考。

20 世纪 90 年代初期，弗拉基米尔·瓦普尼克（Vladimir Vapnik）等人发明了支持向量机（Support Vector Machine，SVM）技术。SVM 在一些方面具有比神经网络更大的优势，比如无须调整参数、训练和执行效率高、可以获得全局最优解等。SVM 技术在 20 世纪 90 年代到 21 世纪初迅速代替神经网络，成为更加流行的机器学习算法，直到深度学习技术的崛起。

6.1.2　深度学习

深度学习，是 21 世纪初流行起来的机器学习方法，它依赖于更深层次（包含更多隐藏层）的神经网络。深度学习在语音识别、图像识别、自然语言处理、机器人等领域获得了超过传统机器学习方法的性能。在人脸识别（Face Recognition）比赛 LFW 和自然图像分类比赛 ImageNet 中，深度学习显示出超过人类的识别能力。2016 年，谷歌的 Alpha GO 围棋程序击败了人类棋手李世石九段；2017 年，经过改进的 Alpha GO 具有更加强大的战斗力，打败了世界排名第一的柯洁九段，显示了深度学习技术的强大威力。

深度学习能够流行起来的原因包括几个方面：大数据集的积累；计算机运算能力的提高；深度学习训练算法的改进；深度学习模型具有能够自主地从数据中学习到有用的特征的特点等。

大数据是深度学习的原材料。如果没有大数据，更加复杂的神经网络将无法得到很好的训练，人们无法获得更好的模型。在深度学习的实际应用方面取得突破性进展的，大多是拥有大数据的互联网公司，比如谷歌、脸书、微软、百度、阿里巴巴、腾讯等。

硬件的进步是深度学习流行起来的第二个原因。GPU 性能的提高，以及超级计算机和云计算技术的迅猛发展，使得深度学习的实现具有了硬件基础。其中，高性能图形处理器极大地提高了数值和矩阵运算的速度，使得机器学习算法的训练时间得到了显著的改善。2011 年，Google Brain 团队（机器学习专家吴恩达（Andrew Ng）和分布式系统专家杰夫·迪恩（Jeff Dean）领导）用 1 000 台机器、16 000 个 CPU 实现的深度学习模型，包含 10 亿个连接（1 Billion Connections）。使用来自 YouTube 的大量视频进行训练以后，该神经网络能够自动识别出猫脸，即在最高抽象层次形成物体判断的神经元中，有一张对应的是猫的面部图像。[①] 到了 2015 年和 2016 年，这样的模型可以在少量高性能的 GPU 上实现。深度神经网络的训练过程完全可以并行处理，使用 GPU 大幅度提升了其训练的速度。

更深层次的神经网络，如果没有有效的训练方法，其训练过程还是很慢的，根本没有办法得到应用。深度学习流行起来的另外一个因素，是人们找到了提高深度神经网络模型训练效率的方法。主要的贡献者是多伦多大学的杰弗里·欣顿教授。2006 年，他在《科学》（Science）杂志上发表了深度学习的里程碑意义的论文[②]，该论文将深度学习的训练效率提升了一大截，欣顿在论文中给出了无监督的逐层预训练方法。深度神经网络在训练上的难度，可以通过逐层预训练（Layer-Wise Pre-Training）来有效克服。

[①] https://googleblog.blogspot.com/2012/06/using-large-scale-brain-simulations-for.html.

[②] G. E. Hinton, R. R. Salakhutdinov. Reducing the Dimensionality of Data with Neural Networks. *Science*, 2006, 313 (5786): 504 - 507.

该论文被视为深度学习领域的经典之作。除了杰弗里·欣顿，还有很多学者在深度学习方面做出重大贡献，包括约书亚·本吉奥（Yoshua Bengio）、杨立昆（Yann LeCun）、尤尔根·施米德胡贝（Jürgen Schmidhuber）等。

除了训练性能提高，深度神经网络也可以自动识别样本的特征。这一点使得深度学习在一些不知如何设计有效的特征的应用场合，比如图像识别和语音识别等，获得了很好的性能。在神经网络中，浅层的神经元学习到初级的（Primitive）简单的特征，馈入下一层神经网络层。深层的神经元在前一层神经元识别到的特征的基础上，学习到更加复杂的（Complex）特征。这个过程在相邻的神经网络层间重复，各个神经网络层学习到不同抽象级别的特征，越是靠后的神经网络层，学习到越抽象的特征，最后完成预定的识别任务，比如语音识别和图像识别。

比如，在图像识别中，第一个隐藏层学习到的是"边缘"的特征，第二个隐藏层学习到的是由"边缘"组成的"形状"的特征，第三个隐藏层学习到的是由"形状"组成的"图案"的特征，最后的隐藏层学习到的是由"图案"组成的"对象"的特征等。纽约大学的马修·蔡勒（Matthew Zeiler）和罗布·弗格斯（Rob Fergus）对这个问题进行了验证[1]，他们把深度神经网络中某些神经元挑选出来，把在它们上获得较大响应的输入图像放在一起，观察其共同特点。他们发现中间不同隐藏层的神经元分别响应了不同抽象级别的图像特征。这些不同的抽象层次是网络中间各个隐藏层神经元的偏好，而它们的输出又作为后续隐藏层的输入，形成由低到高的不同抽象级别的特征，于是更高层次的概念从低层次的概念学习中得到。

图 6-3 显示了另外一个深度神经网络实例，及其各个隐藏层对图像的不同抽象级别的特征的识别能力。

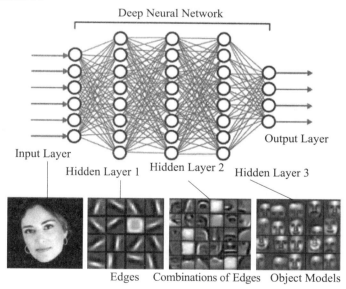

图 6-3　深度神经网络的隐藏层及其特征抽象能力[2]

---

① Matthew Zeiler，Rob Fergus. Visualizing and Understanding Convolutional Networks，https：//arxiv. org/abs/1311. 2901.

② https：//www. saagie. com/fr/blog/object-detection-part1.

图 6-3 中，第一个隐藏层学习到（识别出）边缘，第二个隐藏层学习到（识别出）边缘的组合（各种形状，包括眼睛、鼻子、耳朵等），第三个隐藏层学习到（识别出）人脸，即各个隐藏层依次学习到（识别出）不同抽象级别的人脸特征。

表 6-1 总结了语音识别、图像识别、自然语言理解等任务中，特征所具有的天然的层次结构。

表 6-1　几种任务领域的特征层次结构

任务领域	原始数据 → 浅层特征 → 中层特征 → 高层特征 → 训练目标						
语音识别	样本	频段	声音	音调	音素	单词	语音识别
图像识别	像素	线条	纹理	图案	局部	物体	图像识别
自然语言理解	字幕	单词	词组	短语	句子	段落	文章	语义理解

隐藏层是神经网络对训练数据进行内部抽象表示（Internal Abstract Representation）的结构，就像人脑对现实世界的对象有一个内部表示一样。在神经网络里增加隐藏层，使得后续的隐藏层可以在前导隐藏层的内部表示的基础上，建立新的抽象级别的内部表示。

可以说，深度模型是技术手段，特征学习是目的。与传统的浅层学习对比，深度学习的不同之处在于：（1）强调模型结构的深度，深度神经网络通常有 5 层、6 层，甚至超过 10 层的隐藏层。（2）突出特征学习的重要性，通过逐层的特征变换，将不同抽象级别的特征识别出来，最后使得分类和回归更加容易。表 6-2 总结了浅层神经网络模型和深层神经网络模型的区别。

表 6-2　浅层神经网络模型与深层神经网络模型

	浅层神经网络模型	深层神经网络模型
层数	1～2 层	5～10 层，甚至更多
特征提取方式	特征工程	自动抽取特征
模型特点	凸代价函数；可以收敛到全局最优	非凸的代价函数；存在大量的局部最优点；容易收敛到局部最优
模型表达能力	有限	强大
训练难度	容易	困难
应用领域	时间序列分析、故障诊断……	语音识别、图像识别、自然语言理解……

正是借助算法的改进、计算平台性能的提高，人们可以模拟更多的神经元组成的复杂神经网络的行为。万事俱备，东风也来了，大数据成为深度人工神经网络训练的原材料。

2012 年，多伦多大学的亚历克斯·克里泽夫斯基（Alex Krizhevsky）等构造了一个大型的卷积神经网络（AlexNet），该网络共有 9 层、65 万个神经元、6 000 万个参数。网络的输入是图片，输出是 1 000 个图片分类，表示不同的对象类别，比如美洲豹、救生艇等。他们使用大量的图片训练这个模型，最后在 ImageNet 图片分类方面识别性能优于当时所有的其他分类器，错误率由 25% 降低为 17%。ImageNet 是斯坦福大学李飞飞（Li Feifei）教授创建的目前为止最大的图像识别（Image Recognition）数据库，共包含大约 22 000 个类、1 500 万个标注图像。其中，目前最常用的 LSVRC-2010

Contest 数据集包含 1 000 个类、120 万个图像。

1. 深度学习的应用

深度学习的应用非常广泛，包括语音识别、图像/视频的识别、自然语言处理等。

在图像和视频应用方面，深度学习模型可以识别照片中的物体，对照片进行自动分类和搜索，比如 Google Photo、百度识图、淘宝拍立淘等，都使用了深度学习模型。深度学习模型应用于自动驾驶系统，对人员、车辆等路况信息进行识别和追踪，进而做出有效的应对。深度学习模型还可以用于人脸识别，实现刷脸支付等功能，为人们的生活带来方便。

2014 年，谷歌试图利用深度学习技术，从图像直接生成一段自然语言的描述。谷歌把两个深度神经网络结合起来组成一个模型，完成这个任务。其中一个神经网络（卷积神经网络（CNN））负责识别图像特征；另外一个神经网络（循环神经网络（RNN））负责生成语言。图 6-4 展示了它们使用的网络结构。这个网络结构基于左边的图片，生成了右边的文字描述。

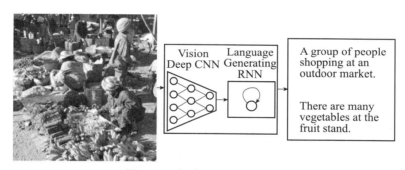

图 6-4　自动生成图片的描述

2014 年，香港中文大学教授汤晓鸥、王晓刚及其研究团队，利用深度学习技术研发的 DeepID 人脸识别技术，准确率达到 99.15%，比人眼识别更加精准。LFW（Labeled Faces in the Wild）是人脸识别领域使用最广泛的测试基准，人眼在 LFW 上的识别率为 97.52%。该研究团队从 2011 年开始深度学习方法的研究，2013 年把 LFW 上的识别率提高到 92.52%。

2015 年末，微软亚洲研究院利用深度达 152 层的深层残差网络（Residual Net）参加 ImageNet 挑战赛。该网络的层数远超以往任何神经网络，并且有效避免了梯度消失。他们以绝对优势获得图像分类、图像定位以及图像检测三个项目的冠军。此外，他们在另外一项图像识别挑战赛 MSCOCO 中同样获得冠军。2014 年 ImageNet 挑战赛获胜的系统其错误率为 6.6%，到 2015 年微软系统的错误率已经低至 3.57%。该团队在 2015 年 1 月首次实现了超过人类视觉分类能力的突破，系统的错误率降至 4.94%，在同样的实验中，人眼辨识的错误率大概为 5.1%。

在语音识别方面，深度学习也得到了广泛应用。在深度学习技术的帮助下，计算机拥有强大的语音识别（Speech Recognition）能力，人机交互的模式变得更加丰富。谷歌（Now）、苹果（Siri）、微软（Cortana）、百度（Deep Speech）、科大讯飞等都推出了自己的语音识别产品。2012 年 12 月，微软亚洲研究院展示了中英即时传译系统，集成了语音识别、机器翻译和语音合成技术，错误率仅为 7%。[①] 2012 年，谷歌利用深度学习技术，大幅度改善了安卓操作系统上的语音识别的精度。使用深度学习技术，语音识别的成功率大大提高，尤其是在嘈杂的环境中，智能手机语音识别系统的错误率下降到 25%，语音搜索结果也有了不小的改善。2013 年，多伦多大学的亚历克斯·格雷夫斯（Alex Graves）、阿卜杜勒-拉赫曼·穆罕默德（Abdel-Rahman Mohamed）以及杰弗里·欣顿等人使用双向 LSTM/RNN 网络，打破了著名的 TIMIT 语音识别测试的纪录。TIMIT 为研究中常用的语音库，适用于语音识别、说话人识别等语音信号处理。

在自然语言处理方面，深度学习也大有用武之地。其中，谷歌于 2016 发布了机器翻译方面的最新成果。它使用基于 LSTM 神经网络的深度学习模型，比基于统计方法的机器翻译引擎获得了更好的翻译效果。它的系统对于长句子的机器翻译也获得了更高的准确度。

深度学习让计算机拥有图像、视频、语音的识别能力。深度学习技术也在改变着机器人领域，帮助机器人更好地感知周围的世界。在此基础上，深度学习技术被应用到了互联网搜索、广告推荐、量化交易、医疗大数据分析等众多领域。实际上，凡是需要对大数据进行分析、预测未知信息的领域，深度学习技术都可以派上用场。

需要注意的是，深度学习技术并非万能的技术，人们不应对其过于迷信，它学习到的可能是数据中的相关关系，但不一定是因果关系。深度学习依赖于标注过的大数据。对于人类来讲轻松不过的事情，机器需要看成千上万张图片才能总结出来。比如，苹果究竟有什么样的特征，如何按照总结出来的特征识别下一个苹果。如果机器能够通过小数据进行学习，才是更像人类的学习方式。"比如一个小孩，他看见一个苹果以后，下次再看见，他就能认识这是个苹果，而不需要看成千上万个苹果"（张亚勤）。在小数据学习方面，理论上目前并没有实质性突破。人工智能专家李航认为，人类的学习能力包括记忆能力、泛化能力、联想能力等。其中，联想在概念的形成、推理、语言的使用中起到根本的作用；我们进行发明创造，靠的是联想。目前，机器还无法完全模仿人的学习，因为人的学习的具体机理还不是很清楚。

深度学习模型存在一些关键的缺陷，比如模型缺乏解释性、对训练集里没有的样本预测效果可能很差、对抗扰动攻击（比如给图像加入一些噪声）的能力不强、计算能耗高、网络结构的设计和网络参数的调整需要大量人工参与、模型适用领域单一、缺乏迁移能力等。此外，深度学习的能力虽然很强，但是和我们预期的真正的强人工智能相比，仍然缺乏必要的能力，比如不能区分因果性和相关性、缺乏逻辑推理的能力、缺乏集成现有（先验）知识的能力，在自动驾驶、政府决策、军事指挥、医疗健康等与人类生命、财产、发展和安全紧密关联的领域，仍然面临巨大的理论和技术挑战。

深度学习技术可以看作实现人工智能的一种途径，而不是终极解决方案。在工程实践中，应把深度学习技术和其他机器学习技术结合起来。深度学习发挥特征提取和非线性建模的作用，和贝叶斯推理以及演绎推理等技术结合，取长补短，是一个有前途的策

---

① http://tech2ipo.com/56452.

略。此外，深度学习技术可以和迁移学习、增强学习（Reinforcement Learning）技术相结合。所谓增强学习，是指计算机通过与环境交互，从中得到的奖赏和惩罚，进而自主学习（Self-Learning）的策略。

2016 年 3 月，击败李世石的围棋程序 Alpha Go，使用了深度学习、增强学习、蒙特卡洛树搜索（Monte Carlo Tree Search，MCTS）等方法，验证了深度学习技术和其他机器学习技术结合可以使得计算机能够不断自主地学习，从而获得高度优化的训练模型。

从长远来看，21 世纪初一些国家和地区各自发起的脑科学计划，将使人们对大脑的神经活动有更加深入的了解。利用这些知识改善深度学习模型的建模，可能也是深度学习取得进一步长足发展的契机。[①] 深度学习的进步推动了人工智能学科的发展，目前人工智能在听、说、看等感知智能领域达到或者超过了人类，但是还不能很好地运用已有知识进行逻辑推理以及触类旁通（迁移学习）。

人工智能的更高目标是认知智能，需要从认知心理学、脑科学汲取营养，结合知识图谱、因果推理、持续学习、迁移学习等新技术，让机器能够理解和运用知识，能够自动提炼新的知识。

2. 深度神经网络的基础模块和网络模型

接下来介绍深度神经网络的基本模块，包括自动编码器、受限玻尔兹曼机等。然后再介绍不同的神经网络模型，包括深度信念网络、卷积神经网络、循环神经网络、长短期记忆神经网络等。

（1）自动编码器（Autoencoder）。

通常来讲，一个自动编码器就是一个前向反馈的简单的神经网络，它的目的是从训练数据上学习一个经过压缩的简洁的表示（Compact Representation）或者一个简洁的编码。为了达成这个目的，输入层和输出层的节点数是一样的，预期的输出就是训练数据本身，而隐藏层的节点数，大大少于输入层（或者输出层的节点数），如图 6 - 5 所示。

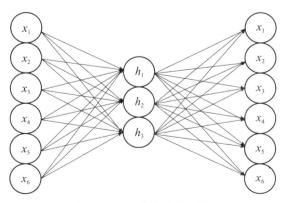

图 6 - 5　一个自动编码器

这个网络的目的，不是让其学习到输入数据和预期结果（分类标签/预测值）之间的一个映射，而是学习到一种数据的特征或者内部表示的结构（Internal Representation Structure）。于是，隐藏层也叫做特征检测器（Feature Detector）。

隐藏层的单元数量，大大少于输入层/输出层的单元数量，迫使网络学习到的是数据呈现的最重要的特征，从而达到降维（Dimensionality Reduction）的目的。

（2）受限玻尔兹曼机（Restricted Boltzmann Machines，RBM）。

标准的玻尔兹曼机由可见单元层（Visible Layer，扮演输入/输出层）以及隐藏层构成。可见单元层和隐藏层的单元之间是双向全联通的，也就是数据可以从可见单元层的单元传播到隐藏层的单元，也可以从隐藏层的单元传播到可见单元层的单元；可见单元层的每个单元和隐藏层的每个单元之间都有连接，如图 6-6 所示。

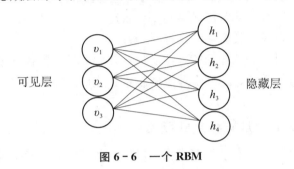

可见层　　　　　　　　　　　　　　　　　　　　　　隐藏层

图 6-6　一个 RBM

如果可见单元层的单元和隐藏层的单元不是全联通的，这样的玻尔兹曼机称为受限玻尔兹曼机。一般来讲，各个单元的激活函数产生 0 或者 1，这些 0/1 输出符合伯努利分布（Bernoulli Distribution）。

RBM 是一种生成式随机神经网络（Generative Stochastic Neural Network），它可以从输入的数据集学习到其概率分布。

RBM 采用对比分歧（Contrastive Divergence，CD）方法进行训练。CD 算法的一次迭代过程包括两个阶段：

Positive 阶段：样本数据 v 输入神经网络的输入层。v 通过和前向反馈网络类似的前向传播方法，传播到隐藏层，隐藏层的激活结果为 h。

Negative 阶段：把 h 传播回可见层（注意前面提到，隐藏层的单元和可见单元层的单元连接是双向的），结果为 v'，把 v' 传播到隐藏层，激活结果为 h'。

在此基础上，对神经网络的权重进行更新，具体为：

$$w(t+1) = w(t) + \alpha(vh^{\mathrm{T}} - v'h'^{\mathrm{T}})$$

式中，α 为学习率；v、v'、h、h'，以及 w 为向量。

这个算法背后的思想是，Positive 阶段（由 v 产生 h）使得网络获得了实际数据的内部表示，而 Negative 阶段则尝试利用内部表示重新创建真实的数据（由 h 产生 v'，然后再用 v' 产生 h'）。权重更新公式的目的，是使得产生的数据和原来的实际数据（Real World Data）尽可能接近，误差尽可能小。对比分歧方法，提供了一种对最大似然的近似，在这里用于学习 RBM 的权重。

这个算法使得神经网络学习到对输入数据如何进行内部表示，然后用这些内部表示重新生成数据。如果重新生成的数据和实际数据还未达到足够的接近，那么该网络进行权重的调整，然后接着尝试。

经过若干次（几百次）迭代之后我们就能够观察到，部分隐藏层单元对某些类别的数据产生更高的激活值，而其他部分隐藏层单元则对另外一些类别的数据产生更高的激活值。RBM 已经学习到了数据的某种内部表示。

（3）堆叠的自动编码器（Stacked Autoencoders）。

自动编码器可以堆叠起来，构成一个深度网络。这样的深度网络可以每次一层地进行训练，解决 BP 算法带来的梯度消失（Vanishing Gradient）问题和过拟合问题。

所谓梯度消失问题，是指当我们在神经网络中加入更多的隐藏层的时候，反向传播过程很难把修正信息传播回前面的隐藏层，本应用于修正模型参数的误差随着层数的增加而呈指数递减，相对于各个隐藏层之间的连接权重来讲，开始变得很小，这导致了模型训练效率低下，无法获得好的训练模型。

而过拟合则是训练出来的模型对训练数据拟合过度，当使用这个模型来对新的数据进行分类和回归预测时，模型表现不是很好，也就是缺乏泛化能力。近年来出现了新的实践上非常有效的正则化方法（Regularization），可以提高模型泛化能力，比如 Dropout 和 Drop Connect，以及数据扩增（Data Augmentation）等技术。

把自动编码器堆叠起来的深度网络具有更加强大的分类和回归预测能力，可获得令人印象深刻的结果。上文提到过的谷歌著名的识别猫脸的论文，就是使用把自动编码器堆叠起来的深度网络对无标签数据进行学习实现的，证明了深度网络的无监督学习能力。

在堆叠的自动编码器构成的深度网络里，隐藏层 t 的输出作为隐藏层 $t+1$ 的输入，第一个隐藏层的输入就是整个网络的输入，也就是训练数据集的输入数据。

堆叠的自动编码器使用逐层的贪心训练算法来进行训练，具体过程如下：

（a）用输入层、隐藏层、输出层构造一个网络。使用所有的训练数据和反向传播算法，训练第一个堆叠的自动编码器。注意，上文中在介绍自动编码器时已经提到，输出数据和输入数据是一样的。

（b）把第一个堆叠的自动编码器的输出层剥离，把第一个堆叠的自动编码器的隐藏层作为第二个堆叠的自动编码器的输入，再附加一个输出层，训练第二个堆叠的自动编码器。训练数据输入到第一个堆叠的自动编码器，第一个堆叠的自动编码器的隐藏层的输出传播到第二个堆叠的自动编码器的隐藏层，第二个堆叠的自动编码器的隐藏层的连接权重通过反向传播算法进行更新，如图 6-7 所示。

（c）对所有堆叠的自动编码器采用上述办法进行训练，也就是把上一个堆叠的自动编码器的输出层剥离，然后堆叠新的自动编码器，再加上输出层，用反向传播算法进行训练。

（d）步骤（a）～（c）称为预训练过程（Pre-Training），它使得网络的各层单元之间的连接权重被初始化。经过预训练的网络并没有获得输入数据到输出的分类标签的映射模型。

逐层初始化完成后，需要增加一层（或者几层）全连接的输出层，对应神经网络应

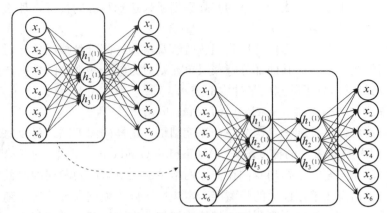

图 6-7　从第一个堆叠的自动编码器的训练到第二个堆叠的自动编码器的训练

该输出的分类标签或者回归预测值，然后用标注过的数据对整个网络用反向传播算法进行整体有监督的训练，这个过程称为精细调优（Fine Tuning）。

可以看出，预训练过程初始化了网络的各个层之间的连接权重，从而让我们获得了一个复杂的多层神经网络，再经过进一步的精细调优，就可以获得最后的模型。由于深度神经网络模型有很多的局部最优解，模型初始化的位置将决定最终模型的质量。预训练过程让模型处于一个较为接近全局最优的位置，精细调优过程则想办法把模型调整到全局最优。

分层预训练相当于对输入数据进行逐级抽象，类似大脑的认知过程。1958 年，大卫·休伯尔（David Hubel）和托斯坦·维厄瑟尔（Torsten Wiesel）发现了一种称为方向选择性细胞（Orientation Selective Cell）的神经元细胞。当瞳孔发现了眼前的物体的边缘，而且这个边缘指向某个方向时，这种神经元细胞就变得活跃。

这个发现激发了研究人员对神经网络的进一步思考。从神经末梢、神经通路到大脑的工作过程，或许是一个不断迭代、逐级抽象的过程，即从原始信号做低级抽象，逐级向高级抽象迭代，一直到更高级别的、抽象的概念。比如，视神经末梢受到刺激（瞳孔摄入像素），神经细胞经过初步处理发现边缘和方向。另一部分神经细胞进一步抽象，判断物体的形状。然后其他神经细胞进一步抽象，大脑判断出具体的物体类别。人类的逻辑思维则使用高度抽象的概念。

（4）深度信念网络（Deep Belief Network，DBN）。

就像堆叠自动编码器一样，我们也可以堆叠 RBM。堆叠 RBM 构成的网络，称为深度信念网络。在这种情况下，第 t 个堆叠的 RBM 的隐藏层，作为第 $t+1$ 个堆叠的 RBM 的可见层；第一个堆叠的 RBM 的输入层，就是整个网络的输入层。

对深度信念网络使用逐层贪心预训练算法进行训练。预训练过程如下：

（a）使用所有的训练数据，对第一个堆叠的 RBM，使用 CD 算法进行训练。

（b）把第一个堆叠的 RBM 的隐藏层，作为第二个堆叠的 RBM 的可见层。把训练样本输入到第一个堆叠的 RBM 的可见层，输入数据通过第一个堆叠的 RBM 的层间连接权重传播到其隐藏层。第一个堆叠的 RBM 的隐藏层，作为第二个堆叠的 RBM 的输入，使用 CD 算法训练第二个 RBM。

（c）重复步骤（a）～（b），对所有堆叠的 RBM 进行训练。

（d）和堆叠的自动编码器类似，预训练过程完成以后，对整个网络进行扩展，增加一个输出层，这个输出层全连接到最后一个堆叠的 RBM 的隐藏层。

从上述过程我们看到，当单层 RBM 被训练完毕后，另一层 RBM 可以堆叠在已经训练完成的 RBM 上形成一个多层模型。每次堆叠时，训练样本输入原有的多层网络输入层，权重则是先前训练得到的，该网络的输出作为新增 RBM 的输入，新的 RBM 重复先前的单层训练过程。

经过预训练后，我们得到一个层间的连接权重、得到初始化的深度网络，接着可以使用反向传播算法进行精细调优。

从以上描述我们可以看到，整个深度网络的结构类似于堆叠的自动编码器，只不过每个自动编码器被替换成 RBM，逐层训练的算法由反向传播算法替换成了 CD 算法。

（5）卷积神经网络（Convolution Neural Network，CNN）。

卷积神经网络是一种特殊类型的前向反馈神经网络，特别适合于图像识别、语音识别等应用领域。为了深入了解卷积神经网络，首先需了解卷积操作。

卷积操作利用图像滤波器（Image Filter）完成卷积，它定义为对一个矩形图像区域进行加权求和操作。比如，我们要对图像 A 进行卷积操作，产生图像 B，卷积操作的滤波器为 6×6 的权重矩阵。那么图像 B 的<1，1>位置的像素的值，是图像 A 从<1，1>像素开始的 6×6 的矩形区域和 6×6 的权重矩阵的加权和（Weighted Sum）；图像 B 的<1，2>位置上的像素的值，是图像 A<1，2>像素开始的 6×6 的矩形区域和 6×6 的权重矩阵的加权和等。

为了对卷积操作有一个更深的认识，图 6 - 8 展示了对一幅 8×8 分辨率的图像使用卷积方法提取特征的过程，在这里使用了 3×3 的卷积核，处理完原图像的每个 3×3 分辨率的区域之后，最终得到 6×6 分辨率的输出图像。目标输出特征图的元素 3（加粗），是卷积核和原图像的虚线框对应的区域的像素加权和。

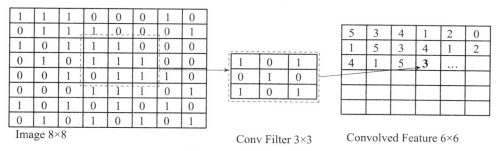

Image 8×8　　　　　Conv Filter 3×3　　　Convolved Feature 6×6

图 6 - 8　卷积操作过程

1）卷积的作用。卷积核到底有什么作用呢？我们通过一个实例来了解，如图 6 - 9 所示。图 6 - 9 的左侧给出了一个灰度图片，其中的像素值越大，颜色越亮。我们看到这个图片有一个明显的边界。图 6 - 9 的中间是一个卷积核（Kernel），也称为滤波器（Filter），这个卷积核是经过特殊设计的。

图 6-9 左侧的图片经过卷积操作后，生成了右侧的图片。我们观察右侧的图片，发现它只有中间两列像素是 10，其余像素都是 0。卷积核把原图片中的边界部分给提取出来了。从这个实例可以看到，通过特定的卷积核，让它去和图片做卷积操作，就可以探测图片的某些特征，比如边界。如果把图 6-9 中的卷积核旋转 90 度，就可以探测水平边界。

10	10	10	10	0	0	0	0
10	10	10	10	0	0	0	0
10	10	10	10	0	0	0	0
10	10	10	10	0	0	0	0
10	10	10	10	0	0	0	0
10	10	10	10	0	0	0	0
10	10	10	10	0	0	0	0
10	10	10	10	0	0	0	0

1	0	-1
1	0	-1
1	0	-1

0	0	10	10	0	0
0	0	10	10	0	0
0	0	10	10	0	0
0	0	10	10	0	0
0	0	10	10	0	0
0	0	10	10	0	0

图 6-9　卷积核的作用

在 CNN 的设计中，设定卷积核的数量以后，卷积核的参数是通过训练获得的。经过训练后，卷积核到底做了什么，我们事先可能并不知道，比起单纯的边缘检测要更加复杂一些。

而且对于前几个网络层之间的卷积核来讲，它提取的是初级的特征，而对于后几个网络层之间的卷积核来讲，则有可能提取的是高级的抽象的特征了。

CNN 是一个多层的神经网络结构，各层为 C 层（Convolutional，卷积）或者 S 层（Subsampling，子采样）。一般来说，C 层为特征提取层，S 层是特征映射层，C 层和 S 层交替组织起来。2011 年以来，深度学习中的常用方法是交替使用卷积层（Convolutional Layer）和最大值池化层（Max Pooling Layer，子采样层），并加入单纯的分类层（输出层）构建卷积神经网络。

卷积层一般对输入使用一个或者多个滤波器进行转换，把这个滤波器应用到输入（图像）上，得到的结果称为特征图（Feature Map，FM）。CNN 使用多个卷积核生成对输入的多个 FM。如果前后两个网络层都是卷积层，那么每个输出的 FM 连接到每个输入的 FM。多个滤波器的使用使得卷积神经网络可以利用它们分别检测数据（图像）中的不同特征集合（Feature Set）。

S 层用于对输入（图像）进行子采样。比如输入是 32×32 像素的图像，如果子采样的区域是 2×2，那么输出将是 16×16 的图像，也就是说每 4 个（2×2）原图像的像素被合并到输出图像的一个像素。子采样的方法很多，一般采用最大（Max）池化、平均（Average）池化和随机（Stochastic）池化等。

图 6-10 展示了卷积和子采样的过程。其中，卷积过程包括用一个可训练的滤波器 f_x 去卷积一个输入的图像（第一阶段是输入的图像，后面的阶段就是卷积特征图了），然后加一个偏置 b_x，得到卷积层 C_x。卷积运算可以看作从一个平面到另一个平面的映射。

子采样过程包括，每 2×2＝4 像素构成的区域求和变为一个像素，之后通过标量

W_{x+1} 加权，再加上偏置 b_{x+1}，然后通过 sigmoid 激活函数，产生一个缩小至 1/4 的特征映射图 S_{x+1}。S 层可以看作模糊滤波器，它起到二次特征提取的作用。卷积神经网络的最后一个 C 层或者 S 层通过全连接方式连接到输出层，输出层输出分类标签或者回归预测值。

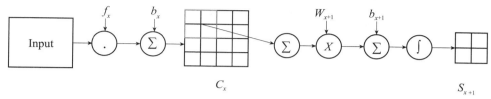

图 6-10　卷积和子采样的过程

2）卷积神经网络的 Padding。在 CNN 中，如果用一个 3×3 的卷积核去卷积一个 6×6 的图像，最后会得到一个 4×4 的输出，也就是一个 4×4 矩阵。那是因为 3×3 的滤波器在 6×6 矩阵中只可能有 4×4 种可能的对齐位置。

卷积操作会造成两个问题：第一，每次做卷积操作后图像就会缩小，比如从 6×6 缩小到 4×4。做了几次卷积之后，图像就会变得很小了，可能只有 1×1 的大小。图像在每次识别边缘或其他特征时都缩小。第二，对于靠近图像边缘的像素，它只被一个滤波器输出所触碰到或者使用到，因为它位于 3×3 的区域的一角。而在图像中间的像素点就会有许多 3×3 的区域与之重叠。那些边缘区域的像素点在输出中采用较少，意味着我们丢掉了图像边缘位置的许多信息，对图像处理不利。为了解决这个问题，可以在卷积操作之前填充原来的图像。在上述实例中，可以沿着图像边缘填充一圈像素。那么 6×6 的图像就填充成了一个 8×8 的图像。现在用 3×3 的卷积核对这个 8×8 的图像卷积，得到的输出就不是 4×4 的图像，而是 6×6 的，和原来图像的大小是一样的。一般可以用 0 去填充。

3）卷积神经网络的 Stride。在标准的 CNN 的卷积操作中，卷积核是 1 个像素挨着 1 个像素，从左到右，从上到下，滑动对准原图像进行卷积操作。在 Strided Convolution 中，卷积核滑动的时候，跳格进行平移（2 个像素或者更多像素），避免重复计算。

Strided Convolution 会影响生成的特征图的幅面。比如 Stride＝2 时，会使特征图幅面缩小为前导特征图幅面的 1/2×1/2 的大小。[①]

4）卷积神经网络实例。用于手写数字（Digit Recognition）识别的 LeNet-5 是一个卷积神经网络（见图 6-11）[②]，由机器学习专家杨立昆于 1998 年提出。不算输入层，它一共有 7 层，每层都包含可以训练的连接权重。

a. 输入为 32×32 大小的图像。

b. C1 层是一个卷积层，使用 6 个滤波器。C1 层由 6 个特征图构成，特征图中每个神经元与输入中 5×5 的邻域相连，特征图的大小为 (32−5+1)×(32−5+1)＝28×28。

---

① 本书的在线资源给出了输出特征图大小和 Stride 以及 Padding 关系的实例和说明。

② 本书的在线资源给出了深度神经网络（包括 CNN）的一个补充说明。

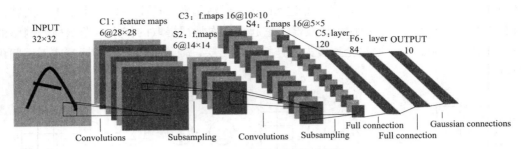

图 6-11　卷积神经网络实例[1]

相同的特征图共享权值，不同的特征图之间权值不同。每个滤波器有 $5 \times 5 = 25$ 个 Unit 参数和 1 个 Bias 参数。一共 6 个滤波器，共 $(5 \times 5 + 1) \times 6 = 156$ 个可训练参数[2]，共 $(5 \times 5 + 1) \times 6 \times 28 \times 28 = 122\ 304$ 个连接。[3]

　　c. S2 层是一个子采样层，对图像进行子抽样，可以减少数据量，同时保留有用信息。S2 层有 6 个 14×14 的特征图。特征图中的每个单元与 C1 中相对应特征图的 2×2 邻域相连接。S2 层每个单元的 4 个输入相加，乘以 1 个可训练参数，再加上 1 个可训练偏置量，通过 sigmoid 函数计算结果。S2 层有 $(1 + 1) \times 6$（特征图）$= 12$ 个可训练参数。对于 S2 层的每一个图的每一个点，连接数是 $2 \times 2 + 1$（偏置量），总共是 $(2 \times 2 + 1) \times 6 \times 14 \times 14 = 5\ 880$ 个连接。

　　可训练系数和偏置控制着 sigmoid 函数的非线性程度。如果系数比较小，那么运算近似于线性运算，子采样相当于模糊图像。如果系数比较大，根据偏置的大小，子采样可以看成有噪声的"或"运算或者有噪声的"与"运算。每个单元的 2×2 感受视野并不重叠，因此 S2 中每个特征图的大小是 C1 中特征图大小的 $1/4$（行方向 $1/2$、列方向 $1/2$）。

　　d. C3 层也是一个卷积层，它同样通过 5×5 的卷积核去卷积 S2 层，得到的特征图就只有 10×10 个神经元。它有 16 种不同的卷积核，于是存在 16 个特征图。

　　需要注意的是，C3 层中的每个特征图是连接到 S2 层中的所有 6 个或者某几个特征图的，表示本层的特征图是上一层提取到的特征图的不同组合。从 C3 层的角度看，它有 16 个图。C3 层的前 6 个特征图以 S2 层中 3 个相邻的特征图子集为输入，接下来 6 个特征图以 S2 层中 4 个相邻特征图子集为输入，接着的 3 个特征图以不相邻的 4 个特征图子集为输入，最后一个特征图将 S2 层中所有特征图为输入，C3 层有共 $(5 \times 5 \times 3 + 1) \times 6 + (5 \times 5 \times 4 + 1) \times 6 + (5 \times 5 \times 4 + 1) \times 3 + (5 \times 5 \times 6 + 1) \times 1 = 1\ 516$ 个可训练参数，$1\ 516 \times 10 \times 10 = 151\ 600$ 个连接。

　　e. S4 层是一个子采样层，由 16 个 5×5 大小的特征图构成。特征图中的每个单元与 C3 层中相应特征图的 2×2 邻域相连接，跟 C1 层和 S2 层之间的连接一样。2×2 的

――――――――――

　　① http://yann.lecun.com/exdb/lenet/index.html.
　　② 为了生成 6 个特征图，需要 6 个滤波器，滤波器大小为 5×5，加上 1 个偏置量，参数数量为 $(5 \times 5 + 1) \times 6$，其他网络层的参数个数同理把握。
　　③ 我们从 C1 层观察输入，C1 有 6 个特征图，每个大小为 28×28，每个像素和输入的 5×5 的区域连接，同时连接偏置量，于是总的连接数量为 $(5 \times 5 + 1) \times 6 \times 28 \times 28$，其他网络层的连接数量同理。

小方框，每个小方框有 1 个参数，加上 1 个偏置，S4 层有 $(1+1)\times16=32$ 个可训练参数（每个特征图有 1 个参数和 1 个偏置）。对于 S4 层的每一个图的每一个点，连接数是 $(2\times2+1)=5$，总共有 $(2\times2+1)\times16\times5\times5=2\,000$ 个连接。

f. C5 层是一个卷积层，有 120 个特征图，特征图大小为 1×1。每个单元与 S4 层的全部 16 个单元的 5×5 邻域相连。由于 S4 层特征图的大小也为 5×5（同滤波器一样），故 C5 层特征图的大小为 1×1，构成了 S4 层和 C5 层之间的全连接。C5 层与 S4 层之间含有 $(5\times5\times16+1)\times120=48\,120$ 个参数，$(5\times5\times16+1)\times120=48\,120$ 个连接。

g. F6 层有 84 个单元，与 C5 层全相连，有 $(120+1$（偏置量）$)\times84=10\,164$ 个可训练参数，10 164 个连接。如同经典神经网络，F6 层计算输入向量和权重向量之间的点积，再加上一个偏置量。然后将其传递给 sigmoid 函数产生单元 i 的一个状态。

h. 最后，输出层由欧式径向基函数（Euclidean Radial Basis Function）单元组成，每类一个单元，每个单元有 84 个输入。参数个数为 84×10（类别）$=840$，连接数为 84×10（类别）$=840$。

LeNet 开卷积神经网络之先河，它的结构模式沿用至今。除了 LeNet（1998 年）之外，典型的 CNN 架构还有 AlexNet（2012 年）、VGG-16（2014 年）、Inception-v1（2014 年，即 GoogLeNet）、Inception-v3（2015 年）、ResNet-50（2015 年）、Xception（2016 年）、Inception-v4（2016 年）、Inception-ResNet-V2（2016 年）、ResNeXt-50（2017 年）等，这些模型的详细信息请读者参考相关资料。

5）CNN 背后的思想。CNN 一般用于图像识别。CNN 由于一个映射面上的神经元共享权值，因而减少了网络自由参数的个数，降低了网络参数选择的复杂度。这个优点在网络的输入是图像时表现得更为明显，可以使用图像直接作为网络的输入，避免了传统识别算法中复杂的特征提取过程。而且，在一个映射面共享权值，使得图像的特征不管其位置（Location）是否发生移动都能够检测出来。CNN 是为了识别二维形状而特殊设计的一个多层网络结构，这种网络结构对平移、比例缩放、倾斜或者其他形式的变形具有高度不变性。

对于 100×100 像素的图片，输入数据是 100×100 个像素构成的向量（如果是彩色图像，那么每个像素包含三个原色，输入向量的大小是 $100\times100\times3$）。如果隐藏层的神经元数量和输入层一样多，需要计算 $(100\times100)\times(100\times100)=10^8$ 个权重。即便利用并行计算或者分布式计算，也是任务繁重，有必要对问题进行巧妙地解决，加快计算过程。

a. 局部感知：首先，当我们观察图片的某个局部区域的时候，距离较远的像素对我们的视觉的影响是很小的，可以忽略不计。局部感知指的是隐藏层的神经元只须和输入层中与它位置邻近的像素发生关联即可，比如一个隐藏层的神经元与输入层的 10×10 区域的像素发生关联。对于这样的隐藏层和输入层的连接模式，神经元之间的连接的数量减少了，我们只需计算 $(100\times100)\times(10\times10)=10^6$ 个权重即可。

b. 权重共享：当图片上的像素、边缘、物体发生平移或者位置变化，我们还是可以理解这个图片的，也就是我们的视觉不依赖于这些对象在图片上的绝对位置。这表示，我们训练出来的权重（比如 10×10 的卷积核）可以用于图片的各个位置。换句话说，在一个 10×10 的邻域内学习到的特征，可以作为一个筛选器，应用到整个图片范围。一个卷积核对应一个特征，CNN 可以通过设计多个卷积核提取更多特征。

c. 池化：当网络结构很复杂，但是样本数量不够大的时候，深度神经网络容易发生过拟合的问题。池化或者子采样，通过 $n×n$ 的小区域的汇总，磨平该区域的突出特征，避免过度学习问题。

常见的图像识别技术就是通过多阶段的卷积层、池化层的组合，构造深度卷积神经网络实现的。各个网络层输出越来越复杂、抽象级别越来越高的图片特征。最后作为输入变量，输入到一般的神经网络层，进行分类训练。

CNN 针对图像识别问题，构建了面向二维矩阵的神经网络技术。无须人工寻找图像特征，而是由神经网络自己从数据中找出特征，卷积层越多，能够识别的特征越抽象。如果我们要训练神经网络从图片中识别猫，只需要把大量的猫的图片交给神经网络，它就能够找出猫的特征。

6）面向 CNN 的图片数据增强。讲到 CNN，不得不提数据增强（Data Augmentation）技术，它是一种把有限的数据集扩展成更大的数据集的方法，目的是对神经网络进行更加充分的训练。

对于 CNN 来讲，它要求对于平移、不同视角、不同尺寸大小或不同光照条件等（或上述条件的组合）的图片的识别能力是不变的。比如，有一张图片上有一只猫，CNN 能够进行分类；另外一张图片和刚才这张图片类似，只是这只猫在画面上平移了，CNN 也能够进行正确分类。尽可能地采集这样的照片，因为成本过高等原因而变得不现实。我们可以在现有样本上，通过适当的数学变换，构造出更多的样本，模拟对象的平移、旋转、不同尺寸及光照条件等。

具体的数学方法，包括水平和垂直图像翻转（Flip）、图像旋转（Rotate）、图像缩放（Scale）、图像随机裁剪（Crop）、图像平移（Translate）、颜色抖动（Color Jitters）、给图像加入少量噪声（Gaussian Noise）等。

（6）循环神经网络（Recurrent Neural Network，RNN）。

对于自然语言处理、语音/视频识别等应用，样本出现的时间先后顺序非常重要，使用 CNN 进行分析不太适合。在这样的应用场合，RNN 是更好的方案。人们使用 RNN 来对时间关系进行建模。

和普通的前向反馈神经网络相比，RNN 只是在中间隐藏层多了一个循环的圈而已，如图 6-12 所示。这个圈表示上次隐藏层的输出作为这一次隐藏层的输入，也就是一个神经元在时间戳 t 的输出在下一时间戳 $t+1$ 作为输入作用于自身。

直观来讲，这样做的目的是希望让网络下一时刻的状态与当前时刻相关，即我们需要创建一个有记忆的神经网络。所以，RNN 是适合处理时序数据的神经网络模型，用于训练时间序列数据模型，然后用于分类和回归预测的任务。

为了方便分析，我们常常将 RNN 在时间上进行展开，得到如图 6-13 所示的结构。$(t+1)$ 时刻的网络的输出结果 $O(t+1)$，是该时刻输入和"所有历史"共同作用的结果。正是这种建模方式，使得 RNN 很适合于对时间序列进行建模。

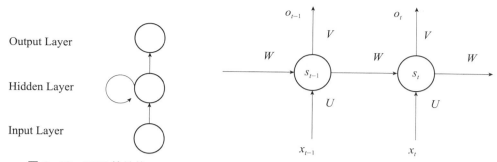

图 6-12　RNN 的结构　　　　　图 6-13　RNN 在时间上展开

隐藏层神经元 s_t 的输入包含两个部分，一个是 x_t，一个是 s_{t-1}。t 时刻 RNN 的 o_t 的计算过程为：

1）t 时刻，隐藏层神经元的激活值为 $s_t = f(Ux_t + Ws_{t-1} + b_1)$。注意这里的 s_{t-1} 表示 $t-1$ 时间步隐藏层的输出。

2）t 时刻，输出层的激活值为 $o_t = f(Vs_t + b_2)$。

RNN 是一种深度神经网络。它的深度不仅仅表现在输入和输出之间，还表现在不同的时间步之间，每个时间步可以认为是一个神经网络层。RNN 使用跨时间步的反向传播算法，即沿着时间的反向传播（Backpropagation Through Time）算法，进行端到端的训练。

为了加深对 RNN 的理解，下面展示如何对一个简单的前馈神经网络进行改造，构造一个 RNN 网络结构（见图 6-14）。

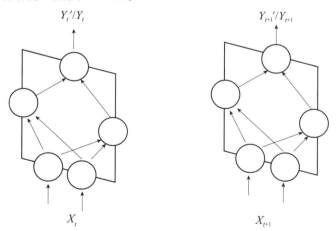

图 6-14　简单前馈神经网络

现有一个简单的 3 层前馈神经网络，输入层有 2 个节点，隐藏层有 2 个节点，输出层有 1 个节点。有一系列的样本 $<X_1, Y_1>$，$\cdots$，$<X_t, Y_t>$，$<X_{t+1}, Y_{t+1}>$，$\cdots$，用这些样本对神经网络进行训练：输入 X_1，经过前馈传导过程输出 Y'_1，和实际值 Y_1 有误差，通过反向传播过程，对神经网络权重进行调整……输入 X_t，经过前馈传导过程输出 Y'_t，和实际值 Y_t 有误差，通过反向传播过程，对神经网络权重进行调整；输入 X_{t+1}，经过前馈传导过程输出 Y'_{t+1}，和实际值 Y_{t+1} 有误差，通过反向传播过程，对神经网络权重进行调整……

　　由此可见，针对样本 t 的前馈传导过程以及反向传播过程，和样本 $t+1$ 的前馈传导过程以及反向传播过程是没有任何关联的。

　　在单向 RNN 中，针对样本 t 的前馈传导过程以及反向传播过程，和样本 $t+1$ 的前馈传导过程以及反向传播过程是有关联的，如图 6-15 所示。

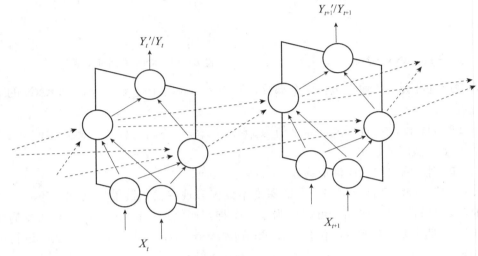

图 6-15　沿着时间步展开的单向 RNN

　　在前馈传导过程中，为了产生 $t+1$ 时刻的输出 Y'_{t+1}，神经网络需要参考在上一个时刻 t 的隐藏层输出 H_{t-1}，Y'_{t+1} 是在 H_{t-1} 和 X_{t+1} 的基础上经过运算得到的。

　　当然在 t_1 时刻，没有上一时刻的隐藏层输出 H_0，可以设定为一个随机值（注意是一个输入向量）。在最后一个时刻 t_n，隐藏层输出 H_n，除了用于（和 X_n 一起）产生 Y_n，没有其他用途。

　　把类似于 RNN 的机器学习模型应用于序列时，我们希望将输入序列转换为不同域中的输出序列。比如，将一系列声压转换成单词序列，这就是语音识别。当没有单独的目标序列的时候，可以尝试预测输入序列中的下一项，比如预测股票价格时间序列的下一个价格。预测序列中的下一项，模糊了有监督学习和无监督学习之间的区别。它使用专为监督学习而设计的方法，但是又不需要单独的目标数据。

　　RNN 的应用很广泛，其中 ICML 会议（International Conference on Machine Learning）上的一篇论文 "*Modeling Temporal Dependencies in High-Dimensional Sequences：Application to Polyphonic Music Generation and Transcription*" 提出结合 RNN 和 RBM 的神经网络模型，用来对复调音乐进行建模，建好的模型可以用于产生复调音乐。图 6-16 展示了这个 RNN-RBM 模型，其中每个实线框表示一个 RBM，虚线框则表示按照时间展开的 RNN。

　　（7）双向 RNN（Bidirectional Recurrent Neural Network，BRNN）。

　　单向 RNN 的本质是在产生 t 时刻的输出的时候参考了历史信息。RNN 通过参考历史信息对样本的时间关系进行建模。由此产生的一个问题是，RNN 是否可以参考未来信

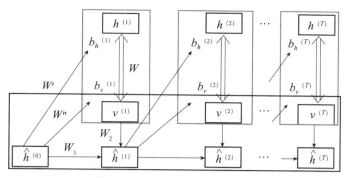

图 6-16　RNN-RBM 网络结构

息呢？答案是肯定的，这就是双向 RNN。双向 RNN 的本质是在产生 t 时刻的输出的时候，不但参考了历史信息，还参考了未来信息（这里的未来是针对时刻 t 讲的），如图 6-17 所示。

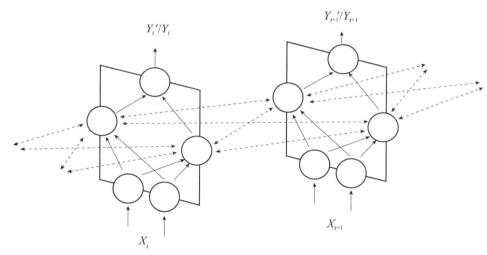

图 6-17　沿时间步展开的通用的双向 RNN

这时候，在前馈传导过程中，为了产生 $t+1$ 时刻的输出 Y'_{t+1}，神经网络需要参考在上一个时刻 t 的隐藏层输出 H_t，还要参考在下一个时刻 $t+2$ 的隐藏层输出 H_{t+2}，Y'_{t+1} 是在 H_t、H_{t+2} 和 X_{t+1} 的基础上经过运算得到的。也就是隐藏层同时使用历史和未来的信息进行预测。

在 t_1 时刻，需要上一时刻的隐藏层输出 H_0（也需要 H_2）；在最后一个时刻 t_n，需要下一时刻的隐藏层输出 H_{n+1}（也需要 H_{n-1}），可以设定为一个随机值。

双向 RNN 使用沿着时间的反向传播算法进行端到端的训练。只是需要在训练样本的开始和结束部分（训练样本具有时间关系）给予特殊处理。在 $t=1$ 步，前向的隐藏层状态输入（Forward State Input，上文所述 H_0）是未知的，$t=T$ 步，后向的隐藏层状态输入（Backward State Input，上文所述 H_{n+1}）也是未知的，都可以设定为某个值。

（8）长短期记忆神经网络（Long Short Term Memory，LSTM）。

LSTM 是一种特殊的 RNN，它的设计初衷是为了解决长序列训练过程中的梯度消失（和梯度爆炸）问题。RNN 在训练的时候往往会遇到严重的梯度消失问题，也就是误差梯度，随着事件的时间差的大小快速下降，这时发生在时间轴上的梯度消失。理想情况下，我们希望"所有历史"都对当前隐藏层的节点的预测产生作用。而实际上，这种影响只是维持了若干时间步，即后面时间步的错误信号往往不能回到足够远的过去，像其他时间步一样影响网络，这使得神经网络难以学习远距离（时间上）的影响。换一种说法，RNN 难以处理序列中的长程依赖，即便这种依赖很重要。约书亚·本吉奥在其高被引论文（"*Learning Long-Term Dependencies with Gradient Descent is Difficult*"）中，对梯度消失问题进行了深入论述。

1997 年赛普·霍克赖特（Sepp Hochreiter）和尤尔根·施米德胡贝（Jurgen Schmidhuber）提出的 LSTM 很好地解决了这种梯度消失问题。LSTM 通过门（Gate）开关，实现时间上的记忆功能，并防止梯度消失。使用 LSTM 模块后，深度神经网络的误差从输出层反向传播回来的时候，可以用模块的记忆单元记录下来。于是，LSTM 可以记住一段时间内的信息，能够学习到前后事件之间更长时间范围的依赖关系。

LSTM 适合于对时间序列数据进行预测，特别是在数据中存在较长时间范围内的依赖关系的时候。在更长序列的学习中，LSTM 比其他序列学习（Sequence Learning）方法，比如 RNN、隐马尔可夫模型等都具有更好的性能。

2009 年，基于 LSTM 的模型获得了 ICDAR（International Conference on Document Analysis and Recognition）手写体识别比赛的冠军。2013 年，格雷夫斯（Graves）等使用双向 LSTM 在音素识别测试数据集（TIMIT Phoneme Recognition Benchmark）上，获得 17.7% 的错误率，是当时的最高纪录。

LSTM 有很多变种，下面介绍最简单的一种。一个 Cell 由三个门（Input Gate，Forget Gate，Output Gate）以及一个 Cell 单元（Cell Unit）组成。Gate 使用 sigmoid 激活函数，而 Input 和 Cell 状态通常使用 tanh 函数来进行转换。如图 6-18 所示。

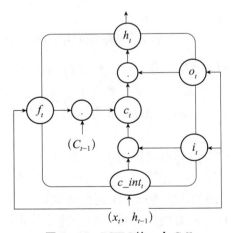

图 6-18　LSTM 的一个 Cell

对照图 6-18，一个 LSTM Cell 可以定义成如下一系列转换式。

门(Gate)的转换：$i_t = g(W_{xi}x_t + W_{hi}h_{t-1} + b_i)$

$$f_t = g(W_{xf}x_t + W_{hf}h_{t-1} + b_f)$$

$$o_t = g(W_{xo}x_t + W_{ho}h_{t-1} + b_o)$$

输入的转换(Input Transform)：$c\_in_t = \tanh(W_{xc}x_t + W_{hc}h_{t-1} + b_{c\_in})$

状态更新(State Update)：$c_t = f_t \cdot c_{t-1} + i_t \cdot c\_in_t$（注意，$C$ 可以看作 LSTM 的存储器）

$$h_t = o_t \cdot \tanh(c_t)$$

由于有了门控机制（Gating Mechanism），Cell 在工作的时候可以保持较长一段时间的信息，并且在训练时保护 Cell 内部的梯度不受不利变化的影响，减少梯度消失效果。

图 6‐19 展示了一个稍微复杂一些的 LSTM Cell 模型，这个模型和图 6‐18 展示的模型的区别是 Input Gate、Forget Gate 的激活函数，参考了上一个时间步的 Cell 的状态 C_{t-1}。Output Gate 的激活函数参考了本时间步 Cell 的状态 C_t。

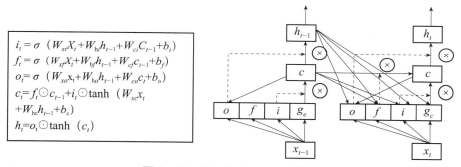

图 6‐19 另一个 LSTM Cell 模型

一个 LSTM 网络是包含 LSTM 基本单元（当然也可以包含常规的人工神经元）的人工神经网络。LSTM 网络可以使用沿着时间的反向传播算法进行训练。从输出层反向传播回来的误差，被 LSTM 基本单元的存储器捕获（Trapped），于是 LSTM 基本单元能够记住很长时间范围内的一些数据变化情况。解决长程依赖问题，是 LSTM 优于 RNN 的地方。此外，由于 LSTM 有 Forget Gate 的控制机制，它会记住重要的信息，"遗忘"不重要的信息。

（9）双向 LSTM 结构。

双向 LSTM 网络的目标和双向 RNN 是一致的，那就是它提供一种参考当前信息的较长时间范围内的历史和未来信息（当前事件的更长时间段内的上下文环境）的机制。其网络结构和双向 RNN 类似，区别在于其基本构造单元换成了 LSTM Cell。

（10）RNN 的不同类型。

我们知道，RNN 可以处理带有时序关系的数据，即 RNN 的输入是 $\{x_1, x_2, \cdots, x_n\}$，$x_1, x_2, \cdots, x_n$ 之间具有时序关系。比如，在自然语言处理中，x_1 可以看作第一个单词，x_2 可以看作第二个单词……语音处理中，x_1、x_2、x_3 等是一系列的语音帧。

从输入和输入的对应关系来看，RNN 有不同的类型，包括一对一（1 to 1）、一对多（1 to N）、多对一（N to 1）、多对多（N to N）等。其中，多对多还可以细分成等长（N to N）和不等长（N to M）两类。

1）N to N。第一种类型的 RNN 是 N to N，它的输入序列是 $\{x_1, x_2, \cdots, x_n\}$，输出是 $\{y_1, y_2, \cdots, y_n\}$，输入序列和输出序列是等长的。比如，在给视频的每一帧计算一个分类标签时，x 序列是每一帧，y 序列是每帧的标签，输入和输出序列是等长的。词性标注和命名实体识别也可以使用这种网络架构。由于输入和输出序列等长，导致这种 RNN 的适用范围比较小。

在图 6-20 所示的网络结构中，传导函数为 $h_i = f(Ux_i + Wh_{i-1} + 偏置\ b)$，$i = 1, 2, 3, 4$；$y_i = \mathrm{SoftMax}(Vh_i + 偏置\ c)$，$i = 1, 2, 3, 4$。

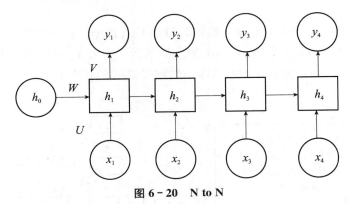

图 6-20　N to N

2）N to 1。第二种类型的 RNN 是 N to 1。即输入序列是 $\{x_1, x_2, \cdots, x_n\}$，输出是 $\{y_1\}$。这样的网络结构一般用来处理序列分类问题。

比如，输入一个句子，判断其情感倾向；输入一段视频，判断它的所属类别等。如何做到这一点呢？这时候，在输入 x_1 时暂时不输出任何 y，其隐藏层的输出馈入下一个时间步，接着输入 x_2……当输入 x_4 时，才最后输出一个 y，即 y_1。图 6-21 展示了这种网络结构。

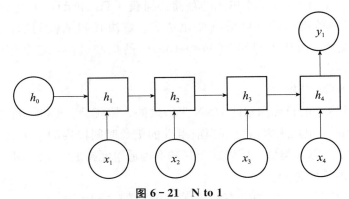

图 6-21　N to 1

最后一步的传导过程为 $y = \mathrm{SoftMax}(Vh_4 + c)$。

3）1 to N。当输入不是序列，但输出是一个序列时，需要 1 to N 网络结构。比如，输入的是一张图片，输出是图片的文字描述（Image Captioning）。这时候，输入 x 是图像的特征，输出 y 是一个文字序列。图 6-22 和图 6-23 是实现这种处理的两种网络结构变体。第一种变体只在第一个时间步输入 x；第二个变体在每个时间步都输入 x。

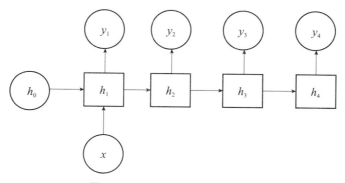

图 6-22　1 to N（第一种变体）

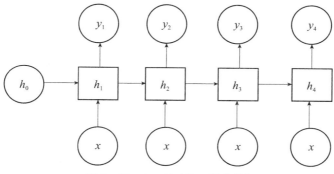

图 6-23　1 to N（第二种变体）

4）N to M。在机器翻译中，源语言和目标语言的句子都是单词序列，但是长度往往不同。要求有一种能够实现长度为 N 的序列到长度为 M 的序列的学习模型。一般使用 Encoder-Decoder 网络结构（模型），这种模型也称为 Seq2Seq 模型。这种模型也可以用在文本摘要、生成式聊天机器人等应用场合。

Encoder-Decoder 网络结构包含两个 RNN，分别称为 Encoder 和 Decoder。En-coder-Decoder 结构首先将输入数据 X（比如 $\{x_1, x_2, x_3, x_4\}$）编码为一个上下文向量 C（也称为原序列的一个语义编码）。

获得 C 有多种方式，最简单的一种是把 Encoder 的最后一个隐藏状态值赋给 C，即 $C = h_4$；或者对最后一个隐藏状态做一个变换，得到 C，即 $C = q(h_4)$；也可以对所有的隐藏状态进行变换，即 $C = q(h_1, h_2, h_3, h_4)$。

得到 C 之后，用另外一个 RNN（Decoder）对其进行解码。常见的解码方式有两种：第一种方式是把 C 作为初始状态 h'_0 输入到 Decoder 中，产生 y_1，接着把 h'_1 作为下一个时间步的隐藏层输入，产生 y_2 等，如图 6-24 所示；第二种方式是将 C 作为每一个时间步的输入，如图 6-25 所示。

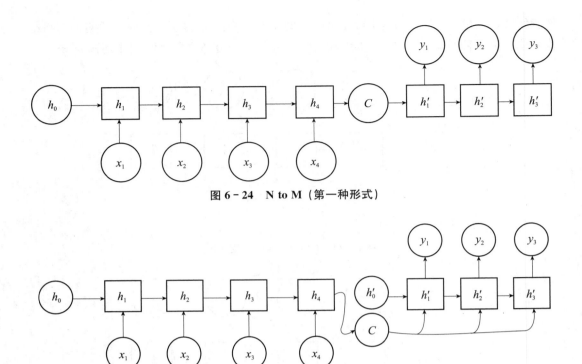

图 6-24 N to M（第一种形式）

图 6-25 N to M（第二种形式）

由于这样的 Encoder-Decoder 结构不限制输入和输出序列的长度，应用范围很广泛。主要的应用包括：机器翻译，该网络结构模型正是在机器翻译领域率先提出来的；文本摘要，输入是一段长文本，输出是一个文本摘要，篇幅上要短得多；阅读理解，对文章和问题进行编码，作为输入，对其进行解码得到问题的答案；语音识别，输入是语音信号序列，输出文本序列。

5）Seq2Seq 的 Attention 机制。在上述 Encoder-Decoder 结构中，Encoder 把整个输入序列编码成一个定长的语义特征 C，然后进行解码。Encoder 把整个序列的信息压缩到一个固定长度的上下文语义编码（向量）C 中，C 包含了原始序列中的所有信息，它的长度成为整个模型的性能瓶颈。

语义向量 C 无法完全表达整个序列的信息。输入的序列越长，先输入的内容携带的信息越会被后输入的信息给稀释或者覆盖掉，于是使得 Decoder 在解码的时候，一开始就没有获得足够的输入序列信息，解码效果无法得到保障。在机器翻译中，如果要翻译的句子比较长，那么 C 的长度限制使得它不可能保存太多信息，于是翻译的精度就下降了。

为了解决这个问题，Attention 机制应运而生，这是对 Encoder-Decoder 的改良。通过在每个时间步输入不同的 C 来解决上述问题，这个 C 的产生是对 h_1、h_2、h_3、h_4 等不同权重的加权求和。带有 Attention 机制的 Decoder 如图 6-26 所示，Encode 部分和图 6-25 是一样的。

每个 C，即 C_1、C_2、C_3，自动选取与当前所要输出的 y，即 y_1、y_2、y_3，最合适的

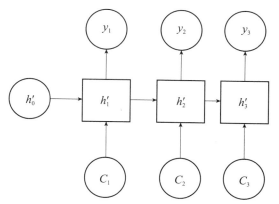

图 6 - 26　**Attention 机制**

上下文信息；即每个 C 都会自动去选取与当前所要输出的 y_i 最合适的上下文信息。

　　具体地说，用 a_{ij} 表示 Encoder 中第 j 个阶段的 h_j 和解码阶段的第 i 个阶段的相关性，最终 Decoder 中第 i 个阶段的输入 C_i，来自 a_{ij} 对 h_j 的加权求和，比如 $C_1 = a_{11}h_1 + a_{12}h_2 + a_{13}h_3 + a_{14}h_4$，如表 6 - 3 所示。

表 6 - 3　C_i 上下文向量和 h_1、h_2、h_3、h_4 的关系

我	爱	北	京			
$\mathbf{h_1 a_{11}}$	$h_2 a_{12}$	$h_3 a_{13}$	$h_4 a_{14}$	sum→C_1	→	I
$h_1 a_{21}$	$\mathbf{h_2 a_{22}}$	$h_3 a_{23}$	$h_4 a_{24}$	sum→C_2	→	love
$h_1 a_{31}$	$h_2 a_{32}$	$\mathbf{h_3 a_{33}}$	$\mathbf{h_4 a_{34}}$	sum→C_3	→	Beijing

　　当输入的序列是"我爱北京"，Encoder 中的 h_1、h_2、h_3、h_4，可以分别看作"我""爱""北""京"所包含的信息。

　　在翻译成英语的时候，第一个上下文向量 C_1 和"我"最相关，因此 a_{11} 权重的值较大，在表中用粗体表示。同理，C_2 和"爱"最相关，因此 a_{22} 权重的值较大，其他权重的值较小；C_3 和"北""京"最相关，因此 a_{33}、a_{34} 权重的值较大，其他权重的值较小。这意味着，每个语义向量 C_i 不一样，对输入序列的注意力焦点就不一样。下面我们关注 Encoder-Decoder 模型中的 a_{ij} 是如何计算的。

　　a_{ij} 是在利用样本数据进行模型训练的时候训练出来的。a_{ij} 和 Decoder 的第 $i-1$ 阶段的隐藏状态 h'_{i-1}、Encoder 第 j 阶段的隐藏状态 h_j 有关。

　　比如，a_{1j} 的计算，和 h_0' 以及 h_j 有关。也就是说，有如下的传导函数：

$$h_i = f(Ux_i + Wh_{i-1} + 偏置\ b), i = 1, 2, 3, 4$$
$$C_1 = a_{11}h_1 + a_{12}h_2 + a_{13}h_3 + a_{14}h_4$$
$$h'_1 = f(U'C_1 + W'h'_0 + 偏置\ b')$$
$$y_1 = \text{SoftMax}(V'h'_1 + 偏置\ C')$$

这个传导过程如图 6 - 27 所示。训练过程沿着这个传导过程进行反向修正。

　　需要注意的是，Attention 机制是一种通用的思想，它并不依赖于 Encoder-Decoder 模型，比如 MLP 模型也可以使用 Attention 机制。

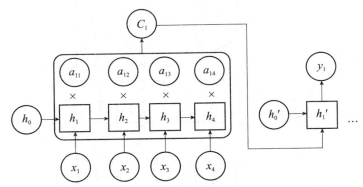

6-27 如何从 h_1、h_2、h_3、h_4 计算 C_1，以及通过 C_1 和 h'_0 计算 y_1

（11）RNN 和 LSTM 的应用。

RNN 和 LSTM 具有强大的时间关系建模能力，应用广泛，包括文本情感分析
(Sentiment Analysis)、时间序列预测（Time Series Prediction）、语音识别（Speech
Recognition）、计算机音乐创作（Computer Composed Music）、节奏学习（Rhythm
Learning）、语法学习（Grammar Learning）、机器翻译（Machine Translation）、文本
摘要（Text Abstraction）、阅读理解（Reading Comprehension）、基于字符的 LSTM 语
言模型（Character-Level Language Model）、生成图像描述（Image Captioning，即图文
转换，一般结合使用 RNN 和 CNN）、手写体识别（Handwriting Recognition）、机器人
控制（Robot Control）、人体动作识别（Human Action Recognition）、蛋白质同源性检
测（Protein Homology Detection）等。

比如，deeplearning. net 网站提供了一个 LSTM 的应用教程，通过创建一个 LSTM
实现对电影评论数据集（Movie Review Dataset）的情感分析。这个模型由一个 LSTM
层、一个平均池化层及一个 Logistic 回归层构成，如图 6-28 所示。

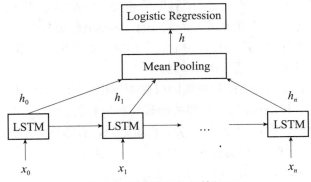

图 6-28 用于情感分析的 LSTM

在深度学习模型方面，从最初的 MLP 到 CNN、RNN、LSTM 等，到近年来又出
现几次重大的突破，包括对抗生成网络（GAN）、自然语言处理领域的 BERT（Bidirec-
tional Encoder Representation from Transformers）、图数据处理领域的图神经网络
（GNN）等，请读者参考相关资料。

（12）从 LSTM 到 GRU。

GRU（Gate Recurrent Unit）是 RNN 的一个变种。它和 LSTM 一样，是为了解决长期记忆和反向传播中的梯度消失问题而提出来的。

1）GRU 的输入和输出。从输入输出的角度来观察，可以把传统 RNN 的一个神经元替换成 GRU 单元，那么输入、输出、隐藏状态的关系如图 6 - 29 所示。

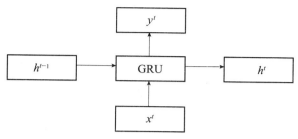

图 6 - 29　GRU 的输入和输出

对当前的输入 x^t 进行处理，x^t 馈入 GRU 单元，GRU 单元根据上一个时间步传递过来的隐藏态 h^{t-1} 和当前输入 x^t 计算 h^t，这是传送给下一个时间步的隐藏状态，并且计算本时间步的输入 y^t。

2）GRU 的内部结构。GRU 的内部结构如图 6 - 30 所示。

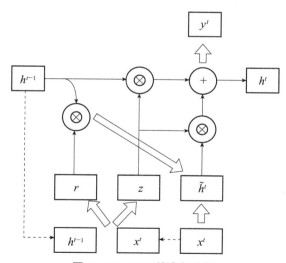

图 6 - 30　GRU 的内部结构

GRU 的内部结构有两个门控状态，其中 r 是控制重置的门控（Reset Gate），z 是控制更新的门控（Update Gate）。首先，这两个门控状态通过上一个时间步传输来的状态 h^{t-1} 和当前节点的输入 x^t 来计算，然后计算其他的量。GRU 单元的前向传播公式如下：

$$r^t = \delta(W_r[h^{t-1}, x^t])$$
$$z^t = \delta(W_z[h^{t-1}, x^t])$$
$$\tilde{h}^t = \tanh(W_{\tilde{h}}[r^t \otimes h^{t-1}, x^t])$$

$$h^t = z^t \otimes h^{t-1} + (1-z^t) \otimes \tilde{h}^t$$
$$y^t = \delta(W_o * h^t)$$

其中，$\otimes$表示矩阵对应元素相乘，$*$表示矩阵的乘积，[ ]表示向量相连，比如第一个公式表示：$r^t = \delta\left(W_r * \begin{array}{c} h^{t-1} \\ x^t \end{array}\right)$。

3）GRU 的特点。GRU 输入/输出的结构与普通 RNN 是一样的。其内部结构和 LSTM 类似，但是与 LSTM 相比，GRU 内部少了一个门控，于是参数比 LSTM 少，更容易进行训练。

经过实验验证，GRU 能够达到与 LSTM 相当的效果，在很多情况下实际表现和 LSTM 相差无几。考虑到计算开销和时间成本，很多情况下人们会选择更加廉价又实用的 GRU。

（13）深度神经网络模型的训练（Epoch、Full Batch 与 Mini Batch）。

批量梯度下降（Batch Gradient Descent，BGD）：在神经网络训练中，可以把所有的样本处理一遍，然后更新网络权重（梯度下降）。这种方式称为 Full Batch。整个数据集更好地代表样本总体，从而更准确地朝着极值方向前进；当目标函数是凸函数时，BGD 一定能够得到全局最优解。但是，如果样本的规模特别大的话，效率就会比较低。比如现在有 100 万个样本，进行一轮迭代（一个 Iteration）非常耗时。

小批量梯度下降（Mini-Batch Gradient Descent，MGD）：为了提高效率，可以把样本分成等量的子集。比如，把 100 万个样本分成 1 000 份，每份 1 000 个样本（Batch Size＝1 000），这些子集就称为 Mini-Batch。然后循环遍历这 1 000 个子集，每个子集处理完后（处理一个子集称为一个 Iteration）就更新网络权重。一个子集处理完后，处理下一个子集。遍历完所有样本，称为一个 Epoch，即一个世代。和 Full Batch 相比，每次迭代训练的数据不是所有的样本，而是一个个子集。

在 Mini-Batch 的一个 Epoch 中，能进行 1 000 次的网络权重更新，而在 Full Batch 中只有一次，这就大大地提高了训练算法的运行速度。MGD 可以实现并行化。

MGD 不能保证很好的收敛性，如果学习率（Learning Rate）设置得太小，收敛速度会很慢；如果学习率设置得太大，损失函数可能在局部最优解附近不停地震荡甚至偏离。可以刚开始设定大一点的学习率，当两次迭代之间的损失函数值变化低于某个阈值后，就减小学习率。

针对单个样本计算损失函数，然后计算梯度更新参数，称为随机梯度下降（Stochastic Gradient Descent，SGD）。但是 SGD 收敛性不好，由于单个样本并不能代表全体样本的趋势，SGD 可能收敛到局部最优解；有时候造成梯度冗余计算。实际应用中一般不会采用。

1）批归一化（Batch Normalization，BN）是由谷歌于 2015 年提出的归一化（规范化）技术，它是一个深度神经网络的训练技巧。BN 不仅可以加快模型的收敛速度，还能在一定程度上缓解深层网络中梯度爆炸的问题，使得训练深层网络模型更加容易和稳定。

在 BN 出现之前，归一化操作一般都在数据输入层，在输入数据的均值和方差的基础上做归一化。BN 的出现打破了这个规定，我们可以在网络中任意一层进行归一化处理。因为深度神经网络所使用的优化方法大多是 MGD，所以归一化操作就称为 Batch Normalization。

如果神经网络训练时遇到收敛速度较慢，或者有梯度爆炸等无法训练的情况发生，就可以尝试用 BN 来解决。

2）BN 的基本过程。对于 MGD 来说，一次训练过程里包含 m 个训练样本，BN 操作是对于隐藏层内每个神经元的激活值进行如下变换：

$$\hat{x}_k = \frac{x_k - E(x_k)}{\sqrt{\mathrm{Var}(x_k)}}$$

这个变换，意思是某个神经元对应的原始的激活 x，通过减去 Mini-Batch 内 m 个样本获得的 m 个激活值求得的均值 $E(x_k)$，再除以求得的方差 $\mathrm{Var}(x_k)$ 来进行转换。经过这个变换后，神经元的激活值形成了均值为 0、方差为 1 的正态分布。可以增大导数值，增强反向传播信息的流动，加快训练收敛速度。

但是，这样做会导致网络表达能力下降。为了防止这一点，每个神经元增加两个调节参数（Scale 和 Shift），这两个参数是通过训练学习到的，用来对变换后的激活值进行再变换，使得网络表达能力增强。即对变换后的激活值进行如下的 Scale 和 Shift 操作：把 x 值从标准正态分布左移或者右移一点，并变高一点或者变矮一点，每个 x_i 挪动的程度不一样，等价于非线性函数的值从正中心周围的线性区往非线性区挪动了，从而增强网络的非线性表达能力。

$$y_k = \gamma^{(k)}\hat{x}_k + \beta^{(k)}$$

BN 的操作流程，总结如下：

Input: Values of x over a mini-batch: $B = \{x_1, \cdots, x_m\}$; Parameters to be learn γ, β

Output: $\{y_i = BN_{\gamma,\beta}(x_i)\}$

$$\mu_B \leftarrow \frac{1}{m}\sum_{i=1}^{m} x_i \quad //\text{mini batch mean}$$

$$\sigma_B^2 \leftarrow \frac{1}{m}\sum_{i=1}^{m}(x_i - \mu_B)^2 \quad //\text{mini batch variance}$$

$$\hat{x}_i = \frac{x_i - \mu_B}{\sqrt{\sigma_B^2 + \in}} \quad //\text{normalize}$$

$$y_i = \gamma\hat{x}_i + \beta \equiv BN_{\gamma,\beta}(x_i) \quad //\text{scale and shift}$$

（14）Dropout——避免深度神经网络过拟合。

机器学习中有一个严重问题是过拟合。在神经网络训练的过程中，为了避免过拟合，可以使用 Dropout 技术。

Dropout 技术的基本原理是，在网络训练过程中，对于各个网络层的网络单元，按照一定的概率将其暂时从网络中丢弃，不参与参数训练，如图 6-31 所示。图 6-31（a）表示我们要训练的网络结构，图 6-31（b）表示某次 Mini-Batch 训练中要训练的神经元（一个从原始的网络中选择部分神经元构成的更瘦的网络）。每一个 Mini-Batch 训练，算法都在训练不同的网络。

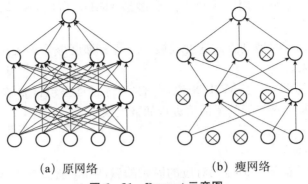

(a) 原网络　　　　　　　　(b) 瘦网络

图 6 - 31　Dropout 示意图

（15）深度神经网络模型训练的加速。

深度神经网络模型参数多，计算量大。当训练数据集的规模很大时，需要消耗很多计算资源，耗费相当长的时间，才能完成模型的训练。提高深度神经网络模型训练的效率是一个紧迫的问题。主要的技术手段简单介绍如下：

1）利用 GPU 加快深度神经网络的训练。深度神经网络的训练过程，可以表达成矢量运算的形式。GPU 拥有上千个处理核心，可以将矢量运算并行化执行，大幅度缩短计算时间。利用 GPU 来训练深度神经网络，可以充分发挥其众核处理器的计算能力，提高神经网络模型的训练速度，在使用大数据进行模型训练的时候，尤显其性能优势。

2）数据并行。数据并行，是对训练数据进行切分，采用多个模型副本，在各个分片数据上进行并行训练。为了最后得到一个统一的模型，需要借助一个参数服务器完成主模型和各个模型副本的参数交换。在训练过程中，各个训练过程相互独立，训练的结果表现为模型的参数变化量 ΔW，由各个训练过程汇报给参数服务器，由参数服务器对模型进行更新 $W' = W - \eta \cdot \Delta W$，并且把更新以后的模型参数 W' 分发给各个训练过程，以便它们从新的起点开始继续进行训练（如图 6 - 32 所示）。

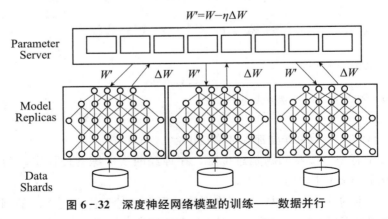

图 6 - 32　深度神经网络模型的训练——数据并行

3）模型并行。模型并行，将模型拆分成几个分片，由几个训练单元分别负责，共同协作完成训练。当一个神经元的输入包括来自另一个训练单元上的神经元的输出时，会产生通信开销，如图 6 - 33 所示。

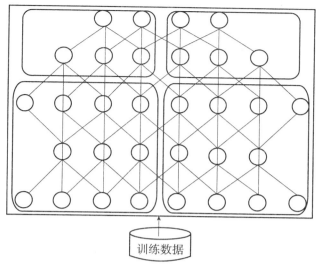

图 6 - 33　深度神经网络模型的训练——模型并行

当数据并行的训练程序太多时，需要减小学习率，以保证训练过程的平稳。当模型并行的模型分片太多时，神经元输出值的交换量会急剧增加，训练效率将大幅下降。数据并行和模型并行都不能无限地扩展，结合使用模型并行和数据并行，是一种可行的方案。

4）从 CPU 集群到 GPU 集群。利用 CPU 集群进行深度神经网络模型训练，是工业界常用的解决方案。它基于模型可分布式存储、参数可异步通信的特点，利用大规模分布式计算集群的强大计算能力，加快深度神经网络模型的训练。CPU 集群的基本架构包括用于执行训练任务的工作节点（Worker）、用于分布式存储分发模型的参数服务器（Parameter Server）以及用于协调整体任务的主控程序（Master）。

CPU 集群方案适合训练 GPU 内存难以容纳的大模型及稀疏连接神经网络。目前，结合 GPU 计算和集群计算技术构建 GPU 集群，正成为加快大规模深度神经网络训练的新方案。

5）专用的机器学习处理器。为了进一步提高机器学习的训练性能，一些公司和机构研发了专用的处理器，包括中科院计算所的寒武纪处理器、谷歌的 TPU（Tensor Processing Unit）等，这些处理器在深度学习模型训练的性能上优于通用 CPU 或者 GPU，功耗也低得多。

下文将讲述数据的预处理、降维以及特征选择，这是特征工程的三个主要工作。

特征工程是机器学习流程的重要一环，它通过一系列工程化方法，从原始数据中构造、筛选出更好的数据特征，以提升模型的训练效果，即提高模型在新数据上的预测能力。

6.2　数据预处理

数据预处理的目的是训练机器学习模型，准备好的训练数据集（Building a Good

Training Dataset）。具体包括：（1）把错误数据修改过来。（2）把重复数据剔除掉。（3）把出现空值（NULL，又称缺失值）的样本剔除，或者对空值进行必要的填充（比如用一个平均值进行填充），把无效样本转换为有效的样本等。比如，现在有一张贷款客户表，其中有些客户的工资字段是空的。我们可以把包含空值的工资字段的客户所对应的行直接从表格里面删除掉；或者基于其他客户计算一个平均工资来替代空值。此外，还可以用所有样本的中位数、众数（频率最高的值）进行填充；或者使用和当前样本相似的（其他属性相似的）样本在该属性上的均值。（4）处理离群值。有些离群值是错误的数据，可以剔除，比如人的年龄一般在 0～100 岁之间，如果某个人的年龄为300 岁，那么可以将其删除（删除样本）。有些离群值并不是错误数据，可能代表有用的信息，需要保留，用于训练机器学习模型。（5）将特征离散化。比如，贷款客户表里面有一个字段表示客户的受教育程度，有高中、大专、本科、硕士、博士等几个取值，这样的取值对于事务处理来讲够用了，但是如果我们需要在数据上训练一个决策树，用于判断要不要给新来的客户贷款，那么一般需要把受教育程度字段数字化，可以用 0、1、2、3、4 分别代表高中、大专、本科、硕士、博士。对于工资这样的数值字段，我们一般不会直接拿这个字段的取值来参与机器学习模型的训练，而是进行必要的离散化处理。比如，把工资字段按照低收入、中低收入、中等收入、中高收入和高收入等范围转换为一系列的编码。离散化包括二值化处理，即将数值型数据转换为布尔类型（0/1）。根据一定的阈值编码，当数值大于阈值的时候编码为 1，数值小于阈值的时候编码为 0。（6）哑编码。机器学习（有监督学习）的主要目的是分类和回归。对于二值分类来讲，只有两个类别，编码为 0 或者 1 即可。而对于多类别分类，需要用 N 维向量对 N 个类别进行编码。比如现在有 3 个类别，那么这 3 个类别的编码为＜１００＞、＜０１０＞、＜００１＞等。（7）归一化，把向量转化为单位向量，公式为 $x' = \dfrac{x}{\sqrt{\sum\limits_{i=1}^{n} x[i]^2}}$。

此外，还有数据规范化（Normalization）和数据标准化（Standardization），详述如下。

6.2.1　数据规范化

在股票数据分析中，有一只股票的价格从 10 元涨到 11 元，另外一只股票的价格从30 元涨到 33 元，它们都上涨了 10%，可以看到两只股票的上涨趋势是类似的。如果单纯查看原始数据不容易看出来，规范化方法可以把数据的相同趋势识别出来。

规范化方法通过对原始数据进行缩放变换，把数据映射到 ［0，1］ 之间，变换的函数为 $x^* = \dfrac{x - \min}{\max - \min}$。其中 max 为样本数据的最大值，min 为样本数据的最小值。规范化可以消除不同数量大小、不同单位的影响，统一数据的衡量标准。它把有单位的数据转换为没有单位的数据。

规范化方法也有其内在缺点。当有新数据加入时，可能导致 max 和 min 的变化，需要重新进行数据处理。此外，最大值与最小值非常容易受离群数据点的影响，这种方法鲁棒性较差，一般适用于精确的小数据场景。

6.2.2 数据标准化

对数据进行标准化，经过处理后的数据均值为 0，标准差为 1，即数据的转换规则是

$$x^* = \frac{x - \mu}{\sigma}$$

式中，μ 为样本均值；σ 为样本的标准差。它们可以通过现有样本进行估计。

对数据进行标准化，要求原始数据的分布尽量接近高斯分布，否则标准化的效果不尽如人意。在已有足够多的样本的情况下，该方法比较稳定，适用于嘈杂的大数据场景。

6.2.3 不平衡（均衡）数据集的处理方法

不平衡数据集指的是各个类别的样本数量相差较大的数据集。以二值分类为例，假设正例样本数量远远大于负例样本数量，这种情况下的数据即为不平衡数据。

不平衡数据在实际应用中很常见，比如在欺诈交易检测中，绝大部分交易是正常的，只有极少数交易属于欺诈交易；在客户流失预测问题中，绝大部分客户是不会流失的，只有极少数客户会流失。

在数据不平衡时，准确度（Accuracy）这个评价指标的参考意义就不大了。比如，两个类别的样本比例为 9∶1，那么分类器就会偏向于样本数量大的类别。即便我们构造了一个武断的分类器，把所有新样本都划分到大类里，这样的分类器也有很高的准确度，即 90%。但是这又有什么意义呢？我们更想把少数类别找出来，也就是我们对异常情况更感兴趣，就像上述欺诈交易检测和客户流失预测应用场景一样。

解决数据不平衡问题，可以从两个角度来考虑。一个是从数据的角度出发，主要方法为采样，包括欠采样和过采样方法。另外一个是从算法的角度出发，考虑不同误分类情况的代价的差异性，对算法进行优化。一般地，对大类误分类的代价较小，对小类误分类的代价较大等。

下面介绍从数据方面解决数据不平衡问题的方法。

（1）扩充现有数据集：尽可能地获取更多的数据，特别是小类数据。更多的数据能够更充分表达数据的分布信息，往往带来分类器性能的改善。

（2）对数据进行重（新）采样：第一种方法是过采样（Over-Sampling），对小类样本进行过采样来增加小类样本数量，也就是采样的次数大于该类样本的个数。第二种方法是欠采样（Under-Sampling），对大类样本进行欠采样来减少大类样本数量，即采样的次数少于该类样本的个数。

（3）人为构造数据：第一种方法是属性值随机采样，多用于小类样本。在该类下所有样本的每个属性特征的取值范围（值域）内随机选取一个值，组成新的样本。缺点是该方法可能会产生现实世界中不存在的样本。另外一种方法称为 SMOTE（Synthetic Minority Over-sampling Technique），它构造新的小类样本。其基本原理是，对于每一

个小类样本 x，基于距离函数（比如欧氏距离）计算它到小类样本集 $S_{Minority}$ 中所有样本的距离，得到其 K 最近邻。在 K 最近邻中随机选择若干个样本，构成集合 x_n。对 x_n 中的每个样本（仍记为 x_n），按照如下公式计算一个新样本：$x_{New} = x + rand(0, 1) \times (x - x_n)$。本质上，SMOTE 是一种过采样方法。

6.3　数据降维

所谓降维，是把数据或特征的维数降低，即把高维空间的向量映射（投影）到低维空间的向量，进行特征重组，减少数据的维度。降维方法包括线性降维和非线性降维。典型的线性降维方法有：主成分分析（Principal Components Analysis，PCA）、线性判别分析（Linear Discriminant Analysis，LDA）、多维尺度分析（Multidimensional Scaling，MDS）等。典型的非线性降维方法有：等距映射（Isometric Mapping）、局部线性嵌入（Locally Linear Embedding，LLE）、拉普拉斯特征映射（Laplacian Eigenmap，LE）、Sammon 映射（Sammon Mapping）、典型相关分析（Canonical Correlation Analysis，CCA）、最大方差展开（Maximum Variance Unfolding，MVU）、随机邻域嵌入（Stochastic Neighbor Embedding，SNE）、t 分布随机邻域嵌入（t-Distributed Stochastic Neighbor Embedding，t-SNE）等。

对数据进行降维的结果，可以进行可视化，以便对数据进行探索，也可以作为机器学习模型建模的特征。把高维数据降维以后再建立机器学习模型，使得模型的训练和预测都可以加速，另外还可以减少过拟合的风险。

6.3.1　主成分分析

在一组样本（Sample）里，每个样本是一个多维向量，即每个样本包含多个特征。多维向量里的某些分量（特征），本身没有多大的区分度。某个特征在所有的样本中都取相同或者相近的值，那么这个特征就没有区分度。比如，医院来了很多病人，他们的血压都是 70/130（低压/高压）左右，就没有办法通过量血压判断他们有没有病。用这个特征来做分类和回归分析，它的贡献就会很小。

我们希望找到变化很大的特征，也就是方差大的维度（特征），而去掉那些变化不大的维度（特征），从而使得剩下的维度特征都是"精品"，对目标变量具有较强的解释作用。在分类和回归中，计算量也会相应变小。

比如，在图 6-34 中，样本分布在一个 45 度倾斜的椭圆区域中。如果按照 x、y 坐标来投影，单独使用这些点的 x 属性或者 y 属性很难区分它们，因为它们在 x、y 轴上坐标变化的方差都比较大。也就是说，我们可以根据这些点的 x 属性和 y 属性区分它们，但是无法仅仅根据这些点的 x 属性或者 y 属性来区分。

现在，我们将坐标轴旋转，以椭圆长轴为 x 轴，椭圆短轴为 y 轴。这些样本在长轴上的分布比较宽，方差大；而在短轴上的分布比较窄，方差小。我们可以只保留这些点的长轴属性，来区分椭圆区域上的点。在新的 x 轴上的样本区分性，比使用旧的 x、y

轴好，实现了降维，同时保留了特征的区分度。

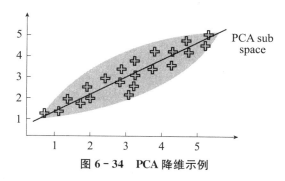

图 6 - 34　PCA 降维示例

再看一个从三维到二维的 PCA 降维的直观实例。假设有一个三维数据集（见图 6 - 35 的左侧子图），现在想要把它降维为一个二维的数据集（见图 6 - 35 的右侧子图）。PCA 方法在原有的三维空间中找出主要的坐标轴（Principal Axes），在这些坐标轴上，点和点之间的差别（方差（Variance））最大。当找到能够解释绝大部分数据差异（Most Variance）的两个坐标轴（左侧子图中的两条黑线），就可以基于这两个新的坐标轴对数据进行重新作图，如图 6 - 35 右侧子图所示。现在三维数据集变成了二维数据集，达到了降维的效果。上述两个实例给我们以直观的认识。需要注意的是，PCA 技术更多的是用于更高维数据集的降维。

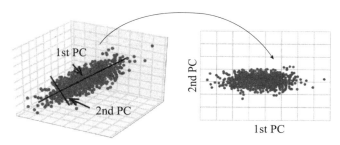

图 6 - 35　3D-2D PCA 降维的一个直观实例①

为了实现降维，需要求得一个 n 维特征的投影矩阵，这个投影矩阵可以将 n 维向量映射到 n' 维向量（$n' \ll n$），投影矩阵也称变换矩阵。新的 n' 维向量必须每个维都正交。对照图 6 - 35，可见 PCA 通过改变这些维的坐标系，从而使原有的 n 维向量在某些维上方差大，而在某些维上方差很小。

本质上，PCA 通过正交变换将原始的 n 维数据集变换到一个新的称作主成分的数据集中。在该变换的结果中，第一个主成分具有最大的方差值，每个后续的成分在与前述主成分正交条件限制下，具有最大方差。降维时仅保存前 $n'(n' \ll n)$ 个主成分，尽量保持最大的信息量。需要注意的是，主成分变换对正交向量是尺度敏感的，数据在变换之前，需要对其进行归一化处理。此外，新的主成分并不是由实际系统产生的，在进行

---

① http://blog.kaggle.com/2017/04/10/exploring-the-structure-of-high-dimensional-data-with-hypertools-in-kaggle-kernels/.

PCA 变换后，各个主成分一般就不再具有可解释性了。

PCA 的过程包括如下几个主要步骤：（1）假设有 m 个样本，每个样本都是一个 n 维向量，也就是特征数量为 n。比如，一个数据集包含 200 个样本，特征是 10 维，构成一个 200×10 的样本矩阵。（2）计算样本的协方差 $n \times n$ 矩阵。比如，200×10 的样本矩阵，求协方差矩阵，得到一个 10×10 的协方差矩阵。（3）求出这个协方差矩阵的特征值和特征向量。比如，求出 10×10 的协方差矩阵的特征值和特征向量，总共有 10 个特征值和特征向量。（4）根据特征值的大小，取前 n' 个特征值所对应的特征向量，构成 $n \times n'$ 矩阵，这个矩阵就是我们要求的特征矩阵（投影矩阵）。比如，根据特征值的大小，取前 4 个特征值所对应的特征向量，构成一个 10×4 的矩阵，这个矩阵就是我们要求的特征矩阵。（5）原有的 $m \times n$ 样本矩阵，乘以这个 $n \times n'$ 特征矩阵，得到新的 $m \times n'$ 样本矩阵，现在的维度为 n'，达到降维的效果。比如，200×10 的样本矩阵乘以这个 10×4 的特征矩阵，就得到了一个 200×4 的新的降维之后的样本矩阵，每个样本的维数降低了，也就是从 10 维降低为 4 维。当给定一个测试样本，是 1×10 的向量，乘以上面得到的 10×4 的特征矩阵，得到一个 1×4 的降维以后的特征向量，可以用这个新特征去分类。下面对一些细节进行解释。

协方差表示特征 X_1 和特征 X_2 之间的相关性，协方差的计算公式为 $Cov(X_1, X_2) = E(X_1 - E(X_1))(X_2 - E(X_2))$。比如，假设有 3 个样本，每个样本是四维的，如表 6-4 所示。

表 6-4　包含 3 个样本的样本集（每个样本是一个四维向量）

样本	属性 X_1	属性 X_2	属性 X_3	属性 X_4
Sample$_1$	1	2	3	4
Sample$_2$	3	4	1	2
Sample$_3$	2	3	1	4

$$Cov(X_2, X_3) = (第 2 列 - 第 2 列均值)^T \times (第 3 列 - 第 3 列均值)/(样本数) =$$
$$(-1, 1, 0) \times (1.33, -0.67, -0.67)^T/(3) = 0.666\ 7$$

矩阵（$n \times n$）的 n 个特征向量就是 n 个标准正交基，而特征值的模（绝对值大小）则代表矩阵在每个基上的投影长度。特征值越大，说明矩阵在对应的特征向量上的方差越大，信息量越多（见图 6-34）。

下面举一个例子，加深读者对 PCA 的理解。假设有 5 个样本，每个样本二维，排列成 5×2 的矩阵，具体如下：

$$\begin{bmatrix} -1 & -2 \\ -1 & 0 \\ 0 & 0 \\ 2 & 1 \\ 0 & 1 \end{bmatrix}$$

现在，用 PCA 方法将这组二维数据降到一维。

因为这个矩阵的每列的均值已经是 0，所以我们可以直接求协方差矩阵。

首先，第 1 列减去第 1 列的均值为 $\begin{bmatrix} -1-0 \\ -1-0 \\ 0-0 \\ 2-0 \\ 0-0 \end{bmatrix}$，即等于第 1 列。

第 2 列减去第 2 列的均值为 $\begin{bmatrix} -2-0 \\ 0-0 \\ 0-0 \\ 1-0 \\ 1-0 \end{bmatrix}$，即等于第 2 列。

$$Cov(x_1, x_1) = 第\ 1\ 列^T \times 第\ 1\ 列/5 = (-1 \quad -1 \quad 0 \quad 2 \quad 0) \begin{bmatrix} -1 \\ -1 \\ 0 \\ 2 \\ 0 \end{bmatrix}/5 = 6/5$$

$$Cov(x_1, x_2) = 第\ 1\ 列^T \times 第\ 2\ 列/5 = (-1 \quad -1 \quad 0 \quad 2 \quad 0) \begin{bmatrix} -2 \\ 0 \\ 0 \\ 1 \\ 1 \end{bmatrix}/5 = 4/5$$

于是协方差矩阵为 $\begin{bmatrix} \frac{6}{5} & \frac{4}{5} \\ \frac{4}{5} & \frac{6}{5} \end{bmatrix}$。求其特征值和特征向量，求解后的特征值为 $\lambda_1 = 2$，$\lambda_2 = 2/5$。

其对应的特征向量分别是 $v_1 = \begin{bmatrix} 1 \\ 1 \end{bmatrix}$，$v_2 = \begin{bmatrix} -1 \\ 1 \end{bmatrix}$，可以用 $Ax = \lambda x$ 验算一下。那么标准化后的特征向量为 $v_1 = \begin{bmatrix} 1/\sqrt{2} \\ 1/\sqrt{2} \end{bmatrix}$，$v_2 = \begin{bmatrix} -1/\sqrt{2} \\ 1/\sqrt{2} \end{bmatrix}$。

留下 1 个特征值 $\lambda_1 = 2$ 和特征向量 $\begin{bmatrix} 1/\sqrt{2} \\ 1/\sqrt{2} \end{bmatrix}$，把原来的数据矩阵乘以特征矩阵就得到了降维后的数据表示：

$$\begin{bmatrix} -1 & -2 \\ -1 & 0 \\ 0 & 0 \\ 2 & 1 \\ 0 & 1 \end{bmatrix} \begin{bmatrix} 1/\sqrt{2} \\ 1/\sqrt{2} \end{bmatrix} = \begin{bmatrix} -3/\sqrt{2} \\ -1/\sqrt{2} \\ 0 \\ 3/\sqrt{2} \\ 1/\sqrt{2} \end{bmatrix}$$

把 $\begin{bmatrix} -1 & -2 \\ -1 & 0 \\ 0 & 0 \\ 2 & 1 \\ 0 & 1 \end{bmatrix}$ 和 $\begin{bmatrix} -3/\sqrt{2} \\ -1/\sqrt{2} \\ 0 \\ 3/\sqrt{2} \\ 1/\sqrt{2} \end{bmatrix}$ 画在两个（各自）坐标系上，分别是粗轴的坐标系和细

轴的坐标系。

我们知道，对数据逆时针旋转 θ 角的旋转矩阵的形式为 $\begin{bmatrix} \cos\theta & -\sin\theta \\ \sin\theta & \cos\theta \end{bmatrix}$，所以

$\begin{bmatrix} 1/\sqrt{2} & -1/\sqrt{2} \\ 1/\sqrt{2} & 1/\sqrt{2} \end{bmatrix}$ 表示了对数据进行逆时针 45 度角的旋转（见图 6-36）。

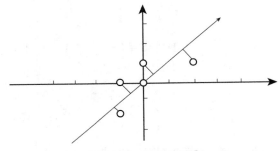

图 6-36　PCA 实例[①]

我们看到细轴的坐标轴方向，就是方差最大的方向。可见，PCA 本质上是将方差最大的方向作为主要特征，并且在各个正交方向上使得数据没有相关性。

这里给出一个 PCA 应用实例。[②] 李毛侠对安徽省的消费水平进行了研究，他把人均消费支出水平作为因变量 Y，自变量分别是人均生产总值（X_1）、城乡收入差距（X_2）、居民消费价格指数（X_3）、就业率（X_4）、少年儿童抚养系数（X_5）、老年抚养系数（X_6）、住房制度改革（X_7）、一年期存款利率（X_8）、人均医疗支出（X_9）等。对影响消费需求的各因素 X_1、X_2、X_3、X_4、X_5、X_6、X_7、X_8、X_9 进行主成分分析，分析结果如表 6-5 所示。

表 6-5　主成分分析结果

主成分	特征根	贡献率（%）	累计贡献率（%）
1	6.388	70.981	70.981
2	1.583	17.584	88.564
3	0.594	6.602	95.166
4	0.228	2.530	97.696
5	0.098	1.085	98.780
6	0.062	0.690	99.470
7	0.039	0.436	99.906
8	0.008	0.085	99.991
9	0.001	0.009	100.000

---

① https://blog.csdn.net/yimixgg/article/details/82905001.

② http://www.cnki.com.cn/Article/CJFDTotal-XDWX201002017.htm.

第一个主成分的特征根为 6.388，解释了总变异的 70.98%，第二个主成分的特征根为 1.583，解释了总变异的 17.58%。前两个特征根的累计贡献率达到 88.56%，说明前两个主成分已经反映原来 9 个指标 88.56% 的信息。前两个主成分的表达式，分别如下：

$$F_1 = 0.37ZX_1 + 0.12ZX_2 - 0.19ZX_3 + 0.36ZX_4 - 0.38ZX_5 + 0.38ZX_6 + 0.35ZX_7 - 0.34ZX_8 + 0.38ZX_9$$

$$F_2 = 0.16ZX_1 + 0.62ZX_2 + 0.62ZX_3 + 0.05ZX_4 - 0.10ZX_5 + 0.15ZX_6 - 0.25ZX_7 + 0.28ZX_8 + 0.13ZX_9$$

式中，$ZX_i (i=1, 2, 3, 4, 5, 6, 7, 8, 9)$ 为 X_i 相应的标准化变量。第一个主成分主要包含了除变量 X_2、X_3 以外所有其他变量的信息，第二个主成分则主要包含变量 X_2、X_3 的信息。

我们可以选择这两个主成分建立回归模型。用 ZY 表示标准化后的因变量，以 ZY 为因变量，F_1、F_2 为自变量进行多元线性回归分析，回归模型为 $ZY = 0.382F_1 + 0.102F_2$。通过对新模型的判定系数计算，判断模型的拟合优度，以及进行 F 检验和 t 检验，判断模型设定是否有意义，每个自变量（主成分）是否需要纳入模型等。

由此可见，PCA 降维方法可以找出包含信息量较高的特征主成分，解释数据中的大部分方差。

PCA 算法的主要优点有：（1）PCA 以方差衡量信息量，不受数据集意外因素的影响。（2）各个主成分之间是正交的，可以消除原始数据的各个成分间的互相影响。（3）PCA 的计算方法简单，主要运算是特征值求解，容易实现。

PCA 算法也有其固有的局限性：（1）各个主成分的含义解释性不强，不像原始样本的每个属性特征的解释性那么强。（2）方差小的非主成分也可能包含对样本差异具有决定作用的重要信息，于是降维有可能对后续数据处理产生影响。

标准的 PCA 算法的各个成分的可解释性较差。人们研究了 PCA 的一些变种，以提高其各个成分的可解释性，比如方差最大化旋转 PCA（PCA with Varimax Rotation）等。方差最大化旋转是在主成分分析或因子分析中使用的一种方法，通过坐标变换使各个因子载荷的方差之和最大。通俗地讲，就是要么任何一个变量只在一个因子上有高贡献率，而在其他因子上的载荷几乎为 0；要么任何一个因子只在少数变量上有较高载荷，而在其他变量上的载荷几乎为 0。满足这个条件的因子载荷矩阵具有"简单的结构"。方差最大化旋转对载荷矩阵进行旋转，使之尽量接近简单结构。对于一组样本来说，方差最大化旋转找到了一种表示主成分的最简单的方法，即每个主成分可以用少数变量的函数的线性组合表示。方差最大化旋转的具体细节，请参考相关资料。

表 6-6 展示了一个通过方差最大化旋转 PCA 进行数据降维以后，保持了因子的可解释性的例子。[①] 对关于学习韩语的内在驱动力（Motivation Item）的描述数据，进行方差最大化旋转 PCA 处理以后，获得表 6-6。表格的各个行表示不同的人学习韩语的内在驱动力的描述，各个列表示进行 PCA 之后，得到的各个主要成分。

通过对各个列较大的系数对应的行进行分析，我们可以给各个主要成分一个标签，分别是 "School Related" "Career Related" "Personal Fulfillment" "Ethnic Heritage"

---

① http://jalt.org/test/PDF/Brown31.pdf.

等。每一行的一个语句可以看作一个文档，可以用向量空间模型表示成一个高维向量。

表 6-6　学习韩语的内在驱动力的描述数据的方差最大化旋转 PCA 结果

	Factor 1 School Related	Factor 2 Career Related	Factor 3 Personal Fulfillment	Factor 4 Ethnic Heritage
I learn Korean to transfer credits to college	**0.83**	0.01	0.17	−0.11
I learn Korean because my friend recommended it	**0.82**	0.14	0.06	0.22
I learn Korean because my advisor recommended it	**0.80**	0.10	**0.36**	0.04
I learn Korean because of the reputation of the program and instructor	**0.77**	0.12	0.12	0.22
I learn Korean for an easy A	**0.69**	0.18	−0.29	0.16
I learn Korean to fulfill a graduation requirement	**0.63**	0.11	0.19	−0.18
I learn Korean to get a better job	0.04	**0.80**	0.20	0.11
I learn Korean because I plan to work overseas	0.26	**0.80**	0.11	0.10
I learn Korean because of the status of Korean in the world	0.10	**0.73**	0.20	0.22
I learn Korean to use it for my research	**0.38**	**0.48**	**0.44**	0.10
I learn Korean to further my global understanding	0.16	**0.33**	**0.71**	0.08
I learn Korean because I have an interest in Korean literature	0.18	0.04	**0.64**	0.13
I learn Korean because it is fun and challenging	0.04	0.04	**0.63**	**0.46**
I learn Korean because I have a general interest in languages	0.11	0.03	**0.57**	**0.51**
I learn Korean because it is the language of my family heritage	−0.01	0.26	0.05	**0.80**
I learn Korean because of my acquaintances with Korean speakers	0.10	0.21	0.20	**0.70**
% of variance explained by each factor	0.23	0.15	0.14	0.12

6.3.2　多维尺度分析

多维尺度分析（Multi-Dimensional Scaling，MDS）[①] 是一种容易理解的降维方法。这里举个例子。有一个客户集合，包含 I 个客户，每个客户有很多属性，描述每个客户

---

① https：//en. wikipedia. org/wiki/Multidimensional _ scaling.

的是一个高维向量。我们定义一个距离函数，并且计算第 i 个客户和第 j 个客户之间的距离 δ_{ij}。然后，把这些距离组织成一个矩阵，如下：

$$\Delta = \begin{bmatrix} \delta_{11} & \delta_{12} & \cdots & \delta_{1I} \\ \delta_{21} & \delta_{22} & \cdots & \delta_{2I} \\ \vdots & \vdots & \vdots & \vdots \\ \delta_{I1} & \delta_{I2} & \cdots & \delta_{II} \end{bmatrix}$$

　　MDS 算法的目的，是根据这个 Δ，寻找 I 个向量 x_1，x_2，$\cdots$，$x_I \in R^N$（R 表示实数，R^N 表示 N 维的空间），使得 $|x_i - x_j| \approx \delta_{ij}$，$\forall i$，$j \in 1$，$\cdots$，$I$。这里 $|.|$ 是向量之间的范数。在经典的 MDS 算法中，该范数为欧式距离。用户也可以使用其他距离函数。

　　从这里可以看出，MDS 试图把 I 个对象嵌入子空间 R^N，并且保留这些对象之间在高维空间的距离（相似度）。当子空间的维数 N 为 2 或者 3，那么 x_1，x_2，$\cdots$，x_I 就是低维向量，我们就可以画出对象相似性的一个可视化结果。为了得到向量 x_i，一般把 MDS 看作一个优化问题，寻找 $\{x_1, x_2, \cdots, x_I\}$，并且最小化目标函数 $\min\limits_{x_1, x_2, \cdots, x_i} \sum\limits_{i<j} (|x_i - x_j| - \delta_{ij})^2$。这个问题可以通过数值优化（Numeric Optimization）方法得到最优解。MDS 是针对欧氏空间设计的，距离是使用欧氏距离来确定的。

6.3.3　t-SNE 降维方法

　　SNE 算法的核心思想，是保证高维空间里数据点间的距离与映射到低维空间后数据点间的距离保持相似，靠近的数据点仍然靠近，远离的数据点仍然远离。SNE 用条件概率来表达点与点之间的相似度。通过将数据降到二维或三维，就可以用一个散点图来表示这些高维的数据，进而了解数据的结构。

　　t-SNE 是一种非线性降维算法，它是对 SNE 算法的改进。t-SNE 与 SNE 的不同之处是，t-SNE 将低维空间中数据点间的距离用 t 分布来表示，这就使得高维空间中距离较近的点在低维空间中更近，高维空间中距离较远的点在低维空间中更远。关于 SNE 和 t-SNE 的进一步信息，请参考相关资料。

6.4　特征选择

　　在机器学习中，特征选择起到至关重要的作用。特征选择得好，可以对数据量进行有效精简，提高训练速度，这点对于复杂模型来讲尤其重要。此外，特征选择可以减少噪声特征（Noise Feature），提高模型在测试数据集上的准确性，防止过拟合以及欠拟合情况的发生。因为一些噪声特征会导致模型出现错误的泛化（Generalization），从而使得模型在测试集上表现较差。另外，从模型复杂度看，特征越多，模型越复杂，越容易发生过拟合的情况。

　　常用的特征选择方法有信息增益、卡方检验、互信息等方法。这些算法通过构造评价函数，对特征集合中的每个特征进行打分，获得一个权值；并且按照权值对特征进行排序，保留一定数目的最优特征。

此外，特征选择可以看作一个组合优化问题，因而传统的用于解决优化问题的方法都可以用于特征选择，比如模拟退火算法（Simulating Anneal，SA）、遗传算法（Genetic Algorithm，GA）等。

6.4.1 信息增益法

信息增益法，根据某特征项为整个分类能够提供多少信息量衡量该特征项的重要程度，从而决定对特征项的取舍。某个特征项的信息增益，指的是有没有该特征为整个分类所能提供的信息量的差别。某个特征项的信息增益值越大，贡献越大，对分类也越重要。通过计算信息增益，可以得到那些在正例样本中出现频率高而在负例样本中出现频率低的特征，以及那些在负例样本中出现频率高而在正例样本中出现频率低的特征。信息量的多少由熵来衡量。

熵可以视为描述一个随机变量的不确定性的量。不确定性越大，熵越大。假设有一个随机变量，可能取值有 m 个，分别是 x_1，x_2，$\cdots$，x_m，取得每个取值的概率分别是 P_1，P_2，$\cdots$，P_m，那么 X 的熵（平均信息量）定义为：

$$H(X) = -\sum_{i=1}^{m} P_i \times \log_2 P_i$$

对于分类系统来讲，类别 C 是一个变量，它的可能取值是 C_1，C_2，$\cdots$，C_n，每个类别出现的概率为 $P(C_1)$，$P(C_2)$，$\cdots$，$P(C_n)$，n 是类别的总数。那么，分类系统的熵可以表示为：

$$H(C) = -\sum_{i=1}^{n} P(C_i) \times \log_2 P(C_i)$$

一个特征 X，X 被固定时的条件熵为 $H(C \mid X)$，如果 X 的取值为 x_1，x_2，$\cdots$，x_m，那么

$$H(C \mid X) = P_1 H(C \mid X = x_1) + P_2 H(C \mid X = x_2) + \cdots + P_m H(C \mid X = x_m)$$
$$= \sum_{i=1}^{m} P_i H(C \mid X = x_i)$$

式中，P_i 为 X 取值为 x_i 的概率。

以文本分类为例，现在有个特征 T（一个词项（Term）），要计算它的信息增益来决定它是否对分类有大的帮助，以便保留该特征项。需要考察不考虑任何特征时文档的熵，也就是没有任何特征的时候做分类有多少的信息。再考察考虑了该特征后能有多少的信息。两者之差就是该特征带来的信息增益。

一般来说，T 的取值为 T 出现和 T 不出现两种，分别记为 t 和 $\bar{t}$，则有

$$H(C \mid T) = P(t) H(C \mid t) + P(\bar{t}) H(C \mid \bar{t})$$

$$\text{信息增益 } IG(T) = H(C) - H(C \mid T) = \sum_{i=1}^{n} P(C_i) \times \log_2 P(C_i) - P(t) \sum_{i=1}^{n} P(C_i \mid t)$$

$$\times \log_2 P(C_i \mid t) - P(\bar{t}) \sum_{i=1}^{n} P(C_i \mid \bar{t}) \times \log_2 P(C_i \mid \bar{t})$$

式中，$P(C_i)$ 为类别 C_i 出现的概率，用属于类别 C_i 的文档数量除以文档总数来计算；$P(t)$ 为特征 T 出现的概率，用出现过 T 的文档数除以总文档数来计算；$P(C_i \mid t)$ 为出现 T 的时候，类别 C_i 出现的概率，用出现了 T 并且属于类别 C_i 的文档数除以出现了 T 的文档数来计算；$P(\bar{t})$ 和 $P(C_i \mid \bar{t})$ 同理计算。

信息增益法考察特征对整个系统的贡献，而不能具体到某个类别上。因此它只适合于用来做"全局"的特征选择，所有的类别使用相同的特征集合。信息增益法无法做"本地"特征选择，也就是每个类别有自己的特征集合的场合，比如有些词，对某个类别很有区分度，对另一个类别则无关紧要。

6.4.2　卡方检验法

卡方检验是统计学的基本方法。它的基本思想是通过观察实际值与理论值（预期）的偏差，来确定理论正确与否。

首先提出原假设，假设两个变量确实是独立的，比如在文本分类中，我们关心一个特征（也就是一个词项，简称 t）与一个类别 C 是否相互独立。如果相互独立，那么说明 t 对类别 C 没有区分作用，也就是我们无法根据 t 是否出现，来判断一篇文档是否属于类别 C。

提出原假设后，观察实际值与理论值的差别（原假设成立情况下其应该有的值），如果这个差别足够小，可以认为误差是由于测量手段不够精确导致的或者偶然发生的，两者确确实实是独立的，此时就接受原假设；如果这个差别足够大，则这个误差不太可能是偶然产生或者测量不精确所导致的，词项 t 和类别 C 两者实际上是相关的，也就是否定了原假设，接受备择假设。

在这里，换句话说，可以认为卡方检验中使用特征与类别间的关联性来进行这个量化，关联性越强，特征得分越高，该特征越应该被保留。

卡方统计量 χ^2 的计算公式为 $\sum_{i=1}^{n} \frac{(x_i - E)^2}{E}$。一旦提供了多个样本的观察值 x_1，x_2，…，x_i，…，x_n 之后，代入该公式，即可求得卡方值。用这个值与事先确定的阈值比较，如果大于阈值（偏差很大），就认为原假设不成立。

根据文档集（N 个文档）的情况，创建如表 6-7 所示的列联表。行方向为词 t 是否出现，列方向为文档是否属于类别 C。

表 6-7　卡方检验法

特征选择	1. 属于类别 C	2. 不属于类别 C	总计
1. 包含特征 t	A	B	$A+B$
2. 不包含特征 t	C	D	$C+D$
总计	$A+C$	$B+D$	N

包含 t 的文档数量为 $A+B$，文档总数为 N，包含 t 的文档数量占比为 $(A+B)/N$。类别 C 的文档数量为 $A+C$，于是包含特征 t，并且属于类别 C 的文档数量的期望值为 $E_{11}=(A+C)\times(A+B)/N$，在此基础上计算 $D_{11}=(A-E_{11})^2/E_{11}$。卡方统计量

$$\chi^2(t,\ c)=D_{11}+D_{12}+D_{21}+D_{22}=\frac{N\,(AD-BC)^2}{(A+B)\,(A+C)\,(B+D)\,(C+D)}$$。计算出卡方统计

量后，和阈值做比较，决定是否拒绝原假设。其他特征也用同样的方法进行处理，按照卡方统计量进行由大到小的排序，然后对特征进行选择。

表 6-8 给出了卡方分布在自由度为 1 时的显著性阈值。

表 6-8 不同 P 值的 χ^2 阈值

P	χ^2 critical value
0.1	2.71
0.05	3.84
0.01	6.63
0.005	7.88
0.001	**10.83**

假设计算出的 χ^2 值是 283，那么它远远大于 10.83，可以在 0.001 的显著性水平下拒绝原假设，认为 t 和 C 并不独立，而是具有很强的相关性。

6.4.3 互信息法

互信息用来评价一个事件的出现对于另一个事件的出现所贡献的信息量，它的基本定义公式为：

$$I(X;Y)=\sum_{x\in X}\sum_{y\in Y}P(x,y)\log\frac{P(x,y)}{P(x)P(y)}$$

在文本分类中，我们关心一个特征（t）与一个类别 C。把这个公式运用到文本分类中。有

$$I(U;C)=\sum_{e_t\in\{1,0\}}\sum_{e_c\in\{1,0\}}P(U=e_t,C=e_c)\log_2\frac{P(U=e_t,C=e_c)}{P(U=e_t)P(C=e_c)}$$

式中，U、C 都是二值随机变量，当文档包含词项 t 时，U 的取值为 $e_t=1$，否则 $e_t=0$；当文档属于类别 c 时，C 的取值 $e_c=1$，否则 $e_c=0$。使用最大似然估计，上面的概率值都是通过统计文档中词项和类别的数目来计算的。

$$I(U;C)=\frac{N_{11}}{N}\log_2\frac{NN_{11}}{N_{1.}\,N_{.1}}+\frac{N_{01}}{N}\log_2\frac{NN_{01}}{N_{0.}\,N_{.1}}+\frac{N_{10}}{N}\log_2\frac{NN_{10}}{N_{1.}\,N_{.0}}+\frac{N_{00}}{N}\log_2\frac{NN_{00}}{N_{0.}\,N_{.0}}$$

式中，N_{11} 为全部数据中两个事件同时出现的概率；N 为全部事件出现的次数；$N_{0.}=N_{01}+N_{00}$。具体如表 6-9 所示。

表 6-9 互信息法

特征选择	1. 属于类别 C	0. 不属于类别 C	总计
1. 包含特征 t	N_{11}	N_{10}	$N_{1.}$
0. 不包含特征 t	N_{01}	N_{00}	$N_{0.}$
总计	$N_{.1}$	$N_{.0}$	N

针对"某个特征是否出现"和"是否属于某个类别"两个事件进行计算，然后保留得分较高的特征。对于某个类别来讲，特征 t 的互信息越大，说明它与该类别的共现概

率越大。以互信息作为评价依据，提取互信息最大的若干特征，实现特征选择。

注意，特征选择和降维是不同的。特征选择对特征进行剔除（或者保留），而降维是对特征进行重组，原有特征被新的特征替代。

6.5　机器学习算法的评价指标、评价以及参数优化

6.5.1　分类算法的评价

如何评价一个分类算法的好坏呢？首先可以用正确率（Accuracy）来评价分类算法。

假设分类目标只有两类，样本分为正例（Positive）和负例（Negative）。分类算法的预测效果如表 6 - 10 所示。

表 6 - 10　分类器的预测结果

实际类别		预测类别		
		＋	－	总计
	＋	TP	FN	P(实际为＋)
	－	FP	TN	N(实际为－)
	总计	P′(预测为＋)	N′(预测为－)	P＋N

表 6 - 10 中的几个符号解释如下：

（1）TP（True Positives）：实际为正例，且被分类器划分为正例的实例数（样本数）。

（2）FP（False Positives）：实际为负例，但被分类器划分为正例的实例数，称为假阳性。

（3）FN（False Negatives）：实际为正例，但被分类器划分为负例的实例数，称为假阴性。

（4）TN（True Negatives）：实际为负例，且被分类器划分为负例的实例数。

在此基础上，我们可以计算几个关键的指标。

1. 正确率

正确率 Accuracy＝(TP＋TN)/(P＋N)。这是最常用的评价指标，它表示所有的样本中，被正确分类的样本的比重，包括正例和负例。正确率越高，分类器越好。样本不均衡时，该指标具有误导性。

2. 错误率

错误率（Error Rate）和正确率正好相反，Error Rate＝(FP＋FN)/(P＋N)，它表示所有的样本中，被错误分类的样本的比重，包括正例和负例。

可以看出 Accuracy ＝1－Error Rate。对某一个样本来说，分对与分错是互斥事件。

3. 精度/准确率

精度/准确率 Precision＝TP/(TP＋FP)，表示被分类器分为正例的样本中，实际为

正例的比例是多少。

4. 召回率

召回率 Recall＝TP/（TP＋FN）＝TP/P。召回率是覆盖面的度量，它表示有多少正例被分类器分为正例。可以看到召回率与灵敏度的计算公式是一样的。

在信息检索领域，比如搜索引擎，准确率和召回率是两个最基本的度量指标。准确率也称为查准率，召回率也称为查全率，它们具有如下的意义。

Precision＝系统检索到的相关文件数量/系统检索到的文件总数量

Recall＝系统检索到的相关文件数量/系统里所有的相关文件数量

F1 得分是准确率和召回率的调和平均，最大为 1，最小为 0。它的计算公式为：

$$F1＝2\times\frac{Precision\times Recall}{Precision＋Recall}$$

在信息检索中，我们常常使用 F1 得分统一度量一个检索系统的性能。

5. 灵敏度

灵敏度 Sensitivity＝TP/P＝TP/（FN＋TP）。表示所有正例中，被分类器分对的比例，它衡量了分类器对正例的识别能力。从公式可以看出，FN 越少，灵敏度越高，或者说这个指标和 FN 直接关联。可以看到 Recall＝Sensitivity，Recall 在信息检索领域用得较多，Sensitivity 则是一个统计学的术语。

注意，Sensitivity 也称为 True Positive Rate（TPR）。

False Negative Rate（FNR）＝FN/（FN＋TP），表示所有正例中，被分类器分错的（分为负例）比例，由定义可以知道，FNR＝1－Sensitivity。

6. 特异度

特异度 Specificity＝TN/N＝TN/（FP＋TN）。表示所有负例中，被分类器分对的比例，它衡量了分类器对负例的识别能力。从公式可以看出，FP 越少，特异度越高，或者说这个指标和 FP 直接关联。

注意，Specificity 也称为 True Negative Rate（TNR）。

另外，False Positive Rate（FPR）＝FP/（FP＋TN），表示所有负例中，被分类器分错的（分为正例）的比例，由定义可以知道，FPR＝1－Specificity。

7. 指标的运用

在对分类器进行优化的时候，我们关注的指标是不一样的。

比如对于垃圾邮件分类器（Spam 为正例），我们关注（优化）Precision 和 Specificity。因为 FN（实际为垃圾邮件，分类器预测为正常邮件，被放进收件箱）可以接受，大不了从收件箱把垃圾邮件清除即可；FP（实际为正常邮件，分类器预测为垃圾邮件，被放进垃圾箱），则不能接受。

对于欺诈检测来讲（Fraudulent Transactions 为正例），我们关注 Sensitivity。因为 FP（实际为正常交易，分类器预测为欺诈交易）可以接受；FN（实际为欺诈交易，分类器预测为正常交易）不能接受，欺诈交易被当作正常交易，没有检测出来，这是难以接受的。

对于疾病检测也是一样的，要关注 Sensitivity。我们希望尽量不要漏掉疾病。也就是，我们更接受假阳性，大不了浪费治疗了。但是一般不接受假阴性，如果某位病人有病，检查结果说他没病，没有及时干预和治疗，等到发现时已经晚了治不好了；或者他的疾病极具传染性，在社会上引起大面积传染，那就糟糕了。

上述各个指标及其所依赖的成分请参考图 6 - 37。

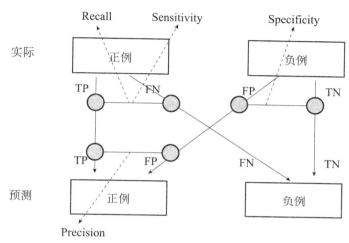

图 6 - 37　分类器评价指标与成分

6.5.2　ROC 曲线和 AUC 指标

1. ROC 曲线

假设采用 Logitist 回归分类器，分类器会给出每个样本为正例的概率。可以设定一个阈值，比如 0.6，概率大于等于 0.6 的为正例，小于 0.6 的为负例。根据预测器的预测值以及每个样本的实际类别标签，可以计算出一组<FPR(False Positive Rate)，TPR(True Positive Rate)>，在平面上得到对应坐标点。

随着阈值逐渐减小，越来越多的实例被分为正例，但是这些正例中同样也掺杂着真正的负例，即 FPR 和 TPR 会同时增大。阈值最小时，对应坐标点<0，0>；阈值最大时，对应坐标点<1，1>。

我们把这些对应不同阈值的<FPR，TPR>绘制在一个坐标系上，如图 6 - 38 所示，称为接收者操作特征曲线（Receiver Operating Characteristic，ROC）曲线。

横轴为 FPR＝1－TNR＝1－Specificity。FPR 越大，表示所有负例中，被分类器分错的（错误地分为正例）比例越大。FPR 越小越好。

纵轴为 TPR＝Sensitivity。TPR 越大，表示所有正例中，被分类器分对（正确地分为正例）的比例越大。TPR 越大越好。

根据追求的目标，理想的情况是 TPR＝1 且 FPR＝0，也就是图中左上角的<0，1>点。但是，这个目标不好达到，所以 ROC 曲线越靠近（上拱）<0，1>点，越偏离 45

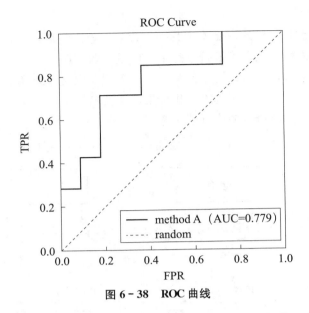

图 6 - 38　ROC 曲线

度对角线越好。也就是 TPR＝Sensitivity 越大，FPR＝1－TNR＝1－Specificity 越小（Specificity 越大）越好。

2. AUC 指标

AUC（Area under Curve）指标，是 ROC 曲线下的面积，介于 0.1～1 之间。AUC 可以作为一个评价分类器好坏的指标，AUC 的值越大越好。

AUC 值可以看作一个概率值，它表示用户随机挑选一个正例以及负例，当前的分类器根据计算得到的 Score 值，将这个正例排在负例前面的概率就是 AUC 值。（要理解这一点，请参考前文给出的横轴和纵轴的意义的描述。）

AUC 值越大，当前分类算法越有可能将正例排在负例前面，从而能够更好地进行分类。

我们已经有很多指标来评价分类器了，那么为什么还需要 ROC 曲线和 AUC 指标呢？因为 ROC 曲线具有一个很好的特性，即便数据集中正/负例的分布发生变化，ROC 曲线能够保持不变。在实际应用中，数据集中经常出现类别不平衡状况，正/负例比例差别大，比如绝大部分是正例，极小部分是负例，ROC 曲线仍然能够保持形状不变性。这有利于我们评价分类器。

● 6.5.3　回归算法的评价（优化目标）——损失函数

损失函数（Loss Function）是用来估量模型的预测值 $\hat{Y}=f(x)$ 与真实值 Y 的不一致程度，它是一个非负实值函数，通常使用 $L(Y, f(x))$ 来表示。损失函数越小，模型的预测效果就越好。下面介绍几个主要的损失函数。

均方误差（Mean Squared Error，MSE）的计算公式为：

$$MSE = \frac{1}{n}\sum_{i=1}^{n}(y_i - \hat{y}_i)^2$$

与其关联的一个损失函数称为均方根误差（Root Mean Squared Error，RMSE），其计算公式为：

$$RMSE = \sqrt{\frac{1}{n}\sum_{i=1}^{n}(y_i - \hat{y}_i)^2}$$

平均绝对误差（Mean Absolute Error，MAE）的计算公式为：

$$MAE = \frac{1}{n}\sum_{i=1}^{n}|y_i - \hat{y}_i|$$

平均绝对百分比误差（Mean Absolute Percentage Error，MAPE）采用百分比来表达误差：

$$MAPE = \left(\frac{1}{n}\sum \frac{|Actual - Forecast|}{|Actual|}\right) \times 100\%$$

如表 6-11 的实例所示，它把百分比表达的误差的绝对值加起来，求一个平均值。

表 6-11 平均绝对百分比误差的计算

Month	Actual	Forecast	Absolute Percent Error
1	112.3	124.7	11.0%
2	108.4	103.7	4.3%
3	148.9	116.6	21.7%
4	117.4	78.5	33.1%
MAPE			**17.6%**

人们对于用百分比表达的数据是比较熟悉的，这使得 MAPE 指标很容易解释。但是需要注意的是，MAPE 指标对数值的尺度是敏感的（Scale Sensitive），小额的数据发生少量变化，变化的百分比就很大；而大额的数据发生等量变化，变化的百分比就没有这么大。在使用 MAPE 的时候，需要讲清楚数据的可能取值（大小）。

均方对数误差（Mean Squared Logarithmic Error，MSLE）的计算公式为：

$$MSLE = \frac{1}{n}\sum_{i=1}^{n}(\log(p_i + 1) - \log(a_i + 1))^2$$

式中，n 为整个数据集的观测值总数；p_i 为预测值；a_i 为真实值。

6.5.4 交叉验证

交叉验证（Cross Validation，CV）是在机器学习中验证预测器的预测性能的一种统计分析方法，它考察预测器在新数据上的预测正确率（Accuracy of Models on Unseen Data）。

交叉验证一般用在数据不是很充足的时候。如果样本量小于 10 000 条，我们就会采用交叉验证来训练、优化、选择模型。如果样本大于 10 000 条的话，一般随机把数据分成三份，一份为训练集（Training Set），一份为验证集（Validation Set），最后一份为测试集（Test Set）。用训练集来训练模型，用验证集来评估模型预测的好坏和选择模型的参数，把得到的模型再用于测试集，最终决定使用哪个模型以及对应的参数。

根据切分的方法不同，交叉验证分为如下三种：

第一种是简单交叉验证（Hold-Out Method）。将原始数据集随机分为两组，一组作为训练集，一组作为验证集（比如，70% 为训练集，30% 为测试集）。利用训练集训练分类器，然后利用验证集验证模型，记录最后的分类正确率。①

可以把样本打乱，重新选择训练集和测试集，继续训练模型和检验模型。用这些模型在验证集上的分类正确率的平均数作为分类器的性能指标。该方法原理简单，只需随机地把原始数据分为两组即可。该方法没有体现交叉的思想，在测试集上分类正确率的高低与原始数据的分组有很大的关系，所以这种方法得到的结果说服力不强。

第二种是 K 折交叉验证（K-Fold Cross Validation，K-CV）。和第一种方法不同，K 折交叉验证首先把样本数据随机地分成 $K(K \geqslant 2)$ 份，将每个数据子集分别当作一次验证集，其余的 $K-1$ 个数据子集作为训练集，这样会得到 K 个模型，用这 K 个模型在验证集上的分类正确率的平均数作为此 K-CV 下分类器的性能指标。K-CV 可以有效地避免过拟合以及欠拟合状况的发生，最后得到的结果比较具有说服力。

第三种是留一交叉验证（Leave-One-Out Cross Validation，LOO-CV），它是 K 折交叉验证的特例，即 K 等于样本数 N。假设原始数据集有 N 个样本，每次选择 $N-1$ 个样本来训练数据，留一个样本来验证模型预测的好坏。LOO-CV 会得到 N 个模型，用这 N 个模型在验证集上的分类正确率的平均数作为此 LOO-CV 下分类器的性能指标。此方法主要用于样本量非常少的情况，比如 N 小于 50 时。

相对于 K-CV，LOO-CV 具有两个优势。首先，每一回合中几乎所有的样本都用于训练模型，因此最接近原始样本的分布，这样评估所得的结果比较可靠。其次，实验过程中没有随机因素影响实验数据，确保实验过程是可以复制的。

LOO-CV 的缺点是计算成本高。需要建立的模型数量与原始数据样本数量相同，当原始数据样本数量相当多时，效率低下，可以考虑利用并行计算减少 LOO-CV 需要的时间。

如果只是在现有数据基础上初步建立一个模型，简单交叉验证就可以了；否则就用 K 折交叉验证；在样本量较少的时候，则使用留一交叉验证。

在特征选择中，可以用交叉验证来增加和移除某些特征。

6.5.5 参数优化

一个机器学习模型有很多的参数需要优化，比如一个 SVM 分类器有两个关键的参数，即正则化参数 C 和 Gamma 参数（使用径向基核函数）需要优化。对于特定的问题，到底什么样的 C 和 Gamma 是合适的，需要尝试。我们的目标是搜索参数的最佳组合。

参数搜索涉及四个阶段，四个阶段构成一个周期，不断迭代，直到达到终止条件（对若干参数组合已经遍历，或者消耗的资源已经超出预算等）。

这四个阶段是：（1）选择一个参数组合；（2）训练模型；（3）根据一定的度量指标对模型进行评价（使用交叉验证）；（4）根据搜索策略，寻找一个新的参数组合（如图 6-39 所示）。

在这里主要介绍两种搜索策略，分别是网格搜索（Grid Search）和随机搜索（Random Search）。

假设现有 n 个参数需要优化。网格搜索的基本做法是，对每个参数确定其取值范围，并且对取值范围进行划分，获得每个参数的一系列可能取值，所有参数的各种可能

---

① 对于分类器，评价其分类正确率，对于回归模型，则评价其预测误差。

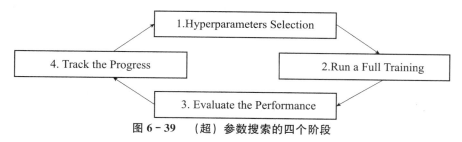

图 6 - 39　（超）参数搜索的四个阶段

取值的所有组合，构成搜索空间，遍历这个搜索空间，最后取其中最优的一个参数组合，作为模型参数。

随机搜索，顾名思义，则是在可搜索的空间里面随机构造一个参数组合，评价该参数组合的模型的性能，然后再尝试另外一个随机组合，直到中止条件，取其中最优的一个参数组合作为模型参数。

假设现在模型有两个参数需要确定，那么网格搜索与随机搜索的区别可以通过图 6 - 40 看出来，一个是对参数 1 和参数 2 的某些取值的组合的遍历；一个是在搜索空间里随机寻找两个参数的某种组合。

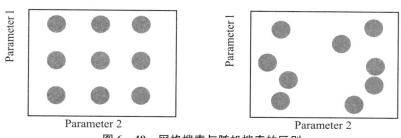

图 6 - 40　网格搜索与随机搜索的区别

从图 6 - 40 来看，似乎网格搜索覆盖面更广，随机搜索则可能扎堆到搜索空间的局部。但实际情况并非如此。我们注意到，对于网格搜索，虽然训练了 9 个模型，但是每个参数只取了 3 种可能取值。使用随机搜索不太可能选择相同的参数值，于是随机搜索使得我们对每个参数尝试了 9 个取值，训练了 9 个模型。由此可以看到，随机搜索有可能尽量广泛地探索参数空间，有助于找到最佳参数组合。所以，如果搜索空间有 3 个或者 4 个以上的参数，那么一般不用网格搜索，而是使用随机搜索。因为随机搜索为每次尝试提供了非常好的参数组合。

6.6　方差与偏差

当训练了一个机器学习模型却发现这个模型在测试数据上表现得不是太好，就需要对错误的来源进行分析。错误来源通常包括方差（Variance）和偏差（Bias）。

6.6.1　从实例了解方差和偏差

人们一般用打靶的例子来解释方差和偏差，这样做通俗易懂。当瞄准靶心打靶时，结果通常有高方差、低方差，高偏差、低偏差等状况，于是呈现出如图 6 - 41 所示的四种组合形式。

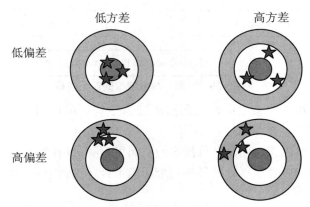

图 6 - 41 高/低方差和高/低偏差的组合

在这个实例里，偏差表示偏离中心的程度，方差表示波动程度。

（1）低偏差、低方差：理想的状况。

（2）低偏差、高方差：低偏差表示预测结果与真实值比较接近，但是高方差意味着个体预测结果不稳定。

（3）高偏差、低方差：高偏差表示预测结果与真实值差得很远，低方差表示个体预测结果稳定。

（4）高偏差、高方差：高偏差表示预测结果与真实值差得很远，高方差表示个体预测结果不稳定，这种情况是我们最不想要的。

6.6.2 方差和偏差的总结

偏差表示模型的平均预测与实际结果之间的差异，刻画了模型对数据的拟合能力。高偏差的模型表明它对训练数据的关注较少，没有拟合好，模型过于简单。在训练和测试中，没有达到很好的准确性，这样的现象称为欠拟合。

方差表示模型输出的数据点的分布，刻画数据扰动造成的影响。方差大的模型表示它可能过于关注训练数据，但是不提供对没有遇到的数据的泛化处理能力。模型在训练数据上有较好的效果，但是在测试数据集上的结果却很差，这样的现象称为过拟合。

如果模型参数很少，过于简单，没有捕捉到数据的内在关系，那么它就很有可能产生高偏差（一般伴随着低方差）。如果模型有大量的参数，过于复杂，模型可能对训练数据高度敏感，学习到训练数据的特有的特征，那么它就很有可能产生低偏差（一般伴随着高方差）。

一般来讲，简单的模型会有一个较大的偏差和较小的方差，复杂的模型则有一个较小的偏差和较大的方差。鱼和熊掌不可兼得。我们需要在偏差值和方差值之间取得平衡，寻找适当复杂度的模型（如图 6 - 42 所示）。

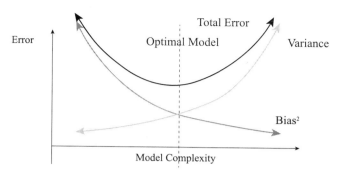

图 6 - 42　模型复杂度和偏差/方差的基本关系[①]

6.6.3　学习曲线

欠拟合，比较好判断。一般来讲，模型准确度不高，都可以认为是欠拟合。过拟合，则不太容易判断，模型越复杂，准确度越高，同时也越容易发生过拟合。

避免过拟合，提高泛化能力，是对预测器进行设计的核心目标。常用的方法是绘制学习曲线，观察拟合情况，有针对性地处理。

所谓学习曲线，是随着训练样本的增多，训练出来的模型在训练集和测试集上的表现情况，对于分类可以用准确率作指标，对于回归可以用均方误差作指标。学习曲线用于查看模型的学习效果，以便了解模型对数据是否发生过拟合或者欠拟合状况。

学习曲线与欠拟合/过拟合、偏差/方差的关系如图 6 - 43 所示。

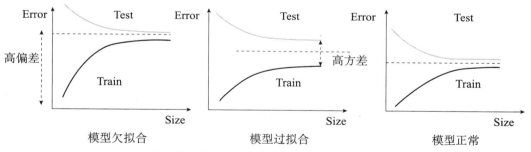

图 6 - 43　学习曲线与欠拟合/过拟合、偏差/方差的关系

为了分析学习曲线，对模型进行调整，我们把学习曲线分成四种情况，如图 6 - 44 所示。

（1）左上角的学习曲线，表示随着样本数量增加，Train Error 有一定增加，Test Error 有明显下降。这是低偏差/低方差的情况，是最好的情况。

（2）右上角的学习曲线，表示随着样本数量增加，Train Error 居高不下，Test Error 有所下降，但是也居高不下。这是高偏差/低方差的情况。可以通过调整模型参数减小 Train Error 和 Test Error。

[①]　https：//zahidhasan. github. io/2018 - 12 - 21-Bias-Variance-Trade-off-LearningCurve/.

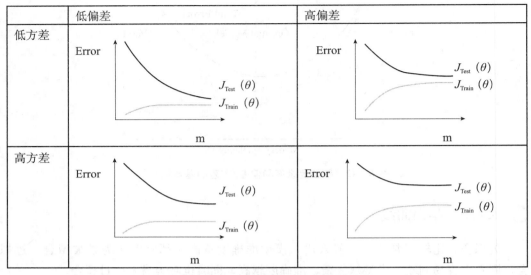

图 6-44   学习曲线的四种情况

（3）左下角的学习曲线，表示随着样本数量增加，虽然 Train Error 很小，但是模型产生了过拟合，泛化能力差，导致 Test Error 很高。这是低偏差/高方差的情况。

（4）右下角的学习曲线，表示随着样本数量增加，Train Error 很大，模型没有从数据中学习到什么模式，导致 Test Error 也非常高，模型无法用于实际预测。这是高偏差/高方差的情况。这是最差的情况，应该尽量避免。这时候，我们要寻找数据本身的问题以及模型设计的问题。

6.6.4   如何解决欠拟合和过拟合

为了解决欠拟合，可以使用的方法包括：增加模型的复杂度；增加特征数；减少正则项。

为了解决过拟合，可以使用的方法包括：降低模型的复杂度；减少特征数；增加正则项；增加数据量；清洗数据，剔除噪声；采用 Bagging 技术，比如随机森林，选择特征。

6.7   从复杂模型到简单模型以及正则化

6.7.1   复杂模型和简单模型

如果模型能够实现一定准确度的预测，我们偏爱简单模型，而不是复杂模型。

从参数个数来看，参数越少，模型越简单；参数多的模型为复杂模型。从参数值来看，参数值越小，模型越简单。因为越复杂的模型越是尝试对所有的样本进行拟合，包括一些离群样本点，容易造成在比较小的区间里，预测值产生较大的波动。较大的波动，反映了在这个区间里的导数较大。而只有较大的参数值，才能产生较大的导数。也就是复杂的模型，其参数值也比较大。

简单模型一般更加容易解释（参数少），比复杂模型具有更强的泛化能力，也就是它不容易过拟合。

6.7.2　L0、L1、L2 正则化

L0 范数，是指向量中非 0 的元素的个数；L1 范数，是指向量中各个元素的绝对值之和；L2 范数，是指向量各元素的平方之和，然后求平方根。

比如，向量 $<x_1, x_2, \cdots, x_n>$ 的 L1 范数为 $\sum_{i=1}^{n} |x_i|$，L2 范数为 $\sqrt{\sum_{i=1}^{n} x_i^2}$。

L0、L1、L2 正则化是用 L0、L1、L2 范数来约束模型的参数。L0 正则化，是想办法减少模型中非零参数的个数；L1 正则化，是想办法减少各个参数的绝对值之和；L2 正则化，是想办法减少各个参数的平方和的开方值。

参数数量少，模型简单，可以防止过拟合。因此用 L0 范数（非零参数的个数）来做正则化项是可以防止过拟合的。L0 正则化很难求解，人们一般采用 L1 正则化和 L2 正则化。

L1 正则化，也称为 Lasso 正则化。参数值大小和模型复杂度是成正比的，复杂的模型其 L1 范数就大；反之，简单模型其 L1 范数就小。

L2 正则化，也称为 Ridge 正则化。它能够防止过拟合的原因和 L1 正则化是一样的，只是形式不一样。

带正则化的模型，损失函数为：

$$J = J_0 + \alpha L$$

式中，J_0 为原始的损失函数；L 为正则化项；α 为正则化系数。机器学习的任务，就是要通过一些方法（比如梯度下降）使得损失函数最小化。

1. 最小化问题

当我们在原始损失函数 J_0 后添加 L 正则项时，相当于对 J_0 做了一个约束。

$\min(J) = \min(J_0 + \alpha L)$，等价于 $\min(J_0)$，s.t. $L < \eta$，即对一个特定的 α，总存在一个 η 使得这两个问题是等价的。

对于第二个优化问题，它表达的意思是把模型参数 w 的解限制在特定区域（见图 6 - 45 的正方形和图 6 - 46 的圆形）内，同时使得损失函数的取值尽可能地小。

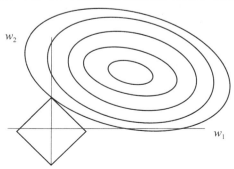

图 6 - 45　L1 正则化

2. L1 正则化图解

L1 正则化的损失函数为：

$$J = J_0 + \alpha \sum_{i=1}^{n} |w_i|$$

在二维情况下，只有两个参数 w_1 和 w_2，此时 $L = |w_1| + |w_2|$。对于梯度下降法，求解 J_0 的过程可以画出一系列等值线。同时 L1 正则化的函数 L，也可以在 $w_1 - w_2$ 的二维平面上画出来（见图 6-45 中的正方形）。图中的等值线是 J_0 的等值线，黑色方形是 L 函数的图形。在图中，J_0 等值线与 L 图形首次相交的地方就是最优解。图 6-45 中 J_0 与 L 在 L 的一个顶点处相交，这个顶点就是最优解。这个顶点的值是 $<w_1, w_2> = <0, w>$。

从二维到多维，可以想象，函数 L 有很多"突出的角"，J_0 与这些角接触的概率远大于与 L 其他部位接触的概率。在这些角上，会有很多权值等于 0。这就是为什么 L1 正则化可以产生参数数量少的模型的原因。

正则化参数 α 可以控制 L 图形的大小。α 越小，L 的图形越大（见图 6-45 中的方框）；α 越大，L 的图形就越小，可以小到方框只超出原点范围一点点。使得最优点 $<w_1, w_2> = <0, w>$ 中的 w 值，可以取到很小的值。

3. L2 正则化图解

L2 正则化的损失函数为：

$$J = J_0 + \alpha \sum_{i=1}^{n} w_i^2$$

同样可以画出它们在二维平面上的图形，如图 6-46 所示。二维平面上 L2 正则化的函数 $\left(\alpha \sum_{i=1}^{n} w_i^2\right)$ 图形是一个圆。与正方形相比，它被磨去了棱角。因此 J_0 与 L 相交时，使得 w_1 或 w_2 等于零的概率小了许多，这就是为什么 L2 正则化不具有稀疏性（参数数量少）的原因。但是 L2 正则化追求参数值小，这也是创建简单模型，避免过拟合的手段。

L1 正则化会趋向于产生少量的特征，其他的特征都是 0。L2 正则化会选择更多的特征，这些特征的值都会接近 0。所以，Lasso 正则化在特征选择的时候也非常有用；而 Ridge 正则化，就只是一种正则化而已。

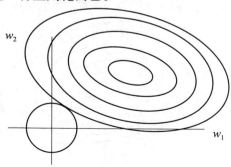

图 6-46　L2 正则化

6.7.3　损失函数和目标函数总结

当我们给定一个 X，模型就会输出一个 $f(X)$。模型输出的 $f(X)$ 与真实值 Y 可能是相同的，也可能是不同的。为了表示模型拟合的好坏，用一个函数来度量拟合的程度。$L(Y, f(X)) = (Y - f(X))^2$，称为损失函数。

由于输入和输出 (X, Y) 遵循某个联合分布，但是这个分布是未知的，所以无法计算损失函数的值。好在我们有历史数据，也就是训练集。$f(X)$ 关于训练集的平均损失 $\dfrac{1}{N} \sum_{i=1}^{N} L(y_i, f(x_i))$，称为经验风险（Empirical Risk）。这是我们的优化目标，称为经验风险最小化。

在机器学习中，我们偏爱简单的、泛化能力强的模型，用正则项来度量模型的复杂度，常用的有 L1、L2 范数，称为正则化。这时候，目标函数变成

$$\frac{1}{N} \sum_{i=1}^{N} L(y_i, f(x_i)) + \lambda J(f)$$

式中，$J(f)$ 为正则项。这时，目标函数优化的目的是最优化模型的经验风险和结构风险。

6.8　主流数据深度分析工具

本节将介绍主流的机器学习和数据挖掘软件包，包括 Spark 平台上的 MLLib 系统、开源软件系统 Weka、R 系统、商用软件系统 SPSS 与 Matlab，以及深度学习工具 tensorFlow 与 caffe 等。

6.8.1　Spark MLLib 系统

MLLib 是 Spark 大数据平台上的机器学习库。这个库包含很多通用的机器学习与数据挖掘算法，包括分类、聚类、回归、协同过滤（Collaborative Filtering）、降维（Dimensionality Reduction）等，还包含底层的优化原语（Optimization Primitive）以及应用程序编程接口（API），使得在 Spark 平台上对数据进行深度分析的编程变得更加容易。MLLib 包含两套 API，分别是 spark. mllib 和 spark. ml，前者包含老版本 Spark 原有的 RDD[①] 上的 API，后者是基于 DataFrame 数据抽象层的高层的 API。可以用 Java、Python 或 Scala 语言编写数据挖掘和机器学习程序。

在 Spark 平台上，利用 Spark 的高性能和大规模数据处理能力，某些数据分析任务比 Hadoop 平台上的 MapReduce 实现可获得 10 倍（数据保存在磁盘中）～100 倍（数据完全存放在内存中）的性能提高。

MLLib 的开发者在 2010 年对 Spark 平台上的 Logistic 回归分析程序以及 Hadoop

---

① 请参考本书的在线资源 "Spark 及其生态系统" 一章。

平台上的 Logistic 回归分析程序进行了性能比较。他们在亚马逊云平台上使用了 20 个"ml. xlarge" EC² 虚拟机实例，每个实例有 4 个核心（Core），实验数据集大小为 29GB。结果如图 6 - 47 所示，从中可以看出 Hadoop 平台和 Spark 平台上机器学习算法性能的差异。

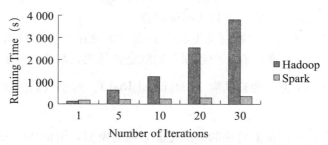

图 6 - 47 Hadoop 平台和 Spark 平台上的 Logistic 回归分析性能比较[1]

6.8.2 Weka 系统

Weka 的全名是怀卡托智能分析环境（Waikato Environment for Knowledge Analysis）。Weka 是一款免费的基于 Java 语言的开源机器学习和数据挖掘软件。Weka 的主要开发者来自新西兰的怀卡托大学，而该软件的缩写 Weka 正好是新西兰的一种独有的鸟。

在 Weka 平台上，已经实现了数据预处理、分类、聚类、回归、关联规则分析等机器学习和数据挖掘算法，用户可以使用 Weka 工作台可视化地对数据进行分析，也可以调用 Weka 的 Java 开发包编写自己的数据分析软件。

探索者界面（Weka Explorer）是 Weka 主要的使用界面，如图 6 - 48 所示。

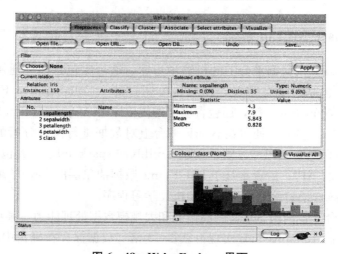

图 6 - 48 Weka Explorer 界面

---

① https：//www. usenix. org/legacy/event/hotcloud10/tech/full _ papers/Zaharia. pdf.

所有的 Weka 功能都能在这个界面中，通过点击鼠标和填写表单来使用。由于很多选项都预设了常用的默认值，用户可以以最小的代价取得结果。在这个界面上，有六个标签，分别是数据预处理（Preprocess）、分类（Classify）、聚类（Cluster）、关联分析（Associate）、属性选择（Select Attributes）和可视化（Visualize）。

知识工作流（Weka Knowledge Flow）支持可视化编程，它的主体是一个设计画布。用户从工具栏中选择 Weka 组件，并将其置于画布上，连接成一个数据处理和分析的工作流。通过可视化的编程，可以实现灵活和复杂的数据分析功能。

知识工作流界面共有八个标签，其中：Data Sources 用于选择数据源；Data Sinks 用于保存结果；Filters 用于选择滤波器；Classifiers 用于选择分类器；Clusterers 用于选择聚类器；Associations 用于选择关联规则算法；Evaluation 用于指定评估方法；Visualization 用于选择将结果进行可视化的组件。

在实际工作中，人们可能需要处理好几个数据集，计算量非常大，这时候就需要实验者界面（Weka Experimenter）来解决问题了。实验者界面允许用户使用多种算法对多个数据集进行操作，并且支持分布式计算。用户可以通过 Setup 标签页进行实验设置，选择实验结果的输出方式。在 Setup 标签页的 Iteration Control 面板上，用户可以设定验证次数，以及使用多个算法遍历多个数据集的顺序。通过 Run 标签页，开始或者结束挖掘和分析。通过 Analyze 标签页，查看分析结果。

和 Weka 类似的数据挖掘软件包是 RapidMiner（https：//rapidminer.com/），其前身是 YALE。RapidMiner 是一款流行的开源软件包，它不仅提供了一个 GUI（图形用户界面）的数据处理和分析环境，还提供了 Java API，以便用户将其分析功能嵌入到 Java 应用程序中。

6.8.3　R 系统与语言

R 是一套开源免费的软件系统，用于对数据进行统计分析（Statistical Computing）和可视化（Graphical Display）。R 可以运行在 Unix、Windows 及 Mac OS 操作系统上。

R 的特性包括：（1）有效的数据存储和管理；（2）对数组、矩阵等数据对象进行计算的一套原语操作；（3）统计分析工具集；（4）对数据分析结果的可视化能力；（5）简便有效的编程语言（称为 S），支持数据的输入输出，可以实现分支、循环、用户自定义函数等功能。CRAN 为 Comprehensive R Archive Network 的简称，它除了收藏了 R 的可执行版本、源代码和说明文件，还收录了开源社区贡献的各种扩展软件包。新的扩展软件包使得 R 可以支持分布式计算，处理更大的数据集。目前，全球有超过 100 个 CRAN 镜像站点。

为了使用 R 系统，用户需要了解 R 的数据结构和编程语言。R 的基本数据类型包括整数（Integer）、小数（Decimal）、复数（Complex）、逻辑真假（Logical）、字符串（Character）等。在此基础上，可以构造向量（Vector）、矩阵（Matrix）、列表（List）以及数据框架（DataFrame，即二维表格）等数据对象。其中，向量是同类型的数据成员（Member）构成的一个有序序列；矩阵把数据成员组织成一个二维表的形式；列表则是一个通用的向量，可以包含其他类型的对象；数据框架（DataFrame）用于存储表格，表格可以认为是一个等长的向量（行向量）的列表。

在上述数据对象之上，用户可以使用现成的分析软件包对数据进行统计分析。主流的统计分析方法以及数据挖掘和机器学习方法都已经有开源的实现。只有在现成的软件包不能满足分析要求的情况下，才需要用户自行编写自定义函数。R 软件包具有强大的分析结果可视化功能。图 6 - 49 显示了对数据进行 K-Means 聚类分析以后的可视化结果。

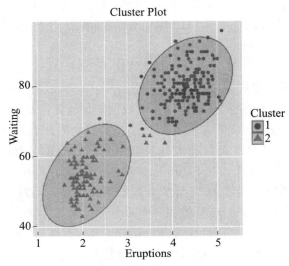

图 6 - 49　R 的分析结果可视化实例①

从 2014 年以来，R 软件包逐渐成为数据分析者的首选工具。有分析认为，全球有超过 100 万名分析师（包括最终用户）在寻找容易使用的大数据分析工具，R 软件包有可能替代商用的 SAS 及 SPSS 分析软件，成为人们的最佳选择。

6.8.4　SPSS 与 Matlab

1. SPSS

SPSS 是著名的统计软件包。1968 年三名斯坦福大学的学生研发了最初的 SPSS 系统，并且于 1975 年成立了 SPSS 公司，目前 SPSS 已被 IBM 收购。SPSS 可以运行在 Windows、Mac OS、Unix 等操作系统上，我们常用的 SPSS 的版本是 Windows 上的。SPSS 的功能包括数据管理、统计分析、图表生成、输出管理等。SPSS 最初是 Statistical Package for Social Science 的缩写，由于 SPSS 目前不仅适用于社会科学，而且有了更加广泛的应用范围，其名字已经改为 Statistical Product and Service Solutions，缩写仍然是 SPSS。

SPSS 是一个软件家族，这个家族中包括 SPSS Statistics、SPSS Modeler、SPSS Data Collection 等软件，分别实现统计分析、预测性分析、数据收集等工作。

---

① https：//www.r-bloggers.com/assessing-clustering-tendency-a-vital-issue-unsupervised-machine-learning/.

SPSS Statistics 是专业的统计分析软件，它具有方便易用的图形用户界面（Graphic User Interface，GUI），得到广泛应用，受到用户喜爱。SPSS Statistics 以两种方式运行，分别是窗口方式和命令行方式。在窗口方式下，用户通过窗口、菜单、对话框等界面对数据进行分析。在命令行方式下，用户通过命令和参数调用各种数据分析功能。SPSS 公司把 SPSS Statistics 的分析功能组织成不同的模块，用户可以根据需求，从中选择一个或多个模块，来实现所希望的分析功能。

用户还可以编写自己的数据分析程序。SPSS Statistics 软件拥有自己的分析语言 Syntax。SPSS 支持的数据类型包括数值型、日期型、字符串型等。SPSS 的分析语言支持数学运算、关系运算、逻辑运算。数据的组织方式类似于 Excel 的二维表。SPSS 已经内置支持各种数据操作和分析功能的函数库，包括算术函数、统计函数、随机变量函数、逆分布函数、累计分布函数、逻辑函数、日期时间函数、缺失值函数、字符串函数、转换函数等。要分析的数据和分析结果都保存在数据文件中，数据文件由数据结构描述和具体数据组成。数据结构即数据的模式，描述数据集包含什么变量、每个变量什么类型、每个变量使用什么标签等。

SPSS Modeler 是一个预测性的数据分析平台，为个人和企业提供预测性的分析结果。它不仅可以分析结构化数据（比如用户、产品、地理信息等），还可以分析非结构化数据（比如文本、电子邮件、社交媒体数据等）。SPSS Modeler 使用统计分析方法、文本分析方法、实体分析和社交网络分析方法等，揭示数据中隐藏的模式，使得用户对数据的了解更为深入。其中的实体分析和社交网络分析方法可以揭示个人和群体的社交行为模式。

SPSS Data Collection 用于设计多样的调查问卷，以便获取抽样样本，快速收集有效的调查数据，剔除不完整的数据反馈，并且生成各种统计报表。SPSS Data Collection 支持三种问卷调查模式，包括基于 Web 的问卷调查、利用计算机辅助电话访谈的问卷调查以及离线的手持设备辅助的问卷调查等。在商业活动中，企业希望尽快了解市场的现状与发展趋势，为营销决策提供客观的数据支持。市场调查是运用科学的方法，有目的地、系统地收集有关市场的数据。SPSS Data Collection 正是支持这个功能的一整套软件方案，它帮助用户高效准确地获取他们需要的信息，并对用户反馈的信息进行分析和总结。SPSS Data Collection 已经应用到消费品、IT/电信、汽车、金融/保险、医药/健康等众多领域。

2. Matlab

20 世纪 70 年代后期，美国新墨西哥大学计算机系的系主任克利夫·莫勒（Cleve Moler）讲授线性代数课程时，让学生使用 EISPACK 和 LINPACK 程序库。他发现学生用 FORTRAN 语言编写接口程序很费时间，于是他自己利用业余时间为学生编写 EISPACK 和 LINPACK 的接口程序。莫勒给这个接口程序取名为 Matlab，是矩阵（Matrix）和实验室（Laboratory）两个英文单词的前三个字母的组合。在以后的数年里，Matlab 在多所大学里作为教学辅助软件使用，并作为面向大众的免费软件广为流传。

1983 年，莫勒到斯坦福大学讲学，Matlab 深深地吸引了工程师杰克·利特尔（Jack Little），他敏锐地觉察到 Matlab 在工程领域的广阔前景。同年，他和克利夫·莫勒、史蒂夫·班格特（Steve Bangert）一起，用 C 语言开发了 Matlab 第二代专业版，这一版同时具备了数值计算和数据图形化的功能。1984 年，莫勒和利特尔成立了 Math-Works 公司，正式把 Matlab 推向市场，并继续进行 Matlab 的研究和开发。

目前 Matlab 已经成为支持科学计算、可视化及交互式程序设计的强大的数据分析软件包。它将数值分析、矩阵运算、科学数据可视化及非线性动态系统的建模和仿真等诸多强大功能，集成在一个易于使用的窗口环境中。Matlab 可以使用各种工具箱，实现丰富的分析和计算功能。Matlab 目前已经应用到数值分析、图像处理、信号处理、金融建模、工程与科学绘图、控制系统的设计与仿真、通信系统的设计与仿真等领域。

Matlab 的编程语言 M（文件扩展名为 M），是一种高级的矩阵/数组操作语言，它包含顺序/分支/循环控制语句、输入/输出函数等功能，是面向对象的编程语言。该语言基于 C++ 语言创建，其语法特征与 C++ 语言很相似，但是更为简单，非常适合非计算机专业的科技人员使用。该语言可移植性好、可扩展性强，因而在科学研究及工程计算等领域得到广泛应用。

Matlab 还提供了其他语言的编程接口，支持用户使用其他语言进行编程，调用 Matlab 的强大数据分析和计算功能。目前，Matlab 提供了对 C/ C++、FORTRAN、Java 等语言的支持。

除了 SPSS 和 Matlab，市场上还有 SAS 和 STATISTICA 等统计分析软件包供用户选择。

➲ 6.8.5　深度学习工具 tensorFlow 与 caffe

1. tensorFlow

tensorFlow 是一款开源的深度学习软件包。谷歌开发了两代深度学习系统，第一代称为 DistBelief，第二代称为 tensorFlow。这两套系统都已经应用在谷歌的大量产品中，包括语音识别、图像识别、机器翻译等。谷歌开发第二代深度学习软件系统的目的，是增强软件的灵活性和执行性能。2015 年，谷歌宣布把 tensorFlow 机器学习软件系统开源，供全世界的 AI 工程师、学者以及编程人员使用，可以用于研究以及实际产品的开发。

tensorFlow 具有灵活的架构，用户使用相同的 API 开发程序，可以部署到不同的平台上，包括移动设备、台式机及服务器集群。tensorFlow 可以运行在 CPU 上，也可以运行在 GPU 上，利用 GPU 的并行处理能力加快深度学习的过程。

tensorFlow 把计算过程表达成一个有向无环的数据流图（Data Flow Graph）。图中的节点表示某种数学运算（Mathematical Operation）或者数据输入、数据输出、读写持久化的变量（Persistent Variable）等。图中的边表示节点之间的输入输出关系，也就是节点间的多维数组（Tensor，即张量）的通信传输。多维数组（Tensor）流过（Flow）一个流程图（Graph），完成变换和处理，这正是 tensorFlow 得名的由来。这种计算模型，类似于 Spark 或者 Dryad 的图计算模型。

用户只须定义机器学习的逻辑，软件架构则负责资源分配、任务调度以及容错等问题。数据流图的调度采用异步并行处理的方式，即图的各个节点分配到计算资源上，然后当进入该节点的边上有可用数据（Tensor）的时候，这些节点被异步执行，执行过程利用了 CPU 和 GPU 的并行处理能力。

目前，tensorFlow 支持 CNN、RNN 和 LSTM 等神经网络结构，这些网络结构在图像识别、语音识别、自然语言处理、机器翻译等领域得到了广泛应用。

tensorFlow 以其强大的功能，被谷歌、其他公司和广大开发者运用到不同的领域。比如 Google Brain 研发了 Smart Reply，该软件可以扫描 Gmail 邮件，并且自动生成回复，供用户进行选择。tensorFlow 还被运用到机器翻译、手写文字识别、为图片自动加标题（Auto Caption）以及创作艺术作品等场景。

2. caffe

caffe 是一个高效的深度学习软件框架，其作者是毕业于加利福尼亚大学伯克利分校的贾扬清博士。caffe 使用 C++ 语言和 CUDA 软件框架进行编写，可以在 CPU 和 GPU 之间无缝切换运行，目前支持命令行、Python 语言接口及 Matlab 接口。

由于使用 C++ 编写，且可以运行在 GPU 上，caffe 的运行速度很快，能够在海量数据上运行复杂的模型。利用 caffe 进行开发，模型和参数可以通过文本文件进行定义，而不是编写在代码里，在建模方面具有极大的灵活性。

caffe 的网络（Net）是由层（Layer）组成的有向无环图（Directed Acyclic Graph，DAG）。一个典型的网络开始于数据层，终止于输出层。输出层计算目标任务，比如进行分类和回归预测。中间每个网络层消费一些数据，然后计算出结果，输出到下一层。各个网络层之间的数据传输通过 BLOB 对象进行封装，BLOB 的内容是多维数组。caffe 采用随机梯度下降算法进行神经网络的训练。

caffe 可以应用于图像分析、计算机视觉、语音识别、机器翻译、机器人等众多的领域。

除了 tensorFlow 和 caffe，开源的深度学习软件包还有 theano 和 torch 等。

本章要点

1. 深度学习，深度学习的应用。
2. AutoEncoder、RBM、DBN、CNN、RNN、LSTM。
3. 数据预处理，特征选择，模型（算法）评价。
4. L1 正则化，L2 正则化。
5. 主流数据深度分析软件包。

专有名词

受限玻尔兹曼机（Restricted Boltzmann Machine，RBM）
深度信念网络（Deep Belief Network，DBN）
卷积神经网络（Convolution Neural Network，CNN）
循环神经网络（Recurrent Neural Network，RNN）
长短期记忆神经网络（Long Short Term Memory Neural Network，LSTM）

第 7 章

文本分析

7.1 文本分析的意义

根据估算，各类组织（包括企业、政府）拥有的数据里，80％是非结构化的数据，其中大部分是文本的形式。非结构化的文本数据包括电子邮件、博客、微博、客户反馈、医疗记录、合同文本等。这些文本里面隐藏着潜在的价值，只有通过适当的分析才能从中提取这些有价值的信息。

我们通过如下实例来了解文本分析的意义。各个企业都非常关心客户在想什么。企业希望借此改善产品和服务，保留已有的客户，开拓新的客户。通过结构化数据分析（销售数据），企业可以了解它们卖出了什么产品和服务、哪一款产品卖得好、哪一款产品经常被退回、哪一款产品经常需要维修等。此外，客户还通过其他渠道表达对产品和服务的看法，比如在博客、产品论坛等网上虚拟空间讨论产品和服务的优缺点，表达他们的喜好和反感。通过适当的文本分析技术，企业可以深入了解这些信息，作为结构化数据分析的补充，对产品和服务做出改进。

自然语言是人们日常交流使用的语言，它同时发挥了人类文明传承的作用。人类语言是抽象的符号序列，蕴含着丰富的语义信息，人们可以轻松理解其中的含义。让计算机理解人类语言则是一件困难的事情，这正是自然语言处理（Natural Language Processing，NLP）的目的所在。

自然语言处理是一套技术的集合，不是一个个单一的技术点。自然语言处理在某些场合下也称为文本分析（Text Analytics）或者文本挖掘（Text Mining），指的是理解文本，从中提取高质量信息的过程。

自然语言处理的应用有很多的场景，可以分为分析型场景、生成型场景、交互型场景三个类别。搜索引擎、推荐系统、舆情监控系统属于第一类；自动写作系统属于第二类；智能客服、各种聊天机器人（个人助理）则属于第三类。需要注意的是，自然语言处理包括自然语言理解和自然语言生成。

文本分析的主要任务包括文本索引与检索（Indexing and Search）、文本分类（Classification）、情感分析（Sentiment Analysis）、文档聚类（Clustering）、文档摘要（Document Summarization）、主题抽取（Topic Theme Extraction）、命名实体识别/概念抽取和关系建模（Named Entity Recognition，Concept Extraction，Relation Modeling）等（见图 7-1）。从文本中提取信息（Information Extraction）的方法和结构化数据分析的方法是不一样的。这里讲的是狭义的自然语言处理。广义的自然语言处理包括对自然语言的语音、文字、手语形态的理解和生成。

图 7-1　文本分析

为了完成这些任务，需要结合使用语言学（Linguistics）、统计学（Statistics）、数据挖掘和机器学习（Data Mining & Machine Learning）、自然语言处理（Natural Language Processing，NLP）、信息检索（Information Retrieval）等技术与方法。

自然语言处理从下到上，可以划分为三个层次，分别是词法层、语法（句法）层以及语义层。（1）词汇是语言的最小单元。词法技术是自然语言处理的底层技术，为上层技术提供支撑。词法分析的核心任务是识别和区分文本中的单词，以及对词语进行一些预处理。（2）词汇按照一定语法规则组织成语句。语法技术是自然语言处理的第二个层面的技术。语法分析是对语言进行更深层次理解的基础。它的主要任务是识别出句子所包含的语法成分以及这些成分之间的关系，一般用语法树表示分析的结果。语法分析存在两个难点：自然语言存在大量的歧义现象，人类可以依靠大量的先验知识有效地消除各种歧义，机器则很难像人类一样进行语法消歧。此外，候选语法树数量随着句子增多呈指数级增长，语法分析的搜索空间巨大。（3）语言的目的是表达一定的含义。让机器理解自然语言的语义，是自然语言处理的最终目标。自然语言处理技术的进步将大幅度推动机器的认知智能。

自然语言处理的粒度包括词汇级的字/词/短语、语句级的子句/句子、篇章级的段落/篇章等。

7.1.1　文本分析的步骤

文本分析的过程包括几个主要的内容：（1）采集文本数据集；（2）运用文本分析方法分析文本；（3）对分析结果进行可视化，以及解释和评估分析结果等。具体来讲，文本处理（即自然语言处理）的一般流程包括如下几个关键步骤。

（1）获取语料：语料是自然语言处理任务的处理对象，语料库（Corpus）即文档集。可以通过获取公开数据集、购买已有数据集、爬虫爬取等方式获取语料库。

（2）文本数据的预处理：包括语料清洗、句子切割、分词、去掉停用词、进行词性标注、语法分析等步骤。语料清洗的目的是去掉语料库中的错误和冗余，保留有用数据。比如把爬取的网页数据中的广告去掉、把相同的文档进行去重等。句子切割是把文档切割成句子。分词则把每篇文档（的句子）切割成词语，对切割的词语有时候需要进行词干提取和词形还原。去掉停用词是把对后续文本分析任务没有太多贡献的词语剔除掉，比如英文中的"the""a""an"等，中文中的标点符号、"的"等。词性标注是给词语加上类别标签，包括名词、动词、形容词、副词等，词性标注的结果成为后续任务的输入。语法分析是完成句子各个成分的语法依赖关系的分析。

（3）特征工程和特征选择：特征工程的目的是把文档的分词表示，转换为计算机可以处理的形式，也就是向量化表示，包括 One-Hot 表示、TF-IDF 表示等。最新的技术是把文档的分词表示转换为稠密向量，比如 word2vec 表示等。有时候，为了对文本进行深入的理解，需要进行信息抽取，包括抽取命名实体、实体的属性、实体之间的关系、各种事件等。

特征选择是对特征工程得到的特征进行进一步的甄选，选取表达能力强的特征。具体可参考"数据的深度分析"。

（4）算法（模型）选择：选择常用的机器学习算法，对数据进行处理。

（5）模型训练和调试：选择好模型后，就可以进行模型训练以及模型参数的调优等。模型的训练和调优需要解决模型的过拟合和欠拟合问题。

（6）模型评价：可以使用测试集对模型进行评价，评价的指标有正确率、错误率、准确率、召回率、F1 指标、ROC 曲线、AUC 指标等。

（7）模型上线运行：最后是模型的持久化和上线试运行，以及实际运行。

7.1.2 文本分析的困难

人的直立行走、火的使用和语言的发明，是人类进化过程中的三件大事，语言产生于信息加工和群体交往的需要。人类语言是一种表意的语言，能够表达抽象概念。表意语言产生后，在其基础上产生了以概念、判断、推理为主要形式的人类思维。在语言和思维的基础上，人类构建了宏大的知识体系，包括理学、工学、艺术人文、社会科学等学科体系。知识经过积淀形成文化。由此，形成了语言、思维、文化三个层级的人类心智和认知体系，不断传承和影响后人。

语言不仅仅是文字本身，它还体现了背后的文化、世界观、情绪等，这使得使用计算机实现自然语言的处理和理解相当困难。

（1）语言具有多样性，字、词、短语、句子、段落的组合方式灵活，代表不同的含义；一个意思可以有不同的表达，某种句式有不同的意思。语言是动态发展变化的，随着社会的发展，新的词汇、新的词义、新的句子结构不断出现。（2）自然语言存在歧义，比如"老王告诉老李，他的儿子考上大学了"，到底是老王的儿子还是老李的儿子考上大学了呢？如果老李没有儿子，这句话就好理解了。自然语言还存在一词多义、多词一义等现象。（3）自然语言特别是口语，存在多字、少字问题，如果是语音输入，还存在错字等问题；这就要求机器能够像人一样具有健壮性，能够正确理解和处理。（4）要理解语言，有时候需要一些隐含的背景知识的帮助。比如"去好邻居买包烟"，好邻居是一个超市。（5）语言的理解，不仅仅是字面本身，还需要根据环境和上下文确定。这里的环境和上下文含义广泛，包括对话的人物、时间、地点、之前对话的内容、眼神、姿态、使用的电子终端设备等信息。

7.2　文本分析的任务和方法

7.2.1　句子切分、分词、词性标注、语法树

1. 句子切分和分词

为了对文本进行分析，首先需要把文本切分成一个一个句子。完成该功能的软件称为语句切分器（Sentence Detector，也叫 Chunker）。接着，需要对句子进行分词，完成该功能的软件称为分词器（Tokenizer）。目前，句子切分和分词已经是一项成熟的技术。

中文分词相对于英文分词来讲相对困难。在英文文本中，单词之间以标点符号或者空格作为分隔符，这是天然的分词标记。但是，中文的词一般由多个汉字构成，词与词之间没有明确的分隔符，词本身也缺乏明显的形态标记。由此带来中文信息处理的特有问题，就是如何将中文的字符串序列分割为合理的词语序列。主要的中文分词程序库有 Jieba 等。

分词的主要策略有规则分词和统计（机器学习）分词两种。（1）规则分词：通过建立词库（词表），并且通过字符串匹配的方式，对文本进行分词。具体包括正向最大匹配法、逆向最大匹配法、双向最大匹配法、最少切分方法等。在实际应用中，正向匹配的错误率约为 1/169，而逆向匹配的错误率约为 1/245。因为算法简单，规则分词运行的速度较快。但是由于它基于词典对文本进行切分，所以无法识别出词典中不存在的词语。此外，当存在多种切分方式的时候，无法判断哪种方式最好，歧义检测能力较弱。（2）统计（机器学习）分词：包括 N-Gram、信道-噪声模型、最大期望、隐马尔可夫模型（HMM）和条件随机场（CRF）模型等。通过统计 N-Gram（比如 2-Gram、3-Gram）的频率，统计语料中相邻共现的多个字的组合的频率，当某个组合频率高于一定阈值的时候，可以认为这个组合可能构成一个词语。隐马尔可夫模型（HMM）和条件随机场（CRF）模型把分词当作对文本中的汉字进行序列标注的任务来建模和解决。

统计（机器学习）分词一定程度弥补了规则分词的缺陷，包括可以对词典中未出现的词进行划分，以及在分词的时候考虑了上下文语境，实现消歧。但是，这种方法计算复杂度高，速度慢，并且需要很大的语料库作为训练数据。在实际应用中，可以把规则方法和机器学习方法结合起来，实现中文分词。随着深度学习技术的发展，人们提出了

许多基于深度学习的分词算法，比如 Bi-LSTM＋CRF 模型等，它需要大量的人工标注语料来进行训练，标注成本高。

我们通过如下实例来解释隐马尔可夫模型[①]用于中文分词的基本原理，关于隐马尔可夫模型的详细信息，请参考"数据的深度分析"部分。比如，现有观测序列 O：小明硕士毕业于中国科学院计算所。通过在训练数据集上的统计，获得初始状态概率向量 π，也就是句子的第一个字属于 $\{B，E，M，S\}$ 这四种状态的概率如表 7-1 所示。B 代表该字是词语中的起始字，M 代表该字是词语中的中间字，E 代表该字是词语中的结束字，S 则代表单字成词。表格中的数字，为概率的对数值。

表 7-1   初始状态概率

	B（Begin）	E（End）	M（Middle）	S（Single）
log（P）	−0.263	−3.14E＋100	−3.14E＋100	−1.465

状态转移矩阵 A 如表 7-2 所示，我们通过该表知道前一个字是 B，那么它的后一个字为 B/E/M/S 的概率分别是多少。

表 7-2   状态转移矩阵

	B	E	M	S
B	−3.14E＋100	−0.511	−0.916	−3.14E＋100
E	−0.590	−3.14E＋100	−3.14E＋100	−0.809
M	−3.14E＋100	−0.333	−1.260	−3.14E＋100
S	−0.721	−3.14E＋100	−3.14E＋100	−0.666

观测矩阵 B 如表 7-3 所示，通过该表可以了解到在不同状态下各个观察值的发射概率，比如在状态 B 的条件下，观察值为耀的概率，取对数后是 −10.460。

表 7-3   观测矩阵

	耀	涉	谈	伊	洞	…
B	−10.460	−8.766	−8.039	−7.683	−8.669	
E	−9.267	−9.096	−8.436	−10.224	−8.366	
M	−8.476	−10.560	−8.345	−8.022	−9.548	
S	−10.006	−10.523	−15.269	−17.215	−8.370	

通过运行 Viterbi 算法，我们得到概率最大的隐藏状态序列为 BEBEBMEBEBMEBES。接着进行切词，得到 BE/BE/BME/BE/BME/BE/S。对照原有的句子，最终得到分词结果为：小明/硕士/毕业于/中国/科学院/计算/所，结果还是很合理的。

2. 词性标注

词性标注（Part-of-Speech Tagger，POS Tagger）软件分析某种语言的文本，然后对每个词（Word 或者 Token）赋予 POS 标记，比如名词（Noun）、动词（Verb）、形容词（Adjective）、副词（Adverb）、介词（Preposition）等。

---

① http://blog.csdn.net/ch1209498273/article/details/53864036.

以斯坦福大学开源的 POS Tagger[①] 为例，它使用了条件对数线性模型（Conditional Loglinear Model）实现词性的标注。在这个软件中，除了为英语训练好了词性标注模型，还提供了阿拉伯语、汉语、法语、德语等语言的词性标注模型，方便用户使用。此外，用户可以针对某种目标语言重新进行模型的训练，需要用户提供已经进行 POS 标注的训练文本（POS-Annotated Training Text）。斯坦福大学开源的 POS Tagger，利用文本里的词法特征及词性标记的上下文信息提高词性标注的正确率。

词性标注是典型的序列标注问题，主要的方法包括基于规则的方法和基于统计机器学习的方法。基于规则的方法根据语言学家总结的规则进行标注，能够准确描述词性搭配之间的确定现象，但是规则的覆盖面有限，规则之间的冲突不好解决。基于统计机器学习的方法使用概率模型进行词性标注，能够更好地考虑词性之间的依存关系，覆盖更多的语言现象，具有更高的正确率和稳定性。

具体来讲，可以使用基于隐马尔可夫模型的方法、基于条件随机场的方法以及基于最大熵（Maximum-Entropy）模型的方法等，将句子的词性标注作为一个序列标注问题来解决。在"命名实体识别"小节对条件随机场进行简单介绍；在"情感分析"小节对最大熵模型进行简单介绍。近年来，随着深度学习技术的发展，研究人员提出了一系列基于深度神经网络的词性标注方法。

这里简单介绍基于隐马尔可夫模型（HMM）的方法。当我们基于隐马尔可夫模型进行词性标注时，单词是观察序列，词性标记是隐藏状态。现有一个句子"Secretariat is expected to race tomorrow"，其中的 race 可以是一个动词（VB）或者一个名词（NN）。到底标注为 VB 好还是标记为 NN 好，可以利用 Viterbi 算法解决。[②]

假设转移概率已知，为：

$$P(\text{NN} \mid \text{TO}) = 0.021; \ P(\text{VB} \mid \text{TO}) = 0.34$$

同时词汇的发射概率即似然度已知，为：

$$P(\text{race} \mid \text{NN}) = 0.000\ 41; \ P(\text{race} \mid \text{VB}) = 0.000\ 03$$

现在把标记序列概率和词汇发射概率相乘，得到如下结果：

$$P(\text{VB} \mid \text{TO}) \times P(\text{race} \mid \text{VB}) = 0.034 \times 0.000\ 03 = 0.000\ 01$$

$$P(\text{NN} \mid \text{TO}) \times P(\text{race} \mid \text{NN}) = 0.021 \times 0.000\ 41 = 0.000\ 007$$

选择概率比较大的一个作为 race 的标记。由于 0.000 01＞0.000 007，因此把 race 的标记确定为 VB，即 $t_i = \text{argmax} P(t_i \mid t_{i-1}) P(w_i \mid t_i)$，如图 7-2 所示。可见，这是正确的词性标注结果。

词性标注一般没有独立的应用场景，其结果用在其他任务里，比如问答系统、机器翻译等。在问答系统中，可以使用词性标注结果，提高问题相似度判断的准确性。

3. 语法树

在自然语言处理中，语法分析的核心任务是识别出句子所包含的语法成分以及这些成分之间的关系，一般用语法树来表示分析结果。语法解析器（Parser）接收语句，

---

① http：//nlp. stanford. edu/software/tagger. shtml.

② https：//cl. lingfil. uu. se/~nivre/stp/PoS. pdf.

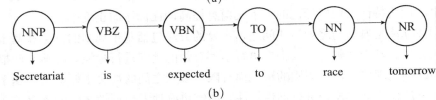

图 7 - 2 HMM 在词性标注中的应用

并且对句子的语法结构（Grammatical Structure）进行分析，输出语法解析树（Parser Tree）。

Parser 首先对句子的文本进行分词，然后进行 POS 标注（POS Tagging），根据 POS 标注结果以及句子成分信息，找出单词/短语之间的依赖关系（Dependency），最后构建句子的语法解析树，结果以有向图或者树的形式展示。

语法分析是自然语言处理的关键技术，也是对语言进行更深层次理解的基础。语法树是机器翻译所依赖的核心数据结构。

比如，句子 I ran into Joe and Jill and then we went shopping，经过 Parser 的语法分析，输出 [TOP [S [S [NP [PRP I]] [VP [VBD ran] [PP [IN into] [NP [NNP Joe] [CC and] [NNP Jill]]]]] [CC and] [S [ADVP [RB then]] [NP [PRP we]] [VP [VBD went] [NP [NN shopping]]]]]]。表达成一棵语法树，更容易观察一些，如图 7 - 3 所示。其中的 NP、VBD、CC、ADVP 等表示具体的 POS 标注，分别表示名词短语、动词、连接词、副词等词性。[①]

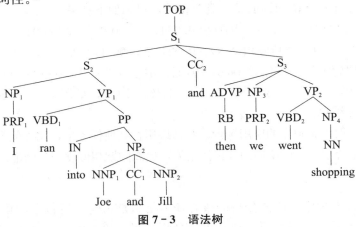

图 7 - 3　语法树

---

① 其他更多的标记及其含义，可以参考 https：//www. ling. upenn. edu/courses/Fall _ 2003/ling001/penn _ treebank _ pos. html。

　　语法分析使用的方法，可以分为基于规则的方法与基于统计分析和机器学习的方法两大类。基于规则的方法在处理大规模文本时，存在语法规则覆盖有限、系统可迁移性差等缺陷。第二类方法是利用统计分析和机器学习方法，从数据中学习规则，具体包括：（1）概率型上下文无关语法分析技术（Probabilistic Context-Free Grammar，PCFG），这种方法可以是考虑词汇的（Lexicalized），也可以是非考虑词汇的（Unlexicalized）。PCFG 兴起于 20 世纪 70 年代，目前仍然是语法分析的常用方法。（2）移位归约成分语法分析技术（Shift-Reduce Constituency Parser）。（3）词汇功能语法（Lexical Functional Grammar，LFG）分析技术。（4）组合范畴语法（Combinatory Categorial Grammar，CCG）分析技术。（5）基于神经网络的语法分析技术（Neural Network Based Dependency Parser）。

　　这些技术已经非常成熟，能够获得准确的分析结果。这些技术的具体细节读者可以参考相关资料。

7.2.2　文本索引和检索（Indexing and Search[①]）

　　信息（这里主要指文本）检索，是针对用户提出的信息需求，一般是以关键字（Key Word）[②] 表达的查询，从文档集中查找和该查询相关度高的文档或者文档片段，返回给用户。

　　信息检索系统一般包括四个主要部分，分别是数据预处理、索引生成、检索、结果排序。数据预处理的目的，是从网页、PDF 文件、Word 文件等文档中提取正文以及文档元信息。索引生成，是为这些文档的每个词项生成倒排索引（下文具体介绍）。检索，是根据用户提交的查询，利用预先建立好的索引，从文档集里面提取相关的文档。结果排序，是根据文档本身的重要性以及文档和查询的相关度，对文档进行排序，把最有可能符合用户需求的文档排在前面，尽早返回给用户。查询结果包含很多文档时，一般一次仅返回少数几个文档，用户可以通过翻页操作，查看其他文档。

　　主要的信息（文本）检索模型包括布尔模型、向量空间模型及概率模型等。这里仅介绍向量空间模型，其他模型的具体细节请读者参考相关资料。

1. 向量空间模型与 TF-IDF

　　目前，主要的文档表示模型是杰勒德·索尔顿（Gerard Salton）和迈克尔·麦吉尔（Micheal McGill）于 1969 年提出的向量空间模型（Vector Space Model，VSM）。在向量空间模型里，文档表示为一个向量，向量的分量为特征项的权重，形式为 $(w_1, w_2, \cdots, w_n)$，其中 w_i 为第 i 个特征项的权重。一般选取单词作为特征项，即一个单词是一个词项。N 为向量的维度，也就是文档集包含多少个不同的词项。这些词项构成词汇表，即词汇表是从语料库建立的不重复词项的列表。如果 w_i 的取值为 0 或者 1，以表示文档里面是否出现某个词项，这样的文档表示法称为独热（One Hot）编码，在第 1 章已经做

---

　　① Information Retrieval 一般译作信息检索，Search 一般译作搜索，比如 Search Engine 译作搜索引擎。在本书中，检索和搜索有时候互换使用，意思是从文档集中找出若干符合用户信息需求的文档或者文档片段。

　　② Key Word，有的译作"关键词"，有的译作"关键字"，本书采用后者。

了简单介绍。

仅仅使用 0/1 表示文档里有没有出现某个词项，表达能力有限。改进的办法是，可以用词频（Word Frequency）表示特征项的权重。词频分为绝对词频和相对词频。绝对词频，用词项在文档中出现的频率表示。我们可以基于绝对词频进行文档（网页）检索。比如查询的关键字为 "John Blog"，文档 A 出现 "John" 5 次，出现 "Blog" 10 次，而 B 文档出现 "John" 2 次，出现 "Blog" 8 次。基于绝对词频计算文档和查询的匹配度，文档 A 的匹配度为 5+10=15，文档 B 的匹配度为 2+8=10，于是文档 A 的匹配度高于文档 B。

绝对词频有一个明显的不合理性，内容较长的文档更有可能比内容较短的文档出现更多的关键字。虽然长文档出现更多的关键字，但是相对于整个文档长度来讲，关键字显得相当稀疏；而短文档虽然出现更少的关键字，但是相对于整个文档长度来讲，关键字可能显得相当密集。从这个角度来讲，这时候短文档和查询更加匹配。相对词频由此引入，相对词频是归一化的词频。相对词频（Term Frequency，TF）的计算方法为：

$$TF = \frac{该词项（Term）在该文档出现的次数}{该文档的词项的总数}$$

这个值越大，表示这个词项越重要。比如对一篇文档进行分词以后，总共有 500 个词项，词项 "World" 出现的次数是 3 次，那么其 TF 值为 0.006（3/500）。

用 TF 表示词项还不够。一个词项出现的文档数越少，它越能够把文档区分出来，于是就越重要。或者反过来说，一个词项，如果在每篇文档里都出现，那么它就没有那么重要了。这时应该引入逆文档频率（Inverse Document Frequency，IDF），其计算方法为：

$$IDF = \log\left(\frac{文档库中的文档总数}{包含该词项的文档数+1}\right)$$

比如，一个文档集包含 10 000 000 个文档，"World" 这个词项在 1 000 个文档中出现过，那么它的 IDF 为 3.999（log(10 000 000/(1 000+1))）。

TF 考虑了单个文档内部词项的浓度，IDF 则从整个文档集看词项的区分度。TF-IDF 公式把 TF 和 IDF 乘起来，计算词项的权重，即 TF-IDF=TF×IDF。

2. 倒排索引与文档相似度

为了对文档集进行索引，需要对文档进行预处理。一般来讲，英文的预处理，一般经过分块（Chunking）、分词（Tokenization）、去掉停用词、词干提取（Stemming）或者词形还原（Lemmatization）、词性标注（Parts of Speech）、命名实体识别（Name Entity Recognition，NER）等步骤。中文的预处理，则需要注意中文的分词（Chinese Word Segmentation）和英文是有区别的。这些操作也是其他自然语言处理任务的预处理步骤。

词形还原和词干提取都是词形规范化的重要方式，都能够达到有效归并词形的目的。所谓词形还原，是把任何形式的词汇还原为一般形式，还原以后的形式能够表达完整语义。比如把 "driven" "drove" "driving" 等都处理为 "drive"。词干提取则是抽取词的词干或词根形式（不一定能够表达完整语义）。比如，将"cats"处理为"cat"，将"effective"处理为"effect"等。

相对而言，词干提取是轻量级的词形归并方式，最后获得的结果为词干，并不一定具有实际意义。词形还原处理相对复杂，获得的结果为词的原形，能够承载一定语义，与词干提取相比，更具有研究和应用价值。词干提取更多应用于信息检索领域，比如Lucene检索软件等，其粒度较粗，可以用于扩展搜索，提高召回率。词形还原用于更细粒度、更为准确的文本分析和表达，主要应用于文本分类、文档聚类等自然语言处理任务，在这些应用中保留单词的意义是非常重要的。

在上述处理之后，为每个词项建立倒排表，倒排表记录了这个词项在每个文档出现的次数、出现的位置等信息。比如词项"World"在文档 1 出现了 10 次、在文档 5 中出现了 20 次，那么倒排表从逻辑上具有如图 7 - 4 所表示的结构。每个索引的词项都具有如该图所示的倒排表。

图 7 - 4　倒排表的逻辑结构

如果现在需要了解同时出现"Hello""World"两个单词的文档，那么只需要提取两者的倒排表，看看它们分别在哪些文档中出现，对两个文档集取交集，即可知道同时出现这两个单词的文档有哪些。比如，出现"Hello"的文档子集为文档 1、文档 5、文档 7，包含"World"的文档子集为文档 1、文档 5。那么"Hello""World"两个单词同时出现的文档为文档 1 和文档 5。

上述检索的处理方式并没有对结果进行任何排序。我们知道，从谷歌等搜索引擎返回的结果，是按照相关度进行了排序的，这是如何做到的呢？这里介绍基于向量空间模型的余弦相似度计算方法。

首先，文档可以表示成一个权重分量（对应各个词项）构成的向量。而查询（关键字查询（Key Word Search））表示为若干个词项组成的查询文档，于是也可以表示成一个权重分量构成的向量，只不过很多的分量为 0。余弦相似度通过向量夹角余弦表示两个向量的相似度，夹角越小，相似度越高。余弦相似度的计算公式为 $\cos(\theta) = \frac{q \cdot d}{|q| \cdot |d|}$（$q$ 为查询的向量表示，d 为文档的向量表示）。余弦值越接近 1，就表明夹角越接近 0 度，也就是两个向量越相似（如图 7 - 5 所示）。

信息检索系统的目标是帮助用户获得满足他们需求的信息。信息检索系统有两个重要的评价指标，即准确率和召回率。表 7 - 4 的 a、b、c、d 分别表示被（检索系统）判断为相关的文档中的实际相关文档、被判断为相关的文档中的实际不相关文档、被判断为不相关的文档中的实际相关文档、被判断为不相关的文档中的实际不相关文档的数量。

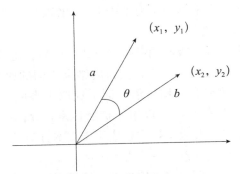

图 7-5　两个向量的夹角（低维的二维平面）

表 7-4　信息检索的混淆矩阵

	检索系统返回的判断为相关的文档	检索系统不返回的判断为不相关的文档
实际上相关的文档	a	c
实际上不相关的文档	b	d

准确率的计算公式为 $\text{Precision} = \dfrac{a}{a+b}$，召回率的计算公式为 $\text{Recall} = \dfrac{a}{a+c}$。除此之外，还有一个统一度量信息检索系统性能的指标 F 指标，它的计算公式为 $F = \dfrac{\text{正确率} \times \text{召回率} \times 2}{\text{正确率} + \text{召回率}}$。

准确率评价返回的结果中多少文档是相关的；召回率评价文档集中相关的文档检索系统返回了多少；F 值则是综合这两个指标的评估指标，用于反映信息检索系统的整体性能。

不考虑词的相对位置关系的文档表示法，也称为词袋（Bag of Words）表示法。使用词袋表示法，每个文档表示为一个高维空间的一个稀疏向量，向量的维度是字典表（Vocabulary）的大小 $|V|$。TF-IDF 是文本表示的一种方法，文本表示是自然语言处理的基础性工作，文本表示的好坏直接影响整个自然语言处理系统的性能。

对文本进行分词和简单的词频统计得到的文档向量表示，向量的维度是非常大的，后续处理的计算开销大、效率低。同时，高维、稀疏的向量降低了分类、聚类算法的准确性。在文本分类系统中，可以通过特征选择进行降维。在中文文本处理中，可以使用字、词或者短语作为文本的特征项。相比较而言，词比字具有更强的表达能力；和短语相比，词的切分难度小得多。所以，大多数的中文文本分类系统采用词作为特征项，这是跟英文处理不同的。

在信息检索领域，除了向量空间模型，斯蒂芬·罗伯逊（Stephen Robertson）和斯派克·琼斯（Sparck Jones）等人提出的概率模型也得到了广泛认可。该模型综合考虑词频、文档频率、文档长度等因素，把文档和用户兴趣（查询请求）按照一定的概率关系融合，构造了著名的 OKAPI BM25 公式，在信息检索领域取得了成功。

3. N-Gram

TF-IDF 表示法改善了独热编码和绝对词频的缺点，给予词项合理的权重。但是，它并未考虑词项的顺序关系，不能区分"我爱你"和"你爱我"这样两个文档所表达的不同语义，因为它们都用了"我""爱""你"三个汉字，却无法表达词序信息。为了解决这个问题，需要用到 N-Gram。

N-Gram 的基本思想是将文本内容按字符流进行大小为 N 的滑动窗口截取，形成长度为 N 的字符片段序列。每个字符片段称为一个 N-Gram，对全部 N-Gram 的频率进行统计，按照事先设定的阈值进行过滤，形成关键 N-Gram 列表，作为文档集的特征向量空间，每一种 N-Gram 则为特征向量空间的一个维度，而不是 TF-IDF 表示法中的一个个的词项。

N-Gram 是按照顺序的多个单词或者汉字的组合。比如，"I am happy"包含两个2-Gram，分别为"I am"和"am happy"；"我爱你"包含两个 2-Gram，分别是"我爱""爱你"，很显然和"你爱我"的 2-Gram 是不一样的。中文的处理和英文的处理有一个重要区别，英文里面按照分隔符把单词提取出来形成词项；但是在中文里面，有可能由多个汉字构成一个词（对应英文的一个词项），比如英文 Homeland 对应中文的"祖国"。N-Gram 算法可以一定程度解决这个问题，在中文处理中具有较高的实用性。在中文处理中，一般使用 2-Gram，也称为 Bi-Gram。

Bi-Gram 切分方法在处理中文多字词时（文档集中往往占 20％左右），会产生语义和语序方面的偏差。在一些专业领域，多字词往往是文本的核心特征，处理错误会导致较大的负面效果。可以在双字特征词基础上，统计和合并产生多字特征词，弥补Bi-Gram 在处理中文多字词方面的局限性。

4. 开源搜索引擎 Lucene

随着互联网的迅速发展，以网络信息资源为主要检索对象的信息检索系统应运而生，这就是搜索引擎，比如谷歌搜索引擎、Bing 搜索引擎、百度搜索引擎等。Lucene是一个开源的全文索引和检索软件包，它提供了完整的索引引擎和查询引擎，以及部分文本分析引擎（英文、德文等）。理论上，使用 Lucene 可以对互联网的网页进行索引和检索，当然必须首先把互联网上出现的网页爬取下来，网页爬虫程序（Web Crawler）可以实现这个功能。

Lucene 的原作者是道格·卡廷（Doug Cutting），他是一位资深的全文索引、检索专家，同时也是大数据处理工具 Hadoop 项目的创建人。Lucene 早先发布在作者自己的网站 http：//www. lucene. com/上，后来发布在 Sourceforge 网站上。2001 年年底，Lucene 成为 Apache 软件基金会 Jakarta 项目的一个子项目，现在则是 Apache 的顶级项目（http：//lucene. apache. org/）。

Lucene 为各种应用程序构建全文检索功能。TheServerSide、jGuru 和 LinkedIn 等网站，以及 Apache 软件基金会的网站，都使用了 Lucene 作为全文检索的引擎。

目前 Apache Lucene 项目包含三个部分：（1）Lucene Core：Lucene 核心子项目，用 Java 语言实现，提供了文本索引和检索（Indexing & Search）、拼写检查（Spell-checking）、查询词的高亮显示（Hit Highlighting）以及各种灵活的分词器（Tokeniza-tion）。Lucene 拥有强大、高效的检索算法，它支持许多查询类型，比如短语查询（Phrase Query）、通配符查询（Wildcard Query）、范围查询（Range Query）、模糊查询（Fuzzy Query）、布尔查询（Boolean Query）等。此外，它能够解析人们输入的丰富查询表达式。（2）Solr：Solr 是建立在 Lucene Core 上的完整的高性能搜索服务器，提供了 HTTP Restful API，结果以 XML、JSON 等格式返回。此外，还提供分面搜索（Faceted Search）、缓存（Caching）、复制（Replication）以及 Web 管理接口（Web Admin Interface）等高级功能。（3）PyLucene：Core 子项目的一个 Python 语言移植版本（Python Port），方便利用 Python 语言编程。

Lucene 项目的优点包括：（1）Lucene 的索引文件格式独立于应用平台。它定义了一套以 8 位字节为基础的索引文件格式，使得不同平台的应用能够共享索引文件。（2）Lucene 在传统全文检索引擎的倒排索引的基础上，实现了分块索引。能够针对新的文件建立小文件索引，提高索引速度。通过与原有索引的合并，达到优化的目的。（3）Lucene 的查询引擎，默认实现了布尔操作、模糊查询（Fuzzy Search）、分组查询等。通过 Lucene，用户获得强大的文本查询检索能力。

在互联网时代，信息检索系统（包括搜索引擎）涉及更多的数据类型，比如各种多媒体信息，传统的以文本匹配为主要手段的检索和排序系统面临着新的挑战。

接下来介绍的潜在语义分析，把文档表示为一个 k 维（$k \ll |V|$）线性子空间（Linear Subspace）上的投影（Projection），即低维向量。

5. 潜在语义分析

潜在语义分析（Latent Semantic Analysis，LSA），来源于如何利用查询（Query）检索到相关的文档。如果我们仅仅通过关键字匹配找到相关文档，则存在难以解决的局限性，某些没有这些关键字但是相关的文档不能被检索出来。潜在语义分析，就是通过分析文档去发现文档中潜在的意思和概念。

在自然语言的实际使用中，存在同义词和一词多义现象，造成概念混淆。我们在搜索中，需要去比较的不是词项，而应该是隐藏在词项之后的意义和概念。

潜在语义分析试图解决这个问题，它把词和文档都映射到一个"概念"空间，并且在这个空间里进行比较，实质上这是一种降维技术，即把问题从高维空间降到低维空间解决。

潜在语义分析依赖于奇异值分解（Singular Value Decomposition，SVD）。奇异值分解是因子分析（Factor Analysis）的一种形式，它建立了 n 维的抽象语义空间，原有的词项（Term）和文档（Document）都被表示为其中的一个向量。其具体流程介绍如下。

首先，建立词项文档（Term-Document）矩阵，然后把该矩阵分解为三个矩阵 W、S 和 P 的乘积。Term-Document 矩阵表达了哪个 Term 在哪个 Document 出现的信息（如图 7-6 所示）。

其中 W 是一个标准正交（Orthonormal）矩阵，它的行对应 X 的每一行，也就是各个词项。但是它拥有 m 列，这些列向量之间是互相独立的，没有相关性。对应到 m 个衍生的奇异向量（Derived Singular Vector），对应 m 个维度。

P 矩阵是一个标准正交矩阵，它的每列对应 X 的每一列，也就是各个文档，但是它拥有 m 行，每行也对应衍生的奇异向量。

S 矩阵是一个 $m \times m$ 的对角矩阵，在对角线上的元素是非零的奇异值（Singular

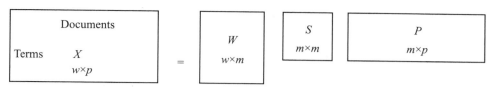

图 7-6　奇异值分解 SVD

Value）。这些奇异值把 W 和 P 矩阵的因子关联起来，通过矩阵乘法重建原有的 X 矩阵。S 矩阵从左上角到右下角，奇异值依次递减。奇异值表示该维度（维度从 1 到 m）在还原原来的矩阵时，在误差平方和（Sum Squared Error of the Approximation）上的贡献。[①]

进行奇异值分解以后，我们从 m 个奇异值里面把 n 个最重要的维度（因子）选择出来，把其他的因子忽略掉。也就是仅仅保留 S 矩阵的靠近左上角的较大的奇异值，同时 W 矩阵的若干列，以及 P 矩阵的若干行一并删除，达到降维的效果（如图 7-7 所示）。

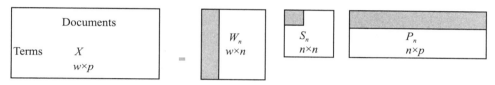

图 7-7　奇异值分解以后的降维处理

通过矩阵分解可以看出，原始矩阵中的 t_i 行只与 W 矩阵的第 i 行有关，我们称第 i 行为 $\hat{t}_i$。同理，原始矩阵中的 d_j 列只与 P 矩阵中的第 j 列有关，我们称这一列为 $\hat{d}_j$。

n 的大小的选择是一个至关重要的问题。理想情况下，n 应该足够大，以便拟合原来的数据，同时 n 又应该足够小，以便噪声、采样误差、无关紧要的细节都没有被包含到模型里。在信息检索里，可以用检索的准确率、召回率等来做评价标准。

下面通过一个实例了解 SVD 的降维效果。A 是一个文档-词项矩阵（对其进行转置就是词项-文档矩阵，这点请读者灵活掌握）。

$$A=\begin{bmatrix} 2 & 0 & 8 & 6 & 0 \\ 1 & 6 & 0 & 1 & 7 \\ 5 & 0 & 7 & 4 & 0 \\ 7 & 0 & 8 & 5 & 0 \\ 0 & 10 & 0 & 0 & 7 \end{bmatrix}$$

对矩阵 A 进行奇异值分解，即 $A=USV^{\mathrm{T}}$，那么有

$$U=\begin{bmatrix} -0.54 & 0.065 & 0.82 & 0.11 & -0.12 \\ -0.10 & -0.59 & -0.11 & 0.79 & 0.06 \\ -0.525 & 0.06 & -0.21 & -0.12 & 0.81 \\ -0.645 & 0.07 & -0.51 & -0.06 & -0.56 \\ -0.06 & -0.80 & 0.09 & -0.59 & -0.04 \end{bmatrix}$$

---

① SVD 的具体解法，请参考 https：//mysite. science. uottawa. ca/phofstra/MAT2342/SVDproblems. pdf。

U 矩阵的每一行代表一篇文档，每一列代表一个概念，绝对值越大表示相关性越强。比如文档 1 和概念 1、3 的相关性较强。

$$S=\begin{bmatrix} 17.92 & 0 & 0 & 0 & 0 \\ 0 & 15.17 & 0 & 0 & 0 \\ 0 & 0 & 3.564 & 0 & 0 \\ 0 & 0 & 0 & 1.984 & 0 \\ 0 & 0 & 0 & 0 & 0.3496 \end{bmatrix}$$

这个 S 矩阵可以理解为 5 个概念的强度，揭示的是将数据投影到低维空间时，在各个坐标方向上数据的方差。

$$V^{\mathrm{T}}=\begin{bmatrix} -0.465 & -0.07 & -0.735 & -0.484 & -0.065 \\ 0.022 & -0.76 & 0.099 & 0.025 & -0.64 \\ -0.869 & 0.063 & 0.28 & 0.399 & -0.0442 \\ 0.0008 & -0.60 & -0.223 & 0.33 & 0.70 \\ -0.17 & -0.228 & 0.565 & -0.704 & 0.323 \end{bmatrix}$$

V^{T} 的每一行代表一个概念，每一列代表一个词项，每个元素代表的是词项与概念之间的相关性。

现在，我们对数据进行降维，取 $K=3$。U 保留前 3 列为 U'，S 保留前 3 行前 3 列为 S'，V^{T} 保留前 3 行为 V'^{T}。U' 的每一行代表一篇文档，每一列代表降维至三维后每篇文档在各个维度方向的投影。V'^{T} 也可以类似理解。对降维以后的矩阵进行重建，即计算 $U'S'V'^{\mathrm{T}}$，得到 $\hat{A}$，结果和 A 有差别，但是差别是可以忍受的。我们获得的好处是，可以用三维向量表示每个词项和每个文档。

$$U'S'V'^{\mathrm{T}}=\begin{bmatrix} -0.54 & 0.065 & 0.82 & 0.11 & -0.12 \\ -0.10 & -0.59 & -0.11 & -0.79 & 0.06 \\ -0.525 & 0.06 & -0.21 & -0.12 & 0.81 \\ -0.645 & 0.07 & -0.51 & -0.06 & -0.56 \\ -0.06 & -0.80 & 0.09 & -0.59 & -0.04 \end{bmatrix}$$

$$\begin{bmatrix} 17.92 & 0 & 0 & 0 & 0 \\ 0 & 15.17 & 0 & 0 & 0 \\ 0 & 0 & 3.564 & 0 & 0 \\ 0 & 0 & 0 & 1.984 & 0 \\ 0 & 0 & 0 & 0 & 0.3496 \end{bmatrix}$$

$$\begin{bmatrix} -0.465 & -0.07 & -0.735 & -0.484 & -0.065 \\ 0.022 & -0.76 & 0.099 & 0.025 & -0.64 \\ -0.869 & 0.063 & 0.28 & 0.399 & -0.0442 \\ 0.0008 & -0.60 & -0.223 & 0.33 & 0.70 \\ -0.17 & -0.228 & 0.565 & -0.704 & 0.323 \end{bmatrix}$$

$$
=\begin{bmatrix} 1.98 & 0.122 & 8.04 & 5.87 & -0.133 \\ 0.991 & 6.90 & 0.318 & 0.479 & 5.88 \\ 5.05 & -0.074 & 6.79 & 4.27 & 0.066\,6 \\ 6.974 & -0.112 & 8.085 & 4.897 & 0.149\,7 \\ -0.001\,22 & 9.29 & -0.254 & 0.38 & 7.823 \end{bmatrix}
$$

$$
=\hat{A}\approx A=\begin{bmatrix} 2 & 0 & 8 & 6 & 0 \\ 1 & 6 & 0 & 1 & 7 \\ 5 & 0 & 7 & 4 & 0 \\ 7 & 0 & 8 & 5 & 0 \\ 0 & 10 & 0 & 0 & 7 \end{bmatrix}
$$

在实际应用中，没有必要重建 $\hat{A}$，而是在低维空间上，用低维向量尝试计算词项之间、文档之间的相似度。文档对应到 U' 的各行，通过计算 $U'S'$ 的各个行向量的相似度，就可以计算文档之间的相似度。类似地，词项对应到 V'^{T} 的各个列，通过计算 $S'V'^{\mathrm{T}}$ 的各个列向量的相似度，就可以计算词项之间的相似度。

SVD 降维方案，把每个文档从原来的文档所包含的词项的高维表示形式缩减到了一个 n 维的向量表示，同时保留了原来数据中的重要结构和模式。于是某些相关文档，虽然并不包含查询词项（Query Term），也可以提取出来。比如，当我们查询 "Steve Jobs" 时，可以查询到包含 "iPhone" 的文档，因为斯蒂夫·乔布斯（Steve Jobs）是苹果公司的前 CEO，苹果公司生产 iPhone 手机。

传统的基于关键字匹配的索引与信息检索，有两个根本问题（Fundamental Problem）。（1）同义词（Synonymy）。人们可以用多个词表示同一个概念，查询词项不一定和文档的描述匹配，比如查询 "Steve Jobs"，包含 "iPhone" 的文档也是相关文档，但是检索不出来。（2）一词多义（Polysemy）。也就是一个词语可以有多种意思，用户的查询可能匹配无关的意思，于是把无关的文档提取出来。比如，查询 "Apple"，我们希望把苹果公司的相关文档提取出来，但是系统可能提取关于水果的文档。SVD 能在一定程度上解决问题（1），但是不能有效地解决问题（2），即一词多义。它假设同样的词有同样的概念，于是解决不了需要根据语境才能确定其具体含义的词。比如 Bank，如果跟贷款、存款联系在一起，一般是银行的含义；如果和小河、小溪联系在一起，一般表示堤岸。

LSA 通过对 Term-Document 矩阵的奇异值分解，把 Term-Document 关系缩减为一个近似表示。相对于原始矩阵，概念空间的维度大大降低。而且这些维度包含了大量的信息和最少的噪声，有利于后续分析。

进行 LSA 降维后，如何对文档之间、查询和文档的相似性进行计算呢？

（1）判断文档 j 与 文档 q 在低维空间的相似度。针对向量 $S_n\hat{d}_j$ 与向量 $S_n\hat{d}_q$，可以使用向量夹角余弦计算相似度，即可得出结论。

（2）通过比较 $\hat{t}_iS_n$ 与 $\hat{t}_pS_n$ 可以判断词项 i 和词项 p 的相似度。

（3）给定一个查询，计算其在语义空间内和已有文档的相似性，需要把文档和查询字符串都映射到语义空间。对于原始文档，映射公式为 $\hat{d}_j=S_n^{-1}W_n^{\mathrm{T}}d_j(n*1=n*n\times$

$n*w×w*1$）。因为 $d_j=W_nS_n\hat{d}_j$，并且 W_n 为正交矩阵，S_n 为对角矩阵，所以 $\hat{d}_j=S_n^{-1}$ $W_n^T d_j$。对于查询字符串，转换成相关词项对应的向量后，用公式 $\hat{q}=S_n^{-1}W_n^T q$ （$n*1=$ $n*n× n*w×w*1$）进行映射。最后在语义空间里，计算查询和文档之间的相似度。

（4）有了文档相似度的计算方法，就可以对文档进行聚类。

我们可以在奇异值分解结果上，执行凝聚层次聚类算法（Agglomerative Hierarchical Clustering），把语义接近的文档组织起来。首先每个文档作为一个类簇，然后最相似的两个类簇合并成一个类簇，不断迭代，直到所有文档都合并到一个大的类簇中。

图 7-8 展示了 5 个文档的可能的层次聚类结果。左边显示聚类的层次，右边显示具体的各个类簇。在层次聚类过程中，计算文档类簇之间的相似度可以使用全连接（Complete Linkage）算法。[①]

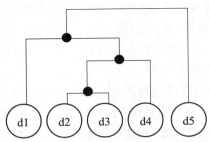

(d1, d2, d3, d4, d5)
(d1, d2, d3, d4), (d5)
(d1), (d2, d3, d4), (d5)
(d1), (d2, d3), (d4), (d5)
(d1), (d2), (d3), (d4), (d5)

图 7-8　文档的层次聚类

我们通过一个实例[②]进一步了解 SVD 与 LSA 的实际意义。假设有 9 个标题（Title，每个标题作为一个小的文档）（见表 7-5），我们把出现 2 次以及 2 次以上的非停用词（None Stop Word）作为索引词，标注如表 7-6 所示。停用词是常见的对确定文档的含义没有多大意义的词项，比如 a、the 等。

表 7-5　9 个标题

T1. The Neatest Little Guide to Stock Market Investing

T2. Investing for Dummies，4th Edition

T3. The Little Book of Common Sense Investing：The Only Way to Guarantee Your Fair Share of Stock Market Returns

T4. The Little Book of Value Investing

T5. Value Investing：From Graham to Buffett and Beyond

T6. Rich Dad's Guide to Investing：What the Rich Invest in, That the Poor and the Middle Class Do Not!

T7. Investing in Real Estate，5th Edition

T8. Stock Investing for Dummies

T9. Rich Dad's Advisors：The ABC's of Real Estate Investing：The Secrets of Finding Hidden Profits Most Investors Miss

基于上述文档（标题）集，建立如表 7-6 所示的词项-文档矩阵。

---

① 请参考"7.2.6 文档聚类"。

② https：//gist.github.com/vgoklani/1267632.

表 7 - 6　索引词标注

Index Words	Titles								
	T9	T1	T2	T3	T4	T5	T6	T7	T8
book			1	1					
dads						1			1
dummies		1						1	
estate							1		1
guide	1					1			
investing	1	1	1	1	1	1	1	1	1
market	1		1						
real							1		1
rich						2			1
stock	1		1					1	
value				1	1				

注意，这个词项-文档矩阵[①]里面的计数可以用 TF-IDF 权重代替，计算方法请参见本节开始部分对向量空间模型的介绍。对该矩阵进行奇异值分解，保留 9 个奇异值中最重要的 3 个，结果如图 7 - 9 所示。

W

book	0.15	−0.27	0.04
dads	0.24	0.38	−0.09
dummies	0.13	−0.17	0.07
estate	0.18	0.19	0.45
guide	0.22	0.09	−0.46
investing	0.74	−0.21	0.21
market	0.18	−0.30	−0.28
real	0.18	0.19	0.45
rich	0.36	0.59	−0.34
stock	0.25	−0.42	−0.28
value	0.12	−0.14	0.23

S

3.91	0	0
0	2.61	0
0	0	2.00

P

T1	T2	T3	T4	T5	T6	T7	T8	T9
0.35	0.22	0.34	0.26	0.22	0.49	0.28	0.29	0.44
−0.32	−0.15	−0.46	−0.24	−0.14	0.55	0.07	−0.31	0.44
−0.41	0.14	−0.16	0.25	0.22	−0.51	0.55	0.00	0.34

图 7 - 9　奇异值分解结果

把数字转换为灰度，对矩阵 P 进行灰度表示，每一列对应一个文档，如图 7 - 10 所示。从这个灰度表示来看，我们看到第一个维度上，各个文档的灰度差别不大。

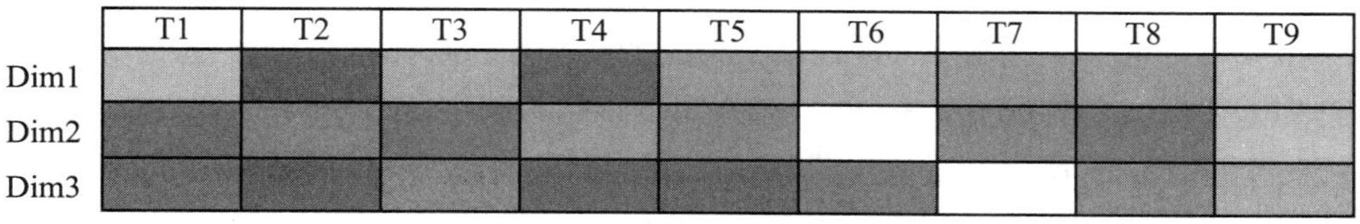

	T1	T2	T3	T4	T5	T6	T7	T8	T9
Dim1									
Dim2									
Dim3									

图 7 - 10　文档降维以后的颜色表示

我们可以在第二个维度和第三个维度上对文档进行聚类。聚类结果如图 7 - 11 所示。右上角的类簇包含了标题 T7 和 T9，是关于房地产（Real Estate）的；中间的类簇

---

①　文档向量化也意味着词项（单词）的向量化。比如词项-文档矩阵的每一列，就是各个文档的向量化表示；矩阵的每一行，则可以看作各个词项（单词）的向量化表示。

包含了标题 T2、T4、T5 和 T8，是讲价值投资（Value Investing）的；左下角的类簇，包含了标题 T1 和 T3，是关于股票市场（Stock Market）的；标题 T6 则是一个孤立点（Outlier）。

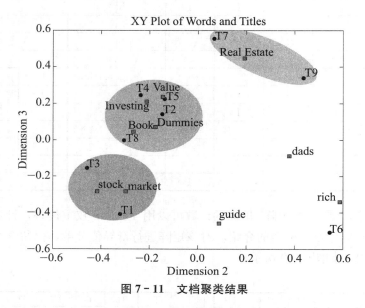

图 7 - 11　文档聚类结果

使用词袋表示法（TF-IDF），如果文集包含 10 000 个单词，那么表示每个文本需要用一个 10 000 维的向量，如果文本里只有 1 000 个单词，那么这个向量有 9 000 个位置为 0，高维的稀疏的向量严重影响处理的速度。基于 SVD 的潜在语义分析，相对于词袋表示法在一定程度上解决了维度灾难问题。

7.2.3　文本表示总结与延伸

前面已经对文本的几种表示法进行过介绍，但是不成体系。在这里对文本的表示做一个简单总结，并且做进一步的延伸讨论。

1. 文本的表示

在自然语言处理中，我们要让计算机能够理解自然语言，甚至能够生成自然语言。第一个挑战是，人们是通过单词和语句来进行沟通的，而计算机则只能处理数字。于是，首先需要把文本转换成计算机能够处理的数字。

把一个个单词转换为向量的形式，这就是单词的表示形式（Representation）。我们希望这个表示形式能够捕捉到单词的意思（Meanings）、单词之间的语义关系（Semantic Relationships），以及单词所出现的上下文等必要的信息。

2. 独热编码

对单词进行编码，最为直接的方式是独热编码。其基本原理很简单，在第 1 章已经简单介绍过。

首先查看整个词汇表有多少个单词，比如有 1 500 个。在此基础上，建立一个有序表，序号从 0～1 499，每个位置代表一个单词。

对于某个单词，我们对其进行向量表示的时候，把它表示为一个 1 500 维的向量，向量的第 i 个分量（对应这个单词）置为 1，其余分量都置为 0。

比如，假设整个字典有三个单词，分别是 Monkey、Eat 和 Banana。那么表示 Monkey 的向量表示为<1，0，0>，表示 Eat 的向量表示为<0，1，0>，最后表示 Banana 的向量表示为<0，0，1>。

在此基础上，可以对文档（Document）进行编码。如果文档出现两个单词，把两个单词的向量相加即可得到文档的编码。比如，一个文档出现 Monkey 和 Banana，整个文档的向量化表示为<1，0，1>，即<1，0，1>=<1，0，0>+<1，0，1>。

3. 词频

我们看到 "Monkey eat banana" 和 "Monkey eat banana banana" 两句话，是有区别的。第二句话强调了两次 Banana。以独热方式编码，两个文档都表示为<1，1，1>，没有区别。

为此，引入基于词频的向量化方法，在文档表示的向量的各个分量上，保存的是各个单词的频率（词频），而不是 0/1。比如上述两个文档分别表示为<1，1，1>，<1，1，2>。注意，词频包括绝对词频和相对词频，绝对词频即词项计数（Counter），相对词频需要把绝对词频除以文档的长度。这里指的是绝对词频。

假设有一个文档集 C，有 D 个文档 $\{d_1, d_2, \cdots, d_D\}$，里面包含 N 个不同的单词（Unique Tokens），那么这 N 个单词构成一个字典。

整个文档集可以表示为 $D \times N$ 的矩阵 M，M 的第 i 行第 j 列对应的元素，表示第 i 个文档中第 j 个单词出现的频率。

比如，有一个文档集包含两个文档。D1：He is a lazy boy. She is also lazy。D2：Neeraj is a lazy person。那么字典表（已经去掉停用词）为 ['He', 'She', 'lazy', 'boy', 'Neeraj', 'person']。这里，$D=2$，$N=6$。

矩阵 M 的具体取值，如表 7 - 7 所示。

表 7 - 7　文档的向量表示和单词的向量表示

	He	She	lazy	boy	Neeraj	person
D1	1	1	2	1	0	0
D2	0	0	1	0	1	1

从行的方向看，我们看到了 D1 和 D2 的向量化表示。从列的方向看，我们可以把每列看作单词的向量化表示，比如 lazy 的向量化表示为<2，1>^{T}。

可以看到，基于词频的向量化，对文档进行向量化的同时也对单词进行了向量化。

4. TF-IDF

基于绝对词频的向量化表示存在内在的缺陷。首先是文档长度和词频的问题。比如，D1 很短，只有 10 个单词，出现 5 次 Lazy；D2 很长，有 1 000 个单词，出现 10 个 Lazy。从 Lazy 的 "浓度" 来看，D1 好像更浓一点，但是基于词频的向量化表示无法告诉我们这些。

此外，还有一个问题，在整个文档集中，有些单词几乎在每个文档都出现，区分度不明显，比如"a""the"。而有些单词，仅仅在整个文档集的某几个文档出现，极具区分度。比如，整个文档集只有两个文档谈论梅西，从而包含"Messi"这个单词，而文档集中的其他文档都没有"Messi"这个单词。

解决上述问题的办法，是在 $D \times N$ 的矩阵中，每个单元格保存的不是词频，而是 TF-IDF 权重。其中 TF 解决第一个问题，IDF 解决第二个问题。

$$\text{TF} = (\text{Number of times term t appears in a document})/(\text{Number of terms in the document})$$

TF 是一个相对词频。比如，D1 中 lazy 的浓度为 5/10，D2 中 lazy 的浓度为 $10/1000 = 1/100$，D1 里面的 lazy 浓度更高，很合理。

$$\text{IDF} = \log(D/D_t)$$

式中，D 为整个文档集的文档数量；D_t 为包含单词 t 的文档的数量。比如，文档数量为 200，所有文档都出现"the"，那么 IDF（"the"）$= \log(200/200) = \log(1)$，只有 2 个文档出现"Messi"，那么 IDF（"Messi"）$= \log(200/2) = \log(100)$，可以看到 $\log(100) > \log(1)$，IDF 补偿了"Messi"的重要性。在此基础上，TF-IDF $= \text{TF} \times \text{IDF}$。

观察表 7-8 所表达的矩阵，它和表 7-7 的区别只是每个单元格从词频（绝对词频），变成 TF-IDF 权重。同样，行向量就是文档的向量化，列向量就是单词的向量化。

表 7-8 文档的 TF-IDF 向量化表示

	He	She	lazy	boy	Neeraj	person
D1	tf-idf(he, d1)	tf-idf(she, d1)	tf-idf(lazy, d1)	tf-idf(boy, d1)	tf-idf(Neeraj, d1)	tf-idf(person, d1)
D2	tf-idf(he, d2)	tf-idf(she, d2)	tf-idf(lazy, d2)	tf-idf(boy, d2)	tf-idf(Neeraj, d2)	tf-idf(person, d2)

5. 按照固定大小的上下文窗口创建的单词共现矩阵

看两个句子，"Apple is a fruit"和"Mango is a fruit"，我们看到 Apple 和 Mango 是相似的单词，它们都是水果，它们都和单词 Fruit 在一起。也就是相似的单词经常一起出现，或者出现在类似的上下文。共现（Co-occurrence），指的是在一个给定的文集中，单词 w1 和单词 w2 在一定大小的上下文窗口中共同出现的次数。

上下文窗口（Context Window）指的是以某个单词为基准的左边和右边的若干单词构成的窗口。比如 Fox 左右两侧浅灰色单元格里面的单词，构成单词 Fox 的宽度为 2 的上下文窗口。

Quick	Brown	Fox	Jump	Over	The	Lazy	Dog

对于 Over 这个单词来讲，它的宽度为 2 的上下文窗口，则如下所示（见浅灰色单元格）。

Quick	Brown	Fox	Jump	Over	The	Lazy	Dog

假设现在有一个文档集，包含三个文档，具体如下：

Corpus = He is not lazy. He is intelligent. He is smart.

我们就可以计算单词之间的共现矩阵（Co-Occurrence Matrix）。[1] 如表 7 - 9 所示。

表 7 - 9　单词之间的共现矩阵

	He	is	not	lazy	intelligent	smart
He	0	4	2	1	2	1
is	4	0	1	2	2	1
not	2	1	0	1	0	0
lazy	1	2	1	0	0	0
intelligent	2	2	0	0	0	0
smart	1	1	0	0	0	0

对于这个矩阵中的灰色单元格里面的 4 和 0，我们来分析这个频率是怎么计算出来的。

灰色单元格里面的 4 表示'He'和'is'在大小为 2 的上下文窗口中共现的次数。从表 7 - 10 可以看到，它们'He'和'is'共现的次数是 4。

表 7 - 10　频率的计算

句子	He is not lazy	He is intelligent	He is smart
上下文	He 的上下文 He is not is 和 not 的上下文 He is not lazy lazy 的上下文 is not lazy	三个单词的上下文都是 He is intelligent	三个单词的上下文都是 He is smart

而单词'lazy'和'intelligent'没有在这样大小的上下文窗口中共现过，所以计数为 0。

这个共现矩阵并不是可以直接使用的单词的向量表示（Word Vector Representation），需要使用一定的方法进行分解，分解为一系列因子，包括 PCA 和 SVD[2] 等。这些因子的组合，称为单词的向量化表示。

比如，我们对 $V \times V$ 的共现矩阵进行 PCA 分解，得到 V 个主成分，可以从中选择 K 个主成分，构成新的矩阵为 $V \times K$。这时候，每个单词可以表示为 K 维向量，而不是 V 维向量。K 的大小一般选择几百为宜。

上述共现矩阵方法的主要优势有：（1）它保留了单词之间的语义关系（Semantic Relationship），比如 man 和 woman 比 man 和 apple 更加接近。（2）加上 PCA/SVD 处理，可以产生比其他方法更加准确的单词的向量表示。（3）经过计算后，可以多次使用。

共现矩阵的主要劣势是，进行计算的时候需要大量的内存来存储共现矩阵。

6. CBOW 和 Skip-Gram

一般来讲，我们通过一个单词出现的上下文能够猜测出它所表达的意思。或者说，一个单词和另外一个单词的意思是相似的，如果它们出现在类似的上下文中，就可以互相替换。这就是所谓的"分布式假说"（Distributional Hypothesis）。它的核心思想是上

---

[1]　https：//www. analyticsvidhya. com/blog/2017/06/word-embeddings-count-word2veec/.

[2]　https：//math. stackexchange. com/questions/3869/what-is-the-intuitive-relationship-between-svd-and-pca 给出了 PCA 和 SVD 的区别和联系；关于 PCA 算法的具体细节，请参考"数据的深度分析（下）"一章。

下文相似的词，其语义也相似。

这个假说给了我们构造词向量的思路。独热编码、绝对词频向量化以及 TF-IDF 向量化都是高维稀疏的表示法，处理起来不是很方便。我们希望构造单词的某种稠密的向量化表示，只要表示类似含义的单词，它们的词向量表示也相似即可。

这种类型的向量化表示，也称为词嵌入（Word Embedding）。[①] 词汇表中的词语被映射到由实数构成的稠密向量里。词嵌入是一系列语言模型和特征学习技术的统称。

注意，传统的词袋模型也是用向量表示词项，但是这样的向量是高维和稀疏的。一般来讲，在 NLP 语境中，词向量表示通过各种技术得到的词项的低维稠密的向量表示。词向量的思想，来源于欣顿提出的词的分布式表示（Distributed Representation），之后本吉奥把这个概念引入语言模型，提出了神经网络语言模型（Neural Network Language Model）。

近年来，利用神经网络来预测（计算）单词的向量化表示，成为研究的热点，取得了意想不到的效果。谷歌提出的词向量技术 Word2vec 广为人知，它是为了利用神经网络从大量无标注的文本中提取有用信息而设计的。

它的基本过程是，用单词和单词的上下文来训练一个神经网络结构，然后用网络结构训练后形成的连接权重来表示各个单词。主要的策略包括 CBOW 和 Skip-Gram 两种。

（1）Continuous Bag of Words（CBOW）。

假设某个文档集包含一个文档"Hey, this is sample corpus using only one context word"。在此基础上，使用独热编码对各个单词进行编码，如表 7-11 所示。

表 7-11　独热编码

单词	Hey	this	is	sample	corpus	using	only	one	context	word
Hey	1	0	0	0	0	0	0	0	0	0
this	0	1	0	0	0	0	0	0	0	0
is	0	0	1	0	0	0	0	0	0	0
sample	0	0	0	1	0	0	0	0	0	0
corpus	0	0	0	0	1	0	0	0	0	0
using	0	0	0	0	0	1	0	0	0	0
only	0	0	0	0	0	0	1	0	0	0
one	0	0	0	0	0	0	0	1	0	0
context	0	0	0	0	0	0	0	0	1	0
word	0	0	0	0	0	0	0	0	0	1

在这张表中，每行为各个单词的独热向量化表示，即独热编码。

CBOW 的基本思路是，用一个大小为 N 的滑动窗口扫描整个文档集的各个文档，在某个单词的两边，各寻找 N 个单词。这 $2×N$ 个单词构成输入，这个单词本身作为输出，构造一个训练样本。用一系列的样本训练神经网络，如图 7-12（a）所示。

比如，我们用"corpus"单词两边的上下文独热编码向量来预测"corpus"。

输入如下：

①　https://monkeylearn.com/blog/word-embeddings-transform-text-numbers/.

is	0	0	1	0	0	0	0	0	0	0
sample	0	0	0	1	0	0	0	0	0	0
using	0	0	0	0	0	1	0	0	0	0
only	0	0	0	0	0	0	1	0	0	0

输出如下：

corpus	0	0	0	0	1	0	0	0	0	0

这个神经网络模型有一个输入层，如果 N 为 2，那么它接受 4 个单词的独热编码向量，每个向量都是 $1 \times V$ 的大小（V 是字典表的大小）（在图 7 - 12（a）所示的 CBOW 神经网络中，输入是一系列的 $V \times 1$ 向量）。

CBOW 的计算过程如下：

（a）输入数据是 4 个 $V \times 1$ 的向量，首先求均值 $\bar{x}$。

W 的大小是 $V \times N_{\text{Dim}}$，N_{Dim} 是一个为了创建稠密的向量表示而设定的一个维度，V 可能是 10 000，而 N_{Dim} 可能是 300，$N_{\text{Dim}} \ll V$。

$$h = \frac{1}{C} W^{\text{T}} \sum_{c=1}^{C} x^{(c)} = W^{\text{T}} \bar{x} \qquad (N_{\text{Dim}} \times V \times V \times 1)$$

（b）在 h 基础上计算 u：

$$u = W'^{\text{T}} h = \frac{1}{C} \sum_{c=1}^{C} W'^{\text{T}} W^{\text{T}} x^{(c)} = W'^{\text{T}} W^{\text{T}} \bar{x} \qquad (V \times N_{\text{Dim}} \times N_{\text{Dim}} \times 1)$$

W' 是一个 $N_{\text{Dim}} \times V$ 的权重矩阵。读者可以注意到，$W'^{\text{T}} W^{\text{T}} \bar{x}$ 向量计算的维度关系为 $(V \times N_{\text{Dim}}) \times (N_{\text{Dim}} \times V) \times (V \times 1)$，所以输出是一个 $V \times 1$ 的向量。

（c）最后进行 SoftMax 规范化：

$$y = \text{Softmax}(u) = \text{Softmax}(W'^{\text{T}} W^{\text{T}} \bar{x})$$

SoftMax 函数，也称归一化指数函数，是逻辑函数的一种推广。它能将一个含任意实数的 K 维的向量 z "压缩" 到另一个 K 维实向量 $\sigma(z)$ 中，使得每一个元素（分量）的范围都在（0，1）之间，并且所有元素（分量）的和为 1。具体的公式如下：

$$f(z_j) = \frac{\text{e}^{z_j}}{\sum_{i=1}^{n} \text{e}^{z_i}}$$

SoftMax 的输出，即 y 的第 i 个位置的分量，表示这个输出为第 i 个单词的概率。

经过上述计算，得到神经网络的输出，和预期的输出（"corpus" 的独热编码向量）比较，经过误差的反向传播来修改 W 和 W'。

corpus	0	0	0	0	1	0	0	0	0	0

注意，W 是一个 $V \times N_{\text{Dim}}$ 的矩阵，这个矩阵的第 i 行是一个 N_{Dim} 向量，可以用来作为 i 个 Word 的词向量，具体如下[①]：

---

① https：//www. leiphone. com/news/201706/PamWKpfRFEI42McI. html.

$$\begin{bmatrix} 0 & 0 & \cdots & 1 & 0 \end{bmatrix} \times \begin{bmatrix} 17 & 24 & 1 \\ 23 & 5 & 7 \\ \vdots & \vdots & \vdots \\ 10 & 12 & 19 \\ 11 & 18 & 25 \end{bmatrix} = \begin{bmatrix} 10 & 12 & 19 \end{bmatrix}$$

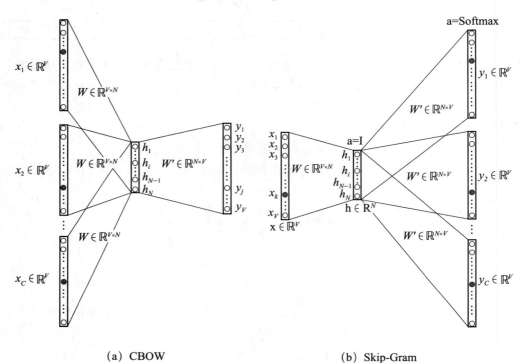

(a) CBOW　　　　　　　　　　(b) Skip-Gram

图 7 - 12　CBOW 的网络结构与 Skip-Gram 网络结构①

（2）Skip-Gram。

CBOW 是利用上下文预测一个单词，而 Skip-Gram 则是用某个单词预测它的上下文。比如，我们用"corpus"来预测"corpus"单词两边的上下文。

输入如下：

corpus	0	0	0	0	1	0	0	0	0	0

输出如下：

is	0	0	1	0	0	0	0	0	0	0
sample	0	0	0	1	0	0	0	0	0	0
using	0	0	0	0	0	1	0	0	0	0
only	0	0	0	0	0	0	1	0	0	0

用一个样本预测四个样本，好像不太可能。实际上是可以的，最后的结果往往比

---

① http：//www.claudiobellei.com/2018/01/06/backprop-word2vec/.

CBOW 还要好。具体的网络结构如图 7-12（b）所示。

Skip-Gram 的计算过程为：

1）输入数据是 1 个 $V\times 1$ 的向量，W 是一个 $V\times N_{\text{Dim}}$ 的权重矩阵，计算 h。

$$h=W^{\mathrm{T}}x \qquad (N_{\text{Dim}}\times V\times V\times 1)$$

2）$W'^{\mathrm{T}}W^{\mathrm{T}}x$，计算 u_c。W' 是一个 $N_{\text{Dim}}\times V$ 的权重矩阵。

$$u_c=W'^{\mathrm{T}}h=W'^{\mathrm{T}}W^{\mathrm{T}}x, \quad c=1,\cdots,C \qquad (V\times N_{\text{Dim}}\times N_{\text{Dim}}\times 1)$$

$$Y_c=\text{Softmax}(u_c)=\text{Softmax}(W'^{\mathrm{T}}W^{\mathrm{T}}x), \quad c=1,\cdots,C$$

输出向量是一样的（包括 u_c），即 $y_1=y_2\cdots=y_C$。

利用 4 个 $V\times 1$ 的输出和预期的输出进行比较，构造损失函数。对误差进行反向传播，修改 W' 和 W。

具体来讲，模型希望输出的独热编码向量中为所有 c 个上下文词项对应独热编码向量的位置都是 1，而其他位置则都是 0，用这个作为损失函数的依据，进行反向传播和训练。输出对应 corpus 的上下文的 4 个单词，其独热编码向量如下：

is	0	0	1	0	0	0	0	0	0	0
sample	0	0	0	1	0	0	0	0	0	0
using	0	0	0	0	0	1	0	0	0	0
only	0	0	0	0	0	0	1	0	0	0

四个向量的求和结果如下，可用这个向量评价模型的损失。

Sum	0	0	1	1	0	1	1	0	0	0

最后，表示每个单词的向量是从 W' 产生的。具体办法请参考 CBOW 模型的做法。

7. Word Embedding 的一些有趣的结果[①]

Word Embedding 能够发现语言里的一些相似性和语义关系。有一些文献[②]找到了特定名词的性别关系、名词的单数和复数关系等，如图 7-13 所示。研究者还发现了国家和首都的对应关系，如图 7-14 所示。

每个单词的意义蕴含在这个单词和其他单词的关系中。模型学习到的词向量，体现了某种语言里的某种结构（单词间的关系）和另外一种语言里的结构具有相似性。这预示着 Word Embedding 可以用在机器翻译中（如图 7-14 所示）。

---

① https：//www.springboard.com/blog/introduction-word-embeddings/.

② Tomas Mikolov，Wen-tau Yih，Geoffrey Zweig. Linguistic Regularities in Continuous Space Word Representations. Proceedings of NAACL-HLT 2013，pp. 746-751；Tomas Mikolov，Kai Chen，Greg Corrado，Jeffrey Dean. Efficient Estimation of Word Representations in Vector Space. https：//arxiv.org/abs/1301.3781，2013；Tomas Mikolov，Ilya Sutskever，Kai Chen，Greg Corrado，Jeffrey Dean. Distributed Representations of Words and Phrases and their Compositionality. https：//arxiv.org/abs/1310.4546，2013；Tomas Mikolov，Quoc V. Le，Ilya Sutskever. Exploiting Similarities among Languages for Machine Translation. https：//arxiv.org/abs/1309.4168，2013.

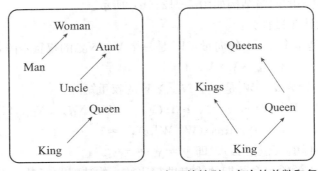

图7-13　Word Embedding——名词的性别、名次的单数和复数

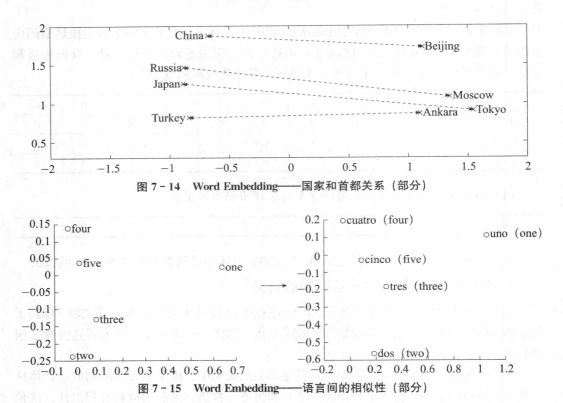

图7-14　Word Embedding——国家和首都关系（部分）

图7-15　Word Embedding——语言间的相似性（部分）

　　第一个 Word Embedding 技术即 Word2vec 很成功，激发了一系列 Word Embedding 技术的研发，包括 WordRank、斯坦福大学的 GloVe 以及脸书的 FastText 等。

　　这些技术[①]一方面致力于改善 Word2vec，另一方面从不同粒度考虑对文本进行向量化，包括字符、单词成分、单词、短语、句子、文档等。这使得我们不仅可以在单词层面，也可以在句子层面和文档层面考虑它们的相似度，如图7-16所示。

---

　　① Matt Kusner，Yu Sun，Nicholas Kolkin，Kilian Weinberger. From word embeddings to document distances. ICML 2015，pp. 957-966.

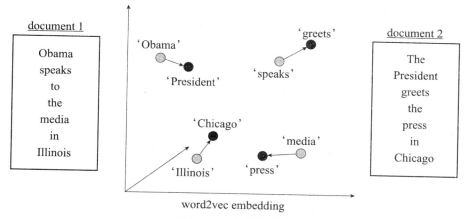

图 7 - 16　文档相似度

一般来说词语是表达语义的基本单元。有相当一部分研究者将文章或者句子作为文本处理的基本单元，于是产生了 doc2vec 和 str2vec 技术。

词嵌入技术把文本里面蕴含的知识想办法向量化，把文本转化为一种有意义的形式，方便进行后续处理。

8. Word Embedding 的应用

词向量可以作为深度学习模型的输入，执行一系列下游任务；也可以作为传统机器学习模型比如 SVM、NB 等的输入，完成分类等不同的机器学习任务。

本质上，我们可以把词向量看作单词的浓缩的表示。这种浓缩的表示捕捉了语言的上下文中表达的单词的意义和单词的关系，有利于进行迁移学习（Transfer Learning）。迁移学习是一种把一个领域学习到的知识应用到一个新领域解决其问题的技术。

7.2.4　文本分类

文本分类是把文档集中的每个文档，划分到预先定义的一个主题类别（Predefined Subject Category）中。文本分类是文本分析和挖掘的一项重要工作。把电子邮箱收到的邮件适当进行分类，分为正常邮件和垃圾（Spam）邮件，就是文本分类的一个应用实例。此外，确定文档的作者（Authorship Identification）、确定文档作者的年龄/性别（Age/Gender Identification）、确定文档使用的语言（Language Identification）、确定整篇文档的情感（Sentiment Analysis）等，都可以看作文本分类问题。文本分类以后，用户可以通过类别来查看、浏览。

文本分类系统的主要功能模块包括：

（1）预处理：把文档集中的文档格式化为某种格式，方便后续处理。

（2）统计：进行词频统计，以及词项与分类的相关概率的统计。

（3）特征抽取：从文档中抽取反映文档主题的特征。

（4）分类器的训练：利用文档集部分文档的特征对分类器进行训练。

（5）进行预测：利用分类器确定其他文档的类别。

由此可以看出，文本分类是典型的有监督学习，训练集由已经明确分好类别的文档组成，文档就是输入，对应的类别就是输出。在文本表示的基础上，可以使用经典分类模型如 Rocchio 算法、决策树算法、随机森林、Logistic 回归、KNN 算法、朴素贝叶斯算法、支持向量机算法以及神经网络算法等，实现文本的分类。

Rocchio 算法的基本思路，是把一个类别里的样本文档各项取平均值，得到一个新的向量，称为质心。质心成了这个类别最具代表性的向量表示。如果有新的文档需要判断类别，比较新文档和各个质心的距离，就可以确定新文档的可能类别。Rocchio 算法可以进行适当的改进。一种改进方法是，算法不仅考虑属于某个类别的文档的正例，而且考虑不属于某个类别的文档的负例，计算出来的质心要尽量靠近正例样本，同时尽量远离负例样本。Rocchio 算法认为一个类别的文档聚集在一个质心的周围，实际情况往往并非如此。其他算法的核心思想可以通过"数据的深度分析"部分具体了解。

下面通过一个实例[①]介绍如何使用朴素贝叶斯算法实现文本分类。现在有如表 7-12 所示的文档集，前 4 个文档是训练集，最后 1 个文档需要确定其类别。文档分为两类，分别是日本（Japan）和中国（China）。

表 7-12　文本分类实例

	Doc	words	Class （C：China，J：Japan）
training	1	Chinese Beijing Chinese	c
	2	Chinese Chinese Shanghai	c
	3	Chinese Macao	c
	4	Tokyo Japan Chinese	j
testing	5	Chinese Chinese Chinese Tokyo Japan	?

根据上述表格，采用词袋模型的文档表示法，获得如下先验概率，$P(C)=3/4$，$P(J)=1/4$（注：$\hat{P}(C)=N_c/N$），其中 C 表示 China，J 表示 Japan。

获得如下条件概率：

$P(\text{Chinese} \mid C)=(5+1)/(8+6)=6/14=3/7$

$P(\text{Tokyo} \mid C)=(0+1)/(8+6)=1/14$

$P(\text{Japan} \mid C)=(0+1)/(8+6)=1/14$

$P(\text{Chinese} \mid J)=(1+1)/(3+6)=2/9$

$P(\text{Tokyo} \mid J)=(1+1)/(3+6)=2/9$

$P(\text{Japan} \mid J)=(1+1)/(3+6)=2/9$

（注：$\hat{P}(w \mid c)=(\text{count}(w, c)+1)/(\text{count}(c)+|V|)$，count$(w, c)$ 表示类别 c 里 w 出现的次数，count(c) 表示类别 c 的单词的数量，V 为词汇表，$|V|$ 为词汇表大小。）

利用贝叶斯定理，$P(c_i \mid w_1,w_2,\cdots,w_n)=P(w_1,w_2,\cdots,w_n \mid c_i)P(c_i)/P(w_1,w_2,\cdots,w_n)$，从这个式子可以看出，计算 $P(c \mid d5)$ 和 $P(j \mid d5)$ 时，分母是一样的，只需比较分子即可。

① https：//web. stanford. edu/class/cs124/lec/naivebayes. pdf.

$P(c \mid \mathrm{d}5) \propto P(\text{Chinese} \mid c) \times P(\text{Chinese} \mid c) \times P(\text{Chinese} \mid c) \times P(\text{Tokyo} \mid c) \times P(\text{Japan} \mid c) \times P(c) = (3/7)^3 \times 1/14 \times 1/14 \times 3/4 = 0.000\,3$，$P(j \mid \mathrm{d}5) \propto P(\text{Chinese} \mid j) \times P(\text{Chinese} \mid j) \times P(\text{Chinese} \mid j) \times P(\text{Tokyo} \mid j) \times P(\text{Japan} \mid j) \times P(j) = (2/9)^3 \times 2/9 \times 2/9 \times 1/4 = 0.000\,1$，由于 $0.000\,3 > 0.000\,1$，于是文档 5 的类别更有可能属于 C（China）类。

文本分类中一个需要注意的问题是特征选择。在机器学习以及文本分类中，特征选择对于分类的效果起到至关重要的作用。特征选择也是一种降维方法。由于文本数据的半结构化甚至无结构化的特点，当使用特征向量对文档进行表示的时候，特征向量通常会达到几万维甚至几十万维。特征选择可降低特征空间的维数，提高分类的效率和精度。

可以选用的特征选择算法有文档频率、互信息、信息增益、卡方检验等。这些特征选择算法的思想可以通过"数据的深度分析"部分具体了解。

此外，人们也尝试使用各种神经网络技术对文本进行特征学习和分类。比如多层感知机（MLP）可以用于文本分类，但是它使用了词袋模型，忽略了文本中的词序和结构化信息。为了充分考虑文本的词序信息，研究者提出使用卷积神经网络和循环神经网络实现文本分类。基于卷积神经网络和循环神经网络的文本分类模型，其输入为原始的词项序列，输出为文本在各个类别上的概率分布。词项序列中的每个词项，以词向量的形式作为输入，即每个词项表示为一个稠密向量。

7.2.5　情感分析

文本情感分析（Sentiment Analysis）本质上是文本分类，但是更为精细。

情感分析的应用很广泛，包括对问卷调查（Survey）、产品的用户评论（Review）、新闻（News）、博客（Blog）、论坛（Forum）、呼叫中心日志记录（Call Center Logs）等进行分析，了解用户的情感倾向。

在商品零售领域，用户对商品和服务的评论，对于销售商和厂家都是非常有价值的反馈信息。把这些反馈收集起来进行情感分析，可以了解到用户对产品或者服务的哪些方面满意，哪些方面不满意；了解用户对本公司产品和竞争对手产品的褒贬程度，从而了解自家产品和竞争对手产品的优点和缺点。潜在的消费者在做出购买决策的时候，有可能参考相关的评论。

Web 2.0 使得广大网民可以在互联网上创建内容，自由地表达其观点，互联网逐渐成为话题产生和传播的重要渠道。在对社交媒体（Social Media）进行情感分析的基础上，可以实现互联网舆情监控。互联网舆情监控使得政府、公益组织和企业能够及时分析海量的文本数据，了解民众的舆论倾向，及时做出应对。由于互联网信息量非常庞大，很难依靠人工方法及时进行数据收集和处理。依靠情感分析技术，可以自动对舆情信息进行监控。政府可以了解社会公众对热点事件、国家大政方针的评价，有效引导舆论走向。企业可以了解社会公众对企业的评价，为战略规划提供决策依据。有些研究者通过对微博内容进行情感分析，了解青少年的心理健康状况。这些分析结果可以帮助社会工作者对过激的思想和行为倾向及时进行干预。在金融市场上，有些研究者通过分析社交网站上用户发表的帖子所表达的情感变化来预测股票价格的涨跌，这方面可用的数据源还有各大财经网站、股票论坛等。

情感分析包括情感信息抽取、情感信息分类、情感信息检索及归纳三个层次的任务。情感分析是自然语言处理的一个重要的子任务，它的目标是从文本中抽取五元组 $<e, a, s, h, t>$，其中 e 表示目标实体即评价对象；a 表示实体 e 的一个属性；s 表示具体的情感评价，包括正面、负面、中性等三类，也可以转化为 1~5 星的评价等级；h 是观点持有者，也就是评价者；t 是观点发表的时间。比如"我认为 M 品牌汽车的油耗真高"，"我"是观点持有者；评价对象是"M 品牌汽车"，具体的属性是"油耗"；评价是"真高"，属于负面评价；观点发表时间，就是这句话发表的时间。

情感信息分类按照分类的粒度可以分为篇章级情感分类、语句级情感分类及短语或属性级（具体到某个对象以及对象的某个属性或者方面，比如照相机以及照相机的对焦速度）情感分类。篇章级情感分析认为整篇文章表达的观点仅针对一个目标实体，而且仅包含一个观点持有者的观点；它不对文章中的实体属性和其他实体进行研究，应用中往往遇到较大的局限性。语句级情感分析判断一个句子表达的情感倾向。和篇章级情感分析一样，它假设只有一个观点持有者，表达了对一个目标实体的某种情感。短语或者属性级情感分析，分析的粒度直达实体的某个属性。对于"照相机 A 的画质非常好，但是反应速度有点慢，A 的操作体验比 B 要好"这样的语句，属性级情感分析可以完成细粒度的分析，包括画质、反应速度、操作体验等，也可以判断比较型的观点，比如这句话表达的 A 和 B 的相对感受。在属性级情感分析里，要发现和抽取评价者对评价对象的每一个属性表达的是正面还是负面情感。

从分类的目的来划分，情感信息分类分为主/客观分析和正面/负面分析。

情感信息检索，是针对用户的查询请求，返回和某个主题相关的包含情感信息的文档。情感信息归纳，则针对某个主题的大量情感文档，汇总出情感分析结果，同时基于时间分片（每小时、每天）进行情感汇总，了解情感的变化趋势。

我们不深入介绍情感信息抽取、检索和归纳，主要进一步介绍情感信息分类。情感信息分类，首先要完成主/客观信息的分类，然后对主观信息进行细致的情感分类，包括常见的褒贬二元分类及更加细致的类别划分。

比如，有三句话"M 品牌汽车的油耗很高""J 品牌汽车的性价比相当高""Z 品牌汽车有 1 米多高"。第一句表达了贬抑的情感倾向，第二句表达了褒扬的情感倾向，第三句则表述了一个事实，没有情感倾向。主/客观信息分类，把第一句、第二句分到主观信息类，把第三句分到客观信息类。研究者使用朴素贝叶斯等分类器进行二元分类。为了提高这些分类器的性能，需要对分类特征进行选择，包括从标点符号、人称代词、数字等角度，区分主/客观文本的异同。

在主/客观信息分类的基础上，对于主观信息进行属性级情感分析，涉及如下几个步骤，包括实体抽取和消解、属性抽取和消解、观点持有者抽取和消解、时间抽取和标准化、属性的情感分类（或者回归），最后生成上文所述的 5 元组。

为了确定具体的情感分类，主要的策略有两种。第一种策略是依靠情感词典或者领域词典。首先对主观文本进行分词，利用情感词典进行匹配，标注出情感词，获得主观文本的情感极性（正面或者负面，即褒义或者贬义）。对于情感词的情感得分的计算，最简单的办法是将所有的正面情感词赋值为＋1，负面的情感词赋值为－1，最后进行相加得到结果。此外，还需要考虑程度副词、否定词、转折词的作用。需要注意的是，人工创建的情感词典往往不能囊括文本中的所有情感词，需要使用人工或者自动的方法进行调整和扩充。第二种策略是选取文本中对情感判别有意义的特征，交给机器学习方法来完成分类。比如，按照 TF-IDF 方法对词项进行表示，把文本表示成向量空间模型的向量；有些研究者使用了 N-Gram 词语特征和词性特征（N-Gram 是相邻的多个单词或者汉字的组合，比如 I am happy 包含两个 2-Gram，分别是 I am 和 am happy），然后使用朴素贝叶斯、最大熵模型（Maximum Entropy Model）、支持向量机等传统分类器以及深度学习模型比如 LSTM 模型来实现分类。基于机器学习的情感极性分类，需要事先准备经过人工情感倾向标注的训练语料。

最大熵原理是在 1957 年由埃德温·汤普森·杰恩斯（Edwin Thompson Jaynes）提出的。其主要思想是，在只掌握关于未知分布的部分知识时，应该选取符合这些知识但熵值最大的概率分布。基于该思想建立的最大熵模型[1]是一种机器学习方法，在自然语言处理的许多领域，包括句子边界识别、中文分词、词性标注、浅层句法分析、文本分类等应用中，都取得了较好的效果。

在这里举一个拼音转汉字的例子。[2] 假如用户输入的拼音是"wang'xiao'bo"，根据语言模型以及有限的上下文信息，可以给出两个常见的名字"王小波"和"王晓波"。但是要进一步确定一个唯一的名字则有些困难。

我们根据文章的主题进行判断，如果文章是关于文学的，作家王小波的可能性较大；如果文章主要讨论两岸关系，学者王晓波的可能性比较大。根据语言模型及主题信息就可以建立一个最大熵模型，同时满足这两种约束信息。利用这个模型，就可以把上述拼音较为准确地转换为汉字。

7.2.6　文档聚类

文档聚类，是把相似度大的文档放在同一类簇中，相似度小的文档放在不同的类簇中，把文档聚拢成一堆堆的，它是一种无监督的机器学习方法。也就是，文档聚类无须用户预先对文档进行类别标注，无须训练过程，聚类方法自动把文档归拢到不同的类簇中。文档聚类，应用于需要对文本信息进行有效组织（Organization）、浏览（Browsing）和摘要（Summarization）的场合。

为了对文档进行聚类，首先需要对各个文档进行表示，最流行的表示法是利用向量空间模型对文档进行表示，每个文档表示成一个稀疏的向量，各个元素对应各个词项的权重，这个权重可以使用 TF-IDF 公式进行计算。

此外，还可以利用各种矩阵因子分解方法（Matrix Factorization），包括 LSI（La-

---

[1]　关于最大熵模型的细节信息，请参考相关资料。

[2]　http://blog.csdn.net/liqiming100/article/details/70168873.

tent Semantic Indexing)[①] 方法和 NMF（Non-Negative Matrix Factorization)[②] 方法，对文档进行表示转换。LSI 和 NMF 都是降维方法，它们把文档从原有的高维空间（每个维度对应一个词项）转换到一个新的特征空间（Feature Space），维度少很多。在新的空间里的特征，一般是原有空间的若干特征的一个线性组合（Linear Combination）。LSI 和 NMF 凸显了文档的语义，减少了相似度计算时（Similarity Measure）的噪声，有利于提高文档聚类的效果。人们研究发现，矩阵因子分解技术和谱聚类（Spectral Clustering）技术是等价的。谱聚类基于图结构（Graph Structure）对文档进行聚类。

在上述各种文档表示法基础上，可以利用如下三种类别的聚类技术对文档进行聚类。

1. 基于距离的聚类算法（Distance-Based Clustering）

基于距离的聚类算法，通过一个相似度函数来度量不同文档之间的相似性。在文本分析领域，最常用的相似度函数是向量的余弦相似度函数。该类算法又分为凝聚层次聚类算法（Agglomerative Hierarchical Clustering Algorithm）和基于距离的分区算法（Distance-Based Partitioning Algorithm）等两类，后者包括 K-Medoids 聚类算法、K-Means 聚类算法等。

其中，利用凝聚层次聚类算法进行文档聚类，刚开始把各个文档都看作独立的类簇，然后通过多次迭代，每一轮迭代把最相似的文档类簇合并成更大的类簇，直到最后所有的文档形成一个类簇。

2. 基于单词或者短语的聚类算法（Word and Phrase-Based Clustering）

假设有一个文档集，有 n 个词项和 d 个文档，可以用一个 $n\times d$ 的词项-文档矩阵对文档集进行建模，矩阵的第 $<i, j>$ 元素的值对应词项 i 在文档 j 中的权重。

对矩阵的行进行聚类分析，就是对词项进行聚类；对矩阵的列进行聚类分析，则是对文档进行聚类。

这两个问题是紧密关联的，寻找文档聚类和寻找词项聚类，本质上是对偶问题（Dual Problem）。好的词项聚类结果，可以帮助寻找好的文档聚类。好的文档聚类结果，可以帮助寻找好的词项聚类。

3. 基于话题建模技术的概率文档聚类算法（Topic Modeling based Probabilistic Document Clustering）

话题建模（Topic Modeling）是进行聚类和降维操作的更为通用的技术。人们利用 PLSA 模型和 LDA 模型等，对文档集进行话题建模，然后把每个话题看作一个类簇。PLSA 模型和 LDA 模型的详细信息，请参考"主题抽取"一节。

话题建模的基本策略，是为文档集建立一个概率生成模型（Probabilistic Generative Model）。在这个模型里，把文档集表示为隐藏随机变量（Hidden Random Variable）的函数。从具体的文档集估计函数的参数，从而确定该模型。

---

① 潜在语义索引（LSI），即潜在语义分析（LSA），具体细节可以参考 7.2.2 节。
② 非负矩阵因子分解（NMF）的基本原理，请参考相关资料。

　　传统的搜索引擎把所有的结果，按照和查询的相似度得分从高到低排序，返回给用户，不同类别的信息混搅在一块。对搜索引擎返回的结果，通过话题建模进行聚类，可以帮助用户快速定位到所需要的信息。

　　图 7 - 17 是 Carrot2 搜索引擎对关键字查询"Hadoop MapReduce"返回的结果的聚类效果。通过话题建模对文档集进行聚类，以及对每个类簇给出一个简要的描述性标题（体现了该类文档的主题），用户只须关心部分主题，于是可以有效地缩小检索的范围，加快检索过程。

图 7 - 17　Carrot2 搜索引擎的搜索结果聚类（基于话题建模）

7.2.7　文档摘要

　　文档摘要是为文档抽取或者生成一个简洁的版本。雷德夫（Radev）等人把文档摘要定义为"从一个文档或者多个文档生成的一个文档，这个文档能够表达原有文档的重要信息，并且从长度上比原有文档的一半要小，一般来说要小很多"。摘要是对原文的压缩和提炼，体现最重要最相关的信息。

　　在互联网信息时代，人们面对大量文本信息。文档摘要可以从一篇或者多篇文档生成一个简洁的版本，它能够体现原文的核心思想或者内容，具有概括性、可理解性和可读性，帮助我们迅速把握文本里包含的主要信息，节省时间和精力。由此可见，文档摘要具有重要的应用价值。

　　文档摘要的生成方法，按照使用的技术策略的不同，可以分为抽取式摘要法（Extractive Summarization）和生成式摘要法（Abstractive Summarization）。抽取式摘要法对文本的结构单元（句子、段落等）进行评分，选取最重要的结构单元形成摘要。生成式摘要法则是利用自然语言理解技术对文本进行语法、语义分析，然后利用自然语言生成（Language Generation）技术，自动生成一个符合一定语法规则的摘要（Grammatical Summary）。

　　按照原文档的数量，文档摘要也可以分为单文档摘要和多文档摘要两个类别。我们从这个角度介绍几个具体的文档摘要方法。

1. 单文档摘要生成

　　卢恩（Luhn）在 1958 年提出了单文档摘要方法，他的论文成为经典，经常被引用。首先，对文档里的单词进行词干提取（Stemming），还原到其词根形式（Root Form），同时把停用词，比如 a、the、this、that、and 等剔除掉。接着，把文档里的单词按照其出现频率进行排序，给出各个单词的重要性（Significance）排名。然后，对每个句子计算一个重要性因子（Significance Factor），反映各个重要单词（Significant Word）出现的次数，以及它们的线性距离，也就是中间隔着多少非重要单词（Non-Significant Word）。最后，对所有的句子，根据重要性因子进行排序。把若干排在前面的句子挑选出来，构成文档摘要。

20 世纪 90 年代以来，随着机器学习技术的发展，这些技术被不断应用到自然语言处理领域，包括文档摘要的生成。包括朴素贝叶斯方法、基于隐马尔可夫模型的方法、基于对数线性模型（Loglinear Model）的方法以及利用第三方特征（Third Party Feature，比如搜索引擎查询中常用的一些查询关键字等）的神经网络方法等。其中，基于朴素贝叶斯方法的文档摘要技术，简单介绍如下。

基于朴素贝叶斯方法的文档摘要技术是利用一个朴素贝叶斯分类器，把每个句子划分到两个类别，即值得抽取/不值得抽取，也就是列入摘要的句子/不列入摘要的句子。

假设 s 是某个特定的句子，S 是构成摘要的句子集合，$F_1, F_2, \cdots, F_k$ 是分类特征，各个特征之间是互相独立的，那么

$$P(s \in S \mid F_1, F_2, \cdots, F_k) = \frac{\sum_{i=1}^{k} P(F_i \mid s \in S) \cdot P(s \in S)}{\sum_{i=1}^{k} P(F_i)}$$

库皮克（Kupiec）等在埃德蒙森（Edmundson）等人的工作基础上，提出了上述分类器。主要的分类特征包括高频词（High Frequency Word）、线索词（Cue Word 或者 Pragmatic Word）、出现在标题中的词（Title or Heading Word）、结构性指标（比如句子的位置（Sentence Location））、句子的长度（Sentence Length）、是否出现大写字母（Upper Case Word）等。

根据上述公式，每个句子得到一个得分，最后保留得分最高的 n 个句子，构成文档摘要。关于如何利用朴素贝叶斯方法进行分类的具体信息，请参考"数据的深度分析"部分。

2. 多文档摘要生成[①]

20 世纪 90 年代以来，从多个文档生成摘要的研究引起了人们的兴趣。大多数研究是面向新闻类文章（News Article）的多文档摘要生成的。

不同的文档，其信息有可能互相补充、互相重叠（冗余），有时候还互相矛盾（Contradictory）。所以，多文档摘要生成，不仅需要处理文档间的冗余问题，还需要标定不同文档的新颖之处（Novelty），并且保证最后生成的摘要是完整的、一致的（Coherent）。主要的多文档摘要生成方法，介绍如下。

---

① A Survey on Automatic Text Summarization. https://www.cs.cmu.edu/~afm/Home_files/Das_Martins_survey_summarization.pdf.

（1）摘要和信息融合（Abstraction and Information Fusion）。麦基翁（McKeown）、巴尔齐莱（Barzilay）等人提出了此类文档摘要系统。在该系统里，首先面向文本单元（通常是段落）标定主题（Theme），也就是把文本单元归拢为一系列主题。这个问题可以建模为一个聚类问题。为了计算文本单元的相似度指标（Similarity Measure），文本单元映射到一个特征向量，包括每个单词的 TF-IDF 得分、名词短语（Noun Phrase）、专有名词（Proper Noun）、从 WordNet 数据库查询出来的同义词（Synset）等。从数据中学习的决策规则（Decision Rule）确定每对文本单元是相似的还是不相似的。聚类算法把最相似的文本单元放在一个主题里。

一旦确定了主题，系统就进入第二个阶段，即信息融合（Information Fusion）。其目的是确定每个主题的哪个句子应该包含在摘要中。系统不是简单地从每个类簇里选择一个句子作为代表，而是使用了更加复杂的算法。该算法首先把句子转换成依赖树（Dependency Tree）①，然后遍历这些依赖树的谓词-论元结构（Predicate Argument Structure），考虑转述（Paraphrase）的冗余性，确定包含到摘要中的完整的一个论述，即围绕某个动词展开的"主语-谓语（动词）-宾语"结构。

（2）基于最大边际相关性的主题驱动的摘要生成（Topic Driven Summarization）。卡博内尔（Carbonell）和戈尔茨坦（Goldstein）于 1998 年提出了基于最大边际相关性（Maximal Marginal Relevance，MMR）的主题驱动的摘要生成技术（Topic Driven Summarization），该技术的基本原理如下。

假设 Q 是一个查询或者用户画像（User Profile），R 是从搜索引擎返回的排序的文档列表（Ranked Document List）。现在构造一个增量式的（Incremental）选择文档的算法，每次选择一个文档到文档集 S 中。在每一步，对于 $R-S$ 文档集的每个候选文档 $D_i \in R-S$，$MR(D_i)$ 使用公式 $MR(D_i) = \lambda \operatorname{sim}_1(D_i, Q) - (1-\lambda)\max_{D_j \in S, j \neq i} \operatorname{sim}_2(D_i, D_j)$ 进行计算，其中 λ 是一个取值在 $[0, 1]$ 之间的参数，在相关性和冗余度之间做折中。sim_1 表示 D_i 和 Q 的相似度，sim_2 表示 D_i 和 D_j 的相似度，可以通过向量空间的余弦相似度公式进行计算（请参考 7.2.2 小节"文本索引和检索"）。$R-S$ 集合中取得最大 MR 的 D_i 被选出来，作为下一个进入 S 的文档。

为了进行文档摘要，首先把若干文档分解成一系列的句子（或者段落）。用户提交一个查询，将搜索引擎返回的排序靠前（Top Ranking）的每个句子（或者段落）都看作独立的文档，再运行 MMR 算法，选择部分句子（或者段落）构成文档摘要。

由于该算法依赖于查询，因此特别适合于为某个用户画像（描述了用户偏好），生成个性化的文档摘要。

（3）基于图的扩散激活技术（Graph Spreading Activation）的摘要生成。马尼（Mani）和布勒多恩（Bloedorn）于 1997 年提出用基于图的方法找出一对文档间的相似性（Similarity）和不相似性（Dissimilarity）。这个方法并未生成文本形式的摘要，而是把原来的文档（句子和段落）表示成图，然后把图的重要区域，即一些节点和边，通过图的扩散激活技术标定出来。

---

① 请参考 7.2.1 小节"句子切分、分词、词性标注、语法树"。

该算法的基本流程如下：首先，把文档表示成一个图，图的节点对应文档里出现的一个单词或者短语（命名实体）。节点之间有若干连接类型，包括：临近连接（ADJacency Link），表示文本里单词间的相邻关系；相同连接（SAME Link），表示相同单词在不同地方出现（Occurrence）；ALPHA 连接（ALPHA Link），表示通过 WordNet 或者 Net Owl 捕抓到的语义关系（Semantic Relationship），Net Owl 是一个从结构化和非结构化大数据中进行命名实体抽取和分析的软件包（https：//www.netowl.com/）；短语连接（PHRASE Link），表示把属于同一个短语（Phrase）的各个节点（单词）连接起来；名字和指代连接（NAME and COREF Link），表示命名实体多次出现的指代关系（Co-Referential）。

这个图建立好以后，通过 TF-IDF 得分（节点权重），初始化突出的（得分高的）单词和短语，作为入口节点（Entry Node）（也称为主题节点（Topic Node））。然后使用扩散激活技术查找语义相关文本，对语义相关文本的查找从这些节点开始，再传播（Propagated）到其他节点。根据遍历的连接关系以及遍历距离进行衰减，给相邻节点赋予权重，即在句子里面的遍历比在句子之间更为容易，而在句子之间移动比在段落之间移动更为容易等。

对于两个文档生成的图来讲，公共节点（Common Node）指的是具有相同的词根（Stem）的节点或者是同义词（Synonym）节点，非公共节点称为相异节点（Different Node）。

对于两个文档的每个句子计算两个得分，分别是这个句子出现的公共节点的平均权重和这个句子出现的相异节点的平均权重，这两个得分在扩散激活以后计算。

最后，那些具有更高的公共节点得分和更高的相异节点得分的句子被突出强调（Highlighted）出来。用户可以指定两种类型的句子的最大数量，控制输出结果。

（4）基于质心的文档摘要方法（Centroid-Based Summarization）。雷德夫于 2004 年提出了该方法，该方法是领域无关的（Domain Independent），适用于所有领域。

首先，所有的文档以词袋模型进行表示。算法的第一阶段是主题检测（Topic Detection），目的是把描述同一事件的新闻文章组织在一起。该系统在文档的 TF-IDF 向量表示基础上，使用凝聚层次聚类算法实现主题检测。一个文档类簇一般包含 2~10 篇新闻文章，按照时间顺序排序，描述一个事件的发展历程。

第二阶段使用每个类簇的质心来标定类簇里关键（与整个类簇的主题紧密关联的）的句子。对于每个句子，计算三个特征值，分别是句子的质心值（Centroid Value，C_s）、位置值（Position Value，P_s）、与第一个语句的重叠值（The First Sentence Overlap，F_s）。C_s 是句子里每个单词的质心值的总和。P_s 的引入使得一个段落里领先的句子更加重要。F_s 定义为这个语句的向量（Word Occurrence）和第一个句子的向量的内积。每个句子的得分是上述得分的组合，减去一个冗余惩罚因子（Redundancy Penalty，R_s），描述其与排名较高的句子的重叠度。

表 7-13 展示了某个类簇的质心。Count 列是每个单词在整个类簇的各个文档中出现的平均次数。IDF 是从整个文档集中进行计算的词项逆文档频率。所谓的质心，在这里是一个伪文档（Pseudo-Document），由 Count×IDF 得分超过一定阈值的单词（在构

成该类簇的文档中）组成。在此基础上，某个句子的质心值根据该句子的各个单词在这张表中的 Count×IDF 列的取值进行累加得到。

表 7-13　某个文档类簇的质心实例（Sample Centroid）

Word	Count	IDF	Count×IDF
belgium	15.50	4.96	76.86
gia	7.50	8.39	62.90
algerian	6.00	6.36	38.15
hayat	3.00	8.90	26.69
algeria	4.50	5.63	25.32
melouk	2.00	10.00	19.99
arabic	3.00	5.99	17.97

7.2.8　主题抽取

文档的主题指文档所描述的事物、概念等。比如，有一篇文档是关于美国大选的，另外一篇文档是关于欧洲冠军杯的，我们可以把这两篇文档归入政治和体育两个主题中。

对文档进行主题建模，一般来讲，可以把一个主题看作一个桶。这个桶里面装载了出现概率比较高的单词，这些单词和该主题具有很强的相关性。

对于主题和文档之间的关系，可以通过生成模型（Generative Model）来进行建模。所谓生成模型，就是文章中出现某个单词是通过某个过程得到的：第一步，以一定概率选择某个主题；第二步，从这个主题出发，以一定概率选择某个词语。

按照这个模型，当我们要生成一篇文档，文档里每个单词出现的概率为：

$$P(\text{单词} \mid \text{文档}) = \sum_{\text{主题}1}^{\text{主题}k} P(\text{单词} \mid \text{主题}) \times P(\text{主题} \mid \text{文档})$$

用矩阵来表达，其形式为：

其中，文档-词语矩阵表示每个文档中每个单词出现的概率。主题-词语矩阵，表示每个主题中每个单词出现的概率。文档-主题矩阵，表示每个文档中每个主题出现的概率。给定一个文档集，通过计算各个文档中每个单词的词频，就可以得到文档-词语矩阵。主题模型就是通过左边这个矩阵进行训练，学习出右边两个矩阵。

对主题进行建模（Topic Modeling）的主要技术有基于概率的潜在语义分析模型（Probabilistic Latent Semantic Analysis，PLSA）和隐含狄利克雷分布模型（Latent Dirichlet Allocation，LDA）等，下面分别予以简单介绍。

1. PLSA 模型

霍夫曼（Hofmann）在 1999 年的信息检索国际会议 SIGIR 上，提出了基于概率统计的 PLSA 模型，并且用 EM 算法学习模型参数。

在实际应用中，一篇文章往往有多个主题，只是各个主题在文档中出现的概率大小不一样。比如，介绍某一个国家的某篇文档中，往往会分别从政治、经济、文化等多个角度（主题）进行介绍。霍夫曼认为一篇文档可以由多个主题混合而成，而每个主题都是词汇上的概率分布，文章中的每个词都是由一个固定的主题生成的。图 7 - 18 是英语中几个主题在词汇表上的概率分布。

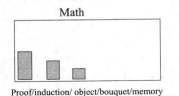
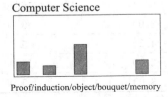
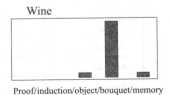

图 7 - 18　各个主题在词汇表上的概率分布
（柱状表示每个单词在各个主题中出现的概率）

PLSA 是从概率分布的角度建模的一种方法。它假设在词和文档之间有一层语义隐藏层，即主题，主题符合多项式分布。一个主题中的词项也符合多项式分布。由这两层分布的模型生成各种文档。在主题模型中，每篇文档 d 都以概率 $P(z \mid d)$ 属于某个主题。在给定主题以后，每个词以一定的概率 $P(w \mid z)$ 生成。PLSA 的概率图表示如图 7 - 19 所示。

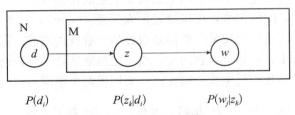

图 7 - 19　PLSA 模型的概率图

可以看到，在这个主题模型中，文档不和词项直接关联。文档是有主题的，通过主题和词项关联。但是主题是不可观测的变量，它是一个隐藏变量，文档和词项都可以看成该隐藏变量的分布。

假设 d 代表文档，z 代表隐含主题，w 为观察到的单词（$D/Z/W$ 表示集合，$d/z/w$ 表示个体）。$P(w_j \mid d_i)$ 表示词 w_j 在文档 d_i 中出现的概率，$P(z_k \mid d_i)$ 表示某个主题 z_k 在给定文档 d_i 下出现的概率，$P(w_j \mid z_k)$ 表示某个词 w_j 在给定主题 z_k 下出现的概率。也就是，$P(w_j \mid d_i)$ 含有隐藏变量。

生成模型具体如下：

（a）按照概率 $P(d_i)$ 选择一篇文档 d_i；
（b）按照概率 $P(z_k \mid d_i)$ 选择一个隐含的主题类别 z_k；
（c）按照概率 $P(w_j \mid z_k)$ 生成一个词 w_j。

这样就可以得到文档中每个词的生成概率。换句话说，重复扔"文档-主题"色子和"主题-词项"色子，重复 M 次（产生 M 个词），生成一篇文档。

对于上述产生一篇文档的方法，重复 N 次，则生成 N 篇文档。

利用已有文档，推断其隐藏的主题（分布）的过程，其实就是产生文档的逆过程。即主题建模的目的就是自动发现文档集中的主题分布。换句话说，$P(z_k \mid d_i)$ 分布和 $P(w_j \mid z_k)$ 分布对应了两组多项式（Multinomial）分布，我们需要估计这两组分布的参数。文档 d 和单词 w 是可被观察到的，但主题 z 却是隐藏的。

EM 算法的目标是文档和词项的联合概率的似然函数最大化。我们可以利用 EM 算法得到 $P(z_k \mid d_i)$、$P(w_j \mid z_k)$。[①]

$$L = \sum_{i=1}^{N} \sum_{j=1}^{M} n(d_i, w_j) \log P(d_i, w_j)$$

式中，Estimation 步骤估计概率 $P(z_k \mid d_i, w_j)$，具体为：

$$P(z_k \mid d_i, w_j) = \frac{P(z_k \mid d_i)P(w_j \mid z_k)}{\sum_{k=1}^{K} P(z_k \mid d_i)P(w_j \mid z_k)} = \frac{\theta_{ik}\phi_{kj}}{\sum_{k=1}^{K}\theta_{ik}\phi_{kj}}$$

在这个步骤中，假设所有的 $P(z_k \mid d_i)$ 和 $P(w_j \mid z_k)$ 都是已知的。刚开始时可以随机地对其赋值；后面的迭代过程中，每轮都能够从 Maximization 步骤得到这些参数值。

Maximization 步骤更新参数 θ_{ik} 和 ϕ_{kj}，具体为：

$$\theta_{ik} = P(z_k \mid d_i) = \frac{\sum_{j=1}^{M} n(d_i, w_j)P(z_k \mid d_i, w_j)}{n(d_i)}$$

式中，$n(d_i, w_j)$ 为词项 w_j 在文档 d_i 中的词频；$n(d_i)$ 为文档 d_i 中词项的总数，显然有

$$n(d_i) = \sum_{j=1}^{M} n(d_i, w_j)$$

该公式表示，在给定 d_i 的情况下，z_k 的条件概率是多少，即文档 d_i 在各个 z_k 上的分配比例是多少。可以查看 d_i 的词项总数，看看里面有多大比例是和 z_k 相关的。换句话说，这个公式的分子表示 d_i 和 z_k 都指定的情况下，所有的数量分配里面（只能）通过对词项 w_j 进行汇总找出和 z_k 相关的比例。

每个数量分配项的形式为 $n(d_i, w_j)P(z_k \mid d_i, w_j)$，表示 d_i 和 w_j 关联的数量里，给 z_k 分配的部分是多少。

$$\phi_{kj} = P(w_j \mid z_k) = \frac{\sum_{i=1}^{N} n(d_i, w_j)P(z_k \mid d_i, w_j)}{\sum_{m=1}^{M} \sum_{i=1}^{N} n(d_i, w_m)P(z_k \mid d_i, w_m)}$$

该公式表示，在给定 z_k 的情况下 w_j 的条件概率是多少，即主题 z_k 在各个 w_j 上的分配比例是多少。分子表示 z_k 和 w_j 都指定了，于是所有的数量分配里面所有的数量分配项只能通过对文档 d_i 进行汇总。分母里面只有 z_k 指定了，那么所有的数量分配项可以通过 d_i 和 w_m 进行汇总。

---

① PLSA 的 EM 算法的推导过程，请参见本书的附加在线资源网址。

　　下面给出一个假想的例子。假设总共有 3 个文档、2 个主题，词汇表有 3 个词。基于如下设计（见图 7-20），我们考察 $P(z_1 \mid d_3, w_2)$、θ_{12}、ϕ_{23} 等是如何计算的。[①]

$P(z_k \mid d_i, w_j)$	
z_1	$P(z_1 \mid d_1, w_1) P(z_1 \mid d_1, w_2) P(z_1 \mid d_1, w_3)$ $P(z_1 \mid d_2, w_1) P(z_1 \mid d_2, w_2) P(z_1 \mid d_2, w_3)$ $P(z_1 \mid d_3, w_1) P(z_1 \mid d_3, w_2) P(z_1 \mid d_3, w_3)$
z_2	$P(z_2 \mid d_1, w_1) P(z_2 \mid d_1, w_2) P(z_2 \mid d_1, w_3)$ $P(z_2 \mid d_2, w_1) P(z_2 \mid d_2, w_2) P(z_2 \mid d_2, w_3)$ $P(z_2 \mid d_3, w_1) P(z_2 \mid d_3, w_2) P(z_2 \mid d_3, w_3)$

θ_{ik}		K	
		z_1	z_2
$d_1 : n(d_1) // n(d_1, w_1) n(d_1, w_2) n(d_1, w_3)$		θ_{11}	θ_{12}
$d_2 : n(d_2) // n(d_2, w_1) n(d_2, w_2) n(d_2, w_3)$		θ_{21}	θ_{22}
$d_3 : n(d_3) // n(d_3, w_1) n(d_3, w_2) n(d_3, w_3)$		θ_{31}	θ_{32}

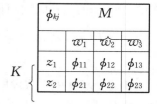

ϕ_{kj}	M		
	w_1	w_2	w_3
z_1	ϕ_{11}	ϕ_{12}	ϕ_{13}
z_2	ϕ_{21}	ϕ_{22}	ϕ_{23}

图 7-20　一个假想的例子

$$P(z_1 \mid d_3, w_2) = \frac{\theta_{31} \phi_{12}}{\theta_{31} \phi_{12} + \theta_{32} \phi_{22}}$$，其他 $P(z_k \mid d_i, w_j)$ 同理计算。

$$\theta_{12} = \frac{n(d_1, w_1) P(z_2 \mid d_1, w_1) + n(d_1, w_2) P(z_2 \mid d_1, w_2) + n(d_1, w_3) P(z_2 \mid d_1, w_3)}{n(d_1)}$$，

其他 θ_{ik} 同理计算。

$$\phi_{23} = \frac{n(d_1, w_3) P(z_2 \mid d_1, w_3) + n(d_2, w_3) P(z_2 \mid d_2, w_3) + n(d_3, w_3) P(z_2 \mid d_3, w_3)}{W_1 + W_2 + W_3}$$，

其他 ϕ_{kj} 同理计算。

其中：

$$W_1 = n(d_1, w_1) P(z_2 \mid d_1, w_1) + n(d_2, w_1) P(z_2 \mid d_2, w_1) \\ + n(d_3, w_1) P(z_2 \mid d_3, w_1)$$

$$W_2 = n(d_1, w_2) P(z_2 \mid d_1, w_2) + n(d_2, w_2) P(z_2 \mid d_2, w_2) \\ + n(d_3, w_2) P(z_2 \mid d_3, w_2)$$

$$W_3 = n(d_1, w_3) P(z_2 \mid d_1, w_3) + n(d_2, w_3) P(z_2 \mid d_2, w_3) \\ + n(d_3, w_3) P(z_2 \mid d_3, w_3)$$

2. LDA 模型

（1）LDA 模型原理。

　　LDA 模型由戴维·布雷（David Blei）、吴恩达、迈克尔·乔丹（Michael Jordan）等人于 2003 年提出。LDA 是一种非监督机器学习技术，可以用来识别大规模文档集（Document Collection）或语料库（Corpus）中潜藏的主题信息。

　　LDA 是一种文档主题生成模型（Generative Model）。文档的生成过程，可以形象

---

① 本书的在线资源给出了 PLSA 的 Excel 实现实例，读者可以下载和运行这个例子。

地描述如下：首先，生成器有两个装满色子的坛子，第一个坛子装的是 Doc-Topic 色子，第二个坛子装的是 Topic-Word 色子。生成器随机从第二个坛子中独立地抽取 K 个 Topic-Word 色子，编号为 1~K。每次生成一篇新的文档时，生成器从第一个坛子随机抽取一个 Doc-Topic 色子。然后，重复如下过程生成文档中的词：投掷这个 Doc-Topic 色子，得到一个 Topic 编号 z；选择 K 个 Topic-Word 色子中编号为 z 的那个色子，投掷该色子，得到一个词。

具体来讲，LDA 模型是一个三层贝叶斯概率模型，包含单词、主题和文档三层结构，如图 7 - 21 所示。

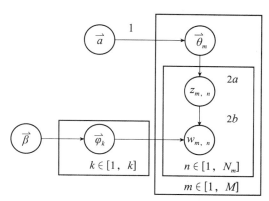

图 7 - 21　LDA 模型

在 LDA 模型中，定义了如下生成过程：

1）对于语料库中的每篇文档，首先选定一个主题向量 θ_m。整个 θ 是一个 $M \times K$ 的矩阵，即 M 个 Doc，每个 Doc 对应一个 K 维 Topic 分布向量。

2）重复如下过程，直到遍历文档中的每一个单词：

● 从主题分布向量 θ_m 中选择一个主题 z。

● 按主题 z 的单词概率分布生成一个单词。

模型中的 α 参数为 K 维向量，$P(\theta|\alpha)$ 表示选择某个文档概率分布的概率。模型中的 β 参数表示各个主题对应的单词概率分布矩阵。

换个角度，上述过程可以分解为两个主要的物理过程：

1）$\vec{\alpha} \rightarrow \vec{\theta}_m \rightarrow z_{m,n}$，这个过程表示在生成第 m 篇文档的时候，先从第一个坛子中抽出一个 Doc-Topic 色子 $\vec{\theta}_m$，然后投掷这个色子生成文档中第 n 个词的 Topic 编号 $z_{m,n}$。

2）$\vec{\beta} \rightarrow \vec{\varphi}_k \rightarrow w_{m,n}|k=z_{m,n}$，这个过程表示生成语料中第 m 篇文档的第 n 个词，过程是从 K 个 Topic-Word 色子 $\vec{\varphi}_k$ 中挑选编号为 $k=z_{m,n}$ 的那个色子进行投掷，然后生成 Word $w_{m,n}$。

$$P(\theta_m|\alpha)\prod_{n=1}^{N_m} p(w_{m,n}|z_{m,n},\varphi_k)P(z_{m,n}|\theta_m)P(\varphi_k|\beta)$$

LDA 的学习过程，是利用给定的语料库，训练出两个控制参数 α 和 β。具体来说，是把 w 当作观察变量，θ 和 φ 当作隐藏变量，通过 EM 算法学习出 α 和 β。具体推导过程请参考相关论文。[①]

（2）从文档集学习到的 LDA 模型实例。[②]

有如下几个小的文档：

Doc_0：I like to eat broccoli and bananas.

Doc_1：I ate a banana and spinach smoothie for breakfast.

Doc_2：Chinchillas and kittens are cute.

Doc_3：My sister adopted a kitten yesterday.

Doc_4：Look at this cute hamster munching on a piece of broccoli.

LDA 算法可以发现这些文档中的主题。如果限定主题数量为 2 个，那么 LDA 算法可能产生如下结果。

1）各个文档的主题分布是：

Doc_0，Doc_1：100% Topic A。

Doc_2，Doc_3：100% Topic B。

Doc_4：60% Topic A，40% Topic B。

2）各个主题的不同单词的概率分布是：

Topic A：30% broccoli，15% bananas，10% breakfast，10% munching，…

Topic B：20% chinchillas，20% kittens，20% cute，15% hamster，…

可以把主题 A 解释为"食物"（foot）主题，主题 B 解释为"可爱的动物"（cute animals）主题。

戴维·布雷等提出的 LDA 生成模型核心原理很简单，但是它的建模能力是非常强的。它产生的文档主题和我们感受到的文档主题是如此相似。

（3）LDA 模型的进一步分析。

在 LDA 模型中，每个文档混合了不同的主题，或者说文档可以表示为主题的混合体。每个主题按照一定概率生成一些单词。

每一个文档包含不同的主题。某一个具体文档下，一系列主题出现的概率如图 7 - 22 所示。每一个主题下，包含一系列的词项。比如，某一个主题下，一系列词项出现的概率如图 7 - 23 所示。

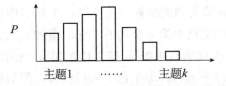 

图 7 - 22　某一个文档下不同主题出现的概率　　图 7 - 23　某一个主题下不同词项出现的概率

通过这两个概率的乘积，可以得到某篇文档出现某个词项的概率。

文档按照如下过程来生成，当开始写作每个文档的时候，首先确定文档有几个单词，比如单词数量为 N（根据 Poisson 分布）。

① https：//ai. stanford. edu/~ang/papers/nips01-lda. pdf.

② https：//blog. echen. me/2011/08/22/introduction-to-latent-dirichlet-allocation/.

为这个文档选择一个主题的混合比例（根据 K 个固定主题上的 Dirichlet 分布）。比如，我们有了上述的 LDA 模型后，该模型包含两个主题"food"和"cute animals"，可以把"food"主题的比例设定为 52%，"cute animals"的比例设定为 48%。

接下来，为这个文档生成每个单词 w_i，$i=1$，2，$\cdots$，N。首先，按照多项式分布选择一个主题。按照上述主题分布来讲，以 52% 的概率选择"food"主题，以 48% 的概率选择"cute animals"主题。然后使用选定的主题，根据这个主题的多项式分布生成 w_i。比如，如果选择的主题是"food"，则以 30% 的概率生成 broccoli，以 15% 的概率生成 bananas，等等。

（4）学习的本质。

用 w 代表单词，d 代表文档，t 代表主题（大写的 W、D、T 表示对象集合，小写的 w、d、t 表示个体）。

把文档集 D 中每篇文档 d 看作一个单词序列，即 $<w_1，w_2，\cdots，w_n>$，w_i 表示第 i 个单词。文档集 D 中的所有不同单词构成一个词汇表 V。

LDA 以文档集 D 作为输入，首先进行分词、去掉停用词（Stop Word）、提取词干等处理，然后训练出如下两个结果向量。也就是，对 LDA 模型进行训练，目的是找出这两个分布（假设文档集 D 中的所有单词构成的词典包含 $|V|$ 个词，聚类成 K 个主题）。

1）向量 1：对于 D 中的每个文档 d，对应不同主题的概率分布 $\theta_d = <p_{t_1}，\cdots，p_{t_k}>$，其中 p_{t_i} 表示 d 中对应 T 中第 i 个主题的概率。

2）向量 2：对每个 T 中的主题 t，对应不同单词的概率向量 $\varphi_t = <p_{w_1}，\cdots，p_{w_N}>$，其中 p_{w_i} 表示主题 t 中对应 V 中第 i 个单词的概率。

LDA 模型有 $P(w \mid d) = P(w \mid t)P(t \mid d)$，通过两个向量 θ_d 和 φ_t 分别给出 $P(t \mid d)$ 和 $P(w \mid t)$。我们的任务是从现有的文档集中训练出 θ_d 和 φ_t。

（5）学习过程。

现在假设有一个文档集 D，现在准备从文档集发现潜藏的 K 个主题，使用 LDA 算法来学习每个文档的主题分布和每个主题的单词分布。其中的一个方法称为 Gibbs 采样（Gibbs Sampling）。下面通过一个实例[①]，讲解 Gibbs 采样的基本过程。

Gibbs 采样技术背后的原理，请参考相关文献[②]。

1）获取文集。假设现在有 5 篇文档，文档编号为 0~4，具体如下（粗体为有效词项，其他为停用词）：

Doc_0：I **like** to **eat broccoli** and **bananas**.

Doc_1：I **ate** a **banana** and **spinach smoothie** for **breakfast**.（ate 词项还原为 eat。）

Doc_2：**Chinchillas** and **kittens** are **cute**.

Doc_3：My **sister adopted** a **kitten yesterday**.

---

① https：//github.com/laserwave/lda_gibbs_sampling；https：//github.com/omarch7/LDA-with-Gibbs-Sampling.

② http：//times.cs.uiuc.edu/course/510f17/notes/lda-survey.pdf.

Doc$_4$：**Look** at this **cute hamster munching** on a piece of **broccoli**.

2）分词处理。首先对文档集进行分词处理，去掉停用词，并进行词项归并，得到 16 个词项，建立字典表。注意，词项编号为 0～15。文档和词项的对照表如表 7 - 14 所示。

表 7 - 14　文档和词项的对照表

词项	like	eat	broccoli	banana	spinach	smoothie	breakfast	chinchilla	kitten	cute	sister	adopt	yesterday	look	hamster	munch
文档	0	1	2	3	4	5	6	7	8	9	10	11	12	13	14	15
Doc$_0$	1	1	1	1												
Doc$_1$		1		1	1	1	1									
Doc$_2$								1	1	1						
Doc$_3$									1		1	1	1			
Doc$_4$			1							1				1	1	1

3）建立文档到每个词项的对应矩阵 X。由于文档的最大长度是 5 个词项，文档到每个词项的对应矩阵 X 的大小为 5×5。X 的每一行表示一个文档，每个单元填写这个文档的第几个单词是什么词项编号，具体编号请参考上一步。注意，"［空］"表示没有这个词项。X 矩阵行下标为 0～4；列下标为 0～4。

注意，文档的多个位置出现同一词项，那么它们占用不同单元格，单元格写上这个词项的词项编号，如表 7 - 15 所示。

表 7 - 15　词项的对应矩阵

X 矩阵	L_0	L_1	L_2	L_3	L_4
D_0	0	1	2	3	［空］
D_1	1	3	4	5	6
D_2	7	8	9	［空］	［空］
D_3	10	11	8	12	［空］
D_4	13	9	14	15	2

4）选定先验分布参数 α 和 β，初始化计数矩阵。

可以设定 $\alpha = 1$ 和 $\beta = 1$。构造 ndz 计数矩阵（如表 7 - 16 所示），行方向是每个文档，列方向是每个主题，主题有两个即 K_0 和 K_1。每个单元设定为 0。

表 7 - 16　构造 ndz 计数矩阵

ndz	K_0	K_1
D_0	0	0
D_1	0	0
D_2	0	0
D_3	0	0
D_4	0	0

构造 nzw 矩阵（如表 7 - 17 所示），行方向是每个主题，主题有 2 个即 K_0 和 K_1，列方向是每个词项，词项有 16 个，即 $W_0 \sim W_{15}$。每个单元设定为 0。

表 7-17　构造 nzw 矩阵

nzw	W_0	W_1	W_2	W_3	W_4	W_5	W_6	W_7	W_8	W_9	W_10	W_11	W_12	W_13	W_14	W_15
K_0	0	0	0	0	0	0	0	0	0	0	0	0	0	0	0	0
K_1	0	0	0	0	0	0	0	0	0	0	0	0	0	0	0	0

构造 nz 矩阵，有两行对应主题 K_0 和 K_1。它保存的是分别有几个单词，分配给主题 K_0 和主题 K_1，即 nzw 的两行的各个累加值。

表 7-18　构造 nz 矩阵

nz	
K_0	0
K_1	0

构造 nd 矩阵，有 5 行对应 $D_0 \sim D_4$。它保存的是分别有几个单词分配给文档 $D_0 \sim D_4$，即 ndz 的五行的各个累加值。

表 7-19　构造 nd 矩阵

nd	
D_0	0
D_1	0
D_2	0
D_3	0
D_4	0

5）对每个文档的每个单词进行主题分配。

a. Gibbs Sampling 的主题计算。Gibbs Sampling 的详细介绍请参考相关文献。[①]

对于 X 矩阵的 $<m，n>$ 元素，对其进行主题分配的时候，遵循如下公式：

$$P(z_{m,n}=k \mid Z_{\rightarrow m,n},W,\alpha,\beta) \propto \frac{\sigma_{m,k}^{\rightarrow m,n}+\alpha_k}{\sum_{i=1}^{K}(\sigma_{m,i}^{\rightarrow m,n}+\alpha_i)} * \frac{\delta_{k,w_{m,n}}^{\rightarrow m,n}+\beta_{w_{m,n}}}{\sum_{r=1}^{V}(\delta_{k,r}^{\rightarrow m,n}+\beta_r)} \tag{7-1}$$

这个公式的意义还是很好把握的，公式的右边其实就是 $P(\text{topic}_k \mid \text{doc}_m)P(\text{word}_{w,n} \mid \text{topic}_k)$，这个概率是 doc→topic→word 的路径概率。由于有 K 个 Topic，所以 Gibbs Sampling 公式的物理意义是在 K 个路径上进行重新采样。

假设 $w_{m,n}=W_?$，现在有两个主题。

针对 K_0，有

$$\frac{\sigma_{m,0}+\alpha}{\sigma_{m,0}+\sigma_{m,1}+2\times\alpha} \times \frac{\delta_{0,w_?}+\beta}{\delta_{0,w0}+\cdots+\delta_{0,w15}+16\times\beta}$$

针对 K_1，有

$$\frac{\sigma_{m,1}+\alpha}{\sigma_{m,0}+\sigma_{m,1}+2\times\alpha} \times \frac{\delta_{1,w_?}+\beta}{\delta_{1,w0}+\cdots+\delta_{1,w_{15}}+16\times\beta}$$

式中，K 为主题数；V 为词项数；$\sigma_{m,i}$ 为第 m 个文档上主题 i 的词项的个数，对应上文

[①]　http：//times. cs. uiuc. edu/course/510f17/notes/lda-survey. pdf.

中的 ndz 矩阵的相应元素；$\delta_{k,r}$ 为第 k 个主题上的词项 r 的个数，对应上文中的 nzw 矩阵的相应元素。

$$\sigma_{d,k}^{\neg m,n} = \begin{cases} \sigma_{d,k} - 1, & \text{if } d = m \text{ and } k = Z_{m,n} \\ \sigma_{d,k}, & otherwise \end{cases} \tag{7-2}$$

$$\delta_{k,r}^{\neg m,n} = \begin{cases} \delta_{k,r} - 1, & \text{if } k = Z_{m,n} \text{ and } r = W_{m,n} \\ \delta_{k,r}, & otherwise \end{cases} \tag{7-3}$$

注意，根据式（7-2）和式（7-3）进行重新采样的时候，事先把某个文档某个 word 和 K_0/K_1 相关的 4 个计数减 1 即可（下文介绍）。

$Z_{m,n}$ 即 Z 矩阵的$<m，n>$位置的元素，即某文档某单词的当前主题。

$W_{m,n}$ 即 X 矩阵的$<m，n>$位置的元素，即某文档的某个位置的单词，是什么单词编号。

b. 构造主题分配矩阵 Z。Z 矩阵和 X 矩阵大小相等，Z 上相应位置的取值为 K_0 或者 K_1，表示 X 矩阵里，对应文档的对应单词，目前分配主题 K_0 或者 K_1（如表 7-20 所示）。

表 7-20　构造主题分配矩阵

	L_0	L_1	L_2	L_3	L_4
D_0	K_0 或者 K_1	⋯			［空］
D_1	⋯				
D_2				［空］	［空］
D_3					［空］
D_4					

c. 进行随机主题分配。针对 X 矩阵的每个有效位置，即位置$<0，0>$～$<4，4>$，如果里面的取值不为空，说明是一个有效单词。注意，"［空］"表示没有单词。

注意，ndz、nzw、nz、nd 几个矩阵的元素全部初始化为 0。

● 生成 $1，\cdots，K-1$ 的随机数，赋给 Z_{init}。

对于 X 矩阵，从$<D=0，L=0>$到$<D=4，L=4>$单元，假设词项是 W_{dl}。

● 那么对 Z 矩阵的相应位置，赋予 $Z[D, L] = Z_{\text{init}}$，修改相关计数如下：

修改 ndz 矩阵，$ndz[D, Z=Z_{\text{init}}] += 1$；

修改 nzw 矩阵，$nzw[Z=Z_{\text{init}}, W=W_{dl}] += 1$；

修改 nz 矩阵，$nz[Z=Z_{\text{init}}] += 1$；

修改 nd 矩阵，$nd[D] += 1$。

从$<0，0>$到$<4，4>$单元，把 X 矩阵处理一遍，Z 矩阵就是一个随机分配的（每个文档每个单词的）初始主题分布。

6）对每个文档的每个单词进行主题分配的重新采样（Gibbs Sampling）。重新采样的具体做法如下：

a. 比如，X 矩阵的$<0，0>$单元格，词项为 W_0。

现在，$D=0，L=0，W=0$；

取得原有的主题 $Z_{\text{old}} = Z[D=0, L=0]$，假设为 K_0，那么 $Z_{\text{old}} = K_0 = 0$。

● 将当前文档当前单词原 Topic 相关计数减去 1。

根据式（7-1），把该抑制的项目抑制掉。即把该文档该单词的相关计数减 1：

修改 ndz 矩阵，$ndz\,[D=0,\ Z_{\text{old}}=0]\ -=1$；

修改 nzw 矩阵，$nzw\,[Z_{\text{old}}=0,\ W=0]\ -=1$；

修改 nz 矩阵，$nz\,[Z_{\text{old}}=0]\ -=1$；

修改 nd 矩阵，$nd\,[D=0]\ -=1$。

● 重新计算当前文档当前单词属于每个 Topic 的概率。

针对 k_0，有（注意 $W_{dl}=W_?=W_0$）

$$\frac{\sigma_{m,0}+\alpha}{\sigma_{m,0}+\sigma_{m,1}+2\times\alpha}\times\frac{\delta_{0,w_?}+\beta}{\delta_{0,w_0}+\cdots+\delta_{0,w_{15}}+16\times\beta}$$

也就是

$$P_0=\frac{ndz(D=0,K=0)+\alpha}{nd(D=0)+2\times\alpha}\times\frac{nzw(K=0,W=0)+\beta}{nz(K=0)+16\times\beta}$$

针对 k_1，有（注意 $W_{dl}=W?=W_0$）

$$\frac{\sigma_{m,1}+\alpha}{\sigma_{m,0}+\sigma_{m,1}+2\times\alpha}\times\frac{\delta_{1,w_?}+\beta}{\delta_{1,w_0}+\cdots+\delta_{1,w_{15}}+16\times\beta}$$

也就是

$$P_1=\frac{ndz(D=0,K=1)+\alpha}{nd(D=0)+2\times\alpha}\times\frac{nzw(K=1,W=0)+\beta}{nz(K=1)+16\times\beta}$$

对多项式分布 $<P_0,P_1>$ 进行采样，得到 $[0,1]$ 或者 $[1,0]$。那么这两个序列中取值最大的元素，下标为 1 或者下标为 0。

比如，$[1,0]$ 序列中取值最大的元素为 1，下标为 0，主题赋值为 $Z_{\text{new}}=K_0=0$。$[0,1]$ 序列中取值最大的元素为 1，下标为 1，主题赋值为 $Z_{\text{new}}=K_1=1$。

假设现在 $Z_{\text{new}}=K_1=1$。

● 修改主题分配以及相关计数。

令 $Z\,[D=0,L=0]=Z_{\text{new}}=1$。

将当前文档当前单词新采样的 Topic 的相关计数加上 1：

$ndz\,[D=0,\ Z_{\text{new}}=1]\ +=1$；

$nzw\,[Z_{\text{new}}=1,\ W=0]\ +=1$；

$nz\,[Z_{\text{new}}=1]\ +=1$；

$nd\,[D=0]\ +=1$。

b. 又比如，针对 X 矩阵的 $<2,1>$ 单元格，词项为 W_8。

现在，$D=2$，$L=1$，$W=8$；

取得原有的主题 $Z_{\text{old}}=Z\,[D=2,L=1]$，假设为 K_0，那么 $Z_{\text{old}}=K_0=0$。

● 将当前文档当前单词原 Topic 相关计数减去 1。根据式（7-1），把该抑制的项目抑制掉，即把该文档该单词的相关计数减 1。

修改 ndz 矩阵，$ndz\,[D=2,\ Z_{\text{old}}=0]\ -=1$；

修改 nzw 矩阵，$nzw\,[Z_{\text{old}}=0,\ W=8]\ -=1$；

修改 nz 矩阵，$nz\,[Z_{\text{old}}=0]\ -=1$；

修改 nd 矩阵，$nd\,[D=2]\ -=1$。

● 重新计算当前文档当前单词属于每个 Topic 的概率。

针对 k_0，有（注意 $W_{dl}=W_?=W_8$）

$$\frac{\sigma_{m,0}+\alpha}{\sigma_{m,0}+\sigma_{m,1}+2\times\alpha}\times\frac{\delta_{0,w?}+\beta}{\delta_{0,w0}+\cdots+\delta_{0,w_{15}}+16\times\beta}$$

也就是

$$P_0=\frac{ndz(D=2,K=0)+\alpha}{nd(D=2)+2\times\alpha}\times\frac{nzw(K=0,W=8)+\beta}{nz(K=0)+16\times\beta}$$

针对 k_1，有（注意 $W_{dl}=W_?=W_8$）

$$\frac{\sigma_{m,1}+\alpha}{\sigma_{m,0}+\sigma_{m,1}+2\times\alpha}\times\frac{\delta_{1,w?}+\beta}{\delta_{1,w0}+\cdots+\delta_{1,w_{15}}+16\times\beta}$$

也就是

$$P_1=\frac{ndz(D=2,K=1)+\alpha}{nd(D=2)+2\times\alpha}\times\frac{nzw(K=1,W=8)+\beta}{nz(K=1)+16\times\beta}$$

对多项式分布 $<P_0,P_1>$ 进行采样，得到 $[0，1]$ 或者 $[1，0]$。那么这两个序列中取值最大的元素，下标为 1 或者下标为 0。

比如，$[1，0]$ 序列中取值最大的元素为 1，下标为 0，主题赋值为 $Z_{new}=K_0=0$。$[0，1]$ 序列中取值最大的元素为 1，下标为 1，主题赋值为 $Z_{new}=K_1=1$。

假设现在 $Z_{new}=K_1=1$。

● 修改主题分配，以及相关计数。

令 $Z\,[D=2,L=1]=Z_{new}=1$。

将当前文档当前单词新采样的 Topic 的相关计数加上 1，

$ndz\,[D=2,Z_{new}=1]\ +=1$；

$nzw\,[Z_{new}=1,W=8]\ +=1$；

$nz\,[Z_{new}=1]\ +=1$；

$nd\,[D=2]\ +=1$。

从 $<0，0>$ 到 $<4，4>$ 单元，把 X 矩阵处理一遍，完成上述重新采样过程。Z 矩阵就是调整以后的主题分配。

c. 迭代上述重新采样过程，直到收敛。

d. 最后计算文档的主题分布和主题的单词分布。文档的主题分布 $\theta_{mk}=\dfrac{\sigma_{m,k}+\alpha_k}{\sum\limits_{i=1}^{K}(\sigma_{m,i}+\alpha_i)}$，主题的单词分布 $\varphi_{kw}=\dfrac{\delta_{k,w}+\beta_w}{\sum\limits_{r=1}^{V}(\delta_{k,r}+\beta_r)}$。

7）Gibbs Sampling 迭代结果的评价。[①] 可以使用 Perplexity（混淆度或者困惑度）指标来计算似然度（Likelihood）以评价 LDA 算法。Perplexity 的值越小越好，代表用训练的 LDA 模型对测试集的文档的所有单词进行表示有更低的错误表示（Misrepresentation）。

---

① http：//acsweb. ucsd. edu/～yuw176/report/lda. pdf.

Perplexity 的公式为：

$$P(W \mid M) = \exp - \frac{\sum_{m=1}^{M} \log P(\overrightarrow{w_m} \mid M)}{\sum_{m=1}^{M} N_m}$$

式中，M 表示训练好的 LDA 模型，$\overrightarrow{w_m}$ 表示测试集的第 m 号文档的词项向量，一共有 M 个文档。

$$\log P(\overrightarrow{w_m} \mid M) = \sum_{t=1}^{V} n^{(t)} \log \left(\sum_{k=1}^{K} \theta_{mk} \phi_{kt} \right)$$

这个公式表示针对第 m 号文档中的每个词项 t，计算其似然概率，然后累加。如果针对同一个单词的多次出现，计算多次，公式中的 $n^{(t)}$ 可以置为 1。

当没有测试集的时候，也可以针对训练集计算 Perplexity 指标，判断 LDA 模型的优劣。

8）上述文档集的迭代结果。[①]

5 个文档在两个主题 K_0 和 K_1 上的概率如表 7 - 21 所示。

表 7 - 21　概率

θ_{mk}	D_0	K_0	K_1
		0.167	0.833
	D_1	0.143	0.857
	D_2	0.8	0.2
	D_3	0.833	0.167
	D_4	0.857	0.143

K_0 和 K_1 排名靠前的几个词项列表如表 7 - 22 所示。

表 7 - 22　排名靠前的几个词项列表

ϕ_{kw}	K_0	'cute' 0.107	'kitten' 0.107	'munch' 0.071	'hamster' 0.071	'look' 0.071
	K_1	'banana' 0.12	'like' 0.12	'breakfast' 0.08	'smoothie' 0.08	'spinach' 0.08

K_0 是关于可爱的小动物的，K_1 是关于水果和食物的，还是比较合理的。

7.2.9　信息抽取

信息抽取是指从文本（网页、新闻、微博、博客、论文等）中提取指定类型的信息，包括实体、实体的属性、实体的关系、事件等，进行信息归并和融合，消解冲突，消除冗余，将非结构化文本转换为结构化信息。

抽取出来的信息一般以结构化的形式表示，方便计算机管理、分析和推理，为上层应用和任务提供支撑，包括智能搜索、智能问答、舆情分析、知识库（知识图谱）构建等。

---

① 本书的附加在线资源网址给出了本实例的 Python 代码，读者可以下载运行。

1. 命名实体识别

命名实体识别（Named Entity Recognition，NER）的目的是发现文档里的各种实体。这些实体包括人物、地理位置、组织机构、日期、时间、数字（比例、金额、重量等）、邮箱，以及各种特定领域的实体，比如药品、疾病、河流、山川等。命名实体识别是自然语言处理的一个基础性任务，是信息检索、机器翻译、问答系统等不可或缺的组成部分。知识图谱的构建，可以通过文本的命名实体识别以及实体关系的抽取来提供原料。

命名实体识别根据使用的技术分为三种类型，分别是基于正则表达式的命名实体识别、基于字典的命名实体识别以及基于机器学习模型的命名实体识别。基于正则表达式的命名实体识别，把预先定义的正则表达式和文本进行匹配，把符合正则表达式的文本模式都定位出来。基于正则表达式的命名实体识别一般用于日期、时间、金额、电子邮件等规则的文本。基于字典的命名实体识别，把文本和字典里的＜短语，类别＞对进行匹配，对匹配的短语进行实体标注，一般用于人名、地名的识别。基于机器学习模型的命名实体识别，则需要预先对一部分文档进行实体标注，即在文档里标注一系列的＜短语，类别＞，利用这些文档进行机器学习模型的训练，然后用这个模型对没有遇到过的文档进行命名实体标注和识别。这类方法基于人工标注的语料，将命名实体识别任务作为序列标注问题来解决，对高质量的语料库的依赖比较大。具体方法包括隐马尔可夫模型、最大熵模型、条件随机场等。下面介绍条件随机场。

（1）条件随机场定义。

条件随机场由拉弗蒂（Lafferty）于 2001 年提出，他在最大熵模型和隐马尔可夫模型的基础上，提出了一种新的概率无向图学习模型。该模型是用于标注和切分有序数据的条件概率模型，目前已经成功应用于自然语言处理、生物信息处理、机器视觉等领域。

首先，随机场是一组随机变量的集合，一般这些变量之间有依赖关系。马尔可夫随机场（Markov Random Field，MRF）是一类特殊的随机场，它对应一个无向图。在这个无向图上，每个节点对应一个随机变量；节点之间的边表示随机变量之间的概率依赖关系。马尔可夫随机场反映了人们的先验知识，即哪些变量之间有依赖关系。在马尔可夫随机场中，随机变量的概率分布只和它的邻居节点有关，而与其他节点无关，体现了马尔可夫性质。

如果给定的马尔可夫随机场中的每个随机变量对应一个观察值，我们需要确定在给定观察值集合下，马尔可夫随机场的分布。马尔可夫随机场的分布是一个条件分布，于是这个马尔可夫随机场称为条件随机场（Conditional Random Field，CRF），或者说CRF 本质上是给定了观察值（Observation）集合的 MRF。

条件随机场是一个在给定某一个随机序列的情况下，计算另外一个随机序列的概率分布的概率图模型。

CRF 在序列标注问题中有广泛的应用，包括（中文）分词、词性标注、命名实体识别等。在自然语言处理的序列标注任务中，CRF 是不可或缺的技术。为了实现更好的序列标注，人们把 CRF 和深度学习技术结合起来，比如 LSTM＋CRF、CNN＋CRF、BERT＋CRF 等。

使用条件随机场来进行序列标注，需要三个步骤：选择特征函数（也就是无向图上的各个节点对应的随机变量的分布函数）；利用标注好的训练数据估计条件随机场模型的参数，也就是各个特征函数的权重向量；利用已经学习的模型，对新数据进行标注。

（2）通过词性标注（Part-of-Speech Tagging）实例了解条件随机场。

我们通过词性标注任务了解 CRF。词性标注任务的目的，是对给定的一个句子，即一系列词项（也称单词）构成的序列，给予每个词项以名词（Noun）、动词（Verb）、形容词（Adjective）、副词（Adverb）、介词（Preposition）等的词性标注。

比如，给定一个句子"Bob drank coffee at Starbucks"，那么词性标注的结果是"Bob（Noun）drank（Verb）coffee（Noun）at（Preposition）Starbucks（Noun）"。

（3）建立条件随机场。

我们建立条件随机场模型完成上述任务。这里使用的是简单的线性链条件随机场（Linear Chain CRF），这是在序列标注中常用的 CRF 模型，它的表示如图 7 - 24 所示。

通用的 CRF 模型，可以具有任意的图结构。其详细信息，请读者参考相关资料。

假设 $X=\{x_1, x_2, \ldots, x_n\}$ 以及 $Y=\{y_1, y_2, \ldots, y_n\}$ 都是随机变量序列，在给定随机变量序列 X 的情况下，随机变量序列 Y 的条件概率 $P(Y \mid X)$ 构成条件随机场，有 $P(y_i \mid X, y_1, y_2, \cdots, y_n)=P(y_i \mid X, y_{i-1})$。在线性链 CRF 中，$Y$ 在 i 时刻的状态与其前一个时刻的状态 y_{i-1} 相关。

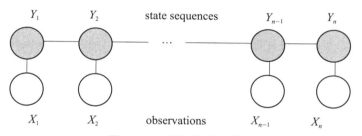

图 7 - 24　线性链 CRF 模型

为此，需要确定一系列特征函数 f_i。

（4）特征函数及其作用。

CRF 的特征函数的形式和作用介绍如下。在 CRF 中，输入数据是有序的，在对输入数据点 x_i 的标签 y_i 进行预测时，必须考虑上下文。

在词性标注中，每个特征函数的输入参数为：一个句子 s；句子里的当前词项位置 i；对当前词项的标注 l_i；对前一个词项的标注 l_{i-1}。特征函数的输出是一个实数值，在实际应用中一般取值为 0 或者 1。

特征函数表达的是什么意思呢？比如，一个可能的特征函数，用于度量如果前一个单词为"very"，当前的单词标注为"Adjective"（形容词）的可能性。

在词性标注中，有如下的特征函数（这里介绍部分特征函数，实际应用中要复杂一些，但不影响我们对原理的理解）。

1）$f_1(s, i, l_i, l_{i-1})$。当 l_i 为"Adverb"，并且第 i 个词项以"ly"结尾的时候，f_1 函数的取值为 1；否则为 0。当 f_1 特征函数的权重 λ_1 为正，而且数值较大时，这个特征表示，模型倾向于把"ly"结尾的词项标注为 Adverb。

2）$f_2(s, i, l_i, l_{i-1})$。当 $i=1$，l_i 为"Verb"，并且句子是以"?"结尾的时候，f_2 函数的取值为 1；否则为 0。同样，当 f_2 特征函数的权重 λ_2 为正，而且数值较大时，那么这个特征表示，模型倾向于把疑问句的第一个词项，标注为"Verb"。比如，"Is this a sentence beginning with a verb?"的第一个单词即 Is 为动词。

3）$f_3(s, i, l_i, l_{i-1})$。当 l_{i-1} 为"Adjective"，并且 l_i 为"Noun"的时候，f_3 函数的取值为 1；否则为 0。同样，当 f_3 特征函数的权重 λ_3 为正时，那么这个特征表示，模型倾向于按照"Adjective"后面跟着"Noun"的模式进行标注。

4）$f_4(s, i, l_i, l_{i-1})$。当 l_{i-1} 为"Preposition"，并且 l_i 为"Preposition"的时候，f_4 函数的取值为 1；否则为 0。如果 f_4 特征的权重 λ_4 为负时，表示"Preposition"后面一般不会跟着另一个"Preposition"，模型尽量避免这样的标注发生。

（5）对序列的某个标注进行评分，计算概率。

我们给每个特征函数 f_i 一个权重 λ_i（这些权重可以通过数据来学习，下文介绍），那么给定一个句子的时候，我们有各种可能的标注方案，其中一个标注方案为 l。

通过公式 $Score(l \mid s) = \sum_{j=1}^{m} \sum_{i=1}^{n} \lambda_j f_j(s,i,l_i,l_{i-1})$，对标注方案 l 进行评分。在这个公式中，第一个 $\sum$ 表示对每个特征函数进行加总，第二个 $\sum$ 表示对句子里的每个位置进行加总。

在此基础上，可以把每种标注的得分转化为概率，使得它的取值在 $[0, 1]$ 之间，办法是求指数函数，并进行规范化，具体如下：

$$P(l \mid s) = \frac{\exp(score(l \mid s))}{\sum_{l'} \exp(score(l' \mid s))} = \frac{\exp(\sum_{j=1}^{m} \sum_{i=1}^{n} \lambda_j f_j(s,i,l_i,l_{i-1}))}{\sum_{l'} \exp(\sum_{j=1}^{m} \sum_{i=1}^{n} \lambda_j f_j(s,i,l'_i,l'_{i-1}))}$$

对于一个句子，有很多种标注方案，每个都计算 $P(l \mid s)$；最后，$P(l \mid s)$ 值最大对应的标注，就是最好的标注。

（6）特征函数是怎么造出来的？

特征函数是人们在研究语言的基础上，通过不断观察，总结出来的。

比如，有如表 7-23 所示的句子 x 和标注 y 序列。

表 7-23 句子 x 和标注 y 序列

y	y_1	y_2	y_3	y_4	y_5	y_6
	Dt（限定词）	Noun	Verb	Preposition	Dt（限定词）	Noun
x	x_1	x_2	x_3	x_4	x_5	x_6
	The	boy	knocked	at	the	watermelon

可以总结如下特征函数：

$$t_i(x,i,l_i,l_{i-1}) = \begin{cases} 1, & \text{if } l_{i-1}=[V], l_i=[P], \text{and } x_{i-1}=\text{"knock"} \\ 0, & otherwise \end{cases}$$

这个公式说明，按照经验来讲，当第 $i-1$ 个观察值为 knock，$i-1$ 和 i 的标记分别为 Verb 和 Preposition，这样标注正确的可能性是最高的。

（7）特征函数的分类。

有时，我们把特征函数分为状态转移函数和发射函数，分别进行建模。Score $(l\mid s)$ 变成 $\mathrm{Score}(l\mid s)=\sum_{j=1}^{m}\sum_{i=1}^{n}\lambda_j t_j(s,i,l_i,l_{i-1})+\sum_{k=1}^{o}\sum_{i=1}^{n}\mu_k s_k(s,i,l_i)$，其中 t_j 是状态转移函数，λ_j 是对应的权值；s_k 是发射函数，μ_k 是对应的权值。

（8）权重的训练。[①]

为了建立 CRF 模型，接下来通过特定算法，从数据中学习每个特征函数的权重（λ 值）。训练的办法是梯度下降法，简单描述如下。

假设有一系列训练样本，也就是语句及其 POS（Part-of-Speech）标注。首先把 CRF 模型的各个特征函数的权重初始化为任意的随机数，然后利用每个样本进行如下训练，把权重修正到正确反映训练样本的值。

1）将每个特征函数 f_j 转换成对数形式，然后针对 λ_j 求偏导数，有

$$\frac{\partial \log P(l\mid s)}{\partial \lambda_j}=\sum_{i=1}^{n}f_j(s,i,l_i,l_{i-1})-\sum_{l'}P(l'\mid s)\sum_{i=1}^{n}f_j(s,i,l'_i,l'_{i-1})$$

这个公式里面，第一项表示 f_j 特征项（函数）在真实标注下的贡献，第二项表示 f_j 特征项在当前模型下的贡献。

2）对 λ_j 沿着梯度方向进行修正，公式为：

$$\lambda_j=\lambda_j+\alpha\Big(\sum_{i=1}^{n}f_j(s,i,l_i,l_{i-1})-\sum_{l'}P(l'\mid s)\sum_{i}^{n}f_j(s,i,l'_i,l'_{i-1})\Big)$$

式中，α 为学习率。注意，我们对 $P(l\mid s)$ 进行最大化，所以梯度修正的方向为 $\lambda=\lambda-\alpha(-\Delta)=\lambda+\alpha\Delta$。

3）把上述步骤重复若干遍，一直到满足终止条件为止，比如梯度更新的量小于一个阈值。

（9）用 CRF 对新句子进行标注。

对于一个新句子，我们有不同的标注方案。比如句子 x_1，x_2，x_3，每个符号有 1、2、3 等可能的标注，那么标注序列有 $3\times3\times3=27$ 种之多。通过穷举法列出所有可能的标注序列（也称为路径），计算每条路径的概率之和，然后找出概率最大的那条，就可以找到最好的标注序列，但是这样做的代价太大了。

一般通过 Viterbi 算法来进行新句子的标注。Viterbi 算法是一种动态规划算法。下面通过一个来自李航的《统计学习方法》的实例进行说明。

假设输入的句子有 3 个词，$X=\{x_1,x_2,x_3\}$，输出的词性标记为 $Y=\{y_1,y_2,y_3\}$，y_i 的取值有两种，即 1（名词）和 2（动词）。已有的特征函数如表 7-24 所示。

---

① https：//blog.echen.me/2012/01/03/introduction-to-conditional-random-fields/.

表7-24　特征函数

特征函数	涉及位置	权重
t_1（$y_{i-1}=1$，$y_i=2$，x，i），	$i=2,3$	$\lambda_1=1$
t_2（$y_1=1$，$y_2=1$，x，2）	2	$\lambda_2=0.6$
t_3（$y_2=2$，$y_3=1$，x，3）	3	$\lambda_3=1$
t_4（$y_1=2$，$y_2=1$，x，2）	2	$\lambda_4=1$
t_5（$y_2=2$，$y_3=2$，x，3）	3	$\lambda_5=0.2$
s_1（$y_1=1$，x，1）	1	$\mu_1=1$
s_2（$y_i=2$，x，i）	$i=1,2$	$\mu_2=0.5$
s_3（$y_i=1$，x，i）	$i=2,3$	$\mu_3=0.8$
s_4（$y_3=2$，x，3）	3	$\mu_4=0.5$

现在求 $X=\{x_1,x_2,x_3\}$ 的最可能的标注序列。

首先，进行初始化，查看位置1：

$\delta_1(1)=\mu_1 s_1=1$，备注：对应路径 start-1

$\delta_1(2)=\mu_2 s_2=0.5$，备注：对应路径 start-2

$\Psi_1(1)=\Psi_1(2)=$ start，备注：Ψ 表示前导节点

开始递推，查看位置2：对应路径 start-1-1 的概率公式为 $\delta_1(1)+t_2\lambda_2+\mu_3 s_3$，为什么呢？首先，它从 start 到1，所以包含 $\delta_1(1)$ 成分，然后它有1—1的状态转移，即 $y_1=1$ 且 $y_2=1$，于是包含 $t_2\lambda_2$，以及第2个位置标注（发射）即 y_2 为1，于是包含 $\mu_3 s_3$。其他各个路径的概率，同理计算。

$\delta_2(1)=\max\{\delta_1(1)+t_2\lambda_2+\mu_3 s_3($对应路径 start$-1-1)$，$\delta_1(2)+t_4\lambda_4+\mu_3 s_3($对应路径 start$-2-1)\}$

$=\max\{1+0.6+0.8, 0.5+1+0.8\}=2.4($路径 start$-1-1$ 的概率最大$)$

$\Psi_2(1)=1$

$\delta_2(2)=\max\{\delta_1(1)+t_1\lambda_1+\mu_2 s_2($对应路径 start$-1-2)$，$\delta_1(2)+\mu_2 s_2($对应路径 start$-2-2)\}$

$=\max\{1+1+0.5, 0.5+0.5\}=2.5($路径 start$-1-2$ 的概率最大$)$

$\Psi_2(2)=1$

继续递推，查看位置3：

$\delta_3(1)=\max\{\delta_2(1)+\mu_3 s_3($对应 start$-1-1-1)$，$\delta_2(2)+t_3\lambda_3+\mu_3 s_3($对应 start$-1-2-1)\}$

$=\max\{2.4+0.8, 2.5+1+0.8\}=4.3($start$-1-2-1$ 的概率最大$)$

$\Psi_3(1)=2$

$\delta_3(2)=\max\{\delta_2(1)+t_1\lambda_1+\mu_4 s_4($对应 start$-1-1-2)$，$\delta_2(2)+t_5\lambda_5+\mu_4 s_4($对应 start$-1-2-2)\}$

$=\max\{2.4+1+0.5, 2.5+0.2+0.5\}=3.9($start$-1-1-2$ 的概率最大$)$

$\Psi_3(2)=1$

最后，4.3＞3.9，所以最可能的标注序列为 start—1—2—1，即（名词，动词，名词）（见图 7 - 25）。

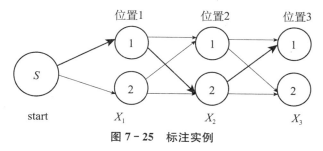

图 7 - 25　标注实例

（10）CRF 和 HMM 的关系。

我们知道，HMM 也可以用于序列标注。其实，HMM 和 CRF 在数学上有深刻的联系，CRF 是判别式模型，HMM 是生成式模型；对于每个 HMM 模型，可以构造一个等价的 CRF 模型。请读者参考相关资料。

2. 指代消解

指代消解（Co-Reference Resolution）是自然语言处理中和命名实体识别关联的一个重要问题。比如，在对某位专家学者的一个访谈中，除了第一次提到其姓名/职务之外，之后提到这位专家，文本中可能使用"×博士""×教授""他"等代称，或者以其所担任的职务相称，比如"所长"等代称。如果访谈中还提及其他人物，并且也使用了类似的代称，那么把这些代称对应到正确的命名实体上就是指代消解。

指代消解的应用，包括信息抽取、信息检索、文本摘要生成、机器翻译、问答系统等。常见的指代消解，根据照应词（Anaphor）的词性分为代词消解（比如上述实例中的"他"指的是该专家）和名词消解（比如上述实例中的"所长"指的是该专家）。

人们尝试多种方法实现指代消解，包括：（1）基于语法的指代消解，是较早使用的方法。这种方法以启发式的方法利用语法层面的知识，实现指代消解。（2）基于大量语料库的统计方法、机器学习方法（比如聚类、决策树等），已经有研究人员开始使用深度学习方法实现代词的指代消解。

3. 命名实体歧义消除

在自然语言处理中经常遇到的一个问题是命名实体的歧义问题。比如人名的重名问题，全国叫王涛的人就很多，有时候重名问题甚至在一个单位出现。为了让计算机能够正确分析自然语言书写的文本，对命名实体的歧义需要进行消除，也就是把具有歧义的命名实体唯一地标识出来。

命名实体歧义消除（Named Entity Disambiguation）的任务，是将文本中出现的每个实体指称去除歧义，链接到知识库的唯一实体，故也称实体链接（Entity Linking）。人们研究了许多方法进行命名实体的歧义消除。近年来，随着 Freebase 等语义知识库的出现，大量基于知识库的命名实体歧义消除方法被提出来。

可用的知识库，除了 Freebase，还有 DBpedia 等。有的研究者从这些知识库中抽取命名实体的上下文信息，并且从文档中获得命名实体的上下文信息，然后对两者进行比对，找出匹配度最高的页面，从而对命名实体完成歧义消除。

4. 关系抽取

从前面的介绍我们知道，信息抽取是将非结构化或者半结构化形式的自然语言文本转化成结构化数据。关系抽取（Relation Extraction）是信息抽取的一个重要子任务，它负责从文本中识别出实体之间的语义关系。

比如，从"郭富城、梁家辉、周润发三大影帝合作出演了电影《寒战 2》"文本中，可以抽取出几个重要的实体，以及实体间的关系，如表 7-25 所示。

表 7-25　实体关系

实体 1	关系	实体 2
郭富城	联合出演 co-star	梁家辉
梁家辉	联合出演 co-star	周润发
郭富城	联合出演 co-star	周润发
郭富城	出演 staring	寒战 2
梁家辉	出演 staring	寒战 2
周润发	出演 staring	寒战 2

关系抽取得到的结构化数据，可以用于自动问答系统、文档摘要、知识库建设与知识推理等重要的应用场合。关系抽取的主要方法介绍如下。

（1）有监督的学习方法（Supervised Learning）主要分为两类，包括基于特征（Feature-Based）的学习方法和基于核函数（Kernel-Based）的学习方法。有监督的学习方法，把关系抽取任务当作分类问题解决。

首先，需要人工标注大量训练语料库，然后在已经标注好的语料库上进行特征抽取和选择，利用不同的机器学习算法训练分类模型，用于抽取新的实体对及其关系。这里讲的特征，包括实体对的上下文的各种词法、语法、语义等信息，以及背景知识。此外，深度神经网络模型，包括 CNN、RNN、LSTM 等，经过适当改造也可以用于关系抽取。

（2）半监督的学习方法（Semi-Supervised Learning），无须人工标注语料库，但是需要根据预先定义好的关系类型，人工构造出关系实例作为种子集合（Seed Set），然后利用 Web 或者大规模语料库信息的高度冗余性，充分挖掘关系描述模式，通过模式匹配抽取新的实体关系实例。请参考"语义网与知识图谱"一章中关于知识图谱构建的介绍。

（3）无监督的学习方法（Unsupervised Learning）是一种自底向上的信息抽取策略。它基于这样的假设，即拥有相同语义关系的实体对，它们的上下文信息较为相似，其上下文集合代表该实体对的语义关系。

关系抽取过程分为三个阶段，包括实体对及其上下文信息的提取，根据上下文信息对实体对进行聚类，对各个类簇的语义关系进行标注，也就是对关系类型进行描述。这个方法产生的聚类结果描述了比较宽泛的语义关系，这时候定义一个合适的关系类别有些困难。另外，对于低频的实体对及其关系的处理能力有限。

目前，关系抽取技术并未做到尽善尽美，仍然存在很多的挑战，包括：1）自动发现关系类型。目前的研究工作，一般是基于定义好的关系类型抽取关系实体对。如何自动或者半自动地发现新关系类型，建立一套合理的关系类型体系，仍然有待解决。

2）关系推理与冲突消解。目前的研究工作，将每种关系类型作为独立的处理对象，并未考虑其潜在的关系。比如，我们可以在父子和母子关系基础上推断出夫妻关系；在父子和父子关系基础上推断出祖孙关系等。夫妻关系有一对一的约束，朋友关系可以是一对多等。3）领域自适应的关系抽取。目前的研究工作主要面向特定的关系类型或者特定的领域，使用特定的语料库，很难在不同领域之间进行迁移。跨领域的关系抽取需要更多的研究努力。4）篇章级的关系抽取。目前的研究工作主要以句子级实体间的关系为研究对象，丢失了大量的代词参与的关系。应利用共指消解的处理结果，在篇章级别上实现关系抽取，实现对篇章的更好理解。

5. 概念抽取与建立概念层次关系

概念层次关系（Concept Hierarchy）是用以组织和展现知识的有用方法。概念层次关系也可以称为概念分类系统（Concept Taxonomy）。

概念抽取（Concept Extraction）任务包括各个概念的抽取以及建立概念之间的层次关系。它把信息组织到分类系统里，把数据里体现的关系进行了抽象和泛化处理。概念抽取的结果是一个领域本体（Ontology）的主干内容，本体是一个主题下不同概念及其关系的总和。

为了抽取概念，人们研究了不同的方法，简单介绍如下：

（1）利用字典信息：字典里的条目具有一定的规律性（Regularity）。比如，对于 tiger 的解释 "A tiger is a mammal"。这句话，指出老虎属于哺乳动物类型，哺乳动物是一个概念。Term1 is a Term2 包含了 Is-a 关系，指出了 Term1 和 Term2 的上位词关系（Hypernym），即 Term2 是上位词。利用字典信息抽取概念，准确度较高，缺点是和领域相关（Domain Independent）。

（2）使用词汇语法模式（Lexico-Syntactic Pattern）：我们可以利用词汇语法模式，从文档集里自动学习到下位词关系（Hyponym Relation）。比如 "Such injuries as bruises，wounds and broken bones" 包含了如下抽象概念到具体概念的上下位关系，即 Hyponym（bruise，injury）、Hyponym（wound，injury）、Hyponym（broken bone，injury）等。赫斯特（Hearst）总结了若干词汇语法模式，称为 Hearst 模式（Hearst Pattern）。从文档里匹配这些模式，就可以学习到上下位关系。

```
Hearst₁: NP such as {NP,} * {(and | or)} NP
Hearst₂: such NP as {NP,} * {(and | or)} NP
Hearst₃: NP {,NP} * {,} or other NP
Hearst₄: NP{,NP} * {,} and other NP
Hearst₅: NP including {NP,} * NP {(and | or)} NP
Hearst₆: NP especially {NP,} * {(and | or)} NP
```

注：NP 为 Noun Phrase，即名词短语；粗体表示上位词。

（3）简单凝聚层次聚类：利用文档里各个名词或者名词短语的相似性，进行凝聚层次聚类，如图 7-26 所示。在这里，名词或者名词短语间的语义相似度可以使用其上下文的相似度来度量。

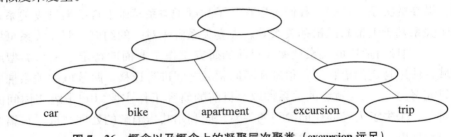

图 7 - 26　概念以及概念上的凝聚层次聚类（**excursion 远足**）

无监督的聚类算法产生的聚类树，由于数据的稀疏性，名词或者名词短语间的相似度有可能是偶然发生的（Accidental），导致得到的概念之间的相似度是错误的。

此外，我们很难给各个类簇加上合适的标签（Label），于是聚类树缺乏清晰和正式的解释。

（4）指导下的聚类：利用从 WordNet 获得的上下位关系，以及从文档集里匹配的 Hearst 模式、从 WWW 上匹配的 Hearst 模式所表现出来的上下位关系，指导聚类过程。

指导下的凝聚聚类（Guided Agglomerative Clustering，GAC）的基本过程是：1）输入一个 Term 列表；2）计算每对 Term 之间的相似度，并且按照从高到低进行排列；3）对于可能聚集到一个类簇中的每对 Term，从上述三个来源获得上下位关系的提示，如图 7 - 27 所示。

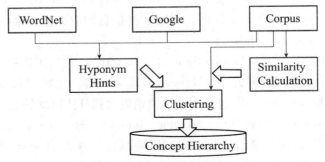

图 7 - 27　指导下的凝聚层次聚类

GAC 抽取的结果相当好，它提供了每个类簇的标签。同时，它比单纯的凝聚层次聚类要快，避免了数据稀疏性导致的虚假的相似性问题（Spurious Similarity）。

（5）通过机器学习，确定 Term 之间的关系：比如，要确定 Term1 和 Term2 是否具有"Is-a"关系，可以构造一个分类器，如图 7 - 28 所示。

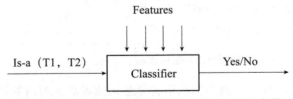

图 7 - 28　用于判断是否具有"Is-a"关系的分类器

分类器可以基于决策树、朴素贝叶斯分类器、神经网络（多层感知机）等技术构建。为了训练分类器，需要各个 Term 的特征值，具体描述如下。

1）给定 t1 和 t2，计算文档集里能够匹配多少次 Hearst 模式，这些 Hearst 模式显示 t_1 和 t_2 具有 "Is-a" 关系。即 $isa_{Hearst} = |patterns(t_1, t_2)| / |patterns(t_1, *)|$。比如，我们在文档集里匹配到如下的 Hearst 模式，于是 conference 是一个 event 的可能性比较大。

```
isa_Hearst (conference, event)    0.36
isa_Hearst (conference, body)     0.18
isa_Hearst (conference, course)   0.09
isa_Hearst (conference, weekend)  0.09
isa_Hearst (conference, meeting)  0.09
isa_Hearst (conference, activity) 0.09
```

2）在 WWW 上匹配一些模式，这些模式是特定的表达式（Expression），可以使用谷歌搜索引擎 API，来获得特定模式的数量。具体的表达式具有以下的形式。

```
π(t₁)such as π(t₂)
suchπ(t₁) as π(t₂)
π(t₂), including π(t₁)
π(t₂), especially π(t₁)
π(t₁), and other π(t₂)
π(t₁), or other π(t₂)
```

然后利用公式 $isa_{www} = |patterns_{www}(t_1, t_2)| / |patterns_{www}(t_1, *)|$，计算本特征。最后的结果如下，表示 conference 是一个 event 的可能性较大。

```
isa_www (conference, event)      0.27
isa_www (conference, activity)   0.17
isa_www (conference, initiative) 0.03
isa_www (conference, function)   0.03
```

3）WordNet 特征：通过是否存在从 t_1 的 Synset 到 t_2 的 Synset 的多条路径，来判断 t_1 和 t_2 之间是否具有上下位关系。具体的计算公式为：
$$isa_{WN}(t_1, t_2) = \min(1, |paths(senses(t_1), senses(t_2))| / |senses(t_1)|)$$
Senses (t_1) 表示 t_1 的各个 sense（意思）的 Synset。

4）一个 Term 出现在另外一个 Term 之前，也可以给我们一些关于 "Is-a" 关系的启发。比如，t_1 = "international conference"，t_2 = "conference"，表示 t_1 和 t_2 之间存在 $isa_{head}(t_1, t_2)$ 的关系，也就是 international conference 是一种 conference。

5）基于文档集的包含关系（Corpus-Based Subsumption）：t_1 是 t_2 的一个子类（Subclass），如果整个文档集中出现 t_1 的所有上下文都出现 t_2。具体来讲：

$$\text{isa}_{\text{corpus}}(t_1, t_2) = |\text{features}(t_1) \bigcap \text{features}(t_2)| / |\text{features}(t_1)|$$

6）基于文档的包含关系（Document-Based Subsumption）：t_1 是 t_2 的一个子类（Subclass），如果 t_1 出现的文档都出现 t_2。具体来讲，

$$\text{isa}_{\text{document}}(t_1, t_2) = |\# \text{ doc both } t_1 \text{ and } t_2 \text{ occurs}| / |\# \text{ doc } t_1 \text{ occurs}|$$

6. 事实抽取（Fact Extraction）

Web 包含了大量关于实体的事实性（Factual）信息，这些实体包括历史人物（People）、名人（Celebrity）、地理位置（Place）、电影、书籍、产品、重大事件（Event）等。如果有办法把这些事实性信息收集起来，并且提供搜索这些信息的机制，就可以利用这些事实，提高问答系统（Question Answering）的答案质量以及搜索引擎（Search Engine）的搜索结果质量。搜索引擎能够利用事实抽取结果，一定程度上理解网页的内容。

主流的搜索引擎，包括谷歌、Bing、Yahoo 等，以前都是根据用户查询，返回一个网页链接列表，每个链接旁边附带一个摘要。用户需要查看这些摘要，或者从链接导航到目标网页，才能查找到答案。

有了事实性信息，以及对用户查询意图的理解的加深，搜索引擎就可以针对用户的查询，返回简短的答案，而这些答案正好是用户所期望的。我们在 Google Q&A、Product Search、Local Search（用商家名称、关键字、卫星图片上的位置信息等，搜索本地商业目录）等服务中，看到抽取出来的事实，发挥了重要作用。

关于实体的事实性信息，可以用＜属性，值＞对的形式来表示。比如对于科学家"Yang Chen-Ning"即杨振宁，"Date of Birth：October 1，1922"和"Awards：Nobel Prize in Physics（1957）"是他的两个事实。关于实体"Yang Chen-Ning"的事实信息如表 7-26 所示。

表 7-26　关于实体"Yang Chen-Ning"的事实[①]

属性名（Attribute Name）	属性值（Attribute Value）
Entity Name	Yang Chen-Ning
Date of Birth	October 1，1922
Place of Birth	Hefei，China
Academy Awards	Nobel Prize in Physics（1957）

事实抽取（Fact Extraction）试图确定和某个命名实体相关的所有事实（属性及其取值）。由于抽取事实的来源一般是 Web 网页，所以抽取了事实以后，还需要把原网页的网址记录下来。抽取的事实一般存放到数据库里面，进一步做规范化处理（Normalization）以及清洗等，以便后续使用。

我们通过谷歌提出的 GRAZER 系统来了解事实抽取的基本过程。GRAZER 是从 Web 学习和证实事实（Corroborate and Learn Facts from the Web）的一套软件系统。

该系统用到的一些重要概念如下：（1）实体：实体包含一系列的事实。（2）事实：关于某个实体的＜属性，值＞对，加上提及该事实的源网址（URL）。（3）相关网页：

---

① 所有的事实来源于"http：//en. wikipedia. org/wiki/Yang _ Chen-Ning"。

和某个实体相关的网页。（4）HTML 模式（Pattern）：在一个网页上，重复超过两次以上的连续的 HTML 标记序列（Contiguous HTML Tag Sequence）。

GRAZER 从半结构化的网页文本（Semi-Structured Text）中，基于已知的关于某个实体的事实，抽取更多的关于该实体的事实，并且对其进行证实（如图 7 - 29 所示）。

Known Facts	
Entity Name	Yang Chen-Ning
Date of Birth	October 1，1922

More Facts	
Entity Name	Yang Chen-Ning
Date of Birth	October 1，1922
Place of Birth	Hefei，China [新事实]
Awards	Nobel Prize in Physics（1957）[新事实]

图 7 - 29 GRAZER 事实抽取

GRAZER 的工作原理，详细叙述如下：

（1）首先，系统为实体建立种子事实（Seed Facts）集合。在该系统里，种子事实集合是通过手工编写的脚本从 en. wikipedia. org 网站上爬取相关信息而创建的。这些网页，可以通过判定指向它的链接的锚文字（Anchor Text）是否和命名实体的名字（Entity Name）相匹配，来确定是否和某个实体相关。还可以使用两个启发式规则保证网页的质量，一个是实体名出现在网页的标题（Page Title）里，另一个是实体名出现在网页的突出位置上，比如大标题（Heading）。

（2）提取其他相关网页并分析。寻找提及目标实体以及种子事实的其他相关网页，和第一步里提取初始的种子事实集的网页，方法是类似的。当系统查找到一个新的网页里提及的已知事实的时候，它开始在网页上已知事实及其周围区域（Surrounding Area）寻找重复的 HTML 模式。GRAZER 套用该 HTML 模式，抽取符合 HTML 模式的所有事实。如果该网页包含一定数量的已知事实，GRAZER 就用新的事实来丰富已知的事实集合（Known Fact Set）。

人们在编写网页的时候，一般把一个实体的事实性信息组织成一张表格的形式。图 7 - 30 展示了这样的一个表格（这里显示的是网页的 HTML 标记），以及由其组织起来的关于某个实体的事实。其中，表格的每一行对应一个 HTML 模式（HTML Tag 序列），包含关于实体的一个事实，请参考图 7 - 30 的虚线圆。

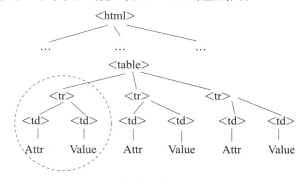

图 7 - 30 HTML 表格与事实（< 属性，值> 对）

利用 HTML 模式（Pattern）来寻找新事实，它的假设是如果在一个 HTML 模式里包含了一个事实，附近类似的 HTML 模式极有可能包含对同一个实体的另外一个事实的描述。如图 7 - 31 所示，关于（Yang Chen-Ning）的奖项、出生地等事实，出现在出生日期（包含在一个 HTML 模式中）附近。

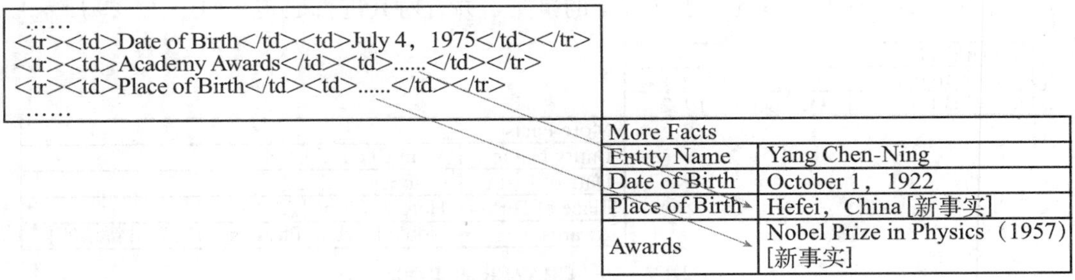

```
......
<tr><td>Date of Birth</td><td>July 4，1975</td></tr>
<tr><td>Academy Awards</td><td>......</td></tr>
<tr><td>Place of Birth</td><td>......</td></tr>
......
```

More Facts	
Entity Name	Yang Chen-Ning
Date of Birth	October 1，1922
Place of Birth	Hefei，China [新事实]
Awards	Nobel Prize in Physics（1957）[新事实]

图 7 - 31　新事实就在已知事实的附近

对于已经抽取的事实，如何评价其可靠性是一个问题。GRAZER 的作者认为，经过证实的事实，一般有两个以上的来源；而未经证实的事实，则只有一个来源。拥有多个来源的事实，一般来讲是可靠的。还可以使用其他信号（Signal）来确定事实的质量，包括来源网页的可靠性以及多样性等。

事实的抽取和证实的过程，是一个一步步地自我改进的过程（Bootstrapping Process），经过少数几轮学习就可以结束，并获得较好的抽取结果。

将扩大了的事实集合用在下一轮学习中，于是已知事实集合不断增长，一直到满足终止条件为止。

7. 事件抽取

事件抽取指的是从非结构化文本中抽取出事件信息，转换为结构化形式。比如，从"1983 年，李华出生于广东深圳"这句话中，可以抽取出这样的事件信息〔人物：李华，时间：1983 年，地点：广东深圳，类型：出生〕。

在事件抽取基础上，可以建立事件图谱，对动态的客观世界进行建模。事件能够反映事物的发展变化脉络，刻画事件的各个要素，具有更强的知识表达能力，符合人们对客观世界的理解。

7. 2. 10　其他文本分析任务与方法

1. 话题检测与追踪

话题检测与追踪（Topic Detection and Tracking，TDT）指的是从新闻专线（Newswire）和新闻广播（Broadcast News）等数据流中，识别不同的事件，并且对其进行追踪的自动化技术。在话题检测与追踪任务中，"话题"也称为"事件"。

话题检测与追踪技术具有广泛的应用，它使得人们能够及时有效地对信息进行存取。比如，不同来源的新闻包含大量有用的信息，但是人们没有精力和时间去仔细查看、阅读不同来源的众多新闻。如果有一个软件，能够从这些新闻数据流中，确定出每个事件的边界（Story Boundary），发现一些新的事件，并把每个事件的发展历程组织在一起，那么对于用户来讲是非常有帮助的。这些功能，正是 TDT 软件所应该具备的功能。

　　TDT 的基本任务有三个：报道切分（Story Segmentation）、话题检测（Topic Detection）和话题追踪（Topic Tracking）。报道切分的任务，是把新闻数据流切分成关于某个同一主题的报道。话题检测的任务是检测新出现的事件（New Event）。话题追踪则是对已知的事件（已经检测过）进行后续报道的追踪（如图 7 - 32 所示）。

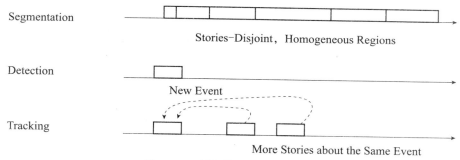

图 7 - 32　话题检测与追踪的任务

　　对于某个事件的第一次出现的检测，称为首次报道检测（First Story Detection），它从具有时间顺序的报道数据流中自动锁定未知话题的第一篇相关报道。此后，话题追踪负责把某一个话题的报道集合都找出来。

　　从上述的描述我们可以看出，话题检测和追踪依赖于各个报道之间的相似度，把不同报道划分到不同的话题中，本质上可以把这些任务看作文本上的聚类。人们一般采用基于统计原理的文本表示形式，比如向量空间模型来表示各个报道。而事件或者报道之间的相似度计算则采用夹角余弦和 Hellinger 距离公式等。在此基础上，为了刻画每个报道的特点，人们还利用自然语言处理技术提取相关特征（比如文本里面提及的命名实体等）。最后，利用常用的聚类算法比如 K-Means 等算法，进行报道的聚类处理。

　　为了提高话题检测和追踪的性能，算法的设计要尽量做到和新闻数据源无关（Source Independent）、和具体领域无关（Domain Independent），以及和语言无关（Language Independent）。

　　与 TDT 相关的任务包括：（1）根据事件的重要性进行排序，以便展示给用户；（2）提取事件的相关信息，包括时间、地点、实体（人物）、实体关系等；（3）标定一系列报道中（a Set of Stories）的冗余信息；（4）为一系列报道，生成摘要（Summary）信息。

2. Kleinberg 突发检测算法

　　邮件、新闻可以看作流式数据，因为邮件和新闻是随着时间不断到达的。在邮件和新闻中包含话题，这些话题不断出现，持续一段时间，然后逐渐衰退以至消失。文档数据流（Document Stream）里的话题的出现和消失，以某些特征（Feature，比如单词）的频率突然上升和逐渐衰弱作为信号。

　　突发检测算法（Burst Detection Algorithm），可以针对这些特征，计算其活跃（Activity）的开始时间、持续时间，并且对这些特征的活跃强度进行排序。通过查看突发检测的结果，人们可以大致了解文档数据流里的话题变迁。

　　克莱因伯格（Kleinberg）于 2002 年提出针对文档数据流的突发检测算法，用一个无限状态自动机（Infinite State Automata）对数据流进行建模，通过状态的迁移（State Transition），检测特征的突发活动。

　　图 7 - 33 是对三个社交网络研究者（Wasserman、Vespignani 和 Barabasi）的相关论文成果进行突发检测的结果，形象地展示了在这些成果中显示出来的各个主要作者（包括这三个研究者的合作者）的崛起、活跃度及持续时间。

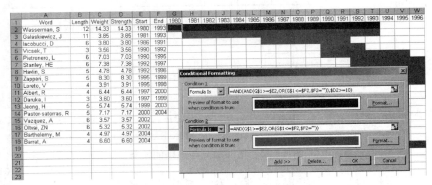

图 7 - 33　Kleinberg 突发检测实例[①]

　　突发检测算法还可以应用到点击流数据（Click Stream）及搜索引擎的查询日志数据（Query Log）上。算法检测出来的突发词汇，能够反映人们对特定事件、主题或网站的关注程度。

3. 机器翻译

　　机器翻译（Machine Translation）是利用计算机程序将一种语言（称为源语言）的文本转换为另外一种语言（称为目标语言）的文本。机器翻译系统具有重要的应用价值，它在促进各国间政治、经济、文化的交流方面发挥着重要作用。IBM、微软、谷歌、苹果、百度、科大讯飞等公司都在机器翻译上投入巨大的资源，进行研究和开发。一些文献[②]对机器翻译技术进行了详细介绍，在此简述如下。

　　机器翻译系统的处理过程，大致可以分为以下几个步骤：（1）对源语言的分析和理解；（2）进行转换；（3）按照目标语言的语法规则，生成目标语言文本。

　　机器翻译系统根据使用的技术，可以分为基于规则的（Rule-Based）机器翻译系统和基于语料库的（Corpus-Based）机器翻译系统两大类。

　　基于规则的机器翻译系统需要人工设计和编纂翻译规则，依赖于词典和规则库进行机器翻译，这类系统进一步可以划分成语法型、语义型、知识型和智能型等类别。早期的机器翻译系统大多是基于规则的系统。近年来，基于语料库的机器翻译系统获得了较大的发展，表现出更加优异的翻译性能。基于语料库的机器翻译系统，无需词典和规则库，而是利用统计规律，在经过标注的语料库上构建翻译模型。这类方法利用庞大的语料库获得了非常好的翻译效果。

---

①　Network Workbench Tool User Manual 1. 0. 0.

②　http：//36kr. com/p/533801. html；https：//amta2010. amtaweb. org/AMTA/papers/6-02-DillingerIntroMT. pdf.

基于语料库的机器翻译系统，包括基于统计的机器翻译系统、基于实例的机器翻译系统，以及基于人工神经网络的机器翻译系统等。

基于统计的机器翻译系统，把机器翻译过程看成一个信息传输的过程，用一种信道模型对机器翻译进行建模。机器翻译问题被分解成模型问题、训练问题及解码问题。其中，模型问题是为机器翻译建立概率模型，它描述了源语言语句到目标语言语句的翻译概率及其计算方法。训练问题是利用语料库对模型进行训练，获得模型的参数。解码问题则是在已知模型和参数的基础上，对输入的新句子产生概率最大的翻译文本。

日本机器翻译专家长尾真（Makoto Nagao）提出了基于实例的机器翻译系统的基本思想。他通过研究发现，人们刚开始学习外语时，总是记住最基本的英语句子和对应的日语句子，然后进行替换。基于实例的机器翻译系统，不需要字典和语法规则库，但是需要双语对照的实例库。它利用已有的经验知识，通过类比原理实现翻译，未经过对自然语言的深层的分析。其翻译过程是，首先将源语言文本分解为句子，再分解为短语片段。接着通过类比的方法，把这些短语翻译成目标语言短语片段，最后把这些短语合并成长句。由于受限于语料库规模，基于实例的机器翻译系统，很难达到较高的准确度。但在一些专业领域，其翻译效果一般能够满足实际使用的要求。

2013 年以来，随着深度学习技术研究的进展，基于人工神经网络的机器翻译研究迅速兴起。基于人工神经网络的机器翻译系统的核心，是一个拥有大量神经元的深度神经网络，它可以从语料库中自动学习翻译模型。

在机器翻译中，一般结合使用 RNN 或者 LSTM 技术。比如，谷歌的研究人员使用一个多层的 LSTM 神经网络，把输入的序列（Sequence，也就是源语言的一个语句）映射到固定维度的向量，然后用另外一个 LSTM 神经网络，直接从该向量解码（Decode）出目标语言序列。他们的模型在 WMT 2014（Shared Tasks of the 2014 Workshop on Statistical Machine Translation）数据集上，执行英语到法语的翻译任务，获得比统计机器翻译模型更高的性能。

4. 问答系统

传统的信息检索系统能够返回包含用户查询关键字的一系列文档（或者段落），但是它缺乏对问题的深入理解，不能以一定的置信度（Confidence）直接返回正确的答案。

问答系统（Question Answering System，QA），是一种高级的信息检索系统。问答系统接收用户用自然语言提出的问题，经过对问题的分析和理解，它能够用准确简洁的自然语言给出答案。问答系统适应了人们快速、准确获取信息的需求，具有广泛的应用，比如各大电商的智能客服系统等。

在自然语言处理研究中，问答系统、机器翻译、复述、文本摘要等四大任务，被人们用于验证机器是否真正具有自然语言理解的能力。一些文献[①]对问答系统进行了详细介绍，在此简述如下。

---

① https：//my. oschina. net/apdplat/blog/420370；https：//my. oschina. net/apdplat/blog/420720；http：// blog. csdn. net/yzzky/article/details/49252509.

　　根据处理的问题与答案的形式不同，问答系统可以分为两类：（1）面向特定任务的问答系统，比如机票预订对话系统；（2）开放领域（Open-Domain，也称不限定领域）的问答系统，比如聊天机器人。

　　在面向特定任务的问答系统中，系统需要回答的问题是关于特定事实的，比如"首都国际机场在哪里？"，或者是具有专业性的，比如"霍乱具有什么症状？"。

　　开放领域的问答系统，可以进一步细分为如下几类：（1）能够处理事实问题的问答系统。这类系统从若干文献构成的集合中抽取文本片段作为答案。（2）能够从不同文献中融合出答案的问答系统。这类系统能够提取散落在若干文献中的局部的信息，然后形成一个融合的答案。（3）具有推理能力的问答系统。这类系统需要在不同的文本片段中找出答案，用简单的推理形式，找出问题与这些答案之间的关系，把它们关联起来。有些问答系统具有类比推理的能力。比如，"安然公司遇到了什么麻烦？"要回答这个问题，需要从各种文本中提取证据的碎片，然后进行类比推理，构造出答案。（4）交互式问答系统。这类问答系统使得人与计算机之间可以进行交互。计算机也可以提出问题，它能够在前期与用户互动形成的情境的基础上提出新问题，而不是提出一些孤立的问题。

　　2011 年 12 月，IBM 的人工智能计算机系统 Watson，在电视智力问答游戏节目《危险边缘》（Jeopardy!）中战胜两位人类选手，获得第一名，轰动业界。Watson 是一个不限定领域的高级问答系统，它的工作过程分为两个阶段：（1）首先，Watson 需要针对一个主题（Subject）进行学习：工程师把与该主题相关的文档装载到 Watson 系统中，包括 Word 文档、PDF 文件、网页等，同时提供一些"问题/回答"示例给 Watson，在该主题上对 Watson 进行训练。（2）Watson 回答用户提出的问题：当用户提出问题，Watson 开始分析和理解该问题，并且搜索大量的文档（上百万级），找到上千个备选答案。然后它收集证据，并且用一个评分（Scoring）算法，对这些证据进行评分。最后基于这些证据评分，对所有备选答案进行排序，选出最优的答案返回给用户。

　　传统的基于知识（Knowledge-Based）的问答系统，根据领域知识和问题的逻辑表示，试图证明某个答案是正确的，然后返回。这类问答系统的主要缺点包括：（1）它需要大量的人力去获取知识，并且对知识进行编码，以便计算机程序能够理解和使用这些知识。（2）这类系统缺乏深入理解以自然语言表达的问题的能力。要利用经过编码的知识回答问题，这是必要的前提条件。在特定领域，这类问答系统能够获得非常高的准确率，但是对于开放领域的问题，则显得力不从心。

　　IBM 在传统的基于知识的问答系统技术的基础上，应用了先进的自然语言处理、信息检索、知识表示和推理、机器学习等技术，研发了 DeepQA 核心技术。Watson 使用该核心技术，在问答中完成假设生成（Hypothesis Generation）、大量证据的收集（Massive Evidence Gathering）、证据的分析和评分（Analysis and Scoring），最后给出系统认为最优的答案。

　　除了 Watson 问答系统，还有很多开源和商用的问答系统。开源的问答系统有 Question Answering System（Java）、OpenEphyra（Java）、Watsonsim（Java）、YodaQA（Java）、OpenQA（Java）。商用系统有 START、Apple Siri、Wolfram｜Alpha、

Evi、微软小冰、Magi Semantic Search 等。[①]

其中，Question Answering System 是一个用 Java 语言实现的人机问答系统，它能够自动分析问题并给出备选答案。目前它支持五种问题类型（意味着答案类型），包括人名、地名、机构名称、数字、时间等问题类型。它的工作过程是：（1）判断问题类型，目前它使用模式匹配的方法来实现，将来会支持更多的方法，比如朴素贝叶斯分类器等。（2）提取问题关键字。（3）利用问题关键字搜索多种数据源，数据源包括人工标注的语料库，以及谷歌、百度等搜索引擎的搜索结果。（4）从搜索结果中根据问题类型（意味着答案类型）提取备选答案。（5）结合问题以及搜索结果对备选答案进行打分。（6）返回得分最高的前 N 项（Top N）备选答案。

Question Answering System 系统包含四个主要模块，具体如下：（1）证据获取：从本地数据库或互联网上获取支撑问题的证据。若本地数据库存储有该问题的证据，则直接返回这些证据。否则，利用搜索引擎（如百度、谷歌）从互联网上抓取与该问题相关的网页，并抽取出其中的正文作为该问题的支撑证据。（2）证据评分：采用了基于词频的、基于 Bigram 的和基于 Skip-Bigram 的三种评价方法，以及基于这三种方法加权的组合方法，评价不同证据对问题的支撑度。（3）问题分类：该系统可识别的问题类别包括人名、地名、机构名、数字、时间、定义和对象七类（目前暂时仅支持前五类），并预先定义这几类问题的匹配模式。对问题所属的类别进行判定。分类过程为：1）提取问题的模式。2）和预定义的问题类型模式进行正则匹配。这些模式可以分为三大类，包括直接匹配模式、基于问题分词的词与词性的匹配模式和基于问题主谓宾的词与词性的匹配模式等。在建立模式之后，先按选定的某类模式提取问题的模式，再与所有问题类型模式进行正则匹配，最后将得票最多的类型作为问题的类型。3）根据匹配的结果确定问题的类型。（4）备选答案评分：评价备选答案的可信度。评分过程为：1）根据问题类型确定答案类型，然后从证据词集中筛选出命名实体标记与答案类型一致的词，作为备选答案。2）针对每个备选答案，利用评分模型进行打分。系统包含了七个评分模型，包括基于词频的、基于词距的、基于最短词距的、基于文本对齐的、基于宽松文本对齐的、基于回带文本对齐的和基于热词的模型[②]，以及一个组合模型（前七个模型的线性加权）。在组合模型的打分过程中，每类评价方法都有一个权值。备选答案的得分，是这些评价方法的评分与评价方法权值的乘积的和。

Question Answering System 系统的证据及备选答案评分模型，参考了 IBM Watson 系统的"文本证据收集与分析"方法。该系统的文本预处理（包括分词、词性标注及依存句法分析）功能，则使用开源工具 Stanford-Parser-3.3.1 来实现。

上文主要介绍了检索式问答系统，除此之外还有社区问答系统、基于知识库的问答系统等不同类型。社区问答系统包括 Yahoo! Answers、百度知道等。社区问答的核心问题，是从大量历史"问题-答案对"中，找出与用户问题语义相似的历史问题，将其答案返回给用户；传统的信息检索模型比如向量空间模型在这里可以得到应用。

---

① 　https://github.com/ysc/QuestionAnsweringSystem.
② 　关于这些模型的详细信息，请参考相关资料。

检索式问答系统和社区问答系统，都是基于关键字匹配和浅层语义分析技术返回问题答案，难以实现知识的深层次逻辑推理。基于知识库的问答系统，可以根据用户问题的语义在知识库中查找、匹配、推理出恰当的答案；它需要大型知识库（知识图谱）的支持。

5. 从问答系统到对话系统

获取高质量信息是人们的重要诉求。人们有赖于准确、全面、深入、实时的信息进行判断和决策。但是，人的记忆能力和查找信息的能力是有限的，计算机在这方面有很大的优势。

对话系统比问答系统更进一步，它在和人的多轮交互中不断了解人们的信息需求，利用计算机强大的信息存储和分析能力理解数据，把数据（信息）和人连接起来，把人们需要的信息进行整合呈现。目前，对话系统包括基于检索的（单轮）对话系统和基于生成的（多轮）对话系统等。多伦对话系统即聊天机器人，如苹果 Siri、微软小冰等。

虽然目前问答系统取得了较大的进步，但是实现自然的人机对话还有很长的路要走。在人类对话过程中，一句话表达的信息很多，包括对话者之间的关系、对话者的世界观、通过语音和表情表达的情绪等；一句话的具体意思，还跟对话者所处环境，以及对话的过程有关。

7.3　文本分析可视化

7.3.1　标记云

标记云（Tag Cloud，也称为词云（Word Cloud）），是常用的文本数据可视化的一种形式，一般用来对自由文本里的词汇进行可视化。Tag Cloud 显示的单元一般是一个个单词（也称标记，也可以是一个个短语），每个标记（Tag）的重要性（比如频率）通过大小或者颜色来进行区分。Tag Cloud 可以使得用户迅速对文本里最重要最突出的单词获得一个直观的感受。

Tag Cloud 可以和话题建模技术组合，即首先对一个文档集进行话题建模，把文档划分到不同话题，然后对每个话题的文档子集提取重要的 Tag，再把这些 Tag 在一个 Tag Cloud 里面展示，颜色表示不同的话题，大小表示重要性。

Wordle 网站（http：//www. wordle. net/）提供了免费的词云生成功能，图 7 - 34 是基于 1 000 个文档生成的词云。

7.3.2　词共现分析与可视化

词共现分析（Co-Word Analysis），指的是对文章的段落、语句里面每对词汇的共现（Co-Occurrence）进行统计，记录其共现的频率，然后进行后续分析。对要研究的词汇列表，可以记录每对词的共现频率，并记录在一个矩阵 C 里。C_{ij} 表示 Word$_i$ 和

图 7 - 34　词云实例

Word$_j$的共现频率，这些频率可以进行规范化处理，称为共现系数（Coefficient）。

在此基础上，可以使用凝聚层次聚类算法、多维尺度分析方法及社交网络社区检测方法（Community Detection）进行分析。（1）凝聚层次聚类算法，首先把每个词汇看作一个类簇，然后不断地合并两个最相似的类簇，直到指定的类簇个数，从而把词汇放到不同的类簇中。（2）多维尺度分析方法是一种降维方法，它把高维空间的向量映射到低维（比如二维、三维）向量，并且保持低维空间中向量间的距离，和高维空间中对应向量间的距离保持一定比例，方便可视化和观察。（3）社交网络社区检测方法把词汇看作图的节点，词汇间的共现系数决定节点间的连接的强度，这些词汇构成一个带权重的无向图（Weighted Undirected Graph）。利用社交网络社区检测方法可以把词汇划分到不同的社区，进而观察和分析。图 7 - 35 是利用社交网络社区检测算法对词汇的社交网络进行分析的结果。

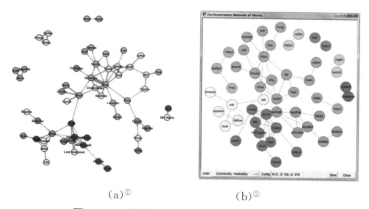

(a)[1]　　　　　　　　　(b)[2]

图 7 - 35　社交网络社区检测算法分析结果

图 7 - 36 是利用文本分析软件 KH Coder 制作的多维尺度分析方法结果的三维可视化效果。[3] 这些单词的距离，是通过分析一系列句子里面的各个单词的远近来确定的。

---

① 　https：//sites. google. com/site/casualconc/.

② 　http：//khc. sourceforge. net.

③ 　关于多维尺度分析，请参考"数据的深度分析（上）（下）"。

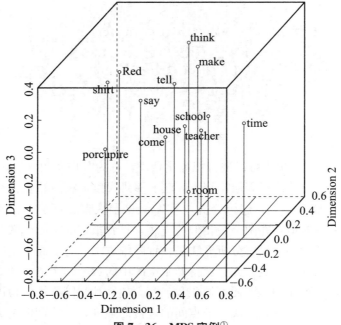

图 7 - 36　MDS 实例①

　　KH Coder（https：//khcoder.net/en/）是一款免费的内容分析和文本挖掘软件
（Content Analysis & Text Mining）。它能够处理日语、英语、法语、德语、意大利语、
葡萄牙语以及西班牙语等不同语言的文本。KH Coder 可以实现 KWIC 分析（Key-
words in Context）、搭配统计分析（Collocation Statistics，Term 之间带顺序关系）、共
现网络分析（Co-Occurrence Network，Term 之间不带顺序关系）、SOM 分析（Self-
Organizing Map）、多维尺度分析、聚类分析、社区检测、对应分析等。

　　除了上述实例，其他文本分析结果可视化实例包括情感分析可视化、话题分析可视
化、聚类分析可视化等。图 7 - 37 和图 7 - 38 分别是情感分析可视化和话题分析可视化
的实例。

　　图 7 - 37 显示的是关于大峡谷（Great Canyon）的网络推文里体现的情感随时间变
化的趋势。x 轴显示时间刻度，y 轴叠加显示各类情感的比例。

　　图 7 - 38 显示 1790—2014 年美国年度国情咨文（Annual State of the Union Ad-
dress，SOU）的主题变迁，x 轴表示各个年度，y 轴表示各个年度 SOU 讨论各个话题
（Discourse Cluster）的比例，虚线表示不同的历史时期。

　　图 7 - 39 是文本可视化软件系统 TIARA 的话题分析结果的可视化效果。从文本集
分析得到的话题，用堆叠的河流（Stacked River）的形式展示出来。河流的宽度对应每
个话题的相对权重（或者强度（Strength）），每个话题的 Top-K 关键字也显示在各个话
题的河流中。

---

①　https：//khcoder.net/en/gallery/pages/image/imagepage9.html.

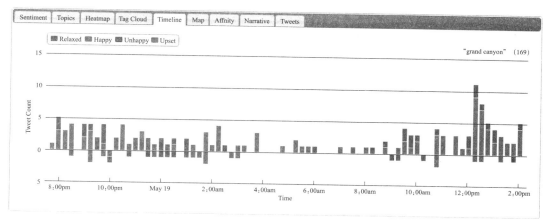

图 7 - 37　情感分析可视化①

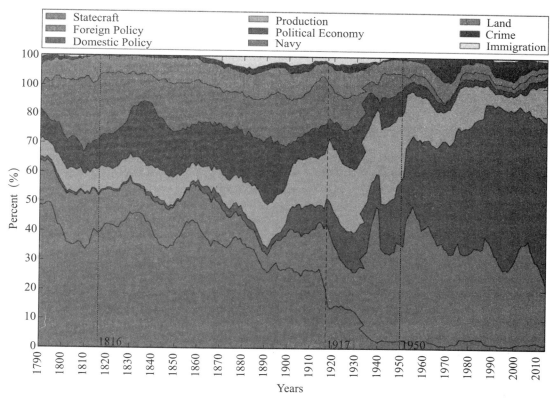

图 7 - 38　话题分析可视化②

① https：//www.csc.ncsu.edu/faculty/healey/tweet _ viz/.
② http：//www.pnas.org/content/112/35/10837.

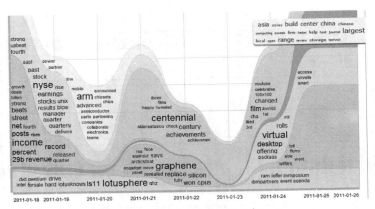

图 7－39　TIARA 话题分析可视化①

7.4　文本分析软件和工具

7.4.1　Stanford NLP

　　斯坦福大学的 Stanford NLP（https：//nlp. stanford. edu）团队把他们的自然语言处理软件开源出来，供研究人员使用。这些工具采用了基于规则的方法、统计分析方法及深度学习方法，解决常见的自然语言处理问题。Stanford NLP 使用 Java 语言编写，同时提供了其他语言的接口，包括 Python、Ruby、Perl、JavaScript、F♯等语言编写的程序，都可以调用该工具软件的功能。目前，Stanford NLP 已经被工业界、学术界及政府部门所采用。

　　Stanford NLP 提供了句子切分、分词、语法树分析以及词性标注、命名实体识别、关系抽取、指代消解、情感分析及文本分类等功能。其中，文本分类器把文本数据划分到预先指定的 K 个类别中的某一个类别。该分类器是一个最大熵分类器，它是一个概率分类器，能够给出某个文本数据在各个类别上的软分类。

7.4.2　OPEN NLP

　　Apache 开源项目 OpenNLP（https：//opennlp. apache. org/）是一个基于机器学习技术的软件库，用于自然语言处理。OpenNLP 支持最常见的自然语言处理任务，包括句子切分、分词、语法解析、词性标注、命名实体识别、指代消解、文本分类等。

　　这些基本任务用于构建更加复杂的文本分析程序。为了实现这些任务，OpenNLP使用了包括最大熵、基于感知机的机器学习等先进的算法。

　　OpenNLP 的目标，一方面是创建成熟的软件库，完成上述任务；另一方面是提供

①　http：//cgcad. thss. tsinghua. edu. cn/shixia//talk/Visual％20Text％20Analytics-PacificVis-2012. pdf.

大量的预训练模型，方便用户使用这些模型加速文本分析应用程序的开发。

7.4.3 LingPipe

LingPipe（http：//www.alias-i.com/lingpipe-3.9.3/）是 Alias 公司开发的一款自然语言处理开源软件包，使用 Java 语言进行开发。它提供了详细的文档，并提供大量经过预先训练的模型，方便用户使用。LingPipe 提供丰富的功能，包括语言标识、句子检测、词性标注、聚类、主题分类、情感分析等。LingPipe 支持中文分词功能（Chinese Word Segmentation），方便中文信息的处理。

在命名实体识别方面，LingPipe 提供三类技术：基于正则表达式的命名实体识别、基于字典的命名实体识别以及基于统计模型的命名实体识别。基于正则表达式的命名实体识别找出文本中符合正则表达式的符号、单词或者短语，一般用于邮件地址、数值、货币等实体的识别。基于字典的命名实体识别利用一个字典（字典里包含<短语、类别>列表）找出文本里匹配的单词或者短语，一般用于人名、地名的识别。基于统计模型的命名实体识别则事先利用标注语料训练一个模型，然后用这个模型去预测新文本里的单词或短语的类别，这些单词或短语有可能在训练集里并没有见过。

7.4.4 GATE

GATE（https：//gate.ac.uk/）是 General Architecture for Text Engineering 的缩写，它是文本信息抽取和处理的开放式软件框架。GATE 为用户提供图形化的开发环境，被许多自然语言处理项目尤其是信息抽取项目所采用。目前，已经应用 GATE 的自然语言处理应用程序种类繁多，包括 Web 信息挖掘、信息抽取、语义标注、癌症研究、药物研究、招聘、客户情感分析等。

GATE 是一个开放的软件架构。它有三个主要目标：首先，它为自然语言处理提供一个基础框架；其次，它提供可以重用的组件，嵌入到不同的应用程序中使用；最后，它提供一个开发环境，为自然语言处理软件的研究者和开发者提供便利的图形化环境，进行可视化开发和调试。

自然语言处理的功能被分解成几种主要类型的组件（Component，也称为资源（Resource））。GATE 组件有三种类型，具体形式为 Java Bean。这三种类型是：（1）语言资源（Language Resource，LR），包括词典、文档集或本体库等。（2）处理资源（Processing Resource，PR），是执行某种功能的软件模块，比如各种解析器、生成器及 N-Gram 模型等。（3）可视化资源（Visual Resource，VR），是图形用户界面上的可视化组件或者可以编辑的用户界面控件。

所有的资源（组件）打包成 Java 归档文件（Jar），附带 XML 配置信息。集成到 GATE 平台的一批资源（组件），也称为 CREOLE（a Collection of Reusable Objects for Language Engineering）。

GATE 平台已经包含常用的自然语言处理的数据和算法组件（资源），包括文档、文档集及各种标注，信息抽取和语言分析的组件，以及数据可视化和可以编辑的用户界面控件，方便用户使用。

7.4.5 UIMA

Apache UIMA（https：//uima.apache.org/）是 Apache 软件基金会对 UIMA 规范的开源实现。UIMA 是 Unstructured Information Management Applications 的简称，指的是分析大规模非结构化信息以发现知识的软件系统。比如，有的 UIMA 软件从文本中标定各类实体，包括人物、地理位置、组织等，或者标定各种关系，比如人物和组织的"为其工作"的关系等。这里的非结构化信息不仅包括文本，还包括音频、视频等信息。

Apache UIMA 是一个软件框架，它把非结构化信息的处理功能分解成一系列的组件，这点和 GATE 的策略是类似的。软件框架负责管理和运行这些组件，以及组件间的数据交换。组件可以用 Java 或者 C++语言来编写。系统已经提供了分词、命名实体识别、词性标注等组件，方便用户调用。用户也可以按照规范自己编写各种特殊用途的组件。

UIMA-AS 和 UIMA-DUCC 是 UIMA 的附加组件。通过 UIMA-AS，可以实现基于消息队列（Java Messaging Services，ActiveMQ 等）的系统扩展。通过 UIMA-DUCC，则可以把 UIMA 应用程序的处理流水线扩展到集群环境上运行。

7.4.6 WordNet 和 SentiWordNet

WordNet（https：//wordnet.princeton.edu/）是普林斯顿大学的计算机科学家、语言学家和心理学家共同设计的英语词典。它把单词按照语义组织成一个单词的网络。名词、动词、形容词和副词，各自被组织成一个同义词的网络。每个同义词集合（Synset）都代表了基本的语义概念。这些集合间有各种连接关系。主要的关系包括上下位关系、整体部分关系、一词多义、同义关系等。

SentiWordNet（https：//github.com/aesuli/SentiWordNet）是一部词典，用于情感分析和观点挖掘（Opinion Mining）。它为 WordNet 的每个同义词集合（Synset）赋予了三个情感打分信息，包括正面情感评分（Positivity）、负面情感评分（Negativity）以及客观评分（Objectivity）。

7.4.7 NLTK

NLTK 是使用 Python 语言编写的自然语言处理软件库。对 NLTK 的介绍请参考本书在线资源"Python 入门"一章。

本章要点

1. 文本分析的意义。

2. 文本分析的困难、主要任务，以及步骤。

3. Part-of-Speech Tagger。

4. 文本索引和检索的向量空间模型及 TF-IDF 方法，词向量相关技术。

5. 文本分类及主要方法。

6. 情感分析及主要方法。

7. 文档聚类及主要方法。

8. 文档摘要及主要方法。

9. 主题抽取及主要方法。

10. 命名实体识别/事实抽取/概念抽取和关系建模及主要方法。

11. 话题检测与追踪，首次报道检测任务。

12. 突发检测算法。

专有名词

词项频率–逆文档频率 （Term Frequency-Inverse Document Frequency，TF-IDF）

潜在语义分析 （Latent Semantic Analysis，LSA）

奇异值分解 （Singular Value Decomposition，SVD）

多维尺度分析方法 （Multidimensional Scaling，MDS）

主成分分析 （Principal Components Analysis，PCA）

基于概率的潜在语义分析模型 （Probability Latent Semantic Analysis，PLSA）

隐含狄利克雷分布模型 （Latent Dirichlet Allocation，LDA）

第 8 章

社交网络分析

8.1 简　介

社交网络由节点和连接（Ties）构成。在本书中，社交网络有广义和狭义之分。广义的社交网络泛指一切人、物或者概念构成的关系网络，社交网络分析等同于图数据分析；狭义的社交网络特指人与人之间的社交关系构成的网络。

节点指的是网络里的行动者（Actor），连接则表示这些行动者之间的关系。社交网络可以表达个人之间、团队之间、组织之间、计算机之间、网页（URL 网络地址）之间以及其他各种实体之间的关系。这些实体也可以是一些概念。社交网络可以绘制成一张图，而图论是社交网络分析的基础。

在本章中，根据论述的需要，"节点""顶点""行动者"可以互换使用，"边""连接""链路"可以互换使用，"图""网络""社交网络"也可以互换使用。

根据节点间的关系是单向的还是双向的，社交网络分为两类：无向（Undirected）社交网络和有向（Directed）社交网络。根据节点间的关系是有强度的还是没有强度的，社交网络分为有权重（Weighted）的社交网络和没有权重（Unweighted）的社交网络。这个权重在实际应用中代表不同的意义。比如在通信网络中，可以表示网络设备之间的链路的传输速率。

需要注意的是，这两个分类角度不是互斥的，即它们是可以组合的。比如在无向的有权重的社交网络中，节点之间只要有连接，就可以双向互相寻访得到，其连接是有权重的。图 8-1 展示了社交网络的基本类型。其中，图 8-1（b）是一个有向图，对于 A 节点来讲，它和 B、C 都有连接，连接的方向是 A→B、A→C，对于 C 来讲，它和 A 与

B 都有连接，连接方向是 A→C、B→C。一个节点的连接数称为一个节点的度（Degree），根据方向进一步划分为出度（Out Degree）和入度（In Degree）。A 节点的度为 2，出度为 2，入度为 0；C 节点的度为 2，出度为 0，入度为 2。

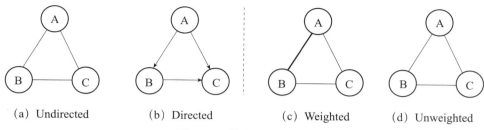

| (a) Undirected | (b) Directed | (c) Weighted | (d) Unweighted |

图 8-1　社交网络的类型

　　社交网络分析，是对社交网络里面的实体之间的关系、信息在实体之间的流动等方面进行度量和分析，使人们获得对整个网络的理解。社交网络分析的结果，以可视化的方式展示，方便人们观察。比如把社交网络上的社区检测结果显示出来时，不同社区的节点用不同的颜色/灰度来表示，如图 8-2 所示。

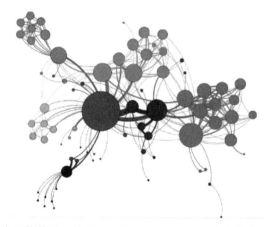

图 8-2　社交网络的社区检测和可视化（不同颜色/灰度代表不同社区）①

　　社交网络可以使用三种方式进行表示（Representation），分别是邻接矩阵（Adjacency Matrix）、边列表（Edge List）、邻接关系列表（Adjacency List）。

　　图 8-3 为一个简单的有向图，它的三种表示方式如表 8-1 所示。

　　图 8-3 的邻接矩阵表示如表 8-1 的第一列所示。邻接矩阵的 $<i, j>$ 元素为 1，表示存在第 i 个节点到第 j 个节点的连接关系。如果是有向图（社交网络），$<i, j>$ 和 $<j, i>$ 元素表示不同语义；如果是无向图，$<i, j>$ 和 $<j, i>$ 的取值相同，邻

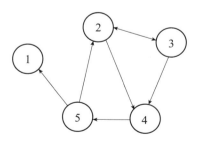

图 8-3　一个简单的有向图

接矩阵将是一个对称矩阵。

表 8 - 1 （有向）图的表示

邻接矩阵	边列表	邻接关系列表
$\text{ADJ} = \begin{bmatrix} 0 & 0 & 0 & 0 & 0 \\ 0 & 0 & 1 & 1 & 0 \\ 0 & 1 & 0 & 1 & 0 \\ 0 & 0 & 0 & 0 & 1 \\ 1 & 1 & 0 & 0 & 0 \end{bmatrix}$	2, 3 2, 4 3, 2 3, 4 4, 5 5, 1 5, 2	1: 2：3 4 3：2 4 4：5 5：1 2

图 8 - 3 的边列表表示如表 8 - 1 的第二列所示，即把每条边的起始节点 ID 和终止节点 ID 列出来。图 8 - 3 的邻接关系列表表示如表 8 - 1 的第三列所示，每个节点 ID 后边跟着从该节点出发直接可到达的节点的 ID 列表。

8.2 社交网络分析的应用

在现实世界中，大型社交网络无处不在，表达各式各样的关系，比如国家之间的贸易关系、论文引用关系以及共同作者（Co-Authorship）关系、电话呼叫关系、蛋白质交互关系、不同城市的航班关系、亲属关系、朋友关系（包括网络关系）等。

社交网络分析的应用非常广泛，对上述关系构成的网络进行分析使得我们获得对网络的微观、中观、宏观等层次的理解。广义的社交网络分析即图数据分析，在社交网络分析（狭义）、谣言传播分析、疾病传播分析、城市交通优化、金融风险评估、商品推荐等方面有广泛的应用。比如，在社交网络分析（狭义）方面，可以实现用户画像、好友推荐、社区挖掘、寻找网络大 V（在信息传播中具有较大影响力的节点）等。

又比如，在经济活动中，利用社交网络分析，可以有效地进行市场营销（Marketing）、在线广告投放（Online Advertising）、风险管理（Risk Management）、信用卡团伙欺诈检测（Fraud Detection）和基于社交网络的推荐等。

在市场营销方面，可以通过社交网络分析预测客户的流失（Customer Churn）和发动市场营销活动（Marketing Campaign）。通过社交网络分析，可以对客户进行划分，了解每个客户群组（Group）的行为特点，群组的特点有可能和客户的流失率相关。我们可以基于这些分析结果，预测和避免客户流失。在发起市场营销活动之前，如果能够了解到每个客户群组里具有较大影响力的客户（Influencer，也称为关键客户），就可以针对这些客户展开营销（包括老产品和新产品），通过他们影响其他群组成员，以达成购买。在风险管理方面，以股票为例，可以把股票组织成一个社交网络，用股票之间的价格变化的相似性定义股票之间的连接，利用社区检测算法，把股票划分成多个群组。从每个群组里面选择股票，构造多样化（Diversified）的投资组合，从而避免一荣俱荣、一损俱损的投资状况发生。

8.3　社交网络分析方法

8.3.1　网络的一些基本属性

对于社交网络，我们首先关注的是整个网络的规模，即网络包含多少个节点（Number of Nodes）、多少条边（Number of Edges）等。

除了这两个简单指标，还需要计算一些关键的指标，用于对整个网络的把握。这些指标的具体解释如下。

1. 平均的度

平均的度（Average Degree）表示整个网络中，每个节点平均有多少条边。换句话说，就是每个节点平均和多少个节点有关系。其计算公式为：

$$D_{avg} = (\sharp \text{ of Edges}) / (\sharp \text{ of Nodes})。$$

2. 直径

要了解社交网络的直径（Diameter），需要先了解一个重要的指标，即测地距离（Geodesic Distance）。这个距离指的是两个节点间的最短路径（Shortest Path）上的连接的数量，也就是边的数量。

任意两个节点间，比如从节点 i 到节点 j 可能有多条路径。路径的长度定义为从节点 i 到节点 j 的连接的数量，也就是边的数量。在这些路径中，其中有一条或者若干条路径是最短的，称为最短路径或者测地距离。比如在图 8-4 中，从节点 A 到节点 D，可以有 ABD、ABCD、ACD、ACBD 等路径，其中 ABD 和 ACD 的路径长度都是 2，是这些路径里最短的。寻找最短路径的算法将在 8.3.4 小节中介绍。

网络的直径指的是在社交网络中，任意两个节点间的测地距离的最大值。网络的直径给我们一个直观的把握，到底网络有多"大"，也就是从网络的一侧到另外一侧，最多需要经过多少个节点间的连接。比如图 8-4 中的社交网络，其直径为 2。

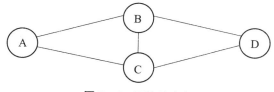

图 8-4　网络的直径

人们也可以使用网络的直径作为一个上界，在我们从某个节点开始探索（Exploration）网络的时候，限定需要走过的最大的节点间连接的数量。

3. 平均路径长度

网络的平均路径长度（Average Path Length），指的是任意两个节点间的最短路径长度的平均值。它的计算公式为：

$$l = \frac{1}{N(N-1)} \sum_{i \neq j} d_{ij}$$

式中，d_{ij} 为节点 i 和节点 j 之间的最短路径长度；N 为网络的节点数量。

4. 网络密度

网络密度（Network Density）描述的是在所有可能的连接里，有多大部分是实际存在的。所谓"可能的连接"（Potential Connection），是指的是网络上两个顶点之间可能存在的连接，不管它是否真的存在。而"真实的连接"（Actual Connection）则是真实存在的连接。

为了对网络密度有个直观的理解，这里举两个例子。在家庭聚会中，对于所有可能的连接，两个聚会成员之间真实存在互相"认识"的关系，在这个网络中，网络密度是相当高的。在一辆公共汽车上，两个乘客之间互相"认识"的可能性是非常低的，于是，在这个网络中，网络密度是比较低的。

从网络密度的定义可以看出，通过把实际存在的连接除以可能的连接数量，就可以计算出网络密度。如果网络是无向图，可能的连接数量就是 $N \times (N-1)/2$，N 为顶点数。以下是几个简单的实例。

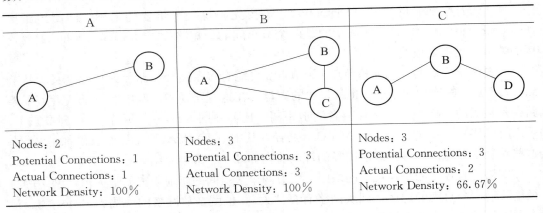

A	B	C
Nodes：2	Nodes：3	Nodes：3
Potential Connections：1	Potential Connections：3	Potential Connections：3
Actual Connections：1	Actual Connections：3	Actual Connections：2
Network Density：100%	Network Density：100%	Network Density：66.67%

5. 集聚系数

在图论（Graph Theory）中，集聚系数（Clustering Coefficient）用来刻画顶点聚集（Cluster）在一起的程度。有很多的证据显示，在现实世界的很多网络中，顶点具有形成紧密联系的群组（Tightly Knit Group）的倾向。集聚系数有两个版本，分别是全局（Global）集聚系数和局部（Local）集聚系数。

全局集聚系数基于三元组（Triplet）进行计算。三元组由互相连接的顶点构成。一个三角形包含三个封闭的三元组（Closed Triplet），分别以三个顶点为核心。全局集聚系数的计算公式为：

Clustering Coefficient = Number of Closed Triplet/Number of Triplet（Closed +Open）

比如，图 8-5 中，i-j-v 是一个封闭的三元组（Closed Triplet，Triangle），而m-v-n、i-v-m、j-v-n 等是开放的三元组（Open Triplet）。把一个社交网络中的所有开放三元组和封闭三元组都寻找出来，然后利用上述公式，就可以计算集聚系数。

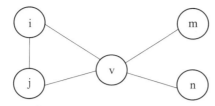

图 8-5　封闭三元组、开放三元组与全局集聚系数

局部集聚系数，描述的是某个顶点的邻居顶点多大程度上接近于形成一个完全图（Complete Graph）。假设一个社交网络表示为一张图 $G=(V,E)$，其中 V 为图的顶点集合，E 为这些顶点之间的边的集合。边 e_{ij} 连接 v_i 和 v_j 两个顶点。v_i 的近邻顶点集 N_i 是与 v_i 直接连接的邻居顶点的集合，也就是 $N_i=\{v_j:e_{ij}\in E \lor e_{ji}\in E\}$。$K_i$ 为 N_i 的顶点个数，即 $k_i=|N_i|$。

那么，有向图的顶点的局部聚集系数为 $C_i=\dfrac{|\{e_{jk}:v_j,v_k\in N_i,\ and\ e_{jk}\in E\}|}{k_i\,(k_i-1)}$。

无向图的顶点的局部聚集系数为 $C_i=\dfrac{2|\{e_{jk}:v_j,v_k\in N_i,\ and\ e_{jk}\in E\}|}{k_i\,(k_i-1)}$。

在此基础上，可以计算网络的平均集聚系数（Network Average Clustering Coefficient），这个指标可以作为全局集聚系数的一个替代指标，表示整个网络的顶点的聚集程度。其计算公式为：

$$\bar{C}=\frac{1}{n}\sum_{i=1}^{n}C_i$$

式中，n 为网络中的顶点数量。

8.3.2　复杂网络的一些拓扑特性

1. 小世界网络模型

1967 年，哈佛大学的社会心理学教授斯坦利·米尔格兰姆（Stanley Milgram）发现了六度分隔（Six Degrees of Separation）现象。"你和任何一个陌生人之间，所间隔的人不会超过 6 个。也就是说，最多通过 6 个人，你就能够认识任何一个陌生人。"这是一个非常有趣的现象。六度分隔理论说明，在社会中普遍存在"弱纽带"，这种"弱纽带"却发挥非常强大的作用，把人与人之间的距离变得非常"相近"。

其他研究者对这个问题也进行了研究。其中，瓦茨（Watts）撰写了著名的社会学和社交网络方面的著作《六度分隔：一个相互连接的时代的科学》（Six Degrees：The Science of a Connected Age）。1998 年，邓肯·瓦茨（Duncan Watts）和史蒂文·斯特罗加兹（Steven Strogatz）在《自然》杂志上发表文章，创建了 Watts-Strogatz 模型。这是一个生成具有小世界（Small World）性质的随机图（Random Graph）的生成模型，这些网络具有较短的平均最短路径长度（Short Average Path Length）和较高的集聚系数（High Clustering Coefficient）。

此外，乔恩·克莱因伯格（Jon Kleinberg）对这个问题进行了形式化，将其转换成一个可以评估的数学模型，发表在其论文《小世界现象：算法的角度》（The Small-World Phenomenon：an Algorithmic Perspective）中。在日常生活中，我们认识新朋友时常常发现大家有共同认识的人，于是感叹"世界真小"，而克莱因伯格的模型证实了这一点。

2. 幂律模型

度指的是网络中顶点与其他顶点的关系（边）的数量。网络的度分布，指的是从网络中随机抽取一个顶点时，与这个顶点相连的顶点数（该顶点的度 d）的概率分布。换句话说，就是某个网络中一个顶点拥有 k 条边（有向边和无向边）的概率 $P(k)>0$，$K=0，1，2，\cdots$。比如，对于由 n 个顶点组成的完全图，度的分布是 $d=n-1$ 的概率为 1，其余度的概率是 0。

1999 年，巴拉巴斯（Barabasi）和艾伯特（Albert）在《科学》杂志上发表文章《随机网络中标度的兴起》（Emergence of Scaling in Random Networks），指出许多实际的复杂网络其度的分布具有幂律形式。

符合幂律（Power Law）模型的度分布，指的是 $P(k)$ 具有这样的形式：$P(k)=ak^{-\gamma}$。幂律具有尺度不变性（Scale Invariance），也就是对自变量缩放一个常数 c，将引起函数值成比例的缩放。$P(ck)=a(ck)^{-\gamma}=c^{-\gamma}ak^{-\gamma}=c^{-\gamma}P(k)\propto P(k)$。图 8-6 展示了符合幂律模型的一个网络数据集（AltaVista WebGraph）的度分布图。

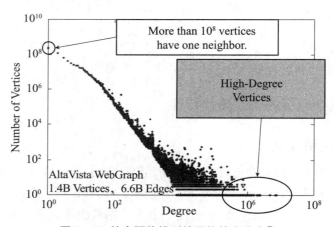

图 8-6　符合幂律模型的网络的度分布[①]

无标度网络（Scale Free Network），是指其度分布服从幂律的网络（或者至少是逼近（Asymptotically）幂律的）。上述公式中的 γ 值一般在（2，3）区间内。无标度网络中，顶点之间的连接（度数）体现严重的不均匀分布特性，网络中少数顶点拥有极多的连接，而大多数顶点只有很少量的连接。

巴拉巴斯和艾伯特给出了生成随机的无标度网络的 Barabasi-Albert 模型（Barabasi-Albert Model）。在 Barabasi-Albert 模型中，当有新的顶点加入网络中的时候，它根

---

① http：//www.graphanalysis.org/SIAM-CSE13/08 _ Guestrin.pdf.

据概率和网络中的其他顶点连接，新的顶点 X 和老的顶点 Y 相连的概率正比于 Y 的度，也就是新的顶点更倾向于连接到原本度数就很高的顶点，这种现象称为优先连接（Preferential Attachment）特性，也称为富者更富效应（Rich Get Richer），或者马太效应（Matthew Effect）。通过反复添加新节点，就能构建出一个无标度网络。

3. 其他网络模型

除了 Barabasi-Albert 模型和 Watts-Strogatz 模型，值得关注的模型还有 Erdos-Renyi 模型。[①] 1960 年，匈牙利数学家保罗·厄尔多斯（Paul Erdos）和阿尔弗雷德·雷尼（Alfred Renyi）建立了随机图理论，提出了随机拓扑模型即 Erdos-Renyi 模型。该模型一直是研究复杂网络的基本模型。

该模型以两种方式进行描述：（1）给定网络顶点总数 N，网络中任意两个顶点以概率 P 连接，生成的网络全体记为 $G(N, P)$，构成一个概率空间。由于网络中连接数量是一个随机变量 X，取值可以从 0 到 $N(N-1)/2$。可生成的不同网络的总数为 $2^{N(N-1)/2}$，它们服从二项分布。网络中的平均连接数也就是平均度为 $PN(N-1)/2$。有 n 条连接的网络数目为 $C_n^{N(N-1)/2}$。（2）给定网络顶点数 N 和连接数 n，这些连接是从总共 $N(N-1)/2$ 条可能的连接中随机选取的，生成的网络全体记为 $G(N, n)$，构成一个概率空间。可生成的不同网络的总数为 $C_n^{N(N-1)/2}$，它们出现的概率相同，服从均匀分布。

4. 连通分支/连通分量

在一个大规模网络中，并非所有顶点都连通，可能存在多个连通分支。比如在社交网络（狭义）网站中，新注册的用户还没有加好友，那么他就是一个孤立的顶点（没有和其他顶点相连）。一旦这个用户有了好友，那么他就连接到大规模的社交网络中了，不再是一个孤立的顶点。又比如，某个校园社交网络规定只能加本校的好友，不能加外校好友，那么不同学校的学生就构成一个个独立的连通分支（Connected Component）。

（1）强连通分支（Strongly Connected Component）。在一个强连通分支中，每个顶点和任意其他顶点可通过一系列有向连接（Directed Link）到达，也就是任意两个顶点之间是互相可达的，即对于任意顶点对 A 和 B，既可以从 A 到达 B，也可以从 B 到达 A。

（2）弱连通分支（Weakly Connected Component）。在一个弱连通分支中，每个顶点和任意其他顶点可以从某个方向到达，也就是两个顶点只需要有一个方向到达即可，即对于任意顶点对 A 和 B，可以从 A 到达 B，或者可以从 B 到达 A。

（3）大型分支（Giant Component）。真实网络中，通常存在一个最大的连通分支，它包含了网络中大多数的节点（比如超过 80% 的节点），这样的分支称为大型分支。在社交网络网站上的用户，一般处在一个超大的连通分支中，真正孤立的顶点或者小的连通分支所占的比例是很小的。比如，脸书的数据显示，约 99.7% 的用户处在一个超大型分支中。

---

① 读者可以参考 http://doktori.bme.hu/bme_palyazat/2012/hallgato/honlap/szabo_david_en.htm，获得对 Watts-Strogatz、Barabasi-Albert 以及 Erdos-Renyi 等网络模型的直观认识。

8.3.3 节点的中心性

中心性（Centrality）用来量化一个节点在网络中的重要性。早在 1978 年，L. C. 弗里曼（L. C. Freeman）就提出用 Degree、Closeness、Betweenness 等指标衡量社交网络节点的中心性。这些指标都是通过节点在网络中的位置（Network Location）进行评估的。通过这些指标，可以了解到在整个网络中谁是连接者（Connector）或者领导者（Leader），谁是社区之间的桥梁（Bridge）等，甚至可以在社交网络中寻找到谁是专家（Maven）。[①]

1. 度中心性

度中心性（Degree Centrality）的计算公式为：

$$C_D(v) = \frac{\deg(v)}{n-1}$$

式中，$\deg(v)$ 为节点 v 的度；n 为网络的节点数量。从公式可以看出，度中心性基于顶点的度（顶点的邻居个数）计算。度数高的顶点一般也称为 Hub 顶点，Hub 顶点对于网络信息扩散有很大帮助，它更容易充当信息交换的角色，比如无线通信中的基站、无线网络中的接入点等。

2. 接近中心性

接近中心性（Closeness Centrality）的基本思想是，如果一个顶点到其他顶点的距离都比较短，那么它处于网络的中心。接近中心性可以用节点间距离（Geodesic Distance，也就是两个节点之间最短路径中所包含的边的数目）来表征。如果一个节点到其他节点的最短路径都很短，那么该节点的接近中心性就高。接近中心性指标可以用来衡量信息从某个节点传输到其他节点需要的时间长短。接近中心性的计算公式为：

$$C_C(v) = \frac{n-1}{\sum_{t \in V \setminus v} d_G(v,t)}$$

式中，$d_G(v, t)$ 为节点 v 和节点 t 之间的最短路径；$V \setminus v$ 为集合 $V-v$。

3. 中介中心性

如果网络中的某个节点经常出现在其他节点间最短距离路径中，即其他任意两个节点间最短距离的路径上，经常包含该节点，那么该节点更有可能促进其他节点的通信和交流。

中介中心性（Betweenness Centrality）的计算公式为：

$$C_B(v) = \sum_{j \neq k \neq v \in V} \frac{g_{jk}(v)}{g_{jk}}$$

式中，g_{jk} 为节点 j 到节点 k 的最短路径；$g_{jk}(v)$ 表示经过节点 v 的节点 j 到节点 k 的最短路径。

---

① The word "maven" comes from Yiddish and means one who accumulates knowledge.

我们不仅可以针对顶点计算中介中心性，也可以针对每条边计算中介中心性。中介中心性高的顶点/边起到信息传输桥梁的作用，通常处于两个社区之间。

Kite 网络是由著名的社交网络研究专家戴维·克拉克哈特（David Krackhardt）构造的一个旨在说明重要概念和指标的虚构网络。网络结构如图 8-7 所示。

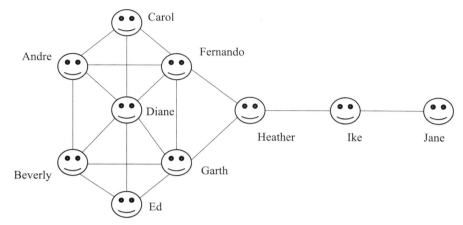

图 8-7　Kite 网络

对这个网络的各个节点的中心性进行计算，结果如表 8-2 所示。

表 8-2　Kite 网络各个节点的中心性

Degree		Closeness		Betweenness	
Diane	0.667	Fernando	0.643	Heather	0.389
Fernando	0.556	Garth	0.643	Fernando	0.231
Garth	0.556	Diane	0.600	Garth	0.231
Andre	0.444	Heather	0.600	Ike	0.222
Beverly	0.444	Andre	0.529	Diane	0.102
Carol	0.333	Beverly	0.529	Andre	0.023
Ed	0.333	Carol	0.500	Beverly	0.023
Heather	0.333	Ed	0.500	Carol	0.000
Ike	0.222	Ike	0.429	Ed	0.000
Jane	0.111	Jane	0.310	Jane	0.000

从上述中心性的计算结果可以看到，针对三个中心性的节点排名是不一样的。

首先来看度中心性。在 Kite 网络中，Diane 和其他节点有最多的连接，使得她成为网络里最活跃的节点，她是网络里的集线器（Hub）或者连接者（Connector）。人们一般认为，在社交网络里和其他节点有越多的连接意味着节点越重要。但是，这也不尽然。在上述网络中，Diane 只是和她的直接隶属的集群（Cluster）或者社团（Clique）里的其他节点有连接。然而这些节点早就互相连接在一起了。没有 Diane，他们也能够进行通信。

对于中介中心性来讲，Heather 的得分最高。Heather 处在网络中一个关键的位置上，它连接了整个网络的两个重要区域（Constituency），扮演了一个中介或者桥梁的角色。

对于接近中心性来讲，Fernando 和 Garth 的得分最高，他们拥有到达其他所有节点的最短路径。或者换句话说，他们和其他任何节点最靠近。于是这两个节点处在网络上一个绝佳的位置，他们可以监控整个网络的信息流动（Information Flow），更容易看到网络上正在发生什么事情，或者更加容易促进信息的传播，因为他们和其他节点的距离最短。一般来讲，位于网络中心的节点和其他节点的最短距离都比较小。而位于网络边缘的节点和很多节点（特别是位于网络另一侧的节点）的最短距离都比较大。接近中心性需要计算网络中任意两点间的最短距离，计算量较大。

除了上述中心性，还有随机游走中心性（Random Walk Centrality）等，由于实际应用中主要用到的是上述中心性，在此不予赘述。

不同的中心性从不同角度衡量顶点的重要性。这些中心性可以应用于景下场景：（1）在恐怖分子网络中，标定关键的行动者（Key Actor）；（2）在生物网络中（Biological Network），考察蛋白质之间的相互作用（Protein-Protein Interaction）；（3）在交通网络中（Transportation Network），标定关键的路段；（4）在社交网络（狭义）中考察疾病的传播等。

除了利用上述各种中心性来度量节点的重要性，还可以利用 PageRank 算法和 HITS 算法，评价节点的重要性。

4. PageRank 算法

谷歌早期的核心业务是搜索。谷歌能够击败其他对手成为业界的领导者，得益于它的结果排序优于其他搜索引擎。谷歌根据结果的重要性进行排序，用户需要的信息总是排在靠前的位置。在搜索结果排序中，谷歌使用了上百个（100＋）指标，其中 PageRank 扮演了重要的角色。

Web 的页面数量巨大，用户提交一个检索请求得到的结果条目非常多，达到上万甚至上百万条。好的搜索引擎必须想办法将最相关的、最重要的结果排在前面。

PageRank 算法是衡量网页重要性的算法。互联网的网页之间通过超链接（Hyper Link）形成一张网络，网络中的每个节点代表一个网页，这个网页可以通过链接指向其他网页，当然也有从其他网页指向本网页的链接。为了说明 PageRank 算法，我们使用四个网页 A、B、C、D 构成的超链接图，如图 8-8 所示。

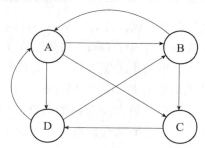

图 8-8 A、B、C、D 四个网页及其之间的超链接

对于某个网页来说，该网页的 PageRank 计算基于两个基本假设：（1）数量假设：在 Web 图模型中，如果一个页面节点接收到的其他网页指向的入链数量越多，那么这

个页面越重要。（2）质量假设：指向页面 A 的入链质量不同，质量高的页面会通过链接向其他页面传递更多的权重。所以，越是质量高的页面指向页面 A，则页面 A 越重要。利用这两个假设，PageRank 算法首先赋予所有网页相同的重要性得分，经过迭代计算，更新每个网页的 PageRank，直到得分收敛为止。

在用户浏览网页的时候，他们通过超链接实现页面跳转，于是我们可以通过分析超链接组成的拓扑图，来推算每个网页被访问的频率。最简单的做法是，当用户处在某个网页的时候，他跳转到其他网页的概率是一样的。在图 8-8 中，A 页面有超链接指向B、C、D，那么用户从 A 页面跳转到 B、C、D 的概率各为 1/3。

一般来说，假设有 N 个网页，我们可以建立一个 $N \times N$ 的矩阵，矩阵的 $<i, j>$ 元素的取值表示用户从页面 j 跳转到页面 i 的概率，该矩阵称为转移矩阵（Transition Matrix）。图 8-8 对应的转移矩阵为：

$$M = \begin{bmatrix} 0 & 1/2 & 0 & 1/2 \\ 1/3 & 0 & 0 & 1/2 \\ 1/3 & 1/2 & 0 & 0 \\ 1/3 & 0 & 1 & 0 \end{bmatrix}$$

我们给每个网页一个初始的 Rank，分别是 1/4，那么初始的 Rank 向量为 $v = [1/4, 1/4, 1/4, 1/4]^T$。

M 的第一行分别是从 A、B、C 和 D 转移到页面 A 的概率，v 的第一列（v 只有一列）是 A、B、C 和 D 当前的 Rank。因此用 M 的第一行乘以 v 的第一列，所得结果就是页面 A 最新 Rank 的一个合理估计。这里体现的思想是，一个页面的重要性由所有链向它的页面（链入页面）的重要性来决定，到一个页面的超链接相当于对该页投一票。

由此，矩阵 M 和向量 v 相乘的结果，就代表 A、B、C、D 的新 Rank。

$$Mv = \begin{bmatrix} 1/4 \\ 5/24 \\ 5/24 \\ 1/3 \end{bmatrix}$$

迭代这个过程 $v' = Mv$，即不断地用 M 乘以新的 Rank 向量，产生一个新的 Rank 向量。可以证明 Rank 向量 v 会收敛，这时迭代过程可以终止。最后，一个页面的 PageRank 由所有指向它的页面（链入页面）的重要性，经过上述迭代算法得到。

最终的 v 向量就是各个页面的 PageRank 的值。比如，上面的向量，经过几轮迭代之后，收敛到 $<1/4, 1/4, 1/5, 1/4>$，这就是 A、B、C、D 页面最后的 PageRank。

计算网页的 PageRank 算法，有一系列问题需要处理。

（1）解决 Dead End 问题。

网络中有一类节点，它们不存在外链，称为 Dead End 节点。比如图 8-9 中节点 D 就是 Dead End 节点。

在这个图中，M 的第四列将全为 0。在没有 Dead End 的情况下，每次迭代后向量 v 各项的和始终保持为

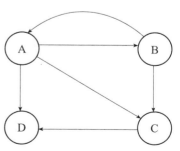

图 8-9 Dead End 节点

1，而有了 Dead End，迭代结果将最终归零。很显然，这是不合理的。

　　解决办法是不断拿掉图中的 Dead End 节点及 Dead End 节点相关的边，直到图中没有 Dead End。对剩下部分计算各个节点的 PageRank，然后以拿掉 Dead End 的逆向顺序，反推各个 Dead End 的 PageRank。

　　比如针对图 8-9，我们拿掉 D，再拿掉 C，剩下 A 和 B，此时可以很容易算出 A、B 的 PageRank 均为 1/2。按照逆序反推 C 和 D 的 PageRank，由于 C 前置节点有 A 和 B，A 和 B 的出度分别为 3 和 2，因此 C 的 PageRank 为：1/2×1/3＋1/2×1/2＝5/12。同理，D 的前置节点有 A 和 C，A 和 C 的出度分别为 3 和 1，于是 D 的 PageRank 为：1/2×1/3＋5/12×1/1＝7/12。

　　（2）解决 Spider Trap 问题。

　　假设网络中存在这样的页面，它有外链，但是这个外链指向自己，这种节点称为 Spider Trap。如果使用上述迭代算法计算 PageRank，会导致 Spider Trap 节点的 PageRank 越来越大，趋近 1，而其他节点的 PageRank 的值几乎为 0。很显然，这是不合理的。

　　为了解决这个问题，需要对 PageRank 计算方法进行平滑处理，具体做法是加入远程转移（Teleporting）。所谓远程转移，就是在任何一个页面浏览的用户，都有可能以一个极小的概率，直接转移到另外一个随机页面，这两个页面间无须存在超链接。换句话说，就是在任意时刻，用户到达某个页面后，不再从该页面的链接向后浏览的概率。迭代公式改为：

$$v' = (1-\beta)Mv + e\frac{\beta}{N}$$

式中，β 往往被设置为一个比较小的参数（0.2 或更小）；e 为 N 维单位向量（各个元素为 1）。按这个公式迭代下去，Spider Traps 效应被抑制了，从而保证每个页面都获得一个合理的 PageRank。

　　（3）话题敏感（Topic-Sensitive）的 PageRank。

　　不同用户可能对不同的话题感兴趣。话题敏感的 PageRank 预先定义几个话题类别，为每个话题单独维护一个向量，然后想办法了解用户的话题倾向，根据用户的话题倾向对结果进行排序。我们可以使用 Open Directory（DMOZ）（http：//www.dmoz.org/）的一级话题类别作为话题分类。

　　目前 DMOZ 的一级话题有：Arts（艺术）、Business（商务）、Computers（计算机）、Games（游戏）、Health（医疗健康）、Home（居家）、Kids and Teens（儿童）、News（新闻）、Recreation（娱乐休闲）、Reference（参考）、Regional（地域）、Science（科技）、Shopping（购物）、Society（人文社会）、Sports（体育）等。

　　建立了话题分类以后，需要将网页归入最合适的分类。分类方法包括自动方法，比如基于单词的 TF-IDF 分类，或者人工方法。然后分话题计算网页的 PageRank。Topic-Sensitive PageRank 的迭代公式为：

$$v' = (1-\beta)Mv + s\frac{\beta}{|s|}$$

　　单位向量 e 变为 s，s 向量表示如果某个网页在 Topic s 中，则 s 中第 k 个元素为 1，

否则为 0。每一个 Topic 都有一个不同的 s，而 | s | 表示 s 中 1 的数量。

当用户提交搜索查询的时候，程序确定用户的话题倾向，选择合适的 PageRank 向量，对网页进行排序。确定用户话题倾向的方法，包括让用户主动选择其话题倾向，或者通过跟踪用户的搜索行为建立用户画像，刻画用户话题倾向等方式。

（4）PageRank 的计算性能及其应用。

互联网的网页数量巨大，假设有 10 亿个网页，那么上述迭代算法中的 M 矩阵有 100 亿亿（10 亿乘以 10 亿）个元素，矩阵相乘的计算量非常大。拉里·佩奇（Larry Page）和谢尔盖·布林（Sergey Brin）利用稀疏矩阵计算的技巧大大地简化了计算量。

值得指出的是，PageRank 不仅用在网页重要性的排序中，也可以用于在其他网络中计算节点的重要性。

5. HITS 算法

HITS（Hyperlink Induced Topic Search）算法是康奈尔大学的乔恩·克莱因伯格博士于 1997 年提出的，是网页链接分析中非常重要的算法之一。

Authority 页面（权威页面）和 Hub 页面（枢纽页面）是 HITS 算法最基本的两个概念。Authority 页面，是指与某个领域或者某个话题相关的高质量网页。比如，在搜索引擎领域，谷歌、百度的首页就是高质量网页；在视频领域，YouTube、优酷、土豆等视频网站的首页就是高质量网页。Hub 页面，指的是包含了很多指向高质量 Authority 页面链接的网页。

HITS 算法的目的，是通过一个迭代计算过程，在海量的网页中，找到和用户查询相关的高质量的 Authority 页面和 Hub 页面。其中，Authority 页面包含能够满足用户查询的高质量内容。搜索引擎以这些网页为搜索结果，返回给用户。HITS 算法的基本思想是，Authority 页面和 Hub 页面具有相互增强的关系：一个好的 Authority 页面会被很多好的 Hub 页面指向；一个好的 Hub 页面会指向很多好的 Authority 页面。

算法的执行过程包括三个步骤，分别是构造根集合、扩展根集合，以及迭代计算扩展集合 Base 中所有页面的 Authority 和 Hub 得分。

（1）构造根集合。

将查询 Q 提交给基于关键字查询的检索系统，从返回结果页面集合中取前 n（比如 $n=200$）个页面，作为根集合（Root Set），记为 Root。由此可见，Root 中的页面数量较少，这些页面是和查询 Q 相关的页面，Root 中包含较多的 Authority 页面。这些页面以及页面之间的链接关系构成了一个有向图 G（V，E）。

（2）扩展根集合。

在根集合的基础上，对页面集合进行扩充，构造集合 Base。扩充过程描述如下：凡是与根集合内页面有直接链接指向关系的页面都被扩充到集合 Base。也就是无论是有链接指向根集合内页面，还是根集合页面有链接指向的页面，都被扩充到扩展页面集合 Base 里。HITS 算法将在这个扩展页面集合内寻找好的 Hub 页面与好的 Authority 页面。

（3）迭代计算扩展集合 Base 中所有页面的 Authority 和 Hub 得分。

```
a₀ = 1, h₀ = 1 //a, h 为向量,各个元素初始化为1,分别对应一个网页的 a 得分和 h 得分
t = 1 //迭代时间步为1
do
{
  For each v in V
  {
```
$$a_t(v) = \sum_{<u,v>} \in Eh_{t-1}(w)$$
$$h_t(v) = \sum_{<u,w>} \in Ea_{t-1}(w)$$
```
    a_t = a_t / | a_t |
    h_t = h_t / | h_t |
    t = t + 1
  }
} while( | a_t - a_{t-1} | + | h_t - h_{t-1} | > ε)
Return(a_t, h_t)
```

图 8-10 给出了迭代过程中某个页面的 Hub 得分和 Authority 得分的更新方式。假设以 $A(i)$ 代表网页 i 的 Authority 权值，以 $H(i)$ 代表网页 i 的 Hub 权值。比如，在扩展网页集合中，有 3 个网页有链接指向页面 1，同时页面 1 有 3 个链接指向其他页面。那么网页 1 在此轮迭代中的 Authority 权值即为所有指向网页 1 页面的 Hub 权值的总和；类似地，网页 1 的 Hub 权值即为它所指向的页面的 Authority 权值的总和。

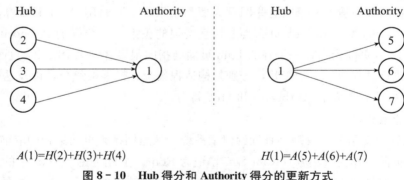

$$A(1)=H(2)+H(3)+H(4) \qquad H(1)=A(5)+A(6)+A(7)$$

图 8-10　Hub 得分和 Authority 得分的更新方式

HITS 算法不仅应用在搜索引擎领域，在其他领域也得到了借鉴和应用，并取得了很好的效果。当然 HITS 算法也有一些不足，这需要我们在实际应用中加以注意。这些不足包括：（1）结构不稳定。当在已有的扩展网页集合内添加或者删除个别网页，或者改变少数几个链接关系，那么 HITS 算法的排名结果就会发生较大的改变。（2）计算效率不高。HITS 算法必须在接收到用户查询后实时进行计算，此外该算法需要进行多轮迭代计算，才能获得最终结果，计算效率不高。（3）主题漂移问题。如果在扩展网页集合里包含部分与查询主题无关的页面，而且这些页面之间有较多的相互链接指向，HITS 算法很可能会给予这些无关网页很高的排名，导致搜索结果发生主题漂移。这种

现象称为紧密链接社区现象（Tightly Knit Community Effect）。（4）容易被作弊者操纵排名结果。如作弊者可以建立一个网页，页面内容包括很多指向高质量网页或者著名网站的网址，这就是一个很好的 Hub 页面，之后作弊者在这个 Hub 页面制作网页链接指向作弊网页，搭个便车，就可以提升作弊页面的 Authority 得分。

◯ 8.3.4　可达性、最短路径、最小生成树、网络主干

1. 可达性

网络里顶点之间的可达性（Reachability），指的是是否存在从一个顶点到另外一个顶点的路径。一个顶点 A 是从另外一个顶点 B 可达的，是指从 B 出发经过一系列的连接能够到达 A，而不管中间需要经过多少连接。从顶点 B 到顶点 A 的一系列连接，称为从顶点 B 到顶点 A 的一条路径（Path）。同理，从顶点 A 到顶点 B 的一系列连接，称为从顶点 A 到顶点 B 的一条路径（Path）。

如果网络对应一个有向图，那么有可能存在这样的状况，即我们可以从顶点 A 到达顶点 B，却不能从顶点 B 到达顶点 A，具体的例子包括网页中的超链接。

在实际网络中，从一个顶点到另外一个顶点，一般存在多条路径（a Number of Paths）。在从顶点 A 到顶点 B 的所有路径中，我们关注最短路径。

2. 最短路径

最短路径（Shortest Path）的概念已经在"网络的一些基本属性"一节中提及，这里介绍具体的寻找最短路径的算法。谷歌地图、百度地图、高德地图等均提供了导航功能，它们都基于最短路径算法（变种）来实现。

寻找最短路径算法最经典的是 Dijkstra 算法。该算法是典型的单源最短路径算法，用于计算一个节点到其他所有节点的最短路径。它以起始点为中心，向外层层扩展，直到扩展到终点为止。

算法的具体思路为，设 $G=(V, E)$ 是一个带权无向图，V 为顶点集合，E 为边的集合。首先，把图中顶点集合 V 分成两组，第一组为已求出最短路径的顶点集合，用 S 表示。初始时 S 中只有一个源点，以后每求得一条最短路径，就将它加入集合 S 中，直到全部顶点都加入 S 中，算法结束。第二组为其余未确定最短路径的顶点集合，用 U 表示，按最短路径长度的递增次序依次把第二组的顶点加入 S 中。在加入的过程中，有一个约束条件，即总保持从源点 v 到 S 中各顶点的最短路径长度，不大于从源点 v 到 U 中任何顶点的最短路径长度。此外，每个顶点对应一个距离。S 中的顶点的距离就是从 v 到此顶点的最短路径长度。U 中的顶点的距离，是从 v 到此顶点只包括 S 中的顶点为中间顶点的当前最短路径长度。图 8-11 为一个无向图，图中每个边上标注的数字，表示边的长度。

现在要求出从 A 到其他各个顶点的最短路径，Dijkstra 算法的各个步骤如表 8-3所示。

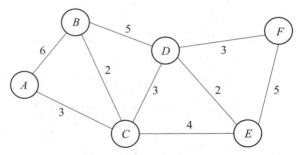

图 8－11　Dijkstra 算法实例

表 8－3　Dijkstra 算法的步骤

步骤	S 集合	U 集合
1	选择 A，$S=<A>$ 最短路径 $A{\rightarrow}A=0$ 以 A 为中间点，从节点 A 开始查找	$U=<B，C，D，E，F>$ $A{\rightarrow}B=6$ $A{\rightarrow}C=3$ $A{\rightarrow}$ 其他 U 中的顶点 $=\infty$ 发现 $A{\rightarrow}C=3$，为最短
2	选择 C，这时 $S=<A，C>$ 最短路径 $A{\rightarrow}A=0$，$A{\rightarrow}C=3$ 以 C 为中间点，从 $A{\rightarrow}C=3$ 这条最短路径开始查找	$U=<B，D，E，F>$ $A{\rightarrow}C{\rightarrow}B=5$（比第①步的 $A{\rightarrow}B=6$ 短，这时把 B 的权值改为 $A{\rightarrow}C{\rightarrow}B=5$） $A{\rightarrow}C{\rightarrow}D=6$ $A{\rightarrow}C{\rightarrow}E=7$ $A{\rightarrow}C{\rightarrow}$ 其他 U 中的顶点 $=\infty$ 发现 $A{\rightarrow}C{\rightarrow}B=5$，为最短
3	选择 B，这时 $S=<A，C，B>$ 最短路径 $A{\rightarrow}A=0$，$A{\rightarrow}C=3$，$A{\rightarrow}C{\rightarrow}B=5$ 以 B 为中间点，从 $A{\rightarrow}C{\rightarrow}B$ 这条最短路径开始查找	$U=<D，E，F>$ $A{\rightarrow}C{\rightarrow}B{\rightarrow}D=10$（比第②步 $A{\rightarrow}C{\rightarrow}D=6$ 要长，这时把 D 的权值更改为 $A{\rightarrow}C{\rightarrow}D=6$） $A{\rightarrow}C{\rightarrow}B{\rightarrow}$ 其他 U 中的顶点 $=\infty$ 发现 $A{\rightarrow}C{\rightarrow}D=6$，为最短
4	选择 D，这时 $S=<A，C，B，D>$ 最短路径 $A{\rightarrow}A=0$，$A{\rightarrow}C=3$，$A{\rightarrow}C{\rightarrow}B=5$，$A{\rightarrow}C{\rightarrow}D=6$ 以 D 为中间点，从 $A{\rightarrow}C{\rightarrow}D$ 这条路径开始查找	$U=<E，F>$ $A{\rightarrow}C{\rightarrow}D{\rightarrow}E=8$（比第②步 $A{\rightarrow}C{\rightarrow}E=7$ 要长，这时把 E 的权值更改为 $A{\rightarrow}C{\rightarrow}E=7$） $A{\rightarrow}C{\rightarrow}D{\rightarrow}F=9$ 发现 $A{\rightarrow}C{\rightarrow}E=7$ 为最短
5	选择 E，这时 $S=<A，C，B，D，E>$ 最短路径 $A{\rightarrow}A=0$，$A{\rightarrow}C=3$，$A{\rightarrow}C{\rightarrow}B=5$，$A{\rightarrow}C{\rightarrow}D=6$，$A{\rightarrow}C{\rightarrow}E=7$ 以 E 为中间点，从 $A{\rightarrow}C{\rightarrow}E=7$ 这条最短路径开始查找	$U=<F>$ $A{\rightarrow}C{\rightarrow}E{\rightarrow}F=12$（比以上第④步的 $A{\rightarrow}C{\rightarrow}D{\rightarrow}F=9$ 要长，这时把 F 的权值更改为 $A{\rightarrow}C{\rightarrow}D{\rightarrow}F=9$） 发现 $A{\rightarrow}C{\rightarrow}D{\rightarrow}F=9$ 权值最短
6	选择 F，这时 $S=<A，C，B，D，E，F>$ 最短路径为 $A{\rightarrow}A=0$，$A{\rightarrow}C=3$，$A{\rightarrow}C{\rightarrow}B=5$，$A{\rightarrow}C{\rightarrow}D=6$，$A{\rightarrow}C{\rightarrow}E=7$，$A{\rightarrow}C{\rightarrow}D{\rightarrow}F=9$	U 集合已空，查找完毕

　　寻找最短路径，除了 Dijkstra 算法，还有 Floyd-Warshall 算法。该算法是一个经典的动态规划算法，能够寻找任意两点间的最短路径，可以处理有向图或带负权的图的最

短路径问题，同时也被用于计算有向图的传递闭包。该算法的时间复杂度为 $O(N^3)$，空间复杂度为 $O(N^2)$。具体的算法流程请参考相关资料。

需要注意的是，从节点 i 到节点 j 的最短路径可能有多条。我们一般假设，所有的信息/影响力（Information/Influence）仅仅沿着最短路径流动/传播（Flow/Propagation）。但是，在实际应用中，信息的传播有可能沿着某个最短路径，也可能沿着接近最短路径的其他路径（Near-Shortest Path）。即便节点 i 和 j 是相邻的，从节点 i 到节点 j 的信息传播有可能是直达的（Direct），也可能是通过其他节点到达的（Indirect）。

3. 最小生成树

给定一个无向图，如果它的某个子图中任意两个顶点都能互相连通并且是一棵树，那么这棵树就称为生成树（Spanning Tree）。如果边上有权值，那么使得这些边的权值之和最小的生成树，即最小生成树（Minimum Spanning Tree，MST）。

MST 在交通网、电力网、电话网、管道网等网络的设计优化中均有广泛的应用；还可以用于旅行路线推荐、流感传播路径追踪等。最小生成树可以使用 Prim 算法或者 Kruskal 算法计算。下面介绍 Prim 算法，Kruskal 算法的详细信息请读者参考相关资料。

Prim 算法的原理是，从指定顶点开始，将它加入集合中。然后在集合内的顶点与集合外的顶点所构成的所有边中选取权值最小的一条边作为生成树的边，并将集合外的那个顶点加入集合中，表示该顶点已连通。继续在集合内的顶点与集合外的顶点构成的边中找最小的边，并将相应的顶点加入集合中……如此下去，直到全部顶点都加入集合中，即得到最小生成树。图 8-12（a）为一个无向图，图上包含了各条边的权重。

Prim 算法的各个步骤描述如表 8-4 所示。

表 8-4　Prim 算法的步骤

步骤	描述
1	从⓪开始，⓪进集合。在⓪与集合外所有顶点能构成的边中找最小权值的一条边。 ⓪→①的权值 6 ⓪→②的权值为 1 ⓪→③的权值为 5，所以取⓪→②边
2	②进集合，寻找⓪，②与①、③、④、⑤构成的最小边 ⓪→③的权值为 5 ②→①的权值为 5（注：在⓪→①和②→①中选择小者） ②→④的权值为 5 ②→⑤的权值为 4，所以取②→⑤边
3	⑤进集合，寻找⓪、②、⑤与①、③、④构成的最小边 ②→①的权值为 5 ②→④的权值为 5 ⑤→③的权值为 2，所以取⑤→③边
4	③进集合，寻找⓪、②、⑤、③与①、④构成的最小边 ②→①的权值为 5 ②→④的权值为 5，所以取②→①边
5	①进集合，寻找⓪、②、⑤、③、①与④构成的最小边 ①→④的权值为 3，所以取①→④边

最小生成树如图 8-12（g）所示。图 8-12（h）还显示了另外一个最小生成树，

因为在第 4 步中也可以选②→④边。

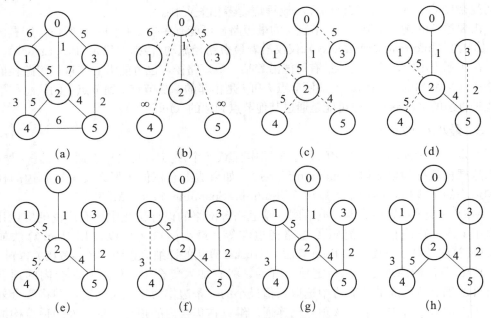

图 8-12　最小生成树构造过程

4. 网络主干（Network Backbone）

在网络的边数很多的情况下，很难对网络进行观察。对这些边进行裁剪，保留重要的边，删除一些不重要的边，对网络进行精简，有利于对网络进行观察和分析。

比如，在引文网络（Paper Citation Network）中，精简有利于我们观察到科学思想的大致传播路径。在这里，假设论文 B 引用了论文 A，表示科学思想从 A 传播到了 B。

（1）Pathfinder Network Scaling（PFNet）。

PFNet 是认知心理学家斯切文依文迪特（Schvaneveldt）等于 1990 年提出的一种结构建模（Structuring Modeling）技术。这项技术用于刻画概念之间的重要的、突出的关系。关系的强度就是概念的相似度，是认知心理学家给出的一个相似度评分。

该算法的输入是一个相似矩阵，算法对网络进行裁剪，去除多余的连接/路径。它运用欧式空间的三角不等式原理（Triangular Inequality）进行决策，即两个顶点的距离小于或者等于连接这两个顶点但是通过第三个顶点的其他路径。知识图谱分析软件 Sci2 已经集成了 PFNet 算法。PFNet 算法的具体步骤请参考相关资料。

PFNet 算法的目标是寻找最短路径，其时间复杂度较高，为 $O(n^4)$（n 是边的数量），处理大型网络时其运行时间过长。基于最小生成树的 Pathfinder 算法（MST Based Pathfinder Algorithm），把时间复杂度降低到 $O(n^2 \cdot \log n)$。该算法建立在如下的事实之上，即一个网络的所有最小生成树的并集等价于 Pathfinder 算法生成的网络。

（2）主路径分析方法（Main Path Analysis，MPA）。

1989 年，哈蒙（Hummon）和多瑞安（Doreian）首次提出了主路径分析方法，用于对 DNA 学科的引文网络进行分析，从中提取出一些起重要作用的节点。这些节点之间的连接关系代表了 DNA 学科发展过程中主要的思想传播路径。

为了进行主路径分析，需要考察顶点间连接的重要程度，一般用搜索路径数（Search Path Count，SPC）来衡量。一个连接的 SPC 值，可以由网络中从所有起点出发到所有终点结束所经过的全部路径中，穿过此连接的次数来衡量。被穿过的次数越多，即 SPC 值越大，这个连接就越重要。除了 SPC，还有节点对投影数（Node Pair Projection Count，NPPC）、搜索路径连接数（Search Path Link Count）、搜索路径节点对（Search Path Node Pair，SPNP）等衡量重要性的指标。

在引文网络的主路径分析中，需要计算一篇文章与其他文章连接的重要程度，即遍历值（Traversal Count）或遍历权重（Traversal Weight）。首先识别出源节点（数据集中没有引文的文章，如图 8-13 中的节点 1）和汇节点（数据集中没有被其他文章引用的文章，如图 8-13 中的节点 4 610）之间的所有路径。然后计算包含特定引文关系（A 引用 B）的路径数。最后用包含特定引文关系的路径数，除以从源节点到汇节点的总路径数，这个比率就是遍历权重。

有了引文的遍历权重，就可以抽取出这些连接中具有最高遍历权重的路径，形成主路径。主路径表达了某个学科领域的主要知识传播脉络，通过主路径分析可以展示出某个学科领域的知识的集成、分化等演进模式。HistCite、Pajek 等主流社交网络分析软件，都已经集成了主路径分析方法。图 8-13 是利用 HistCite 进行主路径分析的实例。

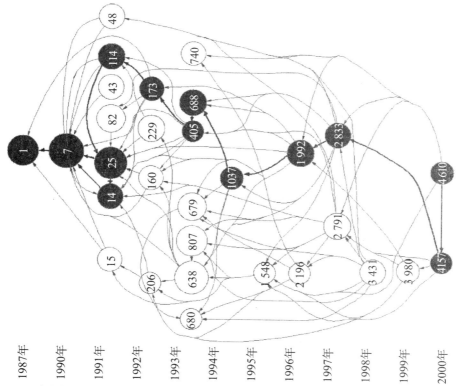

1987—2000 年间标题中包含 Fullerene（富勒烯）的文章里引用量最大的前 30 个文档集上的主路径分析结果。[①]

图 8-13 主路径分析结果

① http://leydesdorff.net/histcite/histcite.pdf；https://arxiv.org/ftp/arxiv/papers/0911/0911.1454.pdf.

PFNet 算法生成的网络过于复杂，我们可以利用 MPA 方法对 PFNet 生成的网络进行简化，以便观察。除了上述算法，寻找网络主干的算法，还有最大流（Maximum Flow）算法等，请参考相关资料。

8.3.5 凝聚子群与社区检测

1. 凝聚子群

在网络中，某些行动者之间的联系特别紧密，以至于形成一些团体。这些团体在社交网络分析中称为凝聚子群（Cohesive Subgroup），有些学者形象地称之为"小团体"。下面我们来了解不同类型的凝聚子群。

（1）派系（Clique）[①]：派系是最大完备子图（Maximally Complete Subgraph）。在一个无向图中，一个派系：最少包含三个顶点；是完备的，派系中任意两个顶点之间存在连接。派系是"最大"的（Maximum Clique），当我们向这个子图再增加任何顶点，都会破坏其"完备"的性质。

给定无向图 $G=(V, E)$，其中 V 是非空顶点集，E 是边集。如果 $U \subset V$，并且存在 u，$v \in U$，$(u, v) \notin E$，则称 U 是 G 的空子图。G 的空子图 U 是 G 的独立集，当且仅当 U 不包含在 G 的更大的空子图中。G 的最大独立集（Maximum Independent Set）是 G 中所含顶点数最多的独立集。

对于任一无向图 $G=(V, E)$，其补图 $G'=(V', E')$ 定义为：$V'=V$，且 $(u, v) \in E'$ 当且仅当 $(u, v) \notin E$。如果 U 是 G 的完全子图，则它也是 G' 的空子图，反之亦然。因此，G 的团（派系）与 G' 的独立集之间存在一一对应的关系。特别地，U 是 G 的最大团，当且仅当 U 是 G' 的最大独立集。

如图 8-14 所示，给定无向图 $G=\{V, E\}$，其中 $V=\{1, 2, 3, 4, 5\}$，$E=\{(1, 2), (1, 4), (1, 5), (2, 3), (2, 5), (3, 5), (4, 5)\}$。右侧子图是无向图 G 的补图 G'。

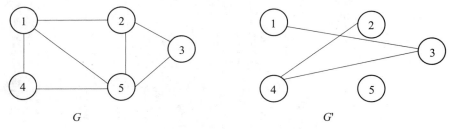

G G'

图 8-14 最大派系、最大独立集

根据最大团定义，子集 $\{1, 2\}$ 是图 G 的一个大小为 2 的完全子图，但不是一个最大团，因为它包含于 G 的更大的完全子图 $\{1, 2, 5\}$ 之中。$\{1, 2, 5\}$ 是 G 的一个最大团，$\{1, 4, 5\}$ 和 $\{2, 3, 5\}$ 也是 G 的最大团。

根据最大独立集定义，$\{2, 4\}$ 是 G 的一个空子图，同时也是 G 的一个最大独立

---

① 也称为"团"。

集，意味着 {2，4} 是 G' 的最大团。虽然 {1，2} 是 G' 的空子图，但它不是 G' 的最大独立集，因为它包含在 G' 的空子图 {1，2，5} 中。{1，2，5} 是 G' 的最大独立集，{1，4，5} 和 {2，3，5} 也是 G' 的最大独立集。

接下来介绍图的 K 着色问题。给定一个无向图 G 和 K 种不同的颜色。用这些颜色为图 G 中的各个顶点着色，每个顶点一个颜色。是否有办法保证 G 中每条边连接的两个顶点着不同的颜色。这是图的 K 可着色判定问题。如果一个图最少需要 K 种颜色，才能使图中每条边连接的两个顶点着不同的颜色，那么称这个数 K 为该图的色数。而求一个图的色数 K 的问题，称为图的 K 可着色问题。

著名的四色定理指出，平面或者球面上，任何地图的所有区域都至多可用 4 种颜色进行着色，并且保证有公共边界的相邻区域没有相同的颜色。这个问题可以进行如下转换，将地图的每个区域变成一个顶点，如果两个区域相邻，则相应的顶点之间用一条边连接起来。已经证明用 5 种颜色足以对任何一幅地图着色，但是多年以来，一直未能够证明最多用 4 种颜色能够对地图进行着色。1976 年，这个问题由爱普尔、黑肯和考西利依靠电子计算机的帮助得以解决。他们证明了 4 种颜色足以对任何地图着色。

（2）n-派系（n-Clique）：无向图的一个 n-派系，是这样的一个最大子图（Maximal Subgraph）：每对顶点间，通过长度小于等于 n 的路径连接起来。换个说法，在一个总图中的一个导出子图（Induced Subgraph）中，它的任意两个顶点之间在总图中的最短路径，最大长度不超过 n。n-派系可以用 Bron & Kerbosch（1973）算法的一个改进版来寻找。

（3）n-宗派（n-Clan）：一个 n-宗派同时是一个 n-派系，并且其直径在子图中小于等于 n。也就是在子图中，其中任何两点之间的最短路径长度都不超过 n。

（4）k-丛（k-Plex）：k-丛是满足下列条件的一个最大子图（Maximal Subgraph）：每个顶点都至少与除了 k 个顶点之外的其他点直接相连。在无向图中，当一个凝聚子群的规模为 n 时，其中每个顶点至少都与该凝聚子群中 $n-k$ 个顶点有直接联系，即每个点的度数都至少为 $n-k$，那么该凝聚子群为一个 k-丛。可以通过深度优先搜索算法（Depth First Search）寻找 k-丛。

（5）k-核（K-Core）：k-核是最大的一组行动者（Maximal Group of Actor），每个行动者连接到该组行动者中的其他 k 个行动者。

2. 社区检测

（1）社区检测算法。

对于大型的社交网络来讲（往往包含上百万个顶点），在单个节点的粒度上进行可视化和分析是相当困难的。为了加深对社交网络的理解，一种办法是进行社区检测（Community Detection），找到大规模网络中的密集子网。这是对网络进行粗粒度刻画和描述的方法。

社区检测可以揭示节点的分群、群体的嵌套关系，并且找到孤立的群体，发现网络的粗粒度结构。对群体的分析有利于发现群体行为特点和偏好。社区检测常常用于网络可视化，并作为其他分析的前导工作。

（2）Louvain 算法简介。

最经典的社区检测算法是 Louvain 算法。Louvain 算法是基于模块度（Modularity）

的社区检测算法，它通过最大化模块度，寻找最优社区划分。该方法是一个非重叠社区
检测算法，它具有较快的执行效率，可以分析大型的网络。典型的包含 200 万个顶点的
网络，通过该算法寻找社区需要的时间为 2 分钟左右。Louvain 算法在效果上也有较好
的表现。

由于算法能够发现层次性的社区结构（Hierarchical Structure），方便用户在不同的
分辨率下观察网络和社区。不管网络是无向的还是有向的，只要顶点间的关系是一样
的，那么算法检测的结果是一样的。该算法可以运行在有权重的图上；如果边没有权
重，那么所有的边被赋予权重 1。

（3）模块度。

Louvain 算法是基于模块度的社区检测算法。模块度是评价一个网络的社区划分好
坏（社区的紧密程度）的方法，最早由马克·纽曼（Mark Newman）提出。Louvain 算
法的目标是最大化模块度函数（Modularity Function）。

模块度的直观含义是社区内节点的边数与随机情况下的边数之差，取值范围是
$[-1/2，1)$。模块度的定义具体如下：

$$Q = \frac{1}{2m} \sum_{i,j} \left[A_{ij} - \frac{k_i k_j}{2m} \right] \delta(c_i, c_j)$$

$$\delta(c_i, c_j) = 1, \text{ if } c_i = c_j$$

$$\delta(c_i, c_j) = 0, \text{ if } c_i \neq c_j$$

式中，A_{ij} 为节点 i 和节点 j 之间的边的权重（这里以无向图为例），当一个图不是带权
的图的时候，所有边的权重为 1；$k_i = \sum_j A_{ij}$ 为节点 i 相连的边的权重的和（度数，一
个节点和多少个其他节点相连，那么这个节点的度就是多少）；c_i 为节点 i 所属的社区；
$\delta(c_i, c_j)$ 用来判断节点 i 和节点 j 是否在同一个社区内，如果在同一个社区内 $\delta(c_i, c_j) =$
1，否则 $\delta(c_i, c_j) = 0$；$m = \frac{1}{2} \sum_{i,j} A_{ij}$ 为所有边的权重的和（边的数量），每个节点都计
算一次出度，由于每条边对应两个节点，所以在 Q 的计算中 m 要乘以 2。

$A_{ij} - \frac{k_i k_j}{2m} = A_{ij} - k_i \frac{k_j}{2m}$，节点 j 连接到任意一个节点的概率是 $\frac{k_j}{2m}$，现在节点 i 的度
数为 k_i，因此在随机情况下节点 i 与节点 j 的边的数量的期望值为 $k_i \frac{k_j}{2m}$，于是 $A_{ij} - k_i \frac{k_j}{2m}$
表示实际值和期望值之差。

（4）模块度的简化。

模块度公式可以做适当简化，具体如下：

$$\begin{aligned}
Q &= \frac{1}{2m} \sum_{i,j} \left[A_{ij} - \frac{k_i k_j}{2m} \right] \delta(c_i, c_j) \\
&= \frac{1}{2m} \sum_{i,j} \left[A_{ij} - \frac{\sum_i k_i \sum_j k_j}{2m} \right] \delta(c_i, c_j) \\
&= \frac{1}{2m} \sum_c \left[\left(\sum in \right) - \frac{\left(\sum tot \right)^2}{2m} \right]
\end{aligned}$$

式中，$\sum in$ 为社区 c 内部各个节点之间互联的边的权重之和；$\sum tot$ 为社区 c 内部的节点的所有边（包括和 c 的内部节点连接的边，也包括和 c 的外部节点连接的边）的权重之和，可以理解为社区内部节点的度数（当权重为 1）。

最后，我们得到

$$Q = \sum_c \left[\frac{\sum in}{2m} - \left[\frac{\sum tot}{2m} \right]^2 \right]$$

（5）Louvain 算法的大流程。

Louvain 算法的大流程是：1）刚开始的时候，所有的顶点都是一个小小的类簇，即每个顶点都是独立的社区。2）第一阶段以局部方式优化模块度函数，将每个顶点归到"最好"的类簇中，直到所有的顶点所属的类簇不再变化为止，即模块度函数不再增加为止。3）第二阶段对第一阶段形成的社区进行折叠，把每个社区的所有节点，缩略为一个新的超级节点。超级节点之间的边的权重为原有两个社区之间的边的权重之和。对抽象以后的网络，继续迭代执行上述 2）、3）步骤。图 8 - 15 展示了 Louvain 算法的主要步骤。

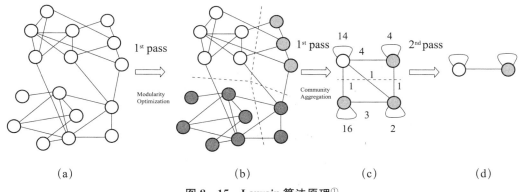

图 8 - 15　Louvain 算法原理[①]

图 8 - 15 中，经过第一阶段的模块度优化后，再进行折叠，4 个社区各折叠为 1 个顶点，4 个顶点的标识为 14、4、16、2 等，如图 8 - 15（c）所示。这些标识是如何计算的呢？图 8 - 15（c）左上角顶点的标识为 14，表示图 8 - 15（b）的第一个社区内部的连接数为 7，由于是无向图，所以是双向连接，14＝7×2，同理 4＝2×2，16＝8×2，2＝1×2。这些折叠过的顶点的连线的标识为 4、1、1、1、3，表示社区间的连接数，可以在图 8 - 15（b）上沿着虚线来观察和验证。

第二轮迭代完成后，得到图 8 - 15（d），两个社区的标识分别为 26 和 24，其中，26＝14＋4×2＋4，24＝16 ＋3×2 ＋2。两个社区间的连接为 3（1＋1＋1），可以在图 8 - 15（c）上沿着虚线来观察。

每一轮迭代，我们都获得对网络的一个划分（Partitioning）。第一轮迭代获得的划分结果，每个类簇一般都比较小，也就是每个社区包含较少的顶点。其后的迭代就能够

① https://arxiv.org/pdf/0803.0476.pdf.

通过聚集机制（Aggregation Mechanism）找到越来越大的社区。

算法的执行过程产生了大社区包含小社区的层次性嵌套结构（Hierarchical Decomposition of the Network），对于理解不同粒度级别的网络结构有极大的帮助。

算法的输出是给每个顶点增加一个标记（Annotation），标记的形式为"community_ level_x"，其中 level 为社区的层次，x 为某个层次网络社区的社区 ID。

（6）Louvain 算法的细节。

在 Louvain 算法的每一次迭代的第一阶段，如果一个节点加入某一社区中，将使得网络的模块度有最大限度的增加，那么该节点应当属于该社区；如果一个节点加入其他社区后，没有使网络的模块度增加，则它应该留在自己当前的社区中。

这里需要用到一个概念，即模块度的变化量。把节点 i 分配到邻居节点 j 所在的社区 c 时，模块度的变化量为：

$$\Delta Q = \left[\frac{\sum in + k_{i,in}}{2m} - \left(\frac{\sum tot + k_i}{2m}\right)^2\right] - \left[\frac{\sum in}{2m} - \left(\frac{\sum tot}{2m}\right)^2 + \frac{0}{2m} - \left(\frac{k_i}{2m}\right)^2\right]$$

式中，$\sum in$ 为社区 c 内节点之间的边的权重之和；$k_{i,in}$ 为节点 i 与社区 c 内节点的边的权重之和；k_i 表示节点 i 与所有节点的边的权重之和；$\sum tot$ 表示社区 c 内节点所有的边的权重之和。

这个公式右边的前一部分表示把节点 i 加入社区 c 之后的 c 的模块度；后一部分，是节点 i 作为一个独立社区的模块度和社区 c 本身的模块度。节点 i 移动前的模块度为 $\frac{\sum in}{2m} - \left(\frac{\sum tot}{2m}\right)^2 + \frac{0}{2m} - \left(\frac{k_i}{2m}\right)^2$，移动后的模块度为 $\frac{\sum in + k_{i,in}}{2m} - \left(\frac{\sum tot + k_i}{2m}\right)^2$。

该公式展开后，很多项互相抵消（请读者参考相关资料），最后得到简化形式如下：

$$\Delta Q = \left[\frac{k_{i,in}}{2m} - \frac{(\sum tot)k_i}{2m^2}\right] = \frac{1}{2m}\left[k_{i,in} - \frac{(\sum tot)k_i}{m}\right]$$

把公共系数 $\frac{1}{2m}$ 提取出来，在 Louvain 算法具体实现时计算 $k_{i,in} - \frac{(\sum tot)k_i}{m}$ 即可。

现在假设有图 8-16 所示的一个网络数据如下，刚开始每个节点隶属于一个社区。

节点	A	B	C	D	E	F	G	H	I	J
社区	0	1	2	3	4	6	5	8	9	7

现在随机生成一个节点访问的序列：D，G，E，C，H，I，B，A，J，F。尝试挪动节点 i 到新社区的时候，需要考虑从原来 i 所隶属的社区摘取 i 导致的模块度变化（减少），以及把 i 插入新社区导致的模块度变化（增加），即 $\Delta Q (C_{old} \rightarrow i) + \Delta Q (i \rightarrow C_{new})$。把一个社区的一个节点摘取出来，相当于往里插入一个节点的逆操作。首先，考虑节点 D，它的邻居为邻居社区 {0，2，5，7}，那么 $\Delta Q (C3 \rightarrow D) = -\left(0 - \frac{0 \times 4}{18}\right) = 0$。

$\Delta Q(D \rightarrow C5) = 1 - \frac{4 \times 4}{18} = 2/18$，即 $m = 18$，D 和 C5 社区（只有节点 G）的连接为 1，D 的度为 4，C5 社区的所有节点的度为 4。

$\Delta Q(\text{D} \rightarrow \text{C2}) = 1 - \dfrac{3 \times 4}{18} = 6/18$，即 $m=18$，D 和 C2 社区（只有节点 C）的连接为
1，D 的度为 4，C2 社区的所有节点的度为 3。

$\Delta Q(\text{D} \rightarrow \text{C7}) = 1 - \dfrac{6 \times 4}{18} = -6/18$，即 $m=18$，D 和 C7 社区（只有节点 J）的连接为
1，D 的度为 4，C7 社区的所有节点的度为 6。

$\Delta Q(\text{D} \rightarrow \text{C0}) = 1 - \dfrac{3 \times 4}{18} = 6/18$，即 $m=18$，D 和 C0 社区（只有节点 A）的连接为
1，D 的度为 4，C0 社区的所有节点的度为 3。

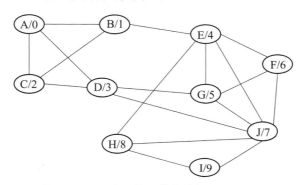

图 8-16　一个网络及节点的初始社区分配

因为 ΔQ（D→C2）最大（虽然 ΔQ(D→C0) 一样大，但是 ΔQ(D→C2) 在先），所
以选择将 D 并入社区 2。在 D 并入社区 2 后，即在 D 和 C 同属社区 2 的条件下，开始考
虑处理节点 G，G 是前文所述随机生成的节点序列的第二个节点。

这时候，各个节点的社区分配变成如图 8-17 所示，也就是 D 已经并入社区 2。

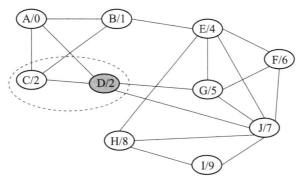

图 8-17　一个网络及节点的社区分配

开始考虑节点 G，G 的邻居为邻居社区 $\{2，4，6，7\}$，那么，ΔQ（C6→G）$=$
$-\left(0 - \dfrac{0 \times 4}{18}\right) = 0$。

$\Delta Q(\text{G} \rightarrow \text{C2}) = 1 - \dfrac{4 \times 7}{18} = \dfrac{-10}{18}$，即 $m=18$，G 和 C2 社区（C 和 D）的连接为 1，G
的度为 4，C2 社区的所有节点的度为 7，即 C 和 D 的度的和为 7。

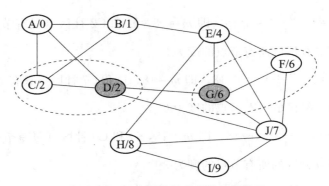

图 8-18 一个网络及节点的社区分配

$\Delta Q(\mathrm{G} \rightarrow \mathrm{C4}) = 1 - \dfrac{4 \times 5}{18} = \dfrac{-2}{18}$，即 $m = 18$，G 和 C4 社区（E）的连接为 1，G 的度为 4，C4 社区的所有节点的度为 5。

$\Delta Q(\mathrm{G} \rightarrow \mathrm{C6}) = 1 - \dfrac{4 \times 3}{18} = \dfrac{6}{18}$，即 $m = 18$，G 和 C6 社区（F）的连接为 1，G 的度为 4，C6 社区的所有节点的度为 3。

$\Delta Q(\mathrm{G} \rightarrow \mathrm{C7}) = 1 - \dfrac{4 \times 6}{18} = \dfrac{-6}{18}$，即 $m = 18$，G 和 C7 社区（J）的连接为 1，G 的度为 4，C7 社区的所有节点的度为 6。

$\Delta Q(\mathrm{G} \rightarrow \mathrm{C6})$ 最大，应该把 G 纳入 C6，如图 8-18 所示。

注意，当我们后续考虑节点 C 的时候，因为 C 已经和 D 作为一个社区，这时候要考虑把 C 从它隶属的社区摘取出来导致原来社区的模块度的减小，即需要计算 ΔQ（C2→C），其计算公式为假设把 C 加入该社区，然后取反即可。

同样道理，继续处理 E，C，H，I，B，A，J，F 等节点，最后形成的社区划分图 8-19 所示。

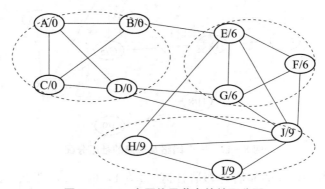

图 8-19 一个网络及节点的社区分配

从算法的原理可以看出，Louvain 算法不能保证获得全局最优的模块度（Global Maximum of Modularity）。但是对该算法的实际测试结果显示，它具有良好的准确度。算法的社区检测结果，其模块度接近全局最优。

（7）从 Louvain 算法到其他算法。

除了 Louvain 社区检测算法，Louvain 多层次精化社区检测算法（Louvain Multilevel Refinement Community Detection Algorithm）和 SLM 社区检测算法（Smart Local Moving Community Detection Algorithm）能够获得更高的模块度。但是这些算法需要更多的执行时间，没有 Louvain 算法这么快。

在现实的社交网络中，一个顶点可能属于多个团体。支持重叠社区（Overlapping Community）发现的算法有 CFinder（http：//hal. elte. hu/cfinder/wiki/）等。

此外，在社交网络分析中，我们希望了解随着时间变化社区是如何创建和变化的。我们可以为社交网络建立历史快照（Snapshot），并且对每个快照应用社区检测算法。然后把新生成的"后续社区"与"过去发现的社区"进行匹配，对社区的变化进行考察。这些变化包括产生（Birth）、消亡（Death）、扩大（Expansion）、缩小（Contraction）、合并（Merging）、分解（Splitting）等，从而观察到社区的历史演化过程。

8.3.6　链路预测、信息扩散与影响力分析

1. 链路预测

链路预测（Link Prediction）是社交网络分析中一个重要且有趣的问题。它找出网络中"不存在但是应该存在的边"（有可能被我们观察漏掉的），或者"现在不存在但是将来可能存在的边"（未来会出现的一些链路）。

具体到人际社交网络（狭义），前一种情况指两个人实际上认识，但是在社交网络网站上没有互相加好友；后一种情况指现在两个人并不认识，但是具有成为好友的潜质，因为两个人有共同的爱好，有较多的共同好友等。链路预测的主要算法介绍如下。

（1）基于相似度的算法（Similarity Based Algorithm）。

对于每对顶点 x 和 y，计算一个得分 S_{xy}，表示 x 和 y 之间的相似度。所有没有观测到的连接（Non-Observed Link），根据其得分进行排序。相似度更高的顶点之间的连接极有可能是实际存在的（Higher Existence Likelihood）。

我们可以基于顶点的属性（Attributes of Node）定义顶点的相似度。如果两个顶点之间有很多的共同特征（Common Feature），那么这两个顶点被认为是相似的。但是，顶点的属性一般是隐藏的（不易观测到）。我们还可以根据网络结构（Network Structure）定义顶点相似度，即结构相似度（Structural Similarity）。

人们提出了总共 20 余个相似度指标，可以分为局部指标（Local Index）、全局指标（Global Index）和半局部指标（Quasi-Local Index）三类。其中，共同邻居数量（Common Neighbors，CN）是最常用的局部指标。但是，在实际应用中，其他指标比如 Jaccard Index 的效果有时比 CN 指标要好。其计算公式如下，$\Gamma(x)$ 表示 x 的邻居节点：

$$S_{xy}^{Jaccard} = \frac{|\Gamma(x) \bigcap \Gamma(y)|}{|\Gamma(x) \bigcup \Gamma(y)|}$$

下面介绍一个全局相似度指标，其他指标的含义和计算方法请参考相关资料。Katz Index 是一个常用的全局相似度指标，它的计算公式为：

$$S_{xy}^{Katz} = \sum_{l=1}^{\infty} \beta^l \cdot \mid paths_{xy}^{<1>} \mid = \beta A_{xy} + \beta^2 (A^2)_{xy} + \beta^3 (A^3)_{xy} + \cdots$$

式中，$paths_{xy}^{<1>}$ 为连接顶点 x 和顶点 y 的所有长度为 l 的路径；β 为一个参数，控制不同长度路径的权重。这个公式表示全局相似度依赖于顶点 i 和顶点 j 之间的所有路径，更短的路径影响更大。

（2）最大似然方法（Maximum Likelihood Method）。

基于最大似然估计的算法，假设网络结构是符合某些组织原则（Organizing Principle）的，这些原则体现为一系列的规则和参数。这些参数可以通过对观察到的网络结构（the Observed Structure）的最大似然估计而获得。根据估计的这些规则和参数，可以对未观测到的连接（Non-Observed Link）的可能性进行计算。

这类方法比较耗时，同时连接预测的准确度不是很高，但是它能够帮助人们理解网络是如何组织的。主要的网络模型有层次结构模型（Hierarchical Structure Model）和随机块模型（Stochastic Block Model）等。根据人们的实际经验，很多的实际网络具有层次性的组织结构，顶点划分成群组（Group），群组又继续划分成不同的子群组（Sub Group）等，层次结构模型可以对其进行刻画。随机块模型，也是常用的网络模型之一，顶点被划分成群组（Group），两个顶点连接的概率（Connect Probability），唯一依赖于它们隶属于哪个群组。这个模型可以较好捕捉到网络里的社团结构（Community Structure）、角色关系（Role-to-Role Connection）等决定顶点间是否存在连接的重要因素。这个模型能够刻画群组的成员资格（Group Membership）如何影响两个顶点的交互的情况。

（3）概率模型（Probabilistic Model）。

概率模型试图从观察到的网络（Observed Network）抽象出其结构，然后用学习到的模型预测缺失的连接。给定一个目标网络 $G = (V, E)$，概率模型将优化一个目标函数，从而建立一个模型。这个模型和观察到的目标网络达到最佳的拟合（Best Fit）。这个模型包含若干参数，表示为 Θ。顶点 i 和顶点 j 之间是否存在连接的概率通过条件概率 $P(A_{ij} = 1 \mid \Theta)$ 来进行估计。

主流的概率模型包括概率关系模型（Probabilistic Relational Model，PRM）、概率实体关系模型（Probabilistic Entity Relationship Model，PERM）以及随机关系模型（Stochastic Relational Model，SRM）等。这些模型的具体细节请参考相关资料。

链路预测有广泛的应用。比如，在生物学领域，我们观察到的网络只是真实网络中的一部分，需要通过实验来确定其他部分，也就是其他连接。这个问题称为网络的重建（Reconstruction）。网络的重建，不仅需要考虑缺失的连接（Missing Link）的重建，还需要对伪造的（Spurious Link）或错误的连接进行鉴别，把它们剔除。

在社交网络领域，可以通过链路预测来进行好友推荐。

准确的链路预测算法还可以对网络演化模型进行评估。人们已经提出了大量的模型，试图解释不同网络的演化机制（Evolving Mechanism），到底哪个模型更加接近实际情况呢？网络的演化模型可以映射到一个链路预测算法，也就是网络连接是如何不断建立又不断消失的。通过度量链路预测算法的性能指标（Performance Metrics），可以比较不同模型的准确度。

2. 扩散模型、影响力分析与影响力最大化

（1）扩散模型。

观点（Opinion）、想法（Idea）、信息（Information）、创新技术和思想（Innovation）等，在社交网络的成员间传播。科学家研究发现，疾病在人群中的传播和上述对象在网络中的传播并没有本质上的区别。社交网络成为影响力（Influence）在其成员间传播的媒介。其中一个重要的应用，是"口碑和病毒式市场营销"（Word of Mouth and Viral Marketing）。68％的消费者在购买电子产品之前，都会咨询朋友或者家人。在进行市场营销的时候，我们就可以把重点放在寻找这样的目标用户上，他们更有可能激发口碑传播（Word of Mouth Diffusion），从而使用有限的预算达到较好的营销效果。

观点、想法、信息、创新技术和思想等在社交网络成员之间的传播过程，需要用适当的扩散模型（Diffusion Model）来刻画。扩散模型也称传播模型（Propagation Model）。主要的模型有 IC 模型（Independent Cascade Model）和 LT 模型（Linear Threshold Model）。

在 IC 模型里，每条边 (u, v) 都附带一个概率 $p(u, v)$，表示 u 对 v 的影响的概率。时间按照离散的步骤演进，在时间步 t，由时间步 $t-1$ 已经被激活的顶点，试图激活尚未激活的邻居节点，激活成功的概率即 $p(u, v)$。

在 LT 模型里，每条边 (u, v) 都附带一个权重 $b(u, v)$，并且保证进入每个顶点的权重之和 $\leqslant 1$。时间按照离散的步骤演进，每个顶点选定一个随机的阈值（Random Threshold）$\theta_v \in [0, 1]$，当从激活的邻居顶点进入一个顶点的所有权重之和（Sum of Incoming Weights）达到 θ_v，那么该顶点被激活。

上述模型刻画了社会影响力的传播。所谓社会影响力，指的是一个顶点（比如顶点 A）施加于其他顶点（比如顶点 B）的一种力量。这个力量将改变顶点 B 的行为或者观点（Behavior / Opinion）。影响力体现了一种因果关系。

对于实际的社交网络，我们掌握一部分历史信息，这些信息描述了影响力传播关系。比如在推特网络上，A 关注 B，那么表示影响力从 B 传播到了 A。

为了使用上述模型表达影响力传播过程，需要确定模型的参数。可以使用 EM 算法，从实际数据中学习到模型的参数，具体细节请参考相关资料。

（2）IC 模型细节。

IC 模型用于对网络上的信息传播进行建模。

以社交网络（狭义）为例，假设有一个有向图 $G = (V, E)$，V 为顶点集合，表示社交网络用户，E 为边的集合，表示用户间的信息传播关系。比如，G 为一个微博用户的相互关注网络，当 A 关注 B，则有一条边从 B 指向 A，表示信息或者影响力从 B 流向 A。

IC 模型考虑每一个节点有一次机会去激活它的邻居。节点有两个状态，分别是 Active 状态，即节点成功地被影响到；以及 Inactive 状态，即节点当前还未被影响到，如图 8 - 20 所示。

假设用户 u 到 v 之间有一个概率值，称为影响概率。这个概率值越大，v 相信 u 传

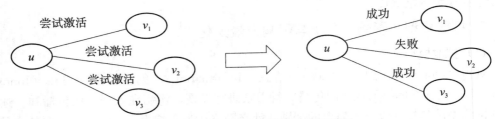

图 8-20　节点对邻居节点的尝试激活

播的消息的可能性就越大；这个概率值可以通过 u 和 v 的互动历史学习得到。图 8-21
展示了一个可能的社交网络（一个有向图）用户间的影响概率。

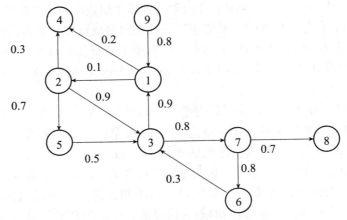

图 8-21　节点间的影响概率

（3）影响力最大化。

影响力最大化（Influence Maximization），指的是给定一个社交网络 G，以及一个
扩散模型 M，要寻找出 Top-K 个初始的顶点作为种子集合 S，目的是最大化影响力的
传播和扩散范围 $\sigma_M(S)$。$\sigma_M(S)$ 表示，以 S 作为初始的激活顶点集（Initial Set of Ac-
tive Nodes）时，影响力传播或者扩散的预期范围的大小（Expected Size）。一般来讲，
影响力最大化是有预算限制的（Budget Limit）。

对应到病毒式市场营销场合，影响力最大化就是要找到具有影响力的人，构成一个
种子集合，有针对性地对他们进行市场营销，通过他们对其他人的影响，提高产品知名
度的扩散速度（Speed），扩大扩散范围（Spread）。影响力最大化问题是 NP 困难的
（NP-Hard），也就是无法在多项式的时间复杂度里给予解决，但是我们可以使用贪心算
法解决这个问题。通用的贪心算法的原理是首先寻找一个顶点，该顶点的选择依据是，
如果把它加入初始顶点集，σ_M 相对于把其他顶点加入顶点集更大。接着寻找下一个顶
点，直到找到 k 个顶点为止。

基于通用的贪心算法的影响力最大化算法，具体如下：

```
GreedyAlgorithm for Influence Maximization
Input: G, k, σₘ
Output: Seed set S
    1,S←∅
    2,while |S| <k do
    3,select u = arg maxₘ∈ᵥ\ₛ(σₘ(S⋃{w})-σₘ(S))
    4,S← S⋃{u}
```

（4）基于 IC 模型的影响力最大化。

为了最大化一个种子节点集的影响力，需要计算每个种子节点的影响力范围，基本做法如下。假设选择若干用户，比如u_2和u_7，作为初始的传播者，即种子。种子用户按照影响概率去"激活"其邻居，被激活的邻居继续影响他们的好友。直到没有新的用户被激活为止，此时这个过程停止，得到一个影响范围。多次重复上述过程，求出平均的影响范围。

在此基础上，我们解决影响力最大化问题。影响力最大化就是找到信息传播中的"关键种子节点"，即选择最优种子集合S^*，使得其期望的影响范围最大化。也就是：$S^* = \arg_S \max \sigma(S)$，其中，影响力范围$\sigma(S)$度量以$S$为种子，使用 IC 模型，最后平均激活多少节点。

这是一个 NP 困难的问题，也就是不存在一个时间复杂度与节点个数呈多项式关系的算法；所以必须依赖于启发式算法。可能的启发式算法有：选择 Degree Centrality 最大的k个节点；选择 PageRank 得分最大的k个节点。

一个节点的度数（出度）越大，意味着它的邻居越多，影响越大。如果我们不仅考虑一个节点直接影响的邻居，还考察它多跳的影响力，需要考虑到节点的影响力逐渐变弱，可以引入度数的一定折扣，这就是 Degree Discount 算法。

Degree Discount 算法假设，节点只对其直接邻居产生影响，出度越高的节点，影响力越大；选择的种子节点的影响范围避免重叠；多跳的影响，要考虑折扣。

具体来讲，给定当前的种子集合S，如果将节点v加入S中，需要判断$\Delta\sigma(S)$为多少？

1）如果$t_v = 0$，$\Delta\sigma(S) = 1 + d_v p$（$t_v$表示 Number of v's neighbors that in seed set S；d_v表示 degree of node v）；

2）如果$t_v \neq 0$，有$\Delta\sigma(S) = (1-p)^{t_v}(1+(d_v-t_v)p)$。

这两个公式的具体含义，请参考如下实例。比如，有如图 8-22 的影响力网络。

如果刚开始就选择 1，那么 1 的 Δ 影响力 $\Delta\sigma(S) = 1 + d_v p$，也就是有

$$\Delta\sigma(S) = 1 + (1 \quad 1 \quad 1)\begin{pmatrix} 0.8 \\ 0.9 \\ 0.1 \end{pmatrix} = 1 + 0.8 + 0.9 + 0.1 = 2.8$$

如果先选择 2 再选择 1，那么 1 的 Δ 影响力 $\Delta\sigma(S) = (1-p)^{t_v}(1+(d_v-t_v)p)$，也就是有

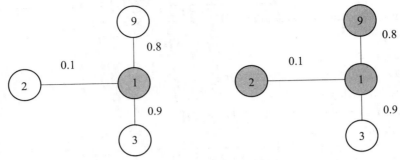

图 8 - 22　影响力传播

$$\Delta\sigma(S) = (1-0.1)^1 \times \left(1 + (1 \quad 1)\begin{pmatrix}0.8\\0.9\end{pmatrix}\right)$$

$$= (1-0.1)(1+0.8+0.9)$$

$$= 0.9 \times 2.7 = 1 \times (1-0.1) \times (2.8-0.1)$$

注意，影响的概率 1 被打上折扣（1−0.1）。此外，考虑过的边上的影响概率被剔除，即（2.8−0.1）。

下面通过实例来了解影响力最大的种子集的发现过程。为了简化计算，我们把图 8 - 21 的有向图改成图 8 - 23 的无向图。基于 Degree Discount 算法，在图 8 - 23 中找出 $k=2$ 时使影响范围 $\sigma(S)$ 最大的种子集合 S，即 S 的种子节点个数为 2。

首先，看一看从每个节点入手对其他节点的影响力（见表 8 - 5）。

表 8 - 5　各节点的影响力

pp：propagation probability	d：degree	dd：discounted degree
pp1＝1.0	d1＝1+2.0	dd1＝pp1 * d1＝3.0
pp2＝1.0	d2＝1+2.0	dd2＝pp2 * d2＝3.0
pp3＝1.0	**d3＝1+3.4**	**dd3＝pp3 * d3＝4.4**
pp4＝1.0	d4＝1+0.5	dd4＝pp4 * d4＝1.5
pp5＝1.0	d5＝1+1.2	dd5＝pp5 * d5＝2.2
pp6＝1.0	d6＝1+1.1	dd6＝pp6 * d6＝2.1
pp7＝1.0	d7＝1+2.3	dd7＝pp7 * d7＝3.3
pp8＝1.0	d8＝1+0.7	dd8＝pp8 * d8＝1.7
pp9＝1.0	d9＝1+0.8	dd9＝pp9 * d9＝1.8

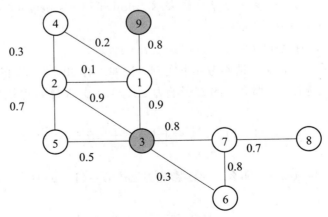

图 8 - 23　影响力最大化

其次，选择影响力最大的节点，即节点 3，这时 $S=\{3\}$。从节点 3 开始，看看影响力的扩散效果。因为节点 3 的邻居为节点 1、2、5、6、7，所以它们的参数需要改变，其他节点的参数维持原状。注意，节点 3 已经考虑过，这里不再考虑，所以在表 8-6 中划掉。

表 8-6　影响力扩散效果一

pp：propagation probability	d：degree	dd：discounted degree
pp1 * = (1−0.9)，有 1×0.1=0.1 pp2 * = (1−0.9)，有 1×0.1=0.1 ~~pp3=1.0~~ pp4=1.0 pp5 * = (1−0.5)，有 1×0.5=0.5 pp6 * = (1−0.3)，有 1×0.7=0.7 pp7 * = (1−0.8)，有 1×0.2=0.2 pp8=1.0 **pp9=1.0**	d1−=0.9，有 3−0.9=2.1 d2−=0.9，有 3−0.9=2.1 ~~d3=1+3.4~~ d4=1+0.5 d5−=0.5，有 2.2−0.5=1.7 d6−=0.3，有 2.1−0.3=1.8 d7−=0.8，有 3.3−0.8=2.5 d8=1+0.7 **d9=1+0.8**	dd1=0.21 dd2=0.21 ~~dd3=pp3 * d3=4.4~~ dd4=pp4 * d4=1.5 dd5=0.85 dd6=1.26 dd7=0.5 dd8=pp8 * d8=1.7 **dd9=pp9 * d9=1.8**

再次，选择影响力最大的节点，现在是节点 9（节点 3 无须再考虑了）。节点 9 的邻居节点只有节点 1，节点 1 将被影响，改变其参数。其他节点的参数维持不变。这时候 Discounted Degree 最大为节点 8，但是我们仅仅寻找 2 个节点，现在已经找到节点 3 和节点 9，算法结束（见表 8-7）。

表 8-7　影响力扩散效果二

pp：propagation probability	d：degree	dd：discounted degree
pp1 * = (1−0.8)，有 0.1 * 0.2=0.02 pp2=0.1 ~~pp3=1.0~~ pp4=1.0 pp5=0.5 pp6=0.7 pp7=0.2 **pp8=1.0** ~~pp9=1.0~~	d1−=0.8，有 2.1−0.8=1.3 d2=2.1 ~~d3=1+3.4~~ d4=1+0.5 d5=1.7 d6=1.8 d7=2.5 **d8=1+0.7** ~~d9=1+0.8~~	dd1=0.026 dd2=0.21 ~~dd3=pp3 * d3=4.4~~ dd4=pp4 * d4=1.5 dd5=0.85 dd6=1.26 dd7=0.5 **dd8=pp8 * d8=1.7** ~~dd9=pp9 * d9=1.8~~

最后，找到的种子节点集合为 $\{3, 9\}$。

➡ 8.3.7　核心-边缘结构分析

核心-边缘（Core-Periphery）结构分析的目的是研究社交网络中，哪些顶点处于核心地位，哪些顶点处于边缘地位。核心-边缘结构分析具有广泛的应用，可用于科学引文关系网络、组织关系网络等多种类型的网络分析中。

图 8-24 展示了一个网络（无向图），直观来看它具有典型的核心-边缘结构，其中顶点 1、2、3、4 构成了核心，其他顶点则属于边缘顶点。网络的一些顶点（行动者 Actor）之间具有高密度的联系（Tie），这些顶点称为网络的核心（Core）。另外一些顶点之间具有低密度的联系，这些顶点称为网络的边缘（Periphery）。边缘顶点和核心顶点之间可能有连接关系。

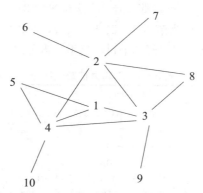

图 8 - 24　一个具有核心-边缘结构的网络

　　人们提出了两类核心-边缘结构模型（Core-Periphery Structure），分别是离散模型（Discrete Model）和连续模型（Continuous Model）。其中，离散的核心-边缘结构模型根据核心成员和边缘成员之间关系的有无以及关系的紧密程度，可以划分为如下几类：（1）核心-边缘全关联模型：网络中的所有顶点分为两组。其中一组的成员之间联系紧密，可以看成一个凝聚子群（核心）；另外一组的成员之间没有任何联系，但是该组成员与核心组的所有成员之间都存在关系。（2）核心-边缘局部关联模型。网络中的所有节点分为两组。其中一组的成员之间联系紧密，可以看成一个凝聚子群（核心）；另外一组的成员之间没有任何联系，但是它们与核心组的部分成员之间存在联系。（3）核心-边缘无关模型。网络中的所有节点分为两组。其中一组的成员之间联系紧密，可以看成一个凝聚子群（核心）；另外一组的成员之间没有任何联系，并且同核心组成员之间也没有联系。（4）核心-边缘关系缺失模型。网络中的所有节点分为两组。其中一组的成员之间的密度达到最大值，可以看成是一个凝聚子群（核心）；另外一组成员之间的密度达到最小值，但是并不考虑这两组成员之间关系密度，而是把它看作缺失值。

　　实际的网络并未表现出如图 8 - 24 所示的理想化的核心-边缘结构。但是我们可以针对一个网络，找到一组顶点，它们之间具有较高密度的连接，另外一组顶点具有较低密度的连接。到底实际网络中多大程度接近理想情况，可以用如下的拟合函数度量值（Measure）来进行描述。

$$\rho = \sum_{i,j} a_{ij}\,\delta_{ij}, \delta_{ij} = \begin{cases} 1, & \text{if } c_i = Core \text{ or } c_j = Core \\ 0, & otherwise \end{cases}$$

式中，a_{ij} 为顶点 i 和顶点 j 之间是否存在连接；c_i 为目前某个顶点隶属于 Core 还是 Periphery；δ_{ij}（构成 Pattern Matrix）为在理想化的核心-边缘结构中，顶点 i 和顶点 j 之间是否具有连接。当且仅当矩阵 A（Matrix of a_{ij}）和矩阵 Δ（Matrix of δ_{ij}）相等的时候，ρ 具有最大值。这时，网络具有理想化的完美的核心-边缘结构。换句话来说，ρ 有多大，意味着网络多大程度接近理想化的、完美的核心-边缘结构。

　　基于上述优化目标（最大化 ρ），我们可以使用各种优化技术，比如模拟退火算法（Simulating Annealing）、Tabu 搜索算法（Tabu Search）、遗传算法（Genetic Algorithm）等，寻找网络中的核心-边缘结构。很多社交网络软件，包括 UCINET 等，已经集成了寻找核心-边缘结构的算法。

8.3.8　位置和角色、子图查询、网络模体

1. 位置和角色

在社交网络中，位置或角色是非常重要的概念。在社交网络中，顶点的"社会位置"（Social Position）或"社会角色"（Social Role）定义了顶点的类别，取决于顶点和其他类别的顶点之间的关系。

换句话说，结构分析者（Structural Analyst）通过行动者（Actor）之间的关系，来研究不同类型的社会位置和社会角色，而不是通过行动者本身的属性来研究。当我们说两个行动者具有相同的"位置"或"角色"的时候，意思是他们和其他行动者具有相同的关系模式。

比如，对于"丈夫"（Husband）这样的社会角色的定义，可以把它看作和其他的社会类别"妻子"（Wife）和"孩子"（Child）等顶点具有某种关系的一种顶点类别。

在网络分析中，一般通过"等价类"（Equivalence Class）的概念来定义两个顶点（或者两个网络的精细结构）的相似性。在顶点属于何种"位置"或者"角色"方面，顶点之间是否"等价"取决于它们和其他顶点的关系。

有三类等价性定义，分别是结构等价性、自同构等价性、正则等价性等，这三类等价性有助于我们进一步理解顶点的"位置"和"角色"，通过图 8 - 25 的网络实例加以说明（这个网络由沃瑟曼（Wasserman）和福斯特（Faust）提出）。

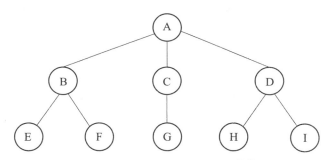

图 8 - 25　Wasserman-Faust 网络[①]

（1）结构等价性。

两个顶点是结构等价的，如果它们和其他所有顶点具有相同的关系模式。比如在图 8 - 25 中，有 7 个结构等价类别（Structural Equivalence Class）。

1）A 构成一个独立的类别，因为没有其他的顶点具有和它一样的和其他顶点的连接（A 连接到 B、C、D）。

2）同样道理，B、C、D 也分别构成独立的类别。

3）E 和 F 构成一个结构等价类。因为它们只有一个连接，指向 B，于是 E 和 F 具

---

① http：//faculty. ucr. edu/～hanneman/nettext/C12 _ Equivalence. html＃approach.

有相同的和其他顶点的连接。换句话说，它们是结构等价的。

4）同理，G 构成一个独立的类别，它只和 C 连接，没有其他节点和 C 之间有这样的连接模式。H 和 I 构成一个独立的类别。

结构等价性是一个强大的概念，因为具有结构等价性的顶点处于相同的"位置"，它们之间可以完全互相替代（Substitutable）。

（2）自同构等价性。

还有相对于结构等价性来讲，不那么严格（Less Strict）的等价性定义。

假设图 8-25 描述的是一个快餐公司的特许经营网络，A 是总部（Headquarter），B、C、D 是三个分店的经理（Manager），E、F、G、H、I 分别是各个分店的员工（Worker）。

显然 B 和 D 不是结构等价的，因为虽然他们的老板是一样的，但是员工不一样。但是，我们还是感受到他们某种另外的等价性（Equivalence）。B 和 D 都是向一个老板报告，他们都有两个员工。他们是不同的人，但是两个经理看起来具有一定的等价性。

如果我们在这个网络中，交换这两个经理，并且交换其员工（四个员工），网络中所有行动者之间的距离和原来的网络是一样的。在这里，B 和 D 所表现出来的等价性，使得他们属于一个自同构等价性类别（Automorphic Equivalence Class）。

在图 8-25 中，总共有五个这样的类别，分别是 {A}，{B，D}，{C}，{E，F，H，I} 和 {G}。

（3）正则等价性。

正则等价性（Regular Equivalence）描述了构成社会组织的基本模块（Basic Building Block）的社会角色。具有正则等价性的行动者，它们具有和其他行动者集合（这些集合也是正则等价类）的某些成员相同类型的关系。正则等价性体现了从社会学视角（Sociological Perspective）观察到的制度化（Institutionalized）的社会结构里的不同社会角色。

在图 8-25 中，有三个正则等价性类别（Regular Equivalence Classes），分别是 {A}、{B，C，D}、{E，F，G，H，I}。

在图 8-25 中最底层的五个行动者 E、F、G、H 和 I，它们是正则等价的，因为它们和其他类别的行动者具有这样的关系模式（Pattern of Tie），即它们和第一类行动者 {A} 没有关系；和第二类行动者 {B，C，D} 中的某个行动者有一个连接关系。

B、C 和 D 构成一个正则等价类，因为它们都和第一类行动者 {A} 有一个连接关系；每个都和第三类行动者的成员有一个连接关系。虽然 B、D 实际上和第三类行动者的成员有两个连接关系，而 C 只和第三类行动者的成员有一个连接关系，但是这无关紧要，它们都和第三类行动者的成员有至少一个连接关系。

A 构成一个等价类，因为它和第二类行动者的至少一个成员有一个连接关系；和第三类行动者的任何成员都没有连接关系。

2. 子图查询

所谓子图查询（Sub Graph Search），可以给出如下的形式化定义。给定一个模式图（Pattern Graph）G_1 和一个数据图（Data Graph）G_2，判断 G_1 是否匹配 G_2，或者从 G_2 中找出所有跟 G_1 匹配的子图。这里的图是由顶点集和边集构成的。模式图 G_1 一般较小，包含几个或者几十个顶点；数据图 G_2 一般较大，通常包含上亿级别的顶点和边。

子图查询或者图匹配查询具有广泛的应用，包括社会关系查找、角色分析、专家推荐等。（1）在社会关系查找中，我们可以查找给定的 A 和 B 是否是远房亲戚，查找 A 和 B 是否是三代以内的近亲，查找 A 的所有三代以内具有血缘关系的亲属等，这些查询可以通过带有边属性约束的可达性查询来完成。（2）角色分析，当经济不景气的时候，某个公司需要进行裁员，这时候公司需要了解每个员工对公司的重要程度，哪些人的工作是可以互相替代的，也就是分析角色的等效性，然后把冗余的人员给裁减掉。（3）专家推荐，比如一个理想的软件开发团队包括项目管理员、业务需求分析师、软件架构师、用户界面设计师、软件开发员以及软件测试员等。我们需要从专家社交网络中，寻找到合适的专家，来组建这样的团队。

为了实现图匹配查询，需要模式图预处理、数据图预处理、索引等相关技术。（1）模式图预处理：对模式图进行预处理可以提高查询的效率。常见的模式图预处理有模式图最小化和模式图相似变换等。前者是保证查询结果不变的前提下，对模式图的冗余顶点和边进行最大化的剔除。而后者是将模式图简化为相似的模式图，并尽量保证查询结果的正确性。（2）数据图预处理：主要技术包括采样、压缩和划分。数据图采样是对数据图进行抽样处理，在抽样后的数据图上执行匹配任务。需要在允许一定精度损失的情况下，通过筛选，减少需要处理的数据图的大小。数据图压缩，是通过减小数据图的规模来提高查询效率。根据具体的应用（可达性查询、邻接关系查询等）所需要的信息，对原始数据图进行处理，运用信息编码等技术，对数据进行压缩。数据图划分则将一个大的数据图划分成若干小图，并将其分布在若干计算节点上，通过并行处理，提高匹配的速度。（3）在数据图的规模较大的情况下，在其上建立索引[①]，可以有效提高图匹配查询。但是需要在索引大小、索引构建时间、查询时间的加速效果之间做出折中和平衡。

3. 网络模体

网络模体（Network Motif）是指网络中若干顶点之间的相互连接模式（Interconnection Pattern），这种模式在实际的复杂网络中出现得比随机网络（Randomized Network）更加频繁。网络模体被认为是构成复杂网络的基本模块（Building Block）。人们在生物化学（Biochemistry）、神经生物学（Neurobiology）、生态学（Ecology）和工程学（Engineering）等领域，都从大型网络中发现过各类网络模体。

图 8 - 26 是从酿酒酵母的蛋白质交互网络（Protein-Protein Interaction Network）中分析出来的某个常见的网络模体。它包含 15 个顶点。注意，从一组顶点指向某个顶点（比如 n）的一条边，表示该组内的所有顶点都和顶点 n 有连接。在该蛋白质交互网络中，这个网络模体出现了 27 720 次之多。

---

① 关于图匹配的具体索引技术请参考相关资料。

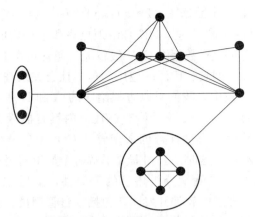

图 8 - 26 蛋白质交互网络中的网络模体（Network Motif）[①]

8.3.9 异质信息网络[②]

在上文的讨论中，社交网络的节点类型是单一的，节点间的联系类型也是单一的。但是在实际应用中，情况并非如此，人们提出了异质信息网路（Heterogeneous Information Network），开展进一步的研究。其中以伊利诺伊大学芝加哥分校的韩家炜教授领导的团队最为突出。

我们可以认为，异质信息网络是对一般社交网络的扩展，它的节点可以具有不同的类型，节点之间的联系也可以具有不同的类型。

比如，从 DBLP 网络数据库衍生出来的计算机科学文献网络，是典型的异质信息网络。它包含四类实体：论文（Paper）、刊物（即会议/期刊）（Venue）、作者（Author）和术语（Term）。对于每一篇论文 $p \in P$，都有从该论文到作者集合、刊物以及术语集合的连接，它们是不同的连接类型。论文 p 还可能包含一些论文的引用信息，即某篇论文 p 连接到它引用的论文（以前的论文）或是引用论文 p 的论文（后来的论文）。图 8 - 27 展示了该网络的模式和一些节点。

在信息网络上，基于元路径（Meta Path）的分析是一种典型的分析方法。所谓元路径 P，是定义在网络模式 $TG=(A，R)$ 上的路径模式，其中 A 为节点类型集合，R 为节点关系类型集合。比如，$P=A_1\overrightarrow{R_1}A_2\overrightarrow{R_2}\cdots\overrightarrow{R_l}A_{l+1}$，标识了从 A_1 到 A_{l+1} 的复杂的关系，$R=R_1{}^{\circ}R_2{}^{\circ}\cdots R_l{}^{\circ}$。元路径 P 的长度，为关系 R 的个数。

在不引起歧义的情况下，可以直接使用对象类型表示元路径，即 $P=(A_1 A_2 \cdots A_{l+1})$。比如 $A\overrightarrow{\text{writingP}}\overrightarrow{\text{writtenby}}A$，可以直接表示为 APA。

如果 $P_1=(A_1 A_2 \cdots A_l)$，$P_2=(B_1 B_2 \cdots B_k)$，则 $P=(P_1 P_2)=(A_1 A_2 \cdots A_l B_2 \cdots B_k)$，注意，$P_1$ 的末尾元素 A_l 和 P_2 的首元素 B_1 是同一个对象。

如果 $P=P^{-1}$，即元路径的形式为 APA、$APVPA$、$APTPA$ 等，这样的元路径称为对称的元路径。

---

① http：//compbio. mit. edu/publications/13 _ Grochow _ LectureNotesBioinformatics _ 07. pdf.

② 异构指的是类型相同结构不同，比如结构不同的两张关系表；异质指的是类型不同。

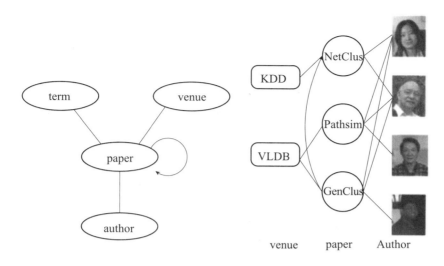

（a）文献网络模式　　　　　　　　　（b）文献网络实例

图 8 – 27　DBLP 异质信息网络

不同的元路径代表不同的含义，蕴含丰富的语义特征，是异质信息网络分析的一大法宝。异质信息网络的研究里有一个分支——语义挖掘（Semantic Mining），主要是对元路径进行相关研究。

表 8 – 8 给出了具体的一些元路径实例及其所代表的语义信息。

表 8 – 8　元路径实例

Path Instance	Meta Path	Meaning
Sun-NetClus-Han	Author-paper-Author（APA）	Authors collaborate on the same paper
Sun-PathSim-VLDB-Path-Sim-Han	APVPA	Authors publish papers on the same venue
Sun-NetClus-KDD Sun-PathSim-VLDB	APV	Authors publish papers at venues

8.4　软　件

8.4.1　Gephi

Gephi 是一款开源、免费的社交网络分析（图数据分析）软件。它可以运行在 Windows、Mac OS X、Linux 等平台上。Gephi 应用于探索式数据分析（Exploratory Data Analysis）、链接分析（Link Analysis）、社交网络分析（Social Network Analysis），以及生物网络分析（Biology Network Analysis）等领域。

探索式数据分析，通过实时地操控（Real Time Manipulation）可视化的网络，依靠人们的直觉获得对网络结构的直观认识，发现潜藏的模式。Gephi 实现了实时的可视化功能，可以支持 100 000 个节点、1 000 000 条边的网络实时可视化。

在网络布局方面（Layout），Gephi 支持最新（State of the Art，SOTA）的布局算法，兼顾效率和质量。其可视化结果可以导出到 PDF、SVG、PNG 等文件格式，有利于科研工作者基于这些文件，制作高质量的论文插图。

Gephi 能够计算网络的常用的指标，包括中心性、密度、路径长度、直径、集聚系数、模块度等。它提供了最短路径、PageRank、HITS 等算法。Gephi 还支持基于 Modularity 的社区检测。最后，Gephi 能够随机地生成各种实验用的社交网络。

8.4.2　UCINET

UCINET 是一款知名的、功能强大的社交网络综合性分析工具。这款软件由林·弗里曼（Lin Freeman）、马丁·埃弗里特（Martin Everett）、史蒂夫·博加提（Steve Borgatti）等几位作者共同开发。UCINET 包含了 NetDraw 工具，用于网络的二维可视化。它还将集成 Mage 可视化工具，用于网络的三维可视化。此外，UCINET 还可以集成 Pajek，用于大型社交网络的分析。

UCINET 包含了大量的网络分析例程，用于计算网络的指标比如中心性、检测各种类型的网络子结构（Sub Structure）和网络社区、进行自我中心网络分析（Ego-Network Analysis）等。

UCINET 还支持聚类分析、多维尺度分析、奇异值分解、因子分析、对应分析、核心-边缘结构分析、位置和角色分析等。其中，核心-边缘结构分析的目的是研究社交网络中哪些节点处于核心地位，哪些节点处于边缘地位。

8.4.3　Pajek

Pajek 是一款大型网络分析和可视化软件。其网络规模可以达到 10 亿级别的顶点，边的数量则没有限制（除非内存空间不够）。Pajek 自从 1996 开发出第一个版本以来，至 2020 年已经历经 20 多年。它是一款免费软件，用户可以自由下载和使用软件、文档以及其他材料。

Pajek 支持主流的网络布局算法包括 Kamada-Kawai 算法、Fruchterman Reingold 算法、VOS Mapping 算法、Pivot MDS、鱼眼变换（Fish Eye）以及按照图层进行绘制（Drawing in Layers）等。

Pajek 支持丰富的社交网络分析功能，包括计算顶点的中心性（Vertex Centrality）和网络的中心势（Centralization of Network）、顶点的 Hub 和 Authority、网络的集聚系数、检测网络社区、查找各种连通组件（包括 Weakly、Strongly、Bi-Connected）、查找最短路径、查找 K 近邻、查找最大流、查找结构洞（Structural Hole）、生成各种随机网络等众多的功能。

除了上述软件，用于社交网络可视化以及分析的软件还有 Cytoscape[①]、Visone[②]、

---

① http：//www.cytoscape.org/.
② http：//visone.info/html/demo.html.

SocNetV[①]、CiteSpace[②] 等。

8.4.4　大规模图数据（Big Graph）处理软件

面向大规模图数据处理的软件有很多，包括来自谷歌公司的 Pregel、来自 Apache 软件基金会的开源软件 Giraph/Hama、Spark GraphX、GraphLab 以及 Neo4J 等。其中，Pregel、Giraph 和 Hama 都基于 BSP（Bulk Synchronous Parallel）计算模型实现图数据处理；Giraph 和 Hama 都模仿了 Pregel 系统的实现。Giraph 的最新版本为 1.2.0，Hama 的最新版本为 0.7.1，两者的开发不是很活跃。

Spark 是一个支持大数据处理的通用平台，其中 GraphX 模块提供了大规模图数据的处理能力。目前，Spark 由 DataBricks 公司推进商业化。GraphLab 是由卡内基梅隆大学（CMU）的卡洛斯·盖斯特林（Carlos Guestrin）教授于 2009 年发起的一个 C++项目，是一个面向大规模机器学习、图数据分析的分布式计算框架。GraphLab 是一个通用的底层平台，在上面实现了众多的图数据分析和机器学习算法，包括话题建模、图数据分析、聚类、协同过滤、概率图模型、计算机视觉等算法。目前，GraphLab 由 Turi 公司推进商业化。

1. BSP 计算模型

BSP 计算模型[③]将图数据处理作业分解成一系列的超级步（Super Step），通过一系列迭代完成计算任务。每个超级步包含三部分内容：（1）计算：每个处理者（Processor），利用上一个超级步传送过来的消息和本地数据进行本地计算。（2）消息传递：每个 Processor 计算完毕后，将消息传递给与之关联的其他 Processor。（3）同步墙：用于整体同步。每两个超级步之间，设置一个同步墙，作为整体同步点。在同步点，各个节点交换信息，实现同步。当确定所有的计算和消息传递都完成以后，进入下一轮超级步的迭代。

从纵向看，BSP 是一个串行模式；从横向看，它是一个并行模式（如图 8-28 所示）。典型的图数据分析算法包括 PageRank 等，都可以用这个模型表达出来。

2. Neo4J 图数据库

Neo4J 是一款原生的图数据库。它把图数据的事务型操作（增加、删除、修改以及简单的查询等）和分析型操作整合在一个平台上，它的存储引擎专门为图数据的存储和管理进行了优化。

Neo4J 用节点和边来组织数据。节点代表实体，边代表实体间的关系，关系可以有方向，两端对应开始节点和结束节点。

Neo4J 的图是一种属性图。可以在节点上附加一个或多个标签（Node Label），表示实体的类别，并且用一个键值对集合表示该实体的一些额外属性。同样，可以在边上附加若干类别标签（Edge Label），并且用一个键值对集合表示关系的一些属性。

① http://socnetv.sourceforge.net/.
② http://cluster.cis.drexel.edu/~cchen/citespace/.
③ http://www.mamicode.com/info-detail-947492.html.

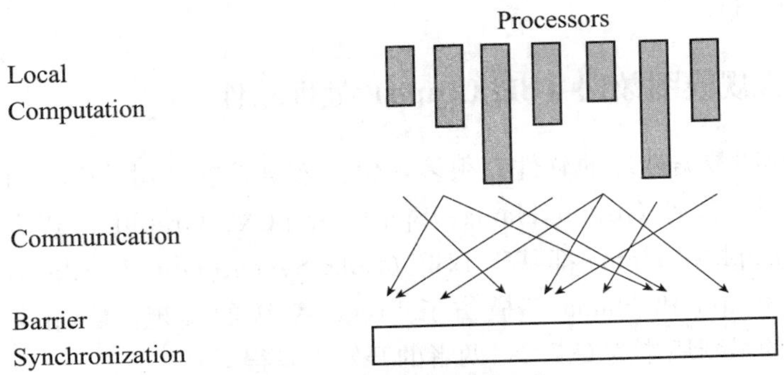

图 8-28 BSP 计算模型

Neo4J 的查询语言（称为 Cypher）和 SQL 有很多相似的地方。Match、Where 和 Return 是最常用的关键词：Match 相当于 SQL 中的 Select，用来说明查询匹配的数据模式（图模式）；Where 用来限制 Node 或者 Edge 的部分属性的属性值，从而返回用户想要的数据；Return 则返回节点或者关系。

在分析方面，Neo4J 提供了基本的图算法库，使得人们可以分析图数据中所隐藏的结构和模式，揭示图数据背后的意义。目前，Neo4J 支持中心度计算、节点相似度计算、路径寻找、社区检测以及链路预测等主流的图数据分析算法，这些算法已经被运用到各种场合。[①]

本章要点

1. 社交网络的应用，社交网络的类型，社交网络的表示方法。

2. 小世界模型，BA 模型，ER 模型。

3. 网络的基本属性。

4. 节点的中心性。

5. PageRank 算法原理及其应用，HITS 算法原理及其应用。

6. 可达性，最短路径，最小生成树，主路径分析。

7. 凝聚子群与社区检测。

8. 链路预测、信息扩散与影响力分析。

9. 核心-边缘分析。

10. 位置和角色，子图查询，网络模体。

11. 异质信息网络，元路径。

专有名词

最小生成树（Minimum Spanning Tree，MST）

主路径分析方法（Main Path Analysis，MPA）

计算网络节点的 Hub 和 Authority 的算法（Hyperlink Induced Topic Search，HITS）

计算机领域学术论文数据集以及搜索服务（Digital Bibliography & Library Project，DBLP）

---

① https://go.Neo4J.com/rs/710-RRC-335/images/Comprehensive-Guide-to-Graph-Algorithms-in-Neo4J-ebook-EN-US.pdf.

第 9 章

语义网与知识图谱

本章介绍语义网（Semantic Web）的起源、结构、相关技术规范及其实例、应用与挑战、知识图谱等内容。

9.1 语义网的基本概念

传统的万维网（World Wide Web，WWW）是一个文档的网络（Web of Documents）。Web 已经成为人们获取信息的主要渠道，深刻地影响着人们的生活。人们在 Web 上搜索信息、浏览新闻，甚至进行网上电子商务交易等。这个 Web 是面向人的，也就是检索信息需要用户的主动参与。面对海量的网页，准确、快速地获取有价值的信息，难度是很大的。换句话说，目前的网页是设计给人看的，它们是用自然语言加上简单的标记（HTML 标记）表示的，没有对所要表达的语义进行描述和标注，对于计算机来讲，它只能把网页看作一系列的字符。

1998 年，互联网之父、HTTP 协议和 HTML 规范的发明人蒂姆·伯纳斯-李（Tim Berners-Lee）首次提出了语义网（Semantic Web）的概念，拉开了语义网研究的序幕，它的文章发表在《科学美国人》杂志上。

语义网是现有万维网的延伸与变革，它有一个重大的转变，即由 Web of Documents 向 Web of Data 的转变。语义网的目标，是让计算机理解数据的语义，从而自动完成很多功能。

语义网使用可以被计算机理解的方式描述事物，并且连接起来形成信息网络。语义网基于万维网联盟（World Wide Web Consortium，W3C）制定的标准，利用统一的形式对知识进行描述和关联，便于知识的共享和利用。在此基础上，由于机器能够自动识别和理解万维网上内容的含义（Meaning of Data），因此它能够自动化收集、集成、处理（这里讲的处理，包括统计分析、数据挖掘、机器学习以及知识管理等）来自不同数据源的数据，帮助用户准确、快速获得他们所需要的信息。语义网被认为是下一代互联网即 Web 3.0 的发展方向。

9.2 语义网体系结构

蒂姆·伯纳斯-李提出了语义网体系结构的最初设想，随着研究的深入，该体系结构不断得到补充和完善。图 9-1 给出了语义网的体系结构，这是一种分层的架构，上层功能依赖于下层功能，自下而上，每层的功能逐渐增强。下面我们了解各个层次所提供的功能。

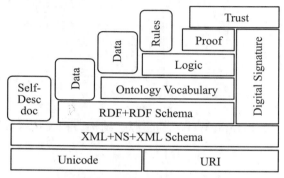

图 9-1　语义网体系结构

（1）第 1 层是基础层，包括 Unicode 和通用资源标识符（Uniform Resource Identifier，URI）。Unicode 是一种流行的字符集，采用多字节的编码。任何自然语言的字符，经过 Unicode 编码都易于被机器接受和处理。URI 是用于唯一标识抽象或物理资源的简单字符串。网络上的任何资源包括 HTML 文档、程序、图片、音频/视频等，都可以用 URI 进行编址，从而实现对资源的定位。

（2）第 2 层是语法层（句法层），核心内容是扩展标记语言（Extensible Markup Language，XML）以及相关规范。XML 是标准通用标记语言（Standard Generalized Markup Language，SGML）的一个子集，通过自描述的方式定义数据结构。它不仅描述数据的内容，还体现数据之间的联系。

用户可以使用 XML 自由定义元素名称（Tag Name，元素也称标记）以及元素的层次关系，表达数据的结构和内容。为了方便其他用户以及计算机程序正确理解用户定义的内容，人们使用 XML 命名空间（Name Space，NS）和 XML 模式（XML Schema），约束 XML 文档的结构。

（3）第 3 层是数据层，包括资源描述框架（Resource Description Framework，RDF）及相关规范。RDF 是用于描述 Web 上各种资源的通用框架，包括网页的作者、创建日期、修改日期及内容等。RDF 本质上是一种数据模型，它用主体（Subject）、谓词或者属性（Predicate/Property）及客体或者属性值（Object/Property Value）构成的三元组来描述资源。由于 RDF 的灵活性，它成为知识表达的通用形式。如果把 XML 看成一种标准的元数据语法规范的话，那么 RDF 可以看作一种标准的元数据语义描述规范。

（4）第 4 层为本体（Ontology）层。它在 RDF 的基础上，定义了 RDFS（RDF Schema，描述 RDF 数据的模式）和网络本体语言（Ontology Web Language，OWL），使得用户可以创建具体应用领域的本体，也就是具体领域的概念体系。RDFS 和 OWL 定义了语义信息，支持机器对使用 RDFS 和 OWL 描述的知识库和本体库进行推理，获取新知识。

（5）第 5～7 层，分别是逻辑层（Logic）、验证层（Proof）和信任层（Trust）。逻辑层在上述各层的基础上进行逻辑推理。验证层则对逻辑陈述进行验证，得出结论。信任层是语义网安全机制的组成部分，它负责发布语义网所支持的信任评估。目前，验证层和信任层仍然处于设想阶段。

需要注意的是，随着人们研究的深入，上述语义 Web 的体系结构将得到不断补充和发展。为了把语义网的设想落到实处，科研人员和相关组织制定了相关的规范、研发了各种开发工具和软件。人们可以使用这些开发工具和软件创建各个领域的语义网应用。

9.3　语义网的关键技术

语义网需要一套用于描述数据语义的规范、语言和工具，以便形式化、规范化地描述一个领域内的知识，包括概念、关系、规则等。从图 9-1 可以看出，实现语义网的三大基础技术，分别是 XML、RDF 和 Ontology（包括 RDF Schema 和 OWL）。其中，XML 层是语法层（句法层），RDF 层是数据层，Ontology 层是语义层。

9.3.1　XML

SGML 是定义电子文件结构和进行内容描述的国际标准。但 SGML 标准过于复杂，软件价格也非常昂贵，所以，在编写网页的时候，人们使用更为简单的超文本标记语言（Hypertext Markup Language，HTML）。HTML 比 SGML 简单得多，但是缺少 SGML 的灵活性和通用性，不能支持特定领域的标记语言，比如对数学、化学、音乐等领域的数据表示支持较少。

XML 则结合了 SGML 和 HTML 的优点，并且消除其缺点。XML 是一种元标记语言，所谓"元标记"就是开发者可以根据自己的需要，定义自己的标记。比如，为了对书籍进行管理，用户可以定义＜book＞、＜author＞、＜year＞、＜name＞等标记，并且用这些标记描述具体的数据，比如：

```
<book>
    <author>Qin Xiongpai, Chen Yueguo, Du Xiaoyong</author>
    < year >2018</ year >
    < name >Introduction to Data Science</ name >
</book>
```

在符合 XML 的命名规则的前提下，用户可以自行定义 XML 标记，为各种应用程序的数据交换提供了方便。

XML 也是一种语义/结构化语言。它描述了文档的结构和语义，用户可以很方便地定义自己领域的专用标记。使用 XML 描述的数据，可以转换成不同的展现形式，包括 Word 格式、PDF 格式、HTML 网页格式等。

为了方便数据交换，文档的模式必须符合一定的规范。可以使用两种方式定义 XML 文档的模式：（1）使用文档类型定义（Document Type Definition，DTD），DTD 定义了 XML 文档的基本结构。包括定义 XML 文档中出现的元素（标记）、这些元素出现的次序/次数、它们如何嵌套以及 XML 文档结构的其他详细约束信息。比如在上述实例中，<book>标记下，必须嵌套出现各一次<author>、< year >、<name>标记。（2）使用 XML 模式（XML Schema），XML 模式可以定义 DTD 能够定义的文档结构，还可以定义数据类型，以及比 DTD 更加复杂的规则。XML Schema 使用 XML 的语法定义 XML 文档的结构，易于理解。

9.3.2　RDF

RDF 是由 W3C 的资源描述框架工作组于 1999 年提出的一个资源描述方案。该方案于 2004 年正式成为 W3C 的推荐标准。RDF 是一种语义资源描述语言，也是一种由数据结构、操作符、查询语言和完整性规则组成的数据模型。

RDF 的基本数据模型包括资源（Resource）、属性（Property）及陈述（Statement）。（1）资源：一切能够使用 RDF 表示的对象都称为资源，包括网络上的所有信息、虚拟概念和现实事物等。资源用唯一的 URI 来标识，不同的资源拥有不同的 URI。（2）属性：用来描述资源的特征或资源间的关系。每一个属性都有其意义，用于定义资源的属性值（Property Value）、描述属性所属的资源形态、与其他属性或资源的关系。（3）陈述：一条陈述包含三个部分，通常称为 RDF 三元组<主体，属性/谓词，客体>。其中主体是被描述的资源，用 URI 表示。客体表示主体在该属性上的取值，也可以是另外一个资源（由 URI 表示）或者是文本。每个陈述是一个独立的事实。

RDF 三元组描述了实体具有什么属性，或者实体间具有什么关系，于是可以用一个图模型把这些关系都表达出来。比如，图 9-2 展示的是 YAGO 知识库里 Max Planck 这个实体和其他实体及概念的关系。从图中我们了解到这样一些事实，Max Planck 于 1858 年出生于 Kiel，Kiel 是一个城市，这个城市位于德国等。

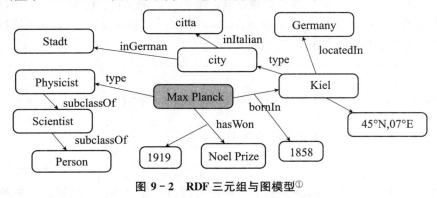

图 9-2　RDF 三元组与图模型①

---

①　http：//www.mpi-inf.mpg.de/departments/databases-and-information-systems/research/yago-naga/yago/.

RDF 三元组是语义网数据表示的基础。要实现从目前的万维网到语义网的转变，构建海量的 RDF 数据集是一项基础性工作。

比如，DBpedia 是一个通用知识库，它通过从维基百科的词条里撷取结构化的信息而创建，描述这些信息的最自然的方式就是 RDF。2014 年版的 DBpedia，拥有超过 458 万个实体，包括 1 445 000 个人物、735 000 个地点、123 000 张唱片、87 000 部电影、19 000 种电脑游戏、241 000 个组织、251 000 种物种和 6 000 种疾病。这些知识被许多新闻媒体采用。谷歌、雅虎等搜寻引擎使用 DBpedia 改善搜索结果。

当使用 RDF 描述资源时，任何人都可以定义用于描述的词汇，但是这些词汇的具体含义、词汇之间的关系各不相同。显然，这不便于机器理解和处理数据。

为了解决这个问题，RDFS 定义了一组标准类及属性的层次关系词汇，帮助用户构建轻量级的本体。RDF 是领域无关的，没有定义任何领域的语义；如果用户要建立某个领域的本体和知识库，需要借助 RDFS 来完成。

RDFS 定义了某种模式，即定义了特定领域的词汇的含义。RDFS 描述一个类，是通过资源 rdfs：Class 和 rdfs：Resource、特性 rdfs：type 和 rdfs：subClassOf 来完成的。利用 rdfs：subClassOf 可以定义子类，形成层次结构。在 RDFS 中，对类的属性是利用 RDFS 类 rdfs：Property 和 RDFS 特性 rdfs：domain（定义域）、rdfs：range（值域）和 rdfs：subPropertyOf 来进行声明和描述的。rdfs：domain 表示哪些类有这个属性，rdfs：range 限定属性的值域。比如，对于 hasDriver 属性来讲，Vehicle 类可以拥有这个属性，即定义域是 Vehicle，属性的取值只能是一个 Person，即值域是 Person。

下面是用 RDF 和 RDFS 来描述 Web 资源的一个简单的实例。

```
<rdf: RDF>
    <rdf: Description rdf:about = 'http://iir.ruc.edu.cn/~duyong/'>
        <nsruc: Name>Du Xiaoyong</nsruc: Name>
        <nsruc: Position> Professor </nsruc: Position>
        <nsruc: Works-for> Renmin University of China </nsruc: Works-for>
        <nsruc: ChairOf> Database and Intelligent Information Retrieval Lab </nsruc: ChairOf>
    </rdf: Description>
<rdf: RDF>
```

这是关于 Du Xiaoyong 教授的一些属性，包括 Name、Position、Works-for、ChairOf 等属性，这些属性是由命名空间 nsruc 指定的 Schema 定义和解释的。其中，属性 ChairOf 被约束为教授和实验室的一种关系，在一定的意义上明确了其语义。

```
<rdf: Description ID = 'ChairOf'>
    <rdfs: domain rdf: resource = '#Professor'/>
    <rdfs: range rdf: resource = '#Lab'/>
</rdf: Description>
```

这里给出另一个 RDF 实例，并给出几个 SPARQL（RDF 数据库的查询语言，就像

SQL 是关系数据库的查询语言一样）查询，并对查询结果进行解析。[①] RDF 文件内容如下：

```
<?xml version = "1.0" encoding = "UTF-8"?>
<rdf:RDF xmlns:ns1 = "http://www.example.org/"
  xmlns:rdf = "http://www.w3.org/1999/02/22-rdf-syntax-ns#">
  <rdf:Description rdf:about = "http://www.example.org/singapore">
    <ns1:located_in rdf:resource = "http://www.example.org/asia"/>
    <ns1:has_border_with rdf:resource = "http://www.example.org/malaysia"/>
  </rdf:Description>
  <rdf:Description rdf:about = "http://www.example.org/germany">
    <ns1:located_in rdf:resource = "http://www.example.org/europa"/>
    <ns1:has_border_with rdf:resource = "http://www.example.org/france"/>
  </rdf:Description>
  <rdf:Description rdf:about = "http://www.example.org/malaysia">
    <ns1:located_in rdf:resource = "http://www.example.org/asia"/>
  </rdf:Description>
  <rdf:Description rdf:about = "http://www.example.org/france">
    <ns1:located_in rdf:resource = "http://www.example.org/europa"/>
  </rdf:Description>
</rdf:RDF>
```

这个文件描述了国家、地区等实体，国家之间的接壤关系以及国家和地区之间的"位于"关系。

第 1 个查询，找出 germany 和什么实体有什么关系，模板为＜germany,?,? ＞。

第 2 个查询，找出什么实体之间有 located_in 关系，模板为＜?, located_in,? ＞。

第 3 个查询，找出什么实体和欧洲有关系，模板为＜?,?,europa＞。

第 4 个查询，找出 germany 在哪个地区，模板为＜germany, located_in,? ＞。

这四个查询的查询语句和查询结果如表 9-1 所示。需要注意的是，SPARQL 提供比这里讲的实例更为强大的 RDF 数据的查询能力，请参考相关资料。

表 9-1 SPARQL 实例

查询 1	select ? relation ? part where { ＜http://www.example.org/germany＞ ? relation ? part}
结果 1	(rdflib.term.URIRef(u'http://www.example.org/has_border_with'), rdflib.term.URIRef(u'http://www.example.org/france')) (rdflib.term.URIRef(u'http://www.example.org/located_in'), rdflib.term.URIRef(u'http://www.example.org/europa'))

① 读者可以从本书的在线资源下载 RDFLib 代码，运行该实例。

续表

查询 2	select ? country ? part where {? country <http：//www. example. org/located _ in> ? part}
结果 2	(rdflib. term. URIRef(u'http://www. example. org/china'), rdflib. term. URIRef(u'http://www. example. org/asia')) (rdflib. term. URIRef(u'http://www. example. org/germany'), rdflib. term. URIRef (u'http://www. example. org/europa')) (rdflib. term. URIRef(u'http://www. example. org/mongolia'), rdflib. term. URIRef(u'http://www. example. org/asia')) (rdflib. term. URIRef (u'http://www. example. org/france'), rdflib. term. URIRef (u'http://www. example. org/europa'))
查询 3	select ? country ? relation where {? country ? relation <http：//www. example. org/europa>}
结果 3	(rdflib. term. URIRef(u'http://www. example. org/germany'), rdflib. term. URIRef (u'http://www. example. org/located _ in')) (rdflib. term. URIRef (u'http://www. example. org/france'), rdflib. term. URIRef (u'http://www. example. org/located _ in'))
查询 4	select ? part where {<http：//www. example. org/germany> <http：//www. example. org/located _ in> ? part}
结果 4	(rdflib. term. URIRef(u'http://www. example. org/europa'),)

9.3.3　OWL 与本体

由蒂姆·伯纳斯-李所提出的语义网架构的第 4 层为本体层，它是语义网技术里最关键的部分。本体的概念起源于哲学领域，是"对世界上客观存在物的系统的描述"。

20 世纪 90 年代初期，斯坦福大学计算机科学家汤姆·格鲁伯（Tom Gruber）对于计算机科学术语"Ontology"给出了自己的定义：本体是一种对于某一概念体系（概念化过程，Conceptualization）的明确表述（Specification）。对于特定的应用领域而言，本体表达的是其整套术语、实体、对象、类、属性及其之间的关系，提供的是形式化的定义和公理，用来约束对于这些术语的解释和运用。

一个本体描述了一个特定领域的形式化的、共享的概念化模型。其内容包括概念、概念的同义关系、概念的上下位关系、概念的属性、属性的定义域（Domain）和值域（Range），以及这些内容上的公理、约束等。

本体是领域相关的，所以难以制定一个标准的、通用的本体构建方法。在这个背景下，本体工程学应运而生。本体工程学研究的内容，包括面向领域的本体开发过程、本体生命周期管理、本体构建方法及方法学，以及为这些任务提供支持的软件工具和语言。

本体一般需要采用本体语言来编制，本体语言是一种用于编制本体的形式化语言。目前已经诞生了不少本体语言。

1. OIL & DAML

OIL（Ontology Interchange Language）是由斯坦福大学、阿姆斯特丹大学等多家

机构从 2000 年开始联合开发的本体语言。OIL 具有合并和表示本体、进行系统间交互两种功能。用 OIL 来描述本体需要区分三个不同的层次。首先是对象级，这一级描述具体的本体。其次是第 1 元级，这一级提供了确定的本体定义，用一种定义良好的语义来描述结构化的词汇。最后是第 2 元级，这一级描述的是一个本体的元信息，如作者、名称、主题等。

DAML（DARPA Agent Markup Language）由美国国防高级设计计划署（DAR-PA）主持开发。它与 OIL 一样建立在 RDF 之上，力图融入 RDF、OIL 等的优点；DAML 以描述逻辑为基础。DAML 的主要目标是开发一个以机器可读的方式表示语义关系并与当前及未来技术相容的语言。尤其是要开发出一套工具与技术，使得代理（Agent）程序可以识别与理解信息源，并在代理程序之间实现基于语义的互操作。DAML 扩展了 RDF，增加了更多的更复杂的类、属性等定义。

DAML 的研究者和 OIL 的研究者都注意到了对方技术的优点，他们开始合作，推出了 DAML＋OIL 语言。该语言具备充分的表达能力（如唯一性、传递性、逆反性、等价等），具有一定的推理能力，形成了语义网中知识表示语言的整体框架。目前，支持 DAML＋OIL 的工具软件有 OilEd、WebODE 等。

2. OWL

在众多本体语言中，OWL 是广为接受的一种，它可用于描述网络文档应用中所涉及的类及其之间的关系。

OWL 于 2004 年成为 W3C 的推荐标准，属于编纂本体的知识表达语言家族。为了适应不同的表达能力和计算效率的需要，OWL 提供了三种表达能力递增、计算效率递减的子语言：OWL Lite、OWL DL、OWL Full。(1) OWL Lite 是 OWL DL 的一个子集，仅支持部分的 OWL 语言要素。OWL Lite 用于提供给那些只需要一个分类层次和简单约束的用户。(2) OWL DL 包括了 OWL Lite 语言的所有成分，但有一定的约束：如一个类不能同时是一个个体或者属性，一个属性不能同时是一个个体或者类等。OWL DL 适合那些在拥有计算能力保证的前提下，追求强大表达能力的用户。(3) OWL Full 是 OWL 语言的全集，包含所有的 OWL 语言要素，并拥有与 RDF 一样的句法自由，它面向那些需要 RDF 的最大限度表达能力的用户。OWL Full 允许引入本体来扩展预定义的 RDF/OWL 词汇的含义。同 OWL DL 相比，OWL Full 对推理的支持难以预测。

在表达概念的语义灵活性、Web 内容的机器可理解性等方面，OWL 比早前的 XML、RDF、RDFS 等都要强。OWL 弥补了 RDFS 的不足，运用人工智能中的逻辑来赋予语义，支持多种形式的推理。

在 OWL 之上，W3C 还定义了规则互换格式（Rule Interchange Format，RIF）和语义网规则语言（Semantic Web Rule Language，SWRL）来辅助推理。其中，RIF 支持在不同的规则格式间进行互操作。

3. 实际应用中的本体库

有了本体描述语言，人们就可以开发各种各样的本体。本体库可以分为通用本体库和特定领域本体库两种。

通用本体库描述的是通用的概念及其关系，可以运用到各个领域。比如 YAGO（Yet Another Great Ontology）就是一个通用的本体库（当然它也是一个知识库）。YAGO 从 WordNet、GeoNames 等数据源抽取概念和实体来创建。目前 YAGO 的知识库包含超过 1 000 万个实体（包括人物（Person）、组织（Organization）、城市（City）等），以及关于这些实体的 12 000 万个事实（Fact）。

特定领域本体库则是面向某个特定领域的专用的概念和术语的描述，它的各个层级的概念可以挂接到通用本体库的某个概念之下。比如，国际卫生术语标准组织（International Health Terminology Standards Organization）负责维护 SNOMED（Systematized Nomenclature of Medicine）医学术语系统，目前包含 30 万个医学概念，以及这些概念之间的关系组成的层次语义网络（Hierarchical Semantic Network）。

9.4 知识库与知识图谱

9.4.1 知识库与 Linked Open Data

本体是对概念、概念之间关系的形式化描述。比如，我们对"全国""省/直辖市""区/县/市"等概念，以及它们的层次关系做了形式化说明，就构成了本体（库）。在此基础上，我们把全国所有的省/直辖市、区/县/市等具体的行政区划，按照上述本体库的关系约束，组织成实体（包含属性）以及实体之间关系的网络，这就是知识库。

可以这么认为，本体（库）是对知识库的结构进行描述，而知识库则描述和保存具体的知识，它保存了各种实体、实体的属性及实体之间的关系。所以，知识库就是实体（实体包含属性）以及实体之间关系的总和。需要注意的是，知识库不仅要保存具体的知识，还需要保存关于这些知识的描述即本体，也就是知识库包含本体和知识本身。

有专家手动创建和维护的知识库比如 WordNet 等，也有大众协同编辑创建的知识库比如 FreeBase 等，还有利用信息抽取和集成技术自动创建的知识库比如 DBpedia、YAGO、NELL（Never-Ending Language Learning）、Probase 等。YAGO 和 DBpedia 已经在上文中介绍，WordNet 在"文本分析"一章中做过介绍。这里详细介绍 Freebase 知识库。

Freebase 是一个创作共享类网站，所有内容都由用户添加。Freebase 中的条目都采用结构化数据的形式，也有的创作共享类网站采用半结构化或者无结构的网页。Freebase 的结构分为三层，分别是 Domain、Type 和 Topic。可以简单地认为，Domain 对应实际生活中的各个领域，比如艺术与娱乐领域等；Type 对应某类实体，这类实体具有一套固定的属性（Property）；Topic 则对应某个具体的实体，比如某个人物、某部电影。截至 2007 年 5 月 30 日，Freebase 中已经包含 61 个 Domain、765 个 Type、2 312 676 个 Topic。

2010 年，拥有 Freebase 的 Metaweb 被谷歌收购。到 2015 年，Freebase 规模则比 2007 年要大得多，包含了 4 000 万个实体，超过 6 亿条事实。所有内容都由用户添加，采用创意共用许可证，可以自由引用。此后，谷歌基于 Freebase 研发了 Knowledge Graph，并宣称扩展到了 5 亿个实体和 25 亿条事实。2015 年，谷歌发布了 Knowledge Graph API，代替 Freebase API。2016 年 5 月，谷歌关闭了 freebase.com。

虽然知识库的数量越来越多，但是每个知识库都难以包含人们需要的所有知识，知识库之间还包含冗余的信息，比如一些著名的历史人物，几乎所有的知识库都包含他们的信息。人们希望这些知识库开放出来，供人们共享。开放共享的知识库（数据集），称为开放数据集（Open Data）。由于知识库之间的冗余性，需要解决一个问题，即把不同知识库的同一个实体标识为一个唯一的实体。

可以通过 Web，把这些开放的数据集（知识库）连接起来，形成一个巨大的知识库，这就是 Linked Open Data 项目（http://linkeddata.org/）的初衷。为了支持开放数据集的连接，需要一些相关的技术，包括：（1）URI：通过 URI 把现实世界中的实体和概念标识出来，每个资源需要一个全局唯一的 URI 来进行标识。（2）HTTP：对开放数据集里的资源以及关于资源的描述（Description of Resource）的提取，在 HTTP 协议之上实现。（3）RDF：一般来讲，开放出来的数据集需要以 RDF 数据模型对实体、实体的属性、实体的关系进行描述和存储。当用户查询某个资源的时候，以 RDF 格式返回相关信息。比如，如果用户的查询指向数据库里面的一条记录，应该以 RDF 格式返回该记录的所有属性值。

我们通过一个实例来描述数据集间的同一个实体如何建立联系。比如在 GeoNames 项目中的 Auburn 的 URI，等同于 DBpedia 项目的 Auburn 资源。此外，Freebase 项目中的 Auburn 的 URI，也等同于 DBpedia 项目的 Auburn 资源。使用 OWL 建立如下连接关系，表示它们指的是同一个实体：

```
# 使用 OWL 连接标识符
# Connecting the DBpedia resource for Auburn, CA to two other resources using owl:sameAs
@prefix owl: <http://www.w3.org/2002/07/owl#>
<http://sws.geonames.org/5325223/>
    owl:sameAs<http://dbpedia.org/resource/Auburn,_California>
<http://rdf.freebase.com/ns/m.0r2rz>
    owl:sameAs<http://dbpedia.org/resource/Auburn,_California>
```

语义网是一个愿景，该怎么建设呢？Linked Open Data 提供了一个可能的途径，即语义网是由 Linked Open Data 构成的。通过上述原则把各个 Open Data 数据源连接起来以后，就可以使用 SPARQL 进行跨数据集的查询。

在一个 SPARQL 查询语句中，可以把多个数据源包含进来，并且包含相关的连接关系集合（Link Set）。保持各个原有的数据集不动，将 URI 的"连接关系"保存到另外一个文件中，这就是 Link Set。于是，各个数据源及各个数据源的实体间的连接关系成为查询的基础。查询系统可以基于这些数据集和 Link Set 完成查询。

```
# 包含数据集和链接集的 SPARQL 查询
Select variable-list
From dataset1, dataset2, linkset
Where { graph pattern } # 查询条件
```

目前，Linked Open Data 的数据集越来越多，涵盖学术研究、生命科学、政府、演员、导演、影片、饭店等众多的信息。Linked Open Data 包含 1 269 个数据集（至 2020 年），这些数据集共包含超过 300 亿个 RDF 三元组①，并建立了连接关系。图 9 - 3 展示的是截至 2020 年 11 月的 LOD 云图（Link Open Data Cloud）。

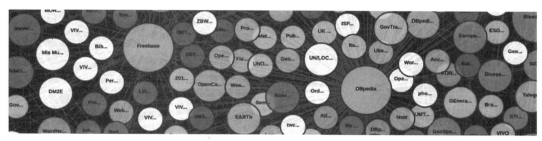

图 9 - 3　**Linked Open Data Cloud（2020 年 11 月版本，局部）**②

9.4.2　知识图谱

1. 什么是知识图谱

随着 Linked Open Data 等大量结构化 RDF 数据源的发布，互联网已经逐步从仅仅包含网页及网页间超链接的文档万维网（Web of Document），发展出包含大量实体描述及实体间丰富的语义关系的数据万维网（Web of Data）。

在大数据时代，人们对数据进行认知和理解的需求越来越强烈。迫切需要找到一种切实可行的数据组织方式，以便人们在计算机的帮助下从数据中获取知识、表示知识、在知识上进行推理，获得新知。知识是人类在认识和改造客观世界的过程中总结出来的客观事实、概念、公理和定理的集合。

在这个背景下，知识图谱（Knowledge Graph）应运而生。谷歌于 2012 年首次提出知识图谱的概念，2013 年以后开始在学术界和工业界普及。它最初的目的是使用现实世界中存在的各种概念和实体，以及这些概念、实体之间的关系，改善搜索的结果。

知识图谱可以看作超大规模的结构化的知识库，包含各种概念、实体及其关系，是大量事实的集合，是对客观世界的描述。知识图谱提供了一种从关系看世界的视角。知识图谱，可以看作语义网技术框架在大规模知识库构建方面的一个工程实现，是知识工程产品集合。

---

① https：//en. wikipedia. org/wiki/Linked _ data.
② 完整版请参见 https：//lod-cloud. net/。

阿密特·辛格哈尔（Amit Singhal）博士认为"世界并非由字符串组成，而是各种各样的事物组成"（The world is not made of strings，but is made of things），这句话很好地总结了知识图谱的特点。传统互联网上的网页，虽然有各种各样的媒体类型，包括文本、语音、视频等，但是绝大部分内容是文本，信息检索的主要方式是对用户的关键字查询和网页内容做字符串（String）的匹配。"thing"指的是各种概念和实体，以及这些概念和实体的关系。它是信息的精华，是人们在检索信息时真正需要的内容。

2. 知识图谱和本体的区别和联系

知识图谱在本体的基础上进行了丰富和扩充，这种扩充主要体现在实体层面。本体主要描述了概念以及概念之间的关系，可以认为是知识图谱的数据模式。为知识图谱构建模式即为其构建本体库。知识图谱依据本体所定义的模式，增加丰富的实体信息。

比如，本体里描述了两个概念，"老师"和"学生"，并且规定了老师和学生之间的"指导"关系。建立知识图谱，则是增加一系列的教师和学生实例，并且建立这些教师和学生之间的"指导"关系。由此看来，知识图谱不是本体的替代品。

知识图谱中的概念与概念之间存在某种类型的关系，于是知识图谱中的实体之间存在对应这种类型的关系。知识图谱可以看成是一张巨大的图（异质有向图），图中的节点表示实体或概念，图中的边则表示关系。在知识图谱中，每个实体或者概念用一个全局唯一的 ID 来标识，称为它们的标识符（Identifier）。实体可以拥有属性，用于刻画实体的内在特性。每个属性都是以"＜属性，值＞对"（Attribute Value Pair，AVP）的方式来表示的。关系（Relation）用来连接两个实体，刻画它们之间的关联。这个图模型可用 W3C 提出的 RDF 的三元组来表示，即实体的关系表示为＜实体 1，关系，实体 2＞，实体的属性表示为＜实体 1，属性，属性值＞。知识图谱可以认为是由海量三元组构成的结构化的知识库。

3. 知识图谱实例

在谷歌推出知识图谱之后，国内外的其他互联网搜索引擎公司纷纷构建了自己的知识图谱，包括微软的 Satori、搜狗的知立方、百度的知心等。

知识图谱，按照其概念、实体的覆盖面，可以分为通用知识图谱和专用知识图谱两类。（1）通用知识图谱。目前已经发布的知识图谱很多都是通用知识图谱，它强调的是广度，也就是包含更多的实体。其主要应用领域是搜索等业务，对准确度的要求不高。同时，由于实体众多，类别千变万化，所以很难为其生成一个全局的完整的本体层进行统一管理。（2）专用（领域）知识图谱。通常服务于各个领域或者行业，用于辅助进行各种复杂的分析以及决策支持，它的概念、实体、属性和关系具有具体行业的意义。专业知识图谱的准确度要求高，具有严格的数据模式。

4. 知识图谱的应用

知识图谱有利于多源异构数据的集成，也有利于多模态（表格、文本、音频、图像、视频等）数据的融合，转换成机器可以理解和推理的知识，从点状到网状，赋予了计算机从关系的角度去分析问题的能力。知识图谱在语义搜索、智能问答系统、智能客服、聊天机器人、精准营销、推荐系统、医疗服务、数字图书馆与情报服务、金融领域

图 9-4　百度知识图谱

的征信/风险控制与反欺诈、情报分析与决策支持（如 Palantir）等领域有着广泛的应用。知识图谱的主要价值在于关系分析，只要有关系存在，知识图谱就可以发挥作用。

　　下面以语义搜索（Semantic Search）为实例，做一个简要的介绍。主要的搜索引擎公司包括谷歌、百度、搜狗等，都已经开始利用知识图谱来改善搜索结果。

　　知识图谱的出现，开启了语义搜索的大门。随着互联网信息的爆炸式增长，以关键字匹配为基础的搜索引擎，越来越难以满足用户查找信息的需求。语义搜索将语义 Web 技术和传统的搜索引擎技术结合，利用知识图谱的帮助，对用户的查询请求和网页内容进行深入的整理和理解，搜索引擎能够返回更好的搜索结果。它能够提供的不仅仅是网页链接，有时候甚至可以提供答案本身。

　　图 9-5 展示了当用户提交"Einstein awards"查询的时候，谷歌提供的搜索结果包括：（1）相关的网页链接以及摘要列表，这是传统的搜索引擎就能够提供的。（2）在结果网页的上半部，给出的搜索的直接答案，即爱因斯坦获得的各个奖项。（3）在网页的右侧，以知识卡片（Knowledge Card）的形式，列出了爱因斯坦的相关信息，包括出生年月、教育背景、配偶、子女等。知识卡片为用户查询中所涉及的实体提供详细的结构化信息，供用户参考。这些结构化信息是从知识图谱里提取的针对特定查询（Specific Query）的片段信息。

　　搜索引擎能够直接返回正确答案以及实体的结构化信息，显示了知识图谱的强大威力。同时，这类应用也遇到了一个挑战，搜索引擎必须了解用户真正的搜索意图，比如当用户查询中包含"李娜"这个实体，那么这个"李娜"到底是网球运动员、歌手、舞蹈家还是其他人，需要确定。一般可以根据用户以前以及近期的搜索记录，理解用户的搜索意图，优先返回某些结果。在一些难以准确判定实体的情况下，可以考虑返回多样化的查询结果。

　　在推荐领域，通过知识图谱，推荐系统可以更好地给用户推荐关联产品和服务。比如，有一位用户购买了手机，推荐系统可以给他推荐充电宝、保护套、钢化膜等周边产品，这些产品是手机的附件，在知识图谱中已经事先关联在一起。

　　在情报分析与决策支持领域，有一家公司一开始默默无闻，后来一战成名，那就是 Palantir。Palantir 公司成立于 2004 年，致力于情报融合与分析。目前，Palantir 有两大

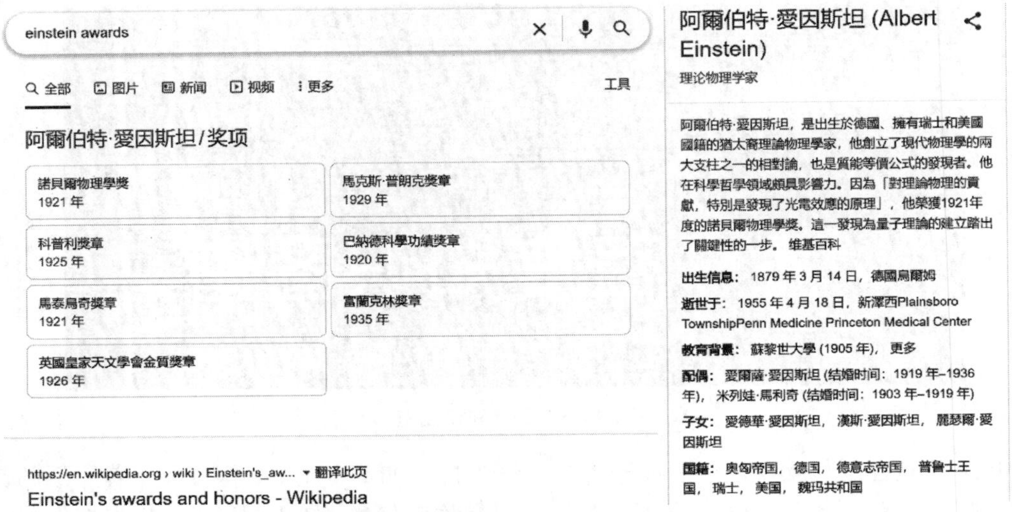

图 9 - 5　利用知识图谱增强的谷歌搜索引擎的搜索结果（2016 年）

支柱产品，即 Palantir Gotham 平台和 Palantir Metropolis 平台，前者主要用于国防安全领域，后者更偏重于金融领域的应用。

在金融机构的信贷业务里，主要的风险包括操作风险、信用风险和欺诈风险。反欺诈的核心问题是找出欺诈的个体（人）和欺诈团伙，欺诈团伙本质上是特定模式的人与人之间的关系。知识图谱是关系的直接表达方式，可以帮助金融企业更加有效地分析复杂关系中潜在的特定风险，有利于分析、识别和规避欺诈行为。其中，图数据分析算法的社区检测可以在团伙欺诈检测中发挥积极作用。

对于一个传统征信数据缺失的新客户，通过传统的风险控制模型一般无法有效识别失信和欺诈风险。金融企业可以通过知识图谱技术，计算该客户与各个风险节点的关联关系，即计算该客户与欺诈客户、黑名单客户的关联紧密程度，从而判断其风险度。

图 9 - 6 展示了一个用于小微企业和个人小额贷款的风险控制的知识图谱模式（局部）。在这个知识图谱中，主要的实体包括自然人、公司、账户、银行、电话号码、地址、民事诉讼案件等。自然人可以担任公司的法人代表或者经理。一个人一般只拥有一个身份证号码，但是可以拥有多个银行账户，每个银行账户在特定的银行开设，隶属于某家银行。自然人有多个电话号码，公司有注册地。自然人可以作为公司的原告或者被告等。

上述模型还可以继续完善。比如，个人客户的可用信息还有消费信息、社交信息、信用信息（以往贷款和还款情况）等。民事诉讼的原告和被告也可以是公司。此外，还可以纳入其他企业信息，丰富这个知识图谱，包括企业的知识产权、投资关系、招投标数据、失信数据、招聘数据、新闻数据等。采集的数据越充分，对小微企业和个人贷款申请者的刻画就越全面。

在对小微企业和个人贷款申请者全方位描述的基础上，可利用图数据分析算法进行画像（Ego Network）、关联方查询、风险度评估等，对失信和欺诈风险进行及时预警。

需要注意的是，知识图谱的分析并不是把通用的图数据分析算法拿过来直接使用这

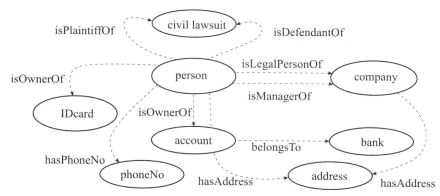

图 9 - 6 小微企业/个人贷款申请者的风控中使用的金融知识图谱模式（局部）

么简单，而是需要深刻理解具体业务（如欺诈团伙是怎么行骗的），精妙设计算法，综合各方面的信息进行判断。比如，一个自然人利用多个身份证（隐瞒了他是一个人，假扮成多个人），但是使用相同的电话和地址申请贷款。或者某家公司利用另外几家公司循环转账，提供虚假经营流水账。比如，A 转账给 B，B 转账给 C，C 转账给 D，D 转账给 A，A 的流水账就有付款和收款记录，业务一派繁忙，但是这些都是假的。这些情况都值得警惕。

5. 从感知智能到认知智能

我们知道，深度学习的预测能力很强，但是模型解释性差，它通过一个黑盒子来进行预测。在涉及人的健康和安全的应用领域，比如医疗、金融、司法等，AI 的可解释性是非常重要的。知识图谱通过语义分析来推理。深度学习侧重于学习，有助于感知、识别和判断；知识图谱侧重于推理，有助于思考、推理和生成。深度学习和知识图谱的结合，推动人工智能的进一步发展。

清华大学人工智能研究院院长张钹院士认为，知识是人类智能的重要特征，我们已经进入后深度学习时代。让计算机拥有大规模、高质量的形式化知识，是实现安全可信人工智能的重要途径。知识表示、获取、推理与计算，是新一代人工智能研究面临的核心问题。[①]

人工智能正在从感知智能迈向认知智能，知识是认知智能的基础。知识图谱是实现认知智能的关键技术，依赖知识图谱有望实现智能解释、深层关系推理以及更加自然的人机交互。人工智能专家李航认为，要实现强人工智能，需要把逻辑推理（符号处理）与神经处理结合起来。

⊙ 9.4.3 知识图谱的创建

1. 知识图谱的数据源

知识图谱特别是通用知识图谱，规模要足够大，才能发挥其应有的作用。表 9 - 2

---

① https://tech.sina.com.cn/it/2019 - 01 - 21/doc-ihqfskcn9056296.shtml.

列出了一些知识库及其规模。

表 9 - 2　一些知识库及其规模（2015 年）

知识库（知识图谱）	数量		
	实体（Entities）	关系类型（Relation Types）	事实（Facts）
Freebase	40M	35 000	637M
DBpedia	4.6M	1 367	60M
YAGO2	10M	72	120M
Google KnowledgeGraph	570M	35 000	18 000M

我们希望知识图谱不仅包含大量高质量的已有知识，还能够及时发现和添加新的知识，完善不那么常见的知识。首先需要创建初始的知识图谱，然后不断对其进行丰富。完全依靠手动方式建立知识图谱，几乎是不可能的。一般采用一些自动化技术从各种数据源提取实体、属性和关系，加上人工审核来建立和不断完善知识图谱。

一些文献[①]对如何从各种数据源创建知识图谱、丰富知识图谱进行了详细介绍，这里简述如下。

构建知识图谱的数据来源，包括百科类站点、各种垂直站点的结构化数据以及各种半结构化数据（比如 HTML 网页的表格）等。（1）百科类站点：通过大量用户的协同编辑，百科类站点的内容不断得到丰富和完善，目前已经成为在线百科全书，最大的在线百科站点的质量可与《大英百科全书》媲美。从百科类站点的网页，可以抽取实体、实体的同义词（Synonym）、实体的＜属性，值＞对、实体的关系、实体的类别、概念的上下位关系等信息。（2）LOD：LOD 项目在发布各种语义数据的同时，通过 owl:sameAs，将新发布的语义数据中涉及的实体和 LOD 中已有数据源所包含的潜在同一实体进行关联，从而实现了手工的实体对齐（Entity Alignment）。LOD 不仅包括如 DBpedia 和 YAGO 等通用语义数据集，还包括如 MusicBrainz 和 DrugBank 等特定领域的知识库。通过整合 LOD 中的部分语义数据，特别是垂直领域的各种知识，可以大幅度提高知识图谱的覆盖率。（3）垂直领域站点：Web 上存在大量高质量的垂直领域站点（包括各类电商网站、点评网站等），这些站点包含很多存放在数据库中的数据，称为 Deep Web。这些站点通过动态网页技术，将保存在数据库中的结构化数据，以 HTML 表格的形式展现给用户。可以通过收购这些网站获得其数据；或者通过表单填充技术（Form Filling），爬取网站的 Deep Web 内容，并且对结果网页中的结构化信息进行自动化抽取，获得这些站点包含的数据（知识）。（4）长尾（Long Tail）站点：Web 上存在大量长尾的站点，这些站点提供的数据与主流的垂直领域站点所提供的内容具有很强的互补性。我们可以构建面向站点的包装器（Site-Specific Wrapper，即面向特定站点的网页结构分析软件），实现 AVP 自动抽取。具体原理是，从当前待抽取站点采样并标注几个典型详细页面（Detailed Page）。利用这些页面，通过模式（Pattern）学习算法，自动构建出一个或多个以 XPath 表示的模式，然后将这些模式应用在该站点的其他详细

---

① http://www.sohu.com/a/53506297_116235；http://blog.csdn.net/starzhou/article/details/51434548.

页面上，从而实现自动化的 AVP 抽取。（5）搜索日志：通过搜索日志可进行实体和实体属性的挖掘。搜索引擎公司积累了大量的搜索日志，每条搜索日志包含＜查询，点击的页面链接，时间戳＞等信息。这些搜索日志是宝贵的财富，通过挖掘搜索日志，可以发现最新出现的各种实体及其属性，从而保证知识图谱的实时性。我们可以从查询的关键字和点击的页面所对应的标题中，抽取实体及其属性。为了完成抽取任务，一种常用的做法是针对每个实体类别，挑选出若干属于该类别的实体（及相关属性）作为种子，找到包含这些种子的查询和目标页面标题，构造正则表达式或文法模式。这些模式将被用于抽取查询和页面标题中出现的其他实体及其属性。如果抽取得到的实体尚未包含在知识图谱中，则该实体成为一个新的备选实体。如果抽取得到的属性尚未出现在知识图谱中，则该属性成为一个新的备选属性。为了保证知识的质量，我们仅保留置信度较高的实体及其属性。新增的实体和属性将作为新的种子用于发现新的模式，此过程不断迭代。这里举一个简单的例子。比如，我们知道《国家宝藏》是一款文化类综艺电视节目。我们搜索"国家宝藏"，获得一系列网页，这些网页的标题为"…国家宝藏综艺节目…""…国家宝藏综艺全集…""…国家宝藏最新一期…""…国家宝藏…文化…"等。通过分析，我们提取如下模式，"…｛｝综艺节目…""…｛｝综艺全集…""…｛｝最新一期…""…｛｝…相亲…"等（｛｝表示实体出现的位置），用于提取新的类似的综艺节目（新实体）。过了一段时间，另外一款文化类节目《如果国宝会说话》上线。人们对其很感兴趣，纷纷通过互联网进行搜索。结合搜索关键字和搜索结果网页的标题，使用上述模式，就能够把"如果国宝会说话"这个新的实体抽取出来。

　　总之，知识图谱的构建过程可以使用各种数据源。首先，通过收集来自百科类站点和各种垂直领域站点的结构化数据，覆盖大部分常识性知识。其次，通过从各种半结构化数据（比如 HTML 表格）抽取相关实体的＜属性，值＞对，来丰富实体的描述。此外，通过搜索引擎的日志发现新的实体或新的属性，不断扩展知识图谱的覆盖率。

　　抽取出来的知识称为抽取图谱，在加入统一的知识图谱之前，需要经过必要的处理。（1）实体对齐（Object Alignment）：实体对齐的目的，是发现具有不同 ID 但却代表真实世界中同一对象的那些实体，然后将这些实体归并为一个具有全局唯一标识的实体，添加到知识图谱中。各大搜索引擎公司普遍采用的方法是实体聚类，聚类的关键在于定义合适的实体相似度。这些相似度量，一般需要考虑具有相同描述的实体可能代表相同对象（字符相似）；具有相同＜属性，值＞的实体可能代表相同对象（属性相似）；具有相同邻居的实体可能指向同一个对象（结构相似）。此外，利用来自 LOD 中已有的对齐标注数据（使用 owl:sameAs 关联两个实体）作为训练数据，结合相似度计算，可以使用基于图的算法（如标签传播（Label Propagation）等算法），发现更多相同的实体对。上述方法无法保证 100% 的准确率，所以其结果作为备选知识，需要人工进一步审核和过滤。（2）不一致性的解决：当融合来自不同数据源的信息构建知识图谱时，有一些实体会同时属于两个互斥的类别（比如某个实体，从数据源 1 来看属于类别 1，从数据源 2 来看属于类别 2，类别 1 和类别 2 互不相容），或某个实体的一个属性对应多个值（比如某个人的性别，从数据源1来看是男性，从数据源2来看是女性），即出现不一致性问题。解决该问题的一个简单有效的方法，是充分考虑数据源的可靠性以及不同信息在各个数据源中出现的频率等因素，然后决定最终选用哪个类别或者哪个属性值。（3）知识图谱模式构建：为知识图谱构建模式（Schema），即为其建立本体。最基本的本体包括概念、概念层次、关系、属性、属性值类型、属性的定义域与值域等。在此基础上，可以额外添加规则（Rule）和公理（Axiom），来表示模式层更加复杂的约束关系。谷歌等公司普遍采用的方法，是自顶向下（Top-Down）和自底向上（Bottom-Up）相结合的方法。自顶向下的方法，是指通过本体编辑器（Ontology Editor）预先构建本体；然后用定义好的模式，抽取属于某个类别或满足某个属性的新实体（或实体对）。自底向上的方法，则通过各种抽取技术，特别是通过搜索日志和Web Table，抽取新的实体类别、属性和关系；并将置信度高者合并到知识图谱中。自顶向下的方法有利于抽取新的实例，保证抽取质量；自底向上的方法能发现新的实体类别、属性和关系，两者是互补的，应该结合使用。

2. 知识图谱的构建

（1）知识图谱的逻辑结构。知识图谱的逻辑结构，包括模式层和数据层，在此之上构造各种实际应用。

知识图谱的模式层，是知识图谱的结构描述。模式层存储的是概念及其关系，是经过提炼的知识，用本体库来管理。本体库可以通过自身对公理、规则的支持，规范实体、实体的属性、实体间的关系。对于知识图谱来讲，本体库的构建极其关键。本体库构建完成后，需要对比实际业务进行必要验证，确保业务涉及的实体得到正确描述，且涵盖所有的业务流程。

知识图谱的数据层，保存大量具体的实体、实体属性及实体间的关系。可以用"实体-关系-实体"或者"实体-属性-值"的三元组作为知识的基本表达方式。这些三元组构成庞大的实体关系网络，形成知识图谱的实时性信息。

（2）知识图谱的构建过程。知识图谱的构建过程包含如下几个主要阶段（见图9-7）：

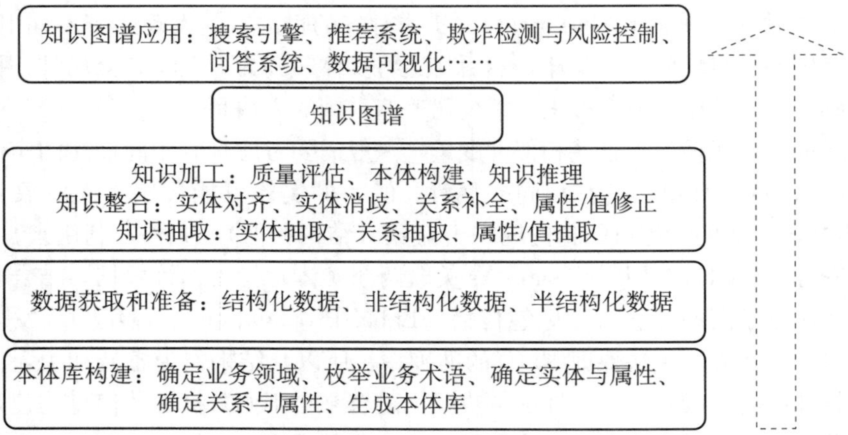

图9-7　知识图谱的构建

1）本体库构建。为知识库建立本体库，也就是模式。

2）数据获取和准备。包括结构化数据、半结构化数据及非结构化数据。

3）知识抽取。从各种类型的数据源（主要是文本）中，提取实体、实体的属性、实体间的关系、各类事件等，在此基础上形成形式化的知识表达。

4）知识整合。在获得一系列新知识后，对其进行概念层和实体层的整合，消除矛盾和歧义，实现知识补全、知识纠错。

5）知识加工。包括质量评估、本体构建（支持新实体类型）、知识推理（包括补全关系、修正属性/值、推理出新知识等）等工作。

对于经过融合的新知识，需要进行质量评估，有时候需要人工甄别，对知识的可信度进行度量，舍弃置信度较低的知识。把合格的部分加入知识图谱，确保知识图谱的质量。当利用图数据库存储知识图谱时，可以利用各种图数据分析算法，对知识图谱进行深入分析。

最后，把知识存储起来，形成知识图谱。知识图谱建立以后，支持各种上层应用。

在使用过程中，需要不断更新，包括概念层（模式层）的更新和数据层的更新。

知识运维是指在知识图谱初次构建完成之后，不断增加同类型知识以及新知识，对知识图谱进行演化和完善。运维过程中，对知识图谱进行逐步的丰富演化，需要保证知识图谱的质量可控。

（3）知识图谱的存储。知识图谱的数据，以"实体-关系-实体"或者"实体-属性-值"的三元组形式作为基本的表达方式。知识图谱的存储，有多种选择，包括关系数据库、RDF 数据库和图数据库。

三元组最自然的存储方式是保存到 RDF 数据库中。RDF 数据库是为了保存 RDF 三元组而设计的，其设计原则是数据容易发布以及共享。此外，知识图谱也可以保存在图数据库中，图数据库实现了高效的图查询和分析算法。主要的 RDF 数据库[①]有 MarkLogic、Virtuoso、Apache Jena-TDB、Amazon Neptune、GraphDB 、AllegroGraph 等。GraphDB 和 AllegroGraph 同时具备图数据库的功能。主要的图数据库有 Neo4J 等。

知识图谱是概念、实体及实体之间关系的集合，利用图数据库来存储是很自然的方式。很多图数据分析方法都可以应用到知识图谱上，实现知识图谱的深度分析，包括路径计算、社区检测、相似子图计算、链接预测等。

在工程实践中，如果知识图谱的关系只是一些 1 跳（One Hop）、2 跳（Two Hops）的关系，更多的知识是属性的数据，这时候可以考虑使用关系数据库进行存储。但是这种情况比较少，更多的情况要么使用 RDF 数据库，要么使用图数据库。当知识图谱的关系类型多样、关系数量非常多而且复杂的时候，一般用图数据库来存储知识图谱。表 9 - 3 比较了使用 RDF 数据库和使用图数据库保存知识图谱的优缺点。

---

① https：//db-engines.com/en/article/RDF＋Stores，https：//db-engines.com/en/ranking/rdf＋store.

表 9 - 3　知识图谱的存储

项目	RDF 数据库	图数据库
数据的存储模型	存储三元组，包括实体、实体的属性、实体的关系	节点、关系、节点的属性、关系的属性等
查询语言	RDF Query Language SPARQL，符合 W3C 标准	专用查询语言，比如 Neo4J 的 Cypher
事务处理	弱	图数据库提供事务处理能力
推理能力	推理引擎提供推理能力	弱
分析功能	弱	支持图的遍历以及丰富的图数据分析算法
主要应用场景	学术研究场景	工业界（实际应用）场景

9.4.4　知识图谱与事件

仅仅在知识图谱里表达实体、属性和实体间的关系，似乎难以表达完整的人类知识。近年来，如何从各种数据源里抽取事件，以及在知识图谱里集成事件，并对事件进行推理，引起了人们的研究兴趣。

事件抽取不同于一般关系的抽取；一般关系是静态的，事件则是动态的。关系抽取只需要考虑实体和实体的联系，事件抽取需要抽取事件的参与各方、事件的时空属性等构成要素，还需要考虑事件和实体、事件和事件的联系。在此基础上，把事件涉及的实体链接到已有知识库中的实体，并且建立事件之间因果、传承、细分、概括等关联关系，形成一个复杂网络。

9.4.5　知识图谱和自然语言处理的关系

自然语言处理（NLP）的主要目的之一是自然语言的理解，语义表示和理解技术可以看作自然语言处理的重要阶段。由此，可以建立自然语言处理和知识图谱的联系。

一方面，在知识图谱构建中，对于文本数据源需要利用文本分析技术从中提取实体、实体的属性、实体的关系等，为构建知识图谱提供素材。

另一方面，知识图谱是知识表示和推理的主流技术。知识图谱可以完美地表示客观世界的事实信息，包括实体、属性、实体间的关系等；经过扩展的知识图谱，还可以把事件、事件的时空特性、事件的因果传承等信息纳入知识图谱中，包含更加丰富的语义要素。在此基础上，利用知识图谱的推理功能，实现从自然语言理解，到知识表示、推理的一系列处理，完成对现实世界的理解和把握。

9.4.6　知识图谱的进一步挖掘

在知识图谱的构建过程中，通过对大量数据源的有效加工、处理和整合，将其转化为干净、清晰的三元组（事实），聚合了大量的知识。知识图谱建立好以后，并非大功告成。在建立好的知识图谱上进行知识检索、知识推理以及知识发现，才是发挥知识图谱价值的关键所在。为了进一步增加知识图谱的知识覆盖率，还需要在知识图谱上进行挖掘。

　　知识图谱上的挖掘，包括实体重要性排序、相关实体挖掘及推理等。（1）实体重要性排序。搜索引擎识别用户查询中提到的实体，并通过知识卡片展现该实体的结构化摘要。当查询涉及多个实体时，搜索引擎应该选择与查询更相关且更重要的实体来展示。实体的相关性度量，是和查询相关的，需在查询时在线计算；而实体重要性与查询无关，可离线计算。知识图谱中的节点是各种类型的实体，而图谱中的边代表各种丰富的语义关系，也就是说，知识图谱可以看作包含异质节点和异质的边的一张图。考虑这些因素，给予实体和语义关系一个初始重要性，然后使用带偏的（Biased）PageRank 算法①，可以对实体的重要性进行排序。（2）相关实体挖掘。在同一查询的结果中共现的（Co-Occurrence）实体或者在同一个查询会话（Session）中被提到的其他实体，称为相关实体。挖掘相关实体的一种做法，是将这些查询结果或者会话看作虚拟文档，将其中出现的实体看作文档中的词条。然后，使用主题模型（比如 LDA 等②）分析虚拟文档集中的主题分布；每个主题，包含 1 个或者多个实体。在同一个主题中的实体，即互为相关实体。（3）推理：通过推理（Reasoning/Inference），我们可以发现隐含知识。推理功能，一般通过可扩展的规则引擎来完成。知识图谱上的规则包括两大类，一类是针对属性的，如通过数值计算来获取实体的属性值。比如，知识图谱中包含某人的出生年月，可以通过当前日期减去其出生年月，获取其年龄。另外一类规则是针对关系的，如通过链式法则，发现实体间的隐含关系。比如，我们可以定义规则，某个人的孩子的母亲，是这个人的妻子。利用这条规则，当已知王二的孩子是王小二，王小二的母亲是王大花，那么可以推导出，王二的妻子是王大花。

本章要点

1. 语义网概念。
2. 语义网体系结构。
3. XML 标记语言及其实例。
4. RDF 及其实例。
5. Ontology 及其实例。
6. 知识库及其实例。
7. 知识图谱与知识图谱实例。
8. 知识图谱的创建，知识图谱的挖掘，知识图谱的应用。

专有名词

超文本标记语言（Hypertext Markup Language，HTML）

扩展标记语言（Extensible Markup Language，XML）

资源描述框架（Resource Description Framework，RDF）

网络本体语言（Web Ontology Language，OWL）

互联的开放数据集（Linked Open Data，LOD）

---

①　关于带偏的 PageRank 算法的详细信息，请读者参考相关资料。

②　请参考"文本分析"一章。

第 10 章
数据可视化、可视分析与探索式数据分析

10.1　什么是数据可视化

　　数据可视化的研究由来已久，但是作为一个独立的领域，它发轫于美国国家科学基金会的"图形、图像处理和工作站"讨论组 1987 年发布的一篇里程碑式的报告——《科学计算中的可视化》。这篇报告明确提出了将可视化发展成为一个专业领域。自该报告发布以来，可视化领域的研究蓬勃发展。

　　可视化技术是一种将数据转换成几何图形表示的技术，它能够直观地展现数据，并且提供自然的人机交互的能力，为各个领域的业务专家提供有力的工具，帮助他们组织、理解、探索数据，发现以前没有发现的规律。在大数据时代，可视化为人们深入理解数据的规律性起到了重要的作用。

　　简而言之，可视化是一种数据的可视表现形式以及渲染、交互技术的总称。它从数据（Data）到可视表示形式（Visual Representation），再到渲染成用户可见的视图（View），实现了数据空间到图形空间的映射。可视化通过图形化的方式把数据表现出来，方便用户进行观察和理解，并且帮助用户对数据进行探索（Exploration），发现数据里面隐藏的模式，获得对大量数据的理解和洞察力（Insight）。

10.2　可视化的强大威力

　　人们常说"一图胜千言"，意思是某些事物用文字来表达相当烦琐，很不直观，但

是用图形来表现，则非常容易把握和理解。下面举一个例子。

通过百度地图，查找从中国人民大学到国贸三期的公交路线，总共查出 5 条线路。其中一条线路，是首先在苏州街乘坐地铁 10 号线，往西三环方向走，到达公主坟站，换乘地铁 1 号线，到达国贸站，然后从 E1 出口出来，步行 1.1 公里到达国贸三期写字楼。这条线路的文字描述如图 10 - 1（a）所示。展示这条线路的另外一种方式，是在地图上对这条线路进行可视化，如图 10 - 1（b）所示。

（a）文字描述　　　　　　　　　　　（b）地理信息可视化

图 10 - 1　从中国人民大学到国贸三期的公交路线之一

在百度地图上，可以一目了然地看到线路的全貌。通过对关键的换乘点进行点击，就可以获得进一步的换乘信息。这个实例生动地展示了可视化的直观性。

在大数据时代，数据来源多样，类型众多，规模巨大，可视化技术可以帮助我们对数据进行观察、理解、探索和发现。

10.3　可视化的一般过程

数据可视化的一般过程包含如下几个主要的步骤，即数据的过滤、映射、渲染和观察等。通过可视化软件的用户界面，用户可以参与到这些步骤中，影响和控制可视化过程。（1）当数据集很大的时候，对数据进行过滤（Filtering）是很有必要的。过滤就是选取原始数据集（Raw Dataset）的一部分进行可视化，而不是对整个数据集进行可视化。在这个过程中，有可能需要对数据进行必要的转换（Transformation）。原始数据经过过滤，获得有待可视化的数据。（2）映射（Mapping）是指将抽象数据转换为可视表示形式（Visual Presentation）的过程。比如，通过颜色映射表示数值之间的关系。通过巧妙设计的映射，可以将复杂抽象的数据形象直观地展现到一张或多张图形中，这有利于用户快速准确地理解数据。（3）渲染（Rendering）是通过图形渲染库和显示卡的帮助，把经过映射的数据以二维或者三维图形的形式绘制出来，获得可视化的展现效果。（4）用户通过图形用户界面，对可视化结果进行观察和操控。可视化的一般过程如图 10 - 2 所示。

交互（Interaction）是指用户和计算机进行交流。用户做出某种操作，计算机做出反应。设计便捷有效的交互方式，有利于用户自由地对复杂数据进行探索。比如，通过捕捉用户的手势，可视化软件适时旋转三维空间里的对象，方便用户对三维空间里的对

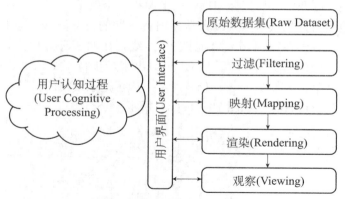

图 10 - 2　可视化的一般过程

象进行不同角度的观察等。图 10 - 3 展示了微软公司的 Hololens 系统支持用户利用手势对可视化对象进行操控。

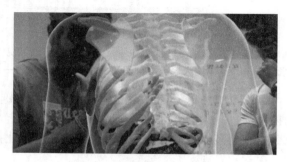

图 10 - 3　可视化与交互①

可视化是人们与海量数据之间的媒介，它要求我们对上述过程的每一个步骤进行优化，以便获得满意的可视化效果。对大规模数据进行可视化的关键在于概括性以及自然的交互能力。其中，映射和交互两个环节是达成这个目标的关键。

10.4　科学可视化与信息可视化

目前，数据可视化领域包括三个主要分支，分别是科学可视化（Scientific Visualization）、信息可视化（Information Visualization）、可视分析（Visual Analytics）。可视化领域的顶级学术会议是国际可视化大会（IEEE VIS），它有三个分会，分别对应数据可视化的三个分支，分别是科学可视化会议（IEEE Scientific Visualization，始于1990 年）、信息可视化会议（IEEE Information Visualization，始于 1995 年）及可视分析会议（IEEE Conference on Visual Analytics Science and Technology，始于 2006 年）。在这里，首先简单介绍科学可视化和信息可视化，在本章的结尾对可视分析进行简单介绍。

---

① http：//thedaily. case. edu/interactive-commons-team-displays-hololens-exhibit-world-economic-forums-47th-annual-meeting/.

在数据可视化领域，科学可视化是其中最成熟的一个研究分支，它主要面向自然科学实验、探测活动（如天文观测），计算机模拟所产生的数据的建模、操作和处理。科学可视化是针对特定领域的，比如天文观测、地震研究、医学研究、核物理研究、石油勘探等，其数据类型较为单一，数据中一般带有物理和几何结构（比如风洞数据、磁共振成像数据等），可视化的任务一般是固定的。科学可视化的目的，是以图形方式说明科学数据，使得科学家可以从中探索其内在规律。

20 世纪 90 年代以来，随着互联网的发展和信息爆炸，数据可视化的另外一个分支——信息可视化逐渐兴起。信息可视化需要处理的数据类型丰富多样，可以是数值型数据，也可以是类别型数据，数据具有不同的结构，如层次结构、网状结构等。具体包括时间序列数据、文本、地图、图数据等，数据来自不同的领域，比如新闻、电商、股票市场、社交网站等。图 10－4 和图 10－5 分别给出了科学可视化和信息可视化的实例。

(a) 黑洞碰撞与引力波①　　　　　　　　　　(b) 液体的流动②

图 10－4　科学可视化实例

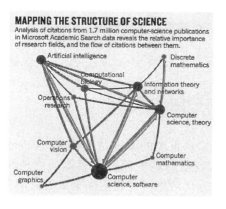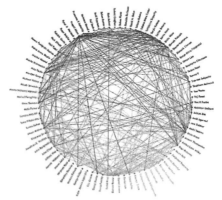

(a) 计算机科学的结构③　　　　　　(b) 企业家在社交媒体上的六度距离④

图 10－5　信息可视化实例

---

①　https：//newsproject. net/sciencenature/spin-may-reveal-black-hole-history.

②　https：//www. autodesk. com/solutions/simulation/cfd-fluid-flow.

③　http：//www. nature. com/news/2011/110802/full/476018a/box/1. html.

④　http：//www. geekpreneur. com/six-degrees-of-social-media-for-entrepreneurs.

表 10-1 列出了科学可视化和信息可视化在目标任务、应用领域、数据来源和类型、主要方法与要求、面向的用户等方面的主要区别。

表 10-1 科学可视化与信息可视化的比较

对比项	科学可视化	信息可视化
目标任务	研究科学问题，深入理解自然界中的现象	探索、发现信息之间的关系，发现隐藏的模式
应用领域	气象、高能物理、天文学、生物学、医学、地质学、流体力学……	传感器网络、电子商务、金融、社交网络、新闻、博客、反恐……
数据来源和类型	·来自科学实验、观测、仿真 ·结构化数据，具有物理、几何属性	·来自各个领域 ·结构化数据和非结构化数据，一般不具有物理、几何属性
主要方法与要求	·预处理、映射、渲染、交互 ·准确反映数据中的物理、几何关系，力求逼真的三维渲染	·数据挖掘与机器学习、映射、渲染、交互以及可视分析 ·把抽象复杂的信息及其关系，映射为有效的可视表示形式，寻找合适的渲染形式
面向的用户	科学家	非技术人员、普通用户、管理人员

可视化技术已经应用到各个行业，包括软件可视化、数据挖掘和机器学习可视化、地理信息可视化、生物数据可视化等。

对于可视化应用来讲，不存在科学可视化、信息可视化、可视分析的严格区分。针对具体的应用，有可能需要结合不同来源的数据，借助科学可视化和信息可视化的相关技术进行展现。

此外，可视分析技术可以帮助用户对数据进行建模，建立假设，进行假设检验（Hypothesis Testing）等。

10.5 数据可视化的原则

可视化的目的是把复杂数据有效地展示出来，首要的原则是准确（Precision）和清晰（Clarity）。准确是指可视化结果反映的是数据的本来面目或者本质（Substance）。清晰是指可视化结果所表达的含义要明确。此外，数据可视化要注重以下方面：

（1）在构图、色彩运用等方面，应遵循美学原则。平衡的画面感使得用户可以快速找到需要的信息。合理的色彩运用则增强感知效果。

（2）我们一般希望在更小的空间里（Less Space），用最少的图形（并非越烦琐越好，而是越简洁越好，Less Ink），在最短的时间里（Less Time），传达给用户最多的信息（More Ideas）。对可视化效果应进行合理简化，突出重点。

（3）可视化的结果需要阐明事物之间的相互关系，以及事物的变化趋势，对于类似的事物要方便用户进行比较。需要结合时间、空间因素进行设计，包括使用箭头、创造流动感等。

（4）使用用户熟悉的事物对需要比较的数据进行比较。比如图 10 - 6 对不同的数据量进行形象化的比较。

（5）构建实物场景，生动展现数据。比如图 10 - 7 通过实物场景，生动形象地展现了土地的使用情况。

（6）在可视化设计过程中，要考虑把交互方式以及动画和特效加进去。在交互方面，做到交互之前有引导，交互操作直观易于理解，交互过程中有反馈。动画效果则可以从时间和空间维度对事物的发展变化过程进行刻画，给用户创造沉浸式的体验。通过画面的特效，包括高亮、闪烁等吸引用户的注意力。

（7）好的可视化设计不是冷冰冰的。它应该能够引导用户的认知和体验，激发用户联想，产生情感共鸣，使得用户不仅能够获得相关信息，还能够获得情绪上的愉悦和情感上的满足。

图 10 - 6　Yottabyte 到底有多大[①]

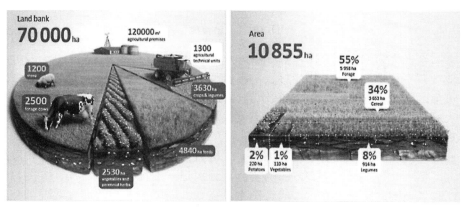

图 10 - 7　土地使用情况[②]

总之，我们需要从空间布局、色彩、用户的交互方式、适应用户的感知和认知

①　http：//gizmodo. com/5557676/how-much-money-would-a-yottabyte-hard-drive-cost.

②　https：//blog. kurtosys. com/storytelling-data-visualization/.

（Perception & Cognition）习惯等方面，对可视化的效果进行优化设计，使得可视化的结果具有视觉上的冲击力，对用户产生吸引力。

10.6 可视化实例

10.6.1 散点图与直方图

散点图（Scatter Plot）是对点数据（Point Data，即向量）的集中趋势、分布形态、离散趋势进行把握的基本的可视化形式。集中趋势是指数据向中心点靠拢的趋势；分布形态包括数据的分布是对称的还是非对称的、平缓的还是陡峭的等；离散趋势指的是数据离开中心点的趋势。对于一维、二维和三维数据，我们可以使用一维、二维和三维的散点图，对数据的分布特点进行观察。图10-8展示了二维和三维散点图的实例。对于高维数据，可以首先降维，再进行可视化。

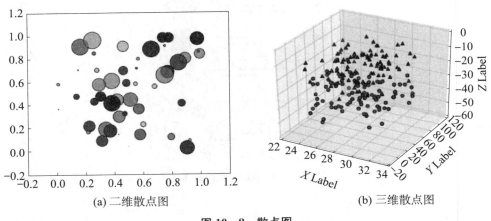

(a) 二维散点图　　　　　　(b) 三维散点图

图 10-8　散点图

直方图，也称为频率直方图（Frequency Histogram），是统计学中用于表示频率分布的图形。在直角坐标系中，横坐标表示随机变量的取值，横轴一般划分成一系列的小区间，每个区间对应一个分组（每个分组也称为一个桶（Bin）），作为小矩形的底边。纵坐标表示频率，每个分组的小矩形的高度表示随机变量取值落入该区间的频率。一系列的小矩形，构成频率直方图。

我们平时使用的直方图有一维直方图、二维直方图等，频率直方图可以和散点图结合使用。图10-9展示了三个直方图的实例，分别是一维直方图、二维直方图，以及一维直方图和散点图的组合，在这个组合图中，在平面上以散点图的形式展现了一组二维数据点，并同时展示了 x 方向和 y 方向的直方图。

10.6.2 线图

线图通过绘制折线或样条曲线把若干个数据点连接起来。线图分单线图（Line Graph）和多线图（Multiple Line Graph）。多线图把多个数据点集合在一个坐标系里面进行绘制，

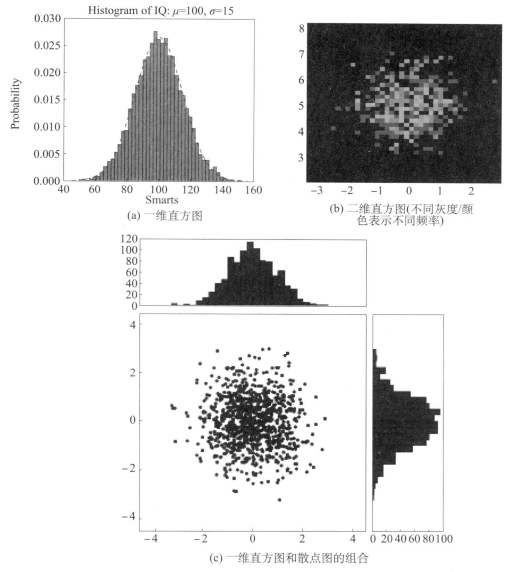

(a) 一维直方图

(b) 二维直方图(不同灰度/颜色表示不同频率)

(c) 一维直方图和散点图的组合

图 10 - 9　直方图以及直方图和散点图的结合

为了区分不同的数据点集合，可以采用不同的线宽（Thickness）、颜色（Color）或者线形（Line Pattern，比如实线、虚线、点划线等）。图 10 - 10 展示了线图的实例。

　　时间序列数据（比如一段时间内的温度变化）可以用单线图来表示。某些特殊类型的时间序列数据，可以使用特定的可视化形式。比如一段时间内每天的股票价格一般用蜡烛图（Candlestick）来表示。每天的股票价格被浓缩成了开盘价、收盘价、最高价、最低价等四个价格，用一个单纯的线图无法全面表示价格的变动情况。蜡烛图的每根蜡烛则可以表示这些信息。当某日的收盘价高于开盘价，蜡烛渲染成红色，蜡烛的底边表示开盘价，顶边表示收盘价；当某日的收盘价低于开盘价，蜡烛渲染成绿色，蜡烛的底边表示收盘价，顶边表示开盘价。蜡烛上下两端引出的线，分别表示当天的最高价和最低价。

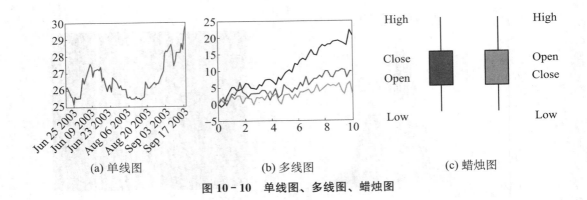

(a) 单线图　　　　　　(b) 多线图　　　　　　(c) 蜡烛图

图 10 - 10　单线图、多线图、蜡烛图

10.6.3　柱状图与饼图

　　柱状图和饼图，一般用来显示一个数据系列里各个数值之间的相对大小关系。柱状图的各个柱子的高度的比例关系及饼图的各个扇面的大小的比例关系，反映了数据系列中各个数值之间的大小关系。

　　柱状图和饼图也可以显示多个数据系列，对应的分别为复式柱状图和复式饼图。此外，柱状图和饼图可以渲染为二维的效果，也可以渲染为三维的效果。图 10 - 11 显示了柱状图和饼图的实例。

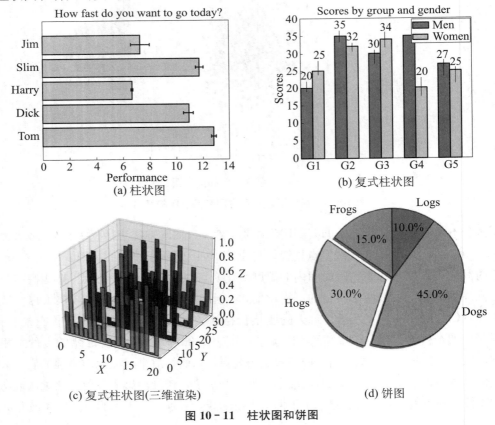

(a) 柱状图　　　　　　　　(b) 复式柱状图

(c) 复式柱状图(三维渲染)　　　　　　(d) 饼图

图 10 - 11　柱状图和饼图

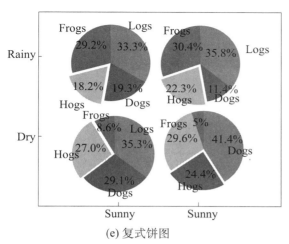

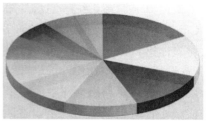

(e) 复式饼图　　　　　　　　　(f) 饼图(三维渲染)

图 10 - 11　柱状图和饼图（续）

10.6.4　相关系数与热力图

相关系数表示两个变量的变化趋势的相关性如何。如果两个变量的变化方向是一样的（两个变量同时变大或者同时变小），那么它们是正相关的；如果两个变量的变化方向是相反的（一个变大一个变小），它们是负相关的。

对于一组变量，我们可以针对每对变量计算一个相关系数，然后组合成一个矩阵，称为相关系数矩阵（Correlation Matrix），这个矩阵可以以热力图的方式进行可视化。在热力图上，可以看到哪两个变量是高度相关的。在线性回归和逻辑回归中，如果有两个自变量是高度相关的，我们建立的模型其性能就会受到影响，请读者参考"数据的深度分析（上）"一章关于线性回归中共线性现象的讨论。

图 10 - 12 给出了 pima-indians-diabetes 数据集（https：//www. kaggle. com/uciml/pima-indians-diabetes-database）的自变量的相关系数热力图。在这个热力图里，只显示大于某个阈值的相关系数，并且在热力图上标注了具体的相关系数值，以便参考。我们看到每个变量和自身的相关系数都是 1，这是显然的。此外，preg 和 age 的相关系数，以及 test 和 skin 的相关系数是比较高的。

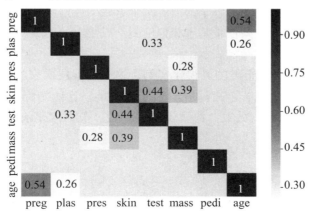

图 10 - 12　pima-indians-diabetes 数据集的自变量的相关系数热力图

10.6.5 解剖图、切片、等值面

人体和动物的解剖图可以是手绘的，也可以是利用三维建模技术重建的。图10-13展示了人体血液循环系统解剖示意图。

CT（Computed Tomography）设备和MRI（Magnetic Resonance Imaging）设备，可以对人体进行断层扫描，获得高分辨率的人体切片图像（图10-14为脑部切片图像）。连续播放这些图像，可以帮助医生观察和判断人体内部是否发生病变。

所谓等值面，是指空间中的一个曲面，在该曲面上函数 $f(x, y, z)$ 的值等于某一给定值 f_t，即等值面是由所有点 $S = \{(x, y, z): f(x, y, z) = f_t\}$ 组成的一个曲面。等值面技术在可视化中的应用非常广泛，许多标量场的可视化问题都可以归纳为等值面的抽取和绘制，如各种等势面、等压面、等温面等。

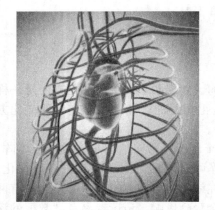

图10-13　人体血液循环系统解剖示意图[①]

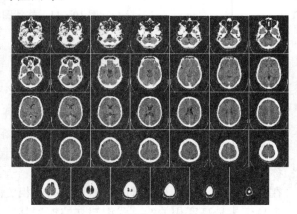

图10-14　脑部的断层扫描图像

10.6.6 表现层次关系：树、圆锥树、Tree Map、信息立方体

1. 树

树（Tree）状结构是可视化中应用得最广泛的一种图形结构之一。它一般用于表现某种层级关系，比如某个组织的各个部门、某个家族的族谱等。凝聚层次聚类是一种自底向上的聚类方法，各个类簇逐步基于相似度凝聚成更大的类簇。类簇结构存在天然的一种层次关系，可以用树状结构表示出来。

图10-15是凝聚层次聚类的可视化实例。这个凝聚层次聚类基于某县的17个学区（17 School Districts）的若干指标对学区进行聚类。这些指标包括5年级学生的阅读课考试分数、数学课考试分数、语言课考试分数、英语水平有限（LEP）学生的比例等。

---

① http：//www. freedigitalphotos. net/images/download-free. php? id＝446952&.key＝0427e3d4.

2. 圆锥树

圆锥树（Cone Tree）用于对层次结构进行三维可视化展现。在圆锥树中，层次结构通过三维方式进行展现，以利于最大化使用屏幕空间，以便展现整个层次结构。每个节点表示为圆锥的顶点，它的子节点在该圆锥的底面周围绘制出来。用户可以通过交互式动画（Interactive Animation）的方式，重点查看层次结构的不同部分。圆锥树把一部分用户认知的压力转移到人类的感知系统。图 10-16 是圆锥树的一个实例。

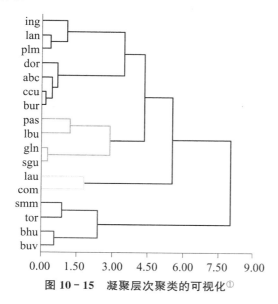

图 10-15　凝聚层次聚类的可视化①

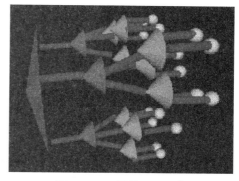

图 10-16　圆锥树实例②

3. Tree map

Tree map 是由马里兰大学的本·施奈德曼（Ben Shneiderman）教授于 20 世纪 90 年代提出的。其最初目的是找到一种有效了解磁盘空间使用情况的方法。施奈德曼首先想到的是用树状结构来表示，但是这样的图形占用的空间太大。于是他想利用面积来表示文件大小，但是用矩形、三角形还是圆形都有一定的问题。最后，他想到了将屏幕交替切分为水平和垂直方向的矩形，用递归来实现层级关系。目前该方法已经被应用到同时包含层级关系和相对大小关系的事物的可视化应用中（见图 10-17）。

Smart Money 杂志使用 Tree map 对市场上市值排名靠前的股票进行了展示。矩形的大小表示行业或公司的市值，矩形的颜色表示股票的涨跌程度，用从红到绿渐变表示。这是一个从设计上来说非常优秀的可视化实例，帮助用户迅速了解市场状况（见图 10-18）。

---

① http：//docs. roguewave. com/imsl/java/6. 1/manual/default. htm？ turl＝worddocuments％2Fdendrogramchart. htm。
② http：//www. infovis-wiki. net/index. php？ title＝Cone _ Trees。

图 10 - 17　施奈德曼和 Tree map 作品　　　10 - 18　*Smart Money*：Map of the Market[1]

4. 信息立方体

信息立方体（Infor Cube）是一种多维的数据结构，用于从多个维度对数据进行汇总和观察。图 10 - 19 展示了一个关于销售额的信息立方体，它有三个维度，分别是客户维度、产品维度和地区维度。一般来讲维度具有层次结构，比如产品维度具有"产品大类→产品小类→产品"这样的层次结构。用户可以对各个维度基于某种层次对销售数据进行过滤，然后进行汇总和观察。比如，我们可以查看某个产品大类各个小类在亚洲地区的销售情况。

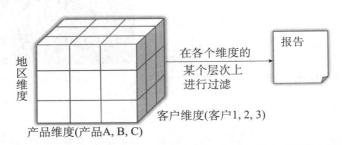

图 10 - 19　信息立方体实例（地区维度包括美洲、欧洲、亚洲三个地区）

➡ 10.6.7　地图和地球

在地图上进行可视化，可以展示事物的发展过程所涉及的不同地理位置。

图 10 - 20 展示了英国约克郡可能发生洪水危险的地区。点击某个检测点，可以查看该检测点最近 7 天检测到的水位变化情况。这些可视化效果和交互能力，对于防洪救灾具有重要的辅助决策的实际应用价值。

图 10 - 21 展示了软件渲染飞机航线的可视化效果。我们可以进行深度开发和集成，在飞行模拟器中集成航线数据和相关软件，那么整个飞行模拟过程中用户的体验将获得极大的提升，如图 10 - 22 所示。

---

① http：//www. cs. umd. edu/class/spring2005/cmsc838s/viz4all/viz4all _ a. html.

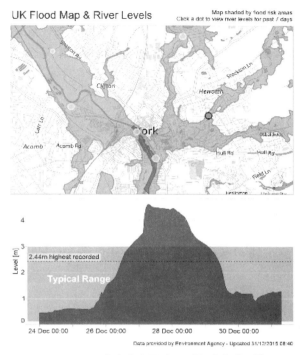

图 10 - 20　洪水灾害风险区域与水位监测[①]

图 10 - 21　显示航线数据[②]

图 10 - 22　进行飞行模拟[③]

在我国的空间站和载人飞船任务中，飞行任务轨道三维可视化软件为保障空间站和载人飞船任务的圆满完成发挥了重要作用。飞行任务轨道三维可视化软件实现了对空间站、飞船在轨飞行任务的图形化展示。它直观展示空间站、飞船的运行环境和运行状态，包括对飞船和空间站对接过程的展示和监控。对实施空天任务运行过程的全程监控、实现有效载荷运行管理，具有重要意义。图 10 - 23 为飞行任务轨道三维可视化效果图。

此外，航天测控三维可视化系统集实时仿真、实时监控、遥感数据处理和信息可视

---

① http：//www.theinformationlab.co.uk/2015/12/31/rain-destruction-modern-mapping-stack/.

② https：//blog.openflights.org/2009/02/23/give-your-flights-a-spin-in-3d-on-google-earth/.

③ https：//originaldougal.com/up-and-running-with-google-earth-flight-simulator/.

化功能于一身，为航天任务的实施保驾护航。地面测控人员通过该系统可以直观快捷地了解飞船运行状况，及时调整它的运行轨道，并实时监控。该系统的计算结果和绘制的画面，与实际的地球、宇宙空间环境（根据星历精确显示太阳、月球，以及其他行星的精确位置）、时间、位置、形状等各种参量和数值，基本实现了"零误差"，真实反映航天器及其所处空间的当前状态。

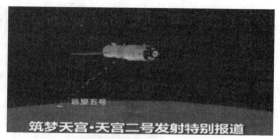

图 10 - 23　飞行任务轨道三维可视化（电视屏幕截屏）

10.6.8　社交网络

可视化提供了观察社交网络的有力工具。

图 10 - 24 是 Internet Map 项目（作者是鲁斯兰·伊尼凯夫（Ruslan Enikeev））的可视化结果。这张图展示了各个主要网站的规模和网站之间的关系。每个网站在图中表示为一个圆形，其大小由用户访问量（Website Traffic）决定，即访问量越大的网站圆形区域的半径越大。圆形的颜色代表网站所在的国家。用户通过超链接在网站之间导航。链接越强，在图上两个网站越互相靠近。

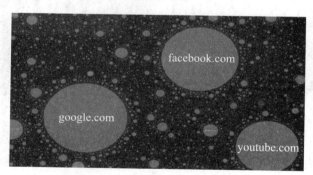

图 10 - 24　**Internet Websites Map**①

图 10 - 25 是对博客空间的可视化效果。节点的大小表示博客的入链（In Link）的多少，同样的颜色则代表隶属同一个域名的博客。深色的边表示双向的互相引用关系（Reciprocal Link，A Cited B and B Cited A），浅色的边表示单边引用关系（A-Reciprocal Link）。图 10 - 25 中部的密集区域表示博客空间里的社会/政治讨论区，上部的密集区域是技术讨论区，下部的密集区域是关于家用小工具（Gadgetry）的讨论区。

①　http：//internet-map. net/.

图 10-26 是引文网络的可视化结果（Radial Graph）。其选用的数据集是 1997—2005 年间 Thomson Reuters' Journal Citation Reports 数据集的一个子集。该子集涵盖了 10 年以来 7 000 个期刊之间的 60 000 000 个引用关系。这张图给出了整个引文网络的一个概览（Overview）。不同颜色代表了杂志的 4 大分组（Group of Journals），在杂志分组底下分成领域（Field），也就是图中的外环（Outer Ring）。内环（Inner Ring）的分段则表示不同的杂志，内环的大小根据特征向量因子分析的得分（Eigen Factor Score）来确定。图中显示了强度排名 Top 1 000 的引用连接，线宽和透明度表示连接的强度。

当选择某本杂志或者某个领域，那么针对该杂志或领域的流入（Coming In）和流出（Coming Out）的引用关系高亮起来，连线的颜色根据初始节点的颜色确定。比如，计算机科学领域的颜色为黑色，黑色的线表示从计算机科学领域流出的（指向其他领域）引用关系，即计算机科学领域的杂志对其他科学领域杂志的引用关系。

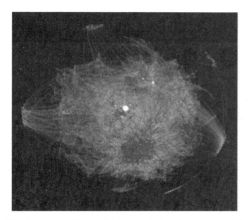
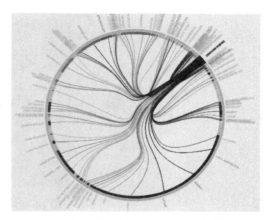

图 10-25　博客空间（Blog Sphere）的可视化[①]　图 10-26　引文网络（Citation Network）的可视化[②]

10.6.9　堆叠的河流

杰夫·克拉克（Jeff Clark）创建了 Twitter Stream Graph 可视化效果。他通过堆叠的河流（Stacked River，见图 10-27）显示推特数据流里流行的关键字（Top Trending Keywords）随着时间变化的情况。通过这张图，我们可以了解到不同的时间段里，推特数据流里最流行的一些关键字，及其热度对比。

在堆叠的河流上，不仅可以简单地显示关键字，还可以在文本分析的基础上，抽取文本的话题信息，然后用堆叠的河流显示出来。早在 2000 年，阿弗尔（Havre）、赫茨勒（Hetzler）、诺埃尔（Nowell）等人创建了 Theme River 技术，表示社交媒体上新的话题的变化情况。每个话题是一个沿着时间流动的河流，宽度随着时间变化。不同话题用不同颜色表示。整个图像提供了一个话题演变的概览，显示了我们关心的所有话题。

---

① http：//datamining. typepad. com/gallery/blog-map-gallery. html.
② http：//www. eigenfactor. org/projects/well-formed/radial. html.

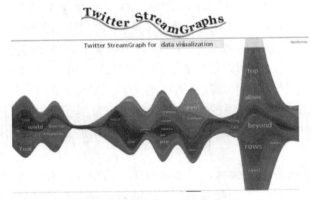

图 10-27　堆叠的河流

使得我们可以在任意时刻找出最重要的一些话题，如图 10-28 所示。

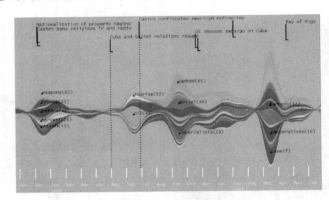

图 10-28　话题河流

10.6.10　多维数据的展示

如果数据本身的维度为二维或者三维，可以方便地设计可视化效果。当数据为四维以上而且维度不高的时候，可以固定某些维度为常数值，对剩余维度进行数据的可视化，然后改变这些维度的值，再进行数据的可视化，最后获得一系列可视化结果。通过观察这一系列可视化结果，可以了解事物的发展过程。

图 10-29 展示了恒星坍塌模拟的一系列体绘制（Volume-Rendering）结果。该可视化效果展示了一颗具有 20 个太阳质量的恒星走向坍塌引起中微子驱动的爆炸（Neutrino-Powered Explosion）的过程中，剧烈的非球面的质量运动情况（Non-spherical Mass Motion）。白色的核心球体表示新生成的中子星（Neutron Star），笼罩着中子星的蓝色的表面表示超新星的冲击波（Supernova Shock）。这些可视化的画面可以以动画的形式展示出来。

数据的可视化，是为数据集创建一个二维或者三维的图形。如果数据的维度很高，那么需要对数据进行降维（Dimension Reduction），然后再进行可视化。下面的实例即

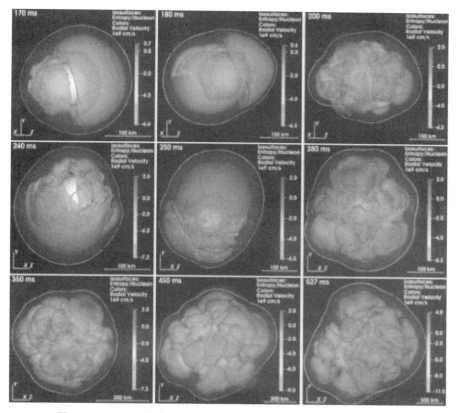

图 10 - 29　一颗具有 20 个太阳质量的恒星的坍塌过程的可视化[1]

是对高维的用户行为数据集进行可视化。[2]

　　该实例使用的用户行为（User Behavioral）数据集，包含大量的用户，每个用户用上万个维度进行描述。可以把该数据集看作一张二维表，行方向表示不同的用户，用户数量达到上百万个，列方向代表用户的行为属性，属性数量达到上万个。如果某个用户具有某个属性，相应的单元格（Cell）为 1，否则为 0。这张二维表是一张大型的稀疏的矩阵。每个用户（每行）可以看作高维空间的一个点。

　　这样的高维空间的一系列的点，很难进行描述（Describe）、想象（Think About）和可视化，直接在上面运行机器学习算法效率也不高。机器学习流水线上的一个重要步骤是降维。可以使用奇异值分解（Singular Value Decomposition，SVD）算法进行数据降维。经过 SVD 算法处理以后，数据从上万维降低为上百维（比如 200 维）。在这个 200 维的空间里，每个用户对应一个点，行为相似的用户（Behave Similarly）在这个空间里互相靠近。但问题是，200 维仍然无法直接进行可视化。

　　为了进一步降低维度，以便进行可视化，可以继续运行另一个算法 t-SNE（t-Stochastic Neighbor Embedding）。该算法接受高维数据，然后创建低维的可视化图像，并

　　[1]　http：//www. mpa. mpa-garching. mpg. de/mpa/research/current _ research/hl2015-8/hl2015-8-en. html.

　　[2]　http：//nicolas. kruchten. com/content/2014/07/high-dimensional-data-in-the-browser/.

且保证高维空间中互相接近的数据点，在低维空间（可视化结果）里也是互相接近的。注意，空间里数据点互相接近，表示用户的行为相似。

最后的可视化效果如图10-30所示。三维空间中的每个点代表一个用户，点的颜色表示用户隶属的类簇（Cluster）。互相靠近的点表示对应的用户，其行为是相似的。用户所属的类簇（Cluster），是通过在高维空间（200维）里运行 K-Means 算法（$K=$ 10），赋予每个用户一个类簇标签来确定的。在高维空间运行聚类算法可避免降维过程引起的信息丢失对聚类结果造成的影响，而降维过程则帮助我们对数据进行可视化。

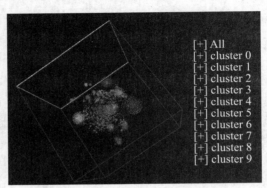

图 10-30　高维数据的可视化实例[①]

最后的可视化结果显示，不同类簇的用户（数据点）通常是紧密靠近在一起的。也就是说，在高维空间中相互靠近的（相似的）用户，经过降维以后，在低维空间里仍然相互靠近（相似）。

10.6.11　特色可视化应用

百度指数（http：//index. baidu. com）和360指数（http：//index. so. com/）可以根据用户输入的关键字，显示该关键字的搜索趋势（搜索热度）。图10-31显示了通过百度指数查询到的"天宫二号"30天（2016-09-28至2016-10-27）的搜索趋势。图中的E点，表示2016年10月19日神舟十一号飞船与天宫二号成功实现自动交会对接当天，搜索热度达到最高值。

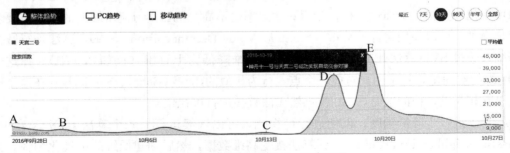

图 10-31　百度指数——天宫二号

---

① https：//github. com/datacratic/data-projector.

图 10 - 32 显示了通过 360 搜索指数查询到的"Hadoop"一词从 2013 年 1 月份到 2016 年 10 月份的搜索趋势。可以看出，这段时间内"Hadoop"的搜索热度总体处于上升趋势，显示了 Hadoop 作为大数据处理的平台，其强大的处理能力逐渐被人们所了解和认可。

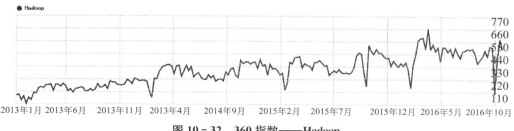

图 10 - 32　360 指数——Hadoop

360 指数还能显示某关键字的相关搜索关键字及其近期搜索热度变化趋势，图 10 - 33 展示的是"Hadoop"的相关搜索趋势。

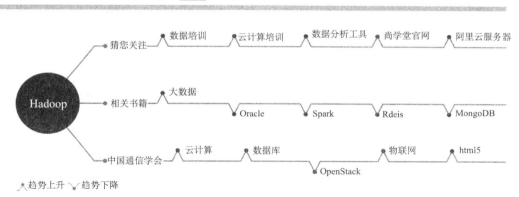

图 10 - 33　360 指数——Hadoop 的相关搜索趋势

百度公司基于其掌握的大数据以及百度地图技术，打造了若干具有酷炫可视化效果的应用，包括百度迁徙、景区热力图、百度通勤图、百度慧眼等。百度迁徙可以让用户观察到全国范围内的迁徙的最热路线、迁入和迁出的最热城市和地区。景区热力图则让用户实时查看各个热点景区的拥挤程度，提前为出行做出安排。百度通勤图展现了上/下班时间，白领的通勤路线及其热度，对于公交线路规划及地铁规划都具有参考意义。百度慧眼是一项商业服务，它是一款位置大数据获取、管理、分析和可视化平台，集成了商业信息、地理信息、人口信息。它的一个应用是帮助商业企业以热力图的方式，对商场的各个楼层的客户流进行监控和引导。部分示例如图 10 - 34 所示。

基于手机搜索记录，百度能够知道人们在不同时间的位置信息。把大量用户的信息收集起来，进行汇总和分析，数据的价值就显现出来了。

(a) 百度景区热力图

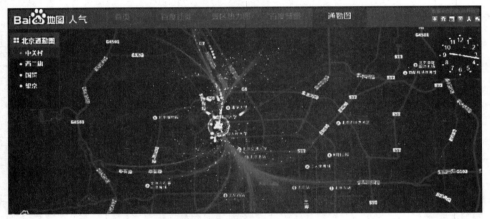

(b)百度通勤图(北京版)

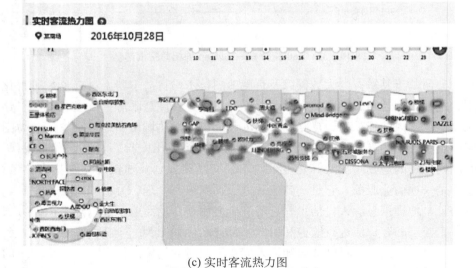

(c) 实时客流热力图

图 10 - 34　百度地图应用

10.7 可视化的挑战和趋势

在大数据时代，可视化面临新的挑战和机遇。在传统的数据可视化应用中，由于数据规模不大，我们可以设计相应的映射和交互技术，达到很好的可视化效果。在大数据时代，海量异构数据的可视化，对算法设计和硬件基础设施都提出了更高的要求。它要求我们必须对可视化过程的各个环节进行进一步的优化。其中，高维的（High Dimensional）、多元的（Multivariate）、多模态的（Multimodality）、时变的（Time Varying）数据，以及数据不完整（Incomplete Data）、有噪声（Noise）等特点，都给数据的可视化提出了严峻的挑战，需要数据可视化领域的研究人员提出应对的办法。

在大数据时代，有几个可视化技术的发展趋势值得注意。（1）各种新硬件（New Hardware）被应用到可视化领域，可视化系统将支持更高的显示分辨率（Higher Resolution）。（2）可视化技术被应用到更多的业务领域。（3）可视化技术支持更多的数据类型（Data Type）。（4）新的研究热点，是基于可视化以及可视分析结果进行叙事，讲一个故事（Telling a Story），并且把故事讲完整、讲精彩。（5）可视化软件提供更加强大的可视分析能力（Advanced Visual Analytics）。

10.8 可视分析技术

虽然可视分析技术（利用计算机）在 21 世纪初才开始兴起，但是可视分析的思想却有悠久的历史。下面举个例子。

19 世纪中叶，英国正处于工业革命的高潮。大量人口涌入城市，城市的基础设施不堪重负，卫生状况堪忧，霍乱频发，造成大量人口死亡。

当时医学界的主流理论是"瘴气论"。该理论认为霍乱是通过某种有毒气体传播的。但是有一位科学家不这么认为，他就是斯诺。他认为这个理论不能解释诸多现象。斯诺猜测，霍乱可能是通过水进行传播的，他需要证据来证实自己的假设。

1854 年，霍乱又一次在英国伦敦爆发。斯诺仔细分析疫情的发展，为自己的假设寻找证据。数据可视化以及可视分析发挥了重大作用，当然这个工作是手工完成的。在伦敦发生的这场霍乱疫情中，布罗德街和剑桥街的交界处是一个重灾区。斯诺创造性地使用统计学方法，并且对结果进行了可视化，进而对可视化结果进行分析。

他根据死亡病例数据，绘制了著名的"死亡地图"。在这张图中，死亡病例的数量用长短不同的柱来表示，并且在地图上一一标注其位置。斯诺发现，大部分霍乱死者都居住在布罗德水泵附近（图 10 - 35 左侧子图中间的小圆点），并且以这个水泵作为饮用水源。其他水泵附近的死亡病例，则数量非常少。

斯诺还发现，离布罗德街水泵附近不远的波兰街（Poland Street）济贫院共有 500 多名贫民，但是只有少数霍乱死亡病例。通过调查，他发现这是因为济贫院有自己的水井，饮水不需要从布罗德街水泵中取水。

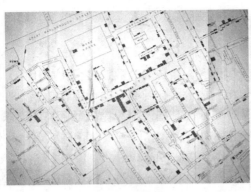

图 10 - 35　斯诺的死亡地图和布罗德街的水泵（已经封存）

如果"瘴气论"是正确的，那么大家住在同一街道上，呼吸着同样的毒气，感染霍乱的概率应该差不多才是。因此，受污染的饮用水成为关注的对象。当局把水泵的手柄拆除，居民不能从该水泵取水，而是使用其他水源，布罗德街的霍乱疫情很快消退了。斯诺是历史上第一个采用统计学的方法对流行病的传播途径进行调查的人，成为当之无愧的"流行病学之父"。在这个过程中，可视分析可以说立下了汗马功劳。

2005 年以来，可视化技术和数据分析技术结合，发展出数据可视化的一个新的分支——可视分析学，它是借助计算机帮助，以可视化交互界面为基础的分析科学。这个方向的研究不断受到重视，经过十几年的发展，已经成为可视化领域的重要研究方向。可视分析技术目前已经大量应用在科学、商业等领域。

可视分析综合大量的多模态信息（文本、语音、视频、图像、社交网络等），利用可视化技术以及数据分析技术，帮助人们理解数据。简言之，可视分析是可视化技术、交互技术、分析技术的结合，是为分析和推理服务的。它把若干个计算机科学分支的知识整合到一起，包括图形设计、交互方式设计、信息可视化（包括数据的表示和转换）、感知和认知科学、社会学等。可以认为，可视分析是一门多学科交叉（Multidisciplinary）的学科分支。

可视分析把交互式的可视化与具体分析技术（包括统计分析方法、机器学习/数据挖掘方法）结合起来，帮助用户实现一系列高层次的复杂的活动，包括意义构建（Sense Making）、推理（Reasoning）、决策（Decision Making）等。用户利用其判断能力，提出假设，基于掌握的证据获得对数据的理解，达成关于数据（数据反映了实际业务）的结论，从而帮助用户完成评估和决策。

在可视分析过程中，用户通过多种方式，增强对于数据的认知。（1）把大量的数据在有限的空间里进行整体展示，使得用户对数据有一个总体的把握和初步的理解。（2）在时间和空间维度上展示数据的变化，帮助用户对数据的模式进行感知和认知。（3）把复杂的网络关系以可视化的方式展示出来，帮助用户基于感知进行事物关系的推理。（4）通过交互式分析的方式，不断调整参数值，及时改变可视化结果，对数据进行探索。

一般来讲，数据集的变量可以分为两类，分别是独立变量（Independent Variable，即自变量）与非独立变量（Dependent Variable，即因变量）。自变量表示观察值的变化情况，因变量依赖自变量的变化而变化。为了对自变量和因变量的关系进行观察，我们一般需要两个视图。一个视图显示自变量，另外一个视图显示因变量。这两个视图是连接在一起的，也就是当用户选择了自变量视图的部分数据点以后，另外一个视图的数据点将发生变化。由此，可以帮助我们直观地探索高维空间数据的性质。

可视分析是一个迭代的过程，如图 10 - 36 所示。可视分析引导用户进入分析流程，让用户可以通过交互式界面，将其经验和智慧输入系统，不断发现规律，建立假设，进而肯定或者否定该假设。可视分析的目的是引导用户完成给定的分析任务。我们将围绕图 10 - 36（该模型由多米尼克·萨夏（Dominik Sacha）等提出）介绍可视分析的关键组件和关键流程。

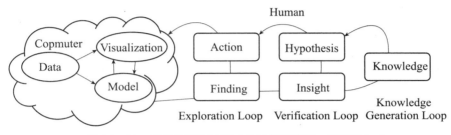

图 10 - 36　可视分析的过程（从数据到模型、到知识）

1. 数据

数据是所有可视分析的基础。我们收集的结构化、半结构化、非结构化数据，描述了自然和人类社会的事实。除了数据，我们还需要元数据来描述数据的模式或者结构，以便可视分析系统能够正确地存取数据，对其进行可视化。

2. 模型

这里讲的模型，可以是描述数据的某个方面属性的一些统计值（Descriptive Statistics），也可以是复杂的统计分析、数据挖掘和机器学习算法。比如，我们基于数据，进行统计检验，达成是否接受某个假设的结论。数据挖掘算法，比如分类或者聚类的结果，可以通过可视化模块显示出来，展现数据内部的一些模式和规律。此外，在数据上创建的模型，可以帮助我们获得对数据的一些理解。比如，在数据上执行 Logistic 回归模型，使我们可以确定最重要的特征或者特征组合。

3. 可视化

在可视分析中，可视化结果一般依据模型的分析结果进行绘制。比如，聚类分析模型可以把数据点划分成不同类簇，通过可视化模块，就可以把不同数据点的类簇归属显示出来（比如使用不同的颜色表示不同的类簇）。

可视化结果可作为分析人员和可视分析系统（Visual Analytics System）的界面。用户基于可视化结果了解数据中变量之间的关系。

4. 探索回路

探索回路（Exploration Loop），描述分析者如何和可视分析系统进行交互，目的是生成新的可视化结果或者调整模型，并且据此对数据进行分析。它涉及两个方面：动作（Action）和发现（Finding）。

（1）动作。

这里所说的动作，包括创建模型（Model Building）、应用模型（Model Usage，比如计算统计值或者对数据进行聚类）、把模型映射到可视化效果（Map Model to Visualization），以及操控可视化效果（Manipulate Visualization，比如改变观察的视角或者高亮部分数据）等。

（2）发现。

发现指的是分析者使用可视分析系统发现的有趣的观察结果（Interesting Observation），可以是数据展现出的模式或者一些异常情况等。模式指的是重复出现的事件。有时候，我们并没有观察到某种模式，也可以认为是对数据有所发现。

有了初步的观察结果以后，可能需要进一步和系统进行交互，对数据进行进一步的分析（通过上文所述若干动作，操控可视分析系统），也可能直接导致对数据的新的理解。探索过程构成了一个回路，分析者不断寻找有用的发现，以解决预定的分析任务。

5. 验证回路（Verification Loop）

（1）假设。

在可视分析过程中，假设扮演了核心的角色。所谓假设，是针对问题领域构造一个假说，然后进行验证性的分析。分析者试图找出足够的证据，支持或者反对该假设，目的是看看能否从数据中获得知识（Gain Knowledge from Data）。从这个角度来讲，可视分析过程是由假设引导的。

（2）理解和洞察力。

所谓洞察力，定义为分析者对于上述发现如何进行解释。在解释过程中，需要用到领域的先验知识（Previous Domain Knowledge），以产生新的信息。分析者对数据的理解和洞察力用语言来表达，一般无需太多的篇幅。比如，通过分析，人们认识到数据中的某些属性具有某种关系，这种关系具有一定的显著（Significant）意义。

上文中讲的发现，有可能支持某个假设，使得分析者确信假设是可靠的，于是形成对数据的深入的理解。

6. 产生知识回路（Knowledge Generation Loop）

在可视分析过程中，分析者为某个假设寻找证据，有可能从数据中学习到了新的知识。从证据到知识，需要一个推理（Reasoning）的过程。

在这个过程中，分析者根据收集的证据，判别这些证据是否足够证明我们对数据的理解是可信的，可以提升为知识，或者需要进一步的检查。比如，用其他数据集进行验证，或者和领域专家进行讨论等，然后再确定。

10.9　探索式数据分析

当我们拿到一个数据集，对于如何对其进行分析，完全没有头绪。这个时候，探索式数据分析（Exploratory Data Analysis，EDA）可以大显身手。

简言之，探索式数据分析通过假设、验证的不断往复，想办法从数据中找到一些模式，验证它或者推翻它，最终完成数据的建模。

所谓探索式数据分析，是指对已有的数据，在尽量少的先验假定情况下进行探索，逐步了解数据的特点。当我们对数据的内在特点、包含的信息没有足够经验，不知道应该用什么统计分析、数据挖掘、机器学习方法进行分析时，探索式数据分析是一种有效的分析方式。

对数据进行探索式分析的主要理由，是为了从数据得到灵感。用户可以在微观层面、宏观层面进行自由切换，用交互的方式探索数据中潜藏的结构、模式、关系。

约翰·怀尔德·图克（John Wilder Tukey）是美国贝尔实验室的一名统计学家。他开拓了探索式数据分析领域。图克于 1977 年在《探索式数据分析》一书中，第一次系统地论述了探索式数据分析。他相对于验证性数据分析（Confirmatory Data Analysis）来论述探索式数据分析的不同之处。前者注重对数据模型和研究假设的验证，后者则注重对数据进行概括性的描述，不受数据模型和研究假设的限制。换句话说，探索式数据分析没有假设也没有模型。杜克认为，统计分析不应该只重视模型和假设的验证，而应该充分发挥探索式数据分析的长处，在描述中发现新的理论假设和数据模型。

探索式数据分析在对数据进行概括性描述、发现变量之间的相关性，以及引导数据科学家提出新的假设方面大显身手。从逻辑推理的角度讲，探索式数据分析属于归纳法（Induction），有别于从理论出发的演绎法（Deduction）。

随着大数据研究的兴起，通过探索式数据分析理解数据进而挖掘数据的价值逐渐引起人们的重视。

10.10　探索式数据分析的作用

雷切尔·舒特（Rachel Schutt）和凯茜·奥尼尔（Cathy O'Neil）在其著作《数据科学实战》一书中，把探索式数据分析列为数据科学工作流的一个关键步骤，它能够影响多个环节，如图 10-37 所示。在这里，探索式数据分析是为建立初步的模型服务的。

刚开始，我们对数据一无所知，或者所知不多，经过探索式数据分析以后，了解了数据的特点，于是开始建立模型，利用数据进行模型训练，然后评价该模型。由此可见，探索式数据分析是建立算法和遴选模型的第一步。

如果模型的预测能力不理想，需要重新对数据进行探索式分析，以获得对数据的更深入的理解，建立更加合理的模型。如果发现前期收集的数据不完整，还需要收集更多的相关数据。

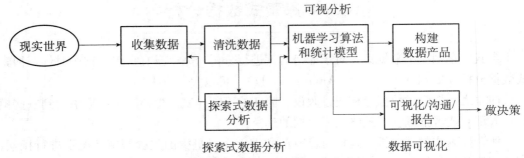

图 10 - 37　数据科学的工作流程和探索式数据分析的作用

简言之，探索式数据分析利用人机交互技术和数据可视化技术，通过不断揭示数据的规律和数据间的关联，引导分析人员发现并认识其以前不知道的数据模式或规律。对未知的数据模式和规律的探索是其价值所在。

在探索式数据分析的过程中，目标是可变的。我们需要从多个角度观察数据，分析过程是有选择、反复进行的。

10.11　探索式数据分析的基本方法

探索式数据分析的基本方法分成两类，包括计算一些汇总统计量（基于定量方法的），以及制图和制表等。

汇总统计量的计算，包括计算均值、中位数、众数、切尾均值，以及最大值、最小值、上下四分位数、数据的范围、方差（Variance）、标准差（Standard Deviation）等，可以让人们了解数据的集中趋势、离散趋势。还可以通过确定离群值，让人们了解数据的异常情况。

制图和制表能够展示变量的分布情况（直方图等）、时间序列数据的变化趋势（线图等），以及变量之间的关系（散点图等）。有时候，需要对变量进行变换，然后再进行制图。

由此看来，探索式数据分析涉及很多的数据可视化需求。在这里，我们需要区分一般的数据可视化和探索式数据分析中的数据可视化。数据可视化一般用于展示分析结果，发生在"数据分析之后"；探索式数据分析中的制图，目的是对数据进行观察和把握，发生在"数据分析之前"。数据可视化技术和工具的日益成熟推动了探索式数据分析的快速普及。

10.11.1　了解变量的分布情况，计算统计值

为了解变量的分布情况，可以计算关于该变量的一些简单统计量，也可以绘制直方图。直方图可以直观显示变量的均值、范围、偏度、峰度，以及是否有离群值等。双直

方图（Bi-Histogram）是一种特殊的直方图，如图 10 - 38 所示，它可以用于比较两个变量的分布。还可以绘制在某个变量的两个不同水平下因变量的分布情况，从而判断某个变量的不同水平是否对因变量产生重要影响。比如，我们画出不同性别（具有"男/女"两个水平）下的身高的分布，从而了解性别是否会对身高有显著影响。

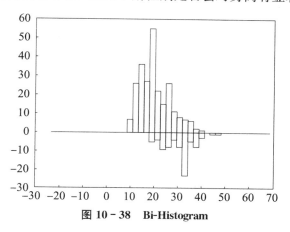

图 10 - 38　Bi-Histogram

此外，可以使用箱线图，刻画一个变量的第一分位数、第三分位数、中位数、最大最小值以及离群值等，如图 10 - 39 所示。

第一四分位数（First Quartile，Q1），表示按照从小到大排序位于 25％的数值，第三四分位数（Third Quartile，Q3），表示按照从小到大排序位于 75％的数值。最大最小值表示样本的上下限。第一四分位数和第三四分位数组成箱线图中的箱子，第一四分位数至下限、第三四分位数至上限之间连接的线段称为胡须，箱线图也称箱须图（Box-Whisker Plot）。中间的横线是数据的中位数。中位数比平均值更常用，中位数不容易受极端数值的影响。

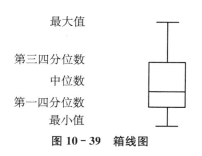

图 10 - 39　箱线图

基于箱线图，我们可以对数据的一些统计特征进行了解：（1）当箱子较矮时，意味着样本的数据差别不大，因为很多数值都在一个较小的范围里；当箱子较高时，意味着样本的数据差别很大，因为数据分散在较大范围内。（2）如果中位数接近箱子底部，意味着样本中更多数据的数值较小，呈左偏分布；如果中位数接近箱子顶部，意味着样本中更多数据的数值较大，呈右偏分布。（3）胡须很长，意味着样本数据有较高的标准差和方差，或者说数据分布比较分散。如果箱子一边有很长的胡须，而另一边胡须较短，意味着数据仅仅在一个方向上分散。

利用箱线图可以进行离群值（Outlier）检测。

　　对于单变量（每个样本是一维向量），我们可以在计算最小值、最大值及 3 个四分位数的基础上，进行离群值检测。通常把 Q3－Q1 的差值称为四分位距（Inter-Quartile Range，IQR），或四分差。一般把落在［Q1－1.5×IQR，Q3＋1.5×IQR］数值范围之外的数据点，定义为普通离群值；把落在［Q1－3×IQR，Q3＋3×IQR］数值范围之外的数据点，定义为超级离群值。

　　对于多变量（每个样本是多维向量），可以通过聚类方法找出离群值。聚类算法比如 DBSCAN 算法运行结束后，那些不属于任何类簇，孤零零的独立的样本点即为离群值。

⟫ 10.11.2　了解变量之间的关系

　　通过图形（比如散点图），可以了解变量之间的关系，最大限度获得对数据的直觉。发现变量的各种关系，可以引导我们建立新的假设，检验潜在的假设，比如将响应变量与一组因子变量关联起来的最佳函数是什么，是不是线性关系等。

　　比如图 10－40、图 10－41、图 10－42 三个散点图，分别展示了变量 X 和变量 Y 的线性相关关系、二次曲线关系、指数关系等关系。

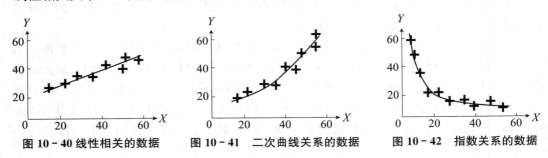

图 10－40　线性相关的数据　　　　图 10－41　二次曲线关系的数据　　　　图 10－42　指数关系的数据

　　图 10－43 显示，Y 和 X 大体呈现线性相关关系，Y 有一个变化范围，但是不同的 X 值似乎对方差没有影响，这种情况称为与 X 独立的同方差扰动。

　　图 10－44 则展示了 X 和 Y 的不同关系，虽然大体上 Y 和 X 呈现线性相关关系，但是 Y 的变化范围随着 X 的增大而扩大，这种情况称为与 X 不独立的异方差扰动（随着 X 增大，噪声的方差也增大）。对于异方差，可以通过加权最小二乘法、Box-Cox 变换、对数变换等方法对数据进行预处理，然后基于处理后的数据建立模型。

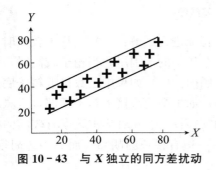

图 10－43　与 X 独立的同方差扰动　　　　图 10－44　与 X 不独立的异方差扰动

10.11.3 了解因子变量的相对重要性

在统计分析中，在自变量 X_1，X_2，$\cdots$，X_n 中，对于因变量 Y 来讲，哪个自变量是最重要的，即最重要的因子是什么？我们需要判断因子的重要程度，然后给出因子重要程度的一个排名。常用的判断因子重要性的一个方法是 DOE 均值图（DOE Mean Plot）。

DOE 均值图一般用于分析试验数据（Designed Experiment），对因子的重要性给出一个判断。这些因子一般都具有若干个变量水平（变量的可能取值），针对每个因子，DOE 均值图显示该因子的不同变量水平对应的响应变量（因变量）的均值，并且用一条线把这些均值连接起来。DOE 均值图是传统的方差分析（Analysis of Variance）的补充。当然，除了显示均值，也可以显示中位数（Median）。

在 DOE 均值图上，横坐标表示各个因子，纵坐标表示针对每个因子的不同变量水平的响应变量的均值（的连线）。DOE 均值图可以用来回答如下问题：（1）哪个因子是重要的。虽然 DOE 均值图不能对该问题给出确定性的回答，但是它有助于把因子划分为三类，分别是"显然很重要""显然很不重要""处于重要和不重要的临界线上"等。（2）各个因子重要性的排序是怎样的。

图 10-45 显示了 7 个因子变量和响应变量的 DOE 均值图。从该图我们解读到，各个因子的重要性的排序情况，从最重要到不那么重要依次为 X_4、X_2、X_1、X_7、X_6、X_3、X_5。针对 X_4 不同的变量水平，对应的因变量的均值变化范围大，表示 X_4 具有对因变量的重要的解释作用。

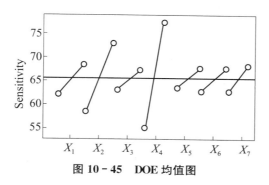

图 10-45 DOE 均值图

其中，X_4、X_2、X_1 似乎是"明显重要"（Clearly Important）的因子，X_3 和 X_5 是"明显不重要"（Clearly Unimportant）的因子，X_6 和 X_7 是落在重要和不重要边界线上（Borderline）的因子，是否把它们纳入分析模型有待进一步的分析。

10.11.4 在探索式数据分析中对高维数据进行降维

假设我们有一个数据集，包含数百个特征（变量），我们对数据所属的领域几乎没有什么了解。这时候需要通过探索式数据分析，识别数据中隐藏的模式，具体怎么做？降维是一个好办法，降维是对数据进行约减的办法。降维以后的数据可以在二维和三维空间中进行可视化，可以帮助我们掌握数据中体现的空间布局和时间变化趋势。

需要注意的是，我们不仅可以在数据分析结果的可视化中使用降维技术，也可以在探索式数据分析过程中，使用降维技术。[①] 关于降维技术的介绍，请参考"数据的深度分析"部分。[①]

MNIST 是一个手写数字图片数据集，每个样本是一个图片，数据集里一共有 10 000个样本，数据的第一列是分类标签（到底是 0～9 的哪个数字）。每个图片的大小是 28×28，展开后就一共有 784 个取值为 0～255 的像素灰度特征。对该数据集运行 t-SNE 算法后的可视化结果如图 10-46 所示，可以看到，相同数字对应的样本都聚集在一起了，区分效果非常好。不过绿色（3）和粉色（9）的区分度比较低。由此可见，t-SNE 可以用于寻找局部的近邻（Local Neighborhood），以及寻找类簇（Cluster）。对数据进行降维和可视化，可以帮助我们发掘数据里潜在的结构模式。

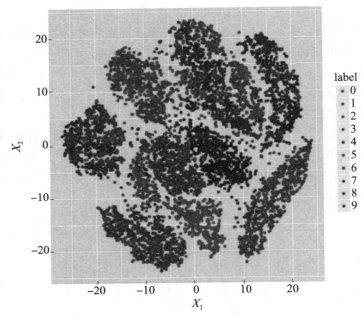

图 10-46   MNIST 数据集的 t-SNE 降维效果[②]

10.11.5　探索式数据分析案例

下面通过建立垃圾邮件分类器的过程，考察探索式数据分析的作用。

大量的垃圾邮件干扰了用户的正常工作和生活，给用户带来了很多不便。我们有时候通过查看邮件的发送者邮箱、邮件标题等，根据经验和直觉就可以判断哪些邮件是垃圾邮件；有时候则需要仔细查看邮件内容，才能识别出垃圾邮件。人工判断和清理是非

---

① 在"数据的深度分析"部分中，我们对降维进行了介绍，数据降维的结果可以用于机器学习模型构建，也可以进行可视化和探索式分析。

② 读者可通过以下链接查看本图彩色效果：http://blog.csdn.net/a358463121/article/details/55003356。还可以通过 http://projector.tensorflow.org/和 http://colah.github.io/posts/2014-10-Visualizing-MNIST/两个网址查看和操控 MNIST 数据集的降维效果。

常耗时的，建立垃圾邮件分类器，自动对邮件进行分类势在必行。

　　建立垃圾邮件分类器的第一步是从大量邮件中随机抽样出少量的邮件，比如 100 份，人工标注哪些是正常邮件，哪些是垃圾邮件。

　　第二步，使用探索式数据分析，对筛选出的垃圾邮件进行分析，统计出哪些词汇出现的频率较高，包括各类促销、诱导性的词汇等。根据这些词汇出现的频率，可以选出经常出现的 5～10 个词汇。

　　第三步，利用选出的词汇建立第一版邮件分类器，并且开发完整的邮件过滤软件。使用该软件对一个较大的样本（比如包含 1 000 份邮件）进行垃圾邮件的过滤。

　　第四步，对过滤器筛选出的垃圾邮件进行人工验证。然后用探索式数据分析计算过滤的成功率，以及正常邮件的前 10 个词汇及其频率、垃圾邮件的前 10 个词汇及其频率等。

　　第五步，根据过滤的成功率、正常邮件的前 10 个词汇及其频率、垃圾邮件的前 10 个词汇及其频率，改进过滤模型。比如，调整事先设定好的阈值，增加或者减少作为机器学习模型输入数据的词汇数量等。通过优化进一步提高垃圾邮件过滤器的成功率。

　　在探索式数据分析过程的每次迭代中，都可以利用数据可视化技术，展示探索式数据分析的结果，为邮件过滤器的开发随时提供参考，帮助人们对模型进行修正。

10.12　可视化工具介绍

10.12.1　D3.js

　　D3 是一个开源项目。目前，D3 项目的代码托管于 GitHub（https：//github.com/d3/d3/wiki）。GitHub 是一个全世界最流行的代码托管平台，云集了来自世界各地的优秀的工程师和开源项目。

　　D3 的全称是 Data Driven Documents，顾名思义，它是数据驱动的文档。D3 是一个 JavaScript 函数库，结合 HTML、CSS 和 SVG 等技术，在网页上实现数据的可视化，并且提供强大的交互能力。D3 提供了各种简单易用的函数，简化了 JavaScript 操作数据的难度。

　　D3 将可视化的复杂步骤，包括数据的准备、坐标轴（Axis）、形状（Shape）、尺度（Scale）的控制等，精简到了若干简单的函数。用户只需输入必要的数据，就能够渲染出各种炫丽的图形，大大减少用户的工作量。

　　目前，D3.js 已经成为基于 Web 的可视化的最流行的开源软件库之一。图 10-47 展示了部分 D3.js 的可视化实例。[①] 我们可以根据实际应用的需要，参考这个网页上的实例代码，实现数据的可视化。

---

① https：//github.com/d3/d3/wiki/Gallery.

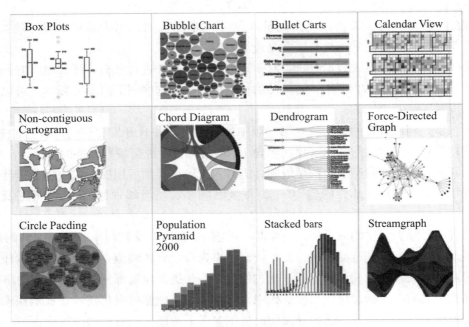

图 10 - 47　D3. js 的可视化实例

10. 12. 2　matplotlib

matplotlib 是基于 Python 语言的图形绘制库（plotting library）。使用 matplotlib，用户编写少量代码就可以创建各种常用的图形，比如直方图、散点图、饼图、柱状图。这些图形均能达到印刷的要求，用户可以导出为 PDF 文档或者 PNG 图像文件。图 10 - 48 展示了简单的柱状图及其 Python 脚本，可以看到通过调用 matplotlib 接口，少量 Python 代码就可以生成复杂的可视化效果。开发者可以通过面向对象的编程接口，对线形、字体、坐标、颜色等图形属性进行精细控制，绘制出符合特定需要的图形。matplotlib 网站提供了上百个数据可视化实例。

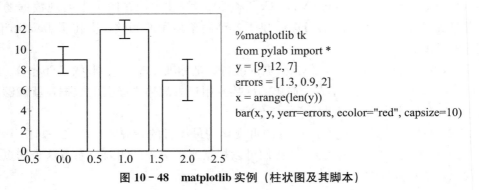

图 10 - 48　matplotlib 实例（柱状图及其脚本）

matplotlib 不仅支持二维图形的绘制，而且支持三维图形的绘制。用于 Python 编程语言的可视化软件包还有 seaborn [①]、ggplot[②]、Plotly[③]、geoplotlib [④]等。

10.12.3 ECharts

ECharts 是 Enterprise Charts（企业级图表）的缩写，它是一个开源的纯 JavaScript 图表库，由百度公司数据可视化团队开发。ECharts 可以流畅地运行在 PC 和移动设备（如平板电脑、手机等）上，兼容当前绝大多数浏览器。

ECharts 提供了丰富的图表类型，涵盖主流的统计图表，直观且生动，并且可以进行个性化定制。ECharts 的图表是可以交互的，用户可以编写事件处理程序，开发交互式的数据探索界面。它提供 Python 等 8 种编程语言的编程接口，方便用户进行应用开发。百度公司于 2015 年基于 ECharts 实现了百度迁徙、百度通勤图、景区热力图等，展示了其地理特性的惊艳效果。

ECharts 是一个功能强大、极具特色的可视化库，是目前国内唯一一个入选 GitHub 全球可视化榜单的开源项目。当然 ECharts 也不是无所不能的，它也有弱项，比如复杂关系型图表的绘制等。

除此之外，商用的可视化软件包，比如 IBM Many Eyes、Tableau 等，提供更加强大的可视化和交互功能，并且由厂家提供周到细致的培训和服务。

本章要点

1. 可视化的定义，可视化的一般过程，科学可视化与信息可视化，可视化的若干原则。

2. 可视化实例——层次关系、地图、社交网络、堆叠的河流。

3. 高维数据可视化。

4. 可视化的挑战和趋势。

5. 可视分析。

6. 探索式数据分析。

7. 可视化工具。

专有名词

探索式数据分析（Exploratory Data Analysis，EDA）

筛选关键变量的方法（Design of Experiments，DOE）

---

① https://seaborn.pydata.org/.
② http://ggplot.yhathq.com/.
③ https://plot.ly/python/.
④ https://github.com/andrea-cuttone/geoplotlib.

第 11 章

数据科学案例

在不同来源、各种类型的数据之上，利用各种分析方法，挖掘其中蕴含的规律，使我们获得对事物的深刻理解，是数据科学的目标。

数据科学技术已经应用到各个行业，包括电子商务、政府服务、医疗、教育、科学研究等，并取得了显著的效果。本章选取近年来数据处理/分析技术在各行各业应用的若干精彩案例加以介绍。

11.1 谷歌流感趋势预测

谷歌流感趋势预测（Google Flu Trends）是谷歌开发的一个 Web 服务，最早于 2008 年启动。它基于谷歌搜索引擎的查询日志预测流感的爆发。

谷歌流感趋势预测使用如下的方法进行流感爆发预测。首先，在 2003—2008 年间从美国本土提交到谷歌搜索引擎的 50 000 000 条查询的基础上，构造一个时间序列数据集。根据 IP 地址，可以确定某个查询是从哪个州提交的。对于每个州单独构造一个时间序列，并且进行规范化处理。接着，建立如下的回归模型：

$$\text{logit}(P) = \beta_0 + \beta_1 \times \text{logit}(Q) + \varepsilon$$

式中，P 为看医生的病人里流感疑似病例的比例（Percentage of Influenza-like Illness (ILI) Physician Visit）；Q 为和流感疑似病例相关的搜索引擎的查询（ILI-Related Query Fraction Computed in Previous Steps）；β_0 为截距（Intercept）；β_1 为回归系数（Coefficient）；ε 为误差。

在历史数据上进行检验，看看哪些查询最能够预测实际的流感疑似病例（从美国疾病预防与控制中心（CDC）获得实际数据）。保留前 45 个查询，通过训练获得模型的参数。最后，用这个模型来预测美国全境各州的流感爆发情况（见图 11-1）。

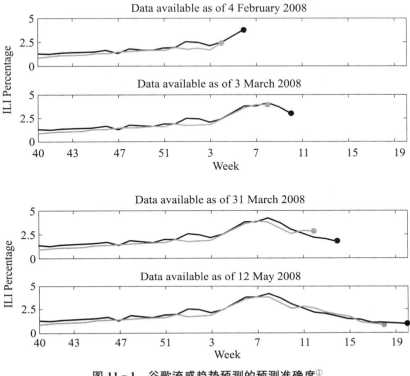

图 11-1　谷歌流感趋势预测的预测准确度[①]

在 2009 年的冬季流感大流行中，谷歌流感趋势预测运用已经训练的模型成功地对流感的爆发进行了预测，具体到特定的地区和州。该模型预测到了 2010 年 2 月份在亚特兰大中部地区的病例峰值，比 CDC 的报告早 2 个星期左右。尽早预测到疾病的爆发，疾控部门就可以提前采取预防和控制措施，控制疾病的进一步传播，减少死亡病例和损失。

谷歌流感趋势预测是针对群体行为（Collective Behavior）识别趋势和进行预测的一个生动的案例。搜索引擎收集的大量搜索日志体现了人们的需求和倾向性。这些趋势有时候不是那么显而易见，只有通过适当的分析才可以从中了解到事物发展的规律，获得对事物的理解。

早期的谷歌流感趋势预测获得较好的预测效果，预测的正确率（Accuracy）达到 97%，比 CDC 的预测正确率要高得多。但是从 2011 年开始到 2013 年，谷歌流感趋势预测的结果不那么准确了，它高估了流感的流行。即便是这样，我们不能否认谷歌

---

① 以 2008 年数据作为测试样本，谷歌流感趋势预测的性能表现如下：在第 5 周，该模型预测到在亚特兰大中部地区流感疑似病例比例（ILI Percentage）将有一个急剧的上升。在 2008 年 3 月 8 日，即第 8 周，流感疑似病例比例到达最高点。最后，在第 9 周和第 10 周，这个比例急剧下降。这些预测后来都由 CDC 的流感疑似病例实际数据（CDC ILI Data）所证实。

这项工作的开创性。这项工作启发了后续的研究，比如奥斯纳布吕克大学的认知科学中心发起了新的流感预测项目。它们把谷歌的思想继续向前推进，把来自社交媒体比如推特的数据和 CDC 的数据结合起来，构造更加复杂的模型，推测疾病在时间和空间上的传播。

11.2　塔吉特的数据分析预测案例

　　塔吉特是美国一家大型连锁零售商店。2012 年，围绕塔吉特发生了一件有趣的事情。明尼苏达州一家塔吉特门店被客户投诉，一位中年男子指控塔吉特将母婴用品优惠券寄给了他的女儿，而他的女儿只是一名高中生，实在是不可理喻。但是没有过多久，他却给塔吉特致电道歉，因为他的女儿承认自己怀孕了。

　　这位高中生没有告诉过别人她怀孕了，也没有在塔吉特的调查问卷上留下过类似的记录，塔吉特是如何知道她怀孕了，从而给她发放母婴用品优惠券呢？首先，塔吉特建立了大型的数据仓库，围绕用户 ID 数据仓库记录了如下信息并且关联起来，包括用户的购买历史、信用卡的使用情况、对客户支持中心的电话投诉、调查问卷反馈、Email 的点击、网站的访问等信息。在上述信息之上，塔吉特还补充了其他信息，包括人口统计数据（Demographic Data）比如年龄、族裔、教育背景、婚姻状况、子女的数量、预期收入、工作历史，以及生活中的各种事件，包括上次搬家是什么时候、是否离过婚、是否宣称破产等。

　　塔吉特把注册到他们商店的 Baby Shower Registry[①] 的购物者，和这些购物者的历史购买行为关联起来，创建了一个模型。这个模型可以为所有的女性购物者给出一个可能怀孕的评分（Pregnancy Prediction Score）。通过该模型的评分，可以找出哪些女性有可能已经怀孕了，即便她们并没有告诉任何人，也没有通过问卷调查等方式告知塔吉特。

　　针对这个用户群体（Customer Segment），塔吉特有针对性地进行母婴用品促销，甚至可以精准到根据怀孕的不同阶段，进行不同的营销，从而提高产品的销量。通过数据分析，塔吉特发现，孕妇在怀孕的不同阶段的购物习惯是不一样的。在怀孕的前 20 周，孕妇开始购买钙、镁、锌等营养补充剂。从第四个月到第六个月，孕妇开始购买更宽松的牛仔裤，以及大量的消毒用品、不加香精的洗涤剂和肥皂以及棉球等。塔吉特找出了 25 种孕妇经常购买的产品。

　　塔吉特通过了解用户的历史购买行为以及生活的变化如何改变购物习惯（比如搬家后可能购买一些家具用品），把营业收入从 2002 年的 440 亿美元提高到 2010 年的 670 亿美元，这是一个了不起的增长。塔吉特公司总裁在向公司的投资者做报告的时候提到，塔吉特公司对母婴类产品的营销给予了特殊的关注和投入，这些产品的销售额对整

---

　　① Baby Shower 是西方的准爸妈为即将出生的孩子举办的庆祝仪式。Baby Shower Registry 是由孕妇选定自己想要的礼物，孕妇的朋友们按单选购，由商店配送给准妈妈的一种商家促销方式。

个公司销售额的提高以及公司走向成功，也确实起了巨大的作用。

11.3　互联网舆情监控与管理

网络空间是一个开放空间，人们可以发表自己的见解。其中，微博、博客等是 21 世纪初兴起的自媒体。它们具有传播主体分散、传播速度快、受众广泛等特点。

网络舆情监控系统，是利用搜索引擎技术和网络信息挖掘技术，通过对网页内容的自动采集、处理、聚类、分类、主题检测以及统计分析，实现企事业单位、政府部门对相关网络舆情监督管理的需要而设计的系统。该系统能够提供舆情简报以及分析报告，为决策层全面掌握舆情动态，做出正确舆论引导，提供分析依据。

2016 年 11 月 8 日，共和党候选人特朗普击败民主党候选人希拉里，出任第 45 任美国总统。在对大选结果的预测上，主流媒体一边倒地预测希拉里大概率当选。MOGIA 做出了截然相反的预测[①]，这是 MOGIA 连续 4 次正确预测美国总统大选结果。它分析了超过 2 000 万个数据采样，这些数据来自各种新媒体平台，比如脸书、推特、You-Tube、谷歌等。新媒体平台上聚集了大量的用户，包括两位候选人的粉丝。这些数据反映了他们的倾向性，依赖于这些数据的预测具有一定的可靠性。

自媒体的兴起给舆情管理带来了新的挑战。主要的挑战体现在两个方面：一是需要迅速准确地捕捉到微博、博客的新信息；二是需要适时对舆情进行引导。

近年来，国内外涌现了大批提供舆情监控系统的创业公司，它们都发布了舆情监控拳头产品。

为了实现对包括微博、博客、论坛、微信、传统媒体的电子版等各个网络信息发布平台的舆情监控，首先，需要数据监测技术实现对上述各个数据源的数据爬取和保存，并对爬取的数据进行适当的预处理，比如对图片、音频、视频进行自动识别等。其次，需要大规模数据存储技术。通过建设具有海量数据存储能力的大数据平台，实现对大规模结构化数据、非结构化数据的高效读写、存储和交换。再次，需要数据挖掘技术，从海量数据中快速挖掘有价值的信息，发现数据背后隐藏的规律性。利用关联分析、聚类分析、话题分析、情感分析等技术，自动分析网上言论蕴含的意见和倾向性，揭示舆情发展趋势。最后，还需要安全技术，保证数据安全。包括身份认证、授权、入侵检测、防火墙等技术。

此外，舆情监控系统不仅能够提供信息监测、分析功能，还能够提供报警、处置功能。最后，舆情监控系统能够提供不同的信息观察角度，比如，从个人角度分析出个人言论倾向、个人社交关系、个人与事件的关联关系等；从事件角度分析出事件发展的脉络和趋势、事件言论倾向、事件与人物的关联关系等。

---

① 　https://www.inverse.com/article/23472-mogia-ai-trump-win-weeks-ago.

11.4　投资与信用

11.4.1　大数据指数基金

普通百姓为了资产的保值增值，需要进行投资，可以选择进入楼市或者股市，也可以申购基金，把钱交给基金公司由其进行投资。近年来，互联网公司利用其自身掌握的数据和分析能力（算法和算力），力图为投资增加新的决策依据。它们和基金公司合作推出基于大数据分析的基金产品，提供了新的投资选项。

其中，百发策略 100 指数，是中证指数与百度金融中心、广发基金合作编制的互联网大数据指数。百发策略 100 指数的选股模型，依赖百度金融的大数据分析技术，结合传统的交易数据分析、基本面数据分析、量化选股策略，实现了成分股的选择和调整。广发基金于 2014 年 10 月 30 日成立了广发百发 100 指数 A 基金，供投资者进行选择。图 11‑2 为该基金在 2016 年 5—11 月的收益走势图。

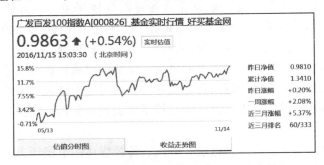

图 11‑2　广发百发 100 指数 A 基金收益走势图

此外，新浪财经也在大数据指数方面积极投入，推出了 i100 指数和 i300 指数。通过对新浪在财经领域的大数据以及社交媒体数据进行定性与定量分析，挖掘投资者情绪，并参考股票基本面数据以及市场整体情况，分别选取综合排名靠前的 100 只和 300 只股票，组成指数样本股。基于上述指数的南方大数据 100 指数基金、300 指数基金也适时发售，给投资者以多样选择。图 11‑3 为截至 2016 年 11 月 15 日的南方大数据 100 指数基金的净值和收益情况。

虽然大数据指数基金的收益好坏情况还需要更多的时间来考验，但是，这些指数基金给我们一个启示，即大数据分析的结果可以帮助我们进行决策，包括投资决策。

11.4.2　基于大数据的信用评价

深圳前海微众银行，是 2014 年 7 月首批获得中国银监会批复成立的 3 家民营银行之一。2014 年 12 月 28 日，微众银行官网面世，成为第一家上线的互联网银行。它在业务模式上定位于"个存小贷"，服务于个人消费者和小微企业用户，经营范围涉及个人及小微企业存款、贷款等。

图 11-3　南方大数据 100 指数基金净值与收益

在用户的信用评价方面，微众银行充分利用腾讯的数据资源和数据处理技术优势，实现基于大数据的信用评估。在官方报道中，微众银行的优势是"该银行既无营业网点，也无营业柜台，更无需财产担保，而是通过人脸识别技术和大数据信用评级，发放贷款"。

微众银行的征信系统，从不同数据来源中采集并处理包括电商交易、即时通信、SNS（社交网络）、关系链、游戏行为、虚拟消费、媒体行为等信息；分析用户的登录行为、在线时长、虚拟财产、购物习惯、支付频率、社交行为等，对用户进行画像；并利用统计分析、机器学习等方法，得出信用主体的信用得分，授予相应的贷款额度。它运用社交网络上的海量信息，提供了一个全新的信用评价角度，创建了一个新的体系。微众银行的大数据征信"以信用作担保，用数据防风险"，其最大的优势是降低征信成本。

2015 年 1 月 4 日，第一位客户卡车司机徐军获得了 3.5 万元贷款。这位客户是受到微众银行特别邀请的客户。这是微众银行的第一笔放贷业务，它通过人脸识别技术和大数据信用评级完成贷款发放。

在试营业期间，微众银行通过内部分析和信息筛选，小范围地邀请目标客户群体参与试营业，并且逐步增加受邀客户的数量。正式营业以后，它致力于服务工薪阶层、自由职业者、进城务工人员、普通白领等草根阶层（这些年轻人都经常使用互联网），以及符合国家政策导向的小微企业及创业企业，实现其普惠金融的目标。

基于大数据的征信，到底可信不可信？或者说大数据能否解决征信问题？人们莫衷一是。比如，美国征信公司 FICO，通常只收集个人的十几项基础数据，便可以做到 99% 的准确度。和个人信用相关程度较强的属性包括年龄、学历、职业、工作单位、收入、房产、汽车、借贷情况、还款记录等。金融企业根据用户提交的数据进行打分，得到申请人的信用评分，然后依据评分决定是否给予贷款以及贷款的额度。大数据里面包含着噪声，人们的网上行为不一定反映其真实意愿。如果数据与用户的信用状况没有太多关联，那么数据的效用就会打折扣，这是基于大数据的征信系统需要解决的问题。

阿里巴巴集团推出的阿里小贷，其业务也是给个人或者小微企业提供贷款。它以阿里巴巴拥有的庞大的电商交易数据作为信贷管理决策的基础。在淘宝和天猫上的电商小微企业，都成为阿里小贷的潜在客户。基于大数据的个人信用评估，使用的数据包括个人基本信息、行为信息、社交信息、消费信息、历史信用信息等。

基于大数据分析，还可以对企业进行信用评估。可以使用的数据包括企业基础数据、高管任职关系、企业投资关系、企业招聘数据、企业专利数据、企业招投标数据、企业诉讼数据、企业失信数据、企业新闻数据等。

11.5　IBM 沃森计算机与医疗

2011 年，IBM 研发的沃森（Watson）计算机在智力问答节目《危险边缘》中打败人类选手获得胜利，给人们留下了深刻的印象。赢得智力问答比赛冠军，并不是 IBM 研发沃森的最终目的。IBM 的愿景是利用大数据分析、认知计算技术与人工智能技术，解决各行各业的实际问题。目前，IBM 已经把该电脑系统的应用延伸到了医疗领域。

2015 年，东京大学医学科学研究所的医生借助沃森计算机的帮助，成功诊断了一位患者的病情，她患有一种罕见的白血病。这位患者于 2015 年 1 月来到东京大学的医学科学研究所附属医院。医生的最初诊断是急性骨髓性白血病。经过化疗，医生观察到她的恢复过程非常缓慢，于是医生怀疑自己的最初诊断可能有问题。医院的研究团队使用沃森计算机寻求解决办法。沃森超级计算机是基于云平台的计算机，它使用人工智能技术，分析和互相参照了来自世界各地的各个研究机构的上千万篇关于肿瘤学的论文里的数据。从大量的数据中，沃森计算机迅速把相关信息提取出来。沃森对照了患者 DNA 里的上千个基因突变（Genetic Mutation）和沃森已经建立的数据库，把和患者的病情相关的基因突变从上千个基因突变里过滤出来。有些基因突变是和家族遗传特点相关的，但是和疾病无关，需要过滤掉。利用其强大的计算能力，沃森仅仅用了 10 分钟时间就完成了这个任务；而普通的人类科学家则需要两周时间才能阅读完相关材料，对数据进行比对和分析，然后做出诊断。

沃森的分析结果帮助研究人员和医生得出了正确的结论：病人得了一种罕见的白血病，这种白血病是由骨髓增生异常综合征（Myelodysplastic Syndromes）引起的。正确的诊断为后续的治疗争取了时间。我们不能说沃森拯救了病人，但至少可以说，它帮助医生拯救了病人。

沃森计算机的数据处理能力给人们留下了深刻的印象，但是它仍然可能犯错。随着工程师不断改进其算法，在不远的将来，其能力将获得极大提升。它将在医疗领域，大展其能，成为医生的得力助手。

在医疗领域，沃森计算机还可以完成一系列任务，包括：（1）在医生严重短缺的国家和地区，帮助进行癌症病人的诊断和治疗。IBM 已经和印度的 Manipal Hospital（印度第三大医疗网络）合作，使用沃森计算机技术在 Manipal Hospital 的 16 个医疗中心每年帮助诊断和治疗 200 000 名癌症患者。（2）依托基于云平台的沃森数据分析服务，开发基于智能终端的 App，提供健康服务。2015 年 12 月，IBM 发布 Nutrino App。这是和 Nutrino 公司合作推出的智能终端应用。它给孕妇提供科学的、个性化的营养餐推荐和全天候的营养建议。（3）基于患者基因画像的个性化治疗方案。利用深度学习能力，沃森把患者的 DNA 数据转换成一个基因画像，结合相关医学论文的搜索、分析，医生可以基于分析结果，为患者提供更加个性化的治疗方案。

百度在人工智能和大数据处理方面进行了持续的投入。它们也开始致力于利用大数据和人工智能技术改善医疗服务。2016 年底，百度 CEO 李彦宏提出了互联网＋医疗的四个层次的愿景。第一个层次是 O2O 服务。也就是怎样通过线上服务把用户引流到线下，并分发到那些适合处理用户疾病的医院去。百度医生平台现在已经有 50 万名医生参与咨询，累计有 800 万人通过百度医生平台获得相关的医疗服务。第二个层次是智能问诊。北大国际医院做过的一个测试显示，在 80％的情况下，百度医生的诊断和北大国际医院医生的诊断是一致的，它的准确率还将不断提升。在一些罕见病的诊断中，百度医生的表现也很好。要达成这个目标，不仅仅需要对大量的医疗知识进行机器学习，还需要不断提升对病人表述的理解能力，也就是需要自然语言理解的强大能力。第三个层次是基因分析和精准医疗（Precision Medicine）。很多疾病是多个基因的共同作用导致的。搞清楚一个疾病是由哪些基因共同作用导致的，需要大量的计算。搞清楚这些以后，就可以使用基因编辑等先进的治疗手段，进行精准治疗。第四个层次是新药研发。已知的有可能形成药物的小分子化合物的数量大概是 10^{33} 种，这是一个非常大的数目。对大量的未知分子式进行筛选，找到有效的新药，需要极其强大的算力和更加先进的算法，数据科学将发挥重要的作用。

11.6　大数据分析技术助力奥巴马的竞选团队取得成功

2012 年 11 月，奥巴马大选连任成功，胜利果实部分归功于大数据分析技术。他的竞选团队收集了大量数据，并且进行了深入分析，从而制定了有效的竞选策略。《时代》杂志断言，仅仅依靠直觉与经验进行决策的优势在急剧下降，大数据的时代已经到来。

奥巴马的竞选团队是怎么做到的呢？首先，奥巴马竞选活动负责人吉姆·麦西纳（Jim Messina）决定用数据和数据分析来驱动整个竞选活动。竞选团队分成若干小组，现场小组负责组织志愿者、处理注册事宜、鼓励选民投票给奥巴马等。数字小组负责在线展示、电子邮件营销、在线募集资金、社交媒体管理等事宜。通信与媒体小组负责媒体访谈、广告购买/投放等事宜。财务小组负责资金募集的总体策略。这些小组掌握的数据都交给数据分析小组，数据分析小组的分析结果指导这些小组的后续行动。

民主党全国委员会的数据架构负责人克里斯·维格奇恩（Chris Wegrzyn）描述了建立一个数据分析驱动的竞选团队的挑战、机遇和路线图。基于数据分析驱动的竞选，围绕数据本身进行建模和实验模拟，用分析结果指导竞选策略。这些数据包含了关于选民和竞选活动的事实性信息，模型则对选民进行精确的画像和理解，精细到单个选民的粒度，实验结果告诉竞选团队，具体的竞选活动将怎样影响选民的倾向。

奥巴马的竞选团队建立了由 100 个分析师组成的强大的数据分析团队，丹·瓦格纳（Dan Wagner）是首席数据科学家。为了实现数据的实时分析，他们使用了 HP Vertica

MPP 数据库，并且使用 R 和 Stata 统计软件包建立了预测模型。他们收集的数据达到几十 TB 的规模。

　　竞选团队利用数据分析结果，帮助奥巴马较快地筹集到了 10 亿美元资金，改变电视广告投放策略，提高投放效果，制定出拉拢摇摆选民的最有效方法，比如邮寄信件、电话或者利用社交媒体等。通过分析，他们发现参加了"快速捐赠计划"① 的人，所捐献的资金是其他捐献者的 4 倍，这一计划在后期被大力推广。在大选最后阶段，竞选团队决定让奥巴马在知名社交新闻网站 Reddit 上回答问题。因为数据分析结果显示，他的很大一部分目标选民就在 Reddit 上。

　　在整个竞选活动中，竞选团队发起的两个计划展示了数据分析对竞选活动的辅助决策的作用，这两个计划分别是 AirWolf 和 Media Optimizer。（1）AirWolf 的目的是打通现场小组和数字小组，实现数据共享。在 2008 年的竞选活动中，一个普遍存在的问题是，现场小组获得的关于选民的信息数字小组难以跟进。通过 AirWolf，当现场小组已经通过门对门的方式接触了某个选民以后，该选民的一些喜好被记录下来。之后，数字小组基于选民的喜好，有针对性地进行电子邮件营销，电子邮件的内容是针对选民关心的问题进行裁剪的。电子邮件营销的精准度提高有利于争取摇摆选民。（2）Media Optimizer 的目标是更加有效的广告购买和投放。在此之前，电视广告购买和投放仅仅依赖于一般的人口统计学方面的数据，花销大，效率不高。使用 Media Optimizer 之后，竞选团队使用统计分析模型，从数据库里确定目标选民，了解他们喜欢什么节目。然后，结合人口统计学方面的数据以及广告价格数据，确定最优的广告投放策略，既减少了成本，又提高了广告的效果。比如，奥巴马竞选团队在 Cable TV 上的广告购买量是对手竞选团队购买量的两倍，最后证明是行之有效的。

　　奥巴马竞选团队基于数据分析驱动的竞选获得了成功，启示有二：（1）通过整合来自不同渠道（竞选团队的不同小组）的数据，竞选团队可以对选民和竞选活动进行 360 度的观察，获得全面了解。（2）利用数据分析系统的实时分析能力，竞选团队可以尽快做出反应。

11.7　数据科学与科学研究

　　科学研究的观测结果和模拟结果，其数据规模往往非常大。下面举两个例子，分别是欧洲原子能研究中心（European Organization for Nuclear Research，CERN②）的大型强子对撞机实验结果分析和激光干涉引力波天文台（Laser Interferometer Gravitational-Wave Observatory，LIGO）观测结果分析。

　　CERN 的大型强子对撞机（Large Hadron Collider，LHC），是世界上最大的粒子加

---

　　① 快速捐赠计划（Quick Donate Program），即可以通过在线或者短信的方式进行捐赠，无须重复输入信用卡信息。
　　② CERN 为法语缩写。

速器，通过把质子加速到接近光速，然后进行对撞，在对撞的残骸中，寻找亚原子粒子的蛛丝马迹，从亚原子层面了解宇宙的秘密（见图 11－4）。

图 11－4　计算机生成的质子（Proton）对撞图像[①]

资料来源：CERN.

希格斯玻色子是物理学"标准模型"预言的一个基本粒子。这个模型是统一描述宇宙强力、弱力和电磁力这三种基本力，以及组成所有物质的基本粒子的理论。希格斯玻色子一直没有在实验中观测到。2012 年，CERN 根据其最新实验结果的分析，宣告发现了希格斯玻色子。这个发现使得人类到达了一个理解自然的新的里程碑。

大型强子对撞机使用了大量的探测器，以纳秒的时间精度进行数据收集，产生了极大规模的数据，达到 PB 级别。如何快速准确地分析这些数据是一个严峻的挑战。数据分析工具能够有效处理这些巨大规模的数据集，从大量数据中寻找支持希格斯玻色子存在的证据，即数据中所表现出来的特性和模式。

LIGO 是加州理工学院和麻省理工学院联合发起的实验室，实验资金来源于美国国家科学基金会，现在已经有来自世界各地的其他大学参与其中。建设 LIGO 的目的是寻找宇宙中的引力波，从而验证黑洞的存在和检验爱因斯坦广义相对论，了解宇宙的演化（见图 11－5）。LIGO 有两个观测点，分别位于路易斯安那和华盛顿。

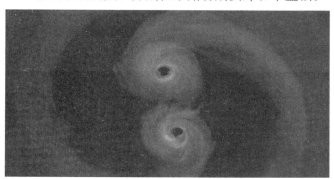

图 11－5　两个黑洞所产生的引力波的三维模拟图

资料来源：NASA.

---

① 该对撞成为支持希格斯玻色子存在的证据。

在物理学上，引力波是爱因斯坦广义相对论所预言的一种以光速传播的时空波动。宇宙中大质量天体的加速、碰撞和合并等事件，才可以形成强大的引力波，但能产生这种较强引力波的波源距离地球都十分遥远，这种引力波传播到地球时已变得非常微弱。

美国科学家于 2016 年 2 月 11 日宣布，他们在 2015 年 9 月首次探测到引力波，印证了爱因斯坦 100 年前的预言。LIGO 实验装置的观测数据的数据量是非常庞大的。LIGO 实验室的科学家使用 Python 语言专门设计和编写了分析软件，对这些数据进行及时的分析，从中寻找引力波的证据。

11.8　多领域预测

2013 年，微软研究院的经济学家大卫·罗斯柴尔德（David Rothschild）利用大数据，成功预测了第 85 届奥斯卡金像奖 24 个奖项中的 19 个。2014 年，他改进了已有模型，成功预测了第 86 届奥斯卡金像奖 24 个奖项中的 21 个。这件事情向人们展示了数据科学的魅力，成为人们津津乐道的话题。[①] 罗斯柴尔德的模型使用了交易市场数据（Market Data）、调查数据（Polling Data）和历史数据（Historical Data）。在交易市场里，人们对将要到来的事情有一个预期，他们据此进行买入和卖出。调查数据，则反映了特定人群的情感和期待。罗斯柴尔德对这些数据进行预处理和规范化，然后在此基础上创建预测模型，取得了令人振奋的效果。

2014 年巴西世界杯期间，百度推出了世界杯预测栏目。[②] 为了进行预测，百度预先设计好了赛事预测模型。为了让这个模型更加精准，百度大数据研究院指派资深数据科学家团队，全面搜索过去 5 年内全世界 987 支球队的 3.7 万场比赛数据。同时，百度与国内著名彩票网站乐彩网、欧洲 SPDEX 指数等公司建立战略合作伙伴关系，将相关市场数据融入预测模型。该模型在淘汰赛阶段取得了非常高的预测准确率。

年轻的统计学家内特·西尔弗（Nate Silver）成功地预测了 2008 年和 2012 年美国总统大选的结果。2008 年，他成功预测了 50 个州中 49 个州的选举结果；2012 年，他成功预测了 50 个州的选举结果。他的模型依赖于大量的变量，包括历史上的选举结果、各种民调数据等，在此之上进行精细的计算和分析。[③]

在 2012 年大选的最后阶段，对《纽约时报》网站的访问有 20% 的流量访问了西尔弗的博客。用户就是想上去看一眼，西尔弗的预测结果是怎样的。

11.9　用户画像与精准广告

广告投放得当，商家可以借此提高商品的销量；投放不当，则商家在付出广告成本

---

① http：//predictwise.com/.

② http：//trends.baidu.com/worldcup/.

③ https：//www.theguardian.com/science/grrlscientist/2012/nov/08/nate-sliver-predict-us-election.

以后，无法获得应有的收益。精准的广告投放，依赖于对用户的理解（用户画像），了解用户的偏好和口味，然后针对用户的不同特点，为其定制不同的广告内容，推送到他们面前，以期提高转化率。

2016 年，12306 官方网站全面上线了商业广告，一时间引起了广告商的疯抢，显示了铁路系统作为广告发布平台的吸引力。铁路总公司筹建的铁路旅客用户画像系统，使得新的 12306 App 可以根据用户的购票历史、出行数据，推送符合用户口味的广告内容。比如，商家如果想要定点开拓某个区域市场（某些城市），12306 App 可以根据用户的常住城市，推送合适的广告。此外，购票座席的档次不同代表旅客消费能力不同，12306 App 可以根据旅客的消费能力推送分类广告。对用户进行画像，然后有针对性地进行广告推送，一方面节省了商家的广告费，另一方面由于用户接收到的是他所需的广告内容，有可能提高广告的购买转化率，铁路总公司也能从中获得更多的收益。

成立于 2009 年的传漾科技公司被称为中国互联网广告领域的技术流代表。传漾科技的主要业务是依托其网络广告技术/营销平台，为客户量身定制智能数字化营销方案。

网络广告连接着媒体、广告主（商家）、广告公司和用户，传递广告信息，承载塑造品牌形象，影响目标人群的功能。要准确传达广告信息，就需要了解用户的需求、行为和习惯，需要对用户进行理解和精细画像。

传漾科技积累了大量数据，在此基础上，通过数据分析对网民兴趣进行刻画。它们把网民兴趣划分为 33 个大类、168 个中类、857 个小类，对用户兴趣进行全方位追踪，贴近目标受众。公司利用大数据分析技术，为广告主迅速定位目标客户群体，把广告内容投送到目标客户面前，提高转化率。

11.10　自动短文评分

自动短文评分（Automated Essay Scoring，AES），是指使用特殊的计算机程序对学生撰写的短文自动进行评价，最后给出一个评分。AES 软件系统对短文数据集中的每篇短文给出一个等级分，比如从 1～5 的分数。由此可以看出，AES 可以看作一个分类问题。

近年来，人们对 AES 的兴趣与日俱增，其原因在于：（1）成本：利用人力（专家）进行短文评分，效率低、成本高。（2）标准化：利用计算机程序进行评分，有利于评分过程的标准化，能够给短文一个客观的评分，而利用人力（专家）进行评分，则容易受到主观因素的影响。（3）成熟度：机器学习、数据挖掘技术的进步，使得人们可以设计出更加成熟的 AES 系统。这些 AES 系统的评分结果和专家的评分结果差别已经变得很小，于是给各级教育机构（包括中小学、大学）更大的信心来使用 AES 系统。

AES 的使用也遭到了一些专家的反对。他们认为，计算机程序到目前为止，仍然不能对短文给出精确的评分。在一些关键的考试里，比如高考的作文评分，使用 AES 系统的条件仍然不成熟。些许的不精确，给考生的命运造成的影响是巨大的。此外，大量使用 AES 系统进行短文评分，可能促使老师教授给学生一些技巧，如何在 AES 评分的考试里面拿到高分，忽略了创造力、想象力的培养。

即便如此，在人力短缺的场合，AES 仍然不失为一种可行的选择。AES 是一个教育评估工具，它是自然语言处理技术的实际应用。AES 需要从短文中分析出关键的特征和指标，然后馈入评分模型，以实现对短文的评分。这些特征主要包括：（1）词态错误、语法错误情况；（2）短文的组织和展开；（3）使用的词汇的复杂度；（4）句子的长短；（5）文章的长短等。针对中文短文的评分，人们使用了更多的特征，比如使用修辞格（Figures-of-Speech）来衡量文章的质量，包括：排比句的使用情况；比喻句的使用情况等。

在打分模型方面，可以使用分类和回归技术进行打分，包括决策树、多元线性回归等技术。

11.11　数据产品

数据产品（Data Product）是对数据进行加工得到的一种产品形式，这种产品的最终目的是帮助用户做出更优的决策和行动。为了设计和实现数据产品，首先要分析和理解用户需求；然后采集和整理必要的数据；接着建立分析模型，对数据进行深度分析，生成分析结果，这个结果就是数据产品；利用分析结果，用户可以解决实际业务问题，对数据产品的不足给出反馈；数据产品生产者对数据产品进行改进。

由以上的论述，我们似乎看不出数据产品和传统的数据分析系统有什么区别。在这里，我们要指出，数据产品的生产者并不为单一的用户开发系统，而是把数据和分析整合起来，为大量的用户（他们提出个性化的需求）提供定制化的分析结果。为此，他们往往需要建设必要的大数据管理和分析的基础设施（数据中心）。用户看不到数据，也不掌握模型，他们付费以后拿到的是分析结果。

11.11.1　淘宝的"生意参谋"

淘宝的"生意参谋"[①] 就是一款数据产品，它为淘宝店的店主提供大量决策信息。用户通过付费和定制，获得数据分析服务。他们无须关心数据的采集、存储，以及用何种方法进行分析，也无须关心基础设施如何建设，这些都由淘宝提供。

生意参谋的主要功能包括：（1）店铺快照：生意参谋的首页，通过实时指标、商品排行、行业排名、店铺经营概况、流量分析、商品分析、交易分析、服务分析、营销分析、市场行情等信息，给店主提供店铺经营的全方位的核心分析数据，相当于店铺的一个快照（Spapshot）。（2）实时直播：提供店铺实时交易流量数据、实时地域分布、流量来源分布、实时热门宝贝排行榜、实时催付榜单、实时客户访问等功能，让店主了解当前状况。（3）经营分析：经营分析包括四个方面的内容。其中，流量分析提供全店流量的概况、流量的来源和去向、访客时段及地域等特征分析，以及店铺装修的趋势和页

---

① https://sycm.taobao.com/.

面点击分布分析结果，帮助店主对客户进行引流，转化成实际购买；商品分析提供了店铺所有商品的详细效果数据，包括商品概况、商品效果、异常商品、分类分析、采购进货，让店主尽快识别问题商品和有潜力的商品；交易分析包括交易概况和交易构成两大功能，通过交易漏斗，从店铺整体到不同粒度，细分店铺交易情况，让店主及时了解店铺交易情况，了解盈亏状况；营销推广包括营销工具、营销效果两大功能，帮助店主实现精准营销，提升产品销量。（4）市场行情：这是一款行业数据分析工具，提供行业大盘、品牌分析、产品分析、属性分析、商品店铺榜、买卖家画像等功能，帮助店主把握市场动态，发掘市场机会。

此外，生意参谋还通过专题栏目，整合了竞争情报、热词选取、行业排行、单品分析、销量预测等功能。其中，热词助选功能帮助店主了解来自 PC 端和无线移动端给店铺形成引流的店外搜索关键字，反映买家需求的店内搜索关键字、相关的行业内搜索关键字以及这些关键字的搜索热度、引流效果（通过搜索，把用户引导到店铺）。

11.11.2　路透社和彭博社的数据产品[①]

以前，投资者一般通过报纸、电视等传统媒体获得各种金融信息。如今，他们逐渐向数字化的金融信息过渡。提供金融信息服务的公司很多，路透社和彭博社凭借其多年在新闻媒体领域的优势，成为最领先的两家，占据绝大部分市场份额。

彭博社通过 Bloomberg Terminal 提供金融信息服务。原先，Bloomberg Terminal 是一个硬件终端，现在已经演化成为一款软件，方便用户远程访问。用户通过 Bloomberg Terminal 存取彭博社的各种金融信息服务。Bloomberg Tradebook 是 Bloomberg Terminal 的一个扩展插件，使得用户可以通过彭博社的消息服务执行各种证券交易。

路透社也提供了类似于 Bloomberg Terminal 的软件产品，称为 Thomson Reuters Eikon。Eikon 可以用来接收、监控、分析各种金融信息，还可以根据用户的要求，对某个主题的社交网络推文进行持续监控，得出随时间变化的正面/负面情感指标。利用社交媒体的非结构化数据分析市场情绪，是自 2000 年以来投资者和投资机构借以了解市场趋势的辅助手段。

11.12　其他数据科学案例

除了上述案例，数据科学在其他行业也可以找到用武之地，比如电信、能源/电力、制造、游戏娱乐等。其他数据科学成功案例如：（1）麦克拉伦一级方程式车队利用数据分析技术降低事故，为车队保驾护航。麦克拉伦一级方程式车队，通过汽车传感器，在赛前的场地测试中采集实时数据，结合历史数据，通过预测模型的分析，发现赛车潜在的问题，预先对赛车进行调校，降低正式比赛中事故的发生率，提高比赛获胜的概率。

---

① http：//www.investopedia.com/articles/investing/052815/financial-news-comparison-bloomberg-vs-reuters.asp.

（2）UPS 利用数据分析技术，确定最佳行车路线。UPS 给其货车安装必要的传感器、GPS 系统、无线网络适配器。利用这些传感器，UPS 采集上千种数据，包括油耗、胎压、引擎运行状况、车辆的 GPS 信息等。利用这些信息优化车队（员工）管理、提高生产力、降低油耗，每年节省的运营成本达几百万美元。UPS 为货车定制的最佳行车路线，是根据过去的行车经验总结而来的。2011 年，UPS 的驾驶员，总共少跑了近 4 828 万公里的路程。（3）智慧城市。一个城市的管理和运行，离不开管理部门的科学决策。只有有数据支撑，才能实现智慧城市的高效运行。通过大数据的采集、整合、共享、分析/挖掘和应用，精确了解城市运行情况和发展趋势，为领导决策提供支撑，提高城市生活的质量。智慧城市包含很多方面，在交通、健康和公共安全等领域率先落地。

更多的数据科学案例，请参考 Kaggle 网站①。

本章要点

1. 数据科学在政府服务方面的应用。

2. 数据科学在卫生和医疗方面的应用。

3. 数据科学在教育和培训方面的应用。

4. 数据科学在零售业方面的应用。

5. 数据科学在广告业方面的应用。

6. 数据科学在投资和信用评价方面的应用。

7. 数据科学在互联网舆情监控方面的应用。

8. 数据科学在科学研究方面的应用。

专有名词

自动短文评分（Automated Essay Scoring，AES）

大型强子对撞机（Large Hadron Collider，LHC）

欧洲原子能研究中心（European Organization for Nuclear Research，CERN）

激光干涉引力波天文台（Laser Interferometer Gravitational-Wave Observatory，LIGO）

---

① https：//www.kaggle.com/wiki/DataScienceUseCases.

图书在版编目（CIP）数据

数据科学概论/覃雄派，陈跃国，杜小勇编著. --
2 版. --北京：中国人民大学出版社，2022.1
普通高等学校应用型教材. 数据科学
ISBN 978-7-300-29908-2

Ⅰ.①数…　Ⅱ.①覃…　②陈…　③杜…　Ⅲ.①数据处
理—高等学校—教材　Ⅳ.①TP274

中国版本图书馆 CIP 数据核字（2021）第 193970 号

普通高等学校应用型教材·数据科学

数据科学概论（第 2 版）

覃雄派　陈跃国　杜小勇　编著

Shuju Kexue Gailun

出版发行	中国人民大学出版社	
社　　址	北京中关村大街 31 号	**邮政编码**　100080
电　　话	010 - 62511242（总编室）	010 - 62511770（质管部）
	010 - 82501766（邮购部）	010 - 62514148（门市部）
	010 - 62515195（发行公司）	010 - 62515275（盗版举报）
网　　址	http://www.crup.com.cn	
经　　销	新华书店	
印　　刷	北京溢漾印刷有限公司	**版　　次**　2018 年 1 月第 1 版
规　　格	185 mm×260 mm　16 开本	2022 年 1 月第 2 版
印　　张	29.25 插页 1	**印　　次**　2022 年 1 月第 1 次印刷
字　　数	669 000	**定　　价**　69.00 元

教师教学服务说明

　　中国人民大学出版社管理分社以出版经典、高品质的工商管理、统计、市场营销、人力资源管理、运营管理、物流管理、旅游管理等领域的各层次教材为宗旨。

　　为了更好地为一线教师服务，近年来管理分社着力建设了一批数字化、立体化的网络教学资源。教师可以通过以下方式获得免费下载教学资源的权限：

　　在中国人民大学出版社网站 www. crup. com. cn 进行注册，注册后进入"会员中心"，在左侧点击"我的教师认证"，填写相关信息，提交后等待审核。我们将在一个工作日内为您开通相关资源的下载权限。

　　如您急需教学资源或需要其他帮助，请在工作时间与我们联络：

中国人民大学出版社　　管理分社

联系电话：010－82501048，62515782，62515735

电子邮箱：glcbfs@crup. com. cn

通讯地址：北京市海淀区中关村大街甲 59 号文化大厦 1501 室（100872）